문진영

7·9급 공무원 환경직 / 군무원 / 환경연구사 / 환경부 시험 대비

환경공학개론

한권으로 끝내기

SD에듀
㈜시대고시기획

" 환경공학(Environmental Engineering)이란 "
인간과 다른 생명체의 거주를 위해
건강한 수자원, 공기, 땅을 공급하고,
오염된 지역을 정화하는 등
과학과 공학의 원리를 통합하여
주변 자연환경을 개선하는 학문이다.

최근 환경에 대한 인식이 향상되고, 환경 관련 직업에 대한 관심이 높아지고 있습니다. 그중에서도 각종 환경오염으로부터 국토를 보전하고 우리나라 국민이 깨끗한 환경에서 삶의 질을 높일 수 있도록 기여하는 환경직 공무원에 대한 관심이 크게 늘고 있습니다.

환경오염을 방지하는 일은 환경 분야에 종사하는 사람들만으로 해결할 수 있는 일이 아니기 때문에 많은 사람들의 인식의 전환이 필요합니다. 이러한 인식의 전환은 개인의 노력뿐만 아니라 국가와 지자체의 노력도 수반되어야 하므로 환경직 공무원이 인식 전환의 계기를 만들 수 있지 않을까 하는 생각이 듭니다.

환경직 공무원의 시험에는 여러 과목이 있지만 환경공학개론은 공무원이 되기 위한 공부라는 측면에서뿐만 아니라 공무원이 되어서도 활용하는 학문이라는 점에서 환경 관련 분야에서 일하길 원한다면 반드시 숙지해야 할 과목입니다.

환경공학개론은 특정한 환경 분야에 한정되는 것이 아니라 수질, 대기, 폐기물, 소음·진동, 토양 등 모든 환경 분야에 대한 폭넓은 지식을 요구합니다. 따라서 시험을 대비하면서 방대한 양의 기본지식을 모두 습득하기에는 한계가 있기 마련입니다. 본 수험서는 출제경향 및 사회적 환경 이슈를 바탕으로 방대한 양의 이론을 각 파트별로 체계적으로 정리하였고, 그에 따른 확인 학습문제와 최신기출문제, 실전모의고사를 수록하여 수험생 여러분이 보다 쉽게 학습할 수 있도록 구성하였습니다.

본 수험서가 환경직 공무원을 준비하는 모든 수험생 분들에게 큰 도움이 되기를 바라며, 기본이론을 숙지하고 이를 바탕으로 문제를 이해하는 능력을 기른다면 수험생 여러분의 지식으로 자연스럽게 쌓일 수 있을 것으로 기대합니다.

수험생 여러분의 합격을 진심으로 기원하며, 끝으로 본 수험서의 집필을 위해 도움을 주신 분들과 SD에듀 임직원 여러분께 감사의 뜻을 전합니다.

편저자 **문 진 영**

환경직 공무원 채용 시험 안내

환경직 공무원이란?

환경부 및 지방자치단체에서 환경에 관한 업무를 담당하는 공무원으로 환경보전과 관련한 계획을 수립·진행하고, 국가의 수질, 대기, 폐기물, 소음, 해양 등 환경오염을 방지하여 국토를 보전하는 업무를 맡고 있다.

9급	수계관리 및 수질오염 관리, 자연환경 및 폐기물의 관리, 환경영향평가 등 협의 및 사후관리, 화학물질 배출·유통량 조사 및 관리, 환경기초시설 운영·관리 실태조사, 하천정비계획 수립 및 유지 관리
7급	수계관리 및 수질오염 관리, 자연환경 및 폐기물의 관리, 환경영향평가 등 협의 및 사후관리, 화학물질 배출·유통량 조사 및 관리, 환경기초시설 운영·관리 실태조사, 하천정비계획 수립 및 유지 관리, 대기환경관리 계획 수립·집행

응시자격

❶ 응시 연령

9급	18세 이상(2004.12.31 이전 출생자)
7급	20세 이상(2002.12.31 이전 출생자)

❷ 「지방공무원법」 제31조에 규정한 결격사유가 없어야 하며, 「지방공무원법」 제66조(정년)에 해당하지 않아야 하고, 「지방공무원 임용령」 제65조(부정행위자 등에 대한 조치) 및 「부패방지 및 국민권익위원회의 설치와 운영에 관한 법률」 제82조 등 기타 관계법령에 의하여 응시자격이 정지되지 아니한 자

❸ 거주지 제한(지방직 공무원 지원자는 아래의 요건 중 하나를 충족하여야 함)

- 매년 1월 1일 이전부터(이전년 12월 31일까지 주민등록상 전입처리가 완료되어야 함) 최종시험 시행예정일(면접시험 최종예정일)까지 계속하여 응시지역에 주민등록상 주소지를 두고 있는 자로서 동 기간 중 주민등록의 말소 및 거주 불명으로 등록된 사실이 없어야 함

- 매년 1월 1일 이전까지, 응시지역에 주민등록상 주소지를 두고 있었던 기간을 모두 합산하여 총 3년 이상인 자

※ 거주지 요건의 확인은 "개인별주민등록표"를 기준으로 함

※ 행정구역의 통·폐합 등으로 주민등록상 시·도, 시·군의 변경이 있는 경우 현재 행정구역을 기준으로 하며, 과거 거주 사실의 합산은 연속하지 않더라도 총 거주한 기간을 월(月) 단위로 계산하여 만 36개월 이상이면 충족함

※ 재외국민(해외영주권자)의 경우 위 요건과 같고 주민등록 또는 국내거소신고 사실증명으로 거주한 사실을 증명함

응시절차

필기시험 >

면접 >

최종합격

주관·시행처

환경부, 지방자치단체

필기시험

지방직·서울시(9급)	
필수 과목(5과목)	국어, 영어, 한국사, 환경공학개론, 화학
출제 문항 및 배점	과목당 20문항, 4지 택1형, 100점 만점
시험시간	각 과목별 20분(1문항당 1분)

환경부(9급)	
필수 과목(3과목)	환경공학개론, 화학, 환경보건
출제 문항 및 배점	과목별 50문항, 5지 택1형, 100점 만점
시험시간	전체 150분(1문항당 1분)

가산점

가산점 적용대상자 및 가산점 비율표(지방직 기준)

구분	가산비율	비고
취업지원대상자	과목별 만점의 10% 또는 5%	• 취업지원대상자 가점과 의사상자 등 가점은 본인에게 유리한 것 1개만 적용 • 취업지원대상자/의사상자 등 가점과 자격증 가산점은 각각 적용
의사상자 등 (의사자 유족, 의상자 본인 및 가족)	과목별 만점의 5% 또는 3%	
직렬별 가산대상 자격증 소지자	과목별 만점의 5% 또는 3% (1개의 자격증만 인정)	

직렬별 가산대상 자격증 소지자(기술직)   ⇒ 과목별 만점의 40% 이상 득점한 자에 한정

구분	7급		9급(8·9급)	
	기술사, 기능장, 기사, 의사, 약사, 수의사, 환경측정분석사(수질, 대기)	산업기사, 위생사	기술사, 기능장, 기사, 산업기사, 의사, 약사, 수의사, 환경측정분석사(수질, 대기), 위생사	기능사
환경직군 가산비율	5%	3%	5%	3%

※ 폐지된 자격증으로서 국가기술자격법령 등에 따라 그 자격이 계속 인정되는 자격증은 가산대상 자격증으로 인정

구성과 특징

핵심이론

방대한 양의 환경공학개론 이론을 최대한 간결하게 요약·정리하였습니다. 또한 PLUS 참고와 PLUS 용어 정리, 다양한 도표 및 그림 등을 통해 환경공학개론의 핵심이론을 쉽게 이해할 수 있도록 구성하였습니다.

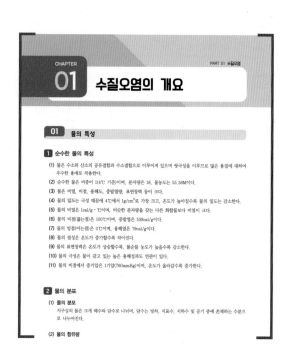

확인학습문제

각 파트마다 해당 내용과 관련된 문제들로 구성한 확인학습문제를 수록하였습니다. 확인학습문제를 풀어보며 핵심이론에 대한 학습을 마무리하고, 어느 부분에서 보완이 필요한지 알아볼 수 있도록 구성하였습니다.

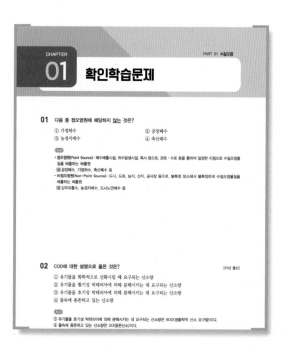

최신기출문제

2022~2018년의 지방직, 서울시 9급 환경공학개론 최신기출문제를 수록하였습니다. 최근 출제된 기출문제를 풀어 보며 출제유형과 난이도를 파악하고, 해설과 관련된 공식을 추가하여 이론에 대한 내용을 보충하고 주요 개념을 이해하는 데 도움이 되도록 구성하였습니다.

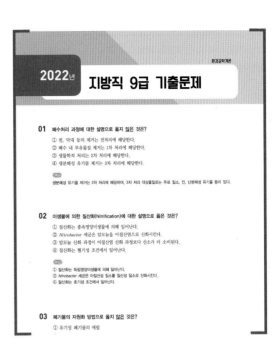

실전모의고사

최신 기출유형을 바탕으로 구성한 실전모의고사 2회분을 수록하여 효과적으로 실력을 쌓을 수 있도록 하였습니다. 또한 혼자서도 학습하는 데 무리가 없도록 명쾌한 해설을 수록하였습니다.

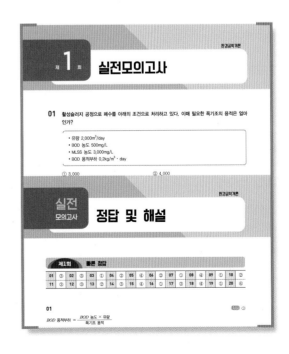

목 차

페이지	개정 전	개정 후
221 PLUS 참고	미세먼지(PM2.5)	초미세먼지(PM2.5)
231~232 9번	오존의 대기환경기준, 주의보, 경보, 중대경보 발령 시 오존의 농도를 차례로 쓴 것은? [02년 환경부]	오존의 대기환경기준(8시간 기준), 주의보, 경보, 중대경보 발령 시 오존의 농도(ppm)를 차례로 쓴 것은? [02년 환경부]
231~232 9번	기존 해설 내용과 동일	(기존 해설 내용에 아래의 표 추가) 대기환경기준 | 항목	평균시간	기준치
O_3(ppm)	8시간	0.06
	1시간	0.1	
243 38번	• 라돈은 실내공기질 권고 기준 항목에 속한다(권고기준 : NO₂, Rn, VOC, CFU). • 실내공기질 유지 기준 : 미세먼지(PM10, PM2.5), 이산화탄소, 일산화탄소, 총부유세균, 포름알데히드	• 라돈은 실내공기질 권고 기준 항목에 속한다(권고기준 : 이산화질소, 라돈, 총휘발성 유기화합물, 곰팡이). • 실내공기질 유지 기준 : 미세먼지(PM10, PM2.5), 이산화탄소, 일산화탄소, 총부유세균, 폼알데하이드
376, 386 1번	• 폐알카리(액체상태의 폐기물로서 ~	• 폐알칼리(액체상태의 폐기물로서 ~
377, 386 1번	㉈ 폐유독물질(「화학물질관리법」 제2조 제2호의 유독물질을 폐기하는 경우로 한정하되, 폐농약, 부식성 폐기물, 폐유기용제, PCB 함유 폐기물은 제외)	㉈ 폐유독물질(「화학물질관리법」 제2조 제2호의 유독물질을 폐기하는 경우로 한정하되, 폐농약, 부식성 폐기물, 폐유기용제, PCB 함유 폐기물 및 수은폐기물은 제외)
386 1번	• 폐형광등의 파쇄물(폐형광등을 재활용하는 과정에서 발생되는 것으로 한정)	• ~~폐형광등의 파쇄물(폐형광등을 재활용하는 과정에서 발생되는 것으로 한정)~~
388 6번	[02년 서울] ① 소각잔재물 ② 폐수처리 슬러지 [03년 대구 / 경남 / 인천] ③ 소각잔재물 ⑤ 공정오니 지정폐기물이란 사업장폐기물 중 주변환경을 오염시키거나 인체에 해를 끼칠 수 있는 물질로서 폐유, 소각잔재물, 소각재, 공정오니 등이 있다.	~~[02년 서울]~~ ① 소각재 ② 폐수처리 오니 ~~[03년 대구 / 경남 / 인천]~~ ③ 공정오니 ~~⑤ 공정오니~~ 지정폐기물이란 사업장폐기물 중 주변환경을 오염시키거나 인체에 위해를 줄 수 있는 해로운 물질로서 폐유, 소각재, 공정오니 등이 있다.
434 21번	정답 ①	정답 ②

CHAPTER 01 수질오염의 개요

01 물의 특성

1 순수한 물의 특성

(1) 물은 수소와 산소의 공유결합과 수소결합으로 이루어져 있으며 쌍극성을 이루므로 많은 용질에 대하여 우수한 용매로 작용한다.

(2) 순수한 물은 비중이 1(4℃ 기준)이며, 분자량은 18, 몰농도는 55.56M이다.

(3) 물은 비열, 비점, 용해도, 증발열량, 표면장력 등이 크다.

(4) 물의 밀도는 극성 때문에 4℃에서 1g/cm^{3}로 가장 크고, 온도가 높아질수록 물의 밀도는 감소한다.

(5) 물의 비열은 1cal/g · ℃이며, 비슷한 분자량을 갖는 다른 화합물보다 비열이 크다.

(6) 물의 비점(끓는점)은 100℃이며, 증발열은 539cal/g이다.

(7) 물의 빙점(어는점)은 0℃이며, 융해열은 79cal/g이다.

(8) 물의 점성은 온도가 증가할수록 작아진다.

(9) 물의 표면장력은 온도가 상승할수록, 불순물 농도가 높을수록 감소한다.

(10) 물의 극성은 물이 갖고 있는 높은 용해성과도 연관이 있다.

(11) 물의 비점에서 증기압은 1기압(760mmHg)이며, 온도가 올라갈수록 증가한다.

2 물의 분포

(1) **물의 분포**

지구상의 물은 크게 해수와 담수로 나뉘며, 담수는 빙하, 지표수, 지하수 및 공기 중에 존재하는 수분으로 나누어진다.

(2) **물의 함유량**

① 지구상의 물은 해수가 97%, 담수가 3%이다.

② 담수 중에 가장 많은 양을 차지하는 것은 빙하이다.

(빙하 > 지하수 > 지표수 > 공기 중에 존재하는 수분)

③ 담수 중 바로 이용 가능한 물은 약 11% 정도에 불과하다.

3 자연수의 특성

(1) 우수의 특성

① 우수의 주성분은 해수와 비슷하다.

② 우수는 공기 중의 이산화탄소로 인하여 대부분 산성이다.

③ 우수는 용해성분이 적어 완충능력이 떨어진다.

④ 오염되지 않은 우수의 pH는 약 5.6 정도이며, pH가 5.6보다 낮을 때 산성비로 정의한다(산성비의 원인물질 : SOx, NOx, HCl 등).

(2) 해수의 특성

① pH는 약 8.2로 약알칼리성이다.

② 해수의 Mg/Ca비는 3~4 정도로 담수의 0.1~0.3에 비해 크다.

③ 해수의 염도는 약 35,000ppm 정도이며, 심해로 갈수록 커진다.

④ 염분은 적도 해역에서 높고, 극지방 해역에서는 다소 낮다.

⑤ 해수의 밀도는 약 $1.02 \sim 1.07 \text{g/cm}^3$ 정도이며, 수심이 깊어질수록 증가한다.

⑥ 해수의 주요성분 농도비는 일정하고, 대표적인 구성원소를 농도에 따라 나열하면 $Cl^- > Na^+ > SO_4^{2-} > Mg^{2+} > Ca^{2+} > K^+ > HCO_3^-$ 순이다.

⑦ 해수의 주요 성분 농도비는 항상 일정하다.

⑧ 해수 내 전체 질소 중 35% 정도는 NH_3-N, 유기질소 형태이다.

(3) 지표수의 특성

① 지상에 노출되어 있어 오염의 우려가 크다.

② 탁도가 높고, 유기물질이 많다.

③ 광물질의 함유량이 적고, 경도가 낮다.

④ 용존 산소농도가 크고, 수질 변동이 비교적 심하다.

(4) 지하수의 특성

① 지표수가 토양을 거치는 동안 흡착 및 여과에 의해 불순물과 세균이 제거되어 지하수 내에는 불순물과 세균이 거의 없다.

② 비교적 얕은 지하수에서는 염분농도가 하천수보다 평균 30% 정도 높다.

③ 지표수에 비해 국지적인 환경조건의 영향을 크게 받는다.

④ 일반적으로 CO_2 존재량이 많아 약산성을 띤다.

⑤ 자정속도가 느리고 물의 경도가 매우 높다.

⑥ 무기물 함량이 높고 공기 용해도가 낮다.

⑦ 유속이 대체로 느리고 연중 온도 변화가 매우 적다.

⑧ 지하수 중 천층수가 오염될 가능성이 가장 높다.

02　수질오염의 개념

1　수질오염의 정의

수질오염이란 인간의 활동에 의해 배출된 하수 및 폐수 등이 수질을 악화시킴으로써 사람과 동·식물의 건강과 생활환경에 피해를 발생시키는 것이다. 수질오염은 오염물질이 물의 자연정화능력을 초과한 상태, 즉 환경용량을 초과한 상태를 말한다.

> **⊕ PLUS 참고 📋**
>
> 환경용량
> 일정한 지역에서 환경오염 또는 환경훼손에 대하여 환경이 스스로 수용, 정화 및 복원하여 환경의 질을 유지할 수 있는 한계(「환경정책기본법」 제3조)

> **⊕ PLUS 용어정리 ✓**
>
> - **물** : 물은 인간을 비롯한 모든 생물체의 생존에 가장 중요한 물질로 세포의 형태를 유지하고 대사 작용을 도우며 혈액과 조직액의 순환을 원활하게 하는 물질이다.
> - **물의 용도별 분류**
>   - 상수 : 음료수나 사용수 따위로 쓰기 위하여 수도관을 통하여 보내는 맑은 물
>   - 하수 : 상수의 사용 후 배출된 물
>   - 중수 : 하수를 처리하여 재이용할 수 있도록 만든 물(청소용, 변기용 등으로 이용)
> - **폐수** : 물에 액체성 또는 고체성의 수질오염물질이 섞여 있어 그대로는 사용할 수 없는 물(「물환경보전법」 제2조)

2　수질오염원

수질오염원은 그 발생원에 따라 점오염원 및 비점오염원으로 분류할 수 있다.

(1) 점오염원(Point Source)

폐수배출시설, 하수발생시설, 축사 등의 관로·수로 등을 통하여 일정한 지점으로 수질오염물질을 배출하는 배출원
예 공장폐수, 가정하수, 축산폐수 등

(2) 비점오염원(Non-Point Source)

도시, 도로, 농지, 산지, 공사장 등의 불특정 장소에서 불특정하게 수질오염물질을 배출하는 배출원
예 강우유출수, 농경지배수, 도시노면배수 등

> **⊕ PLUS 용어정리 ✓**
>
> - **수로** : 환경부령으로 정하는 수로(지하수로, 농업용 수로, 하수관로, 운하)
> - **강우유출수** : 비점오염원의 수질오염물질이 섞여 유출되는 빗물 또는 눈 녹은 물 등

3 수질오염원의 방지대책

(1) 점오염원 방지

점오염원의 경우 특정한 지점으로부터 배출되는 배출원이므로 일반적으로 사용하고 있는 수처리 방법을 이용하여 처리가 가능하다. 처리방법을 선택할 때에는 각 처리방법의 특징을 파악한 후 건설비, 유지관리비 및 운전의 용이성 등의 검토가 이루어져야 한다.

① **물리적 처리** : 유입되는 폐수에 부피 및 비중이 큰 고형물을 걸러 내거나 침강시켜 제거하는 처리방법을 말한다.
　　예 스크린, 혼합, 침전, 여과 등
② **화학적 처리** : 유입되는 폐수에 침전이 잘 되지 않는 입자성 물질이나 유기물질 등이 포함되어 있을 경우 응집제를 이용하여 침전을 제거하거나 잔류성 유기물질을 산화 처리하는 등의 방법을 말한다.
　　예 중화, 응집, 산화 및 환원, 살균 등
③ **생물학적 처리** : 미생물을 이용하여 유기물 등을 제거하는 방법으로, 산소 존재 여부에 따라 호기성 처리 및 혐기성 처리로 나뉜다.
　　예 활성슬러지, 회전원판법, 혐기성소화 등

(2) 비점오염원 방지

비점오염원의 경우 불특정 지점으로부터 배출되는 배출원으로, 배출경로 및 발생량·배출량 등의 수집이 어려워 일반적인 처리방법으로는 오염의 처리가 불가능하며, 사전오염예방의 개념으로 오염을 방지한다.

① 비료 및 농약의 사용을 자제한다.
② 비점오염원의 수질특성과 수계에 미치는 영향을 파악한다.
③ 빗물과 함께 유출되는 오염물질을 줄인다(초기 우수처리시설 설치).
④ 자연적인 질소고정을 통하여 영양분을 공급한다.
⑤ 오염원과 수자원 사이의 수변생태계를 보강한다.

[표 1-1] 점오염원 및 비점오염원의 비교

구분	점오염원	비점오염원
정의	일정한 지점으로 수질오염물질을 배출하는 배출원	불특정 장소에서 불특정하게 수질오염물질을 배출하는 배출원
발생원	공장폐수, 가정하수, 축산폐수 등	강우유출수, 농경지배수, 도시노면배수 등
특징	• 갈수 시 하천수의 수질악화 • 인위적인 활동에 의한 오염 • 생활특성, 시간 등에 따른 변화	• 홍수 시 하천수의 수질악화 • 인위적·자연적 활동에 의한 오염 • 일간·계절 간 변화가 큼 • 발생량의 예측이 어려움

4 수질오염물질 및 인체에 미치는 영향

(1) 수질오염물질

수질오염물질은 수질오염의 원인이 되는 물질을 의미하며, 다음 표에 제시된 59개의 물질이 해당된다.
(「물환경보전법 시행규칙」 제3조 별표2). 이 중 3개의 물질 '스티렌, 비스(2 – 에틸헥실)아디페이트, 안티몬'은 2019년에 추가되었고, '브롬화합물, 유기용제류'는 2019년에 삭제되었다. 또한 과불화옥탄산(PFOA), 과불화옥탄술폰산(PFOS), 과불화헥산술폰산(PFHxS)이 2020년에 새롭게 추가되었다.

[표 1-2] 수질오염물질

구리와 그 화합물	질소화합물	생태독성물질(물벼룩)
납과 그 화합물	철과 그 화합물	1, 4 – 다이옥산
니켈과 그 화합물	카드뮴과 그 화합물	디에틸헥실프탈레이트(DEHP)
총 대장균군	크롬과 그 화합물	염화비닐
망간과 그 화합물	불소화합물	아크릴로니트릴
바륨화합물	페놀류	브로모포름
부유물질	페놀	퍼클로레이트
비소와 그 화합물	펜타클로로페놀	아크릴아미드
산과 알칼리류	황과 그 화합물	나프탈렌
색소	유기인 화합물	폼알데하이드
세제류	6가 크롬 화합물	에피클로로하이드린
셀레늄과 그 화합물	테트라클로로에틸렌	톨루엔
수은과 그 화합물	트리클로로에틸렌	자일렌
시안화합물	폴리클로리네이티드바이페닐	스티렌
아연과 그 화합물	벤젠	비스(2 – 에틸헥실)아디페이트
염소화합물	사염화탄소	안티몬
유기물질	디클로로메탄	과불화옥탄산(PFOA)
유류(동·식물성 포함)	1, 1 – 디클로로에틸렌	과불화옥탄술폰산(PFOS)
인화합물	1, 2 – 디클로로에탄	과불화헥산술폰산(PFHxS)
주석과 그 화합물	클로로포름	

(2) 대표적 수질오염물질 및 인체에 끼치는 영향

① 수은(Hg)
  ㉠ 배출원 : 수은전극 제조 공장, 농약 공장, 금속 광산, 정련 공장, 도료 공장 등
  ㉡ 영향
    • 만성중독 : 언어 장애, 지각이상, 신경쇠약, 난청, 감각마비, 중추신경 장애(헌터 – 러셀 증후군), 미나마타병 유발(유기수은 화합물인 알킬수은이 원인)
    • 급성중독 : 위장병(구토, 설사), 경구염, 수족의 떨림
② 카드뮴(Cd)
  ㉠ 배출원 : 정련 공장, 도금 공장, 전기기기 공장, 안료, 염화비닐 정제 등
  ㉡ 영향
    • 만성중독 : 위장 장애, 내분비 장애, 골연화증, 신장기능 장애
    • 급성중독 : 기관지염, 폐부종, 신장결석, 이타이이타이병 유발
③ 비소(As)
  ㉠ 배출원 : 광산 정련 공장, 의약품 공장, 농약 공장, 피혁 제조업, 유리 제조, 비료(암모니아) 제조 공장

ⓒ 영향
- 만성중독 : 흑피증, 색소침착, 수족의 지각 장애, 간장비대 등의 순환기 장애
- 급성중독 : 구토, 설사, 복통, 탈수증, 위장염, 혈압저하, 순환기 장애 등

④ 납(Pb)

ⓐ 배출원 : 도자기 제조업, 농약, 납축전지 제조, 안료 제조, 인쇄 공업, 요업

ⓒ 영향
- 만성중독 : 두통, 정신착란, 적혈구 장애(빈혈), 심근마비, 중추신경 장애, 신장 장애
- 급성중독 : 급성위장병(복통, 구토)

⑤ 6가 크롬(Cr^{6+})

ⓐ 배출원 : 광산, 합금 제조업, 크롬 도금 공업, 피혁 제조업, 화학 공업(크롬산 제조)

ⓒ 영향
- 만성중독 : 폐암, 기관지암, 미각 장애, 위장염
- 급성중독 : 피부궤양, 부종, 구토, 복통, 혈뇨

⑥ 망간(Mn)

ⓐ 배출원 : 광산, 건전지 제조, 유리, 염료 공업 등

ⓒ 영향 : 만성중독 – 신경병, 파킨슨씨병(언어 장애, 간경변증)

⑦ 구리(Cu)

ⓐ 배출원 : 광산, 제련, 도금 공업, 전선 제조업, 파이프 제조업 등

ⓒ 영향
- 만성중독 : 비점막의 충혈, 만성위장염, 피부궤양, 간경변, 혈색증
- 급성중독 : 구토, 위통, 호흡곤란, 혈압하강

⑧ 아연(Zn)

ⓐ 배출원 : 도금 공장, 아연 광산, 아연합금 제조 공장

ⓒ 영향 : 급성중독 – 발열, 구토, 설사, 피부염

⑨ 시안(CN)

ⓐ 배출원 : 도금 공장, 금속 정련, 석유 정제, 가스 공업, 청산가리 제조 공장

ⓒ 영향 : 두통, 현기증, 의식 장애, 경련, 구토

⑩ PCB

ⓐ 배출원 : 변압기, 콘덴서, 도료, 감압지, 접착제

ⓒ 영향 : 신경내분비 장애, 간장 장애(황달), 수족마비, 카네미유증

⑪ 유기인

ⓐ 배출원 : 농약(파라티온, 메틸파라티온, 메틸디메톤, EPN) 제조, 유기인화합물, 합성세제

ⓒ 영향 : 청력・언어・시력 감퇴, 두통, 현기증

⑫ 플루오르(F)

ⓐ 배출원 : 살충제, 방부제, 유리 제조 공장, 인산비료 제조, 알루미늄 정련 등

ⓒ 영향 : 만성중독 – 위경화증, 반상치, 충치 유발, 신장염

(3) 기타 오염물질 및 인체에 끼치는 영향

수질오염물질	인체에 미치는 영향
1, 1-디클로로에틸렌	• 400ppm 이상 흡입 시 신경쇠약 증상 • 두통, 시각장애, 간기능 장애
1, 1, 1-트리클로로에탄	중추신경 억제, 간장 장애 유발
벤젠	• 발암성 • 피로, 두통, 식욕부진
사염화탄소	구토, 신경 장애, 간손상
셀렌	만성중독 시 우울증, 위장 장애 유발
알루미늄	알츠하이머병 위험인자
에틸벤젠	눈 및 피부 가려움증, 점막손상
철	간종양, 간경변, 내분비 장애
총트리할로메탄	중추신경 억제, 간장 및 신장 손상
크실렌	• 피부염 • 눈, 코, 인후 자극
테트라클로로에틸렌	발암성, 중추신경 억제
톨루엔	두통, 현기증, 피로
트리클로로에틸렌	중추신경 억제

03 수질환경 미생물

1 생태계

(1) 생태계의 정의

여러 생물체들이 무생물적 요소를 바탕으로 타 태양에너지와 타 생물군집 등에서 영양분을 섭취하면서 기후 등의 물리적 환경에 적응하며 살아가는 생명유지 체계를 생태계라고 한다.

> **➕ PLUS 참고 📖**
>
> 카프라(F. Capra)의 생태계 여섯 원리
> • **관계** : 자연계의 모든 단계에서 모든 생명계는 다른 생명계 안에서 살아간다.
> • **순환** : 물질은 생물의 그물을 통하여 끊임없이 순환한다.
> • **태양에너지** : 태양에너지는 생태적 순환을 촉진한다.
> • **상호의존** : 에너지와 자원의 교환은 끊임없는 상부상조에 의해 지속된다.
> • **다양성** : 생태계는 풍요롭고 복잡한 생태적 그물을 통해 안정과 복원을 얻는다.
> • **역동적 균형** : 생태계는 유연하면서도 끊임없이 요동하는 네트워크이다.

(2) 생태계의 구성

① 생물체

㉠ 생산자 : 광합성 등을 통해서 스스로 몸에 필요한 양분 및 에너지를 만들어 공급하는 식물 및 식물성 플랑크톤

㉡ 소비자 : 스스로 양분을 만들지 못하기 때문에 식물이나 다른 생물을 먹어야만 살 수 있는 동물

㉢ 분해자 : 세균, 버섯, 곰팡이 등과 같이 죽은 동·식물의 몸을 먹거나 분해하는 미생물

② 무생물체 : 물, 공기, 토양, 광물, 암석 등

(3) 생태계의 물질순환

① 탄소의 순환

탄소는 생물권을 구성하는 주요 원소로써, 대기 중에서는 이산화탄소(CO_2)로 존재하며 지구 환경을 순환한다([그림 1-1] 참조).

㉠ 식물이 광합성을 통해 공기(환경) 중의 CO_2 흡수

㉡ 식물체 내의 탄소(탄수화물, 지방, 단백질 등)는 먹이사슬을 거쳐 동물이 이용

㉢ 동·식물의 호흡을 통해 CO_2 방출

㉣ 동·식물의 사체는 미생물의 호흡 과정을 거치고 이 과정에서 CO_2 방출

㉤ 퇴적된 사체는 화석연료가 되고, 인간이 이용하면서 다시 대기 중에 CO_2 방출

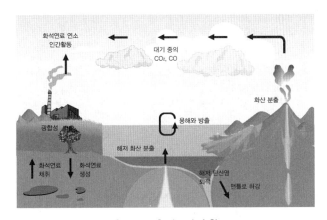

[그림 1-1] 탄소의 순환

② 질소의 순환

질소의 순환은 질소가 다양한 화학 형태로 바뀌어가는 과정을 말한다([그림 1-2] 참조).

㉠ 식물이 토양의 질소산화물 흡수

㉡ 동물의 먹이, 그중 단백질원으로 동물의 성장에 관여

㉢ 동·식물의 사체나 배설물 속의 질소화합물은 흙 또는 물속에서 암모니아로 분해

㉣ 일부는 질소가스로 대기 중에 방출, 일부는 아질산, 질산으로 산화되어 식물의 영양원으로 이용

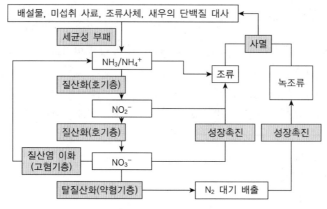

[그림 1-2] 질소의 순환

③ 물의 순환

　　㉠ 지구상의 물은 해수와 담수로 크게 나뉘며 이 중 해수가 97% 이상을 차지하고 있다.

　　㉡ 담수는 3% 미만으로 빙하, 지하수, 지표수, 공기 중에 존재하는 수분으로 나누어진다.

　　㉢ 담수 중 바로 이용 가능한 물은 약 11% 정도이다.

　　㉣ 물은 증발과 증산의 과정을 통해 대기로 방출되고, 대기 중의 물방울은 응결하여 강우나 강설의 형태로 지상으로 떨어진다. 또한 지표수 및 지하수는 침투 및 유출의 과정을 통하여 유지된다 ([그림 1-3] 참조).

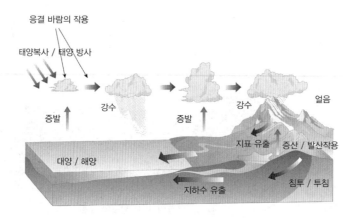

[그림 1-3] 물의 순환

2 수질환경 미생물의 종류 및 특징

(1) 미생물의 종류

① 박테리아(세균)

　　㉠ 유기물 분해 및 폐수처리에 있어서 가장 중요한 미생물이다.

　　㉡ 분자식 : 호기성 박테리아 $C_5H_7O_2N$, 혐기성 박테리아 $C_5H_9O_3N$

　　㉢ 성장에 필요한 BOD : N : P의 적정 비율은 100 : 5 : 1(무게비)이다.

ⓔ 엽록소가 없으며, 크기는 약 0.8~5μm이다.

ⓜ 형태 : 구균, 간균, 나선균 등

➕ PLUS 참고

박테리아(Bacteria)
- **황산화 미생물** : Thiobacillus, Beggiatoa, Thiotrix, Thioplaca 등
- **황환원 미생물** : Desulfovibrio 등
- **철산화 미생물** : Ferrobacillus, Gallionella, Crenotrix, Sphaerotilus, Leptotrix 등

② 조류(Algae)

ⓐ 엽록소를 가지고 있는 단세포 또는 다세포 식물이다.

ⓑ 탄소동화작용을 하며 무기물을 섭취한다.

ⓒ 갖가지 맛과 냄새를 유발한다.

ⓓ 산화지를 이용한 수처리에서 산소공급원 역할을 한다.

ⓔ 광합성 시 수중의 CO_2를 섭취하므로 수중의 pH를 증가시킨다.

ⓕ 분자식 : $C_5H_8O_2N$

ⓖ 종류 : 규조류, 남조류, 녹조류 등

➕ PLUS 용어정리

- **규조류**
  - 엽록소 a, c와 크산토필의 색소를 가지고 있고 세포벽의 형태가 독특한 단세포 조류이다.
  - 찬물 속에서 잘 자라 북극 지방에서나 겨울철에 번성하는 것을 발견할 수 있다.
  - 보통은 단세포이며 드물게 군락을 이루고 있는 경우도 있다.
- **남조류**
  - 섬유상이나 군락사의 단세포로 편모가 없다.
  - 엽록소가 엽록체 내부에 있지 않고 세포 전체에 퍼져있는 원핵생물로 광합성을 한다.
  - 내부기관이 발달되어 있지 않고 박테리아에 가깝다.
- **녹조류** : 종류는 단세포와 다세포가 있으며 클로로필 a, b를 가지고 있다.

③ 균류(Fungi)

ⓐ 활성슬러지법에서 잘 침전하지 않고 벌킹 현상을 일으킨다.

ⓑ 사상균으로서 낮은 pH(2~5)에서도 잘 성장한다.

ⓒ 분자식 : $C_{10}H_{17}O_6N$

ⓓ 일반적으로 폭이 5~10μm 정도이다.

➕ PLUS 용어정리

- **슬러지** : 하수처리장, 정수장, 폐수처리시설 등에서 발생하는 액체상태의 부유물이나 침전된 고형물
- **벌킹 현상** : 활성슬러지법에서 산소·질소성분이 모자라 박테리아보다 진균이 많이 번식하여 슬러지가 쉽게 농축되지 않는 현상
- **사상균** : 대체로 곰팡이, 효모균을 지칭하나 진균류 전체를 지칭하기도 한다.

④ 원생동물(Protozoa)

ⓐ 단핵이고 운동성이 있으며 광합성을 하지 않는다.

ⓑ 크기가 100μm 이내로 세포보다 크다.

ⓒ 세균이나 효모 등을 포식하므로 먹이연쇄의 중간단계를 이룬다.

ⓔ 분자식 : $C_7H_{14}O_3N$

ⓜ 종류 : 위족류, 편모류, 섬모류, 흡관충 등

> **PLUS 참고** 📑
>
> 활성슬러지에서 원생동물의 역할
> - 활성슬러지 생물 중 약 5%를 차지한다.
> - 원생동물의 배설물이 하나의 핵으로 작용하여 플록(큰 응집물) 형성을 돕는다.
> - 분산세균을 포식한다.
> - 미생물과의 접촉기회를 높인다.
> - 폐수처리 효율을 증대시킨다.

⑤ 후생동물(Metazoa)

ⓐ 원생동물 이외의 다세포 동물을 총칭한다.

ⓑ 수중의 유기물질, 세균, 조류 및 원생동물 등을 먹이로 한다.

ⓒ 대형동물, 환형동물, 절족동물 등이 있다.

ⓓ 윤충(Rotifer, Rataria, Philodina 등)의 출현은 양호한 활성슬러지 운전, 하천의 용존산소가 풍부하고 깨끗이 처리된 정수지대로 간주한다.

(2) 미생물의 분류

① 증식온도에 따른 분류

ⓐ 고온성 미생물(친열성) : 50℃ 이상에서 성장하는 미생물(적온 65~70℃)

ⓑ 중온성 미생물(친온성) : 10~40℃ 범위에서 성장하는 미생물(적온 30℃ 범위)

ⓒ 저온성 미생물(친냉성) : 10℃ 이하에서 성장하는 미생물(적온 0~10℃ 범위)

> **PLUS 참고** 📑
>
> 생물학적 공정의 온도 설계인자
> - 13~37℃의 범위로 설계한다(대체로 적온 20~28℃ 범위).
> - 13℃ 이하 : 질산화 및 탈질세균의 활성이 떨어진다.
> - 37℃ 이상 : 고온균 및 세균의 증식이 많아지고, 플록 형성이 잘 되지 않는다.

② 용존산소(DO) 존재 여부에 따른 분류

ⓐ 호기성(Aerobic) 미생물

- 세포의 유지와 합성에 필요한 에너지를 얻기 위해 산소를 필요로 하는 미생물
- 수중의 용존산소를 이용
- 균류, 조류, 원생동물 및 일부 세균 등
- 활성슬러지, 살수여상법, 산화구법 등에 이용

ⓑ 혐기성(Anaerobic) 미생물

- 세포의 유지와 합성에 필요한 에너지를 얻기 위해 산소를 필요로 하지 않는 미생물(DO가 아닌 염형태의 산소 이용)

- 산소는 독성으로 작용
- 혐기성 소화법 등에 이용
ⓒ 임의성(Facultative anaerobes) 미생물
  - 산소의 여부에 구애받지 않고 증식 가능한 미생물
  - 통성혐기성, 통성호기성, 조건성 미생물
  - 대부분의 세균 및 효모는 임의성 미생물
③ 기질(Food)에 따른 분류
  ㉠ 종속영양 미생물(Heterotrophic)
    - 유기물을 기질로 이용하는 미생물
    - 탄소원으로 유기물 혹은 환원된 탄소를 이용
    - 일반세균, 균류, 편모충류, 원생동물 등
    - 활성슬러지, 탈질산화, 생물막 등에 관여하는 많은 미생물군
  ㉡ 독립영양 미생물(Autotrophic)
    - 무기물을 기질로 이용하는 미생물
    - 탄소원으로 CO_2를 이용
    - 조류, 질산화균, 황세균 등

(3) 미생물 성장곡선
① 대수성장 단계(대수증식기)
  ㉠ 미생물의 수가 급증한다.
  ㉡ 증식속도가 최대가 된다.
  ㉢ 영양분이 충분하면 미생물은 최대속도로 증식한다.
② 감소성장 단계(감쇠증식기)
  ㉠ 영양소 공급이 부족하기 시작하여 증식률·사망률이 같아질 때까지 성장이 둔화된다.
  ㉡ 생물수가 최대가 된다.
  ㉢ 생존한 미생물의 중량보다 미생물 원형질의 전체 중량이 더 크게 된다.
③ 내생호흡 단계(휴지기)
  ㉠ 생존한 미생물이 부족한 영양소를 두고 경쟁한다.
  ㉡ 자산화를 통해 에너지를 얻는다.
  ㉢ 원형질의 전체 중량이 감소한다.

➕ PLUS 용어정리 ✅

자산화(autooxidation) : 충분한 외부 영양분이 없을 때 미생물 스스로 세포내의 물질을 분해하여 에너지를 얻는 현상으로 자가산화, 자동산화 등으로도 불린다.

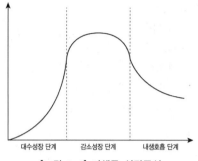

[그림 1-4] 미생물 성장곡선

PLUS 참고

활성슬러지 플록의 침강 · 분리
활성슬러지 공법에서 깨끗한 처리수를 얻기 위해서는 2차 침전지에서 활성슬러지의 양호한 응집성과 침전성이 보장되어야 한다. 대수성장 단계의 경우 F/M비가 클 때 일어나며, 이때 유기물의 제거속도는 커지지만 응집성과 침전성은 떨어진다. 미생물의 증식이 진행되면 F/M비가 감소하여 미생물은 감소성장 단계를 거쳐 내생호흡 단계에 접근하게 되는데, 이때 미생물의 흡착력, 응집성 및 침강성이 향상된다. 따라서 활성슬러지 공법에서는 감소성장 단계로부터 내생호흡 단계에 걸쳐 존재하는 미생물을 이용하는 것이 바람직하다.

PLUS 참고

세포의 비증식속도(Monod 식)

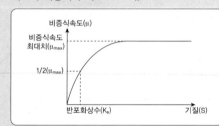

$$\mu = \mu_{max}\frac{S}{K_s + S}$$

- μ : 세포의 비증식속도[1/d]
- μ_{max} : 세포의 최대 비증식속도[1/d]
- S : 제한 기질 농도[mg/L]
- K_s : 반포화 농도[mg/L]

04 수질오염의 지표

1 수소이온 농도(pH)

(1) 정의

용액 1L 중에 존재하는 수소이온 농도의 역수를 상용대수로 표현한 것을 말한다.

$$pH = \frac{1}{\log[H^+]} = -\log[H^+], \ 0 \sim 14까지 범위, \ pH + pOH = 14$$

$$pH = \frac{1}{\log[H^+]} = -\log[H^+], \ [H^+] = 10^{-pH}M$$

$$pOH = \frac{1}{\log[OH^-]} = -\log[OH^-], \ [OH^-] = 10^{-pOH}M$$

(2) 특징

① 수소이온 농도는 수질의 주요 지표로 사용되는데, 미생물 생존환경을 결정하는 지표로 활용되며 적정 pH를 유지하지 못할 경우 수질에 많은 영향을 미치게 된다.

② 수질의 산이나 알칼리의 강도를 나타낸다.

③ 정수처리공정의 염소소독이나 응집공정의 중요한 인자로 활용된다.

2 용존산소(DO : Dissolved Oxygen)

(1) 정의

물속에 용존되어 있는 산소량을 의미하며, 용존산소의 농도는 평형상태의 농도가 아니라 산소의 용해도에 의해 제한된 상태의 농도를 나타낸다.

(2) 특징

① 호기성 미생물의 호흡대사를 지배하는 중요한 인자이다.

② 유기물질을 생물학적으로 산화하는 데 관여하는 중요한 지표이다.

③ DO는 낮은 수온, 높은 기압, 낮은 염류 농도에서 증가한다.

④ 조류에 의한 광합성 작용으로 인하여 주간의 DO 농도가 야간의 DO 농도보다 높다.

⑤ 수심이 얕고, 유속이 빠르며, 난류의 흐름이 있을 때 DO 농도가 증가한다.

⑥ DO 농도가 2mg/L 이상이면 악취발생은 거의 없고, 어류의 생존에 필요한 DO 농도는 5mg/L 이상이다.

⑦ 임계점을 결정하는 인자로는 수온, 유입 BOD량, 유량 및 유속 등이 있다.

⑧ 대표적인 측정방법으로는 윙클러-아자이드화나트륨변법, 격막전극법 등이 있다.

(3) 포화 용존산소량

순수한 물에서 용해될 수 있는 포화 용존산소량은 20℃에서 8.84mg/L, 0℃에서 14.16mg/L이다.

(4) 용존산소 부족곡선

하천의 유기오염물질 유입에 따른 DO 감소 및 하천의 흐름으로 인한 재포기를 바탕으로 생성되는 DO를 설명하는 곡선을 말한다([그림 1-5] 참조). 임계점은 용존산소가 가장 부족한 지점을 의미하며, 변곡점에서 재포기가 가장 활발하여 산소 복귀율이 최대를 나타낸다. 이때 DO는 조류의 광합성이 아닌 재포기에 의해 생기는 것이 대부분이다.

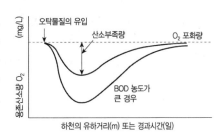

[그림 1-5] 용존산소 부족곡선

(5) DO의 용해도

① 수온이 낮고 유속이 빠를수록 용해도가 크다.

② 염분 및 불순물이 적을수록 용해도가 크다.

③ 바닥구배가 크고, 바닥 거칠기가 거칠수록 용해도가 크다.

④ 하천의 굽이 크고, 교란 작용이 있을수록 용해도가 크다.

3 생물학적 산소 요구량(BOD : Biochemical Oxygen Demand)

(1) 정의

① 수중에 있는 유기물이 호기성 미생물에 의해 산화・분해될 때 요구되는 산소량을 나타낸다.

② BOD는 유기물 함량을 나타내는 간접적인 지표로 BOD가 높으면 수중에 유기물질이 많이 함유되어 있음을 의미하며, 주로 20℃, 암소에서 5일간 배양했을 때 소모된 산소량을 분석하여 mg/L로 나타낸다.

(2) 특징

① BOD를 통하여 생물학적으로 분해 가능한 유기물 및 부패성 유기물의 총량을 간접적으로 파악할 수 있다.

② 수중에 유기물질의 함량이 높으면 BOD 농도가 높은 것을 의미하며, 이때는 유기물을 산화시키기 위해 용존산소가 고갈됨으로써 혐기성 상태로 변화한다.

③ 용존산소의 고갈로 혐기성 상태가 되면 CH_4, H_2S, NH_3 등의 악취가스가 발생한다.

(3) BOD 곡선

① 5일 BOD(BOD_5)

　㉠ 표준 온도 20℃, 5일간 미생물에 의해 소모된 산소량을 말한다.

　㉡ 일반적으로 말하는 BOD를 의미한다.

　㉢ BOD_5는 대부분 탄소화합물에 의한 산소 소모량을 의미한다.

② 1단계 BOD(C-BOD)

　㉠ 탄소화합물이 호기성 미생물에 의해 산화・분해되는 데 소비되는 산소량을 말한다.

　㉡ 20일 후 탄소화합물은 대부분 산화된다고 알려져 있다. 이때를 최종 BOD라고 하고, BOD_u로 표시한다.

③ 2단계 BOD(N-BOD)

　㉠ 질소화합물이 호기성 미생물에 의해 산화・분해되는 데 소비되는 산소량을 말한다.

　㉡ 탄소화합물의 산화・분해가 거의 진행된 이후 독립영양 미생물에 의한 질소산화가 발생한다.

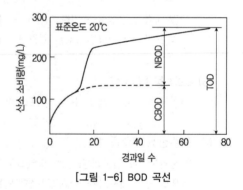

[그림 1-6] BOD 곡선

(4) BOD 공식

① 잔류 BOD 공식

$$BOD_t = BOD_u \times 10^{-kt}$$

- BOD_t : t일 후의 잔류 BOD
- t : 시간(day)
- BOD_u : 최종 BOD(BOD_u)
- k : 탈산소계수(day^{-1})

② 소비 BOD 공식

$$BOD_t = BOD_u \times (1 - 10^{-kt})$$

- BOD_t : t일 후의 소비된 BOD
- t : 시간(day)
- BOD_u : 최종 BOD(BOD_u)
- k : 탈산소계수(day^{-1})

✚ PLUS 참고

온도에 따른 탈산소계수(k)의 보정

$$k_T = k_{20} \times \theta^{T-20} (\theta = 1.047)$$

- T : 온도(℃)
- θ : 온도보정계수

4 화학적 산소 요구량(COD : Chemical Oxygen Demand)

(1) 정의
① 수중에 있는 유기물이 화학적 산화제에 의해 산화・분해될 때 요구되는 산소량을 나타낸다.
② COD 또한 유기물 함량을 나타내는 간접적인 지표로서 시료 중에 화학적으로 산화 가능한 유기물을 과망간산칼륨($KMnO_4$) 또는 중크롬산칼륨($K_2Cr_2O_7$) 등의 산화제로 산화시킨 후 소비되는 산화제의 양을 산소의 양으로 나타낸 것을 말한다.

(2) 특징
① BOD에 비해 측정시간이 짧다(약 2시간).
② 유기물의 양을 측정하기에는 BOD가 더욱 정확한 지표이다.
③ 호소, 저수지, 공장폐수 및 해수 등의 경우 BOD 대신 COD 측정을 기본으로 한다.

(3) COD 측정방법
① 과망간산칼륨법(COD_{Mn})
　㉠ 산성 100℃ 과망간산칼륨법
　　• 오염도가 낮은 하천 및 하수분석에 적합하다.
　　• 염소이온의 농도가 높은 시료에는 적용이 불가능하다(염소이온 농도 2,000mg/L 이하인 시료에 적용, 염소이온 방해를 제거하기 위해 황산은 또는 질산은 첨가).
　　• 측정시간이 짧다(산성 100℃에서 30분간 가열).
　　• 유기물의 산화력이 약 60% 정도로 약하다.
　　• 질소화합물의 산화가 어렵다.
　㉡ 알칼리성 100℃ 과망간산칼륨법 : 해수 등 염소이온이 다량 함유된 시료에 적합하다.
② 중크롬산칼륨법(COD_{Cr})
　㉠ 규정이 없는 한 해수를 제외한 모든 시료에 적용할 수 있다.
　㉡ 산화율이 80~100%로 높고, 재현성이 좋다.

ⓒ 2차 공해를 유발하고 시험방법이 복잡하며 측정시간이 긴 단점이 있다(2시간 이상).

ⓐ 외부 요인의 영향을 적게 받는다.

(4) BOD와 COD의 관계

일반적으로 COD값이 BOD값보다 약 $COD : BOD_5 = 2.0\sim3.0 : 1$ 정도의 범위로 크게 나타난다.

① 일반적인 경우로 COD가 BOD값보다 큰 경우($COD \geq BOD$)

    ㉠ 생물학적으로 분해 불가능한 유기물로 구성되어 있는 경우

    ㉡ 미생물에 독성을 끼치는 물질을 함유한 상태인 경우

② COD가 BOD값보다 작은 경우($COD \leq BOD$)

    ㉠ BOD 실험 중 질산화가 발생한 경우

    ㉡ 폐수 내 COD 실험 방해물질이 포함되어 있는 경우(지방족 탄화수소)

$$BOD = IBOD + SBOD$$
$$COD = ICOD + SCOD$$
$$COD = BDCOD + NBDCOD$$
$$BDCOD = BOD_u = K \times BOD_5$$
$$NBDCOD = COD - BOD_u$$

- I : 비용해성
- BD : 생물분해 가능
- K : 실험상수($BODu / BOD_5$)

- S : 용해성
- NBD : 생물분해 불가능

(5) 산소 요구량 비교

$$ThOD > TOD > COD > BOD_u > BOD_5 > TOC$$

- K값에 따라 BOD_5와 TOC의 순서가 변경되기도 함
- ThOD(Theoretical Oxygen Demand) : 이론적 산소 요구량
- TOD(Total Oxygen Demand) : 총 산소 요구량
- TOC(Total Organic Carbon) : 총 유기탄소량

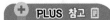
PLUS 참고

TOC(Total Organic Carbon)
- 시료 중 용존탄소를 고온에서 완전 연소시킨 후 발생되는 CO_2의 양을 적외선 분석장치로 측정한다.
- BOD, COD 분석시험보다 시간이 짧게 소요된다.
- 저농도 측정 시 재현성이 좋다.
- 실제 값보다 약간 낮게 측정되는 경향이 있다.
- 생물학적으로 분해 가능한 유기물질의 정량화가 어렵다.

5 부유고형물(SS : Suspended Solid)

(1) 정의 및 특징

① 부유물질(SS)은 물에 녹지 않고 떠다니는 물질로 입자의 크기가 $0.1\mu m$ 이상의 현탁고형물을 말한다.

② 침전 가능한 입자는 $5\mu m$ 이상의 크기를 갖고 있으며, 통상 도시폐수의 경우 50~60% 정도가 침전 가능하다.

③ 탁도, 색도를 유발하며 플랑크톤 및 세균 등의 미생물을 다량 함유하고 있다.

④ 조류의 광합성을 방해하고 어패류의 질식사를 일으키는 물질이다.

⑤ 주로 양조장, 제지, 펄프공장 등에서 발생한다.

(2) 고형물의 분류

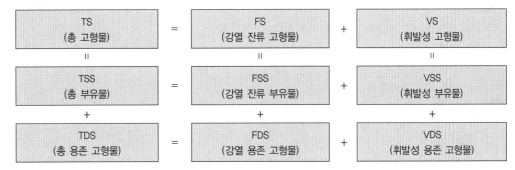

(3) 콜로이드

① 콜로이드의 크기는 $0.001~0.1\mu m$ 정도이며 용존 고형물에 포함된다.

② 콜로이드는 일반적으로 입자 간 상호 응집을 통해 제거한다.

③ 전기적으로 대전되어 있으며 대부분 음전하를 띠고 있다.

④ 비표면적이 커서 강한 흡착력을 가진다.

⑤ 친수성 콜로이드와 소수성 콜로이드로 나눌 수 있으며 특징은 다음과 같다.

성질	친수성	소수성
물리적 상태	유탁질(emulsoid)	현탁질(suspensoid)
표면장력	분산매보다 상당히 작음	분산매와 큰 차이 없음
점도	분산매보다 현저히 큼	분산매와 큰 차이 없음
Tyndall 효과	작거나 전무함	현저함(수산화철 제외)
전해질에 대한 반응	반응이 활발하지 못하고 많은 응집제 요함	전해질에 의해 용이하게 응집
예	전분, 단백질, 고무, 비누, 합성세제 등	금속수산화물, 황화물, 은, 할로겐화물, 금속, 점토 등

6 산도(Acidity)

(1) 정의

수계(하천, 호소)에서 알칼리를 중화시킬 수 있는 능력을 산도라고 한다.

(2) 종류

① 페놀프탈레인 산도(P 산도) : pH 8.3까지 높이는 데 주입된 알칼리의 양을 $CaCO_3mg/L$의 양으로 환산한 값을 페놀프탈레인 산도라고 한다.

② 메틸오렌지 산도(M 산도) : 산성상태의 물에 알칼리제(NaOH, KOH 등)를 주입, 중화시켜 pH 4.5까지 높이는 데 소모된 알칼리양을 $CaCO_3mg/L$의 양으로 환산한 값을 메틸오렌지 산도라고 한다.

(3) 특징

① 산도 및 알칼리도는 pH 4.5~8.3 사이에 공존한다.

② 물의 부식인자로 탄산가스 및 광산산도가 있다.

7 알칼리도(Alkalinity)

(1) 정의

수계에서 산을 중화시킬 수 있는 능력을 알칼리도라고 하며, 산 성분을 중화하는 데 필요한 알칼리 성분을 이에 대응하는 $CaCO_3mg/L$의 값으로 나타낸다.

(2) 종류

① 페놀프탈레인 알칼리도(P-Alk)

최초의 pH에서 pH 8.3까지 주입된 산의 양을 $CaCO_3mg/L$의 양으로 환산한 값을 페놀프탈레인 알칼리도라고 한다(페놀프탈레인 지시약 : 분홍색 → 무색).

② 메틸오렌지 알칼리도(M-Alk)

최초의 pH에서 pH 4.5까지 주입된 산의 양을 $CaCO_3mg/L$의 양으로 환산한 값을 메틸오렌지 알칼리도라고 한다(메틸오렌지 지시약 : 주황색 → 옅은 주황색).

(3) 알칼리도 계산

$$Alkalinity(CaCO_3\,mg/L) = \frac{a \cdot N \cdot 50}{V} \times 1,000$$

- a : 소비된 산의 부피(mL) 　　 • N : 산의 농도(eq/L) 　　 • V : 시료의 양(mL)

(4) 특징

① 자연수 중의 알칼리도의 형태는 HCO_3^-(중탄산염)이다.

② 수중의 알칼리도는 폐수와 지질에 의해 기인한다.

③ HCO_3^-가 많은 물을 가열하면 OH^-가 생성되어 pH가 높아진다.

(5) 수질에 미치는 영향

① 위생상 큰 영향은 없으나 쓴맛을 낸다.

② 알칼리도가 낮은 물은 완충능력이 작고 철에 대한 부식성이 있다.

③ 알칼리도가 높은 물은 다른 이온과 반응하여 관내 스케일을 형성할 수 있다.

④ 알칼리도는 수계에서 조류 및 수중생물의 성장에 중요한 역할을 한다.

(6) 알칼리도의 이용

알칼리도는 물의 연수화, 화학적 응집, 부식억제, 완충용량의 계산, 산업폐수의 생물학적 처리 적합성 판단 등에 이용된다.

> **➕ PLUS 참고 📄**
>
> 랑게리아 지수(LI : Langelier Index)
> - 원수의 pH가 6.5~9.5범위 내에 있을 때 탄산칼슘을 용해시킬 것인지 아니면 침전시킬 것인지를 나타내는 척도로서 물의 실제 pH와 이론적인 pH의 차이로 표시된다. 이것은 물의 안정도와 부식의 판단 여부를 나타내는 척도로 많이 이용된다.
> - LI = 물의 실제 pH − 포화상태에서의 물의 pH
>   - 랑게리아 지수 값이 양인 경우(LI > 0)
>   과포화상태로 침전이 발생되며, 탄산칼슘 피막이 형성되므로 물의 부식성이 적다.
>   - 랑게리아 지수 값이 음인 경우(LI < 0)
>   불포화 상태로 부식성이 크다고 할 수 있다.
>   - 랑게리아 지수 값이 LI = 0인 경우
>   평형상태이므로 물이 안정되어 있다.

8 경도(Hardness)

(1) 정의

경도는 물의 세기 정도를 나타내는 것으로, 물에 용해되어 있는 금속 2가 양이온(Sr^{2+}, Mg^{2+}, Fe^{2+}, Ca^{2+}, Mn^{2+} 등)에 의해 기인되며, 이에 대응하는 $CaCO_3$ mg/L의 값으로 나타낸다.

(2) 종류

① 총 경도 : 탄산경도와 비탄산경도의 합을 말한다.

② 탄산경도(일시경도)

㉠ 탄산경도는 간단하게 끓여서 제거 가능하므로 일시경도라고도 한다.

㉡ 탄산경도는 Ca^{2+}과 Mg^{2+} 등이 탄산염 또는 중탄산염으로 존재할 때 유발되는 경도를 말한다.

③ 비탄산경도(영구경도)

㉠ 비탄산경도는 끓여서도 제거할 수 없기 때문에 영구경도라고도 한다.

㉡ 비탄산경도는 Ca^{2+}과 Mg^{2+} 등이 산이온(SO_4^{2-}, NO_3^-, Cl^-, SiO_3^{2-} 등)과 결합하여 황산염, 질산염, 염화물, 규산염 등을 이루고 있을 때 유발되는 경도를 말한다.

> **➕ PLUS 용어정리 ✓**
>
> - 총 경도 = 일시경도 + 영구경도
> - 알칼리도 < 총 경도 : 일시경도 = 알칼리도
> - 알칼리도 > 총 경도 : 일시경도 = 총 경도

(3) 경도에 따른 수질 분류

분류		농도(mg/L)
연수(단물)		0~75
경수(센물)	약한 경수	75~150
	강한 경수	150~300
	아주 강한 경수	300 이상

(4) 경수의 영향

① 세탁효과를 저해한다(거품발생이 적다).

② 세제를 다량 사용하게 되어 인산염 등이 많이 유출되므로 부영양화의 원인이 된다.

③ 보일러, 온수관 등에 스케일을 유발하여 열효율이 저하된다.

④ 설사 및 복통을 유발할 수 있다.

⑤ 지하수의 경도가 지표수에 비해 높다.

(5) 연수화 방법

물속의 경도를 제거하여 연수로 전환하기 위하여 자비법, 석회-소다법, 이온교환법, 제올라이트법 및 막분리 등의 방법이 이용되고 있다.

(6) 경도의 계산

$$경도(HD) = \sum M^{2+}(mg/L) \times \frac{50}{M^{2+}당량}$$

- HD : 경도(mg/L as $CaCO_3$)
- M^{2+}당량 : 경도 유발물질의 각 당량 수(eq)
- M^{2+}(mg/L) : 2가 양이온 금속물질의 각 농도

➕ PLUS 참고 📋

경도와 알칼리도의 관계
- 총경도 ≥ 알칼리도(M-Alk)인 경우
  - 탄산경도(일시경도) = 알칼리도
  - 비탄산경도(영구경도)
    (총경도 - 알칼리도) ≥ 산도인 경우, 비산탄경도(영구경도) = 산도
    (총경도 - 알칼리도) ≤ 산도인 경우, 비산탄경도(영구경도) = (총경도 - 알칼리도)
- 총경도 ≤ 알칼리도(M-Alk)인 경우
  - 탄산경도(일시경도) = 총경도
  - 비탄산경도(영구경도) = 0

9 색도 및 탁도

(1) 색도

① 물에 나타나는 색 정도를 나타낸 것이다.

② 색도 표준액 1mL를 물 1L에 용해시켰을 때 나타나는 색(물 1L 속에 백금 1mg 또는 코발트 0.5mg을 포함했을 때 띠는 색)을 1도로 한다. 먹는 물 색도는 5도 이하로 정해져 있다.

③ 색도의 표준액은 백금과 코발트를 이용하여 조제한다.

(2) 탁도

① 수중의 부유물질 등에 의한 물의 혼탁한 정도를 나타낸 것이다.

② 우리나라 먹는 물 수질기준에는 1NTU(수돗물 0.5NTU) 이하로 관리되고 있으며, 미국의 경우에는 먹는 물의 탁도를 0.3NTU 이하로 규정하고 있다.

③ 황산히드라진과 헥사메틸렌테트라아민을 포함한 탁도 표준원액 2.5mL를 증류수 1L에 용해시켰을 때의 탁도를 1NTU라고 한다.

> **PLUS 참고**
>
> 탁도의 단위
> - 탁도의 단위는 NTU(Nephelometric Turbidity Unit)를 사용한다.
> - NTU 단위의 탁도표준원액은 황산히드라진과 헥사메틸렌테트라아민이 반응해서 생성된 포르마진 폴리머의 탁도가 400NTU인 것을 사용한다.
> - NTU 탁도와 도(mg/L)로 표시되는 탁도 단위와의 관계는 부유물질 입자의 크기가 1㎛ 이상일 때 2NTU = 1도(mg/L)이고 입자의 크기가 0.1㎛ 이하일 때에는 1NTU = 1도(mg/L)이다.

10 대장균군

(1) 정의

① Gram 음성, 무포자의 간균으로 젖당을 분해하여 산과 가스를 생성하는 호기성 또는 통성혐기성의 세균을 말한다.

② 식품이나 물의 분변에 의한 오염의 지표 세균으로 사용되고 있다.

(2) 특징

① 대장균군 자체는 무해하다.

② 대장균군은 병원균보다도 강한 세균이므로 방류수를 염소 소독했을 때, 대장균의 감소율로 병원균의 유무를 판정할 수 있다.

③ 검출이 용이하고 검사법이 간단하다.

④ 수계에서 대장균군이 많이 검출되었을 경우는 분변성 오염물이 유입되었음을 의미한다.

(3) 시험방법

① 최적확수(MPN) 시험방법

㉠ 시료를 유당이 포함된 배지에 배양할 때 대장균군이 증식하면서 가스를 생성하는데, 이때의 양성 시험관수를 확률적인 수치인 최적확수로 표시하는 방법이며, 그 결과는 MPN/100mL의 단위로 표시한다.

㉡ 대장균군의 정성시험은 추정시험, 확정시험 및 완전시험의 3단계로 나눈다.

㉢ 대장균군의 수 산정식 중 Tomas 근사식

$$\frac{양성관수 \times 100}{\sqrt{전시료(mL) \times 음성시료(mL)}}$$

② 막여과 시험방법

　㉠ 막여과 방법은 다량의 시료를 여과하므로 실제의 균수에 가까운 고도의 신빙성이 있는 결과를 얻을 수 있다.

　㉡ 실험시간이 최적확수 시험법의 1/4 정도 소요된다.

　㉢ 대장균군수/100mL의 단위로 표시하는 방법이다.

③ 평판집락 시험방법

시료를 유당이 함유된 한천배지에 배양할 때 1마리의 대장균군이 증식하면서 산을 생산하고 하나의 집락을 형성하는 데 형성된 집락을 개/mL의 단위로 표시한다.

11 질소화합물

(1) 질소의 구성

① 총 질소(T-N)는 유기성 질소와 무기성 질소의 합을 말한다.

② 하수 중 대부분은 총 킬달질소(TKN)로 구성되어 있다.

③ 총 킬달질소(TKN)는 유기성 질소(단백질 및 요산이 함유된 질소)와 암모니아성 질소의 합을 말한다.

④ 무기성 질소는 암모니아성 질소(NH_3-N), 아질산성 질소(NO_2^--N) 및 질산성 질소(NO_3^--N)를 말한다.

> **＋ PLUS 용어정리**
>
> • 총 질소(T-N) = 유기성 질소 + 무기성 질소
>   – 유기성 질소 : 알부미노이드성 질소, 요산 등
>   – 무기성 질소 : NH_3-N, NO_2^--N, NO_3^--N
> • 총 킬달질소(TKN) = 유기성질소 + NH_3-N

(2) 질소의 순환과정

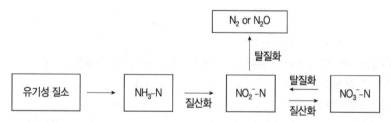

(3) 영향

질소화합물은 부영양화의 원인물질이며, 질산화 과정에서 DO를 소비하여, 혐기성 상태를 유발할 수 있다.

① 암모니아성 질소(NH_3-N)

　㉠ 물이 최근에 오염되었음을 의미한다(하수 내 질소의 주성분).

　㉡ 분변오염의 직접적 지표이다(오염시간이 짧기 때문에 병원균에 의한 오염위험이 큼).

② 아질산성 질소(NO_2^--N)

　㉠ NH_3-N의 산화반응 첫 단계 생성물로서 물의 오염을 추정할 수 있는 유력한 지표가 된다.

　㉡ 낮은 농도에서도 물고기와 수중생물에게는 매우 유독하다.

③ 질산성 질소(NO_3^--N)
  ㉠ 질소화합물의 최종 산화물로서 과거에 오염되었음을 의미한다.
  ㉡ 수처리 공정에서 질산성 질소가 다량 검출되었다면 질산화가 잘 이루어진 것을 의미한다.
  ㉢ 청색증의 원인 물질로 작용한다.

12 독성물질

(1) 독성의 종류

① 급성독성 : 1회의 단기간에 노출되어 야기되는 독성효과에 의하여 발생하는 생물학적 피해를 의미하며, 경구, 경피 및 흡입독성으로 평가한다.
  [예] TLm, LC_{50}, LD_{50}

② 만성독성 : 평상시에는 치명적이지 않아도 장기간 노출로 발생하는 독성으로서 사망을 유발할 수 있으며, 발암독성, 돌연변이 등이 나타날 수 있다.
  [예] 생물농축계수(BF), 옥탄올 – 물 분배계수, 유기탄소 분배계수

(2) 독성 평가 지표

① 농축계수(BF) $= \dfrac{\text{수생물 체내의 원소나 화합물 농도}}{\text{물속의 원소나 화합물 농도}}$

② 옥탄올 – 물 분배계수 $= \log \dfrac{\text{옥탄올 속에 존재하는 화합물 농도}}{\text{물속에 존재하는 화합물 농도}}$

  ㉠ 유기인계 농약보다 유기염소계 농약이 옥탄올–물 분배계수가 크다.
  ㉡ 대부분의 중금속은 높은 옥탄올–물 분배계수값을 가진다.
  ㉢ 옥탄올–물 분배계수는 일반적으로 헨리상수와 비례관계이다.

③ 유기탄소 분배계수 $= \dfrac{\text{유기탄소 속의 원소나 화합물 농도}}{\text{물속의 원소나 화합물 농도}}$

  유기탄소 분배계수가 높을수록 물과 토양 속의 유기물과 단단히 결합하여 축척성이 크다.

④ TLm(Median Tolerance Limit) : 어독성 농도(급성독성)
  ㉠ 일정시간 경과 후 물고기의 50%가 생존할 수 있는 농도[mg/L]를 말한다.
  ㉡ 10마리씩 비커에 넣고 미리 20일 정도 적응시킨 물고기 중 반수가 죽은 농도를 말한다.
  ㉢ 물고기는 송사리 및 송어 등을 주로 사용한다.
  ㉣ 96hr TLm, 48hr TLm 및 24hr TLm 등으로 표기한다.
  ㉤ 실험 중 영향인자(수온, pH, DO 등)를 일정하게 안정화한다.
  ㉥ Incipient TLm이란 96hr TLm 또는 48hr TLm을 의미하고, 보통 96hr TLm을 말한다.

⑤ LC_{50} [mg/L]
  ㉠ 시험대상 생물을 50% 치사시키는 유출수 농도를 의미하며, TLm과 같은 의미로 사용되기도 한다.
  ㉡ LC_{50} 값이 낮을수록 낮은 농도에서도 50%의 시험대상 생물이 치사하는 것을 나타내므로 독성이 강하다.

⑥ LD$_{50}$ [mg/kg]

    ㉠ 시험대상 생물 생체 내 실제로 받아들인 독성물질의 중간 치사량을 의미한다.

    ㉡ 시험대상 생물의 경구(mouth)로 시료를 투입시켰을 때 50% 치사량을 갖는 양을 말한다(경구 치사량).

⑦ $toxic\ unit = \dfrac{독성물질\ 농도}{Incipient\ TLm} = \dfrac{독성물질\ 농도}{96hr(48hr)\ TLm}$

13 생물학적 오염지표

(1) BIP(Biological Index of Pollution)

① 수질오탁의 정도를 생물을 대상으로 판정하는 지표로서, 생물을 무색과 유색으로 분류한 후 전 생물수에 대한 무색 생물수의 비율로 물의 오염도를 표현한다.

② 일반적으로 조류(유색 생물)는 청정한 수역에 많고, 단세포의 원생동물(무색 생물)은 오탁수역에 많이 살고 있다는 사실에 근거한 오염지표이다.

$$BIP = \frac{무색\ 생물수}{전\ 생물수} \times 100$$

• 깨끗한 하천 : 0~2　　　• 약간 오염된 하천 : 10~20　　　• 심하게 오염된 하천 : 70~100

(2) BI(Biotic Index)

① 육안적 동물을 대상으로 선정한다.

② 청수성 미생물은 A, 광범위 출현종은 B, 오수성 미생물은 C로 나누고 각 군의 종류수를 조사하여 산정한다.

$$BI = \frac{2A + B}{A + B + C} \times 100$$

• 깨끗한 하천 : 20 이상　　　• 약간 오염된 하천 : 11~19　　　• 심하게 오염된 하천 : 10 이하

14 위해성 평가

(1) 유해성

화학 물질의 독성 등 사람의 건강이나 환경에 좋지 아니한 영향을 미치는 화학 물질 고유의 성질을 말한다.

(2) 위해성

유해물질의 특정농도나 용량에 노출된 개인 혹은 집단에게 유해한 결과가 발생할 확률(probability) 또는 가능성(likelihood)으로 정의된다.

위해도(Risk) = 유해성(Hazard) × 노출량(Exposure)

(3) 위해성 평가

위험성 확인 → 용량·반응평가 → 노출평가 → 위해도 산정

① 위험성 확인

사람이 어떤 화학물질에 노출되었을 경우, 과연 유해한 영향을 유발시키는가를 결정하는 단계이다.

② 용량·반응평가

인체가 유해물질의 특정용량에 노출되었을 경우, 유해한 영향이 발생할 확률이 어느 정도인가를 추정하는 과정이다. 또한 사람이 다양한 환경매체(공기, 음용수, 식품, 토양 등)를 통해 유해성이 확인된 유해물질에 과연 얼마나 노출되는가를 결정하는 노출평가과정을 거쳐 용량-반응 평가에서 도출된 정보를 통합하여 특정오염물질의 특정농도에 노출되었을 경우, 개인이나 인구집단에서 유해영향(예 암)이 발생할 확률을 결정한다.

③ 노출평가

노출평가에는 노출된 인구집단의 크기, 노출의 강도(magnitude), 빈도(frequency) 및 기간(duration), 그리고 노출경로(monitoring)를 통해 인체 노출량을 추정할 수 있다.

④ 위해도 산정

위해평가 전 과정에 고려된 자료를 토대로 위해도를 산출하여 현 노출수준이 건강에 미치는 유해영향 발생 가능성을 판단하는 것으로, 불확실성의 평가를 포함한다.

---

05 수질공학

1 기초 환경화학

(1) 수소이온 농도(pH)

'수질오염의 지표'에서 설명한 바와 같이 수소이온 농도는 용액 1L 중에 존재하는 수소이온 농도의 역수를 상용대수로 표현한 것을 말하며, 수용액에서 산성, 중성, 염기성을 나타내는 데 사용된다.

① pH 및 pOH 식

$$pH = \frac{1}{\log[H^+]} = -\log[H^+], \ 0 \sim 14까지 범위, \ pH + pOH = 14$$

$$pH = \frac{1}{\log[H^+]} = -\log[H^+], \ [H^+] = 10^{-pH}M$$

$$pOH = \frac{1}{\log[OH^-]} = -\log[OH^-], \ [OH^-] = 10^{-pOH}M$$

㉠ 산성 : pH < 7, pOH > 7, pH + pOH = 14

㉡ 중성 : pH = 7, pOH = 7, pH + pOH = 14

㉢ 염기성 : pH > 7, pOH < 7, pH + pOH = 14

② 물의 이온식

$$H_2O \rightleftharpoons H^+ + OH^-$$

$$[H^+] \times [OH^-] = 10^{-14} mol/L$$

$$[H^+] = C \times a = \sqrt{Ka \times C}$$

- C : 초기 농도
- a : 이온화도

③ 물의 이온화 적(K_w)

$$H_2O \rightleftharpoons H^+ + OH^-$$

$$K = \frac{[H^+][OH^-]}{H_2O}$$

$$K_w = K[H_2O] = [H^+][OH^-]$$

㉠ 수온이 높아지면 전리도가 증가하여 K_w가 커진다.

㉡ 온도가 상승하며 K_w값이 증가하므로 pH는 감소한다.

(2) 밀도(Density)

단위 부피당 질량을 의미하며 단위로는 $[g/cm^3]$ 및 $[kg/m^3]$을 사용한다.

$$밀도 = \frac{질량}{부피}$$

(3) 비중량(Specific Weight)

단위 부피당 중량을 의미하며 단위로는 $[gf/cm^3]$ 및 $[kgf/m^3]$을 사용한다.

$$비중량 = \frac{중량}{부피}$$

(4) 농도

① ppm(parts per million) $= 10^{-6} = 1mg/kg = 1mg/L = 1g/m^3$

② ppb(parts per billion) $= 10^{-9} = 1\mu g/kg = 1\mu g/L = 1mg/m^3$

③ %(parts per hundred) $= 10^{-2} = 10‰$

④ W/V% 농도 : 용액 100mL 중의 성분 무게(g)

⑤ V/V% 농도 : 용액 100mL 중의 성분 용량(mL)

⑥ V/W% 농도 : 용액 100g 중의 성분 용량(mL)

⑦ W/W% 농도 : 용액 100g 중의 성분 무게(g)

➕ PLUS 참고 📋

농도 단위
1% $= 10‰ = 10^{-4}$ppm $= 10^{-7}$ppb

(5) M 농도와 N 농도

① M 농도(Molarity) : 용액 1L 중에 존재하는 g 분자량 수를 의미함

$$M \text{ 농도} = g \text{ 분자}/L = mol/L$$

② N 농도(Normality) : 규정 농도라고 하고 용액 1L 속에 녹아 있는 용질의 g 당량 수를 의미함(노르말 농도)

$$N \text{ 농도} = g \text{ 당량}/L = eq/L$$

> **PLUS 참고**
>
> 당량
> • 각 원소나 화합물에 할당된 일정한 물질량
> • 원자 또는 이온의 당량(eq) = $\dfrac{\text{원자량}}{\text{원자가}}$
> • 분자(화합물)의 당량(eq) = $\dfrac{\text{분자량}}{\text{양이온의 가수(또는 교환 전자 수)}}$

(6) 용해도와 용해도적

① 용해도(Solubility)
  ㉠ 용액 1L에 녹아들어 있는 용질의 g 수
  ㉡ 용매 100g 속에 녹아 있는 용질의 g 수
② 용해도적(Solubility Product : K_{sp}) : 이온성 고체와 포화용액이 평형상태에 있을 때의 평형상수를 의미한다.

$$AgCl \rightleftharpoons Ag^+ + Cl^-$$
$$\frac{[Ag^+][Cl^-]}{[AgCl]} = K(K : \text{평형상수})$$
$$[Ag^+][Cl^-] = [AgCl]K = K_{sp}$$

(7) 완충작용

pH 변화에 대응하려는 작용을 완충작용이라고 한다.

$$pH = pK_a + \log \frac{[\text{염}]}{[\text{산}]}$$

① pH 변화에 대응하려는 작용을 완충작용이라고 한다.
② 완충용액은 약산과 그 약산의 강염기의 염을 함유한 용액이다.
③ 완충용액은 약염기와 그 약염기의 강산의 염을 함유한 용액이다.

(8) 산·염기의 해리

① 산 해리상수

$$H_2CO_3 \rightleftharpoons H^+ + HCO_3^-$$

$$HCO_3^- \rightleftharpoons H^+ + CO_3^{2-}$$

$$K_1 = \frac{[H^+][HCO_3^-]}{[H_2CO_3]}, \quad K_2 = \frac{[H^+][CO_3^{2-}]}{[HCO_3^-]}$$

$$K_a(\text{산해리상수}) = \frac{[H^+]^2[CO_3^{2-}]}{[H_2CO_3]} = K_1 \times K_2$$

② 염기 해리상수

$$NH_3 + H_2O \rightleftharpoons NH_4^+ + OH^-$$

$$K_b(\text{염기해리상수}) = \frac{[NH_4^+][OH^-]}{[NH_3]}$$

(9) 산화와 환원

① 산화

   ㉠ 산소와 화합하는 현상, 산화수가 증가하는 현상, 수소를 잃는 현상, 전자를 잃는 현상

   ㉡ 산화제란 자신은 환원되고 다른 물질을 산화시키는 물질

② 환원

   ㉠ 산소를 잃는 현상, 산화수가 감소하는 현상, 수소와 화합하는 현상, 전자를 얻는 현상

   ㉡ 환원제란 자신은 산화되고 다른 물질을 환원시키는 물질

③ 산화·환원 전위(ORP)

$$E = E_o + \frac{RT}{nF}ln\left(\frac{O_X}{R_{ed}}\right)$$

- E : 전극전위(V)(아래 첨자 'o'는 표준상태 의미) $O_X = R_{ed}$일 때 $E = E_o$
- F : 패러데이(Faraday) 상수(1F = 96480J/ V−mol · e⁻)
- n : 반응에 이동된 전자의 몰(mol) 수
- O_X : 산화제의 mol 농도(mol/L)
- R : 가스정수(8.313J/mol · K)
- R_{ed} : 환원제의 mol 농도(mol/L)

(10) 중화관계

① 액성이 같은 경우

$$N_1V_1 + N_2V_2 = N_3(V_1 + V_2)$$

② 액성이 다른 경우

$$N_1 V_1 - N_2 V_2 = N_3 (V_1 + V_2)$$

- N_1 : 산의 N 농도
- V_1 : 산의 부피
- N_2 : 염기의 N 농도
- V_2 : 염기의 부피

2 반응속도론

(1) 반응속도

① 속도 $= (농도)^n$ 또는 $\log(속도) = n \log(농도)$
② 영향인자 : 반응물의 농도, 촉매의 작용, 반응온도, 표면적

(2) 반응형태에 따른 반응속도

① 0차 반응 : 반응물이나 생성물의 농도에 무관한 속도로 진행

$$\frac{dC}{dt} = -K \rightarrow dC = -Kdt \, (t = 0, \ C = C_o \ 조건으로 적분)$$
$$\int_{C_o}^{C} dC = \int_{0}^{t} -Kdt$$
$$C - C_o = -Kt$$
$$C = C_o - Kt$$

② 1차 반응 : 반응속도가 반응물의 농도에 비례하는 반응

$$\frac{dC}{dt} = -K(C)' = -KC$$
$$\frac{dC}{C} = -Kdt \, (t = 0, \ C = C_o \ 조건으로 적분)$$
$$\int_{C_o}^{C} \frac{1}{C} dC = -\int_{0}^{t} dt$$
$$\ln[C]_{C_o}^{C} = -K[t]_0^t$$
$$\ln C - \ln C_o = -Kt$$
$$C = C_o e^{-Kt}$$

③ 2차 반응 : 반응속도가 반응물 농도의 제곱에 비례하는 반응

$$\frac{dC}{dt} = -KC^2$$
$$\frac{dC}{C^2} = -Kdt \, (t = 0, \ C = C_o \ 조건으로 적분)$$
$$\int_{C_o}^{C} \frac{1}{C^2} dC = -K \int_{0}^{t} dt$$
$$\frac{1}{C} - \frac{1}{C_o} = Kt$$

3 오염물질의 혼합, 확산, 분산

(1) 혼합농도

$$C = \frac{C_1 Q_1 + C_2 Q_2}{Q_1 + Q_2}$$

- C : 혼합되었을 때 수질의 농도(mg/L)
- C_1 : 하천의 수질 농도(mg/L)
- C_2 : 폐수의 수질 농도(mg/L)
- Q_1 : 하천의 배출량(m³/day)
- Q_2 : 폐수의 배출량(m³/day)

(2) 분산

확산되고 있는 물을 흔들었을 때 확산 정도가 커지는 현상

$$\sigma^2 = 2\frac{D}{\mu L} - 2\left(\frac{D}{\mu L}\right)^2 (1 - e^{-\mu L/D})$$

- $D/\mu L$: 분산 수
- D : 분산계수
- L : 반응조의 길이
- μ : 반응조 내의 유체속도

(3) 모릴 지수(Morrill index)

반응조에 주입된 물감의 90%와 10%의 유출시간 비를 말하며, 모릴 지수 값이 클수록 이상적 완전 혼합상태가 된다.

$$Morrill \ \text{지수} = \frac{t_{90}}{t_{10}}$$

4 반응조

(1) 회분식(Batch Reactor)

① 반응조에 물질을 채운 후 혼합하여 반응이 끝난 후에 배출한다.
② 액상 내용물은 완전 혼합된다.
③ 유입과 유출이 없다.
④ 연속식에 비해 설치비가 저렴하다.
⑤ 대용량 시설에 부적합하다.
⑥ 건설비가 적고 유지관리비가 적다.
⑦ 운전조작이 간단하여 전문기술자의 확보가 필요하지 않다.

(2) 플러그 흐름 반응조(PFR)

① 유체성분들은 유입 순서대로 반응기를 거쳐 유출된다.

② 반응기를 통과하는 동안 횡적 혼합은 없다.

③ 지체시간과 이론적 체류시간이 동일하다.

④ 충격부하, 부하변동에 약하다.

⑤ 처리효율이 높다.

(3) 완전혼합 반응조(CFSTR)

① 반응조 중에서 반응시간이 가장 길다.

② 반응물의 유입과 반응된 물질의 유출이 동시에 일어난다.

③ 반응조 내는 완전 혼합을 가정한다.

④ 비교적 운전이 쉽고 충격부하에 강하다.

⑤ 반응이 혼합되지 않고 순간적으로 유출되는 단로 흐름이 발생한다.

> **PLUS 참고** 📋
>
> 혼합 정도에 따른 반응조 흐름상태
>
> | 혼합 정도 | 완전혼합 흐름상태 | 플러그 흐름상태 |
> | --- | --- | --- |
> | 분산 | 1일 때 | 0일 때 |
> | 분산 수 | ∞ | 0 |
> | 모릴 지수 | 클수록 | 1에 가까울수록 |

---

06 공공수역의 수질관리

1 하천의 수질관리

(1) 자정작용

① 정의 : 자연계 스스로 환경오염물질을 정화하는 능력을 자정작용이라고 한다. 즉, 환경용량이 초과되기 전 오염물질의 농도가 자연적으로 정화되는 현상을 의미한다.

② 종류

ⓐ 물리적 자정작용 : 희석, 침전, 확산, 운반, 여과, 혼합 등

ⓑ 화학적 자정작용 : 산화, 환원, 중화, 응집 등

ⓒ 생물학적 자정작용 : 미생물에 의한 산화·환원 등

> **PLUS 참고** 📋
>
> 자정작용
> • 자정작용은 주로 호기성 미생물에 의한 생물학적 자정작용이 주가 된다.
> – 영향인자 : DO, 수온, pH, 빛 등
> – 자정작용 초과 시 수역은 혐기성화 된다.

안심Touch

(2) 자정상수(f)

$$f = \frac{k_2}{k_1}$$

- k_1 : 탈산소계수
- k_2 : 재폭기계수

① 유속이 빠를수록 f가 커지며, 자정능력도 커진다.
② 수심이 얕을수록 f가 커지며, 자정능력도 커진다.
③ 수온이 높을수록 f가 작아지며, 자정능력은 커진다.
④ 난류가 클수록, 구배가 클수록 f가 커지며, 자정능력도 커진다.

(3) 자정단계(Whipple의 생태지대)

① 분해지대
  ㉠ 분해가 진행되기 때문에 DO가 소모되고 산소포화치의 약 40%를 차지한다.
  ㉡ CO_2량 및 세균수가 증가하고 오염에 강한 균류(fungi)가 주로 번식한다.
  ㉢ 부유물질이 많아 하천이 혼탁하게 된다.
  ㉣ 아미노산이 존재한다.

② 활발한 분해지대
  ㉠ 분해가 가속화되어 혐기성 상태로 진행된다(DO는 산소포화치의 0~40%).
  ㉡ 호기성 미생물이 혐기성 미생물로 대체되며, 혐기성 분해가 진행되면서 CH_4, H_2S, CO_2 등의 농도가 증가한다.
  ㉢ 악취가 발생하고, 분해지대보다 어두운 빛을 나타낸다(부패성 상태).

③ 회복지대
  ㉠ 분해지대의 현상과 반대의 현상이 나타나는 지대로써 원래의 상태로 회복되며 생물의 종류가 많이 변화한다.
  ㉡ 혐기성 미생물이 호기성 미생물로 대체되며, 약간의 균류도 발생한다.
  ㉢ DO량이 증가하고, 질소는 $NO_2^- -N$ 및 $NO_3^- -N$의 형태로 존재한다(DO 40%~포화치).
  ㉣ 조류가 번식하며, 원생동물, 윤충, 갑각류 등이 출현한다.
  ㉤ 생무지, 황어, 은빛담수어 등의 물고기가 자란다.

④ 정수지대
  ㉠ DO는 거의 포화치에 근접하고 자연하천의 상태로 회복된다.
  ㉡ 호기성 미생물이 번식하고, 많은 종류의 물고기가 번식한다.

(4) 하천에서의 DO

① 호기성 미생물에 의해 DO가 소모되지만, 조류의 광합성 작용에 의해 산소가 공급되므로 광합성이 활발히 진행되는 주간의 DO 농도가 야간의 DO 농도보다 높은 현상이 나타난다.

② DO는 순수한 물에서 최대로 나타나며, 염류의 농도 및 수온이 낮고 기압이 높을수록 증가한다.

③ DO는 아질산염, 아황산염, 제1철염 및 황화물 등과 같은 무기화합물이 존재할 때 낮아진다.

④ DO는 20℃에서 염소농도가 0mg/L일 때 9.17mg/L가 용해된다.

➕ PLUS 참고 📋

Kolkwitz–Marson의 4지대

- **강부수성 구역**
  - 고등생물이 살 수 없는 강한 부패수역으로 빨간색으로 표시한다.
  - 용존산소가 없어 부패 상태이다.
  - 황화수소에 의한 달걀 썩는 냄새가 난다.
  - 조류 및 고등식물은 존재하지 않는다.
  - 아메바, 편모충, 섬모충이 출현한다.
- **α-중부수성 수역**
  - 강한 오염수역으로 노란색으로 표시한다.
  - 약간의 황화수소 냄새가 난다.
  - 용존산소가 일부 존재한다.
  - 식물성 플랑크톤이 번성한다.
  - 고분자 화합물의 분해에 의한 아미노산이 풍부하다.
- **β-중부수성 수역**
  - 상당히 오염된 수역으로 초록색으로 표시한다.
  - 어느 정도의 용존산소가 존재한다.
  - 많은 종류의 조류가 출현한다.
  - 태양충, 흡관충류 및 쌍편모충이 출현한다.
  - 지방산의 암모니아 화합물이 다량 존재한다.
- **빈부수성 수역**
  - 오염되지 않은 수역으로 파란색으로 표시한다.
  - 용존산소가 풍부하다.
  - 유기물이 거의 없다.

---

(5) 시간에 따른 하천의 산소 농도 변화

$$\frac{dO}{dt} = \alpha K_{La}(\beta C_s - C_t) \times 1.024^{T-20}$$

- $\frac{dO}{dt}$: 시간과 dt 사이의 용존산소 농도의 변화(mg/hr)
- α : 물과 증류수의 표준상태하에서의 K_{La}의 비율
- β : 물과 증류수의 STP에서의 C_s의 비율
- C_s : 증류수 20℃, 1atm에서의 포화 용존산소 농도(mg/L)
- C_t : 물속의 실제 용존산소 농도
- K_{La} : 산소 전달률(hr^{-1})
- T : 온도(℃)

(6) 산소이전계수(K_L)

$$K_L = 2\sqrt{\dfrac{D}{\pi \cdot t_c}}$$

- K_L : 산소이전계수(m/sec)
- D : 분자확산계수
- t_c : 접촉시간(sec)

① 분무식 : $t_c = \dfrac{H}{V}$ [H : 수심(m), V : 떨어지는 속도(m/sec)]

② 상승하는 기포일 때 : $t_c = \dfrac{d_B}{V_r}$ [d_B : 기포경(m), V_r : 상승 속도(m/sec)]

(7) 하천에서의 산소부족량

주어진 수온에서 포화산소량과 실제 용존산소량과의 차이를 말한다.

$$D_t = \dfrac{K_1}{K_2 - K_1} \times L_0(10^{-K_1 \cdot t} - 10^{-K_2 \cdot t}) + D_0 \times 10^{-K_2 \cdot t}$$

- D_0 : 초기 DO 부족량
- L_0 : 하천수의 BODu
- K_2 : 재폭기계수
- D_t : t일 후의 DO 부족량
- K_1 : 탈산소계수

(8) 하천수질모델

① Streeter-phelps model
  ㉠ 최초의 하천수질모델이다.
  ㉡ 유기물 분해에 따른 DO 소비와 대기로부터 수면을 통해 산소가 재공급되는 재폭기만을 고려한 모델이다.
  ㉢ 점오염원으로부터 오염물 부하량을 고려한다.

② DO Sag-Ⅰ, Ⅱ, Ⅲ
  ㉠ Streeter-phelps model을 기본으로 하며, 1차원 정상상태 모델이다.
  ㉡ 저질의 영향이나 광합성작용에 의한 DO 반응은 무시한다.
  ㉢ 점오염원 및 비점오염원이 하천의 DO에 미치는 영향을 알 수 있다.

③ QUAL-Ⅰ, Ⅱ
  ㉠ 하천과 대기 사이의 열복사 및 열 교환을 고려한다.
  ㉡ 수심, 유속, 조도계수 등을 통해 확산계수를 결정한다.
  ㉢ 음해법으로 미분방정식의 해를 구한다.
  ㉣ QUAL-Ⅱ는 질소, 인, 클로로필-a 등을 고려한다.

④ WQRRS

　　㉠ 하천 및 호수의 부영양화를 고려한 생태계 모델이다.

　　㉡ 하천의 정적 및 동적인 하천의 수질, 수문학적 특성이 광범위하게 고려된다.

　　㉢ 호수에는 수심별 1차원 모델이 적용된다.

⑤ WASP

　　㉠ 하천의 수리학적 모델, 수질모델, 독성물질의 거동 등을 고려할 수 있다.

　　㉡ 1, 2, 3차원까지 고려할 수 있으며, 저질이 수질에 미치는 영향에 대해 상세히 고려할 수 있다.

　　㉢ 정상상태를 기본으로 하지만 시간에 따른 수질변화도 예측 가능하다.

⑥ HSPF

　　㉠ 1차원 하천모델이다.

　　㉡ 강우로 인한 비점오염원 유출과정을 하천 내의 수리와 퇴적물-화학물질 상호작용과 결합시켜 모의할 수 있는 유역모델과 하천모델이 결합된 형태이다.

　　㉢ 유역의 수문계산과 통상적 오염원 외에도 독성 유기물에 관한 수질을 모의할 수 있는 종합적인 유역 수문모델이다.

⑦ STREAM

　　㉠ 국내에서 개발된 모델로 정상상태를 가정한 1차원 모델이다.

　　㉡ 경사가 비교적 급하고 하천거리가 짧은 지천에 적합하다.

　　㉢ 모델에 그래픽 기능이 부가되어 사용이 간편하다.

2 호소(호수 및 저수지)의 수질관리

(1) 호소의 특징

① 하천보다 자정작용 능력이 적고, 유량변화가 적다.

② 상층과 하층의 수온차이가 발생할 경우 층을 형성하고, 여름철이 겨울철보다 수온차이가 심하다.

(2) 성층 현상

① 정의 : 호소에서 수심에 따른 온도변화로 인해 밀도 차이가 발생하여 표층(순환대), 수온약층(변천대), 심수층(정체대) 등의 층으로 구분되는데 이를 성층 현상이라고 한다.

> **PLUS 용어정리**
>
> • 성층 현상은 여름과 겨울에 발생하며, 여름철에 더 심하다.
> • 여름의 온도구배는 DO의 구배와 같다.
> • **구배** : 기울기, 변화값

② 구조

　　㉠ 표층(순환대) : 공기 중의 산소가 재폭기되고, 조류의 광합성 작용으로 인해 DO 농도의 포화 및 과포화 현상이 일어난다. 따라서 호기성 상태가 유지된다.

　　㉡ 수온약층(변천대) : 표층과 심수층의 중간층에 해당되며, 수온이 급격히 변화한다.

ⓒ 심수층(정체대) : 온도차에 의한 물의 유동이 없는 최하부를 의미하며, DO의 농도가 낮아 수중 생물의 서식에 좋지 않다. 혐기성 상태에서 분해되는 침전성 유기물에 의해 수질이 나빠지며 CO_2, H_2S 등이 증가한다.

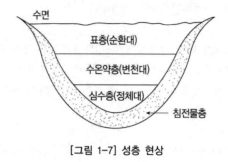

[그림 1-7] 성층 현상

(3) 전도 현상

① 정의 : 봄 · 가을의 온도변화에 의한 밀도 차이로 인해 호소의 물에 상하 수직운동이 발생하게 되는데, 이러한 현상을 전도(Turnover)라고 한다.

② 특징

ⓐ 혼합이 생겨 호소 상층 및 하층의 성질이 거의 같다.

ⓑ 조류의 혼합이 촉진되어 수질이 악화된다.

ⓒ 심수층의 영양염류가 상승하여 부영양화가 촉진된다.

ⓓ 급수 가치가 저하된다.

PLUS 용어정리

전도 현상은 상하수직 운동으로 물의 혼합(물리적 자정작용)을 일으켜 자정작용의 요인이 되기도 한다.

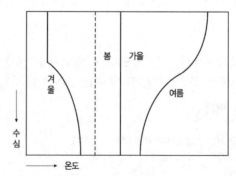

[그림 1-8] 계절에 따른 호소의 온도변화

(4) 부영양화 현상

① **정의** : 호수나 저수지의 자정작용 능력이 초과되어 영양염류(질소, 인 등) 유입 시 조류가 과다증식되면서 빈영양호가 부영양호가 되는 현상을 말한다. 얕은 곳일수록 발생확률이 높으며, 자연적 늪지 현상으로 볼 수 있다.

② **발생 인자** : 가정하수, 썩은 식물, 비료(질소비료 및 인산질 비료), 합성세제, 동물의 분뇨 등에서 나타나는 질소 및 인산염이 주 발생 인자이다.

③ **발생 조건 및 판단기준**

   ㉠ 질소(N) 및 인(P) 등의 영양염류 유입이 많은 경우

   ㉡ 질소(N) 0.2~0.3mg/L 이상, 인(P) 0.01~0.02mg/L 이상

   ㉢ 조류번식 5,000~50,000cell/mL 정도

   ㉣ 전도 현상에 의하여 영양염류 등이 표면으로 공급되어 유발되기도 함

④ **특징 및 현상**

   ㉠ 사멸한 조류의 분해작용으로 인하여 DO의 결핍이 초래된다.

   ㉡ COD 농도가 증가한다.

   ㉢ 인산염, 질산염, 탄산염 등이 증가한다.

   ㉣ 생태계가 파괴되며, 마지막 단계에서 청록색 조류가 발생한다.

   ㉤ 수질의 색도와 탁도가 높아지고 투명도가 저하된다.

   ㉥ 악취가 발생하여 위락 및 관광자원, 용수 등의 가치가 저하된다.

   ㉦ 물 정화시설(스크린, 여과지 등)의 폐쇄를 일으키고, 원상태 회복이 어렵다.

⑤ **방지대책**

   ㉠ 영양염류(N, P)의 공급을 차단한다(고도 처리 등을 통한 N, P의 제거).

   ㉡ 일광을 차단하여 조류번식을 억제한다.

   ㉢ P 함유 합성세제 사용을 줄인다.

   ㉣ 황산구리($CuSO_4$) 및 활성탄을 주입하여 조류의 성장을 통제한다.

   ㉤ 침전물이 쌓여있는 저질을 준설한다.

⑥ **부영양화 지수(TSI)**

   ㉠ 부영양화의 발생여부 및 진행정도를 0~100 사이의 연속적인 수치로 표시하는 부영양화 평가방법이다.

   ㉡ Carlson이 제안한 투명도, 엽록소 a 농도, 총인 농도를 이용한 TSI 산정방법이 가장 일반적이다.

   ㉢ TSI를 0~100의 수치로 나타내어 TSI가 10씩 증가할 때마다 투명도가 1/2로 감소하며, 투명도가 64일 때는 TSI가 0인 것으로 가정한다.

PLUS 참고

조류예보제

조류발생을 쉽게 판별할 수 있는 엽록소(Chl-a) 농도와 독성 함유 남조류 세포 수를 기준으로 발생 정도에 따라 주의보, 경보, 대발생 단계로 구분 발령

구분	주의보	경보	대발생
Chl-a 농도(mg/m³)	15 이상	25 이상	100 이상
남조류 세포 수(세포/mL)	500 이상	5,000 이상	1,000,000 이상

PLUS 참고

부영양화의 평가 모델과 기준

• **부영양화 평가 모델**

　Vollenweider 모델, Dillon 모델, Larsen & Mercier 모델, 사타모토 모델 등

• **Vollenweider의 부영양화 평가기준**

영양상태 ＼ 항목	총인[TP(mg/L)]	총질소[TN(mg/L)]
극빈영양	0.005 미만	0.2 미만
빈중영양	0.005~0.01	0.2~0.4
중영양	0.01~0.03	0.3~0.65
중부영양	0.03~0.1	0.5~1.5
부영양	0.1 이상	1.5 이상

(5) 적조 현상

① 정의 : 플랑크톤이 급격히 증식하여 해수의 색이 변화되는 현상을 말하며, 플랑크톤의 색깔에 따라 다르게 나타난다.

② 원인

　㉠ 강한 일사량, 높은 수온, 낮은 염분일 때 발생한다.

　㉡ N, P 등의 영양염류가 풍부한 부영양화 상태에서 잘 일어난다.

　㉢ 미네랄 성분인 비타민, Ca, Fe, Mg 등이 많을 때 발생한다.

　㉣ 정체수역 및 용승류(Upwelling)가 존재할 때 많이 발생한다.

③ 영향

　㉠ DO의 결핍으로 인하여 어패류 등이 폐사한다.

　㉡ 적조 발생 조류에 의해 어류의 아가미가 폐색되어 질식사한다.

　㉢ 적조 발생 조류가 사멸할 경우 유해물질(CH_4, H_2S, NH_3)이 발생한다.

④ 대책

　㉠ 영양염류(N, P) 유입을 억제한다.

　㉡ 준설 등을 통하여 해역 저질을 정화한다.

　㉢ 황산동($CuSO_4$) 등을 이용하여 적조미생물을 제거한다.

⑤ 적조 예보 종류 및 발령 기준 표

종류	규모	적조생물 밀도(개체/㎖)	비고
적조 예비 주의보	적조생물의 출현밀도가 증가하여, 적조발생이 예상될 때	• 편모조류 : 종의 세포크기와 독성도에 따라 결정 – *Chattonella* spp. : 1,000 이상 – *Cochlodinium polykrikoides* : 10 이상 – *Gyrodinium* sp. : 200 이상 – *Karenia mikimotoi* : 500 이상 – 기타 편모조류 : 10,000 이상 • 규조류 : 20,000 이상 • 혼합형 : 편모조류가 50% 이상일 때 20,000 이상	• 수과원장은 적조생물, 해황 및 해역의 특성에 따라 피해가 우려될 경우 적조 규모 및 밀도에 관계없이 적조예보를 발령할 수 있음 • 수과원장은 적조의 진행정보(유해종의 출현·확산)의 전파 및 어업피해방지에 관한 조치가 필요할 때 적조특보를 발령할 수 있음
적조 주의보	반경 2~5km (12~79km²) 수역에 걸쳐 발생하고 어업피해가 우려될 때	• 편모조류 : 종의 세포크기와 독성도에 따라 결정 – *Chattonella* spp. : 2,500 이상 – *Cochlodinium polykrikoides* : 100 이상 – *Gyrodinium* sp. : 500 이상 – *Karenia mikimotoi* : 1,000 이상 – 기타 편모조류 : 30,000 이상 • 규조류 : 50,000 이상 • 혼합형 : 편모조류가 50% 이상일 때 40,000 이상	
적조 경보	반경 5km (79km²) 이상 수역에 걸쳐 발생하여 상당한 어업피해가 예상될 때	• 편모조류 : 종의 세포크기와 독성도에 따라 결정 – *Chattonella* spp. : 5,000 이상 – *Cochlodinium polykrikoides* : 1,000 이상 – *Gyrodinium* sp. : 2,000 이상 – *Karenia mikimotoi* : 3,000 이상 – 기타 편모조류 : 50,000 이상 • 규조류 : 100,000 이상 • 혼합형 : 편모조류가 50% 이상일 때 80,000 이상	• 적조생물 밀도는 양식생물 피해 최소화를 위해 양식장 환경관리, 먹이공급 중단 등 적조 대응을 위한 예보발령 기준이며, 양식생물 폐사를 판단하는 기준은 아님
적조 해제	적조가 소멸되어 어업피해 위험이 없고 수질이 정상상태로 회복했을 때		

PLUS 용어정리

적조 현상 : 해양에서 일어나는 부영양화 현상으로 볼 수 있으며, 그에 대한 대책 또한 부영양화의 대책과 유사한 편이다.

3 먹는 물 관리

PLUS 용어정리

먹는 물 : '먹는 물'이란 먹는 데에 일반적으로 사용하는 자연 상태의 물, 자연 상태의 물을 먹기에 적합하도록 처리한 수돗물, 먹는 샘물, 먹는 염지하수, 먹는 해양심층수 등을 말한다.

(1) 먹는 물 수질기준

① 미생물에 관한 기준

㉠ 일반세균은 1mL 중 100CFU(Colony Forming Unit)를 넘지 아니할 것. 다만, 샘물 및 염지하수의 경우에는 저온 일반세균은 20CFU/mL, 중온 일반세균은 5CFU/mL를 넘지 아니하여야 하며, 먹는 샘물, 먹는 염지하수 및 먹는 해양심층수의 경우에는 병에 넣은 후 4℃를 유지한 상태에서

12시간 이내에 검사하여 저온 일반세균은 100CFU/mL, 중온 일반세균은 20CFU/mL를 넘지 아니할 것

ⓛ 총 대장균군은 100mL(샘물·먹는 샘물, 염지하수·먹는 염지하수 및 먹는 해양심층수의 경우에는 250mL)에서 검출되지 아니할 것. 다만, 매월 또는 매 분기 실시하는 총 대장균군의 수질검사 시료(試料) 수가 20개 이상인 정수시설의 경우에는 검출된 시료 수가 5퍼센트를 초과하지 아니하여야 한다.

ⓒ 대장균·분원성 대장균군은 100mL에서 검출되지 아니할 것. 다만, 샘물·먹는 샘물, 염지하수·먹는 염지하수 및 먹는 해양심층수의 경우에는 적용하지 아니한다.

ⓔ 분원성 연쇄상구균·녹농균·살모넬라 및 시겔라는 250mL에서 검출되지 아니할 것(샘물·먹는 샘물, 염지하수·먹는 염지하수 및 먹는 해양심층수의 경우에만 적용)

ⓜ 아황산환원 혐기성 포자형성균은 50mL에서 검출되지 아니할 것(샘물·먹는 샘물, 염지하수·먹는 염지하수 및 먹는 해양심층수의 경우에만 적용)

ⓑ 여시니아균은 2L에서 검출되지 아니할 것(먹는 물 공동시설의 물의 경우에만 적용)

② 건강상 유해영향 무기물질에 관한 기준
ⓐ 납은 0.01mg/L를 넘지 아니할 것
ⓛ 불소는 1.5mg/L(샘물·먹는 샘물 및 염지하수·먹는 염지하수의 경우에는 2.0mg/L)를 넘지 아니할 것
ⓒ 비소는 0.01mg/L(샘물·염지하수의 경우에는 0.05mg/L)를 넘지 아니할 것
ⓔ 셀레늄은 0.01mg/L(염지하수의 경우에는 0.05mg/L)를 넘지 아니할 것
ⓜ 수은은 0.001mg/L를 넘지 아니할 것
ⓑ 시안은 0.01mg/L를 넘지 아니할 것
ⓢ 크롬은 0.05mg/L를 넘지 아니할 것
ⓞ 암모니아성 질소는 0.5mg/L를 넘지 아니할 것
ⓩ 질산성 질소는 10mg/L를 넘지 아니할 것
ⓧ 카드뮴은 0.005mg/L를 넘지 아니할 것
ⓚ 붕소는 1.0mg/L를 넘지 아니할 것(염지하수의 경우에는 적용하지 아니함)
ⓣ 브롬산염은 0.01mg/L를 넘지 아니할 것(수돗물, 먹는 샘물, 염지하수·먹는 염지하수, 먹는 해양심층수 및 오존으로 살균·소독 또는 세척 등을 하여 먹는 물로 이용하는 지하수만 적용)
ⓟ 스트론튬은 4mg/L를 넘지 아니할 것(먹는 염지하수 및 먹는 해양심층수의 경우에만 적용)
ⓗ 우라늄은 30μg/L를 넘지 않을 것[수돗물(지하수를 원수로 사용하는 수돗물), 샘물·먹는 샘물, 먹는 염지하수 및 먹는 물 공동시설의 물의 경우에만 적용]

③ 건강상 유해영향 유기물질에 관한 기준
ⓐ 페놀은 0.005mg/L를 넘지 아니할 것
ⓛ 다이아지논은 0.02mg/L를 넘지 아니할 것
ⓒ 파라티온은 0.06mg/L를 넘지 아니할 것
ⓔ 페니트로티온은 0.04mg/L를 넘지 아니할 것
ⓜ 카바릴은 0.07mg/L를 넘지 아니할 것

ⓑ 1,1,1-트리클로로에탄은 0.1mg/L를 넘지 아니할 것

ⓢ 테트라클로로에틸렌은 0.01mg/L를 넘지 아니할 것

ⓞ 트리클로로에틸렌은 0.03mg/L를 넘지 아니할 것

ⓩ 디클로로메탄은 0.02mg/L를 넘지 아니할 것

ⓒ 벤젠은 0.01mg/L를 넘지 아니할 것

ⓚ 톨루엔은 0.7mg/L를 넘지 아니할 것

ⓣ 에틸벤젠은 0.3mg/L를 넘지 아니할 것

ⓟ 크실렌은 0.5mg/L를 넘지 아니할 것

ⓗ 1,1-디클로로에틸렌은 0.03mg/L를 넘지 아니할 것

㉮ 사염화탄소는 0.002mg/L를 넘지 아니할 것

㉯ 1,2-디브로모-3-클로로프로판은 0.003mg/L를 넘지 아니할 것

㉰ 1,4-다이옥산은 0.05mg/L를 넘지 아니할 것

④ 소독제 및 소독부산물질에 관한 기준(샘물·먹는 샘물, 염지하수·먹는 염지하수, 먹는 해양심층수 및 먹는 물 공동시설의 물의 경우에는 적용하지 아니함)

ⓐ 잔류염소(유리잔류염소)는 4.0mg/L를 넘지 아니할 것

ⓛ 총 트리할로메탄은 0.1mg/L를 넘지 아니할 것

ⓒ 클로로포름은 0.08mg/L를 넘지 아니할 것

ⓔ 브로모디클로로메탄은 0.03mg/L를 넘지 아니할 것

ⓜ 디브로모클로로메탄은 0.1mg/L를 넘지 아니할 것

ⓗ 클로랄하이드레이트는 0.03mg/L를 넘지 아니할 것

ⓢ 디브로모아세토니트릴은 0.1mg/L를 넘지 아니할 것

ⓞ 디클로로아세토니트릴은 0.09mg/L를 넘지 아니할 것

ⓩ 트리클로로아세토니트릴은 0.004mg/L를 넘지 아니할 것

ⓒ 할로아세틱에시드(디클로로아세틱에시드, 트리클로로아세틱에시드 및 디브로모아세틱에시드의 합)는 0.1mg/L를 넘지 아니할 것

ⓚ 포름알데히드는 0.5mg/L를 넘지 아니할 것

⑤ 심미적 영향물질에 관한 기준

ⓐ 경도(硬度)는 1,000mg/L(수돗물의 경우 300mg/L, 먹는 염지하수 및 먹는 해양심층수의 경우 1,200mg/L)를 넘지 아니할 것. 다만, 샘물 및 염지하수의 경우에는 적용하지 아니한다.

ⓛ 과망간산칼륨 소비량은 10mg/L를 넘지 아니할 것

ⓒ 냄새와 맛은 소독으로 인한 냄새와 맛 이외의 냄새와 맛이 있어서는 아니 될 것. 다만, 맛의 경우는 샘물, 염지하수, 먹는 샘물 및 먹는 물 공동시설의 물에는 적용하지 아니한다.

ⓔ 동은 1mg/L를 넘지 아니할 것

ⓜ 색도는 5도를 넘지 아니할 것

    ⓗ 세제(음이온 계면활성제)는 0.5mg/L를 넘지 아니할 것. 다만, 샘물·먹는 샘물, 염지하수·먹는 염지하수 및 먹는 해양심층수의 경우에는 검출되지 아니하여야 한다.

    ⓢ 수소이온 농도는 pH 5.8 이상 pH 8.5 이하이어야 할 것. 다만, 샘물·먹는 샘물 및 먹는 물 공동 시설의 물의 경우에는 pH 4.5 이상 pH 9.5 이하여야 한다.

    ⓞ 아연은 3mg/L를 넘지 아니할 것

    ⓩ 염소이온은 250mg/L를 넘지 아니할 것(염지하수의 경우에는 적용하지 아니함)

    ⓒ 증발잔류물은 수돗물의 경우에는 500mg/L, 먹는 염지하수 및 먹는 해양심층수의 경우에는 미네랄 등 무해성분을 제외한 증발잔류물이 500mg/L를 넘지 아니할 것

    ⓚ 철은 0.3mg/L를 넘지 아니할 것. 다만, 샘물 및 염지하수의 경우에는 적용하지 아니한다.

    ⓣ 망간은 0.3mg/L(수돗물의 경우 0.05mg/L)를 넘지 아니할 것. 다만, 샘물 및 염지하수의 경우에는 적용하지 아니한다.

    ⓟ 탁도는 1NTU(Nephelometric Turbidity Unit)를 넘지 아니할 것. 다만, 지하수를 원수로 사용하는 마을 상수도, 소규모 급수시설 및 전용 상수도를 제외한 수돗물의 경우에는 0.5NTU를 넘지 아니하여야 한다.

    ⓗ 황산이온은 200mg/L를 넘지 아니할 것. 다만, 샘물, 먹는 샘물 및 먹는 물 공동시설의 물은 250mg/L 를 넘지 아니하여야 하며, 염지하수의 경우에는 적용하지 아니한다.

    ㉮ 알루미늄은 0.2mg/L를 넘지 아니할 것

  ⑥ 방사능에 관한 기준(염지하수의 경우에만 적용)

    ㉠ 세슘(Cs-137)은 4.0mBq/L를 넘지 아니할 것

    ㉡ 스트론튬(Sr-90)은 3.0mBq/L를 넘지 아니할 것

    ㉢ 삼중수소는 6.0Bq/L를 넘지 아니할 것

(2) 먹는 물 수질 관리방안

먹는 물 수질기준의 설정 목적은 인체에 해로운 오염물질의 농도를 규제하기 위함이고, 그에 따른 검사를 주기적으로 실시한다.

  ① 정수장 기준 검사항목 및 횟수

    ㉠ 매일 1회 이상 검사 : 냄새, 맛, 색도, 탁도, pH, 잔류염소

    ㉡ 매주 1회 이상 검사 : 암모니아성 질소, 질산성 질소, 과망간산칼륨 소비량, 총대장균군, 대장균 또는 분원성 대장균군, 일반세균, 증발잔류물

  ② 탁도

    ㉠ 마을상수도(지하수를 원수로 사용), 소규모급수시설 및 전용상수도 : 1NTU

    ㉡ 수돗물 : 0.5NTU

CHAPTER 01 확인학습문제

01 다음 중 점오염원에 해당하지 <u>않는</u> 것은?

① 가정하수

② 공장폐수

③ 농경지배수

④ 축산폐수

해설

- **점오염원(Point Source)**: 폐수배출시설, 하수발생시설, 축사 등으로, 관로·수로 등을 통하여 일정한 지점으로 수질오염물질을 배출하는 배출원
  (예) 공장폐수, 가정하수, 축산폐수 등
- **비점오염원(Non-Point Source)**: 도시, 도로, 농지, 산지, 공사장 등으로, 불특정 장소에서 불특정하게 수질오염물질을 배출하는 배출원
  (예) 강우유출수, 농경지배수, 도시노면배수 등

02 COD에 대한 설명으로 옳은 것은? [01년 울산]

① 유기물을 화학적으로 산화시킬 때 요구되는 산소량

② 유기물을 혐기성 박테리아에 의해 분해시키는 데 요구되는 산소량

③ 유기물을 호기성 박테리아에 의해 분해시키는 데 요구되는 산소량

④ 물속에 용존하고 있는 산소량

해설

③ 유기물을 호기성 박테리아에 의해 분해시키는 데 요구되는 산소량은 BOD(생물학적 산소 요구량)이다.

④ 물속에 용존하고 있는 산소량은 DO(용존산소)이다.

COD(화학적 산소 요구량 : Chemical Oxygen Demand)

- 수중에 있는 유기물이 화학적 산화제에 의해 산화·분해될 때 요구되는 산소량을 나타낸다.
- COD 또한 유기물 함량을 나타내는 간접적인 지표로 시료 중에 화학적으로 산화 가능한 유기물을 과망간산칼륨($KMnO_4$) 또는 중크롬산칼륨($K_2Cr_2O_7$) 등의 산화제로 산화시킨 후 소비되는 산화제의 양을 산소의 양으로 나타낸 것을 말한다.

03 지구상에 존재하는 담수의 형태 중 가장 많이 존재하는 것은?

① 토양의 수분 　　　　　　　　② 호수와 하천
③ 지하수 　　　　　　　　　　　④ 빙하

해설

지구 물의 총량 중 해수가 약 97%를 차지하고 있으며, 해수를 제외한 담수의 75%를 빙하 및 얼음이 차지하고 있다. 나머지는 하천수, 지하수, 토양수분 등으로 담수의 약 25%를 차지한다.

04 다음 중 단세포이면서 엽록소 a, c와 크산토필이란 색소를 가지고 있으며, 찬물 속에서도 잘 자라는 조류는? 　　　　　　　　　　　　　　　　　　　　　　[04년 경기]

① 갈조류 　　　　　　　　　　　② 규조류
③ 녹조류 　　　　　　　　　　　④ 쌍편모조류

해설

갈조류와 규조류 둘 다 엽록소 a, c와 크산토필의 색소를 가지고 있으나 규조류는 단세포이고 갈조류는 다세포이다. 한편 규조류는 전 세계에 분포하지만 추운 지방에서 더 많이 번식하는 특성을 보인다.

05 광합성을 하지만 내부기관이 발달되어 있지 않으며 박테리아에 가까운 것은?

① 남조류 　　　　　　　　　　　② 갈조류
③ 녹조류 　　　　　　　　　　　④ 진균류

해설

남조류는 광합성을 하는 조류로, 세포 내에 핵이나 색소체를 갖지 못하고 색소가 고르게 퍼져있다. 또 운동기관인 편모가 없고, 유성생식이 아닌 분열생식을 한다는 점에서 박테리아(세균)로 여겨지기도 한다. 그러나 박테리아와 다르게 원시적이지만 DNA를 가지기 때문에 원핵생물로 여겨진다.

06 하천에서 윤충류(Rotifer)가 발견되면 청정한 하천으로 인식할 수 있는데, 이 윤충류는 어느 미생물에 속하는가? [04년 대구]

① 원생동물
② 박테리아
③ 조류(Algae)
④ 후생동물

해설
후생동물은 고등동물이라고도 하며 다세포 동물이다. 크기는 수 mm 이하로 해면동물, 윤충류, 환형동물, 연체동물, 절지동물 등이 속한다.

07 다음 중 공장폐수 및 해양오염의 오염지표로 주로 사용되는 것은?

① BOD
② COD
③ DO
④ pH

해설
해양이나 공장폐수, 호수의 유기물 오염지표는 주로 COD를 이용하며 이유는 염분의 함량이나 독성물질의 함량, 분해속도 등을 고려하여 정하기 때문이다.

08 다음 중 경도를 유발시키는 양이온이 <u>아닌</u> 것은? [03년 경북]

① Ba^{2+}
② Mg^{2+}
③ Mn^{2+}
④ Ca^{2+}

해설
경도는 물의 세기 정도를 나타내는 것으로, 물에 용해되어 있는 금속 2가 양이온(Sr^{2+}, Mg^{2+}, Fe^{2+}, Ca^{2+}, Mn^{2+} 등)에 의해 일어나게 되며, 이에 대응하는 탄산칼슘($CaCO_3$)mg/L의 값으로 나타낸다.

09 알칼리도에 관한 설명으로 옳지 <u>않은</u> 것은? [03년 대구]

① 총 알칼리도는 M-알칼리도와 P-알칼리도를 합친 값이다.
② 알칼리도는 비색법으로 측정한다.
③ 알칼리도와 산도는 pH 4.5~8.3 사이에서 공존한다.
④ M-알칼리도는 최초의 pH에서 pH 4.5까지 소요된 산의 양을 탄산칼슘으로 환산하여 mg/L로 나타낸 값이다.

해설

알칼리도(Alkalinity) : 수계에서 산을 중화시킬 수 있는 능력을 알칼리도라고 하며, 산 성분을 중화하는 데 필요한 알칼리 성분을 이에 대응하는 $CaCO_3$ mg/L의 값으로 나타낸다.
• 페놀프탈레인 알칼리도(P-Alk) : 최초의 pH에서 pH 8.3까지 주입된 산의 양을 $CaCO_3$ mg/L의 양으로 환산한 값을 페놀프탈레인 알칼리도라고 한다(페놀프탈레인 지시약 : 분홍색 → 무색).
• 메틸오렌지 알칼리도(M-Alk) : 최초의 pH에서 pH 4.5까지 주입된 산의 양을 $CaCO_3$ mg/L의 양으로 환산한 값을 메틸오렌지 알칼리도라고 한다(메틸오렌지 지시약 : 주황색 → 옅은 주황색).

10 칼슘(Ca) 등과 결합하여 영구경도를 유발시키는 이온으로 옳지 <u>않은</u> 것은?

① CO_3^{2-}
② SO_4^{2-}
③ NO_3^-
④ SiO_3^{2-}

해설

영구경도를 비탄산경도라고도 하는데, 비탄산경도는 Ca^{2+}과 Mg^{2+} 등이 산이온(SO_4^{2-}, NO_3^-, Cl^-, SiO_3^{2-} 등)과 결합하여 황산염, 질산염, 염화물, 규산염 등을 이루고 있을 때 유발되는 경도를 말한다.

11 지하수의 특징으로 옳지 <u>않은</u> 것은? [04년 대구]

① 대체로 지표수보다 경도가 높다.
② 탁도가 높고 약한 알칼리성을 띠므로 우수한 용매작용을 한다.
③ 토양 여과과정에서 씻겨 내려온 유기물 분해산물인 가스를 많이 함유한다.
④ 각종 미생물이나 세균의 오염이 극히 적다.

해설

지하수의 특징
• 광물질이 용존되어 있어 지표수보다 경도가 높다.
• 광합성 반응이 일어나지 않으며 세균에 의한 유기물의 분해가 주된 생물작용이다.
• 유속이 느려 국지적인 환경조건에 영향을 크게 받는다.
• 탁도가 낮다.

12 친온성(중온성) 박테리아가 가장 잘 자라는 적정온도는? [04년 경북]

① 0~10℃   ② 20~40℃

③ 50~60℃   ④ 60~80℃

 해설

미생물의 증식온도에 따른 분류
- 고온성 미생물(친열성) : 50℃ 이상에서 성장하는 미생물(적온 65~70℃)
- 중온성 미생물(친온성) : 10~40℃ 범위에서 성장하는 미생물(적온 30℃ 범위)
- 저온성 미생물(친냉성) : 10℃ 이하에서 성장하는 미생물(적온 0~10℃ 범위)

13 유해물질과 중독증상과의 연결이 옳은 것은? [01년 충북]

① 카드뮴 : 고혈압, 위장장애 유발

② 구리 : 과다섭취 시 구토와 복통, 만성중독 시 간경변 유발

③ 크롬 : 피부점막, 피부염 유발, 호흡기로 흡입되어 전신마비

④ 납 : 다발성 신경염, 신경장애 유발

해설
- 크롬(Cr) : 폐암, 피부궤양, 기관지암
- 구리(Cu) : 간경변, 구토, 위통
- 카드뮴(Cd) : 이따이이따이병, 골연화증
- 납(Pb) : 신경염, 관절염, 빈혈
- 수은(Hg) : 미나마타병, 언어 장애, 중추신경 장애
- 망간(Mn) : 신경병, 파킨슨씨병(언어 장애, 간경변증)
- 비소(As) : 흑피증, 색소침착

14 대장균군의 최적확수(MPN)가 의미하는 것은? [03년 부산]

① 검체 250mL 중 이론상 있을 수 있는 대장균 수
② 검체 100mL 중 이론상 있을 수 있는 대장균 수
③ 검체 10mL 중 이론상 있을 수 있는 대장균 수
④ 검체 1mL 중 이론상 있을 수 있는 대장균 수

해설

최적확수(MPN)는 시료 100mL에 존재 가능한 대장균 군수를 의미하며 토마스 근사식으로 구할 수 있다.

$$MPN = \frac{100 \times 양성관의\ 수}{\sqrt{음성관의\ 시료\ 총량(ml) \times 총\ 시료량(ml)}}$$

15 미생물의 발육과정을 순서대로 바르게 나열한 것은? [04년 부산]

① 유도기 → 대수증식기 → 정지기 → 사멸기
② 정지기 → 유도기 → 대수증식기 → 사멸기
③ 대수증식기 → 정지기 → 유도기 → 사멸기
④ 사멸기 → 정지기 → 대수증식기 → 정지기

해설

세포의 증식단계를 4단계로 분류하면 '유도기(지체기) → 대수증식기 → 정지기 → 사멸기'로 분류되며 7단계로 분류하면 '유도기(지체기) → 증식기 → 대수증식기 → 감소증식기 → 정지기 → 감소사멸기 → 대수사멸기'로 분류된다.
• 유도기(지체기) : 접종된 미생물이 주변 환경에 적응하기 시작하며 증식은 하지 않는다.
• 대수증식기 : 영양분이 충분하면 미생물의 수가 급증한다.
• 정지기 : 영양소의 공급이 부족하기 시작하여 증식률이 사망률과 같아질 때까지 둔화된다.
• 사멸기 : 생존한 미생물이 부족한 영양소를 두고 경쟁하게 되며 신진 대사율이 큰 폭으로 감소하게 된다.

16 다음 중 질산화 박테리아에 의해서 생성된 것은? [04년 경남]

① $NH_3 + O_2$　　　　② $NO_2 + NO_3$
③ $H_2S + O_2$　　　　④ $NO_3 + H_2SO_4$

해설

질산화 작용(Nitrification) : 질산화박테리아에 의해 암모니아성 질소(NH_3)가 아질산성 질소(NO_2)나 질산성 질소(NO_3)로 변환되는 작용으로, 암모니아를 아질산성 질소로 변환하는 질산화 박테리아는 대체로 Nitrosomonas이고, 질산성 질소로 변환하는 종류는 Nitrobacter이다. 일부 미생물들은 암모니아성 질소를 이용하나 대부분의 생물은 호기성 조건하에서 질산화 작용을 거친 질산염 형태의 무기질소를 이용한다.

$$2NH_3 + 3O_2 \xrightarrow{Nitrosomonas} 2NO_2^- + H^+ + 2H_2O$$

$$2NO_2^- + O_2 \xrightarrow{Nitrobacter} 2NO_3^-$$

17 시험용 물고기나 임상용 동물에 독성물질을 경구투여 시 시험대상동물의 50%를 치사시킬 수 있는 농도를 나타낸 것은? [04년 대구]

① LC_{50} ② LD_{50}

③ ILm ④ TLm

해설

① LC_{50} : 독성물질의 급성유해도로서 시험대상 미생물을 50% 치사시킬 수 있는 시료의 독성물질 농도
② LD_{50} : 시험물질을 실험동물의 경구 또는 근육, 피하에 직접 투여하였을 때 50%를 치사시킬 수 있는 독성물질의 중간 치사량
④ TLm : 급성독성에 대한 척도로서 수질 분야에서는 주로 어류의 50%를 치사시킬 수 있는 농도를 말하며, 일반적으로 24, 48, 96시간의 TLm으로 한다.

18 500ppm은 몇 %인가? [03년 경북]

① 0.0005% ② 0.005%

③ 0.05% ④ 0.5%

해설

1% = 10,000ppm이므로 500ppm은 0.05%이다.

19 pH 4인 용액은 pH 7인 용액보다 몇 배 더 산성인가? [02년 경기]

① 10,000배   ② 1,000배

③ 100배   ④ 10배

해설

$$pH = \frac{1}{\log[H^+]} = -\log[H^+]$$

$$pH4 : [H^+] = 10^{-4} mol/L, \quad pH7 : [H^+] = 10^{-7} mol/L$$

따라서, $\dfrac{10^{-4} mol/L}{10^{-7} mol/L} = 10^3 = 1,000$배

20 다음 설명 중 옳지 않은 것은? [02년 서울]

① 자연수는 CO_3^{2-}과 유리 CO_2의 양에 따라 pH가 변한다.

② 지표수보다 지하수가 경도가 높다.

③ 물의 순환과정에서 인위적 오염에 의해 수질변화에 영향을 준다.

④ 해수에서는 COD 측정보다 BOD 측정이 유리하다.

해설

해수의 오염도 측정은 COD를 이용한다.

21 친수성 Colloid의 특성에 해당하는 것은? [04년 경북]

① 에멀션 상태이다.

② 분산매의 점성도가 비슷하다.

③ Tyndall 효과[$Fe(OH)_3$ 제외]는 대단히 현저하다.

④ 냉동이나 건조 후 다시 재구성이 어렵다.

해설

친수성과 소수성의 콜로이드(Colloid) 성상 비교

성질	친수성	소수성
물리적 상태	유탁상태(emulsoid)	현탁상태(suspensoid)
표면장력	용매보다 약함	용매와 비슷함
점도	점도를 증가시킴	분산상과 비슷함
Tyndall 효과	약하거나 거의 없음	Tyndall 효과가 큼
응집제 투여	다량의 염을 첨가하여야만 응결 침전된다.	소량의 염을 첨가하여도 응결 침전된다.
동결 또는 건조 후 재구성	재구성 용이	재구성 용이하지 않음
예	단백질, 박테리아 등	점토, 석유, 금속입자 등

22 PCB에 관한 설명으로 옳지 않은 것은? [03년 경남]

① PCB는 Biphenyl에 염소가 치환되어 들어간 물질의 총칭으로 약 210종이 있다.
② 전기절연성이 좋고 난연성이며 콘덴서, 절연테이프 등의 제조에 많이 쓰인다.
③ DDT나 BHC와 같이 불소를 함유하는 물질로, 화학적으로 매우 안정되어 자연분해 제거가 어렵다.
④ 생체 내에 유입 시 지방조직에 축적되어 피부장애, 간장장애, 시력감퇴, 성호르몬 파괴 등을 일으킨다.

해설

• PCB
 – 폴리염화폐비닐($C_{12}Cl_xH_{10-x}$)로 총 210여 종이 있으며, 화학적으로 불활성이고 미생물에 의해 분해되기 어려우며, 산·알칼리·물과도 반응하지 않는다.
 – 물에는 난용성이나 유기용제에 잘 녹는다.
• BHC : 살충제로 사용되었으나 1990년부터 농약사용 금지물질이다.

23 폐수의 성질 중 TKN이란 무엇인가? [03년 울산]

① 유기성 질소 + 암모니아성 질소 + 아질산성 질소 + 질산성 질소
② 유기성 질소와 암모니아성 질소
③ 암모니아성 질소 + 아질산성 질소 + 질산성 질소
④ 유기성 질소

해설

TKN(Total Kjeldahl Nitrogen)은 T-N 성분 중 암모니아성 질소(NH_3-N)와 유기성 질소(org-N)의 합을 말한다.

24 지표생물을 이용하여 수역의 수질을 판정하고자 할 경우 대표적인 지표생물의 선정 조건으로 타당하지 <u>않은</u> 것은? [02년 경기]

① 생식 밀도가 높을 것
② 이동성이 클 것
③ 생물의 분류가 확립되어 있어 종의 식별이 가능할 것
④ 지표생물로서 환경, 수질 혹은 물질 등에 대한 정보가 풍부할 것

해설

지표생물은 수역 내의 수질을 판정하기 위한 생물이므로 이동성이 적어야 한다.

25 일차 반응에 있어 반응 초기의 농도는 2,000mg/L였다. 4시간 후에는 200mg/L로 감소되었다. 반응 2시간 후의 농도는 몇 mg/L인가?

① 401
② 316
③ 508
④ 632

해설

1차 반응식을 적용하면,

$$\ln\frac{C_t}{C_o} = -Kt, \ \ \ln\frac{200}{2,000} = -K \times 4, \ \ K = 0.5756$$

$$\ln\frac{C}{2,000} = -0.5756 \times 2 \ \ \ \therefore C = 632$$

26 완충용액에 관한 설명으로 옳은 것은? [02년 경남]

① 완충용액은 보통 약산과 약염기의 염을 함유한 용액이다.
② 완충용액은 보통 강산과 강염기의 염을 함유한 용액이다.
③ 완충용액의 pH는 중성 부근에서 일정하게 유지된다.
④ 완충용액의 작용은 화학평형원리로 설명된다.

해설

완충용액
• 외부로부터 어느 정도의 산 또는 염기를 가해도 그것들의 영향을 받지 않고 수소이온농도를 일정하게 유지하려고 하는 용액이다.
• 이론적으로 H^+의 몰수와 동일한 OH^-의 몰수가 가해질 때까지 pH의 값은 거의 변하지 않는다.
• 공통이온효과란 이온화 평형상태에 있는 약산(약염기) 용액에 동일한 이온을 가진 이온화합물을 가하면 이온화평형이 첨가된 이온의 농도가 감소하는 방향으로 이동해 새로운 평형상태에 도달하게 되는 현상을 말한다. 약한 전해질의 이온화 평형도 화학평형상태이므로 르샤틀리에의 원리에 의해 외부조건에 따라 평형이 이동된다.

27 용해도적에 대한 설명으로 옳은 것은?

① 폐수처리와 관련된 침전 시 용해도적의 값은 클수록 유리하다.
② 온도가 일정하면 변함이 없는 상수이다.
③ 용해도적 상수가 작으면 물속에 많이 용존되어 있음을 말한다.
④ 용해도적이 큰 물질은 불용성 침전물을 많이 형성한다.

해설

용해도적은 이온성 고체와 포화용액이 평형상태에 있을 때의 평형상수를 말한다.
• 온도가 일정하면 변함이 없는 상수이다.
• 용해도적 상수가 작으면 물속에 적게 용존되어 있음을 의미한다.
• 폐수처리와 관련 침전 시 용해도적 값은 작을수록 유리하다.
• 용해도적은 난용성의 염에 대해서만 사용된다.

28 식초산(CH_3COOH) 3,000mg/L 용액의 pH가 2.87이었다. 이 용액의 해리정수(K_a)는 얼마인가?

[03년 서울]

① 3.65×10^{-7}
② 3.65×10^{-5}
③ 6.08×10^{-12}
④ 6.08×10^{-10}

해설

$CH_3COOH \rightleftarrows CH_3COO^- + H^+$
CH_3COOH 농도 $= 3,000mg/L \div (60 \times 10^3)mg/mol = 5 \times 10^{-2}M$
pH가 2.870이므로 $[H^+] = 10^{-2.87} = 1.35 \times 10^{-3}M$

$$K_a = \frac{[CH_3COO^-][H^+]}{[CH_3COOH]} = \frac{(1.35 \times 10^{-3})^2}{5 \times 10^{-2}} = 3.65 \times 10^{-5}$$

29 Morrill 지수에 관한 설명으로 옳은 것은?

① Morrill 지수의 값이 작을수록 이상적 완전혼합 상태이다.
② Morrill 지수가 1에 가까울수록 이상적인 완전혼합 흐름상태가 된다.
③ Morrill 지수란 반응조에 주입된 물감의 90%와 10%의 유출시간의 비를 말한다.
④ Morrill 지수 값이 클수록 이상적인 Plug Flow 상태가 된다.

해설

Morrill 지수란 반응조에 주입된 물감의 90%와 10%의 유출 시간의 비를 말한다. Morrill 지수는 1에 가까울수록 이상적인 Plug Flow 상태가 되고, Morrill 지수가 클수록 완전혼합 흐름상태에 가까워진다.

30 포름알데히드(HCHO)의 COD/TOC의 값은 얼마인가?

[01년 대구]

① 2.67
② 1.88
③ 1.37
④ 0.65

해설

포름알데히드의 이론적 산화반응식으로 소요 산소량을 구하고 이를 이론적 COD로 본다.
TOC(Total Organic Carbon)는 총 유기탄소를 구하면 된다.
$HCHO + O_2 \rightarrow CO_2 + H_2O$
C는 12g, O_2는 32g이므로 COD/TOC = 32/12 ≒ 2.67

31 다음 중 하천의 자정단계에서 질소가 아질산염과 질산염 형태로 존재하는 지대는?

① 활발한 분해지대
② 분해지대
③ 회복지대
④ 정수지대

해설

회복지대에서는 DO량이 증가하고 가스 발생이 감소하며, 질소는 $NO_2^- - N$(아질산성 질소), $NO_3^- - N$(질산성 질소) 형태로 존재한다.

29 ③ 30 ① 31 ③ **정답**

32 성층 현상(Stratification)에 관한 설명으로 옳지 <u>않은</u> 것은? [03년 경북]

① 봄과 가을에는 저수지의 수직혼합이 활발하여 분명한 열밀도 층의 구별이 없어진다.
② 겨울과 여름에는 수직운동이 없어 정체 현상이 생기며, 수심에 따라 온도와 용존산소 농도 차이가 크고, 겨울보다 여름에 정체가 뚜렷하다.
③ 깊은 저수지에 있어서 순환대, 변화대, 정체대는 각각 3m 정도의 수심을 차지한다.
④ 수심에 따른 온도변화로 인한 물의 밀도 차에 의해 발생한다.

> **해설**
> 호소에서 수심에 따른 온도변화로 인해 밀도 차이가 발생하고 이에 따라 표층(순환대), 수온약층(변천대), 심수층(정체대) 등의 층으로 구분되는데, 이를 성층 현상이라고 한다.
> ③ 깊은 저수지에 있어 순환대(표수층), 변천대(수온약층), 정체대(심수층)는 각각 7m 정도의 수심을 차지한다.

33 부영양화 현상이 일어나는 호소의 특징적인 현상은?

① 규조류의 번성
② 바닥에 질소와 인 등 영양염의 증가
③ 햇빛의 투과도 증가
④ 심수층의 DO 증가

> **해설**
> 부영양화 현상은 호수나 하천에 질소(N)와 인(P) 등과 같은 영양염류가 과다 유입되어 식물성 플랑크톤과 수중식물의 이상번식에 따른 자연적 늪지 현상이라 말할 수 있다.

34 호수나 저수지에 대한 설명으로 옳지 <u>않은</u> 것은? [01년 부산]

① 가을에는 순환(Turnover)을 한다.
② 여름에는 성층을 이룬다.
③ 여름에 성층을 이룰 때 수온구배와 DO구배는 같은 모양이다.
④ Algae가 번식하면 주간에는 DO가 감소하고 수질도 저하한다.

> **해설**
> • 봄과 가을의 온도변화에 의한 밀도 차이로 인해 호소의 물에 상하수직 운동이 발생하는데, 이러한 현상을 전도(Turnover)라고 한다.
> • 조류(Algae)는 식물성 플랑크톤으로 DO 농도가 낮에 증가된다.

35 적조발생의 원인이 <u>아닌</u> 것은?　　　　　　　　　　　　　　　　　　　　　　[01년 경기]

① 해수의 염소량이 저하한다.
② 수괴의 연직안정도가 작다.
③ 영양염류의 공급이 충분하다.
④ 해저의 산소고갈로 인한 포자의 발아가 촉진된다.

해설

적조의 발생원인
• 강한 일사량, 높은 수온, 낮은 염분일 때 발생한다.
• N, P 등의 영양염류가 풍부한 부영양화 상태에서 잘 일어난다.
• 미네랄 성분인 비타민, Ca, Fe, Mg 등이 많을 때 발생한다.
• 정체수역 및 용승류(upwelling)가 존재할 때 많이 발생한다.
• 수괴의 연직안정도가 큰 폐쇄적인 연안 등지에 주로 발생한다.

36 호수의 수리특성을 고려하여 부영양화도와 인부하량과의 관계를 경험적으로 예측 · 평가하는 모델은?

① ISC model
② Qualz model
③ Street-phelps model
④ Vollenweider model

해설

Vollenweider model은 호수로 유입되는 인(P)의 부하량을 기초로 한 인 부하 회귀 모델이다.

37 다음 설명 중 옳지 <u>않은</u> 것은?　　　　　　　　　　　　　　　　　　　　　　[04년 경북]

① 총 고형물(Total Solids)은 휘발성 고형물(Volatile Solids)과 강열 잔류 고형물(Fixed Solids)의 합과 같다.
② 총 부유성 고형물은 휘발성 부유물질(Volatile Suspended Solids)과 강열 잔류 고형물질(Fixed Suspended Solids)의 합과 같다.
③ 휘발성 고형물은 총 부유성 고형물(Total Suspended Solids)과 강열 잔류 고형물(Fixed Suspended Solids)의 합과 같다.
④ 총 용존성 고형물은 휘발성 용존 고형물(Volatile Dissolved Solids)과 강열 잔류 용존 고형물(Fixed Dissolved Solids)의 합과 같다.

해설

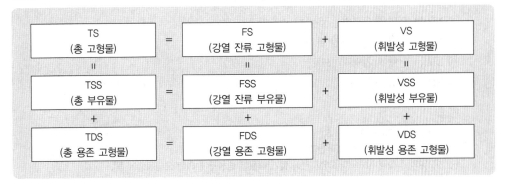

---

38 우리나라의 음용수 수질기준으로 옳은 것은? [04년 경북]

① 시안은 0.05mg/L 이하
② 질산성 질소는 1mg/L 이하
③ 일반세균은 1mL 중 100CFU 이하
④ 카드뮴은 0.05mg/L 이하

해설

먹는 물 수질기준(「먹는 물 수질기준 및 검사 등에 관한 규칙」 제2조 별표1) 참조
• 시안은 0.01mg/L를 넘지 아니할 것
• 질산성 질소는 10mg/L를 넘지 아니할 것
• 카드뮴은 0.005mg/L를 넘지 아니할 것

---

39 우수에 대한 설명으로 옳지 <u>않은</u> 것은? [02년 부산]

① 용해성분이 적어 완충작용이 적다.
② 산성비가 내리는 것은 대기오염 물질인 CO_2, SO_x 등의 용존성분 때문이다.
③ 자정작용에 의해 오염물질 함유도가 적다.
④ 해안에 가까울수록 우수의 염분함량이 많고, 내륙에서는 일반적으로 염분함량이 적다.

해설

자정작용은 지표수에서 일어나고 대체로 우수는 오염물질 함유가 적다.

40 수중의 NH_3를 검출하는 이유로 옳은 것은?　　　　　　　　　　　　　　　[02년 대구]

① NH_3는 오염을 추정하는 유력한 지표가 되므로
② NH_3는 오염과 직접적인 관계가 없으므로
③ NH_3는 인체에 치명적이므로
④ NH_3는 신경독이므로

 해설

암모니아성 질소(NH_3-N)
• 물이 최근에 오염되었음을 의미한다(하수 내 질소의 주성분).
• 분변오염의 직접적 지표이다(오염시간이 짧기 때문에 병원균에 의한 오염위험이 큼).

41 알칼리도에 관한 설명으로 옳지 <u>않은</u> 것은?　　　　　　　　　　　　　　　[01년 경기]

① 알칼리도가 낮은 물은 철(Fe)에 대한 부식성이 크다.
② 중탄산염(HCO_3^-)이 많이 함유된 물을 가열하면 pH가 낮아진다.
③ 알칼리도가 부족할 때 $Ca(OH)_2$나 Na_2CO_3와 같은 약품을 주입하여 보충한다.
④ 자연수의 알칼리도는 주로 중탄산염(HCO_3^-)의 형태가 지배적이다.

해설

중탄산염(HCO_3^-)이 물에 녹으면 CO_2와 $CaCO_3$이 되는데, 가열 시 CO_2가 빠져나가면서 가수분해가 일어나 OH^-이 많이 발생되어 pH가 증가하는 결과를 초래한다.

42 물 1L에 NaOH를 0.4g 용해시킨 용액의 pH는 얼마인가?　　　　　　　　　　　　[02년 부산]

① 12
② 2
③ 4
④ 10

해설

pH + pOH = 14
NaOH = 40g
NaOH 용액 농도 = 0.4g/L ÷ 40g/mol = 0.01mol/L = 1×10^{-2}mol/L
pOH = $-\log[OH^-]$ = 2,
∴ pH = 14 − pOH = 14 − 2 = 12

43 하천의 자정계수에 대한 변화를 설명한 것으로 옳지 <u>않은</u> 것은?

① 수심이 깊어지면 자정계수는 작아진다.
② 유속이 작을수록 자정계수는 작아진다.
③ 하상의 구배가 클수록 자정계수는 커진다.
④ 수온이 높아지면 자정계수는 커진다.

해설
자정계수는 재폭기계수(K_2)와 탈산소계수(K_1)의 비로 정의된다.

$$f = \frac{K_2(\text{재폭기계수})}{K_1(\text{탈산소계수})}$$

수온이 높아지면 자정계수는 작아진다.

44 완충작용에 관한 설명으로 옳지 <u>않은</u> 것은? [04년 대구]

① 한정된 산이나 염기를 가했을 때 근소한 변화를 일으키는 용액을 완충용액이라 한다.
② 완충용액의 작용은 화학평형원리로 설명될 수 있다.
③ 완충방정식은 pH = pKa + log(염/산)으로 나타낼 수 있다.
④ 완충용액은 보통 약산과 그 약산의 약염기의 염을 함유하거나 약염기와 그 약염기의 약산의 염이 함유된 용액이다.

해설
완충용액은 약산과 그 약산의 강염기의 염을 함유하거나 약염기와 그 약염기의 강산의 염을 함유한 용액이다.

45 이상적인 Plug Flow에 관한 설명으로 옳지 <u>않은</u> 것은?

① Morrill 지수 값이 클수록 이상적 Plug Flow이다.
② 분산이 0일 때 가장 이상적 Plug Flow이다.
③ 분산수가 0일 때 가장 이상적인 Plug Flow이다.
④ 지체 시간이 이론적 체류시간과 동일할 때 가장 이상적 Plug Flow이다.

해설
• Morrill 지수 값이 1에 가까울수록 이상적인 Plug Flow이다.
• 반응조의 혼합 정도는 분산(Variance), 분산 수(Dispersion Number), Morrill 지수로 나타낼 수 있다.

혼합 정도의 표시	플러그 흐름상태	완전 혼합 흐름상태
분산	0일 때	1일 때
분산 수	$d = 0$	$d = \infty$
모릴 지수(Morrill Index)	M_0 값이 1에 가까울수록	M_0 값이 클수록 접근

46 CH_3COOH 0.02M 용액의 이론적 COD(mg/L)는 얼마인가?　　　　　　　　　　　　　　　[03년 경북]

① 678
② 1,280
③ 1,870
④ 2,146
⑤ 3,250

해설

CH_3COOH의 이론적 산화반응식은 $CH_3COOH + 2O_2 \rightarrow 2CO_2 + 2H_2O$
CH_3COOH 1M 당 O_2 2M(64g)이 필요하다.
$0.02mol/L \times 64g/mol \times 1,000mg/g = 1,280mg/L$

47 어떤 하수의 BOD_5가 100mg/L이고 탈산소계수가 0.1day^{-1}이라고 하면 BOD_u는 얼마인가?

① 120mg/L
② 73mg/L
③ 146mg/L
④ 66mg/L

해설

$$BOD_t = BOD_u(1 - 10^{-kt})$$
$$BOD_u = \frac{BOD_t}{(1 - 10^{-kt})} = \frac{100}{(1 - 10^{-0.1 \times 5})} = 146mg/L$$

48 현재 pH＝7이고 염소 이온[Cl⁻]＝100ppm, $K_1＝4.5 \times 10^{-4}$이었다면 [HOCl]/[Cl₂]는 얼마인가?
(단, $Cl_2 + H_2O \rightleftarrows HOCl + H^+ + Cl^-$ 이다.)

① 1.6×10^6
② 3.2×10^6
③ 2.5×10^6
④ 3.2×10^{-6}

해설

$$Cl_2 + H_2O \rightleftarrows HOCl + H^+ + Cl^-$$

$$K_1 = \frac{[HOCl][H^+][Cl^-]}{[Cl_2]}$$

$$[H^+] = 10^{-7} mol/L$$

$$[Cl^-] = 100ppm = 100mg/L = 0.1g/L$$

$$0.1g/L \times (mol/35.5g) = 2.82 \times 10^{-3} mol/L$$

$$K_1 = \frac{[HOCl][10^{-7}][2.82 \times 10^{-3}]}{[Cl_2]} = 4.5 \times 10^{-4}$$

$$\frac{[HOCl]}{[Cl_2]} = \frac{4.5 \times 10^{-4}}{10^{-7} \times 2.82 \times 10^{-3}} = \frac{4.5 \times 10^{-4}}{2.82 \times 10^{-10}}$$

$$= \frac{4.5 \times 10^6}{2.82} = 1.6 \times 10^6$$

49 폭기에 관한 설명으로 옳지 <u>않은</u> 것은? [02년 경남]

① 산소의 전달속도는 수중의 용존산소 농도가 높을수록 크다.
② 산소의 전달속도는 교반강도가 클수록 크다.
③ 산소의 전달속도는 공기 중의 산소의 분압이 작게 되면 감소한다.
④ 산소의 전달속도는 기포가 작을수록 크게 된다.

해설

$\frac{dO}{dt} = K_{La}(C_s - C_t)$에 용존산소 농도 C_t가 낮을수록 크게 된다.

50 하천의 재폭기계수와 관련된 항목만을 나열한 것은? [01년 대구]

① 유기물 부하, 수심, 부유물질 농도

② 수온, pH, 중금속 농도

③ 유속, 영양염 농도, 부유물질 농도

④ 유속, 수심, 수온

해설

재폭기계수는 하천수의 수온, 수심, 유속, 하상의 구배 등에 따라 달라지며 수온이 높을수록 증가한다.

51 다음 중 Streeter-Phelps식의 가정 조건으로 올바른 것은?

① 재폭기 무시 ② 정상 상태

③ 확산계수 고려 ④ 2차원 흐름

해설

- Streeter-Phelps Model은 하천의 DO를 나타낸 것으로, 오염원으로부터 수면을 통해 산소가 재공급되는 재폭기만을 고려한 것이다. 구성 인자가 적고 간단하여 비교적 쉽게 하천의 자정능력을 평기할 수 있는 모델이다.

- 모델 공식 $\dfrac{dD_t}{d_t} = K_1' L - K_2' D_t$

- 가정 조건 : Plug-Flow 형태, 확산계수 무시, 정상 상태, 1차원 흐름

52 다음 중 탈산소계수를 구하는 데 쓰이는 방법은? [03년 경기]

① Rippl법 ② O'Connor - Dobbins식

③ Tracer법 ④ Thomas법

해설

- 재폭기계수 : O'Connor-Dobbins식, Isaac식, Churchill식, Owens식 등
- 탈산소계수 : 최소자승법, Thomas법, Moment법, 실측에 의한 방법 등

53 경도 및 알칼리도에 대한 설명으로 옳은 것을 모두 고른 것은?

ⓐ 경도는 물속에 용존하고 있는 Ca^{2+}, Mg^{2+}, Fe^{2+} 등 2가 양이온 금속함량의 농도(mg/L)이다.

ⓑ 경도가 75~150mg/L 정도이면 연수에 속한다.

ⓒ 영구경도는 경도 유발물질과 SO_4^{2-}, Cl^-, NO_3^- 등의 음이온으로 인하여 발생된다.

ⓓ 알칼리도는 메틸오렌지 알칼리도와 페놀프탈레인 알칼리도로 측정할 수 있으며 이 둘의 합이 총알칼리도이다.

ⓔ 자연수 중에 알칼리도는 중탄산염의 형태이다.

ⓕ 하천의 상류에서는 알칼리도가 높고 하류로 갈수록 알칼리도가 낮아진다.

① ⓐ, ⓑ, ⓕ

② ⓔ, ⓕ

③ ⓒ, ⓓ, ⓔ

④ ⓒ, ⓔ

해설

ⓐ 경도는 물 속에 용존하고 있는 Ca^{2+}, Mg^{2+}, Fe^{2+} 등 2가 양이온 금속함량의 농도(mg/L)에 대응하는 탄산칼슘($CaCO_3$)의 양으로 환산 표시한 값이다.

ⓑ 경도가 0~75mg/L인 경우 연수에 속한다.

ⓓ 총알칼리도는 메틸오렌지 알칼리도와 같다.

ⓕ 하천의 상류에서 알칼리도가 낮고 하류로 갈수록 알칼리도가 높아진다.

54 생물 농축계수 CF가 나타내는 것은?

① 환경 중 화합물 농도와 생물체 내 화합물 농도의 합

② 환경 중 화합물 농도에 대한 생물체 내 화합물의 농도비

③ 환경 중 화합물 농도와 생물체 내 화합물 농도의 차

④ 환경 중 화합물 농도와 생물체 내 화합물 농도의 곱

해설

농축계수는 어느 원소 또는 물질의 생물체 내 농도와 환경수중 농도와의 비로 나타내며 이 값이 1보다 클 때에는 농축이 이루어졌다고 판정한다.

55 수질분석결과가 다음과 같을 때 ICOD와 NBDCOD는?

> TCOD = 635mg/L, SCOD = 345mg/L
>
> BOD = 325mg/L, SBOD = 152mg/L
>
> TSS = 252mg/L, VSS = 190mg/L
>
> (단, BODu = K · BOD 여기서 K = 1.6)

① ICOD = 290mg/L, NBDCOD = 115mg/L

② ICOD = 290mg/L, NBDCOD = 120mg/L

③ ICOD = 310mg/L, NBDCOD = 115mg/L

④ ICOD = 310mg/L, NBDCOD = 120mg/L

해설

COD = SCOD + ICOD

ICOD = 635 − 345 = 290mg/L

COD = BDCOD + NBDCOD

BDCOD = BODu = K · BOD = 1.6 × 325 = 520mg/L

NBDCOD = 635 − 520 = 115mg/L

56 세포의 비증식 속도 최대치가 0.23/hr이고, 제한기질 농도가 200mg/L일 때 세포의 비증식 속도는? (단, 제한기질의 반포화 농도는 30mg/L)

① 0.05/hr ② 0.10/hr

③ 0.20/hr ④ 0.40/hr

해설

$$\mu = \mu_{\max} \frac{S}{K_s + S} = 0.23(hr^{-1}) \times \frac{200mg/L}{200mg/L + 30mg/L} = 0.2hr^{-1}$$

- μ : 세포의 비증식 속도[1/d]
- $\mu_{\max}$: 세포의 최대 비증식 속도[1/d]
- S : 제한기질 농도[mg/L]
- K_s : 반포화 농도[mg/L]

57 농업용수의 수질을 분석할 때 이용되는 SAR과 <u>관계없는</u> 것은?

① Na^+ ② Mg^{2+}

③ Ca^{2+} ④ Fe^{2+}

해설

SAR은 관개용수의 나트륨 함량비로서 농업용수의 수질 척도로 이용된다.
SAR이 크면 용수의 염도가 높고, 삼투압을 증가시켜 식물의 영양분 흡수를 방해한다.

$$SAR = \frac{Na^+}{\sqrt{\dfrac{Ca^{2+} + Mg^{2+}}{2}}}$$

58 글루코스($C_6H_{12}O_6$) 300mg/L 용액의 이론적 COD값은?

① 280mg/L   ② 300mg/L

③ 320mg/L   ④ 340mg/L

해설

반응식

$C_6H_{12}O_6 + 6O_2 \rightarrow 6CO_2 + 6H_2O$

     180   : 6×32

   300mg/L :   X   ∴ 320mg/L

59 $1M-H_2SO_4$ 20mL를 중화하는 데 필요한 $1M-NaOH$는?

① 10mL   ② 20mL

③ 30mL   ④ 40mL

해설

$$N_1 V_1 = N_2 V_2$$
$$2 \times 20 = 1 \times V_2 \,,\quad V_2 = 40\,mL$$

- N_1 : 산의 N농도
- V_1 : 산의 부피
- N_2 : 염기의 N농도
- V_2 : 염기의 부피

60 하천에서 용존산소 감소량을 구할 수 있는 Streeter-Phelps식의 유도는 많은 가정 하에서 이루어 졌다. 다음 중 그 가정에 포함되지 <u>않는</u> 것은?

① 수생식물의 광합성은 고려하지 않는다.
② 유기물의 분해는 2차 반응을 따른다고 가정한다.
③ 오염원은 점배출원으로 가정한다.
④ 하상 퇴적층의 유기물의 분해는 고려하지 않는다.

해설

Streeter-Phelps식의 가정조건
• 물의 흐름 방향만을 고려한 1차원으로 가정한다.
• 하천을 1차 반응에 따르는 플러그 흐름 반응기로 가정한다.
• $dC/dt = 0$, 즉 정상상태로 가정한다.
• 유속에 의한 오염물질의 이동이 크기 때문에 확산에 의한 영향은 무시한다.
• 오염원은 점배출원으로 가정한다.
• 하천에 유입된 오염물은 하천의 단면 전체에 분산된다고 가정한다.
• 하천의 축방향으로의 확산은 일어나지 않는다고 가정한다.
• 방출지점에서 방출과 동시에 완전히 혼합된다고 가정한다.

61 우리나라 수자원 중 가장 많은 용도로 사용되는 용수는?

① 생활용수
② 농업용수
③ 하천유지용수
④ 공업용수

해설

농업용수 > 유지용수 > 생활용수 > 공업용수 순이다.

62 비점오염원에 대한 설명으로 옳지 <u>않은</u> 것은?

① 도시 합류식과 오수의 월류는 비점오염원이다.
② 농경지에서 유출되는 빗물은 SS 및 유해중금속의 함유도가 높다.
③ 오염원을 정확히 파악하기 어렵다.
④ 넓은 지역에서 면적으로 발생되는 오염부하원이다.

점오염원과 비점오염원의 비교

구분	점오염원	비점오염원
정의	일정한 지점으로 수질오염물질을 배출하는 배출원	불특정 장소에서 불특정하게 수질오염물질을 배출하는 배출원
발생원	공장폐수, 가정하수, 축산폐수 등	강우유출수, 농경지배수, 도시노면배수 등
특징	• 갈수 시 하천수의 수질악화 • 인위적인 활동에 의한 오염 • 생활특성, 시간 등에 따른 변화	• 홍수 시 하천수의 수질악화 • 인위적·자연적 활동에 의한 오염 • 일간·계절 간 변화가 큼 • 발생량의 예측이 어려움

63 생체 내에 필수적인 금속으로, 결핍 시 인슐린의 저하로 인한 것과 같은 탄수화물의 대사 장애를 일으키는 유해물질은?

① Cd

② Cr

③ CN

④ Mn

해설

크롬은 필수미량원소로 당 및 지방의 대사에 관여하며 인슐린 기능에 반드시 필요하다.
• 급성중독 : 피부염, 복통, 구토
• 만성중독 : 폐암, 기관지암, 비중격 연골천공

64 산소전달률이 10/hr인 폭기기가 존재하며, 폭기조 내의 용존산소 포화농도가 8mg/L이고, 폭기조 내의 최저 용존산소 농도를 2mg/L로 유지하고자 할 때 이 폭기기의 시간당 산소 공급량은?(단, 수온 = 20℃, α, β = 0.9)

① 31.3mgO$_2$/L·hr

② 36.6mgO$_2$/L·hr

③ 41.2mgO$_2$/L·hr

④ 47.9mgO$_2$/L·hr

해설

$$\frac{dO}{dt} = \alpha K_{La}(\beta C_s - C_t) \times 1.024^{T-20}$$

- $\frac{dO}{dt}$: 시간 dt 사이의 용존산소 농도의 변화(mg/lhr)
- α : 물과 증류수의 표준상태 하에서의 KLa의 비율
- β : 물과 증류수의 STP에서의 C_s의 비율
- C_s : 증류수 20℃, 1atm에서의 포화 용존산소 농도(mg/L)
- C_t : 물 속에 실제 용존산소 농도
- K_{La} : 산소전달률(hr⁻¹)
- T : 온도(℃)

$$\frac{dO}{dt} = \alpha K_{La}(\beta C_s - C_t) \times 1.024^{T-20}$$
$$= 0.9 \times 10(0.9 \times 8 - 2) \times 1.024^{20-20} = 47.9$$

65 호수의 영양상태를 평가하기 위한 Carlson 지수 산정 시 적용되는 인자로 적절하지 <u>않은</u> 것은?

① 클로로필−a ② 총인
③ 투명도 ④ 총질소

해설

부영양화 지수(TSI)
- 부영양화의 발생여부 및 진행정도를 0~100 사이의 연속적인 수치로 표시하는 부영양화 평가방법이다.
- Carlson이 제안한 투명도, 클로로필 a 농도, 총인 농도를 이용한 TSI 산정방법이 가장 일반적이다.
- TSI를 0~100의 수치로 나타내어 TSI가 10씩 증가할 때마다 투명도가 1/2로 감소하며, 투명도가 64일 때는 TSI가 0인 것으로 가정한다.

66 적조에 대한 설명으로 옳지 <u>않은</u> 것은?

① 원거리 바다에서 보통 발생한다.
② 점토살포법이 가장 일반적인 처리대책이다.
③ 해수의 염도가 일반 해수염도의 2/3 정도일 때 발생한다.
④ 물의 수직적 혼합이 억제될 때 발생한다.

해설

적조의 발생조건
• 바다의 수온구조가 성층을 형성해 물의 수직적 혼합이 억제될 때
• 수온이 높을 때
• 강우 및 하천수의 유입에 따른 염도의 희석작용이 클 때(대개 일반 해수염도의 2/3 정도의 염도를 가질 때)
• 플랑크톤의 번식에 충분한 광량과 영양염류가 공급될 때
• 해저에 무산소 상태가 형성되어 퇴적층으로부터 영양염류 등의 재용출이 있을 때
• 인근 연안해역에서 발생한다.

67 다음에서 설명하는 하천수질모델로 가장 적절한 것은?

> • 하천 및 호수의 부영양화를 고려한 생태계 모델이다.
> • 호수에는 수심별 1차원 모델이 적용된다.
> • 정적 및 동적인 하천의 수질, 수문학적 특성이 광범위하게 고려된다.

① DO-SAG
② QUAL
③ WQRRS
④ WASP

해설

DO-SAG와 QUAL은 호수에 적용하기 곤란하며, WASP는 3차원 모델이다. 따라서 WQRRS가 가장 적절하다.
하천수질모델
• Streeter-phelps model
  - 최초의 하천수질모델이다.
  - 유기물 분해에 따른 DO 소비와 대기로부터 수면을 통해 산소가 재공급되는 재폭기만을 고려한 모델이다.
  - 점오염원으로부터 오염물 부하량을 고려한다.
• DO SAG-Ⅰ, Ⅱ, Ⅲ
  - Streeter-phelps model을 기본으로 하며, 1차원 정상상태 모델이다.
  - 저질의 영향이나 광합성작용에 의한 DO반응은 무시한다.
  - 점오염원 및 비점오염원이 하천의 DO에 미치는 영향을 알 수 있다.
• QUAL-Ⅰ, Ⅱ
  - 하천과 대기 사이의 열복사 및 열교환을 고려한다.
  - 수심, 유속, 조도계수에 의한 확산계수 결정
  - 음해법으로 미분방정식의 해를 구한다.
  - QUAL-Ⅱ는 질소, 인, 클로로필-a 등을 고려한다.

- WQRRS
  - 하천 및 호수의 부영양화를 고려한 생태계 모델이다.
  - 하천의 정적 및 동적인 하천의 수질, 수문학적 특성이 광범위하게 고려된다.
  - 호수에는 수심별 1차원 모델이 적용된다.
- WASP
  - 하천의 수리학적 모델, 수질모델, 독성물질의 거동 등을 고려할 수 있다.
  - 1, 2, 3차원까지 고려할 수 있으며, 저질이 수질에 미치는 영향에 대해 상세히 고려할 수 있다.
  - 정상상태를 기본으로 하지만 시간에 따른 수질변화도 예측 가능하다.
- HSPF
  - 1차원 하천모델이다.
  - 강우로 인한 비점오염원 유출과정을 하천 내의 수리와 퇴적물 – 화학물질 상호작용과 결합시켜 모의할 수 있는 유역모델과 하천모델이 결합된 형태이다.
  - 유역의 수문계산과 통상적 오염원 외에도 독성 유기물에 관한 수질을 모의할 수 있는 종합적인 유역 수문모델이다.

수질오염방지기술(하 · 폐수처리)

하 · 폐수의 종류 및 영향

1 수질오염물질의 종류

(1) 유기물

① 중성세제(ABS) 및 연성세제(LAS)가 하천표면에 산소전달을 방해하여 자정작용을 억제한다.

② DO를 소모하고, 하천이 부패하여 악취가스를 유발한다.

③ BOD 및 COD의 농도를 증가시킨다.

④ 고농도 및 저농도 유기성 폐수, 유해물질 함유 유기성 폐수 등이 있다.

⑤ 식료품 제조업, 유지 가공업, 농약 제조업 등에서 발생한다.

(2) 무기물

① 수용성 질산염, 인산염, 철분 등으로 인해 부영양화, 적조 현상, 착색 등의 원인이 된다.

② 수자원으로서의 가치를 저하시킨다.

③ 화학비료 제조업, 금속표면 처리업, 무기공업 제조업 등에서 발생한다.

(3) 유류

① 수면에 유막을 형성하여 수서생물의 폐사 및 생육에 지장을 준다.

② 산소의 용해를 방해하고 동식물에 부착한다.

③ 유기성 폐수에 속하며, 해양오염의 대표적 물질이다.

(4) 분뇨

① BOD와 COD의 증가, DO 감소의 원인이 된다.

② 부패 및 악취의 원인이며 각종 기생충 및 수인성 전염병을 유발할 수 있다.

(5) 부유물

① 탁도 및 색도를 유발하고, 투명도를 저하시킨다.

② 점액성 부유물일 경우 어패류 아가미에 부착하여 수서생물의 폐사를 일으킬 수 있다.

(6) 농약 및 중금속

① 하천이나 해수에 유입되어 수서생물의 폐사를 일으키고, 먹이사슬을 통해 농축되어 인간 및 동물에게 악영향을 끼친다.

② 전기 도금업, 금속 가공업, 농약 제조업, 화학류 제조업 등에서 발생한다.

2 수질오염원의 발생원 및 특성

(1) 산업폐수

① 산업활동에 사용되는 용수에 액체성 또는 고체성의 폐기물이 혼입되어 그대로 사용할 수 없는 물을 말한다.

② 산업폐수의 수량 및 수질은 업종 및 공정에 따라 큰 차이를 나타낸다.

③ 생활하수에 비하여 배출량이 상대적으로 적지만, 오염농도가 높고 오염부하량이 높기 때문에 철저한 관리가 필요하다.

④ 산업폐수에 포함되는 물질은 유기화합물질, 유류, 병원성 미생물, 수은, 용존 및 부유물질, 색도, 중금속, 무기오염물, 산·알칼리 및 세제류 등 매우 다양하다.

⑤ 오염물질의 종류가 다양하기 때문에 대상 오염물질에 적합한 처리방법이 적용되어야 한다.

⑥ 중금속 및 화학약품 등의 독성물질이 함유된 경우가 많아 생물학적 처리가 곤란한 경우가 많다.

(2) 가정하수

① 일상생활에서 발생하는 하수의 총칭으로 일반 가정, 호텔, 식당, 사무실 등에서 배출되는 오수, 잡배수, 빗물 등을 말한다.

② 유기물질이 많이 포함되어 있기 때문에 생물학적 처리가 가능하다.

③ 도시화가 진행됨에 따라 영양염류(N, P)의 발생량이 증가하고 있다.

④ 도시의 수준 및 생활양식에 따라 오염부하량이 달라진다.

(3) 축산폐수

① 가축분뇨와 축산폐수배출시설을 청소한 물이 섞인 폐수를 의미한다.

② 가축분뇨의 발생 총량은 인간에 의한 분뇨보다 적지만 오염성분이 훨씬 많고 수거와 처리체계가 미비한 점이 많아 환경문제를 일으킬 위험성이 높다.

③ 하천의 수질악화 및 호수의 부영양화를 초래하며, 악취 및 해충피해 등의 요인이 되어 심각한 환경오염의 원인이 된다.

④ 축산폐수는 대부분 퇴비화시설 등의 자원화시설을 통하여 처리하도록 규정하고 있다.

(4) 탄광폐수

① 수질오염뿐만 아니라 토양오염에 심각한 영향을 미친다.

② pH를 낮추어 토양을 산성화 시키며, 영구경도를 증가시키는 요인이 된다.

(5) 냉각수(열오염)

① 발전소 등에서 방류되는 냉각수 등을 의미하며, 배출 시 수온이 상승하여 DO가 감소하게 된다.

② 병원수 미생물이 급증하여 수인성 전염병이 발생할 확률이 높아진다.

③ 어패류 질식, 이상 증식 등 수중 생태계에 큰 영향을 미친다.

(6) 해수오염

① 산업폐수 및 가정하수 등이 해양으로 유입되면서 해수오염이 발생하지만 가장 큰 피해를 주는 원인은 유류에 의한 오염이다.

② 유조선의 좌초 및 선박에서 폐유를 방출하는 것이 주요 원인이다.

③ 물위의 유막을 형성하여 광역적으로 확산됨으로 산소의 용해를 방해하고, 빛을 차단하여 조류의 광합성 작용을 저해한다.

02 수질오염 방지

1 처리대상물질에 따른 분류

(1) 1차 처리

① 처리대상물질 : 모래, 유지류, 협잡물 및 현탁고형물 등의 침전·부상 가능 물질

② 공정 : 스크린, 침전, 여과 및 부상 등

(2) 2차 처리

① 처리대상물질 : 용존 유기물

② 공정 : 활성슬러지법, 회전원판법, 산화구법, 살수여상법 등

(3) 3차 처리(고도 처리)

① 처리대상물질 : 1차, 2차 처리에서 제거되지 않은 물질로 질소, 인, 난분해성 유기물, 잔류 고형물 등이 속한다.

② 공정 : 화학적 침전, 흡착, 탈질·탈인 공정 등

2 처리공정에 따른 분류

(1) 물리적 처리

① 주로 고액분리에 이용되며, 처리대상물질 분류 중 1차 처리에 해당한다.

② 스크린, 침강분리, 부상분리, 여과, 건조, 탈수 및 농축 등의 공정이 있다.

(2) 화학적 처리

① 유기물, 무기물 및 난분해성 물질 등을 화학반응을 통해 제거하는 공정을 의미한다.

② 중화, 응집, 산화·환원, 흡착, 이온교환, 전기투석, 역삼투 및 살균 등의 공정이 있다.

(3) 생물학적 처리

① 호기성 처리 : 생물 산화분해를 주로 이용하며, 활성슬러지법, 살수여상법, 산화지법, 회전원판법 및 접촉산화법 등의 공정이 있다.

② 혐기성 처리 : 생물 환원분해를 주로 이용하며, 혐기성 소화시설 및 혐기성 산화지 등의 공정이 있다.

③ 미생물의 성장 형태에 따라 부유성장공법과 부착성장공법으로 구분된다.

> ➕ **PLUS 참고** 📋
>
> **수질오염 방지시설**
>
> | 분류 | 종류 |
> | --- | --- |
> | 물리적 처리시설 | 스크린, 분쇄기, 침사시설, 유수분리시설, 유량조정시설(집수조), 혼합시설, 응집시설, 침전시설, 부상시설, 여과시설, 탈수시설, 건조시설, 증류시설, 농축시설 |
> | 화학적 처리시설 | 화학적 침강시설, 중화시설, 흡착시설, 살균시설, 이온교환시설, 소각시설, 산화시설, 환원시설, 침전물 개량시설 |
> | 생물학적 처리시설 | 살수여과상, 폭기시설, 산화시설(산화조 또는 산화지), 혐기성·호기성 소화시설, 접촉조, 안정조, 돈사톱밥 발효시설 |

---

03 하·폐수 처리공정

1 물리적 처리공정

(1) 스크린

① 목적 : 유입수 중의 부피가 큰 부유협잡물을 제거하기 위하여 설치하는 시설물로써 펌프 및 기계설비를 보호하고 관로의 폐색을 방지함은 물론 후처리과정을 원활하게 하기 위하여 설치한다.

② 분류 : 스크린은 유효 간격에 따라 세목 스크린과 조목 스크린으로 분류할 수 있다.

　㉠ 세목 스크린

　　• 유효 간격이 50mm 이하를 말한다(일반적으로 25~50mm).

　　• 세분화하여 구별하면 유효 간격 25mm 이하를 세목 스크린, 유효 간격 25~50mm를 중목 스크린이라고 한다.

　　• 주로 15~25mm의 유효 간격을 갖는 스크린은 오수용, 25~50mm의 유효 간격을 갖는 스크린은 우수용으로 사용한다.

　　• 조목 스크린을 통과한 부유협잡물의 2차 제거를 위해 설치한다.

　㉡ 조목 스크린

　　• 유효 간격이 50mm 이상을 말한다(일반적으로 50~150mm).

　　• 대형하수처리장 및 합류식 관거 등에서 발생하는 대형협잡물 처리에 사용된다.

> **➕ PLUS 용어정리** ✔
>
> 스크린은 형태에 따라 망 스크린, 봉 스크린, 격자 스크린 등으로 분류되며, 주로 긴 봉을 일정한 간격으로 구성한 바(bar) 스크린이 이용된다. 사용 목적에 따라서는 폐수 스크린, 취수 스크린, 이동식 미세 스크린 등으로 분류된다.

③ 설치각도 및 설치장소

    ㉠ 설치각도

        • 기계적 청소조작이 필요한 경우 : 수평각 70°

        • 인력으로 청소할 경우 : 수평각 45~60°

        • 유속이 완만한 경우 : 완만한 설치각도

    ㉡ 설치장소 : 침사지 전방(조목, 오수용), 후방(세목, 우수용)

④ 통과유속

    ㉠ 최소 0.45m/sec 이상 : 모래 및 협잡물 등의 침전 방지

    ㉡ 최대 0.90m/sec 이하(1m/sec를 초과하지 않음) : 스크린 손상 방지

⑤ 손실수두(Kirschmer 공식)

$$h = \beta \sin\alpha \left(\frac{t}{b}\right)^{4/3} \cdot \frac{V^2}{2g}$$

- h : 손실수두(m)
- β : 스크린의 형상계수
- α : 스크린의 설치각도
- b : 스크린의 유효 간격(m)
- t : 스크린의 막대굵기(cm)
- g : 중력가속도(9.8m/sec^2)
- V : 통과유속(m/sec)

⑥ 봉형 스크린의 손실수두

$$h_L = \frac{1}{0.7} \times \frac{(V_2^2 - V_1^2)}{2g}$$

- h_L : 손실수두(m)
- V_2 : 봉형 사이의 구멍에서 통과유속
- 0.7 : 난류와 와류에 의한 손실을 고려한 경험계수
- V_1 : 상류로부터 접근유속

(2) 유량조정조

① 목적 : 유입수의 유량과 수질의 변동을 균등화함으로써 처리시설의 효율 및 처리수질 향상을 목적으로 설치한다.

② 용량

    ㉠ 조의 용량은 유입하수량 및 유입부하량의 시간변동을 고려하여 설정수량을 초과하는 수량을 일시 저류하도록 결정한다.

    ㉡ 일반적으로 시간 최대 하수량이 일간 평균치에 대해 1.5배 이상이 되는 경우에 고려한다.

③ 설계인자

　　㉠ 형상은 부지의 형태, 시설의 배치, 교반 방식, 침전물의 제거설비 등을 감안하여 결정하고 주로 직사각형 또는 정사각형을 표준으로 한다.

　　㉡ 기계설비의 점검 및 수리를 위해 2조 이상을 원칙으로 한다.

　　㉢ 유효 수심은 3~5m를 표준으로 한다.

　　㉣ 조내 침전물의 발생을 방지하기 위해 교반장치를 설치한다.

　　㉤ 유량조정조의 유출수는 침사지에 반송하거나 펌프를 이용하여 1차 침전지 또는 생물반응조에 송수한다.

④ 효과

　　㉠ 독성물질의 유입에 의한 악영향을 방지한다.

　　㉡ 과부하를 방지하여 공정의 처리효율을 향상시킨다.

　　㉢ 고형물 부하를 일정하게 하여 유출수질향상 및 농축효과를 증대시킨다.

　　㉣ 유입수질을 일정하게 하여 약품 주입량을 저감할 수 있다.

(3) 침사지

① 목적 : 유입수에 포함되어 있는 자갈 및 모래 등을 제거함으로써 펌프의 손상 및 관로의 막힘을 방지하고, 또한 포기조 산기관의 막힘 및 슬러지 생산량 증가 등을 방지하기 위해 설치한다.

② 분류 및 설계

　　㉠ 중력식 침사지(수평류식, 수직류식)

　　　• 침사지의 형상은 부지형태, 시설배치, 하수의 유입, 유출방향 및 grit 제거 방식 등을 검토하여 일반적으로 직사각형 또는 정사각형이 이용된다.

　　　• 침사지의 청소, 기계설비의 점검 및 보수 등을 위하여 2지 이상 설치한다.

　　　• 강우 시 계획하수량에 따라 침사지의 수를 결정한다.

　　　• 저부의 경사는 보통 1/100~2/100로 설계한다.

　　　• 침사지의 평균 유속은 0.30m/sec를 표준으로 한다(상수의 경우 2~7cm/sec).

　　　• 체류시간은 30~60초를 표준으로 한다.

　　　• 수심은 유효 수심에 모래퇴적부의 깊이를 더한 것으로 한다(표준 3~4m, 모래퇴적부 30cm 이상 0.5~1m).

　　　• 표면 부하율 : 오수 침사지 $1,800m^3/m^2 \cdot day$, 우수 침사지 $3,600m^3/m^2 \cdot day$

　　㉡ 폭기식 침사지

　　　• 형상 및 침사지 수는 중력식 침사지와 동일하다.

　　　• 체류시간은 1~2분으로 한다.

　　　• 유효 수심은 2~3m, 여유고는 50cm를 표준으로 하고, 침사지의 바닥에는 30cm 이상의 모래퇴적부를 설치한다.

- 송기량은 하수량 $1m^3$에 대하여 $1{\sim}2m^3/h$의 비율로 한다.
- 필요에 따라 소포장치를 설치한다.

③ 소류속도 : 침전된 입자들이 씻겨나가는 유속의 크기를 말하며, 일류속도 또는 관류속도라고도 한다.

$$V = \left(\frac{8\beta \cdot g(s-1)d}{f} \right)^{1/2}$$

- V : 소류속도(cm/sec)
- f : Darcy Weisbach 마찰계수(콘크리트재료인 경우 0.03)
- β : 상수(모래인 경우 0.04)
- g : 중력가속도(980cm/sec^2)
- s : 입자의 비중
- d : 입자경

(4) 침전지

① 개념 및 목적

㉠ 침전지는 고형물 입자를 침전제거해서 하수를 정화하는 시설로 대상 고형물에 따라 1차 침전지, 2차 침전지로 구분한다.

㉡ 1차 침전지는 반응조(화학적·생물학적 처리) 유입 전 예비 처리의 역할을 하며, 2차 침전지는 생물학적 처리에 의해 발생되는 슬러지와 처리수를 분리하고 침전된 슬러지의 농축을 주 목적으로 한다.

㉢ 소규모 하수처리 시설에서는 처리방식에 따라 1차 침전지를 생략할 수 있다.

② 침전지의 설계

㉠ 형상은 원형, 직사각형 또는 정사각형으로 한다.

㉡ 직사각형인 경우 폭과 길이의 비는 1 : 3 이상으로 하고, 폭과 깊이의 비는 1 : 1~2.25 : 1 정도로 한다. 원형 및 정사각형의 경우 폭과 깊이의 비는 6 : 1~12 : 1 정도로 한다.

㉢ 침전지 지수는 최소 2지 이상으로 한다.

㉣ 표면부하율

- 1차 침전지 : 계획 1일 최대 오수량에 대하여 분류식의 경우 $35{\sim}70m^3/m^2 \cdot day$, 합류식의 경우 $25{\sim}50m^3/m^2 \cdot day$로 한다.
- 2차 침전지 : 계획 1일 최대 오수량에 대하여 분류식의 경우 $20{\sim}30m^3/m^2 \cdot day$(표준활성슬러지법)

㉤ 유효 수심은 2.5~4m를 표준으로 한다.

㉥ 침전시간

- 1차 침전지 : 계획 1일 최대 오수량에 대하여 표면 부하율과 유효 수심을 고려하여 일반적으로 2~4hr으로 한다.
- 2차 침전지 : 계획 1일 최대 오수량에 따라 결정하며 일반적으로 3~5hr으로 한다.

㉦ 침전지 수면의 여유고는 40~60cm 정도로 한다.

③ 입자의 침강이론

　㉠ Ⅰ형 침전(독립침전, 자유침전)

　　• 부유물의 농도가 낮고, 비중이 큰 독립성을 갖고 있는 입자들이 침전하는 형태이다.

　　• 입자가 상호 간섭 없이 침전한다.

　　• Stokes 법칙이 적용된다(보통 침전지, 침사지).

　㉡ Ⅱ형 침전(플록침전, 응결침전)

　　• 입자들이 서로 응집하여 플록을 형성하며 침전하는 형태이다.

　　• 입자크기의 증대가 SS 제거에 중요한 역할을 한다.

　　• 독립입자보다 침강속도가 빠르다(약품 침전지).

　㉢ Ⅲ형 침전(간섭침전, 지역침전)

　　• 플록을 형성한 입자들이 서로 방해를 받아 침전속도가 감소하는 침전이다.

　　• 침전하는 부유물과 상징수 간에 뚜렷한 경계면이 나타난다.

　　• 겉보기에 입자 및 플록이 아닌 단면이 침전하는 것처럼 보인다.

　　• 하수처리장의 2차 침전지에 해당한다.

　㉣ Ⅳ형 침전(압축침전, 압밀침전)

　　• 고농도의 침전된 입자군이 바닥에 쌓일 때 일어난다.

　　• 바닥에 쌓인 입자군의 무게에 의해 공극의 물이 빠져나가면서 농축되는 현상이다.

　　• 침전된 슬러지와 농축조의 슬러지 영역에서 나타난다.

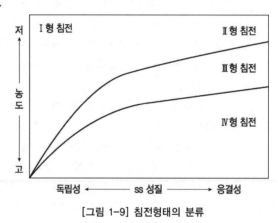

[그림 1-9] 침전형태의 분류

④ 경사판 유효 분리면적

　㉠ 침전효율은 침전지 면적에 비례한다.

　㉡ 따라서 침전지에 경사판을 삽입하여 침전지 분리면적을 증가시킨다.

　㉢ 경사판의 수에 따라 침전지 표면적이 증가하므로 침전효율을 높일 수 있다.

> 경사판 유효 분리면적$(m^2) = n \times a \times \cos\theta$
>
> • n : 경사판 계수　　　　　　　　　• a : 경사판 면적(m^2)
> • θ : 수평면에 대한 경사판 설치각도

⑤ 침전 이론식

㉠ Stokes의 침강속도

$$V_s = \frac{g(\rho_s - \rho)d^2}{18\mu}$$

- V_s : 입자의 침강속도(cm/sec)
- g : 중력가속도(980cm/sec^2)
- ρ_s : 입자의 밀도(g/cm^3)
- ρ : 액체의 밀도(g/cm^3)
- d : 입자의 직경(cm)
- μ : 액체의 점성계수(g/cm · sec)

PLUS 참고

Stokes의 침강속도식
Stokes의 침강속도식은 침전, 부상 등에도 모두 적용되며, 대기부분의 집진장치 설계에도 중요한 부분을 차지하는 식으로 그 중요도가 매우 높다.

㉡ 수면적 부하
- 입자가 이론적으로 100% 침전할 때의 속도를 의미한다.
- 단위는 속도의 단위를 사용하기도 하므로, 단위에 유의할 필요가 있다.

$$\text{표면적 부하, 수면적 부하}(m^3/m^2/day) = \frac{Q}{A}$$

- Q : 유입수량
- A : 표면적

㉢ 체류시간

$$t = \frac{V}{Q}$$

- t : 체류시간(day)
- Q : 유입수량(m^3/day)
- V : 조의 용적(m^3)

㉣ 입자제거 효율(E)

$$E = \frac{V_s}{V_o} = \frac{V_s}{Q/A}$$

- E : 침강속도가 V_o 보다 적은 입자의 침전제거 효율
- V_s : 입자의 침강속도(m/day)
- V_o : 침전지에서 100% 제거될 수 있는 입자의 침강속도

㉤ 월류 부하(Weir)

$$\text{월류 부하}(m^3/m^2/day) = \frac{Q}{L}$$

⑥ 침전의 원리

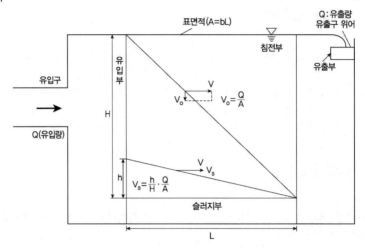

[그림 1-10] 침전 처리 효율

㉠ 침전조로 입자성 물질이 유입되면, 유입속도(v) 및 중력에 의한 침전속도(v_0)에 영향을 받는다.

㉡ 실제 침전은 유입속도(v) 및 중력에 의한 침전속도(v_0)의 합력에 의해 결정된다.

㉢ 이때 입자성 물질이 침전조에 체류하는 시간과 침전시간이 같아지면 입자는 100% 제거된다고 볼 수 있다.

㉣ 침전조 체류시간은 침전조 부피/유량($T = \dfrac{V}{Q} = \dfrac{A \cdot H}{Q}$)으로 구할 수 있고, 침전시간은 침전조 깊이/침전속도(v_0)($t = \dfrac{H}{v_0}$)로 구할 수 있다.

㉤ 따라서 침전조 체류시간 = 침전시간을 이용하여 침전속도를 나타내면 $v_0 = \dfrac{Q}{A}$를 얻을 수 있다.

㉥ 여기서 침전속도 v_0는 입자가 100% 침전되는 속도를 의미하며, 따라서 입자의 침전효율은 실제 침전속도(v_s)와 v_0의 비로 나타낼 수 있다.

㉦ 침전조의 효율 $E = \dfrac{v_s}{v_0} = \dfrac{v_s}{Q/A}$ 가 되며, 따라서 침전조의 효율은 수면적부하에 지배를 받게 된다(그중 침전조 면적에 큰 영향을 받는다).

(5) 부상조

① 개념 및 목적 : 물보다 비중이 작은 입자 등에 기포를 부착하여, 입자의 비중을 물보다 작게 함으로써 수면 위로 부상, 분리시켜 제거하는 방법이다. 일반적으로 입자의 비중이 작은 유류 등의 물질을 처리할 때 많이 이용된다.

② 특징

　㉠ 물보다 비중이 작은 물질 제거에 유리하다.

　㉡ 접촉시간이 길수록 제거효율이 크다.

　㉢ 거품이 작을수록 표면적이 증가하여 효율이 증가한다.

　㉣ 온도가 높을수록 유리하다.

③ 종류

　㉠ 공기부상(AF) : 거품이 잘 발생하는 폐수처리에 적합하다(폭기와 동일).

　㉡ 용존 공기부상(DAF) : 가압부상이라고 하며 가장 일반적으로 사용된다.

　㉢ 진공부상(VF) : 효율은 좋으나 비용이 고가이다.

④ 부상조의 설계

　㉠ 부상속도 공식

$$V_f = \frac{g(\rho_w - \rho_s)d^2}{18\mu}$$

- V_f : 입자의 상승속도(cm/sec)
- g : 중력가속도(980cm/sec^2)
- ρ_s : 부상입자의 밀도(g/cm^3)
- ρ_w : 폐수의 밀도(g/cm^3)
- d : 고체입자의 지름(cm)
- μ : 폐수의 점성계수(g/cm · sec)

　㉡ 공기 고형물비(A/S비)

반송률 미고려 시, $\dfrac{A}{S} = \dfrac{1.3S_a(f \cdot P - 1)}{SS}$

반송률 고려 시, $\dfrac{A}{S} = \dfrac{1.3S_a(f \cdot P - 1)}{SS} \cdot \dfrac{R}{Q}$

- 1.3 : 공기의 밀도(mg/mL)
- P : 가압탱크 내의 압력(atm)
- SS : 고형물 농도(mg/L)
- S_a : 공기 용해도(cm^3/L, mL/L)
- f : 포화상태에 대한 공기의 용해비
- R/Q : 반송률

➕ **PLUS 참고** 📋

공기의 밀도 생략

A/S비의 계산에서 1.3이라는 수치는 공기의 용해도 단위에 따라 생략할 수 있음(공기의 용해도 단위가 mg/L인 경우 1.3 생략)

(6) 여과

① **개념 및 목적** : 폐수를 여재에 통과시켜 부유물질을 제거하는 공정으로, 침전으로 제거되지 않는 미세한 입자의 제거에 가장 효과적이다.

② **원리**

   ⊙ 기계적 작용

   ⓒ 침전 및 흡착

   ⓒ 생물학적 작용

   ⓔ 전해작용

③ **여과 설계 인자**

   ⊙ 여재 특성 : 입자의 제거효율에 영향

   ⓒ 여상의 공극률 : 여과된 고형물의 양을 결정

   ⓒ 여과속도 : 손실수두 계산

   ⓔ 여상의 깊이 : 손실수두 및 여과 지속시간에 영향

④ **여과의 종류**

   ⊙ 완속여과

     • 여과지에 두께 70~90cm 정도의 여상을 만들어 수분의 자연 침강으로 여과를 실행한다.

     • 여재의 크기가 작은 것을 이용하기 때문에 공극의 크기 또한 작아지게 되며, 이에 따라 여과의 대부분이 표층에서 일어나게 되어 표면여과라고도 한다.

     • 여과가 진행된 표면에 여과막(생물막)의 형성으로 여과 효력이 점차 증가한다.

     • 주로 작은 입자의 제거에 활용되며, 형성된 여과막(생물막)에 의해 부유물질뿐만 아니라 세균 및 잔류 유기물 제거 효율도 향상된다.

     • 탁도 제거 및 고농도 성분의 제거에는 불리하다.

   ⓒ 급속여과

     • 약품에 의해 응집 침전시킨 물을 완속여과보다 큰 여과 수두를 주어 여과하는 방법이다.

     • 여재의 크기가 큰 것을 이용하여 여상 내에서 여과가 일어나며 이에 따라 내부여과라고도 한다.

     • 급속여과법은 완속여과법에 비해 면적이 작아도 되는 반면 전처리 과정으로 응집 침전을 사용함에 따라 유지 관리비가 높은 단점이 있다.

     • 고탁도 제거에 주로 사용되며, 용해성 물질 및 세균의 제거는 기대할 수 없다.

⑤ **막여과**

   ⊙ 개념 : 선택적 투과성을 가지고 있는 분리막을 이용하여 특정 제거대상 물질을 제거하는 공정이다.

   ⓒ 종류

     • 정밀여과(MF) : $0.01\mu m$ 이상의 공칭공경(정밀여과막의 작은 구멍)을 갖는 여과막을 이용하여 여과하는 방법

- 한외여과(UF) : 분리기능을 가지는 표면활성층의 세공 크기가 매우 작고 미세하여 분리능력은 ㎛ 단위로 표시하지 않고 분획분자량(MWCO), 즉 분리해 낼 수 있는 분자량의 크기로 나타낸다.
- 나노여과(NF) : 역삼투법과 한외여과법의 중간적인 특성을 지닌다.
- 역삼투막(RO) : 농도가 다른 두 용액 사이에 반투막이 있을 때 삼투압의 차이로 인하여 일반적으로 농도가 묽은 용액 속의 용매가 농도가 진한 용액 속으로 이동한다. 그러나 농도가 진한 용액의 위쪽에 높은 압력을 가해 주면 위와 같은 현상이 역으로 일어난다. 즉, 농도가 진한 용액 속의 용매가 반투막을 통하여 묽은 용액 속으로 이동한다. 이것을 역삼투라고 한다. 해수담수화에 RO 공정이 많이 적용되고 있다.

ⓒ 막여과의 장단점

장점	단점
• 일정 크기 이상의 현탁물질을 확실하게 제거함 • 기계적으로 움직이는 부분이 적어 무인자동화가 간단함 • 시설이 compact하므로 넓은 부지면적이 필요하지 않음 • 응집제 없이도 운전이 가능하거나, 필요시에도 소량만 필요하여 운전관리가 간단함 • 공사기간이 짧음	• 막오염을 방지하기 위해 약품세정이 필요함 • 막의 수명이 짧아 교환비용이 많이 소요됨 • 건설 및 유지 관리비용이 많이 소요됨 • 고농도의 농축수가 발생하고 처리시설이 필요함

➕ PLUS 참고 📋

정수처리용 분리막의 종류별 기본특성 및 제거범위 비교

구분	MF(정밀여과)	UF(한외여과)	NF(나노여과)	RO(역삼투)
분리원리	체거름	흡착현상	UF와 RO의 중간	용해 및 확산
막구조/형태	균질막/비대칭막	비대칭막	복합막	균질막, 비대칭막, 복합막
분리대상 (MWCO= MW cut-off)	입자지름 0.025~10㎛ (Pore size 0.01~0.45㎛)	1,000~300,000	수백(350~1,000)	염류~MWCO 수십 (350 Da 이하)
여과조작압력 (kgf/cm^2)	2	3	2~15	50
여과물질	현탁미립자, 미생물	콜로이드, 고분자	2가 이상 이온, 저분자물질	이온성 물질
용도	• 정수처리 • 의료 및 제약용수 • 식품가공용수 • RO, UF 전처리	• 정수처리 • RO 전처리 • 재료분리, 농축 • 의료용 무균수 제조	• 중/저분자 물질분리 • 탈염, 경수의 연수화	• 해수, 공업용수의 탈염 • 초순수 제조

[표 1-3] 완속여과와 급속여과의 비교

구분	완속여과	급속여과
여과속도	4~5m/day(한계 8m/day)	단층 120~150m/day 다층 120~240m/day
전처리 공정	보통 침전	약품 침전(응집 침전)
모래층의 두께	70~90cm	60~70cm
유효경	0.3~0.45mm	0.45~0.7mm
세균제거	좋다	나쁘다
약품처리	불필요	필수
손실수두	작다	크다
유지 관리비	적다	많다(약품 사용)
수질과의 관계	저탁도에 적합	고탁도, 고색도 및 동결에 문제가 있을 때 적합
여과사	최대경 : 2mm 이내 최소경 : 0.18mm	최대경 : 2mm 이내 최소경 : 0.3mm
균등계수	2.0 이하	1.7 이하
공극률	작다	크다
건설비	비싸다	싸다
수심	여과지의 모래면 위의 수심 : 90~120cm	수심 : 100~150cm

(7) 흡착

① 개념 및 목적 : 용액 중의 분자가 물리적 혹은 화학적 결합력에 의해 고체의 표면이나 내부에 붙는 현상을 의미하며, 주로 PBS, 페놀, 중금속, THM, 농약, BOD, COD 및 이취미 등의 제거에 사용된다.
   ㉠ 피흡착제(흡착질) : 흡착제에 붙어 제거되는 물질
   ㉡ 흡착제 : 피흡착제가 붙을 수 있게 표면을 제공하는 물질
      예 활성탄, 실리카겔, 알루미나 등

② 흡착의 원리(흡착의 3단계)
   ㉠ 막확산 : 흡착제 주위의 막을 통하여 피흡착제가 이동하는 단계
   ㉡ 공극확산 : 흡착제의 공극으로 피흡착제가 확산하는 단계
   ㉢ 결합 : 피흡착제와 흡착제 사이의 결합이 이루어지는 단계

③ 흡착제 구비조건
   ㉠ 단위 무게당 흡착력이 우수할 것
   ㉡ 물에 용해되지 않고, 비표면적이 클 것
   ㉢ 유독물질 발생이 없을 것
   ㉣ 입도분포가 균일할 것
   ㉤ 구입이 용이하며, 가격이 저렴할 것

④ 흡착의 종류

　㉠ 물리적 흡착

　　• 가역반응 : 흡착제의 재생이 가능하고 오염가스의 회수에 용이

　　• 결합력 : 반 데르 발스력(Van der Waals force), 결합력이 약함

　　• 저온일 때 흡착량이 증가한다.

　　• 흡착열이 적다(응축열과 같음).

　㉡ 화학적 흡착

　　• 비가역반응 : 흡착제의 재생이 불가능하다.

　　• 결합력 : 이온결합, 공유결합 등의 화학결합(결합력이 강함)

　　• 고온일 때 흡착량이 증가한다.

　　• 흡착열이 크다(반응열과 같음).

⑤ 등온 흡착식 : 흡착용량을 결정할 때 사용되며, 흡착된 물질의 총량은 일정 온도에서 농도의 함수로 결정된다.

　㉠ Freundlich 등온 흡착식

　　• 흡착에너지는 흡착위치에 따라 변한다라는 가정하에, 한정된 범위의 용질 농도에 대한 흡착 평형값을 나타낸다.

　　• 상수나 하수처리장에서 사용되는 활성탄의 흡착특성을 설명할 때 주로 사용된다. 즉, 활성탄 액상흡착에서 보통 Freundlich 등온 흡착식이 사용된다.

$$\frac{X}{M} = KC^{\frac{1}{n}}$$

　　• X : 흡착된 용질량　　　　　　　　　• M : 흡착제 중량

　　• X/M : 흡착제의 단위 중량당 흡착량　• n : 경험적인 상수

　　• C : 흡착이 평형상태에 도달했을 때에 용액 내에 남아있는 피흡착제의 농도

　㉡ Langmuir 등온 흡착식

　　• 한정된 표면만이 흡착에 이용되고, 흡착은 가역적이고 평형조건이 이루어졌다고 가정한다.

　　• 표면에 흡착된 물질은 그 두께가 분자 한 개 정도의 두께이다.

$$\frac{X}{M} = \frac{abC}{1+bC}$$

　　• X : 흡착된 용질량　　　　　　　　　• M : 흡착제 중량

　　• X/M : 흡착제의 단위 중량당 흡착량　• K, n, a, b : 경험적인 상수

　　• C : 흡착이 평형상태에 도달했을 때 용액 내에 남아있는 피흡착제의 농도

⑥ 흡착의 특징

ⓐ 할로겐 족 원소가 포함되어 있으면 흡착률이 증가한다.

ⓑ 극성이 낮고, 용해도가 낮을수록 흡착률이 크다.

ⓒ 표면장력이 약할수록 흡착률이 크다.

ⓓ pH 및 온도가 낮을 때 흡착률이 크다(pH 2~3).

ⓔ 분자량이 증가하면 흡착량은 증가하나, 흡착속도는 감소한다.

> **PLUS 참고**
>
> 활성탄
> - **분말활성탄(PAC, Powdered Activated Carbon)**
>   - 흡착속도가 빠르다.
>   - 특별한 장치 없이 공정에 주입 가능하며, 접촉여과에 의해 흡착한다.
>   - 취급 시 비산가능성에 주의해야 한다.
>   - 주로 맛과 냄새를 제거할 목적으로 사용한다.
>   - 가격이 입상활성탄에 비해 저렴하여 비용이 적게 든다.
>   - 미생물의 번식 가능성이 없다.
>   - 재생이 어려우며, 운영비가 많이 든다.
> - **입상활성탄(GAC, Granular Activated Carbon)**
>   - 분말활성탄에 비해 흡착속도가 느리다.
>   - 취급이 용이하고, 처리 후 물과 분리가 용이하다.
>   - 주로 유기 독성물질, 유기 염소화합물을 제거하기 위해 사용된다.
>   - 슬러지 발생이 없다.
>   - 수질변동에 대한 적응성이 떨어진다.
>   - 미생물이 번식할 가능성이 존재한다.
> - **BAC(Biological Activated Carbon)**
>   - 충격부하에 강하고, 활성탄 사용시간을 연장시키는 효과가 있다.
>   - 분해속도가 느린 물질이나 적응시간이 필요한 유기물 제거에 효과적이다.
>   - 재생으로 인한 손실을 최소로 할 수 있어 경제적이다.
>   - 활성탄에 병원균이 자라는 문제가 발생할 수 있다.
>   - 정상상태까지의 기간이 오래 걸린다.

2 화학적 처리공정

(1) 중화

① 개념 및 목적

ⓐ 산과 염기가 반응하여 산 및 염기로서의 성질을 잃는 현상을 말한다.

ⓑ 일반적으로 중화란 폐수의 액성을 중성으로 향하는 과정을 나타내고 있으며, pH조정 과정이라고 할 수 있다.

ⓒ 산·염기반응이라고도 하며 응집, 산화·환원 등의 반응을 용이하게 하기 위해 최적의 pH를 조정해 준다.

② 중화제의 분류

    ㉠ 알칼리성 폐수 중화제(산성 중화제)

종류	특징
H₂SO₄(황산)	• 부식성이 강하다. • 취급 시 안전에 유의해야 한다.
HCl(염산)	• 황산에 비해 휘발성이 높다. • 부식성이 강하다.
CO₂(탄산가스)	• 약산성을 띤다. • 탄산가스를 과량 가해도 강산성이 될 우려가 없다.

    ㉡ 산성 폐수 중화제(알칼리성 중화제)

종류	특징
NaOH(수산화나트륨) Na₂CO₃(탄산나트륨)	• 용해도가 크다(용액 주입 용이, 반응력 큼). • 가격이 높다. • pH 조정이 정확하다. • 반응생성물이 가용성을 가진 것이 많다.
Ca(OH)₂(수산화칼슘) CaO(산화칼슘)	• 용해도가 낮아 미분말 상태로 주입한다. • 가격이 낮다. • 반응 생성물이 불용성이 많아 슬러지가 많이 발생한다.
CaCO₃(탄산칼슘)	• 가격이 낮다. • 반응시간이 길다.

③ 중화공식

    ㉠ 중화적정

$$N_1 V_1 = N_2 V_2$$

- N_1 : 산의 규정농도(N농도)
- N_2 : 염기의 규정농도(N농도)
- V_1 : 산의 부피
- V_2 : 염기의 부피

    ㉡ 액성이 같은 용액 혼합 시

$$N_1 V_1 + N_2 V_2 = N(V_1 + V_2)$$

    ㉢ 액성이 다른(산성 + 알칼리성) 용액 혼합 시

$$N_1 V_1 - N_2 V_2 = N(V_1 + V_2)$$

(2) 응집

① 개념 및 목적

    ㉠ 응집은 수중에 존재하는 미세입자 등의 침강성을 증가시켜 침전에 유리한 조대플록을 형성하는 것을 말한다.

     ⓛ 경우에 따라서는 응집조를 설치하지 않고 처리공정 라인상에서 응집제와 응집보조제의 적절한 투여로 처리효율의 극대화를 이룰 수 있다.

     ⓒ 입자성 물질, 유기물, 조류, 색소, 콜로이드 등 탁도 유발물질과 무기인산염, 이취미를 제거하는 데 많이 이용된다.

② 콜로이드(Colloid)

     ㉠ 크기 : $0.001 \sim 0.1 \mu m$

     ⓛ 대부분 음전하로 대전되어 있어 서로 반발력을 지니고 있다.

     ⓒ Zeta 전위, 반 데르 발스력, 중력에 의해 평형을 유지한다.

③ 응집제 종류 및 특성 : 가장 널리 사용되고 있는 응집제로는 알루미늄염이나 철염이며, 하수의 특성을 고려하여 응집보조제를 함께 사용 시 응집효과는 증대된다.

     ㉠ 무기응집제

응집제	장점	단점
황산알루미늄	• 부식성, 자극성이 없어 취급이 용이하며, 여러 폐수에 적용된다. • 철염과 같이 시설을 더럽히지 않는다. • 저렴, 무독성 때문에 취급이 용이하고 대량첨가가 가능하다.	• 플록이 가볍다. • 응집 pH 범위가 좁다(pH 5.5~8.5).
PAC	• 플록 형성속도가 빠르다. • 성능이 좋다. • 저온 열화하지 않는다.	
황산제1철	• 플록이 무겁고 침강이 빠르다. • 값이 싸다. • pH가 높아도 용해되지 않는다(적정 pH 9~11).	• 산화할 필요가 있다. • 철이온이 잔류한다. • 부식성이 강하다.
염화제2철	• 응집 pH 범위가 넓다(pH 4~11). • 플록이 무겁고 침강이 빠르다.	• 부식성이 강하다.

     ⓛ 유기응집제

       • 무기응집제(황산알루미늄)만으로 처리하기 어려운 폐수에 사용한다.

       • 응집은 전기적 중화작용과 가교작용이 동시에 일어난다.

       • 첨가한 응집제의 석출이 일어나지 않고, pH의 변화가 없다.

       • 슬러지 발생량이 적고, 탈수성이 개선된다.

       • 공존 염류, pH 및 온도 등에 의한 영향이 적다.

       • 알루미늄 폴리머, PCBA(basic polymerization chloride) 등의 종류가 있다.

     ⓒ 응집보조제

       • 자체의 응집력은 없으나 응집제와 함께 사용되었을 경우 응집력을 발휘한다.

       • 응집제의 역할을 향상시키기 위해 pH의 조정, 알칼리도 조절, 가교작용의 증대, 플록형성의 증대 및 중량증대 등의 역할을 하는 약품을 말한다.

       • 플록의 강도증가, 플록의 증량증가, 최적의 응집상태 조성 및 플록의 빠른 침전 등의 목적으로 사용된다.

④ 응집의 영향 인자

  ㉠ 수온 : 수온이 높으면 반응속도 증가와 물의 점도 저하로 응집제의 화학반응이 촉진되고 낮으면 플록 형성에 소요되는 시간이 길어지며, 입자가 작아지고 응집제의 사용량도 많아진다.

  ㉡ pH : 응집제의 종류에 따라 최적의 pH 조건을 맞추어 주어야 한다. 응집제 종류별로 적정 pH가 정해져 있으므로 응집 효율을 결정하는 중요한 인자라고 볼 수 있으며, pH 및 응집제의 양 등은 Jar-test를 통해 결정한다.

  ㉢ 알칼리도 : pH 변화와 관련이 있으며, 하수의 알칼리도가 많으면 응집제를 완전히 가수분해 시키고, 플록을 형성하는 데 효과적이다.

  ㉣ 용존물질의 성분 : 수중에 응집반응을 방해하는 용존물질이 다량 존재하는지의 여부를 검토하여야 한다.

  ㉤ 교반조건 : 응집제 및 응집보조제의 적절한 반응을 위하여 교반조건을 조절하여야 한다.

$$G = \sqrt{\frac{P}{\mu V}} = \sqrt{\frac{W}{\mu}}$$

- G : 속도경사(sec^{-1})
- μ : 점성계수(kg/m · sec)
- W : 단위 용적당 동력(watt/m^3)
- P : 동력(watt)
- V : 응결지 부피(m^3)

  • 급속교반 : 응집제를 하수 중에 신속하게 분산시켜 하수 중의 입자와 혼합시키는 목적이 있다(교반속도 : 120~140rpm, 속도경사 G : 400~1,500/s).

  • 완속교반 : 응집제와 입자의 혼합으로 형성된 플록 간의 응집을 촉진하여 플록의 크기를 증대시키는 역할을 한다(교반속도 : 20~70rpm, 속도경사 G : 40~100/s).

⑤ Jar-test(약품 교반시험) : 응집시설에서 적정응집제의 종류 및 적정 농도의 산정을 위해 Jar-test를 실시한다. 이때 온도 및 pH 등의 영향과 주입응집제의 강도를 주의 깊게 파악하여 처리하고자 하는 수질에 적합한 응집제와 투입량을 결정한다.

  ㉠ 6개의 용기(Jar 혹은 비커)에 처리하고자 하는 물 동일량(500mL 또는 1L)을 채운다.

  ㉡ 각 용기에 응집제 및 응집보조제의 양을 각각 달리하여 짧은 시간에 주입한 후 급속교반을 시킨다.

  ㉢ 교반기의 회전속도를 감소시켜 10~30분간 완속교반을 시킨다.

  ㉣ 플록이 형성되는 시간을 기록한다.

  ㉤ 주의사항 : 플록 형성시간, 플록크기, 플록의 침전특성, 탁도 및 색도 제거 정도, 그리고 응집된 물과 침전시킨 물의 최종 pH

(3) 산화 · 환원 처리

① 산화

  ㉠ 산소와 결합, 산화수 증가, 전자를 잃는 것, 수소를 잃는 것

  ㉡ 산화 처리공정 : 오존산화, 펜톤산화, 염소소독 등

  ㉢ 산화제 : 염소, 염소화합물(NaClO, $CaOCl_2$ 등), 오존, 과망간산(MnO_4), 산소(O_2) 등

② 환원

　㉠ 산소를 잃는 것, 산화수 감소, 전자를 얻는 것, 수소를 얻는 것

　㉡ 환원 처리공정 : 환원 침전 등

　㉢ 환원제 : 아황산염($NaSO_3$, $NaHSO_3$), 아황산가스(SO_2), 황산제1철($FeSO_4$) 등

③ 산화 및 환원 처리공정의 예

　㉠ 시안 함유 폐수처리(산화 처리) : 시안(CN) 함유 폐수는 주로 알칼리 염소법, 오존산화법, 전해질법 등으로 처리하는데, 그중 알칼리 염소법이 가장 많이 이용되고 있다.

　　• 알칼리 염소법 : 알칼리 조건하에서 염소계 산화제(수산화나트륨, NaOH)를 사용하여 무해한 CO_2와 N_2가스로 산화 분해시켜 제거하는 방법(균등조 → 산화반응조(1, 2단계) → 중화조 → 여과조 → 유출)

　　　– 1차 : $NaCN + 2NaOH + Cl_2 \rightarrow NaCNO + 2NaCl + 2H_2O$

　　　　(1차 산화반응 시 pH를 10~11 정도 유지)

　　　– 2차 : $2NaCNO + 3NaOH + 3Cl_2 \rightarrow 2CO_2 + N_2 + 6NaCl + 2H_2O$

　　　　(2차 산화반응 시 pH를 8~9 정도 유지)

　㉡ 크롬 함유 폐수 처리(환원 처리) : 크롬(Cr^{6+}) 함유 폐수는 주로 환원침전법, 전해법, 이온교환법 등으로 처리하는데, 그중 환원침전법이 가장 많이 이용되고 있다.

　　• 환원침전법 : 크롬(Cr^{6+})이 함유된 폐수에 pH 2~3이 되도록 H_2SO_4를 투입 후 환원제($NaHSO_3$)를 주입하여 Cr^{3+}으로 환원 후 수산화 침전시켜 제거하는 방법

　　　– 1단계 : Cr^{6+}(황색) → Cr^{3+}(청록색)

　　　　[pH 조절을 위해 H_2SO_4 투입(pH 2~3), 환원반응을 위한 환원제 투입($NaHSO_3$)]

　　　– 2단계 : Cr^{3+}(청록색) → $Cr(OH)_3$

　　　　(침전반응, 환원반응에서 pH가 매우 낮아졌으므로 알칼리제 투입)

(4) 이온교환

① 이온교환의 정의 : 이온교환이란 고상에 존재하는 하나의 이온을 다른 이온이 교환하는 것으로, 물과 접촉하고 있는 광물의 표면에 존재하는 한 종류의 이온을 물속에 녹아 있는 다른 이론으로 교환하는 것을 말한다.

② 이온교환 이론

　㉠ 교환과정(물 생성)

$$R - SO_3H + NaOH \rightarrow R - SO_3Na + H_2O : (+) \text{ 교환반응}$$
$$R \equiv NH_2^- + HCl \rightarrow R \equiv N + Cl^- + H_2O : (-) \text{ 교환반응}$$

ⓒ 재생과정(염 생성)

$$R - SO_3Na + HCl \rightarrow R - SO_3H + NaCl : (+) \text{ 재생반응}$$
$$R \equiv NCl + NaOH \rightarrow R \equiv NOH + NaCl : (-) \text{ 교환반응}$$

③ 이온교환의 특징

    ㉠ 폐수 처리와 동시에 유용자원의 회수 가능

    ㉡ 수처리 시 일반적인 방법으로 제거가 되지 않는 중금속류(Cr, Fe, Cu, Zn 등), 기타 이온류(Cl^-, Ca^{2+}, SO_4^{2-} 등), 미량의 용존 물질 등을 제거하기 위한 방법

    ㉢ 주로 수처리 마지막 단계에 이용

    ㉣ 소량으로 독성 강한 물질 처리에 효과적

④ 이온교환제 구비 조건

    ㉠ 화학적으로 안정해야 한다.

    ㉡ 가격이 저렴하고 구입이 용이해야 한다.

    ㉢ 잘못된 운영에도 수지가 손상되지 않아야 한다.

    ㉣ 이온교환능력이 높고, 재생제 소요량이 적어야 한다.

(5) 물의 연수화

① 정의 : 물속의 경도유발물질인 금속 2가 양이온(Ca^{2+}, Mg^{2+} 등)을 제거하여 경수(센물)를 연수(단물)로 바꾸는 조작을 말한다.

② 연수화의 종류

    ㉠ 석회 - 소다회법

      • 탄산가스(CO_2)와 탄산경도(일시경도)는 소석회[$Ca(OH)_2$]를 사용

$$Ca(OH)_2 + Ca(HCO_3)_2 \rightarrow CaCO_3 \downarrow + 2H_2O$$

      • 비탄산경도는 소다회(Na_2CO_3)와 소석회[$Ca(OH)_2$]를 사용

$$CaSO_4 + Na_2CO_3 \rightarrow CaCO_3 \downarrow + NaSO_4 \,(aq)$$

      • Ca^{2+}는 $CaCO_3$로 Mg^{2+}는 $Mg(OH)_2$로 변화시켜 침전제거

      • 값이 저렴하고 적절히 운전하면 좋은 효과를 기대할 수 있음

      • 슬러지 발생량이 많음

      • 운전에 세심한 주의가 필요

    ㉡ 자비법 : 가열에 의해 탄산경도(일시경도)를 간단히 처리할 수 있는 방법으로 소규모 처리에 이용된다.

$$Ca(HCO_3)_2 \rightarrow CaCO_3 \downarrow + CO_2 \uparrow + H_2O$$

    ⓒ 제올라이트(Zeolite)법
- 비탄산경도(영구경도)의 제거효과를 가지며, 침전물이 형성되지 않는다.
- 이온교환수지보다 오염물질 제거의 선택 폭이 넓으나 현탁물질을 함유한 수처리에는 적용이 곤란하다.

    ⓔ 그 외 이온교환법, 역삼투법(RO), 이온삼투법, 전기투석법 등의 기술을 사용한다.

> **➕ PLUS 참고 📄**
>
> 해수의 담수화
> - 해수의 담수화 방법 : 증류법, 역삼투법(RO), 용매추출법 및 동결법 등
> - 해수로부터 염의 분리방법 : 전기투석법, 이온교환법, 수산화물 형성법 등

3 생물학적 처리

(1) 하·폐수의 생물학적 처리

① 정의 : 하·폐수 내에 존재하는 미생물을 이용하여 분해 가능한 유기물을 제거하는 방법

② 생물학적 처리의 종류

    ㉠ 호기성 처리
- 용존산소를 필요로 하는 미생물을 이용
- 활성슬러지법, 살수여상법, 산화지법, 회전원판법 등

> 유기물 + O_2 → CO_2 + H_2O + energy : 산화(이화)
> 유기물 + O_2 + NH_3 + energy → CO_2 + H_2O + 세포물질 형성 : 동화작용
> 세포물질 + O_2 → CO_2 + H_2O + NH_3 + energy : 내생호흡

    ㉡ 혐기성 처리
- 용존산소가 아닌, 염 형태의 산소를 필요로 하는 미생물을 이용
- 혐기성 소화, 부패조, 혐기성 산화지법 등

    ⓒ 임의성 처리 : 호기성 및 혐기성의 중간 형태로 산소 여부에 관계없이 자라는 미생물을 이용

(2) 호기성 처리

① 활성슬러지법 : 호기성 조건하에서 폐수 내의 유기물을 기질로 하는 미생물들이 증식하여 유기물을 산화 제거시키는 공정으로 하·폐수의 대표적인 2차 처리에 해당한다.

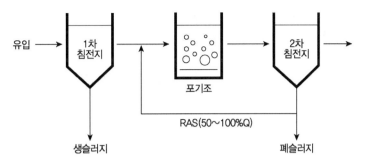

[그림 1-11] 활성슬러지 계통도

장점	단점
• 설치에 필요한 면적이 적다. • BOD, SS 제거효율이 높다. • 처리수 수질이 양호하다. • 악취 및 파리 발생이 거의 없다.	• 수질 및 수량에 영향을 받는다. • 슬러지 생성량이 많다. • 슬러지 팽화 등의 문제가 발생할 우려가 있다. • 유지 및 관리에 숙련성을 필요로 한다.

➕ PLUS 참고 📋

하·폐수 처리방법
• **처리대상 물질에 따른 공정 분류**
 – 1차 처리 : 부유물질 등의 고형물 처리(침전, 여과 등)
 – 2차 처리 : 유기물질 BOD 및 COD 등 처리(활성슬러지 공정)
 – 3차 처리(고도처리) : 1차 및 2차 처리에서 제거되지 않은 모든 물질을 처리
• **미생물의 성장에 따른 분류**
 – 부유 성장공법 : 미생물을 수중에 부유된 상태로 이용하는 방법
 – 부착 성장공법 : 미생물을 매질에 부착된 상태로 이용하는 방법
 – 담체 이용 처리법 : 부유생물법에 미생물을 고정시킨 담체를 투입하여 처리하는 방법

㉠ 활성슬러지 설계 인자
 • 유입수의 성상(pH, BOD 농도, 유량 등)
 • 산소 요구량(폭기량 산정)
 • 포기조의 미생물 농도(MLSS 농도) 결정
 • 적절한 고형물 체류시간(SRT) 설정(동·절기 기준)
㉡ 활성슬러지법에 의한 오탁물질 제거과정
 • 활성슬러지 미생물에 의한 반응조에서의 오탁물질 제거(흡착, 산화, 동화)
 • 활성슬러지에 의한 유기물 흡착 : 활성슬러지의 표면에 유기물이 농축되는 현상
 • 흡착된 유기물의 산화 및 동화 : 산화에 의한 분해(에너지 생산), 동화에 의한 합성(세포합성)
 • 2차 침전지에서의 활성슬러지 고액분리
 • 활성슬러지법에서 보다 깨끗한 처리수를 얻기 위해 2차 침전지에서의 활성슬러지의 응집성 및 침강성이 보장되어야 함

- 활성슬러지의 응집성 및 침강성은 미생물의 증식과정에 따라 변화함
- 미생물은 순차적으로 감소증식기로부터 내생호흡 단계에 접근하면서 미생물의 흡착력, 응집성 및 침강성 향상
- 따라서 활성슬러지법에서는 감소증식기로부터 내생호흡 단계에 걸쳐 존재하는 미생물을 이용하는 것이 바람직

ⓒ 활성슬러지법의 처리조건
- 최적 영양인자 BOD : N : P = 100 : 5 : 1
- pH : pH 6~8 범위
- 온도 : 중온성 미생물에 의한 처리(10~40℃, 일반적으로 25~30℃)
- DO : 일반적으로 2mg/L 이상 유지
- 독성물질 : 미생물의 성장에 방해가 되기 때문에 사전 제거 필요

② BOD 용적부하

$$BOD\ 용적부하(kgBOD/m^3 \cdot day) = \frac{1일\ BOD\ 유입량(kg/day)}{폭기조\ 용적(m^3)} = \frac{BOD \times Q}{V}$$

$$= \frac{BOD \times Q}{Q \times t} = \frac{BOD}{t}$$

- 1일 BOD 유입량(kg/day)=BOD 농도(kg/m³)×유입수량(m³/day)
- Q : 유입수량(m³/day)
- V : 폭기조 용적(m³)
- t : 폭기시간

⑩ F/M비(Food/Microorganism) : BOD-슬러지 부하와 혼용해서 사용

$$BOD-슬러지\ 부하(kgBOD/kgMLSS \cdot day) = \frac{1일\ BOD\ 유입량(kg/day)}{MLSS(kg)}$$

$$= \frac{BOD\ 농도(kg/m^3) \times 유입수량(m^3/day)}{MLSS\ 농도(kg/m^3) \times 폭기조\ 용적(m^3)}$$

$$= \frac{BOD \times Q}{MLSS \times V} = \frac{BOD \times Q}{MLSS \times Q \times t} = \frac{BOD}{MLSS \times t}$$

- $F/M비 = \dfrac{BOD \times Q}{MLSS \times V}$ (F/M비는 0.2~0.5가 적당하다)
- Q : 유입수량(m³/day)
- V : 폭기조 용적(m³)

ⓗ SRT(고형물 체류시간) : SRT는 반응조, 2차 침전조, 반송슬러지 등의 처리장 내에 존재하는 활성슬러지가 전체 시스템 내에 체류하는 시간을 의미한다. MCRT(미생물 평균 체류시간)와 혼용하여 사용하기도 하지만 실제로 SRT는 2차 침전조에 포함되어 있는 활성슬러지량을 무시한 것이다.

$$SRT = \frac{V \cdot X}{X_r \cdot Q_w + (Q - Q_w)X_e} \fallingdotseq \frac{V \cdot X}{X_r \cdot Q_w}$$

- V : 폭기조 용적(m^3)
- X_r : 반송슬러지 SS 농도(mg/L)
- Q : 원폐수 유량(m^3/day)
- X : MLSS 농도(mg/L)
- Q_w : 폐슬러지 유량(m^3/day)
- X_e : 유출수 내의 SS 농도(mg/L)

ⓐ 슬러지 용적지수(SVI)
- 활성슬러지의 침강성을 보여주는 지표로서 사용
- SVI는 반응조 내 혼합액을 30분간 정체한 경우 1g의 활성슬러지 부유물질이 포함하는 용적을 mL로 표시한 것
- 동일한 시료에 대해 MLSS 농도 및 활성슬러지 침전율(SV_{30} : 용적 1L의 메스실린더에 시료를 30분간 정체시킨 후의 침전슬러지량을 그 시료량에 대한 백분율로 표시한 것)을 측정하여 산출
- SVI 50~150일 때 침강성 우수, 200 이상이면 벌킹 현상(Sludge Bulking)이 일어남

$$SVI = \frac{30분간\ 침강\ 후\ 슬러지\ 부피(mL/L)}{MLSS\ 농도(mg/L)} \times 1,000$$

$$SVI = \frac{SV_{30} \times 1,000}{MLSS} = \frac{SV(mL/L) \times 1,000}{MLSS(mg/L)}$$

$$= \frac{SV(\%) \times 10^4}{MLSS(mg/L)} = \frac{SV(\%)}{MLSS(\%)}$$

$$= \frac{10^6}{X_r}$$

- X_r : 반송슬러지 농도

ⓞ 슬러지 밀도지수(SDI)

$$SDI = \frac{100}{SVI} = \frac{MLSS(mg/L)}{SV(mg/L) \times 10} = \frac{MLSS(mg/L)}{SV(\%) \times 100} = \frac{MLSS(\%) \times 100}{SV(\%)}$$

ⓩ 슬러지 반송(R)
- 반응조 내의 MLSS 농도는 일반적으로 1,500~2,500mg/L의 범위로 운전
- 반응조 내의 MLSS 농도를 일정하게 유지하기 위하여 슬러지 반송 고려
- 유입 SS를 무시하는 경우

$$R = \frac{C_A}{C_R - C_A} \left(C_R \fallingdotseq \frac{10^6}{SVI}\right) \qquad \therefore R = \frac{C_A}{\frac{10^6}{SVI} - C_A}$$

- 유입 SS를 고려하는 경우

$$R = \frac{C_A - C_i}{C_R - C_A}\left(C_R \fallingdotseq \frac{10^6}{SVI}\right) \qquad \therefore R = \frac{C_A - C_i}{\dfrac{10^6}{SVI} - C_A}$$

ⓧ 산소 요구량의 결정 인자
- 유입수 및 처리수의 BOD 농도
- 포기조 내의 MLSS 농도
- BOD 제거량
- 포기시간과 SRT(고형물 체류시간)
- 미생물의 내생호흡 속도

산소 필요량$(O_2) = a \cdot L_r + b \cdot S_a$

- O_2 : BOD 산화와 세포물질 자체 산화에 소비되는 산소량(kg/d)
- a : L_r 중 산화 분해되는 비율(0.35~0.55, 보통 0.5)
- L_r : BOD 제거량(kg/day)
- b : 활성슬러지 내생호흡 속도계수(d^{-1})(0.05~0.20, 보통 0.08)
- S_a : 활성슬러지량(MLSS)(kg)
- 공기 요구량$(m^3/day) = (a \cdot L_r + b \cdot S_a) \times \left(\dfrac{22.4m^3\ O_2}{32\mathrm{kg}\ O_2} \times \dfrac{100m^3\ 공기}{21m^3\ O_2} \times \dfrac{1}{\mu}\right)$
- μ : 수중산소 흡수율(0.05~0.1)

산소 전달속도 $\dfrac{dO}{dt} = \alpha K_{La}(C_s - C_t) - r_m$

- $\dfrac{dO}{dt}$: 산소 전달속도(mg/L · hr)
- C_s : 산소 포화 농도(mg/L)
- C_t : 산소 유지 농도(mg/L)
- K_{La} : 총괄 산소 전달계수(hr^{-1})
- r_m : 활성슬러지 미생물의 산소 이용속도(mg/L · hr)
- α : 상수

폭기조 DO 농도의 시간변화가 없는 정상 상태에서는 $\dfrac{dO}{dt} = 0$이므로

$r_m = \alpha K_{La}(C_s - C_t)$

ⓗ 슬러지로 인한 운영상의 문제점
- 슬러지 벌킹(Sludge Bulking) : 슬러지 내 사상균의 번식으로 인하여 슬러지의 플록이 깨지는 현상으로 침전지에서 미생물이 쉽게 침전하지 못하는 현상을 말한다.

원인	대책

• 낮은 DO(최소 0.5mg/L 이상 유지 필요)
• 낮은 pH(적정 pH 6~8)
• 높은 F/M비
• 영양염류(N, P)의 결핍
• 고농도 유기성 폐수의 유입
	• F/M비를 낮추고 체류시간 증대
	• 반송슬러지에 염소 주입(사상균 감소)
	• 응집제, 규조토, CaCO₃ 등의 주입으로
	  침전성 증가
	• 소화슬러지 및 침전슬러지 폭기조 주입
	  (SVI 200 이하로 감소)
	• 영양염류 첨가 및 포기조 pH 조절

• 슬러지 부상(Sludge Rising) : 침전조 바닥이 무산소 상태로 변화하면서 발생되는 N_2가스 및 CO_2가스 등이 슬러지에 부착함으로써 슬러지 밀도를 감소시켜 침전조 위로 떠오르게 하는 현상을 말한다.

원인	대책
• 탈질에 의한 슬러지 부상 • 과포기에 의한 슬러지 부상 • 부패에 의한 슬러지 부상 • 방성균 증식에 의한 슬러지 부상 • 기름에 의한 슬러지 부상	• 침전지의 유효 수심을 줄인다. • 포기조의 폭기량을 줄인다. • 포기조 MLSS 농도를 줄인다. • 질소의 공급량을 조절한다. • 슬러지 반송율을 높인다.

• 분산증식(Dispersed Growth) : 플록형성균 대신 분산세균 및 분산사상체가 증식되어 플록이 형성되지 않는 현상을 말한다. 플록이 형성되지 않으므로 슬러지 침강이 일어나지 않아 처리수가 매우 혼탁하다.

원인	대책
• 높은 F/M비 • 폐수 내 쉽게 분해되는 탄소원이 많을 때 • 폐수 내 H_2S 농도가 높을 때(20mg/L 이상)	• F/M비를 낮춘다. • H_2S를 제거한다.

• 핀 플록(Pin Floc) : 플록에 사상체가 전혀 없고 플록 형성 균만으로 플록이 구성되어 플록의 크기가 작고 쉽게 부서지는 현상을 말한다.

원인	대책
• 낮은 유기물 부하 • 슬러지 장기 포기 • 미생물이 쉽게 이용할 수 있는 기질만이 유입될 경우	• 폭기량을 줄이거나 간헐 포기로 한다. • F/M비를 높인다. • 유입폐수 성상을 확인하여 단속주입을 실시한다.

• 슬러지 해체(Deflocculation) : 활성슬러지 플록이 해체되어 물속에 분산되는 현상

원인	대책
• 독성물질 유입 • BOD 과부하 • 염류농도 급증, 합성세제 유입, 산성물질 유입 • 활성슬러지 전면 교체 시	• 현상이 아주 심할 경우 식종을 다시 한다. • BOD 부하를 줄인다. • 독성물질 유입 시 폐수 유입을 중단하고 공포기를 실 시한다.

ⓣ 활성슬러지 변법 : 활성슬러지법에는 그 처리 목적에 따라 여러 가지 변법이 실용화되고 있으며 그 종류 및 특징을 [표 1-4]에 나타내었다.

    ⓟ 활성슬러지 변법의 특징
- 점감식 포기법
  - 송풍기의 용량과 운전비용을 줄일 수 있다.
  - 운전제어가 쉽다.
  - 질산화 미생물의 증식을 억제할 수 있다.
- 계단식 포기법
  - 유입수 분할로 인해 산소이용량을 균등화시킬 수 있다.
  - 표준활성슬러지법과 동일한 F/M비를 유지할 수 있다.
  - 표준활성슬러지법에 비해 포기조의 용량을 작게 할 수 있다.
  - 고농도 대량의 폐수처리에 적합하며, 충격부하에 강하다.
- 접촉안정화법
  - 용해성기질의 유입이 많을 경우 접촉조에서 충분히 흡착되지 못해 제거율이 표준법에 비해 다소 떨어질 수 있다.
  - 포기조의 체류시간이 매우 짧다.
  - 포기조에서 반송슬러지만을 체류시키며 1차 침전지를 생략할 수 있기 때문에 표준법에 비해 전체조의 소요 용적을 크게 절약할 수 있다.
  - 배출되는 잉여슬러지는 안정성이 떨어질 수 있으며, 양이 많을 수도 있다.
- 장기 포기법
  - 체류시간이 길어 소규모 처리에 적합하다.
  - 표준활성슬러지법에 비해 슬러지 생산량이 적다.
  - 과잉포기로 인하여 슬러지의 분산이 야기되거나 슬러지 활성도가 낮아진다.
  - 질산화가 진행되어 pH가 낮아진다.
  - 형상은 장방형 또는 정방형으로 하여, 유효수심은 4~6m로 한다.
- 산화구법
  - 저부하에서 운전되므로 유입하수량, 수질의 시간변동 및 수온저하가 있어도 안정된 처리를 기대할 수 있다.
  - 70% 정도의 질소제거가 가능하다.
  - 산화구내의 혼합 상태에 따른 용존산소농도는 흐름의 방향에 따라 지배를 받을 수 있지만 MLSS 농도, 알칼리도 등은 구내에서 균일하다.
  - 슬러지 발생량은 유입 SS의 약 75% 정도로 표준활성슬러지법에 비해 적다.
  - 체류시간이 길고 수심이 얕으므로 넓은 부지가 소요된다.
  - 슬러지 반송이 필요하다.
- 수정식 활성슬러지법
  - 포기시간이 짧고, 슬러지농도가 낮으므로 표준활성슬러지법보다 필요 공기량이 적고, 전력소비량도 적다.

- BOD 제거율은 50~60% 정도로 표준법에 비해 훨씬 낮다.
- 반송율을 5~10% 정도로 낮게 하여 유기영양물과 미생물의 비율을 높게 해 미생물을 대수성장단계로 유지하여 운전한다.

• 순산소 활성슬러지법
- 표준활성슬러지법과 비슷한 처리결과를 얻기 위한 시간은 표준법에 비해 약 1/2정도이다.
- MLSS 농도는 표준법에 비해 2배 이상 높게 유지할 수 있다.
- 고농도의 도시하수나 산업폐수처리에 적합하다.
- 슬러지의 침전성이 양호하다.
- 슬러지의 농축성이 양호하며, 탈수할 경우 여과속도는 표준법과 거의 동일하다.
- 표준법처리 시보다 순산소법으로 처리 시 2차 침전지를 작게 할 수 있다.
- 2차 침전지에서 스컴(부유물)이 발생하는 경우가 많다.
- 산소발생기가 필요하고, 이로 인해 전력비가 증가한다.

• 연속 회분식 활성슬러지법
- 유입오수의 부하변동이 규칙성을 갖는 경우 비교적 안정된 처리를 행할 수 있다.
- 오수의 양과 질에 따라 포기시간과 침전시간을 비교적 자유롭게 설정할 수 있다.
- 활성슬러지 혼합액을 이상적인 정치상태에서 침전시켜 고액분리가 원활히 행해진다.
- 단일 반응조 내에서 1주기(cycle) 중에 호기–무산소–혐기의 조건을 설정하여 질산화 및 탈질반응을 도모할 수 있다.
- 고부하형의 경우 다른 처리방식과 비교하여 적은 부지면적에 시설을 건설할 수 있다.
- 운전방식에 따라 사상균 벌킹을 방지할 수 있다.
- 침전 및 배출공정은 포기(공기공급)가 이루어지지 않은 상황에서 이루어지므로 보통의 연속식 침전지와 비교해 스컴 등의 잔류가능성이 높다.

• 초심층 포기법
- 기존의 활성슬러지법에서 폭기조 내의 용존산소를 일정수준 이상으로 유지하기가 불가능하고, 용존산소를 소모하는 폭기조 내의 미생물 농도가 한정되어 있다는 점과는 달리 직경 0.5~10m, 깊이 50~150m 이상으로 굴착하여 폭기조를 설치함으로써 저압하에서 송풍한 공기를 폐수와 함께 수심 50m 이상, 수압 5kg/㎠ 이상까지 가져가 거의 완전히 용해시켜 산소공급율을 높인다. 즉 수압상승에 비례하여 산소 용해도를 높이고 용존산소를 풍부하게 유지할 수 있도록 하여 미생물들이 짧은 시간동안에 폐수에 함유된 유기물을 처리하도록 한 공법이다.
- 초심층 포기설비는 같은 용량의 기존 활성오니법에 비해 포기조 사용부지의 10~20%만 사용하면 되므로, 폐수처리시설의 증설 또는 신설 시 부지가 협소한 경우에도 가능하다.
- 초심층 포기설비는 기존 활성오니법보다 50% 정도의 전력을 절감할 수 있다.
- 부하변동에 강하고 안정성이 높은 것이 장점이다.

[표 1-4] 활성슬러지 변법의 종류 및 특징

처리 방식 / 항목	표준 활성슬러지법	계단식 포기법	장기 포기법	산화구법	순산소 활성슬러지법	연속 회분식 활성슬러지법
특징		유입수를 반응조에 분할 유입시켜, 표준활성슬러지법과 동일한 F/M비에도 MLSS 농도를 높게 유지하여 반응조의 용량을 작게 함	1차 침전지를 생략하고, 유기물부하를 낮게 하여, 잉여슬러지의 발생을 제한하는 방법	1차 침전지를 생략하고, 유기물부하를 낮게 하며, 기계식교반기를 채용하여 운전관리를 용이하게 한 방법	높은 유기물 부하와 높은 MLSS 농도를 가능하게 하기 위하여 산소에 의한 포기를 채용한 방법	한 개의 반응조로 유입, 반응, 침전, 배출의 각 기능을 행하는 활성슬러지법의 총칭
MLSS (mg/L)	1,500~2,500	1,000~1,500	3,000~4,000	3,000~4,000	3,000~4,000	고부하형에서는 낮고 저부하형에서는 높음
F/M비 (kgBOD/kgMLSS·day)	0.2~0.4	0.2~0.4	0.05~0.10	0.03~0.05	0.3~0.6	고부하와 저부하가 있음
반응조의 수심(m)	4~6	4~6	4~6	1.5~4.5	4~6	5~6
반응조의 형상	사각형 다단 완전혼합형	사각형 다단 완전혼합형	사각형 다단 완전혼합형	장원형 무한수로 완전혼합형	사각형 다단 완전혼합형	사각형 완전혼합형 시간적인 플러그흐름형
HRT(hr)	6~8	4~6	16~24	24~48	1.5~3	변화폭이 큼
SRT (day)	3~6	3~6	13~50	8~50	1.5~4	변화폭이 큼
비고			1차 침전지 없음	1차 침전지 없음		1차 침전지 없음

② 살수여상법 : 고정된 쇄석과 플라스틱 등의 여재 표면에 부착한 생물막의 표면을 하수가 박막의 형태로 흘러내리며 하수 중 유기물을 제거하는 방법이다.

  ㉠ 고속 살수여상법 : 대규모 처리에 이용되며 폐수를 여상에 연속적으로 유입시키고, 여과된 물의 일부를 계속적으로 상부로 반송시키므로 여과속도가 매우 빠르다.

  • 살수 용량이 크기 때문에 여재의 표면에 형성된 생물막의 탈리가 증가한다.

  • 여재 막힘 및 표면 체수가 일어나지 않는다.

  • 파리 번식 및 악취 발생의 방지가 가능하다.

  • 동력비가 많이 소요된다.

  • BOD 제거효율이 표준 살수여상보다 낮다.

  • 체류시간이 짧고, 부하가 높아 질산화균의 증식이 억제된다.

ⓛ 표준(저속) 살수여상법 : 폐수를 간헐적 살수를 통해 유입시킴으로써 유기물을 처리하는 방법이다.
  • 구조가 간단하고, 운전이 쉽다.
  • 슬러지 발생이 적고, BOD 제거율이 높다(최고 85%).
  • 질산화균의 증식으로 질산화가 가능하다.
  • 넓은 부지가 필요하고, 여재(필터) 막힘 현상이 나타난다.
  • 연못화에 따른 악취 발생 및 파리 번식 등의 문제점이 있다.
ⓒ NRC(National Research Council) 공식

단단 살수여상의 BOD 제거 효율

$$E_1 = \frac{100}{1 + 0.432\left(\dfrac{W}{V}F\right)^{1/2}}$$

  • E_1 : 20℃에서 첫 번째 여과상의 BOD 제거 효율(%)
  • W/V : BOD 부하율(kg/m³ · day)
  • F : 재순환 계수 $= \dfrac{1+R}{(1+0.1R)^2}$
  • R : 재순환율 $= \dfrac{Q_R}{Q}$

2단 여과상의 경우

$$E_2 = \frac{100}{1 + \left(\dfrac{0.432}{1-E_1}\right)\left(\dfrac{W_2}{V}F\right)^{1/2}}$$

  • E_2 : 20℃에서의 두 번째 여과상의 BOD 제거율(%)
  • E_1 : 20℃에서의 첫 번째 여과상에 의한 BOD 제거율(%)
  • W_2/V : 두 번째 여과상에 가해진 BOD 부하율(kg/m³ · day)

폐수의 수온이 여과상의 효율에 미치는 영향

$$E_r = E_{20} \cdot 1.035^{T-20}$$

  • E_r : T℃에서의 BOD 제거효율   • E_{20} : 20℃에서의 BOD 제거효율

ⓔ 살수여상법의 장단점
  • 장점
    – 유입 하·폐수의 수질 및 수량 변동에 민감하지 않다.
    – 운전이 간편하며, 유지 관리비가 저렴하다.
    – 슬러지 벌킹의 문제가 없다.
    – 안정된 처리수를 확보할 수 있다.

- 단점
  - 악취발생 및 파리(나방파리 : Psychoda)가 이상 번식한다.
  - 여재 막힘 및 생물막 탈리 현상이 나타난다.
  - 소요 면적이 크다.
- ⑩ 살수여상의 여재조건
  - 여재의 직경은 25~75mm가 적당하다.
  - 단가가 싸고 구입이 용이해야 한다.
  - 하수의 침식, 풍화작용 등에 대하여 내구성이 있어야 한다.
  - 여재의 표면은 생물막 부착이 용이하도록 적당히 거칠어야 한다.
  - 단위용량당 비표면적이 커야 한다.
  - 적당한 공극률을 가지고 통기성이 좋아야 한다.
- ⑭ 살수여상법의 설계기준

$$여과속도(m^3/m^2 \cdot day) = \frac{유입유량(m^3/day)}{여상면적(m^2)}$$

$$BOD \text{ 용적부하}(kg\,BOD/m^3 \cdot day) = \frac{유입유량(m^3/day) \times BOD \text{ 농도}(mg/l) \times 10^{-3}}{여상면적(m^2) \times 여층깊이(m)}$$

- ⊗ 살수여상의 연못화

원인	대책
• 여재가 부서질 때 • 여상의 크기가 너무 작거나 균일하지 않을 때 • 유기물질 부하량이 과도할 때 • 최초 침전지에서 현탁고형물이 충분이 제거되지 않았을 때 • 미생물 점막이 과도하게 탈리되어 공극을 메우는 경우	• 여상표면을 고압수증기로 세척한다. • 여상표면의 여재를 자주 긁어준다. • 여상을 새 것으로 교체한다. • 1일 이상 여상을 담수하고 고농도 염소를 1주 간격으로 주입한다. • 별도의 처리시설이 있는 경우 유입폐수를 우회시키고 여상을 1일간 건조한다.

③ **접촉산화법** : 반응조 내의 접촉재 표면에 발생 부착된 호기성 미생물의 대사활동에 의해 하수를 처리하는 방식
- ㉠ 반송슬러지가 필요하지 않으므로 운전관리가 용이하다.
- ㉡ 비표면적이 큰 접촉재를 사용하여 부착 생물량을 다량으로 보유할 수 있다.
- ㉢ 생물상이 다양하여 처리효과가 안정적이다.
- ㉣ 슬러지의 자산화가 기대되어 잉여 슬러지량이 감소한다.
- ㉤ 미생물량과 영향인자를 정상상태로 유지하기 위한 조작이 어렵다.
- ㉥ 접촉재가 조 내에 있기 때문에 부착 생물량의 확인이 어렵다.
- ㉦ 고부하에서 운전 시 생물막이 비대화되어 접촉재가 막히는 경우가 발생한다.

④ **호기성 여상법** : 호기성 여상법은 3~5mm 정도의 접촉 여재를 충전시킨 여상의 상부에 1차 침전지 유출수를 유입시켜 여재를 통과하는 사이에 여재의 표면에 부착된 호기성 미생물로 유기물의 분해 및 SS의 포착을 동시에 수행하는 처리방식으로 2차 침전지는 설치하지 않는다.

㉠ 호기성 미생물의 흡착 및 생물 분해작용과 물리적 여과작업이 동시에 이루어져 2차 침전지가 필요 없어 체류시간이 짧고 부지면적이 적게 소요된다.

㉡ 반송슬러지가 필요하지 않고 벌킹 등의 슬러지로 인한 문제점이 발생하지 않아 공기량의 조정과 역세척만의 조정으로 양호한 처리수를 얻을 수 있다.

㉢ 산소용해효율이 높기 때문에 다른 처리법에 비해 필요 산소량 및 필요 공기량이 적다.

㉣ 부하량에 따라 질산화 세균의 증식이 가능해 유기물 제거뿐만 아니라 질산화반응도 가능하다.

⑤ **회전원판법** : 원판의 일부가 수면에 잠기도록 원판을 설치하여 이를 천천히 회전시키면서 원판 위에 자연적으로 발생하는 부착 미생물을 이용하여 하수를 처리하는 방법이다.

㉠ 특징

- 운전관리상 조작이 간단하다.
- 소비전력량은 소규모 처리시설에서는 표준활성 슬러지법에 비하여 적다.
- 질산화가 일어나기 쉽기 때문에 pH가 저하되는 경우도 있다(질소 제거가 가능하다).
- 활성슬러지법에서와 같이 벌킹으로 인해 2차 침전지에서 일시적으로 다량의 슬러지가 유출되는 현상은 없다.
- 2차 침전지에서 미세한 SS가 유출되기 쉽고, 처리수의 투명도가 저하된다.
- 살수여상과 같이 여상에 파리는 발생하지 않으나 하루살이가 발생할 수 있다.

㉡ 관계식

$$BOD \ 부하(gBOD/m^2 \cdot d) = \frac{BOD \ 농도 \times 유입수량}{원판 \ 표면적(m^2)}$$

$$= \frac{BOD \ 유입량(gBOD/d)}{원판 \ 표면적(m^2)}$$

$$= \frac{BOD \times Q}{A}$$

$$수리학적 \ 부하(L/m^2 \cdot d) = \frac{유입수량(L/d)}{원판 \ 표면적(m^2)}$$

$$= \frac{Q}{A}$$

㉢ 회전원판법의 설계

- 직경 : 3~4m
- 두께 : 폴리에틸렌 및 염화비닐 0.7~2.0mm, 폴리스틸렌 7mm
- 회전원판의 간격 : 15mm 이상
- 회전원판의 하수침적율 : 축이 수몰되지 않도록 35~45%
- 원판의 회전속도 : 1~5rpm

  ② 회전원판법의 장단점

   • 장점

    – 충격부하와 부하변동에 강하다.

    – 조작이 간단하고, 유지관리비가 저렴하다.

    – 슬러지 발생량이 비교적 적다.

    – 살수여상법에 비해 공극의 여상의 폐쇄가 없다.

   • 단점

    – 처리효율이 낮다.

    – 미생물량의 인위적 제어가 곤란하다.

    – 온도 영향을 많이 받기 때문에 보온 대책이 필요하다.

    – 원판재료가 분리 또는 파손되는 경우가 발생할 수 있다.

 ⑥ 산화지

  ㉠ 호기성 산화지 : 가장 일반적인 산화지로서 바람에 의한 표면포기와 조류에 의한 광합성에 의하여 산소가 공급된다.

   • 깊이 0.3~0.6m(1m 이내)

   • 전 수심에 거쳐 일정한 DO 농도 유지를 위해 주기적으로 혼합

  ㉡ 포기식 산화지 : 산기식 혹은 기계식 표면포기기기를 사용하여 인위적인 포기를 시켜주는 산화지

   • 깊이 3~6m, 체류시간 7~20일

   • 임의성 산화지에 비해 높은 BOD 부하를 받아들인다.

   • 악취 문제가 적고, 소요 면적도 비교적 작다.

   • 포기식 산화지 다음에는 임의성 산화지 및 침전지를 설치하여 방류수 내의 SS 함량을 줄이도록 한다.

  ㉢ 임의성 산화지

   • 깊이 1.5~2.5m, 체류시간 25~180일

   • 부유물질이 산화지 내에 침전되어 혐기성 지역이 형성되도록 한다.

   • 수면과 대기의 접촉 부분은 호기성, 밑바닥은 혐기성

[표 1-5] 산화지의 종류별 적용범위 및 장단점

항목	비포기식 호기성	임의성	포기식	
			호기성	임의성
적용범위	• 영양소 제거 • 용해성 유기물질 • 2차 처리수	일반하수 및 공장폐수	일반하수 및 공장폐수	일반하수 및 공장폐수
장점	유지 관리비 저렴	유지 관리비가 저렴하고 효율적임	소요 부지가 적고, 냄새가 없으며 고도처리가 가능하고 운전이 용이함	소요 부지가 적고, 냄새가 없으며 운전이 용이함
단점	소요 부지가 매우 넓고, 악취 문제 발생 가능	소요 부지가 매우 넓고, 악취 문제가 있음	비교적 유지 관리비가 크고, 처리수의 부유물질의 농도가 크며, 거품이 많음	비교적 유지 관리비가 크고, 거품이 많음

[표 1-6] 호기성 생물학적 처리의 비교

구분	활성슬러지법	살수여상법	회전원판법	산화지법
소요 면적	보통	보통	작음	매우 넓음
소요 동력	많이 든다.	반송률에 따라 좌우된다.	적게 든다.	없다.
유지 관리	어렵다.	조금 어렵다.	어렵다.	쉽다.
슬러지 발생량	비교적 많다.	적다.	적다.	적다.
SS 제거율	80%	80%	80~85%	70~80%
BOD 제거율	90%	80%	80~90%	70~80%
문제점	• 동력 소비량이 많다. • 슬러지 발생량이 많다. • 거품 문제 • Bulking 문제 • 고도의 운전기술 필요	• 여재의 막힘 현상 • 악취 및 파리 발생 • 처리 정도를 결정하기 힘들다. • 유기물 유출 시 교정 곤란	• 동절기에 보온 필요(13℃ 이상) • 회전축 파멸 • 고농도 폐수처리 곤란	• 소요 면적이 매우 넓다. • 모기 등의 발생 • 냄새가 난다. • 겨울철 동결 문제

(3) 혐기성 처리

① 기본 원리 : 혐기성 분해과정은 DO가 없고, 유기물의 농도가 높은 조건에서 번식하는 혐기성 미생물을 이용하는 방법으로, 혐기성 미생물은 유기물을 기질로 하여 세포합성 및 대사작용에 소요되는 에너지를 얻으며, 최종적으로 메탄과 이산화탄소 등을 생성한다.

유기물 + 결합산소 → 새로운 세포 + 에너지 + CH_4 + CO_2 + 기타

㉠ 1단계 소화
- 유기물이 유기산균에 의해 유기산, 지방산, CO_2, H_2 등으로 전환되는 과정이다.
- 유기산 형성과정, 산성 소화과정, 액화과정, 수소 발효과정이 있다.

㉡ 2단계 소화
- 1단계 물질이 메탄균에 의해 최종적으로 CO_2, CH_4, H_2S, NH_3 등으로 전환되는 과정이다.
- 메탄 발효과정, 알칼리 소화과정, 가스화 과정이 있다.
- 유기산을 분해하므로 pH가 저하되는 것을 방지할 수 있다.

② 처리공법의 종류 : 혐기성 소화법, 혐기성 접촉법, 혐기성 여상법, 상향류 혐기성 슬러지상(UASB), 혐기성 유동상, 임호프, 부패조 등이 있다.

③ 요구 수질
㉠ 유기물 농도가 높아야 하고(BOD 10,000mg/L 이상), 메탄 발생량을 높이기 위해 단백질이나 지방질이 높은 것이 좋다.

ⓒ 미생물의 생장에 필요한 무기영양염류가 풍부하여야 한다.

ⓓ 완충작용을 위해 알칼리도가 적절하여야 한다.

ⓔ 미생물의 생육환경 보호를 위해 독성물질이 없어야 한다.

④ 혐기성 처리의 장단점

ⓐ 장점

- 유기물 농도가 높은 폐수를 처리할 수 있다.
- 슬러지 발생량이 적다.
- 소화 후 슬러지의 탈수성이 좋다.
- 질소, 인 등의 영양염류 요구량이 적다.
- 포기장치가 불필요하여 운전비용이 적게 든다.
- CH_4 회수가 용이하다.
- 소화슬러지는 비료로서 가치가 있다.

ⓑ 단점

- 호기성 처리에 비해 반응시간이 길다.
- 처리수의 수질이 나쁘므로 호기성 후처리가 요구된다.
- 처리수의 질소, 인 함량이 높다.
- 독성물질 충격을 받을 경우 장기간 회복이 어렵다.
- 초기 건설비가 많이 들고, 넓은 부지가 필요하다.
- 운전이 비교적 어렵다.

[표 1-7] 호기성 처리 및 혐기성 처리의 장단점

구분	호기성 처리	혐기성 처리
장점	• 처리수질이 양호하다. • 반응시간이 짧다. • 시설 투자비가 적게 든다. • 악취 발생이 거의 없다.	• 산소공급이 필요 없다. • 슬러지 생성량이 적다. • 유기물 농도가 높은 폐수처리가 가능하다. • 운전비 적게 들고, 유지 관리가 쉽다. • CH_4 회수가 용이하다.
단점	• 슬러지 생성량이 많다. • 운전비 및 동력비가 많이 든다. • 산소공급이 필수적이다. • 소화슬러지의 수분이 많다.	• 반응시간이 길다. • 시설비가 많이 든다. • 악취 발생이 심하다. • 처리수 수질이 나쁘다.

4 슬러지 처리공정

(1) 개요

하·폐수 및 정수 처리공정에서 수중 부유물이 물로부터 분리되어 별도로 처리 및 처분되는데 이것이 슬러지이다. 슬러지는 부유물이 중력작용에 의하여 침전지의 바닥에 침전한 고형물로서 고형물의 양에 비해 훨씬 많은 양의 수분을 함유한다(함수율 약 95% 이상). 슬러지는 유기물을 다량 함유하고 있으므로 부패성이 강하고, 병원균에 의한 오염, 악취발생, 용존산소 고갈 및 토양의 환원 등의 악영향을 끼치게 된다. 따라서 위생 및 환경오염의 관점에서 위해성을 잠재하고 있으므로 슬러지의 부피를 감소시키고 안정화시킨 후에 최종 처분하여야 한다.

(2) 슬러지의 발생원

① 정수장 슬러지
  ㉠ 1차 침전지의 슬러지는 주로 원수 내의 SS를 포함한다.
  ㉡ 응집이나 연수화 과정에서 발생한 슬러지는 사용된 약품이 함유되어 있다.
② 하·폐수 처리장 슬러지
  ㉠ 1차 슬러지
   • 하수처리장으로부터 최초로 얻어진 슬러지를 말하며, 활성슬러지법의 경우 1차 슬러지의 양은 전체 생성량의 약 50%를 차지한다.
   • SS나 Grit 등의 침전성 부유물 등으로 구성되고, 약 65% 정도의 유기물을 함유한다.
  ㉡ 2차 슬러지
   • 주로 생물학적 슬러지로서 대부분 미생물로 구성되어 있다.
   • 약 90% 정도의 유기물을 함유하며, 미생물의 성상에 따라 슬러지의 성상이 크게 변화된다.
  ㉢ 화학적 슬러지
   • 응집제 등의 약품 사용으로 생성되는 슬러지를 말한다.
   • 사용약품과 침전슬러지의 성질에 따라 성상의 차이를 보인다.
③ 소화 슬러지
  ㉠ 어두운 갈색 및 검정색을 띠며, 많은 양의 가스를 함유한다.
  ㉡ 완전히 소화된 슬러지에서는 냄새가 거의 없다.

(3) 슬러지 처리의 목표

① 안정화 : 유기물을 더 이상 분해되지 않는 무기물로 안정화시키는 것. BOD성 물질 제거
② 안전화 : 살균으로 병원균 등을 제거, 살균하여 위생상 안전을 도모
③ 감량화 : 부피의 감소, 슬러지 처리의 궁극적인 목적
④ 처분의 확실성

(4) 슬러지 처리과정

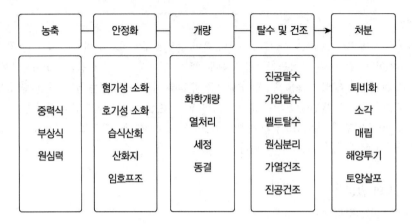

① 슬러지 농축
  ㉠ 슬러지의 수분함량 및 슬러지 부피를 감소시켜 후속 설비와 운전비 감소
  ㉡ 소화조 용적 감소, 이송관 및 펌프 크기 감소, 약품비 절감 등
② 안정화(소화)
  ㉠ 미생물에 의해 슬러지 중 유기물질을 발효시켜 슬러지량을 감소
  ㉡ 부패성 유기물 제거, 악취 방지, 무해화
③ 개량(조정)
  ㉠ 슬러지의 입자를 크게 하여 탈수나 농축이 잘되게 하는 것
  ㉡ 수세, 약품처리, 열처리, 개량제 주입
④ 탈수
  ㉠ 슬러지 내의 수분을 제거하여 처분해야 할 양을 감소
  ㉡ 가압여과, 진공여과, 원심분리
⑤ 처분
  ㉠ 소각
    • 슬러지를 태워 부피를 더욱 감소시켜 운반에 용이하게 함
    • 탈수된 슬러지를 유용하게 사용할 수 없거나 매립처분이 어려운 경우에 사용
    • 가장 위생적인 처분방법
    • 처리비용이 비싸고, 대기오염물질 발생의 단점
  ㉡ 최종 처분
    • 슬러지로 인한 오염을 방지하기 위한 것
    • 매립, 해양투기, 토지 살포, 퇴비화 등

(5) 슬러지 부피 계산

$$V_1(100 - W_1) = V_2(100 - W_2)$$

$$V_2 = \frac{V_1(100 - W_1)}{(100 - W_2)} \text{이고 } (100 - W) = TS\text{이므로}$$

$$V_2 = \frac{V_1 \times TS_1}{TS_2} \text{ (단, 슬러지 비중이 1일 때)}$$

- V_1 : 수분 W_1%일 때 슬러지 부피(탈수 전 부피)
- V_2 : 수분 W_2%일 때 슬러지 부피(탈수 후 부피)

5 고도 처리공정

1 · 2차 처리 후 제거되지 않은 대상 물질을 처리하는 공정으로 3차 처리라고 한다.

➕ PLUS 참고 📋

처리공정

제거 대상	처리공정
현탁물질	스크린, 여과, 응집침전 등
유기물	흡착, 산화, 부상분리(합성세제 등) 등
무기물	증류, 전기투석, 냉동, 이온교환, 역삼투 등
영양염	화학침전, 생물학적 탈질, 탈기법 등

(1) 질소 제거

① Air Stripping(탈기법) : 수중의 용존기체 제거를 위해 사용하는 방법으로 NH_3 제거의 대표적 방법이다.

$$NH_4^+ \quad \leftrightarrow \quad NH_3$$

㉠ pH 9 이상일 경우 수중에 있는 NH_4^+는 NH_3 형태로 변화하고, 이를 탈기하면 NH_3이 대기 중으로 배출된다.

㉡ pH를 높이기 위해 주로 석회를 사용하며, 이때 인의 응집침전으로 인하여 인의 동시제거가 가능하다.

㉢ 운전관리가 용이하고 시설 투자비가 적게 소요되지만, 약품비가 많이 들고 NH_3 냄새가 발생하며 인의 응집침전으로 인해 슬러지 처리 문제가 발생한다.

㉣ 수온이 낮아지면 NH_3의 용해도가 높아져 제거효율이 저하되기 때문에 동절기에는 적용이 곤란하다.

㉤ 암모니아성 질소만 처리가 가능하다.

㉥ 탈기된 유출수는 pH가 높기 때문에 CO_2 흡수법 등으로 다시 pH를 낮춰야 한다.

㉦ 잉여 칼슘이온은 CO_2와 반응하여 탄산칼슘을 형성하고 이것은 스케일 발생의 원인이 된다.

안심Touch

② 파과점 염소주입
  ㉠ 암모니아성 질소가 염소와의 화학반응으로 질소가스로 제거되나, 유기성 질소나 질산성 질소의 제거효과는 미미하다.
  ㉡ 운전비용이 많이 들고 탈염소화 단계가 필요하다는 단점이 있다.
  ㉢ 급속반응으로 반응조가 필요 없다.
  ㉣ 투여되는 염소와 석회로 인해 유출수의 염도가 증가한다.
③ 이온교환법
  ㉠ 암모늄이온을 선택적으로 치환하는 특성이 강한 제올라이트를 이용하여 암모늄 이온을 제거하는 방법이다.
  ㉡ 동절기에도 사용이 가능하다.
  ㉢ pH를 높일 필요가 없으므로 유출수 처리에 유리하다.
④ 생물학적 처리(질산화 – 탈질)
  ㉠ 호기조 : 호기조에 포함된 독립영양미생물(질산화 미생물)에 의해 질산화 진행

$$NH_3 - N \rightarrow NO_2^- - N \rightarrow NO_3^- - N$$

  ㉡ 무산소조 : 종속영양미생물에 의한 탈질화가 진행되며 질산화된 형태의 질소를 N_2가스로 환원시켜 제거, 유기물 부족 시 외부 탄소원 주입
  ㉢ 생물학적 질소 제거 공정
    예 순환식 질산화 – 탈질공정, 질산화 내생탈질공정, 4단계 바덴포공정 등

(2) 인 제거

① **응집침전법** : 금속염에 의한 응집침전법으로 알루미늄 및 철염 등을 첨가하여 불용성 인산염을 형성시켜 제거하는 방법

$$Al^{3+} + PO_4^{3-} \rightarrow AlPO_4 \downarrow$$
$$Fe^{3+} + PO_4^{3-} \rightarrow FePO_4 \downarrow$$
$$5Ca^{2+} + 3PO_4^{3-} \rightarrow Ca_5(PO_4)_3OH \downarrow$$

② 막여과
  ㉠ 역삼투 및 한외여과(Ultra filtration) 등을 이용한다.
  ㉡ 하·폐수 중의 부유물질 등 입자가 클 경우 막 표면을 오염시켜 효율을 저하시키는 등의 기술적, 경제적 문제점이 많아 널리 이용되지 않는다.
③ 이온교환법
  ㉠ 물속의 다른 이온 및 정인산이 경쟁적으로 이온교환수지에 반응
  ㉡ 제거효율이 높지 않고 재생이 어렵기 때문에 널리 이용되지 않는다.
④ 생물학적 탈인
  ㉠ 혐기조 : 유입수가 반송슬러지와 섞여 혐기성 반응조에 유입되어 인의 방출이 일어난다.

ⓛ 호기조 : 호기성 상태의 미생물에 의한 인의 과잉섭취(luxury uptake)를 유도한 후 침진지에서 미생물을 침전시켜 인을 제거한다.

ⓒ 인의 제거는 잉여 슬러지의 폐기로부터 결정된다.

ⓔ SRT가 중요한 인자로 작용하며, SRT가 비교적 짧고 유기물 부하가 높게 운전할 경우 슬러지 생산량이 높아지므로 제거효율이 우수하다.

ⓜ 생물학적 인 제거 공정

　　예 A/O 공법, phostrip 공법, SBR 공법 등

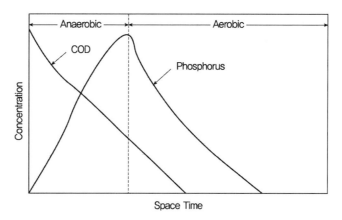

[그림 1-12] 반응시간에 따른 인의 농도 변화

(3) 고도 처리공정별 분류

구분	공법	내용
물리적 처리	탈기법	수중의 용존기체 제거
	여과	활성탄 흡착이나 이온교환의 전처리로 사용
	증류	물을 증발시킨 다음 냉각시켜 처리
	냉각	물을 냉각시키면 순수한 물로 된 얼음이 생기면서 더 높은 염의 농도로 물과 분리
	거품분리	합성세제 등의 비중이 작은 물질을 부상을 통하여 처리
	역삼투	반투막을 사용하여 삼투압에 해당하는 압력을 역으로 가하여 물분자만 빠져나가게 하는 공법
화학적 처리	흡착	잔존 유기물 제거 및 미량의 유해물 처리에 이용
	이온교환	폐수 내 이온성 물질을 제거하는 데 이용
	산화	암모니아, 잔존 유기물, 살균 등의 목적으로 이용
	환원	질산염은 환원제를 사용하여 환원 처리할 수 있으나 환원제 사용 시 통상 촉매가 요구됨
화학적 처리	응집	알루미늄염 및 철염 등의 응집제를 사용하여 콜로이드 및 인을 제거하는 방법
	전기투석	양이온과 음이온 교환막을 번갈아 사용해 기전력을 주어 이온전달력을 증가시킴으로써 처리, 폐수의 무기염류 제거에 활용

생물학적 처리	질산화 - 탈질	1단계 질산화 과정 및 2단계 탈질 과정을 거쳐 질소 제거
	박테리아 동화작용법	세포를 합성하는 데 인이 필요하므로 미생물이 질소나 인을 영양소로 이용하도록 하여 제거
	조류채취법	질소 및 인을 섭취하여 성장한 조류 제거

(4) 생물학적 고도 처리공정

① A/O 공법

　㉠ 과량의 인을 포함한 슬러지가 혐기조(인의 용출)와 호기조(인의 과잉섭취)를 거치는 과정을 통하여 인을 제거하는 공정

　㉡ 장・단점

　　• 운전이 비교적 간단하다.

　　• 폐슬러지 내 인의 함량이 3~5% 정도로 비교적 높다.

　　• 높은 BOD/P비가 요구된다.

　　• 질소와 인이 동시에 제거되지 않는다.

② A^2/O 공법

　㉠ A/O 공정에서 호기성 조건을 거쳐 형성된 질산염이 무산소조로 반송되어 N_2로 탈질화된다(A/O 공정에서 인 제거, 무산소조에서 질소 제거).

　㉡ 장・단점

　　• 질소와 인의 동시제거가 가능하다.

　　• A/O 공정에 비하여 복잡하다.

　　• 반송슬러지 내 질산염에 의해 인 방출이 억제되어 인 제거효율이 감소될 수 있다.

③ Phostrip 공법

　㉠ 반송슬러지의 일부를 혐기조에 유입시켜 인을 방출시킨 후 상등수에 함유된 인을 석회로 침전시키는 공법

　㉡ 장・단점

　　• 유입수질의 부하변동에 강하다.

　　• 유출수 내의 인산염 인의 농도를 안정적으로 1.5mg/L 이하로 달성하는 것이 가능하다.

　　• 인 제거를 위한 석회주입으로 유지관리비가 높다.

　　• 최종 침전지에서 인 방출 방지를 위하여 MLSS 내 DO를 높게 유지해야 한다.

　　• 석회 스케일에 의한 유지 관리 문제가 발생할 수 있다.

④ Bardenpho 공법

　㉠ 생물학적으로 질소제거 시스템 앞에 혐기조를 추가하여 인을 제거 가능하도록 만든 공법

    ⓒ 장·단점
      • 다른 공법에 비해 처리수의 총 질소 농도가 낮다.
      • 다른 인 제거공법에 비해 슬러지 생산량이 적다.
      • 알칼리도를 공정 내에 반송시키므로 화학약품의 주입 필요성이 낮다.
      • A^2/O에 비하여 반응조 체적이 크다.
      • 다량의 내부반송으로 에너지소모와 유지관리비가 증가한다.
  ⑤ SBR 공법
    ㉠ 단일 반응조에서 정해진 시간 배열에 따라 유입·반송·침전·유출이 일어나는 공정
    ⓒ 장·단점
      • 운전이 간단하며, 운전방식 변경이 용이하다.
      • 유기물 제거율이 높다.
      • 별도의 2차 침전지 및 슬러지 반송설비가 불필요하다.
      • 소규모에 적합하다.
      • 여분의 반응조가 필요하며 연속적으로 유입되는 폐수처리에 제한적이다.

6 기타 유해물질 처리

(1) **유해물질의 종류** : 시안, 중금속류(Hg, Cr^{6+}, Cd, Pb, As), PCB, 유기인 등

(2) **유해물질 처리공정의 분류**

구분	공정	사용
물리적 처리	침전	• 화학적 방법과 병용하여 사용 • 유해물질 처리 전반에 사용
	부상분리	
	부선법	광산폐수 중의 중금속류 제거에 사용
	흡착	유기수은, 무기수은, 유기인 제거에 사용
	역삼투	중금속류, 무기염류 제거에 사용
화학적 처리	산화·환원	물리적 처리방법의 전처리 단계
	분해	
	중화	
	수산화물 및 황화물 생성	
	전기투석	시안 등을 고도 처리하는 경우에 사용
	이온교환	고도 처리하는 경우에 사용
생물학적 처리	활성슬러지공법	유해물질 이외의 유기물질이 혼합되어 있을 경우에 사용

(3) 유해물질별 주요 처리공정

유해물질	주요 처리공정
시안	알칼리염소법, 오존산화법, 전해법, 산성탈기법, 전기투석법 등
6가 크롬	환원·수산화물 침전법, 전해법, 이온교환법 등
카드뮴	침전법(수산화물, 황화물, 탄산염 침전법 등), 부상법, 여과법, 이온교환법, 흡착법 등
수은	• 유기수은 : 흡착법, 산화분해법 • 무기수은 : 황화물 침전법, 활성탄 흡착법, 이온교환법 등
비소	환원법, 수산화제2철 공침법, 흡착법, 이온교환법 등
유기인	생석회 주입 응집침전 또는 부상처리 후 활성탄 흡착법, 이온교환법, 활성슬러지법 적용
PCB	• 고농도(액상) : 연소법, 자외선 조사법, 고온고압 알칼리분해법, 추출법 • 고농도(고상) : 2단계 연소(1차 고체연소, 2차 고온연소) • 저농도(액상) : 응집침전법, 방사선 조사법 등

(4) 시안(CN) 처리

① 알칼리 염소법

ㄱ pH 10 이상을 유지해야 한다.

ㄴ 산화제로 염소 및 염소화합물($NaOCl$, $Ca(OCl)_2$ 등)을 사용한다.

ㄷ 니켈 및 철의 시안 착염이 혼입된 경우는 분해가 잘 되지 않는다.

ㄹ 염소처리 : 폐수를 강한 알칼리성 상태로 하여 염소를 주입, 시안 화합물을 시안 산화물로 변환시
   킨 다음 산을 가하여 pH를 중성 범위로 중화하고, 2단계로 염소를 재주입하여 시안화합물을 N_2와
   CO_2로 분해시킨다.

ㅁ 염소화합물 처리 : $NaOCl$ 사용으로 자동제어에 유리하나 값이 비싸다.

② 오존 산화법

ㄱ pH 11~12 범위

ㄴ 알칼리성 영역에서 시안화합물을 N_2로 분해시킨다.

ㄷ 염소보다 산화력이 강하다.

ㄹ 저장 및 운반시설이 필요 없다.

ㅁ 반응 후 부생되는 산소는 DO를 증가시키고, pH에는 영향을 주지 않는다.

ㅂ 암모니아류, 불화물, 염화물 등은 오존에 의해 산화되지 않는다.

ㅅ 오존 발생장치가 고가이다.

③ 전해법

ㄱ 양극에서 시안이 시안산까지 산화된다.

ㄴ 시안산 이온은 가수분해되어 질소와 CO_2로 분해된다.

ㄷ 시안의 농도가 1,000ppm 이하가 되면 효율이 급격히 떨어진다.

확인학습문제

01 다음 중 Reynolds 수의 계산에 필요하지 <u>않은</u> 것은?

① 관의 직경
② 동점성 계수
③ 수로길이
④ 유속

[해설]

Re(Reynolds Number) : 유체의 흐름이 층류인지 난류인지 결정하는 무차원의 수

$$N_{Re} = \frac{d \cdot \rho \cdot V_s}{\mu} = \frac{d \cdot V_s}{v}$$

- V_s : 침강속도(cm/sec)
- μ : 점성계수(g/cm · s)
- ρ : 밀도(g/cm³)
- v : 동점성 계수(cm²/sec)＝μ/ρ
- d : 직경(cm)

02 스크린 설치부에 유속한계를 0.6m/sec 정도로 두는 이유는 무엇인가?

① 용해성 물질을 물과 분리하기 위함이다.
② 모래의 퇴적현상 및 부유물이 씻겨나가는 것을 방지하고자 한다.
③ 유지류 등의 scum을 제거하고자 한다.
④ Bypass를 사용하고자 함이다.

[해설]

스크린은 폐수처리 시 전처리 방법으로 폐수 중 초대형 고형물을 제거하는 방법으로 폐수처리 시의 유속은 0.45~0.75m /sec 정도이고, 취수시설은 1m/sec 정도이다. 유속한계를 두는 이유는 모래의 침전을 방지하기 위함이며 유속이 너무 느릴 경우에는 부유성 유기물에 의해 전면이 폐색될 가능성이 있다.

안심Touch

03 유체 중에 부유하는 유기물이나 무기물의 콜로이드 입자가 끊임없이 모든 방향으로 불규칙 운동을 하는 현상을 무엇이라 하는가?

① 표면장력
② Brown 운동
③ Van der Waals Force
④ Tyndall 운동

해설

Brown 운동은 유체 속에 있는 콜로이드 입자의 불규칙한 운동으로, 콜로이드 입자는 분자보다 부피와 질량은 매우 크지만 여기에 충돌하는 분자 수는 그만큼 많지 않아 몇 개의 분자가 이따금 같은 방향에서 콜로이드 입자와 충돌하면서 입자가 운동함으로써 일어난다.

04 폐수에 응집제를 넣어 응집처리 시 급속교반 후 완속교반이 이루어진다. 이때 완속교반을 하는 주 목적으로 가장 옳은 것은?

① 응집제가 폐수에 잘 혼합되도록 하기 위하여
② 응집된 입자의 플록화를 촉진하기 위하여
③ 입자를 미세화하기 위하여
④ 유기물 입자와 미생물과의 접촉을 촉진하기 위하여

해설

급속교반은 응집제와 하수 중의 입자와의 충돌을 많이 일으키고, 균일한 분산을 이루는 데 목적이 있으며 완속교반은 급속교반으로 생성된 플록끼리의 응집으로 침전이 가능한 큰 플록을 형성하는 데 목적이 있다.

05 폐수 처리공정에서 반응공정을 선택할 때 우선적으로 고려해야 할 사항 중 가장 거리가 먼 것은?

[03년 부산]

① 건설비 및 운전관리비
② 반응속도
③ 처리수의 재이용
④ 폐수의 성질

해설

폐수 처리공정의 반응공정 선택 시 우선적으로 고려해야 할 사항
(폐수의 성질, 반응속도, 건설 및 운전관리비, 공정상의 필수 조건)

06 다음 중 Jar-test와 관계가 있는 것은? [02년 울산]

① 응집제　　　　　　　　　　　② 알칼리도
③ 경도　　　　　　　　　　　　④ 흡착제

[해설]

Jar-Test는 약품교반시험을 말하며 폐수의 응집침전 처리를 행하기 위한 약품선정 시 또는 단위공정의 운영 중에 수질의 변화가 있을 때 응집제에 대한 최적 pH의 범위를 파악하는 한편 응집제의 최적 주입량을 결정하기 위해 시행되는 간단한 시험을 말한다.

07 2차 처리 유출수에 포함된 20mg/L의 오염물질을 활성탄 흡착법으로 처리하여 2mg/L까지 처리하기 위해서는 폐수 1m³당 몇 g의 흡착제를 필요로 하는가?(단, X/M＝KC$^{1/n}$, K＝0.5, n＝1이다.)

① 8g　　　　　　　　　　　　　② 12g
③ 18g　　　　　　　　　　　　④ 24g

[해설]

Freundich 등온 흡착식

$$\frac{X}{M} = KC_o^{\frac{1}{n}}$$

- X : 흡착된 오염물질량$(C_i - C_o)$
- M : 흡착제 무게
- C_o : 처리 후 오염물질량
- K, n : 경험적인 상수

$$\frac{C_i - C_o}{M} = K \times C_o^{\frac{1}{n}}$$

- C_i : 처리 전 농도
- C_o : 처리 후 농도

$$\frac{20-2}{x} = (0.5)(2)^{\frac{1}{1}}, \ x = 18g$$

08 탱크의 용적이 200m³이며 물의 점성계수가 1.31×10^{-2}g/cm · sec인 급속 혼합조가 있다. 응집 침전처리에서 속도경사가 200sec⁻¹로 하고자 할 때 교반기의 축동력은 몇 kW가 되겠는가?(단, P 의 단위＝Watt＝J/sec＝Newton · m/sec＝kg · m²/sec² · sec＝kg · m³/sec³)

① 10.48kW

② 11.79kW

③ 16.79kW

④ 20.96kW

해설

$$G = \sqrt{\frac{P}{\mu V}} \rightarrow P = G^2 \mu V$$

- G : 속도경사
- μ : 점성계수
- P : 축동력
- V : 탱크의 용적

$\mu = 1.31 \times 10^{-2}g/cm= 1.31 \times 10^{-3}$kg/m · sec

$P = (200sec^{-1})^2 \times (1.31 \times 10^{-3}$kg/m · sec$) \times (200m^3)$

$= 10,480$kg · m²/sec³ $= 10,480$W $= 10.48$kW

09 20,000m³/day의 폐수를 처리하는 침전지가 있을 때 표면적 부하는?(단, 침전지의 수심은 4m이 며, 체류시간은 3hr)

① 20m³/m² · day

② 32m³/m² · day

③ 36m³/m² · day

④ 42m³/m² · day

해설

$$S_L = \frac{Q}{A} = \frac{\frac{V}{t}}{A} = \frac{\frac{A \cdot h}{t}}{A} = \frac{h}{t}$$

- S_L : 표면적 부하
- $Q = \dfrac{V}{t}$
- $V = A \cdot h$

㉠ $4m/3hr = 32m/day = 32m^3/m^2 \cdot day$

㉡ $t = \dfrac{V}{Q}$, $3hr = \dfrac{V}{20,000m^3/day}$, $V = 3hr \times 20,000m^3/day = 2,500m^3$

$A = 2500m^3/h = 625m^2$

$S_L = \dfrac{Q}{A}$, $\dfrac{20,000m^3/day}{625m^2} = 32m^3/m^2 \cdot day$

10 활성탄 흡착탑 설계를 위한 예비실험 중 가장 중요한 실험은?

① 흡착 등온선 ② 기액평형의 곡선

③ Break-through 곡선 ④ 용해도 곡선

해설

고정된 활성탄 충전층에 원수를 통과시켜 피흡착 물질을 흡착시키면 통수 초기에는 맑은 처리수를 얻을 수 있으나 시간이 경과함에 따라 처리수 중 피흡착 물질의 농도가 점차 증가하여 허용치에 달하게 된다. 이때를 파과점(Break-through Point)이라 하며, 활성탄 흡착탑 설계를 위한 예비실험 중 가장 중요한 부분이다.

11 Cr^{+6}이 함유된 폐수를 처리하기 위한 처리공정 순서를 순서대로 나열한 것은?

① 환원 - 침전 - 중화 ② 중화 - 환원 - 침전

③ 중화 - 침전 - 환원 ④ 환원 - 중화 - 침전

해설

Cr^{+6}의 산성환원 침전법 : 크롬(Cr^{6+})이 함유된 폐수에 pH 2~3이 되도록 H_2SO_4를 투입 후 환원제($NaHSO_3$)를 주입하여 Cr^{3+}으로 환원 후 수산화 침전시켜 제거하는 방법. 크롬폐수 → 3가 크롬으로 환원 → 중화 → 수산화물 침전 → 방류 순으로 공정이 이루어진다.

• 1단계 : Cr^{6+}(황색) → Cr^{3+}(청록색)
 – pH 조절을 위해 H_2SO_4 투입(pH 2~3), 환원반응을 위한 환원제 투입($NaHSO_3$)
• 2단계 : Cr^{3+}(청록색) → $Cr(OH)_3$
 – 침전반응, 환원반응에서 pH가 매우 낮아졌으므로 알칼리제 투입

12 다음 처리방법 중 동력소모가 가장 많은 처리방법은? [04년 부산]

① 소화법 ② 활성오니법

③ 산화지법 ④ 저율살수여상법

해설

활성오니법은 다른 호기성 생물학적 처리방법에 비해 동력 소비량이 많고 슬러지 발생량이 많으며, Bulking 등의 문제가 생긴다는 단점이 있다.

13 최초 침전지의 표면적을 A, 유입유량을 Q라고 할 때, 제거대상 입자가 잘 침전하기 위한 침강속도 V_s와 관계가 옳은 것은?

① $\frac{Q}{A} < V_s$

② $\frac{Q}{A} = V_s$

③ $\frac{Q}{A} > V_s$

④ $\frac{Q}{A} \geq V_s$

해설

침강속도(V_s)보다 수면적부하$\left(\frac{Q}{A}\right)$가 작아야 완전히 제거된다.

14 공장의 폐수를 중화시키는 데 가성소다(NaOH) 0.1% 용액 80L가 소모되었다면 이 폐수를 0.1% 소석회[Ca(OH)$_2$]로 대체하여 처리할 경우 몇 L가 필요한가?(단, NaOH는 40, Ca(OH)$_2$는 74)

① 37L

② 52L

③ 74L

④ 158L

해설

$$\left[\frac{\% \text{ 농도} \times V_1}{\text{당량}} = \frac{\% \text{ 농도} \times V_2}{\text{당량}}\right]$$

$$\left[\frac{0.1 \times 80l}{40} = \frac{0.1 \times V_2}{37}\right] \therefore V_2 = 74L$$

15 슬러지의 BOD 농도가 200mg/L, 유입되는 폐수의 유량은 5,000m^3/day, 폭기조 내의 MLSS 농도가 2,000mg/L이고, 폭기조의 용적이 2,000m^{3}이면 F/M비는?

① 0.1

② 0.15

③ 0.2

④ 0.25

해설

F/M비(Food/Microorganism＝먹이/미생물＝유기물량/MLSS량)

$$F/M\text{비} = \frac{BOD \times Q}{MLSS \times V} = \frac{200mg/L \times 5,000m^3/day}{2,000mg/L \times 2,000m^3} = 0.25$$

16 BOD 500mg/L, 폐수량 2,500m³/day의 폐수가 있다. 이 폐수를 활성슬러지법으로 처리하고자 할 때 필요한 폭기조의 용적은 얼마인가?(단, BOD 용적부하는 0.5kg/m³·day이고, MLSS 농도는 2,500mg/L이다.)

① 1,000m³

② 1,500m³

③ 2,000m³

④ 2,500m³

[해설]

$$BOD \text{ 용적부하}(kgBOD/m^3 \cdot day) = \frac{1\text{일 } BOD \text{ 유입량}(kg/day)}{\text{폭기조 용적}(m^3)} = \frac{BOD \times Q}{V} = \frac{BOD \times Q}{Q \times t} = \frac{BOD}{t}$$

$$\text{폭기조}(m^3) = \frac{1\text{일 } BOD \text{ 유입량}(kgBOD/day)}{BOD \text{ 용적부하}(kgBOD/m^3 \cdot day)}$$

$$V = \frac{500mg/L \times 2,500m^3/day}{0.5kgBOD/m^3 \cdot day} = \frac{125kg/day}{0.5kg/m^3 \cdot day} = 2,500m^3$$

17 BOD 2,000mg/L, SS 800mg/L, COD 3,000mg/L, 질소분 10mg/L, 인산 20mg/L인 폐수를 활성 슬러지법으로 처리하고자 할 때, 공급해야 할 요소의 양(mg/L)은?(단, 요소는 (NH₂)₂CO이고, 분자량은 60이다.)

① 193

② 206

③ 214

④ 220

[해설]

BOD : N : P = 100 : 5 : 1

$N = 2,000 \times \dfrac{5}{100} = 100mg/L$가 필요하며, 폐수 중 10mg/L의 질소분이 포함되어 있으므로 90mg/L를 공급해줘야 한다.

$(NH_2)_2CO = \dfrac{60 \times 90}{28} = \dfrac{5,400}{28} ≒ 193mg/L$

18 SRT의 식과 관계가 <u>없는</u> 것은? [03년 경북]

① 반송슬러지 SS의 농도
② 폐슬러지의 유량
③ 폭기조의 용적
④ MLSS 유량

해설

SRT(Solids Retention Time) : 고형물 체류시간

$$SRT = \frac{V \cdot X}{X_r \cdot Q_w + (Q - Q_w)X_e} \fallingdotseq \frac{V \cdot X}{X_r \cdot Q_w}$$

- V : 폭기조 용적(m³)
- X : MLSS 농도(mg/L)
- X_r : 반송슬러지 SS 농도(mg/L)
- Q_w : 폐슬러지 유량(m³/day)
- Q : 원폐수 유량(m³/day)
- X_e : 유출수 내의 SS 농도(mg/L)

19 MLSS농도는 2,500mg/L인 혼합액을 1L의 메스실린더에 취하여 30분 후 슬러지 부피를 측정한 결과 200mL이었다. SVI는 얼마인가?

① 70
② 80
③ 100
④ 120

해설

$$SVI = \frac{30분간 \ 침강 \ 후 \ 슬러지 \ 부피(mL/L)}{MLSS \ 농도(mg/L)} \times 1,000$$

$$SVI = \frac{SV_{30}(ml/L)}{MLSS(mg/L)} \times 10^3 mg/g = \frac{200}{2,500} \times 10^3 = 80 mL/g$$

20 폭기조 혼합액의 SVI가 100이고 MLSS 농도를 2,500mg/L로 유지하고 싶다면 반송률(R)은 어느 정도 요구되는가? [04년 경기]

① 30%
② 33.33%
③ 60%
④ 66.66%

18 ④　19 ②　20 ②　**정답**

해설

$$C_R(mg/L) = \frac{10^6}{SVI}$$

$$R = \frac{C_A - C_i}{C_R - C_A}\left(C_R ≒ \frac{10^6}{SVI}\right)$$

- C_i : 유입수의 SS 농도

$$C_R = \frac{10^6}{100} = 10,000mg/L$$

$$R(\%) = \frac{2,500 - 0}{10,000 - 2,500} \times 100 = \frac{2,500}{7,500} \times 100 ≒ 33.33\%$$

21 폭기조 내의 혼합액 1L를 메스실린더에 취하여 30분간 정치했을 때 슬러지 용량이 400mL였다. 유입수 중의 슬러지와 폭기조에서 생성슬러지를 무시한다면 슬러지 반송률(%)은? [03년 부산]

① 80

② 67

③ 57

④ 40

해설

$$R = \frac{100 \times SV(\%)}{100 - SV(\%)}$$

$$SV = \frac{400}{1,000} \times 100 = 40\%, \quad R = \frac{100 \times 40(\%)}{100 - 40(\%)} ≒ 67\%$$

22 살수여상을 저속여상, 중속여상, 고속여상, 초고속여상 등으로 분류하는 기준은 무엇인가?

① 수리부하

② 살수간격

③ 여재의 종류

④ 재순환 횟수

해설

살수여상은 수리적 부하율과 기질 부하율에 따라 표준(저속) 살수여상과 고속 살수여상으로 분류한다.

23 다음의 활성슬러지 공법의 변법 중 1차 침전지 시스템을 설치하지 <u>않은</u> 것만을 나타낸 것은?

① 접촉안정화법, 장기폭기법
② 계단식 폭기법, 개량폭기법
③ 개량폭기법, 장기폭기법
④ 접촉안정화법, 점감식 폭기법

해설

접촉안정화법, 장기폭기법, 산화구법, 고속폭기 침전지법 등은 1차 침전지 시스템을 설치하지 않고 있다.

24 생물학적 폐수처리장의 처리효율을 높이기 위한 조건으로 옳은 것은?

① MLSS는 높이고 F/M비를 낮춘다.
② MLSS는 내리고 F/M비를 높인다.
③ MLSS와 F/M비를 고정시킨다.
④ MLSS는 고정시키고 F/M비를 높인다.

해설

MLSS는 활성 세포를 말한다. 따라서 먹이/활성 세포의 양, 즉 F/M비를 가능한 한 낮게 유지하여야만 먹이경쟁에 의해 유기물의 분해율이 높아진다. 그러나 적정한 BOD – MLSS 부하를 유지하기 위한 폭기조의 용량은 상대적으로 증가하게 된다.

25 다음 중 미생물 플록 내의 사상균류(Filamentous fungus)의 부족으로 일어난 것은?

① 거품(Foaming)
② 핀플록(Pin – Floc)
③ 슬러지 팽화(Sludge Bulking)
④ 젤리 슬러지(Jelly Sludge)

해설

① SRT가 너무 길거나 폭기량이 증가하여 세포가 과도하게 산화되었을 때 또는 영양염이 결핍되었을 때 점액성의 갈색 거품이 발생한다. 한편 Seeding 초기 또는 유기물의 과부하, SRT가 너무 짧을 때, 합성세제가 포함되어 있을 때는 백색 거품이 발생하게 되는데, 이때 과부하인 경우는 백색, 합성세제인 경우는 무지개 색을 띤다.
② 핀플록 현상은 세포가 과도하게 산화되었거나 플록 내에 사상체가 전혀 없고, 플록 형성균만으로 플록이 구성된 경우에 발생한다. 이러한 경우 플록의 크기가 작고, 쉽게 부서지는 경향이 있기 때문에 1mm 미만으로 미세한 세포물질이 분산하면서 잘 침강하지 않는 이상 현상이 발생하게 된다.
③ 슬러지 팽화는 사상균, 진균류 등의 미생물이 번성하여 부착수 · 결합수의 증가에 의해 밀도가 낮은 슬러지(SVI > 200)를 말한다.

26 장기폭기법과 가장 관계가 깊은 것은?

① F/M비가 크게 운영된다.
② 슬러지 발생량이 적다.
③ 소요 부지면적이 작다.
④ 대규모 처리장에서 많이 이용된다.

해설

• 장기폭기법 : 1차 침전지를 생략하고, 유기물부하를 낮게 하여, 잉여 슬러지의 발생을 제한하는 방법
• 장기폭기법의 특성
  – 소규모 처리장에서 많이 이용한다.
  – BOD 용적부하 및 F/M비를 낮게 운영한다.
  – MLSS 농도를 높게 유지(3,000~6,000mg/L)한다.
  – 폭기시간이 길다(12~24hr 이상).

27 지름이 3m인 원판 400매를 사용한 회전접촉 반응조가 있다. 유입수량이 1,500m³/day, BOD 200mg/L일 경우 BOD 부하량(g/m² · day)은 얼마인가?

① 29.4
② 53.1
③ 75.2
④ 106.2

해설

회전원판 표면적 $= \dfrac{3.14 \times 3^2}{4} \times 400 \times 2(양면) = 5,652m^2$

BOD 유입량 $= 200g/m^3 \times 1,500m^3/day = 300,000g/day$

BOD 부하 $= \dfrac{BOD \times Q}{A} = \dfrac{300,000g/day}{5,652m^2} ≒ 53.1g/m^2 \cdot day$

28 생물학적 인(P) 제거공법인 A/O 공법에 관한 설명으로 옳지 <u>않은</u> 것은?

① 잉여 슬러지를 폐기함으로써 인을 제거하게 된다.
② 호기성조에서 인의 과잉 흡수가 일어난다.
③ 폐슬러지의 인 함량이 4~6% 정도이다.
④ 무산소조와 호기성조로 구성되어 있다.

해설

A/O 공법은 혐기성조와 호기성조로 구성되어 있다.

29 생물학적 질소 및 인 제거 공정 중 인의 제거만을 목적으로 하는 공법은?

① VIP 공법
② Badenpho 공법
③ A/O 공법
④ UCT 공법

 해설

질소 및 인을 처리하는 생물학적 공법은 A/O 공법, A^2/O 공법, SBR 공법, 5단 Badenpho 공법, UCT 공법(Univercity of Capetown Process), VIP 공법(Virginia Intiative Plant)이 있다. 이 중에서 A/O 공법은 인(P) 제거에만 이용된다.

30 회전원판법(RBC)의 일반적인 특징으로 옳지 <u>않은</u> 것은? [05년 경기]

① 폐수량 및 BOD 부하 변동에 강하다.
② 활성슬러지법에 비해 2차 침전지에서 미세한 SS가 유출되기 쉽고 처리수의 투명도가 나쁘다.
③ 운전 및 유지 관리비가 적게 들고 소규모 시설에서는 표준활성슬러지법에 비하여 전력 소비량이 적다.
④ 단 회로 현상의 제어가 어렵다.

해설
회전원판법(RBC)의 특징
• BOD 부하를 높일 수 있다.
• 운전관리상 조작이 간단하다.
• 소비전력량은 소규모 처리시설에서는 표준활성슬러지법에 비하여 적다.
• 질산화가 일어나기 쉽기 때문에 pH가 저하되는 경우도 있다(질소제거가 가능하다).
• 활성슬러지법에서와 같이 벌킹으로 인해 2차 침전지에서 일시적으로 다량의 슬러지가 유출되는 현상은 없다.
• 2차 침전지에서 미세한 SS가 유출되기 쉽고, 처리수의 투명도가 저하된다.
• 살수여상과 같이 여상에 파리는 발생하지 않으나 하루살이가 발생할 수 있다.

31 다음 계단식 폭기법의 설명으로 옳은 것은? [03년 부산]

① 폐활성슬러지 생산량을 최소화하기 위해 개발되었다.
② 처리효율은 표준활성슬러지법과 비슷하여 안정성이 좋다.
③ 유입구 부분은 과부하가 걸려 산소 부족 상태가 되기 쉽다.
④ 유입수는 폭기조 길이에 걸쳐 골고루 분할해서 유입시킨다.

해설

계단식 폭기법(Step Aeration) : 하수 유량의 증가 또는 높은 부하에 견딜 수 있도록 고안된 하수의 분할유입을 취한 활성슬러지법의 변법으로 일반적으로 유입폐수를 4등분하여 주입하는 방법을 사용한다.

32 슬러지(Sludge) 처리공정으로 옳은 것은? [03년 서울]

① 농축 → 개량 → 탈수 → 안정화 → 소각
② 탈수 → 개량 → 안정화 → 농축 → 소각
③ 농축 → 안정화 → 개량 → 탈수 → 소각
④ 안정화 → 개량 → 농축 → 탈수 → 소각

해설

슬러지 처리공정 : 슬러지 → 농축 → 안정화 → 개량 → 탈수 및 건조 → 처분

33 함수율 90%인 슬러지를 농축하여 80%의 농축슬러지를 얻었다면, 전체 슬러지의 부피는 얼마나 감소하는가?

① 1/2로 감소한다.
② 1/3로 감소한다.
③ 1/4로 감소한다.
④ 1/5로 감소한다.

해설

$$V_1(100-P_1) = V_2(100-P_2)$$
$$V_1(1-0.90) = V_2(1-0.80)$$
$$\frac{V_2}{V_1} = \frac{1-0.90}{1-0.80} = \frac{1}{2}$$

34 혐기성 소화법의 기능으로 옳지 <u>않은</u> 것은?

① 인산 등의 영양염류 제거효율이 높다.
② 부패성 유기물을 분해하여 안정화시킨다.
③ 농후한 폐수처리가 적당하다.
④ 슬러지의 양을 감소시킨다.

해설

인산염의 제거에는 호기성 처리가 유리하다.
혐기성 소화의 영향인자 : pH, 온도, 독성물질, 알칼리도, 영양염류, 체류시간 등

35 Air Stripping에 관한 설명으로 옳지 <u>않은</u> 것은? [01년 울산]

① 최적 pH는 10~12이다.
② pH 증가제는 일반적으로 생석회를 사용한다.
③ 수온이 낮아지면 효율이 낮아진다.
④ 무기성 인(P)을 제거하는 방법이다.

해설

Air Stripping(탈기법)은 수중의 용존기체 제거를 위해 사용하는 방법으로 NH_3 제거의 대표적 방법이다.

36 비정상적으로 작동하는 소화조에 석회를 주입하는 이유는?

① pH를 높이기 위해
② 효소의 농도를 증가시키기 위해
③ 유기산균을 증가시키기 위해
④ 칼슘 농도를 증가시키기 위해

해설

소화조 내의 알칼리도가 부족하게 되면 휘발산이 과도하게 축적되고, 휘발산이 과도하게 축적되면 pH는 급격히 낮아진다.
pH의 저하는 메탄균의 환경인자를 악화시켜 원활한 발효가 이루어지지 않게 되고, 그로 인하여 가스 발생량이 감소하면서
CH_4/CO_2의 생성비율이 떨어지는 이상 현상이 발생하게 된다. 이러한 경우에는 알칼리도의 보충과 pH의 조정을 목적으로
소화조에 석회 등을 주입하게 된다.

37 슬러지 개량의 주된 목적은 슬러지의 안정화와 입자크기를 증대시켜 농축과 탈수가 용이하도록 하는 것이다. 슬러지 개량 방법으로 옳지 <u>않은</u> 것은?

① 열처리 방법   ② 폭기 방법

③ 세척 방법   ④ 동결 방법

> **해설**
> 슬러지 개량 방법은 열처리, 세척, 동결, 약품처리, 방사선 처리 등이 있다.

38 알칼리성 폐수에 대한 영향과 관계가 <u>먼</u> 것은?   [01년 대구]

① 물의 자정작용 저해

② 금속이나 콘크리트 구조물의 부식

③ 보일러수의 변색을 야기

④ 유기물의 용해

> **해설**
> 금속이나 콘크리트 구조물의 부식은 산성폐수에 의해 기인된다.

39 PCB 함유 폐수처리법으로 쓰이지 <u>않는</u> 방법은?

① 알칼리성 염소주입법

② 흡착법

③ 용제 추출법

④ 응집 침전여과법

> **해설**
> ①은 시안분해처리법이다. PCB는 소수성의 특징을 지니므로 활성탄이나 규조토 등에 흡착시켜 제거하기도 한다.
>
> **PCB 함유 폐수처리법**
> • 고농도(액상) : 연소법, 자외선 조사법, 고온고압 알칼리분해법, 추출법
> • 고농도(고상) : 2단계 연소(1차 고체연소, 2차 고온연소)
> • 저농도(액상) : 응집침전법, 방사선 조사법 등

40 최종 침전지의 관리에 필요하지 <u>않은</u> 것은?   [02년 경북]

① MLSS 농도의 조정
② 활성슬러지의 침전율 측정
③ 잉여슬러지 인출량의 조정
④ 수면적 부하

해설

MLSS 농도의 관리는 폭기조의 관리 대상이다.

41 표면부하율이 $42m^3/m^2 \cdot day$인 보통 침전지에 유입되는 폐수 중 SS입자의 침강속도 분포는 다음과 같다. 제거되는 SS는 몇 % 정도인가?

침강속도(cm/min)	3	2.5	2	1.5	1	0.5	0.3	0.1
SS량 백분율(%)	30	16	10	11	8	10	10	5

① 30%   ② 46%
③ 56%   ④ 75%

해설

표면부하율 $= \dfrac{Q}{A} = V_s$ (침강속도)

$V_s = \dfrac{Q}{A} = 42m/day ≒ 2.9cm/min$

침강속도가 2.9cm/min 이상에서의 입자는 모두 제거된다.
따라서, 침강속도가 3cm/min인 SS입자는 모두 제거되므로 30%이다.

42 다음 중 폐수처리에 있어 염소소독의 목적이 될 수 <u>없는</u> 것은?

① 살균 및 냄새 제거   ② 부식 통제
③ SS 및 탁도 제거   ④ BOD 제거

해설

폐수처리 염소소독의 목적 : 살균 및 냄새 제거, 부식 통제, BOD 제거

43 Jar-test 결과 최적 Alum 주입률이 350mg/L였다면 유량 500m³/day의 폐수처리에 필요한 5%-Alum의 사용량(kg/day)은?

[03년 부산]

① 1,500
② 2,500
③ 3,500
④ 4,500
⑤ 5,800

해설

Alum 필요량 = 유량 × 최적 주입 농도
= 500m³/day × 350mg/L = 175kg/day
5%-Alum이므로 환산하면 175kg/day ÷ 0.05 = 3,500kg/day

44 MLSS의 농도가 3,000mg/L의 혼합액을 1L의 메스실린더에 취하여 30분 후 침전된 양이 300mL였다. SVI와 SDI는 각각 얼마인가?

① 100, 0.75
② 120, 0.75
③ 100, 1
④ 150, 1

해설

$$SVI = \frac{SV_{30}(ml/L)}{MLSS(mg/L)} \times 10^3 mg/g = \frac{300}{3,000} \times 10^3 = 100$$

$$SDI = \frac{100}{SVI} = \frac{100}{100} = 1$$

45 폭기조 내의 MLSS 농도가 2,000mg/L, 폭기조 용적이 1,500m³인 활성슬러지법에서 최종 침전조에서 유출되는 SS 농도를 무시하고 매일 50m³의 폐슬러지를 소화조로 보내 처리한다. 폐슬러지 농도가 10,000mg/L라고 하면 SRT는 얼마인가?

① 6day
② 7day
③ 8day
④ 9day

해설

$$SRT = \frac{V \cdot X}{X_r \cdot Q_w + (Q - Q_w)X_e}$$

유출되는 SS 농도를 무시하면 $SRT = \dfrac{V \cdot X}{X_r \cdot Q_w}$

$$SRT = \frac{1,500m^3 \times 2,000mg/L}{10,000mg/L \times 50m^3/day} = 6day$$

46 다음 중 슬러지 팽화(Sludge Bulking) 현상의 원인이 <u>아닌</u> 것은?

① 용존산소의 부족
② 낮은 F/M비
③ 영양물질 불균형
④ 섬유성 미생물의 성장

해설

Bulking(팽화)의 원인 및 대책

원인	대책
• 낮은 DO(최소 0.5mg/L 이상 유지 필요) • 낮은 pH(적정 pH 6~8) • 높은 F/M비 • 영양염류(N, P)의 결핍 • 고농도 유기성 폐수의 유입	• F/M비를 낮추고 체류시간 증대 • 반송슬러지에 염소 주입(사상균 감소) • 응집제, 규조토, CaCO₃ 등의 주입으로 침전성 증가 • 소화슬러지 및 침전슬러지 폭기조 주입 (SVI 200 이하로 감소) • 영양염류 첨가 및 포기조 pH 조절

47 활성슬러지조에서 Bulking(팽화) 시 출현되는 미생물은? [03년 대구]

① Vorticella
② Sphaerotilus Natans
③ Sarcodina
④ Rotifer

해설

팽화슬러지(Bulking Sludge)는 밝은 갈색, 회색이나 흰색으로 냄새는 신선하거나 과일향과 비슷하고 SVI 200 이상으로, 침강속도가 느리며 세균덩어리가 산화가 덜 된 상태로 확대된 사상체이며 관찰되는 미생물로는 Sphaerotilus Natans가 있다.

48 처리장 유입유량이 400m³/day이고 최종 침전조의 유효 용적이 100m³일 때 침전조의 체류시간 (hr)은?(단, 슬러지 반송률은 50%이다.)

① 2 ② 3

③ 4 ④ 6

해설

$$t(hr) = \frac{V}{Q_i + Q_r} \times 24hr/day$$
$$= \frac{100m^3}{400(1+0.5)m^3/day} \times 24hr/day = 4hr$$

49 분뇨나 슬러지의 처리목표에 대한 사항으로 옳지 <u>않은</u> 것은?

① 처분의 확실성
② 생물학적 안정화
③ 최종 생산물의 증가
④ 위생적 안정화

해설

분뇨처리의 목적은 생물학적 안정화, 위생적 안정화, 처분의 확실성이다.

50 부패조에 대한 하수처리의 원리는? [05년 경기]

① 침전과 혐기성 소화
② 혐기성 소화 및 호기성 소화
③ 침전과 호기성 소화
④ 응집과 침전

해설

부패조는 상온에서 운영하는 혐기성 소화공법으로 침전과 혐기성 소화가 한 탱크에서 이루어지는 처리 방법이다.

51 급속 교반조나 혼화지 등의 설계 시 필요한 속도경사(G)를 구할 때, 직접적으로 고려하지 <u>않는</u> 것은?

[02년 환경부]

① 물의 점성   ② 체류시간

③ 소요 동력   ④ 조의 부피

해설

$$속도경사식 \ G = \sqrt{\frac{P}{\mu V}} = \sqrt{\frac{W}{\mu}}$$

- G : 속도경사(sec^{-1})
- μ : 점성계수(kg/m · sec)
- W : 단위용적당 동력(watt/m^3)
- P : 동력(watt)
- V : 응결지 부피(m^3)

52 소화조 가동의 정상 여부를 알 수 있는 것이 <u>아닌</u> 것은?

[02년 대구]

① 소화 가스 내의 CO_2%

② 소화 중인 슬러지의 휘발성 산 함유도

③ 주입된 슬러지량에 대한 가스의 1일 생산량

④ 슬러지의 여과율 측정

해설

소화조의 정상가동 고려사항

- 운전 상태 및 소화의 진행상태 파악을 위해 유입슬러지량, 소화슬러지량, 상징수량 및 가스발생량을 측정
- 유입슬러지, 소화슬러지, 소화조 내의 슬러지 성상을 파악하기 위해 온도, TS, VS, pH, 휘발산 및 알칼리도 측정
- 상징수의 TS, VS, pH 등을 측정하고 하수처리 계통에 미치는 영향을 파악하기 위해 BOD, 질소, 인농도 측정

53 완속 모래여과지에 여과모래에 대한 설명으로 옳지 <u>않은</u> 것은?

① 유효경은 0.3~0.45mm로 한다.

② 균등계수는 2.0 이하로 한다.

③ 최대경은 2mm 이내여야 한다.

④ 모래층의 두께는 60~70cm로 한다.

해설

완속여과지 여과모래의 모래층의 두께는 70~90cm로 한다.

구분	완속여과	급속여과
여과속도	4~5m/day(한계 8m/day)	단층 120~150m/day 다층 120~240m/day
전처리 공정	보통 침전	약품 침전(응집 침전)
모래층의 두께	70~90cm	60~70cm
유효경	0.3~0.45mm	0.45~0.7mm
균등계수	2.0 이하	1.7 이하
약품처리	불필요	필수

54 급속여과에 관한 설명으로 옳지 <u>않은</u> 것은? [02년 환경부]

① 여과지의 개수는 예비지를 고려해 2개 이상으로 하고 예비지의 수는 10대 1의 비로 한다.
② 여과지의 형상은 직사각형을 표준으로 한다.
③ 여과지는 중력식을 표준으로 철근콘크리트조로 한다.
④ 여과속도는 1일 50~60m로 한다.

해설

급속여과지의 여과속도는 100m/day 이상이고(표준 120~150m/day) 완속여과지는 표준 4~5m/day이다.

55 일반적으로 혐기성 분해에서 발생되지 <u>않는</u> 가스는? [03년 경기]

① 아황산가스   ② 메르캅탄
③ 메탄   ④ 황화수소

해설

혐기성 분해란 혐기성균에 의해서 하수 중의 오염물질을 처리하는 방법으로, 발생되는 가스는 메탄가스(CH_4), 황화수소(H_2S), 탄산가스(CO_2), 메르캅탄(CH_3SH), 수소(H_2) 등이 있다.

56 응집제의 특징에 대한 설명으로 옳지 <u>않은</u> 것은? [03년 부산]

① PAC - 저온열화하지 않으나 고가이다.
② 황산알루미늄 - 응집 pH 범위가 넓어 광범위하게 사용되나 Floc이 가볍다.
③ 황산제1철 - Floc이 무겁고 침강이 빠르나 부식성이 강하다.
④ 염화제2철 - Floc이 무겁고 침강이 빠르나 부식성이 강하다.

[해설]

황산알루미늄은 응집 pH 폭이 좁은 것이 단점이다.

57 폭기조 내의 MLSS 농도가 3,000mg/L이고 폭기조 용적이 1,000m³인 활성 슬러지법에서 매일 60m³의 폐슬러지를 소화조로 보내 처리한다. 폐슬러지의 농도가 10,000mg/L라면 세포의 평균 체류시간은?(단, 최종침전지에서 유출되는 SS는 무시)

① 72hr ② 96hr
③ 120hr ④ 144hr

[해설]

$$SRT = \frac{V \times MLSS}{(Q_w \times SS_w) + (Q_o \times SS_o)}$$

유출되는 SS를 무시하면 $SRT = \dfrac{V \times MLSS}{Q_w \times SS_w}$

- V : 폭기조의 용적
- SS_w : 폐슬러지 중 SS농도
- SS_o : 유출수의 SS농도
- Q_w : 폐슬러지 유량
- Q_o : 처리 유출수량

$$SRT = \frac{1,000 \times 3,000}{60 \times 10,000} \times 24 = 120hr$$

58 폐수를 활성탄을 이용하여 흡착법으로 처리하고자 한다. 폐수 내 오염물질의 농도를 30mg/L에서 10mg/L로 줄이는 데 필요한 활성탄의 양은?(단, X/M = KC$^{1/n}$, K = 0.5, n = 1)

① 2.0mg/L ② 3.0mg/L
③ 3.6mg/L ④ 4.0mg/L

해설

$$\frac{X}{M} = KC^{a/n} \;,\; \frac{(30-10)}{M} = 0.5 \times 10^{1/1}$$

$$\therefore M = 4mg/L$$

- X : (유입수농도 − 유출수농도)
- M : 흡착제 필요량
- C : 유출수 농도
- K, n : 상수

59 시안함유 폐수처리에 관한 설명으로 옳지 <u>않은</u> 것은?

① 가성소다와 염소를 주입한다.
② 산성에서 염소 주입을 한 후 알칼리성 상태로 한다.
③ 농도가 높을 때는 전해법이 좋다.
④ 알칼리 염소 주입법이 가장 보편적이다.

해설

시안의 화학적 산화법은 유입폐수를 강한 알칼리성 상태(염소 사용 시 pH 10 이상, 오존 사용 시 pH 11~12)에서 염소 또는 오존을 주입하게 된다.

60 다음 중 물리적 흡착에 대하여 바르게 설명한 것을 모두 고른 것은?

> ㉠ 분자량이 클수록 흡착이 잘 된다.
> ㉡ 온도가 낮을수록 흡착량이 많다.
> ㉢ 비가역 반응이다.
> ㉣ 흡착이 다층(multi-layers)에서 일어난다.

① ㉠, ㉡
② ㉠, ㉣
③ ㉡, ㉢, ㉣
④ ㉠, ㉡, ㉣

해설

흡착
- 물리적 흡착
  - 가역반응 : 흡착제의 재생이 가능하고 오염가스의 회수에 용이
  - 결합력 : Van der Waals force(반 데르 발스력), 결합력이 약함
  - 저온일 때 흡착량이 증가한다.
  - 흡착열이 적다(응축열과 같음).

- 화학적 흡착
  - 비가역반응 : 흡착제의 재생이 불가능하다.
  - 결합력 : 이온결합, 공유결합 등의 화학결합(결합력이 강함)
  - 고온일 때 흡착량이 증가한다.
  - 흡착열이 크다(반응열과 같음).

61 살수여상법에서 발생하는 연못화 현상의 원인으로 바르지 못한 것은?

① 유기물 부하량이 너무 적어 처리가 되지 않을 경우
② 매질이 너무 작거나 균일하지 못한 경우
③ 최초침전지에서 현탁 고형물이 충분히 제거되지 않을 경우
④ 미생물 점막이 과도하게 탈리되어 공극을 메울 경우

[해설]

연못화 현상의 원인
- 유기물 부하량이 너무 많아 처리가 되지 않을 경우
- 매질이 너무 작거나 균일하지 못한 경우
- 최초침전지에서 현탁 고형물이 충분히 제거되지 않을 경우
- 미생물 점막이 과도하게 탈리되어 공극을 메울 경우

62 SBR의 장점으로 옳지 않은 것은?

① BOD 부하의 변화폭이 큰 경우에 잘 견딘다.
② 처리용량이 큰 처리장에 적용이 용이하다.
③ 슬러지 반송을 위한 펌프가 필요없어 배관과 동력이 절감된다.
④ 질소와 인의 효율적인 제거가 가능하다.

[해설]

SBR의 특징
- 이차침전지나 슬러지 반송설비가 필요없다.
- 충격부하에 강하다.
- 이상적인 침전형태를 취하므로 침전성이 우수하다.
- 자동화를 실시하기가 용이하다.
- 처리용량이 큰 처리장에는 적용하기 곤란하다.

63 다음 중 탈기법(air stripping)의 원리를 설명한 것으로 옳지 **않은** 것은?

① 암모니아성 질소는 산성에서 암모늄이온으로 존재하고 pH 10 이상에서는 암모니아 가스로 탈기된다.
② 탈기를 원활하게 하기 위해 교반이나 폭기 등의 기계장치가 삽입되면 더욱 효과적이다.
③ pH 조정제로는 NaOH나 CaO를 주로 사용한다.
④ 탈기 시 이산화탄소와 암모니아 가스가 동시에 제거된다.

해설

탈기된 유출수는 pH가 높기 때문에 CO_2 흡기법 등으로 pH를 다시 낮추어야 한다.

Air Stripping(탈기법)

수중의 용존기체 제거를 위해 사용하는 방법으로 NH_3제거의 대표적 방법이다.

$$NH_4^+ \quad \leftrightarrow \quad NH_3$$

• pH 9 이상일 경우 수중에 있는 NH_4^+는 NH_3 형태로 변화하고, 이를 탈기하면 NH_3가 대기 중으로 배출된다.
• pH를 높이기 위해 주로 석회를 사용하며, 이때 인의 응집침전으로 인하여 인의 동시제거가 가능하다.
• 운전관리가 용이하고 시설투자비가 적게 소요되지만, 약품비가 많이 들고 NH_3 냄새가 발생하며 인의 응집침전으로 인해 슬러지 처리 문제가 발생한다.

64 다음은 1차 침전지의 주요 설계변수를 나타낸 것이다. ⓐ~ⓓ에 들어갈 변수로 바르게 짝지어진 것은?

구분	1차 침전지
설계변수	• 수면부하율 : 1일 최대 오수량 기준 (ⓐ)m³/m²·day • 월류 웨어 부하 : (ⓑ)m³/m²·day • 체류 시간 : (ⓒ)hr • 수심 : (ⓓ)m, 여유고 50cm

① ⓐ : 25~50 ⓑ : 250 ⓒ : 1.5~2.5 ⓓ : 2~4
② ⓐ : 25~50 ⓑ : 350 ⓒ : 1.5~2.5 ⓓ : 2~4
③ ⓐ : 50~100 ⓑ : 250 ⓒ : 1.5~2.5 ⓓ : 4~8
④ ⓐ : 50~100 ⓑ : 350 ⓒ : 1.5~2.5 ⓓ : 2~4

해설

구분	1차 침전지
설계 변수	• 수면부하율 : 1일 최대 오수량 기준 25~50m³/m²·day • 월류 웨어 부하 : 250m³/m²·day • 체류 시간 : 1.5~2.5hr • 수심 : 2~4m, 여유고 50cm • 지내 유속 : 30cm/min 이하 • 수평유속은 소류속도보다 작아야 하고, 웨어의 총 길이를 길게 하여 유출수의 월류부하율 또는 월류 속도를 느리게 할 필요가 있다.

65 다음 생물학적 처리공법에 대한 설명으로 옳지 <u>않은</u> 것을 모두 고른 것은?

> ⓐ 접촉안정화법은 활성 슬러지를 하수와 약 5~20분간 비교적 짧은 시간동안 접촉조에서 폭기, 혼합한다.
> ⓑ 장기폭기법은 유입수량 및 변동에 대한 적응력이 우수하나 표준 활성슬러지법보다 슬러지 발생량이 많은 단점이 있다.
> ⓒ 산화구법은 잉여 슬러지 발생량이 적고 BOD제거와 질산화 및 탈질화 반응도 수행할 수 있다.
> ⓓ 살수여상법은 운전유지비가 적게 드나 설치소요면적이 많이 든다.
> ⓔ 회전원판법은 유지비가 적게 들고 관리가 용이하나 처리수의 투명도가 낮고 한랭한 기후의 영향을 받는다.
> ⓕ 표준활성슬러지법은 BOD, SS의 제거율이 높으나 슬러지의 발생량이 많다.

① ⓐ, ⓒ

② ⓑ, ⓔ

③ ⓐ, ⓑ

④ ⓓ, ⓕ

해설

ⓐ 접촉안정화법은 부유성 및 콜로이드성 유기폐수를 처리하는 데 적합한 방법으로 입자상 유기물의 함량이 높은 도시폐수 처리에 적합한 방법으로 알려져 있다. 접촉조의 접촉시간은 약 30~60분, 반송률은 50~150%, 산화조 또는 안정조의 폭기시간은 3~6시간, 평균 미생물체류시간은 약 5~15일 정도로 설계된다.

ⓑ 장기폭기법은 표준적인 방법보다 폭기시간은 16~24hr으로 길게 하고, BOD 부하를 낮추는 한편 폭기조내의 MLSS를 높게 유지시켜 미생물의 영양결핍상태, 즉 내생호흡을 유도함으로써 잉여슬러지의 생산량을 최대한 감소시키기 위한 방법이다.

66 슬러지 농축방법 중 부상식 농축의 장점으로 옳지 <u>않은</u> 것은?

① 다른 기계식 방법보다 소요부지가 적다.

② 고형물 회수율이 비교적 높다.

③ 약품 주입 없이도 운전이 가능하다.

④ 활성 슬러지 농축에 적합하다.

해설

용존공기 부상농축은 슬러지 입자에 미세한 기포를 부착시켜 슬러지의 겉보기 밀도를 물의 밀도보다 작게 한 다음 부상되는 슬러지를 상부에서 제거하는 방법이다.
- 중력식에 비해 고액분리가 용이하고, 농축성이 우수하다.
- 중력식에 비해 소요 설치면적이 작게 들고 냄새가 적다.
- 활성 슬러지(잉여 슬러지)의 농축에 적합하다.
- 중력식에 비해 동력비가 많이 들고, 슬러지를 농축조 내에 많이 저장할 수 없다.

67 응집을 이용하여 하수처리 시 온도가 미치는 영향에 대한 설명으로 옳지 <u>않은</u> 것은?

① 수온이 낮으면 입자가 커지고 응집제 사용량도 많아진다.

② 수온이 낮으면 플록형성에 소요되는 시간이 늘어난다.

③ 수온이 높으면 반응속도는 증가한다.

④ 수온이 높으면 물의 점도 저하로 응집제의 화학반응이 촉진된다.

해설

• 수온이 높으면 반응속도 증가와 물의 점도저하로 응집제의 화학반응이 촉진된다.

• 수온이 낮으면 플록형성에 소요되는 시간이 길어질 뿐만 아니라 입자가 작아지고 응집제의 사용량도 증가한다.

68 크롬 함유 폐수처리에 관한 설명으로 옳지 <u>않은</u> 것은?

① 3가 크롬 침전에 가장 좋은 pH는 약 9이다.

② 크롬의 환원제는 SO_2 gas, $FeSO_4$ 등이 사용되며 이론량보다 10~20% 가량 더해준다.

③ 6가 크롬은 독성이 있으므로 3가로 환원시킨 후에 수산화물로 침전시키는 것이 일반적인 방법이다.

④ 6가 크롬을 3가로 환원시키는 데 적정 pH는 4~5이며, 약 10~30분 정도가 소요된다.

해설

6가 크롬을 3가로 환원시키는 데 소요되는 시간은 pH와 관계되며 pH 2~3에서는 약 10~30분이 소요되고 pH 4에서는 약 60분이 소요된다.

크롬함유 폐수처리(환원처리)

크롬(Cr^{6+}) 함유 폐수는 주로 환원침전법, 전해법, 이온교환법 등으로 처리하는데 그중 환원침전법이 가장 많이 이용되고 있다.

환원침전법

크롬(Cr^{6+})이 함유된 폐수에 pH 2~3이 되도록 H_2SO_4를 투입한 후 환원제($NaHSO_3$)를 주입하여 Cr^{3+}으로 환원한 다음 수산화 침전시켜 제거하는 방법

• 1단계 : Cr^{6+}(황색) → Cr^{3+}(청록색)

  – pH 조절을 위해 H_2SO_4투입(pH 2~3), 환원반응을 위한 환원제 투입($NaHSO_3$)

• 2단계 : Cr^{3+}(청록색) → $Cr(OH)^3$

  – 침전반응, 환원반응에서 pH가 매우 낮아졌으므로 알칼리제 투입

69 펜톤처리공정에 대한 설명으로 옳지 <u>않은</u> 것은?

① 펜톤처리로 폐수의 COD는 감소하지만 BOD는 증가할 수 있다.

② 펜톤시약의 효과는 pH 8.3~10 범위에서 가장 강한 것으로 알려져 있다.

③ 펜톤시약의 반응시간은 철염과 과산화수소의 주입 농도에 따라 변화를 보인다.

④ 펜톤시약을 이용하여 난분해성 유기물을 처리하는 과정은 대체로 산화반응과 함께 pH 조절, 중화 및 응집, 침전으로 크게 3단계로 나눌 수 있다.

해설

펜톤(Fenton) 산화공정

• 펜톤시약인 과산화수소 및 철염을 이용하여 OH radical을 발생시킴으로써 펜톤시약의 강한 산화력으로 유기물을 분해시킨다.

• 과산화수소에서 OH radical을 발생시키는 방법은 여러 가지가 있으나 주로 철염을 사용한다.

• 펜톤 처리는 생물학적으로 분해가 어려운 물질은 산화분해시켜 생물처리가 가능하도록 하기 때문에 COD는 감소하지만 BOD는 증가할 수 있다.

• 최적 pH는 3~5의 범위이며, pH 조정은 반응조에 과산화수소와 철염을 가한 후 조절하는 것이 효율적이다.

70 접촉산화법에 대한 설명으로 옳지 <u>않은</u> 것은?

① 접촉제가 조 내에 있기 때문에 부착생물량의 확인이 용이하다.

② 분해속도가 낮은 기질제거에 효과적이며 수온의 변동에 강하다.

③ 생물상이 다양하여 처리효과가 안정적이다.

④ 반송슬러지가 필요하지 않으므로 운전관리가 용이하다.

해설

접촉산화법 : 반응조 내의 접촉재 표면에 발생 부착된 호기성미생물의 대사활동에 의해 하수를 처리하는 방식

• 반송슬러지가 필요하지 않으므로 운전관리가 용이하다.

• 비표면적이 큰 접촉재를 사용하여 부착생물량을 다량으로 보유할 수 있다.

• 생물상이 다양하여 처리효과가 안정적이다.

• 슬러지의 자산화가 기대되어 잉여슬러지량이 감소한다.

• 미생물량과 영향인자를 정상상태로 유지하기 위한 조작이 어렵다.

• 접촉재가 조 내에 있기 때문에 부착생물량의 확인이 어렵다.

• 고부하에서 운전 시 생물막이 비대화되어 접촉재가 막히는 경우가 발생한다.

71 폐수처리 과정인 침전 시 입자의 농도가 매우 높아 입자들끼리 구조물을 형성하는 침전형태로 올바른 것은?

① 농축침전   ② 응집침전
③ 압밀침전   ④ 독립침전

해설

입자의 침강이론
- Ⅰ형 침전(독립침전, 자유침전)
  - 부유물의 농도가 낮고, 비중이 큰 독립성을 갖고 있는 입자들이 침전하는 형태이다.
  - 입자가 상호 간섭 없이 침전한다.
  - Stockes 법칙이 적용된다(보통 침전지, 침사지).
- Ⅱ형 침전(플록침전, 응결침전)
  - 입자들이 서로 응집하여 플록을 형성하며 침전하는 형태이다.
  - 입자크기의 증대가 SS 제거에 중요한 역할을 한다.
  - 독립입자보다 침강속도가 빠르다(약품 침전지).
- Ⅲ형 침전(간섭침전, 지역침전)
  - 플록을 형성한 입자들이 서로 방해를 받아 침전속도가 감소하는 침전이다.
  - 침전하는 부유물과 상징수 간에 뚜렷한 경계면이 나타난다.
  - 겉보기에 입자 및 플록이 아닌 단면이 침전하는 것처럼 보인다.
  - 하수처리장의 2차 침전지에 해당한다.
- Ⅳ형 침전(압축침전, 압밀침전)
  - 고농도의 침전된 입자군이 바닥에 쌓일 때 일어난다.
  - 바닥에 쌓인 입자군의 무게에 의해 공극의 물이 빠져나가면서 농축되는 현상이다.
  - 침전된 슬러지와 농축조의 슬러지 영역에서 나타난다.

72 수은함유 폐수를 처리하는 방법으로 가장 거리가 <u>먼</u> 것은?

① 이온교환법   ② 알칼리 환원법
③ 아말감법   ④ 황화물 침전법

해설

수은처리 공법에는 산화분해법, 황화물 침전법, 활성탄 흡착법, 이온교환법 등이 있다. 무기수은의 처리에 아말감법이 사용되기도 한다.

CHAPTER 03 상하수도 공학

01 상수도

1 상수도의 구성

수원 →취수→ 취수시설 →도수→ 정수장 →송수→ 배수지 →배수, 급수→ 소비자

(1) 수원

① 천수

㉠ 물의 순환과정에서 인위적 오염에 의한 오염물질이 함유되어 있다.

㉡ 천수는 비, 눈, 우박 등의 증발산에 의해 형성된 수원으로 불순물을 함유하고 있지 않아 증류수의 성분과 유사하지만, 대기 중에 함유된 오염물질이 천수에 함유되어 있는 경우가 많다.

㉢ 해안에 가까운 천수에는 염분이 높게 함유되어 있다.

> **PLUS 참고**
>
> 강수 발생빈도
> 대기오염물질 중 먼지 등이 많이 포함되어 있는 경우 강수 발생빈도가 증가한다.

② 지표수

㉠ 유기물의 함량이 높고, 미생물 및 세균의 번식이 많다.

㉡ 수질변동이 심하며, 구성성분이 유동적이다.

㉢ 용존산소의 농도가 높다.

㉣ 경도가 낮고, 오염되기 쉽지만 자정속도가 지하수에 비해 빠르다.

㉤ 집수 지역의 영향을 많이 받는다.

③ 지하수

㉠ 유기물의 함량이 적고 경도가 높다.

㉡ 연중 수온이 거의 일정하다.

㉢ 광화학 반응이 일어나지 않아 세균에 의한 유기물의 분해가 주된 자정작용이다.

㉣ 유속과 자정속도가 지표수에 비해 느리다.

㉤ 지표수에 비해 용존염류가 많이 포함되어 있다.

㉥ 지리적 환경조건의 영향을 크게 받는다.

PLUS 참고

담수원
- 가장 많이 쓰이고 있는 수원 : 하천
- 가장 우수한 수원 : 지하수 중 복류수(심층수보다는 수질이 좋지 않지만 하천수보다 수질이 매우 좋고, 계절에 상관없이 비교적 고른 취수가 가능)

(2) 집수 및 취수시설

적당한 수질을 가진 수원에서 현재 또는 장래의 수요량에 대하여 충분한 양만큼 집수하고 취수하는 시설

① 취수시설의 기준 : 계획된 취수량을 취수할 수 있는 취수원 및 취수시설을 갖출 것

② 하천수 취수방법

    ㉠ 취수탑
- 하천, 호소, 댐의 내에 설치된 탑 모양의 구조물로 측벽에 만들어진 취수구에서 직접 탑 내로 취수하는 시설이다.
- 하천에 설치하는 경우 타원형을 원칙으로 한다.
- 내경은 필요한 수의 취수구를 적절히 배치할 수 있는 크기로 한다.
- 취수탑의 상단과 관리교의 하단은 하천, 호소 및 댐의 계획최고수위보다 높게 설계해야 한다.
- 특징
  - 대량 취수 시 경제적이다.
  - 연간 안정적 취수가 가능하다.
  - 갈수기 수위가 2m 이상인 곳에 설치하는 것이 좋다.
  - 초기 설치비가 많이 든다.

    ㉡ 취수보
- 하천에 보를 쌓아 올려 안정된 취수가 가능하도록 하는 시설이다.
- 홍수에 의한 하상변화가 적은 곳에 설치한다.
- 침수 및 홍수가 발생하였을 때 수면상승으로 인해 상류의 하천공작물 등에 미치는 영향이 적은 곳에 설치한다.
- 유심이 취수구에 가까운 곳에 설치하며, 하천에 대해 직각으로 보를 설치해야 한다.
- 특징
  - 일반적으로 대하천에 적합하다.
  - 유황이 불안정하여도 취수가 가능하다.
  - 하천의 수심 변화에 영향을 덜 받는다.

    ㉢ 취수문
- 호소의 표층수 및 하천의 표류수를 취수하기 위해 만들어진 취수시설이다.
- 유입구의 앞부분에 유목 등의 유입방지를 위해 스크린을 설치한다.
- 취수문을 통한 유입속도가 0.8m/sec 이하가 되도록 취수문의 크기를 정한다.

- 특징
  - 유황, 하상이 안정되어 있으면 취수가 용이하다.
  - 중·소량 취수에 적합하다.
  - 하상변동이 작은 지점에서 사용 가능하다.
  - 간단한 수문 조작만을 필요로 하므로 유지관리가 쉽다.
  - 갈수, 홍수, 결빙 시에는 취수량 확보 조치 및 조정이 필요하다.
  ㉣ 취수틀
    - 하천이나 호소의 하부 수중에 만드는 상자형 또는 원통형의 취수시설이다.
    - 하천이나 하천의 바닥이 안정되어 있는 지점에 설치한다.
    - 특징
      - 수중에 설치되므로 표면수 취수는 불가능하다.
      - 단기간에 설치가 가능하다.
      - 호소의 중·소량 취수에 많이 이용된다.
  ㉤ 취수관
    - 수중에 관을 설치하여 취수하는 시설이다.
    - 취수구의 매몰 우려가 없는 지점에 설치한다.
    - 특징
      - 수위의 변동이 적은 하천에 적합하다.
      - 보통 중규모 이하의 취수에 사용된다.
③ 지하수(복류수) 취수방법
  ㉠ 집수암거(매거)
    - 하천부지의 하상 밑이나 구하천 부지 등의 땅속에 매설하여 집수기능을 갖는 관거이다.
    - 투수성이 양호한 대수층을 선정하여 설치한다.
    - 복류수의 흐름에 직각으로 설치하는 것이 좋다.
    - 집수암거의 매설깊이는 지표수의 영향을 받지 않기 위해 5m 이상으로 하는 것이 좋다.
    - 집수암거 내 평균유속은 집수매거의 유출단에서 1m/sec 이하로 한다.
    - 특징
      - 지상구조물을 축조할 수 없는 장소에도 설치가 가능하다.
      - 복류수의 유황이 좋을 때는 안정된 취수가 가능하다.
  ㉡ 복류수의 흐름 방향에 직각이 되도록 설치(매설깊이 : 표준 5m)
  ㉢ 유입속도 3m/sec, 관내유속 1m/sec
  ㉣ 경사는 수평 또는 1/500 이하의 완만한 경사
④ 호수나 저수지의 취수
  ㉠ 수면에서 3~4m에서 취수(저수지는 10m 이상)
  ㉡ 용량결정 : 유출량 누가 곡선법(Ripple's Method)

(3) 도수 및 송수

- **도수** : 수원에서 취수한 물을 정수장까지 보내는 관로시설
- **송수** : 정수된 물을 배수지까지 보내는 관로시설

① 도수 및 송수방식
  - ㉠ 자연유하식(개수로)
    - 수원의 위치가 높고 도수로가 길 때 유리
    - 중력의 영향을 받음
    - 유지관리 비용이 적게 소요됨
    - 외부로부터 오염되기 쉬움
  - ㉡ 펌프압송식(관수로)
    - 종점의 수위가 높을 때 사용 필수
    - 수원이 급수지역과 가까울 때 사용
    - 노선 연장이 짧고 건설비 절감이 가능함
    - 전력비가 들고, 누수의 위험이 발생함
    - 강도가 큰 재질의 관거를 사용해야 함
② 관로 결정 시 고려사항
  - ㉠ 동수구배선 이하가 되도록 하고 가급적 단거리를 유지
  - ㉡ 급격한 굴곡을 피해 직선으로 결정하는 것이 유리함
  - ㉢ 관로 사고에 대비하여 관로를 2중으로 부설하는 것이 바람직함
  - ㉣ 지형의 경사가 급한 곳은 관을 계단형으로 설치하는 것이 좋음
  - ㉤ 관로의 위치가 불가피하게 동수경사보다 높을 경우에는 접합정을 설치함
③ 유속한계
  - ㉠ 최저 유속 : 도수 시 모래 등의 협잡물 침전을 방지하기 위해 0.3m/sec이상의 유속을 유지하며, 송수의 경우 정수장을 거쳐 나온 물이기 때문에 협잡물 등이 포함되어 있지 않으므로 따로 최저 유속을 규정하지 않음
  - ㉡ 최고 유속 : 일반적으로 관의 마모 등을 방지하기 위하여 3m/sec 이하로 유지

(4) 배수

① 배수방법 : 배수지, 배수탑, 고가수조 등
  - ㉠ 배수지
    - 배수지의 위치는 급수구역 중앙에 설치, 즉 배수지의 위치는 가능한 한 급수구역 내 혹은 이와 근접한 곳에 설치한다.
    - 급수구역 중앙 설치 시 수압을 전체적으로 고르게 조절할 수 있으며, 배수관의 관경 및 관로길이를 작게 할 수 있다.
    - 배수지의 저수용량은 1일 최대 급수량의 8~12시간 분으로 한다(최소 6시간 분).

- 급수구역에 인접한 30~50m 고지대에 설치한다.
- 관망말단의 최소 동수압은 $1.5kg/cm^2$ 이상을 유지할 수 있도록 한다(최대 $4kg/cm^2$).
ⓛ 배수탑
- 배수지를 설치할 고지대가 없을 경우 설치한다.
- 급수구역이 크고 배수관로 말단에 수압유지가 곤란한 경우 설치한다.
ⓒ 고가수조 : 수두가 높을 때 유리하다.

＋ PLUS 용어정리 ✔

수두 : 높은 곳의 물이 가지는 압력, 속도, 기계적 에너지 등을 물의 높이로 나타낸 것

② 배수관망
ⓐ 격자식
- 수압유지가 용이하다.
- 단수 시 단수구역이 한정된다.
- 사용량 변화 대처에 용이하다.
- 건설비가 많이 소요되며, 관망 수리계산이 복잡하다.
ⓑ 수지상식
- 수리계산이 간단하고, 제수밸브 수가 적다.
- 단수 시 단수구역이 많고, 많은 물을 일시에 쓰기가 곤란하다.
- 말단에 물이 정체하기 때문에 수질상 불리하다.
ⓒ 종합형
③ 배수관망의 계산(등치관법)
ⓐ 등치관 : 관 내부에 일정한 유량의 물이 흐를 때 생기는 수두손실이 다른 관으로 바꾸었을 때 생기는 수두손실과 같을 때 그 대치된 관을 등치관이라고 한다.
ⓑ Hazen-Williame 공식

$$\frac{L_2}{L_1} = \left(\frac{D_2}{D_1}\right)^{4.87}$$

- L_1 : 처음 관의 길이
- L_2 : 바꾼 관(등치관)의 길이
- D_1 : 처음 관의 직경
- D_2 : 바꾼 관(등치관)의 직경

(5) 급수

① 급수량
ⓐ 성인 하루 필요 물의 양 : 2~2.5L
ⓑ 상수도 사용량은 도시의 크기 및 위치, 하수도 시설 유무, 기후 등에 따라 달라짐

＋ PLUS 참고 📄

일인당 하루 물 사용량(LPCD : Liter per Capita day)
급수량은 상수 소비량, 상수 요구량이라고도 불리며, 대체로 lpcd의 단위로 표시된다. 우리나라의 LPCD 값은 약 300~400lpcd 정도로, 사용목적에 따라 공공용수, 상업용수, 가정용수, 공업용수, 불명수 등으로 분류된다.

② 급수의 분류 : 공공용수, 공업용수, 상업용수, 가정용수, 불명수 등

③ 급수량의 변화

　㉠ 상수 사용량

　㉡ 계절 및 시간의 변화 등에 따라 달라짐

　㉢ 상수사용량은 7~8월(여름철)이 최대, 1~2월(겨울철)이 최소

④ 급수율

　• Goodrich 공식 이용

$$P = 180t^{-0.10}$$

　• P : 급수율(%), 연평균 소비율에 대한 백분율　　• t : 시간(day)

⑤ 사용수량의 종류

　㉠ 계획 1일 평균 급수량 = 계획 1일 최대 급수량 $\times \begin{matrix} 0.7(중소도시) \\ 0.8(대도시) \end{matrix}$

　㉡ 계획 1일 최대 급수량 = 계획 1일 평균 급수량 $\times \begin{matrix} 1.3(대도시) \\ 1.5(중소도시) \\ 2.0(농어촌) \end{matrix}$

　㉢ 계획 시간 최대 급수량 = $\dfrac{계획\ 1일\ 최대\ 급수량}{24} \times \begin{matrix} 1.3(대도시) \\ 1.5(중소도시) \\ 2.0(농어촌) \end{matrix}$

⑥ 급수방식

　㉠ 직결식(직접 급수)

　　• 수질적으로 유리

　　• 관로공사 시 단수

　　• 배수관의 수압이용(위치에너지 이용)

　㉡ 탱크식(간접 급수)

　　• 수압조절 용이

　　• 일시에 다량의 물 사용 가능

➕ **PLUS 참고** 📋

급수량과 수도 시설과의 관계

급수량 ＼ 구분	설정(1일 평균 급수량 기준)	구조물
1일 평균 급수량	100	수원지, 저수지, 유역면적의 결정
1일 최대 평균 급수량	125	보조저수지, 보조펌프의 용량 결정
1일 최대 급수량	150	취수, 정수, 여과지면적, 송수관구경, 배수지 결정
1시간 최대 급수량	225	배수본관의 구경 결정

2 상수도의 요소 및 계획

(1) 상수도의 3대 요소(수량, 수질, 수압)

① 수량
- ㉠ 사용하기 충분한 수량 확보
- ㉡ 주로 지표수와 지하수에 의존

② 수질
- ㉠ 원수의 정화 가능 여부
- ㉡ 정수방법의 선정
- ㉢ 정수시설의 정화 효율
- ㉣ 정화된 물의 음료 적합 여부 등을 검토

③ 수압 : 배수관의 최소 동수압 $1.5 \mathrm{kg/cm^2}$ 이상을 유지

(2) 급수인구 추정

① 등차급수법
- ㉠ 연평균 인구 증가수가 일정하다고 가정
- ㉡ 발전이 끝난 도시 및 발전가능성이 없는 도시에 적용
- ㉢ 인구 추정이 과소하게 산정될 우려가 있음

$$P_n = P_o + na$$

- P_n : 현재로부터 n년 후의 추정인구
- n : 설계기간(년)
- R_t : 현재로부터 t년 전의 인구
- P_o : 현재인구
- a : 연평균 인구 증가수 $= \dfrac{P_o - P_t}{t}$

② 등비급수법
- ㉠ 연평균 인구 증가율이 일정하다고 가정
- ㉡ 장래 크게 발전할 가능성이 있는 도시에 적용
- ㉢ 인구 추정이 과다하게 산정될 우려가 있음

$$P_n = P_o(1+r)^n$$

- r : 연평균 인구증가율 $= \left(\dfrac{P_o}{P_t}\right)^{1/t} - 1$
- P_o : 현재 인구

③ 최소자승법
- ㉠ 과거의 인구동태곡선을 짐작하여 추정 또는 유사한 타 도시의 인구동태곡선 짐작
- ㉡ 한 개의 함수식을 가정하고 그 계수를 최소자승법에 의해 산출하여 인구 추정

$$Y = aX + b$$

$$a = n\Sigma XY - \Sigma X\Sigma Y / n\Sigma X^2 = (\Sigma X)^2$$
$$b = \Sigma X^2 \Sigma Y - \Sigma X\Sigma XY / n\Sigma X^2 = (\Sigma X)^2$$

- Y : 추정인구
- X : 기준년으로부터의 경과 년 수
- n : 통계 년 수

④ 논리법

　㉠ 인구의 증가에 대한 저항은 인구의 증가속도에 비례한다(통계학자 Gedol의 사상).

　㉡ 논리곡선(S곡선)법, 포화인구추정법, 수리법이라고도 불린다.

　㉢ 장기에 걸친 인구추정에 적합하다.

　㉣ 도시의 인구동태와 비교적 잘 일치한다.

　㉤ 도시의 대·소에 관계없이 적용 가능하다.

$$P_n = \frac{K}{1 + e^{(a-bn)}}$$

- P_n : 추정인구
- a, b : 상수
- e : 자연대수의 밑수
- n : 기초년도부터 경과 년 수
- K : 포화인구

　㉥ 로지스틱 곡선(Logistic Curve)

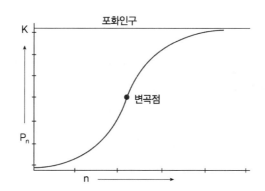

⑤ 감소증가율법

　㉠ 인구가 매년 감소하는 비율로 증가한다는 가정

　㉡ 먼저 포화인구를 추정하고 장래인구를 예측하는 방법

$$P_n = P_o + (K - P_o)(l - e^{bm})$$

- K : 포화인구(먼저 추정)
- b : 감소증가율에 대한 상수

3 **정수처리**

(1) 정수처리 계통도

① 침사지
- ㉠ 체류시간 : 10~20분
- ㉡ 평균 유속 : 2~7cm/sec
- ㉢ 유효 수심 : 3~4m

② 침전지
- ㉠ 여과의 전처리로 이용(보통 침전·완속여과, 약품 침전·급속여과)
- ㉡ 보통 침전 : 중력이용, 체류시간 8시간
- ㉢ 약품 침전 : 혼화지(1~5분)·플록 형성지(20~40분)·약품 침전지(3~5시간)

③ 여과지
- ㉠ 완속여과 : 표면여과, 생물막 형성, 여과속도 4~5m/day
- ㉡ 급속여과 : 내부여과, 여과속도 120~150m/day

(2) 소독(살균)

① 목적

처리수 내의 병원균을 사멸시킴으로써 처리수의 위생적인 안정성을 높이는 데 있다.

② 소독방법 고려사항
- ㉠ 잔류성이 강하고, 잔류독성이 없어야 한다.
- ㉡ 소독제의 용해도가 높아야 한다.
- ㉢ 가격이 저렴하고, 소독력이 높아야 한다.
- ㉣ 조작 및 취급이 용이해야 한다.

③ 염소소독
- ㉠ 유리염소 생성반응

$$Cl_2 + H_2O \rightarrow HOCl + H^+ + Cl^- \text{ (pH 5~6)}$$
$$HOCl \rightarrow H^+ + OCl^- \text{ (pH 9~10)}$$
pH 5 이하에서는 Cl_2 분자로 존재한다.

ⓛ 결합염소 생성반응

$$NH_3 + HOCl \rightarrow H_2O + NH_2Cl \text{ (monochloramine)}$$
$$NH_2Cl + HOCl \rightarrow H_2O + NHCl_2 \text{ (dichloramine)}$$
$$NHCl_2 + HOCl \rightarrow H_2O + NCl_3 \text{ (trichloramine)}$$

ⓒ 염소소독의 장·단점

장점	단점
• 가격이 저렴하며, 소독력이 높다. • 대량첨가가 가능하며 잔류성이 있다.	• 불소, 오존보다 산화력이 낮다. • THM이 형성될 수 있다. • 소독으로 인한 냄새와 맛이 발생할 수 있다. • 페놀 존재 시 심한 악취가 발생한다.

ⓔ 살균력이 강한 순서(HOCl은 OCl⁻보다 80배 정도 살균력이 강함) : HOCl > OCl⁻ > 클로라민
ⓜ 이산화염소(ClO_2)의 특징
  • 잔류 효과가 있으며 수중의 암모니아와 반응하지 않는다.
  • 살균 시 pH의 영향을 받지 않는다.
  • 철과 망간을 산화시킨다.
  • 부패성, 폭발성, 독성이 강하다.
  • 페놀을 산화시킨다.
ⓗ 오존소독과 자외선소독의 장·단점

구분	장점	단점
오존소독	• 염소보다 산화력이 강하고 화학물질을 남기지 않는다. • 물에 이취미를 남기지 않는다. • pH 영향 없이 살균력이 강하다.	• 가격이 고가이다. • 초기 투자비 및 부속 설비가 비싸다. • 잔류성이 없어 염소처리와 병용해야 한다.
자외선소독	• 유량과 수질의 변동에 적응력이 강하다. • 접촉시간이 짧다. • 인체에 위해하지 않고 설치가 용이하다. • 자동 모니터링이 가능하다.	• 잔류 효과가 없다. • 탁도가 높을 시에 소독능력에 영향을 받는다.

ⓢ 트리할로메탄(THM)
  휴민산과 같은 유기물질을 함유하는 물을 염소 처리할 때 발생하는 발암가능 물질이다.
  • pH가 증가할수록, 온도가 높을수록, 접촉시간이 길수록, 염소주입량이 많을수록 THM의 생성량은 증가한다.
  • THM의 방지대책
    – 억제법 : 소독방법의 전환, 응집침전 강화, 전처리를 통한 전구물질 제거
    – 처리법 : 탈기법 또는 자비법 등

④ 염소 주입량=염소 요구량 + 잔류 염소량

　㉠ 염소 요구량 : 수중 유기물질의 산화에 필요한 염소량

　㉡ 잔류 염소량 : 물속에 남아 있는 유리형 잔류 염소량

　㉢ 잔류 염소량 기준 : 0.2~4ppm

(3) 처리대상 물질과 처리방법

구분	처리대상항목	처리대상물질	처리방법
불용해 성분	탁도		완속여과방식, 급속여과방식, 막여과방식
	조류		막여과방식, 마이크로스트레이너, 부상분리
	미생물	크립토스포리디움	완속여과방식, 급속여과방식, 막여과방식
		일반세균, 대장균군	염소, 오존
용해성 성분	냄새	곰팡이 냄새	활성탄, 오존, 생물처리
		기타 냄새	활성탄, 오존, 폭기, 염소
	소독부산물	THM 전구물질	완속여과방식, 급속여과방식, 막여과방식, 활성탄, 오존
		THM	활성탄, 소독방법 변경
	음이온 계면활성제		활성탄, 오존, 생물처리
	트리클로로에틸렌		활성탄, 폭기(스트리핑)
	농약, 기타		활성탄, 오존, 염소
	무기물	철	전염소처리, 중간염소처리, 폭기, 생물처리
		망간	산화처리와 여과, 생물처리
		암모니아성 질소	염소처리, 생물처리
		질산성 질소	이온교환, 막처리, 전기투석, 생물처리(탈질)
		불소	응집침전, 활성알루미나, 전기분해
		침식성유리탄산	폭기, 알칼리제 처리
	색도	부식질	응집침전, 활성탄, 오존

02 하수도

1 하수도의 개요

(1) 하수도의 개념

하수도란 오수 및 우수 등을 처리하기 위해 설치된 도관 및 기타 시설을 말한다.

(2) 하수도의 분류

① 합류식 : 가정하수 및 자연수, 천수 등을 같이 운반하는 방식

② 분류식 : 하수 및 우수를 별도로 운반하여 배제하는 방식

③ 합류식 및 분류식의 장단점

구분	합류식	분류식
장점	• 건설비가 적게 든다. • 우수에 의해 희석되어 하수처리가 용이하다. • 하수거 단면적이 넓어 환기가 잘되고 검사에 유리하다.	• 보건위생상이나 환경보전상 바람직하다. • 관거 내 청소가 비교적 용이하다. • 오수 배제계획이 합리적이다.
단점	• 갈수 시 우수량이 적어 하수관에 침전물이 생기고 부패되어 악취를 발생한다. • 우수를 별도로 사용할 수 없다. • 강우 시 유량부하가 크고, 오염부하가 가중된다.	• 건설비가 많이 든다. • 강우 초기 오염된 우수 및 노면의 오염물질이 처리되지 않고 공공수역으로 방류될 수 있다.

(3) 하수도의 효과

① 보건위생상 효과적이다.

② 우수에 의한 침수 및 범람을 방지한다.

③ 수자원을 보호하고 도시 미관을 증대시킨다.

④ 토지이용의 증대효과를 가져온다.

⑤ 하천유지비를 감소시킨다.

2 우수량 산정

(1) 강우강도

단위시간 당 내린 비의 깊이로 나타내며, [mm/hr]의 단위가 사용된다.

① 강우강도 공식

> ㉠ Sherman형(서울, 부산, 울산, 목포 등)
>
> $$I = \frac{a}{t^n}$$
>
> ㉡ Talbot형(광주, 전주 등)
>
> $$I = \frac{c}{t+b}$$
>
> ㉢ Japanese형(인천, 대구, 여수, 포항 등)
>
> $$I = \frac{e}{\sqrt{t}+d}$$
>
> • I : 강우강도(mm/hr)   • t : 강우 지속시간(min)
> • a, b, c, d, e, n : 확률기간 및 지역에 따른 상수

(2) 강우 지속시간

① 강우 지속시간은 유달시간을 사용한다.

② 유달시간 = 유입시간 + 유하시간

　㉠ 유입시간 : 우수가 배수구역의 최원격 지점에서 하수거에 도달할 때까지의 시간

　㉡ 유하시간 : 하수거에 유입한 우수가 관거를 흘러가는 데 소요되는 시간

> $$T = t_1 + \frac{L}{v}$$
>
> • T : 유달시간(min)   • t_1 : 유입시간(min)
> • v : 관거 내 평균유속(m/min)   • L : 관거의 길이(m)

(3) 우수량 산정공식

① 합리식

> $$Q = \frac{1}{360} \cdot C \cdot I \cdot A$$
>
> • Q : 우수배출량(㎥/sec)   • C : 유출계수
> • A : 배수면적(ha)   • I : 강우강도(mm/hr)

② 유출계수(C) : 강우량과 하수관거에 유입되는 우수유출량과의 비를 말한다.

$$C = \frac{Q}{I \times A}$$

- C: 유출계수
- I: 강우강도
- Q: 최대 우수유출량
- A: 배수면적

3 계획오수량 산정

(1) 계획오수량

계획오수량은 생활오수량(가정오수량 및 영업오수량), 공장폐수량 및 지하수량으로 구분한다.

① 생활오수량 : 생활오수량의 1일 1인 최대 오수량은 계획 목표년도에서 계획 지역 내 상수도 계획(혹은 계획 예정)상의 1인 1일 최대 급수량을 감안하여 결정하며 용도 지역별로 가정오수량과 영업오수량의 비율을 고려하여 산정한다.

② 공장폐수량 : 공장용수 및 지하수 등을 사용하는 공장 및 사업소 중 폐수량이 많은 업체에 대해서는 개개의 폐수량 조사를 기초로 장래의 확장이나 신설을 고려하며, 그 밖의 업체에 대해서는 출하액당 용수량 또는 부지면적당 용수량을 기초로 결정한다.

(2) 계획오수량 산정

① 계획 1일 최대 오수량은 1인 1일 최대 오수량에 계획 인구를 곱한 후, 공장폐수량, 지하수량 및 기타 배수량을 더한 것으로 한다.

② 계획 1일 평균 오수량은 계획 1일 최대 오수량의 70~80%를 표준으로 한다.

③ 계획시간 최대 오수량은 계획 1일 최대 오수량의 시간당 수량의 1.3~1.8배를 표준으로 한다.

④ 지하수량은 1인 1일 최대 오수량의 10~20%를 표준으로 한다.

⑤ 합류식에서 우천 시 계획오수량은 원칙적으로 계획 시간 최대 오수량의 3배 이상으로 한다.

4 하수관거

(1) 관거의 유속

① 관거 내의 토사 등의 협잡물이 침전되지 않도록 유속을 유지해야 한다.

② 최소 유속 0.6m/sec, 마모방지를 위해 최대 유속 3m/sec

③ 하류관거의 유속은 상류보다 커야 한다.

④ 체류시간이 길 경우 부패할 수 있으므로 머무르는 시간은 30분 이하로 설계한다.

(2) 관거 유속 공식

① Manning 공식(자연유하식 수로)

$$V = \frac{1}{n} \cdot R^{\frac{2}{3}} \cdot I^{\frac{1}{2}}$$

- Q : 유량(m³/sec)
- I : 동수경사
- R : 경심(유수단면적(A)을 윤변(S)으로 나눈 것), $\left(R = \dfrac{A}{S} \right)$
- V : 유속(m/sec)
- n : 조도계수(하수관거에서 보통 0.013)

② 압력수로의 유속 계산

$$V = \frac{Q}{A}$$

- Q : 유량(m³/sec)
- V : 유속(m/sec)

③ 하수관거의 하중 계산(Marston 공식)

$$W = C_1 \cdot \gamma \cdot B^2$$

- C_1 : 지표에서 관 상단까지의 깊이와 흙의 종류에 의해서 결정되는 계수
- W : 관이 받는 하중(ton/m)
- B : 폭요소(m) $\left(B = \dfrac{3}{2}d + 0.3m \right)$
- γ : 흙의 밀도(ton/m³)
- d : 관의 내경(m)

④ 관내 마찰 손실수두 공식

$$\Delta H = f \cdot \frac{l}{D} \cdot \frac{V^2}{2g}$$

- ΔH : 손실수두(m)
- D : 관거의 직경(m)
- f : 마찰계수
- V : 관거 내 평균유속(m/sec)
- l : 관거의 길이(m)
- g : 중력가속도(9.8m/sec²)

➕ PLUS 참고 📋

하수관거의 구비조건
- 관거 내면이 매끈하여 조도계수가 작아야 한다.
- 강도가 충분하고 파괴에 대한 저항력이 커야 한다.
- 내부식성과 내마모성을 갖추어야 한다.
- 유속의 변동이 적은 수리특성을 가진 단면형이어야 한다.
- 이음공을 포함해서 가격이 저렴해야 한다.
- 이음의 시공이 어렵지 않고 신축성과 수밀성이 높아야 한다.
- 운반이 용이해야 한다.

01 집수정에서 가정까지의 급수계통을 나타낸 것으로 옳은 것은?

① 취수 → 도수 → 정수 → 송수 → 배수 → 급수
② 취수 → 도수 → 정수 → 배수 → 송수 → 급수
③ 취수 → 송수 → 공수 → 배수 → 도수 → 급수
④ 취수 → 도수 → 송수 → 정수 → 배수 → 급수

해설

상수의 공급과정

02 취수탑에 관한 설명으로 옳지 <u>않은</u> 것은?

[02년 부산]

① 수위변화에 대응하기 위해 여러 개의 취수구를 둔다.
② 도시지역 취수원으로 많이 채택된다.
③ 수위의 변화와 관계없다.
④ 최소 2m 이상의 수심지역에 설치가 가능하다.

해설

취수탑
• 수위변동이 큰 하천이나 저수지의 취수시설에 이용되며 하천의 경우는 저수지의 유입속도에 1/2 이하로 한다.
• 대량 취수 시 취수원보다 경제적이다.
• 취수구를 상·하 부위로 나누어 설치하여 좋은 수질을 선택 취수할 수 있다.

03 상수도시설 기준에 의한 배수관로 내의 표준 최소 동수압은? [02년 경북]

① $3.0kg/cm^2$

② $2.0kg/cm^2$

③ $1.5kg/cm^2$

④ $1.0kg/cm^2$

> **해설**
>
> 배수관의 최소 동수압 $1.5kg/cm^2$ 이상을 유지해야 한다.

04 수원에서의 취수량은 1일 최대 급수량의 몇 %로 하는 것이 좋은가?

① 100%

② 80~90%

③ 105~115%

④ 130~140%

> **해설**
>
> 취수량은 1일 최대 급수량을 기준으로 하고 각종 손실을 고려하여 여기에 5~15% 정도의 여유를 두는 것이 좋다. 따라서 1일 최대 급수량의 105~115%를 취수량으로 설정한다.

05 인구추정법 중에서 도시의 대소 규모에 관계없이 적용가능하며 장기간에 걸친 인구추정을 위하여 가장 알맞은 것은?

① 감소증가율법

② 등차증가법

③ 등비증가법

④ 논리법

> **해설**
>
> **논리법** : '인구의 증가에 대한 저항은 인구증가 속도에 비례한다.'는 Gedol의 이론을 수식화한 것으로 논리곡선법(S곡선), 포화인구추정법, 수리법이라고도 한다.
>
> $$P_n = \frac{K}{1+e^{(a-bn)}}$$
>
> - P_n : 추정인구
> - K : 포화인구
> - n : 기초년도부터 경과 년 수
> - e : 자연대수의 밑수
> - a, b : 상수

06 염소처리 공정에서 접촉시간 또는 잔류량이 일정할 때 살균력이 가장 약한 것은 무엇인가?

① 하이포아염소산(HOCl)
② 하이포아염소산이온(OCl⁻)
③ 디클로라민(NHCl₂)
④ 이산화염소(ClO₂)

해설

살균력이 강한 순서는 $O_3 > ClO_2 > HOCl > OCl^- > NHCl_2$, NH_2Cl 순이다.

07 고도 정수처리 방법 중 오존처리의 장점이 <u>아닌</u> 것은?   [03년 경기]

① THM의 형성이 안 된다.
② 저분자 화합물질 및 Bromato 형성을 방지할 수 있다.
③ 탁도, 냄새제거가 효과적이다.
④ 주입량 자동제어가 가능하다.

해설

오존(O_3)살균

㉠ 장점
　• 물에 THM 등을 남기지 않는다.
　• 물에 이취미를 남기지 않는다.
　• pH와 상관없이 강한 살균력을 발휘한다.
㉡ 단점
　• 가격이 고가이다.
　• 잔류효과가 없어 2차 오염의 위험이 있다.
　• 복잡한 오존 발생장치 및 고도의 운전기술이 필요하다.
　• 부산물 제어방식으로 활성탄 공정을 추가하여야 한다.

08 상수의 오존 처리방법 시 유의할 점으로 옳지 <u>않은</u> 것은?   [03년 경기]

① 충분히 산화반응을 일으킬 접촉지가 필요하다.
② 전 염소 처리를 할 경우 염소와 반응하여 잔류염소가 감소한다.
③ 수온이 높아지면 용해도가 감소되어 분해속도가 떨어진다.
④ 배출 오존 처리설비가 필요하다.

해설

수온이 높아지면 분해속도가 빨라진다.

09 상수 처리과정 중 급속여과에 대한 설명으로 옳지 <u>않은</u> 것은?　　　[04년 경남]

① 1일 처리 수량이 완속여과에 비하여 크다.
② 유지 관리비가 비교적 적게 든다.
③ 약품에 의해 응집, 침전시킨 후 여과한다.
④ 탁도가 높은 물에 적합하다.

해설

급속여과 시에는 약품처리를 해야 하므로 유지 관리비가 많이 든다.

10 우수량 산정과 관계가 <u>없는</u> 것은?　　　[04년 경기]

① 유출계수　　　　　② 배수면적
③ 강우강도　　　　　④ 강우분포

해설

$$합리식\ Q = \frac{1}{360} \cdot C \cdot I \cdot A$$

- Q : 우수배출량(m³/sec)
- A : 배수면적(ha)
- C : 유출계수
- I : 강우강도(mm/hr)

11 유출계수가 0.4, 강우강도가 200mm/hr, 배수면적이 2km²일 때 합리식으로 계산한 우수량(m³/sec)은 얼마인가?

① 4.44m³/sec　　　　② 0.444m³/sec
③ 44.4m³/sec　　　　④ 4,440m³/sec

해설

우수량(합리식)

$$Q = \frac{1}{360} \cdot C \cdot I \cdot A (1km^2 = 100ha)$$
$$= \frac{1}{360} \times 0.4 \times 200 \times 200 = 44.4(m^3/sec)$$

12 강우 지속시간에 대한 설명으로 옳은 것은?

① 유달시간은 유하시간과 유입시간의 차이다.

② 유하시간은 유속에 따라 다르나, 하수거의 관 길이는 상관없다.

③ 유입시간이란 우수가 배수구역의 가장 먼 곳에서 하수거에 유입할 때까지의 시간을 말한다.

④ 유입시간은 대체로 20~30분 정도이다.

해설

① 유달시간은 유하시간과 유입시간의 합이다.

② 유하시간은 하수거의 관 길이와 유속에 따라 다르다.

④ 유입시간은 지면상태, 구배, 면적 등에 따라 다르나 대체로 5~10분 정도이다.

13 강우강도 공식을 가장 바르게 표현한 것은? [03년 부산]

① 어떤 지역의 강우강도와 계속시간과의 관계를 나타낸 식

② 어떤 지역의 연간강우량과 일간강우량의 관계식

③ 실체유출량과 이론유출량의 관계식

④ 어떤 지역의 강우강도와 유출계수와의 관계를 표현한 식

해설

강우강도 공식은 어떤 지역의 강우강도와 계속시간과의 관계를 나타낸 식이다.

㉠ Sherman형(서울, 부산, 울산, 목포 등) $I = \dfrac{a}{t^n}$

㉡ Talbot형(광주, 전주 등) $I = \dfrac{c}{t+b}$

㉢ Japanese형(인천, 대구, 여수, 포항 등) $I = \dfrac{e}{\sqrt{t}+d}$

- I : 강우강도(mm/hr)
- t : 강우 지속시간(min)
- a, b, c, d, e, n : 확률기간 및 지역에 따른 상수

---

14 직경 2m 콘트리트관에 하수가 흐르고 관의 동수구배가 0.02이다. 이때 Manning의 조도계수 n = 0.0140이면 관의 유속(m/sec)은?

① 2.04

② 3.74

③ 4.24

④ 6.36

해설

Manning 공식

$$V = \frac{1}{n} \cdot R^{\frac{2}{3}} \cdot I^{\frac{1}{2}} [m/\sec], \quad R = \frac{\frac{\pi D^2}{4}}{\pi D} = \frac{D}{4}$$

- Q : 유량(m³/sec)
- I : 동수경사
- R : 경심(유수단면적(A)을 윤변(S)으로 나눈 것), $\left(R = \frac{A}{S}\right)$
- V : 유속(m/sec)
- n : 조도계수(하수관거에서 보통 0.013)

$$V = \frac{1}{n} \cdot R^{\frac{2}{3}} \cdot I^{\frac{1}{2}}$$
$$= \frac{1}{0.014} \times 0.5^{\frac{2}{3}} \times 0.02^{\frac{1}{2}} \fallingdotseq 6.36 m/\sec$$

15 직경 600mm인 하수관을 매설하려고 할 때 매설지점의 표토는 젖은 진흙으로 흙의 밀도는 1.95ton/m³이고 흙의 종류와 관의 깊이에 따라 결정되는 C_1은 1.32라면 매설관이 받는 하중은?

(단, 하중계산은 Marson 공식을 사용하고 도랑폭은 $B = \frac{3}{2}d + 0.3m$ 이다.)

① 2.75ton/m

② 3.71ton/m

③ 5.24ton/m

④ 7.22ton/m

해설

Marston 공식

$$W = C_1 \cdot \gamma \cdot B^2 \left(B = \frac{3}{2}d + 0.3m\right)$$

- $B = \left(\frac{3}{2} \times 0.6\right) + 0.3 = 1.2m$
- $W = 1.32 \times 1.95 ton/m^3 \times (1.2m)^2 \fallingdotseq 3.71 ton/m$

16 하수의 배제방법에서 합류식과 분류식을 비교한 내용으로 옳은 것은?

① 합류식 : 우수를 신속히 배제하기 위해서 지형조건에 적합한 관로망이 된다.
② 합류식 : 관거의 구배가 큰 편이라 하수관거의 매설깊이가 깊어진다.
③ 분류식 : 도시발전이 한정적이거나 방류지역의 수량이 풍부하여 수질오탁의 우려가 적은 지역에 적용한다.
④ 분류식 : 오수관거와 우수관거의 2계통을 동일도로에 매설하여 합리적인 관리가 되도록 한다.

해설

분류식과 합류식의 건설 측면에서의 비교

검토사항	분류식	합류식
관로계획	• 오수와 우수를 별개의 관로에 배제하기 위해 오수의 배제계획이 합리적이다.	• 우수를 신속히 배제하기 위하여 지형조건에 적합한 관로망이 된다.
시공	• 오수관거와 우수관거의 2계통을 동일도로에 매설하는 것은 매우 곤란하다. • 오수관거에서는 소구경관거를 매설하므로 시공이 용이하지만 관거의 경사가 급하면 매설 깊이가 크게 된다.	• 대구경 관거가 되면 좁은 도로에서의 매설에 어려움이 있다.

17 다음 중 상수 처리계통으로 옳은 것은? [03년 경기]

① 스크린 → 침전지 → 침사지 → 여과 → 소독
② 스크린 → 침사지 → 침전지 → 여과 → 소독
③ 스크린 → 침사지 → 여과 → 침전지 → 소독
④ 스크린 → 침전지 → 여과 → 침사지 → 소독
⑤ 스크린 → 여과 → 침사지 → 침전지 → 소독

해설

상수 처리계통도
취수 → 스크린 → 염소 전 처리 → 침사지 → 응집 및 침전 → 여과 → 염소 후 처리(소독)

18 취수, 도수, 정수, 송수설비의 설계기준이 되는 것은?

① 계획 1인 1일 최대 급수량
② 계획 1일 평균 급수량
③ 계획 1시간 최대 급수량
④ 계획 1일 최대 급수량

해설

- 1일 평균 급수량 : 수원지, 저수지, 유역면적의 결정
- 1일 최대 평균 급수량 : 보조 저수지, 보조 용수펌프의 용량 결정
- 1일 최대 급수량 : 정수, 취수, 송수시설 및 부대시설의 결정
- 시간 최대 급수량 : 배수 본관의 구경 결정

19 취수량의 계산으로 옳은 것은?   [02년 대구]

① 계획 1일 평균 급수량의 10~15% 가산
② 계획 1일 최대 급수량의 5~10% 가산
③ 계획 1일 최대 급수량의 20% 가산
④ 계획 1일 최소 급수량의 20~50% 가산

해설

계획취수량은 취수한 원수가 여러 시설을 경우하여 급수될 때까지 누수·증발 등에 의한 손실을 고려하여 계획 1일 최대 급수량의 5~10% 정도 크게 한다.

20 하수도 시설에 의하여 얻어지는 효과로 적당하지 **않은** 것은?   [01년 울산]

① 수자원 보호 효과   ② 보건위생상의 효과
③ 토지이용 증대 효과   ④ 수자원 개발 효과

해설

하수도 시설의 효과
- 보건위생상의 효과
- 토지이용의 효과
- 도시 미관의 효과
- 우수에 의한 피해방지
- 수질오염의 방지
- 분뇨처분의 효과

21 오수관거 계획에 있어서 기준이 되는 것은? [03년 서울]

① 계획 1일 최대 오수량   ② 계획 시간 평균 오수량

③ 계획 1일 평균 오수량   ④ 계획 시간 최대 오수량

해설

오수관거 계획의 기준은 계획 시간 최대 오수량이다.

22 관수로 내의 마찰손실수두(ΔH)의 공식을 바르게 나타낸 것은?(단, 관로의 길이를 l, 관경 D, 마찰계수 f, 유속 V, 중력가속도를 g라 한다.) [03년 경기]

① $\Delta H = f \cdot \dfrac{D}{l} \cdot \dfrac{2g}{V^2}$ ② $\Delta H = f \cdot \dfrac{l}{D} \cdot \dfrac{V}{2g}$

③ $\Delta H = \dfrac{1}{f} \cdot \dfrac{D}{l} \cdot \dfrac{V^2}{2g}$ ④ $\Delta H = f \cdot \dfrac{l}{D} \cdot \dfrac{V^2}{2g}$

해설

마찰손실수두 공식 : $\Delta H = f \cdot \dfrac{l}{D} \cdot \dfrac{V^2}{2g}$

23 길이가 600m, 내경 300mm인 상수관 내에서 물이 8m/sec의 유속을 가지는 경우에 생기는 수두손실은?(단, f = 0.002이다.)

① 10.5m   ② 13.1m

③ 15.2m   ④ 17.0m

해설

$$\Delta H = f \cdot \frac{l}{D} \cdot \frac{V^2}{2g}$$

$$\Delta H = 0.002 \cdot \frac{600}{0.3} \cdot \frac{8^2}{2 \times 9.8} = 13.06(m)$$

24 우수토실에 대한 설명으로 옳지 <u>않은</u> 것은? [05년 경기]

① 우수토실에서의 우수월류량은 우천 시 계획오수량을 말한다.
② 가능한 한 방류수역 가까이에 설치한다.
③ 합류식 하수도에 설치된다.
④ 우수토실의 오수유출 관거에는 소정의 유량 이상이 흐르지 않도록 한다.

해설

우수토실에서 우수월류량은 그 지점에서의 계획하수량에서 우천 시의 계획오수량을 뺀 양으로 함
• 우수월류량 = 계획하수량 – 우천 시 계획오수량(계획 시간 최대 오수량의 3배)
• 우수토실 : 합류식 하수도에서 우천 시에 어떤 일정량의 하수를 차집하여 하수처리장에 수송하고 나머지 하수를 하천 등의 수역으로 방류하기 위한 시설

25 계획급수 인구 20만명의 도시에 상수도를 설치하려 할 때 계획 1일 평균 급수량 및 계획 1일 최대 급수량은?(단, 계획 1인 1일 평균 급수량은 150L로 한다.)

① $20,000m^3$, $30,000m^3$
② $30,000m^3$, $45,000m^3$
③ $40,000m^3$, $60,000m^3$
④ $15,000m^3$, $30,000m^3$

해설

• 계획 1일 최대 급수량=계획 1일 평균 급수량×1.5
• 계획 1일 평균 급수량=$200,000 \times 150L \times 10^{-3}m^3/L = 30,000m^3$
• 계획 1일 최대 급수량=$30,000m^3 \times 1.5 = 45,000m^3$

26 다음 중 계획오수량에 포함되지 <u>않는</u> 것은? [01년 부산]

① 가정오수량
② 영업오수량
③ 감수량
④ 지하수량

해설

계획오수량은 가정오수, 공장폐수, 농축산폐수, 침투지하수가 포함되며 각각의 산정량을 합산하여 구하는데, 여기서 가정하수의 영향이 가장 크다.

27 하수의 배제방식 중 하나인 분류식에 대한 설명으로 옳은 것은?

① 합류식에 비하여 관거 등의 건설비가 적게 든다.
② 일반적으로 소구경이 많고 관거의 구배가 크므로 하수관거의 매설깊이가 깊어진다.
③ 하수처리장의 처리부하량 또는 수질의 변동이 큰 편이다.
④ 우수 배제가 잘 되지 않고 간혹 침수가 되는 지역에 유리하다.

해설

• 분류식 : 오수와 우수를 별개의 관거계통으로 배제하는 방식이다.
  – 자연배수가 용이하거나 기존 수로가 확보되어 있는 지역에서는 오수관만의 매설로 비용절감이 가능하다.
  – 하수처리장의 처리부하량 또는 수질의 변동이 적다.
  – 합류식에 비하여 관거 등의 건설비가 많이 들고 시공이 어렵다.
  – 오수관은 일반적으로 소구경이 많고, 관거의 구배가 크므로 하수관거의 매설깊이가 깊어진다.
  – 수질오탁방지가 요구되는 지역 및 하수처리가 시급한 지역에 적용한다.
  – 오수관과 우수관을 동시에 매설할 수 있는 지역에 적용한다.
• 합류식 : 오수와 오수를 동일 관거계통으로 배제하는 방식이다.
  – 관거설비 비용이 분류식에 비해 적게 들고, 시공이 비교적 용이하다.
  – 합류식은 대구경을 요하므로 관거의 구배가 완만하고, 하수관거의 매설 깊이가 분류식에 비해 얕다.
  – 우천 시 대량의 우수로 관내가 자연적으로 세정된다.
  – 관거의 구배가 완만하여 관내 오염물질이 퇴적하기 쉽다.
  – 우수 배제가 잘 되지 않고 간혹 침수가 되는 지역에 유리하다.
  – 도시발전이 한정적이거나 방류지역의 수량이 풍부하여 수질오탁의 우려가 적은 지역에 적용한다.

28 염소소독 시 가장 살균력이 강한 물질은?　　　　　　　　　　　[01년 경북]

① NH_2Cl　　　　　　　　　　　② OCl^-
③ $HOCl$　　　　　　　　　　　④ $NHCl_2$

해설

염소화합물의 살균력은 $HOCl > OCl^- >$ Chloramine 순이다.

29 펌프의 공동현상(Cavitation)에 관한 설명으로 옳지 <u>않은</u> 것은? [03년 경남]

① 펌프의 급정지 시 발생되기 쉽다.
② 회전날개의 파손 또는 소음, 진동의 원인이 된다.
③ 흡입양정이 클수록 발생되기 쉽다.
④ 회전날개 입구의 압력이 포화증기압 이하일 때 발생된다.

해설

• 펌프의 급정지 시 주로 수격작용이 발생되기 쉽다.
• 펌프의 공동현상(Cavitation)은 유체가 넓은 유로에서 좁은 곳으로 고속 유입할 때 생기며, 벽면을 따라 흐를 때 벽면에 요철이 있거나 만곡부가 있으면 흐름은 직선적이 못되어 A부는 B부보다 저압이 된다. 이때 공동(Cavity)이 발생한다. 또한 수중에는 압력에 비례하여 공기가 용입되어 있는데, 이 공기가 물과 분리되어 기포로 나타난다. 이를 공동현상(Cavitation)이라 한다. 공동현상 발생에 의해 생긴 기포는 고압영역에 이르렀을 때 갑자기 파괴되어 소멸된다. 이때 기포가 파괴될 때 심한 충격을 동반하고 소음·진동을 초래한다.

30 폭 B가 10m인 구형 개수로에 유량 Q가 100m³/sec, 유속 V가 4m/sec로 흐를 경우 경심 R은? [02년 경북]

① 1.7m ② 2.7m
③ 3.4m ④ 5.7m
⑤ 7.35m

해설

$$Q = A \cdot v$$
$$A = \frac{Q}{v} = \frac{100}{4} = 25(m^2)$$
$$A = B \cdot h$$
$$h = \frac{A}{B} = \frac{25}{10} = 2.5(m)$$
$$R = \frac{b \cdot h}{b + 2h} = \frac{10 \times 2.5}{10 + 2 \times 2.5} = \frac{25}{15} ≒ 1.67(m)$$

31 취수시설에 대한 설명으로 옳지 않은 것을 모두 고른 것은?

> ⓐ 취수탑은 취수관에 비해 양질의 물을 취수할 수 있다.
> ⓑ 취수문은 보통 중·대형 취수에 사용된다.
> ⓒ 취수관은 유량이 안정될 수 있는 하천이나 저수지 취수에 적합하고 하상의 변화가 큰 곳에서는 취수가 불안정하다.
> ⓓ 취수탑은 다른 취수설비에 비해 설치비가 적게 든다.
> ⓔ 취수틀은 홍수 시 매몰, 유실될 우려가 있다.

① ⓐ, ⓓ, ⓔ   ② ⓒ, ⓔ
③ ⓑ, ⓒ   ④ ⓑ, ⓓ

해설
ⓑ 취수문은 보통 소량의 취수 시 많이 사용한다.
ⓓ 취수탑은 다른 취수설비에 비해 설치비가 많이 드는 단점이 있다.

32 펌프의 수격현상에 대한 방지대책으로 옳지 않은 것은?

① 펌프의 급정지를 피한다.
② 공기 밸브를 설치한다.
③ 관내 유속을 증가시킨다.
④ 압력조정 수조를 설치한다.

해설
관로의 밸브를 급히 제동하거나 펌프의 급제동으로 인하여 순간유속이 제로가 되면서 압력파가 발생하여 관내에 충격을 주는 현상을 수격현상이라 한다.

수격현상의 방지대책
• 관내의 유속을 낮추거나 관경을 크게 한다.
• 펌프의 속도가 급격히 변화하는 것을 방지한다.
• 수압을 조절할 수 있는 수조를 관선에 설치한다.
• 밸브를 펌프 송출구 가까이 설치하여 적절히 제어할 수 있도록 한다.

33 막분리 공법을 이용한 정수처리 시의 장점으로 옳지 <u>않은</u> 것은?

① 유지관리비가 적어진다.
② 부품관리 시공이 간편하다.
③ 정수장 면적이 작아진다.
④ 부산물이 생기지 않는다.

해설

막분리 공법의 장단점
• 장점
　– 응집제가 필요하지 않다.
　– 자동화, 무인화가 용이하다.
　– 유지관리비가 적게 든다.
　– 배수처리가 용이해지고, 부산물을 생성하지 않는다.
• 단점
　– 막의 수명연장 문제를 해결해야 한다.
　– 부품관리 및 시공기술을 개발해야 한다.
　– 원수 감시태세를 갖추어야 한다.

34 하수관거의 단면이 직사각형인 경우에 대한 설명으로 옳지 <u>않은</u> 것은?

① 일반적으로 높이가 폭보다 작다.
② 역학계산이 간단하다.
③ 시공장소의 흙두께 및 폭원에 제한을 받는 경우에 유리하다.
④ 현장타설의 경우에 공사기간이 단축된다.

해설

현장타설의 경우 공사기간이 길어진다.

직사각형 하수관거의 장단점
• 장점
　– 대규모 시설에 용이하다.
　– 시공장소의 제약을 받는 경우 유리하다.
　– 역학계산이 간단하다.
　– 관거의 두께를 자유로이 할 수 있어 각종 하중조건에 적합하게 제작할 수 있다.
• 단점
　– 철근 손상 시 상부하중에 대한 안정성이 급격히 떨어진다.
　– 현장타설 시 공사기간이 길어진다.
　– 만수 시 윤변이 급속히 증가하여 유속과 유량이 급속히 감소한다.

35 우수받이의 설치에 관한 설명으로 옳지 <u>않은</u> 것은?

① 협잡물 토사의 유입을 저감할 수 있는 방안을 고려해야 한다.

② 설치위치는 보도, 차도구분이 없는 경우에는 도로와 사유지의 경계에 설치한다.

③ 도로 옆 물이 모이기 쉬운 장소나 L형 측구의 유하방향 하단부에 반드시 설치한다.

④ 횡단보도 및 가옥의 출입구 앞에는 가급적 설치하여 우수침수를 방지한다.

해설

우수받이의 설치요령

- 도로 옆 물이 모이기 쉬운 장소나 L형 측구의 유하방향 하단부에 반드시 설치한다.
- 가능한 횡단보도 및 가옥의 출입구 앞에는 설치하지 않는 것이 좋다.
- 설치위치는 보도, 차도의 구분이 있는 경우에는 그 경계로 하고 보도, 차도구분이 없는 경우에는 도로와 사유지의 경계에 설치한다.
- 도로배수의 배수받이 간격은 대략 20~30cm 정도로 하나 도로폭, 경사 등을 고려하여 적당한 간격으로 설치한다.
- 우수받이의 깊이는 80~100cm 정도로 하고 저부에는 깊이 15cm 이상의 니토실을 설치한다.

36 트리할로메탄(THM)에 관한 설명으로 옳지 <u>않은</u> 것은?

① pH가 감소할수록 생성량은 증가한다.

② 온도가 증가할수록 생성량은 증가한다.

③ 전구물질의 농도가 높을수록 생성량은 증가한다.

④ 수돗물에 생성된 트리할로메탄류는 대부분 클로로포름으로 존재한다.

해설

트리할로메탄(THM)

- 염소처리 시 주입된 염소가 수중에 존재하는 휴믹산 또는 풀브산과 같은 전구물질과 결합하여 클로로포름 등의 THM 물질을 생성한다.
- 접촉시간이 길수록 생성량이 증가한다.
- pH가 증가할수록, 온도가 높을수록, 전구물질의 농도가 높을수록 생성량이 증가한다.

37 계획우수량을 정할 때 고려해야 할 사항으로 옳지 <u>않은</u> 것은?

① 유출계수는 토지이용도별 기초 유출계수로부터 총괄 유출계수를 구하는 것을 원칙으로 한다.

② 유하시간은 유입시간과 유달시간의 합으로 한다.

③ 최대 계획우수유출량의 산정은 합리식에 의하는 것으로 한다.

④ 확률년수는 원칙적으로 5~10년으로 한다.

해설

계획우수량 산정 시 고려사항

• 최대 계획우수유출량의 산정은 합리식에 의한다.

• 유출계수는 토지이용도별 기초 유출계수로부터 총괄 유출계수를 구하는 것을 원칙으로 한다.

• 원칙적으로 확률년수는 5~10년으로 한다.

• 유달시간은 유입시간과 유하시간의 합이다.

• 배수면적은 지형도를 기초로 도로, 철도 및 기존 하천의 배치 등을 답사에 의해 충분히 조사하고 장래의 개발계획도 고려하여 구한다.

38 관거별 계획하수량에 관한 설명으로 옳지 <u>않은</u> 것은?

① 오수관거에서는 계획 1일 최대 오수량으로 한다.

② 차집관거에서는 계획우수량으로 한다.

③ 우수관거에서는 계획우수량으로 한다.

④ 시역의 설정에 따라 계획하수량에 여유율을 둘 수 있다.

해설

오수관거의 계획하수량은 계획시간 최대 오수량으로 한다.

39 소규모 하수도계획에 있어서 고려해야 할 특성으로 옳지 <u>않은</u> 것은?

① 하수도 운영에 있어 지역주민과 밀접한 관련을 갖는다.

② 도시근교 및 관광지 일부의 마을을 제외하고는 급격한 사회적 변동이 생길 가능성이 적다.

③ 처리구역 내 생활양식이 유사하고 유입하수의 수량 및 수질변동이 적다.

④ 건설비 및 유지관리비가 비싼 경향이 있다.

해설

소규모 하수도 계획 수립 시 고려해야 할 특성

• 도시근교 및 관광지 일부의 마을을 제외하고는 급격한 사회적 변동이 생기는 가능성이 적다.

• 계획구역이 작고 처리구역 내의 생활양식이 다양하며 유입하수의 수량 및 수질변동이 크다.

- 처리수의 방류지점이 유량이 작은 소하천, 소호소 및 농업용수 등이므로 처리수의 영향을 받기가 쉽다.
- 일반적으로 건설비 및 유지관리비가 비싼 경향이 있다.
- 슬러지의 발생량이 적고, 녹농지(삼림, 목초지, 공원 등)가 많으므로 하수슬러지의 녹농지 이용이 쉽다.
- 고장 및 유지보수 시에 기술자 확보가 곤란하다.
- 계획오수량이 작기 때문에 특정한 사업장에서 배출되는 배수에 의한 수량, 수질의 연간 변동 및 일간 변동의 영향을 받기 쉽다.

40 지하수 취수 시 적정양수량의 정의로 옳은 것은?

① 최대양수량의 70% 이하의 양수량
② 안전양수량의 70% 이하의 양수량
③ 계획양수량의 70% 이하의 양수량
④ 한계양수량의 70% 이하의 양수량

양수량의 정의
- 최대양수량 : 양수시험의 과정에서 얻어진 최대의 양수량
- 한계양수량 : 단계양수시험으로 더 이상 양수량을 늘리면 급격히 수위가 강하되어 우물에 장애을 일으키는 양
- 적정양수량 : 한계양수량의 70% 이하의 양수량
- 안전양수량 : 대수역에서 물수지에 균형을 무너뜨리지 않고 장기적으로 취수할 수 있는 양수량

41 집수매거에 관한 설명으로 옳지 <u>않은</u> 것은?

① 집수매거의 유출단에서 매거 내의 평균유속은 1.0m/s 이하로 한다.
② 집수매거의 길이는 시험우물 등에 의한 양수시험 결과에 따라 정한다.
③ 집수매거의 매설깊이는 1.0m 이하로 한다.
④ 집수매거는 복류수의 흐름방향에 대하여 직각으로 설치하는 것이 효율적이다.

집수암거(매거)
- 하천부지의 하상 밑이나 구하천 부지 등의 땅속에 매설하여 집수기능을 갖는 관거이다.
- 투수성이 양호한 대수층을 선정하여 설치한다.
- 복류수의 흐름에 직각으로 설치하는 것이 좋다.
- 집수암거의 매설깊이는 지표수의 영향을 받지 않기 위해 5m 이상으로 하는 것이 좋다.
- 집수암거 내 평균유속은 집수매거의 유출단에서 1m/sec 이하로 한다.
- 지상구조물을 축조할 수 없는 장소에도 설치가 가능하다.
- 복류수의 유황이 좋을 시에는 안정된 취수가 가능하다.

42 도수거에 관한 설명으로 옳지 <u>않은</u> 것은?

① 도수거의 평균유속의 최대한도는 1.0m/sec로 하고 최소유속은 0.1m/sec로 한다.

② 균일한 동수경사(통상 1/1,000~1/3,000)로 도수하는 시설이다.

③ 수리학적으로 자유수면을 갖고 중력 작용으로 경사진 수로를 흐르는 시설이다.

④ 개거나 암거인 경우 대개 30~50m 간격으로 시공조인트를 겸한 신축조인트를 설치한다.

해설

도수거
- 취수시설로부터 정수시설까지 원수를 개수로 방식으로 도수하는 시설
- 개거나 암거인 경우 대개 30~50m 간격으로 시공조인트를 겸한 신축조인트를 설치한다.
- 암거에는 환기구를 설치한다.
- 도수거의 평균유속의 최대한도는 3.0m/sec로 하고 최소유속은 0.3m/sec로 한다.
- 균일한 동수경사(통상 1/1,000~1/3,000)로 도수하는 시설이다.

43 고도정수 처리 시 물질별 처리방법으로 옳지 <u>않은</u> 것은?

① 불소가 과량 포함된 경우에는 응집처리, 활성알루미나 등의 처리를 한다.

② 음이온 계면활성제를 다량 함유한 경우에는 응집 또는 염소처리를 한다.

③ pH가 낮을 경우에는 플록형성 후에 알칼리제를 주입하여 pH를 조정한다.

④ 색도가 높을 경우에는 응집침전처리, 활성탄처리 또는 오존처리를 한다.

해설

처리대상물질과 처리방법

구분	처리대상항목	처리대상물질	처리방법
불용해 성분	탁도		완속여과방식, 급속여과방식, 막여과방식
	조류		막여과방식, 마이크로스트레이너, 부상분리
	미생물	크립토스포리디움	완속여과방식, 급속여과방식, 막여과방식
		일반세균, 대장균군	염소, 오존
용해성 성분	냄새	곰팡이 냄새	활성탄, 오존, 생물처리
		기타 냄새	활성탄, 오존, 폭기, 염소
	소독부산물	THM 전구물질	완속여과방식, 급속여과방식, 막여과방식, 활성탄, 오존
		THM	활성탄, 소독방법 변경
	음이온 계면활성제		활성탄, 오존, 생물처리
	트리클로로에틸렌		활성탄, 폭기(스트리핑)
	농약, 기타		활성탄, 오존, 염소

		철	전염소처리, 중간염소처리, 폭기, 생물처리
무기물		망간	산화처리와 여과, 생물처리
		암모니아성 질소	염소처리, 생물처리
		질산성 질소	이온교환, 막처리, 전기투석, 생물처리(탈질)
		불소	응집침전, 활성알루미나, 전기분해
		침식성유리탄산	폭기, 알칼리제 처리
색도		부식질	응집침전, 활성탄, 오존

44 막여과시설에서 막모듈의 열화에 대한 설명으로 가장 거리가 먼 것은?

① 미생물과 막 재질의 자화 또는 분비물의 작용에 의한 변화
② 건조되거나 수축으로 인한 막구조의 비가역적인 변화
③ 응집제 투입에 따른 막모듈의 공급유로가 고형물로 폐색
④ 산화제에 의하여 막 재질의 특성변화나 분해

해설

막모듈의 열화는 막 자체의 변질로 생긴 비가역적인 막 성능의 저하를 말하며, 물리적 열화, 압밀화, 손상건조, 화학적 열화, 가수분해, 산화, 생물학적 변화가 있다. 막모듈의 공급유로 또는 여과수 유로가 고형물로 폐색되어 흐르지 않는 상태는 파울링의 유로폐색에 해당되며, 세척함으로써 성능이 회복될 수 있다.

45 배수관내 최대정수압으로 옳은 것은?

① 600kPa
② 700kPa
③ 1,100kPa
④ 1,200kPa

해설

급수관을 분기하는 지점에서 배수관내의 최소동수압은 150kPa(약 1.53kgf/cm^2) 이상이며, 최대정수압은 700kPa (7.1kgf/cm^2)을 초과하지 않아야 한다.

CHAPTER 04 공정시험법

01 공장폐수 및 하수 유량측정 방법

1 관내의 유량측정 방법

(1) 벤츄리미터(Venturi Meter)

① 벤츄리미터는 긴 관의 일부로 단면이 작은 목(throat) 부분과 점점 축소, 점점 확대되는 단면을 가진 관으로 축소 부분에서 정력학적 수두의 일부는 속도수두로 변하게 되어 관의 목(throat) 부분의 정력학적 수두보다 적게 된다. 이러한 수두의 차에 의해 직접적으로 유량을 계산할 수 있다.

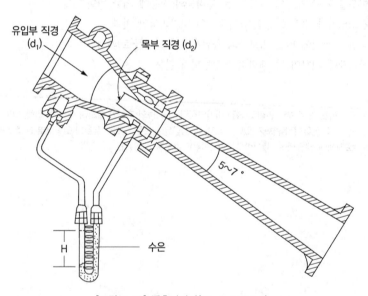

유입부 직경 (d₁)
목부 직경 (d₂)
5~7°
H
수은

[그림 1-13] 벤츄리미터(Venturi Meter)

② 측정공식

$$Q = \frac{C \cdot A}{\sqrt{1 - \left(\dfrac{d_2}{d_1}\right)^4}} \times \sqrt{2gH}$$

- Q : 유량(cm^3/sec)
- C : 유량계수
- A : 목부 단면적(cm^2)[$= \pi d_2^2 / 4$]
- H : 수두 차(cm), 즉 $H_1 - H_2$
- H_2 : 목부의 수두(cm)

- g : 중력가속도(980cm/sec^2)
- d_1 : 유입부의 직경(cm)
- d_2 : 목부의 직경(cm)
- H_1 : 유입부 관 중심부에서의 수두(cm)

(2) 유량측정용 노즐

① 유량측정용 노즐은 수두와 설치비용 이외에도 벤츄리미터와 오리피스 간의 특성을 고려하여 만든 유량측정용 기구로서 측정원리의 기본은 정수압이 유속으로 변화하는 원리를 이용한 것이다.

② 벤츄리미터의 유량 공식을 노즐에도 이용할 수 있으며, 또한 노즐은 약간의 고형 부유물질이 포함된 하·폐수에도 이용할 수 있다.

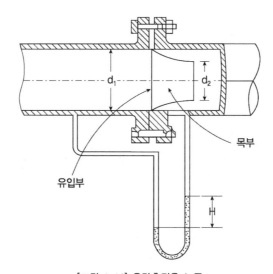

[그림 1-14] 유량측정용 노즐

③ 측정공식(벤츄리미터의 유량 공식 이용)

$$Q = \frac{C \cdot A}{\sqrt{1 - \left(\dfrac{d_2}{d_1}\right)^4}} \times \sqrt{2gH}$$

(3) 오리피스(Orifice)

① 오리피스는 설치에 비용이 적게 들고 비교적 유량측정이 정확하여 얇은 판오리피스가 널리 이용되고 있으며 흐름의 수로 내에 설치한다. 오리피스를 사용하는 방법은 노즐(Nozzle)과 벤츄리미터와 같다.

② 오리피스의 장점은 단면이 축소되는 목(throat) 부분을 조절하여 유량이 조절된다는 점이며, 단점은 오리피스(Orifice) 단면에서 커다란 수두손실이 일어난다는 점이다.

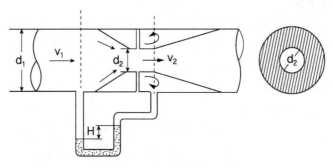

[그림 1-15] 오리피스(Orifice)

④ 측정공식(벤츄리미터의 유량 공식 이용)

$$Q = \frac{C \cdot A}{\sqrt{1 - \left(\dfrac{d_2}{d_1}\right)^4}} \times \sqrt{2gH}$$

(4) 피토(Pitot)관

① 피토관의 유속은 마노미터에 나타나는 수두 차에 의하여 계산한다. 왼쪽의 관은 정수압을 측정하고 오른쪽관은 유속이 0인 상태인 정체압력(Stagnation Pressure)을 측정한다.

② 피토관으로 측정할 때는 반드시 일직선상의 관에서 이루어져야 하며, 관의 설치장소는 엘보(elbow), 티(tee) 등 관이 변화하는 지점에서 최소한 관 지름의 15~50배 정도 떨어진 지점이어야 한다.

③ 피토관은 부유물질이 많이 흐르는 하·폐수에서는 사용이 곤란하나 부유물질이 적은 대형관에서는 효율적인 유량측정기이다.

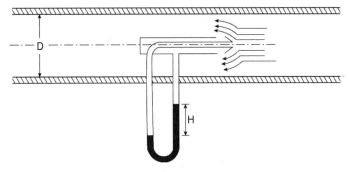

[그림 1-16] 피토(Pitot)관

④ 측정공식

$$Q = C \cdot A \cdot V$$

- Q : 유량(cm³/sec)
- A : 관의 유수단면적(cm²)[$= \pi D^2/4$]
- H : $H_s - H_o$ (cm)
- H_o : 정수압수두(cm)

- C : 유량계수
- V : $\sqrt{2g \cdot H}$ (cm/sec)
- H_s : 정체압력수두(cm)
- D : 관의 직경(cm)

2 측정용 수로에 의한 유량측정 방법

(1) 위어(Weir)

① 직각 3각 위어

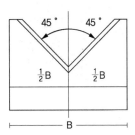

[그림 1-17] 직각 3각 위어

$$Q = K \cdot h^{5/2}$$

- Q : 유량(m³/min)
- B : 수로의 폭(m)

- h : 위어의 수두(m)

- K : 유량계수 $= 81.2 + \dfrac{0.24}{h} + \left[8.4 + \dfrac{12}{\sqrt{D}}\right] + \left[\dfrac{h}{B} - 0.09\right]^2$
- D : 수로의 밑면으로부터 절단 하부점까지의 높이(m)

② 4각 위어

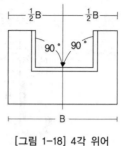

[그림 1-18] 4각 위어

$$Q = K \cdot b \cdot h^{3/2}$$

- Q : 유량(m³/min)
- b : 절단의 폭(m)
- K : 유량계수 $= 107.1 + \dfrac{0.177}{h} + 14.2 \times \dfrac{h}{D} - 25.7 \times \sqrt{\dfrac{(B-b)h}{D \cdot B}} + 2.04\sqrt{\dfrac{B}{D}}$
- B : 수로의 폭(m)
- h : 위어의 수두(m)
- D : 수로의 밑면으로부터 절단하부 모서리까지의 높이(m)

(2) 파샬플룸(Parshall flume)

① 수두 차가 작아도 유량측정의 정확도가 양호하며 측정하려는 하·폐수 중에 부유물질 또는 토사 등이 많이 섞여 있는 경우에도 목(throat) 부분에서의 유속이 상당히 빠르므로 부유물질의 침전이 적고 자연유하가 가능하다.

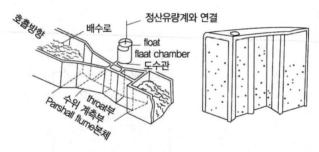

[그림 1-19] 파샬플룸(Parshall flume)

② 유량측정 공식

경험식	
목(throat) 폭	적용 공식
W = 7.6cm	$q = 0.143H_a^{1.55}$ (L/s)
W = 15.2cm	$q = 0.264H_a^{1.58}$ (L/s)
W = 22.86cm	$q = 0.466H_a^{1.53}$ (L/s)
W = 30.48~243.84cm	$q = 0.964H_a^{1.52}$ (L/s)

- H_a : 상류부의 수위(cm)
- q : 1/초

3 개수로에 의한 측정

(1) 평균 유속

평균 유속은 케이지(Chezy)의 유속공식에 의한다.

$$Q = 60 \cdot V \cdot A$$

- Q : 유량(m³/min)
- A : 유수단면적(m²)
- R : 경심($=A/S$)(m)
- C : 유속계수 $C = \dfrac{87}{1+\dfrac{r}{\sqrt{R}}}$ (m/sec) (Bazin 공식)[단, r은 수로의 매끄러운 정도를 나타내는 상수]

- V : 평균 유속(m/sec)($= C\sqrt{Ri}$)
- i : 홈바닥의 구배(비율)
- S : 윤변(m)

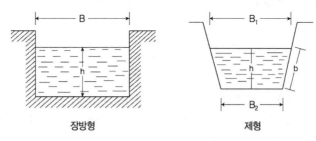

[그림 1-20] 개수로의 형태

(2) 경심

$$R = \frac{A}{S}$$

- A : 유수단면적(m²)
- S : 윤변(m)

① 장방형일 때

$$A = B \cdot h, \quad S = B + 2h, \quad R = \frac{B \cdot h}{B + 2h}$$

② 제형일 때

$$A = \frac{h(B_1 + B_2)}{2}, \quad S = B_2 + 2b$$

$$R = \frac{h(B_1 + B_2)}{2(B_2 + 2b)}$$

유량계에 따른 최대유속과 최소유속 비율

유량계	비율(최대유량 : 최소유량)	유량계	비율(최대유량 : 최소유량)
벤츄리미터	4 : 1	피토관	3 : 1
유량측정용 노즐	4 : 1	위어	500 : 1
오리피스	4 : 1	파샬플룸	10 : 1 ~ 75 : 1

02 항목별 시험방법

1 용존산소(DO : Dissolved Oxygen) : 윙클러-아자이드화나트륨 변법

(1) 측정 원리

황간망간과 알칼리성 요오드칼륨용액을 넣을 때 생기는 수산화제일망간이 시료 중의 용존산소에 의하여 산화되어 수산화제이망간으로 되고, 황산 산성에서 용존산소량에 대응하는 요오드를 유리한다. 유리된 요오드를 티오황산나트륨으로 적정하여 용존산소의 양을 정량하는 방법이다. 이 시험기준은 지표수, 지하수, 폐수 등에 적용할 수 있으며, 정량한계는 0.1mg/L이다. 산소 포화농도의 2배까지 용해(20.0mg/L) 되어 있는 간섭 물질이 존재하지 않는 모든 종류의 물에 적용할 수 있으며, 정량한계는 0.1mg/L이다.

(2) 시료의 전처리

① 시료가 현저히 착색, 현탁된 경우 : 칼륨명반 응집침전법

② 활성오니의 미생물의 플록이 형성된 경우 : 황산구리-술퍼민산법

③ 산화성 물질을 함유한 경우(잔류염소) : 바탕시험으로 별도의 실험을 실시하여 그 측정값을 용존산소량 의 측정값에 보정한다.

④ 산화성 물질을 함유한 경우(Fe(Ⅲ)) : 플루오린화칼륨용액첨가법(황산 첨가 전)

(3) 시험 방법

① 시료를 가득 채운 300mL BOD병에 황산망간용액 1mL, 알칼리성 요오드화칼륨-아자이드화나트륨용 액 1mL를 넣은 후 기포가 남지 않게 조심하여 마개를 닫고 병을 수회 회전하면서 섞는다.

② 2분 이상 정치시킨 후에, 상층액에 미세한 침전이 남아 있으면 다시 회전시켜 혼화한 다음 정치하여 완전히 침전시킨다.

③ 100mL 이상의 맑은 층이 생기면 마개를 열고 황산 2mL를 병목으로부터 넣는다(갈색 침전물 생성).

④ 마개를 다시 닫고 갈색의 침전물이 완전히 용해할 때까지 병을 회전시킨다.

⑤ BOD병의 용액 200mL를 정확히 취하여 황색이 될 때까지 티오황산나트륨용액(0.025M)으로 적정한 다음, 전분용액 1mL를 넣어 용액을 청색으로 만든다. 이후 다시 티오황산나트륨용액(0.025M)으로 용액이 청색에서 무색이 될 때까지 적정한다.

(4) DO의 계산

$$용존산소(mg/L) = a \times f \times \frac{V_1}{V_2} \times \frac{1,000}{V_1 - R} \times 0.2$$

- a : 적정에 소비된 티오황산나트륨용액(0.025M)의 양(mL)
- f : 티오황산나트륨(0.025M)의 인자(factor)
- V_1 : 전체 시료의 양(mL)
- V_2 : 적정에 사용한 시료의 양(mL)
- R : 황산망간용액과 알칼리성 요오드화칼륨 – 아자이드화나트륨용액 첨가량(mL)

2 생물화학적 산소 요구량(BOD : Biochemical Oxygen Demand)

(1) 측정 원리

① 시료를 20℃에서 5일간 저장하여 두었을 때 시료 중의 호기성 미생물의 증식과 호흡작용에 의하여 소비되는 용존산소의 양으로부터 측정하는 방법이다.

② 시료 중의 용존산소가 소비되는 산소의 양보다 적을 때에는 시료를 희석수로 적당히 희석하여 사용한다.

③ 공장폐수나 혐기성 발효의 상태에 있는 시료는 호기성 산화에 필요한 미생물을 식종하여야 한다.

(2) 시료의 전처리

① 산성 또는 알칼리성 시료 : pH가 6.5~8.5의 범위를 벗어나는 시료는 염산용액(1M) 또는 수산화나트륨 용액(1M)으로 시료를 중화하여 pH 7~7.2로 맞춘다. 다만, 이때 넣어주는 염산 또는 수산화나트륨의 양이 시료량의 0.5%가 넘지 않도록 하여야 한다. 또한 반드시 식종을 실시한다.

② 잔류염소가 함유된 시료 : 시료 100mL에 아자이드화나트륨 0.1g과 요오드화칼륨 1g을 넣고 흔들어 섞은 다음 염산을 넣어 산성으로 한다(약 pH 1). 유리된 요오드를 전분지시약을 사용하여 아황산나트륨용액(0.025N)으로 액의 색깔이 청색에서 무색으로 변화될 때까지 적정하여 얻은 아황산나트륨용액(0.025N)의 소비된 부피(mL)를 남아있는 시료의 양에 대응하여 넣어 준다. 또한 반드시 식종을 실시한다.

③ 용존산소가 과포화된 시료 : 수온을 23~25℃로 하여 15분간 통기하고 방냉하여 수온을 20℃로 한다.

④ 시료는 시험하기 바로 전에 온도를 20±1℃로 조정한다.

(3) 희석

예상 BOD 값에 대한 사전 경험이 없을 때 다음과 같이 희석하여 시료를 조제한다.

① 오염 정도가 심한 공장폐수 : 0.1~1.0%

② 처리하지 않은 공장폐수와 침전된 하수 : 1~5%

③ 처리하여 방류된 공장폐수 : 5~25%

④ 오염된 하천수 : 25~100%

> **➕ PLUS 참고 📋**
>
> 시료의 BOD 값 보정
> 배양 후의 산소 소비량이 40~70% 범위 안에 있는 식종희석수를 선택하여 배양 전·후의 용존산소량과 식종액 함유율을 구하고 시료의 BOD 값을 보정한다.

(4) 시험 방법

① 시료(또는 전처리한 시료)의 예상 BOD 값으로부터 단계적으로 희석배율을 정하여 3~5종의 희석시료 2개를 한 조로 하여 조제한다. 예상 BOD 값에 대한 사전 경험이 없을 때에는 희석하여 시료를 조제한다.

② BOD용 희석수 또는 BOD용 식종희석수를 사용하여 시료를 희석할 때에는 2L 부피 실린더에 공기가 갇히지 않게 조심하면서 반만큼 채우고, 시료(또는 전처리한 시료) 적당량을 넣은 다음 BOD용 희석수 또는 식종 희석수로 희석배율에 맞는 눈금의 높이까지 채운다.

③ 공기가 갇히지 않게 젖은 막대로 조심하면서 섞고 2개의 300mL BOD병에 완전히 채운 다음, 한 병은 마개를 꼭 닫고 물로 마개주위를 밀봉하여 BOD용 배양기에 넣고 어두운 상태에서 5일간 배양한다. 이때 온도는 20℃로 항온한다. 나머지 한 병은 15분간 방치한 후에 희석된 시료 자체의 초기 용존산소를 측정하는 데 사용한다.

④ 같은 방법으로 미리 정해진 희석배율에 따라 몇 개의 희석 시료를 조제하여 2개의 300mL BOD병에 완전히 채운 ③과 같이 실험한다. 처음의 희석 시료 자체의 용존산소량과 20℃에서 5일간 배양할 때 소비된 용존산소의 양을 용존산소 측정법에 따라 측정하여 구한다.

⑤ 5일 저장기간 동안 산소의 소비량이 40~70% 범위 안의 희석 시료를 선택하여 초기용존산소량과 5일간 배양한 다음 남아 있는 용존산소량의 차로부터 BOD를 계산한다.

⑥ 시료를 식종하여 BOD를 측정할 때는 실험에 사용한 식종액을 희석수로 단계적으로 희석한 이후에 위의 실험방법에 따라 실험하고 배양 후의 산소 소비량이 40~70% 범위 안에 있는 식종희석수를 선택하여 배양 전후의 용존산소량과 식종액 함유율을 구하고 시료의 BOD 값을 보정한다.

(5) BOD의 계산

① 식종하지 않은 시료 BOD

$$BOD(mg/L) = (D_1 - D_2) \times P$$

② 식종희석수 사용 BOD

$$BOD(mg/L) = [(D_1 - D_2) - (B_1 - B_2) \times f] \times P$$

- D_1 : 15분간 방치된 후의 희석(조제)한 시료의 DO(mg/L)
- D_2 : 5일간 배양한 다음의 희석(조제)한 시료의 DO(mg/L)
- B_1 : 식종액의 BOD를 측정할 때 희석된 식종액의 배양 전 DO(mg/L)
- B_2 : 식종액의 BOD를 측정할 때 희석된 식종액의 배양 후 DO(mg/L)
- f : 희석시료 중의 식종액 함유율(x%)과 희석한 식종액 중의 식종액 함유율(y%)의 비(=x/y)
- P : 희석시료 중 시료의 희석배수(희석시료량/시료량)

(6) BOD의 분류 및 단계별 BOD 요구량

① 형태에 따른 분류

    ㉠ SBOD(Soluble BOD) : 용해성 BOD, 생물학적 처리대상

    ㉡ IBOD(Insoluble BOD) : 불용성 BOD, 물리적 처리대상

② 단계별 BOD

        ㉠ 1단계 BOD(CBOD) : 탄소(유기물) 분해 시 요구되는 산소량

        ㉡ 2단계 BOD(NBOD) : 질소 분해 시 요구되는 산소량

③ BOD 감소공식

        ㉠ 잔존 BOD

$$L_t = L_a \times 10^{-Kt}$$

- L_t : t일 후의 잔존 BOD
- K : 탈산소계수
- L_a : 최초 전 BOD, 최종 BOD(BOD_u)
- t : day

        ㉡ 소비 BOD

$$Y = L_a - L_t = L_a - L_a 10^{-Kt} = L_a(1 - 10^{-Kt})$$

- Y : t일 동안 소비된(분해된) BOD

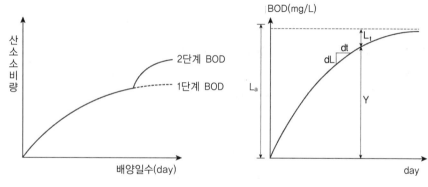

[그림 1-21] 단계별 BOD 요구량

3 화학적 산소 요구량(COD : Chemical Oxygen Demand)

(1) 산성 100℃에서 과망간산칼륨에 의한 화학적 산소 요구량

① 측정 원리

        ㉠ 시료를 황산산성으로 하여 과망간산칼륨 일정과량을 넣고 30분간 수욕상에서 가열반응시킨 다음 소비된 과망간산칼륨량으로부터 이에 상당하는 산소의 양을 측정하는 방법이다.

        ㉡ 염소이온이 2,000mg/L 미만인 반응시료(100mL)에 적용하며 그 이상일 때는 알칼리성법에 따른다.

② 시험 방법

        ㉠ 300mL 둥근바닥 플라스크에 시료 적당량을 취하여 정제수를 넣어 전량을 100mL로 한다.

        ㉡ 시료에 황산(1+2) 10mL를 넣고 황산은 분말 약 1g을 넣어 세게 흔들어 준 다음 수분 간 방치한다.

        ㉢ 과망간산칼륨용액(0.005M) 10mL를 정확히 넣고 둥근바닥 플라스크에 냉각관을 붙이고 물중탕의 수면이 시료의 수면보다 높게 하여 끓는 물중탕기에서 30분간 가열한다.

   ㉣ 냉각관의 끝을 통하여 정제수 소량을 사용하여 씻어준 다음 냉각관을 떼어 낸다.

   ㉤ 옥살산나트륨용액(0.0125M) 10mL를 정확하게 넣고 60~80℃를 유지하면서 과망간산칼륨용액
   (0.005M)을 사용하여 용액의 색이 엷은 홍색을 나타낼 때까지 적정한다.

   ㉥ 정제수 100mL를 사용하여 같은 조건으로 바탕 시험을 행한다.

   ㉦ 시료의 양은 30분간 가열 반응한 후에 과망간산칼륨용액(0.005M)이 처음 첨가한 양의 50%~70%
   가 남도록 채취한다. 다만 시료의 COD 값이 10mg/L 이하일 경우에는 시료 100mL를 취하여 그대
   로 시험하며, 보다 정확한 COD 값이 요구될 경우에는 과망간산칼륨액(0.005M)의 소모량이 처음
   가한 양의 50%에 접근하도록 시료량을 취한다.

③ COD 계산

$$COD(mg/L) = (b-a) \times f \times \frac{1,000}{V} \times 0.2$$

- a : 바탕시험 적정에 소비된 과망간산칼륨용액(0.005M)의 양(mL)
- b : 시료의 적정에 소비된 과망간산칼륨용액(0.005M)의 양(mL)
- f : 과망간산칼륨용액(0.005M) 농도계수(factor)
- V : 시료의 양(mL)

(2) 알칼리성 100℃에서 과망간산칼륨에 의한 화학적 산소 요구량

① 측정 원리

   ㉠ 시료를 알칼리성으로 하여 과망간산칼륨 일정과량을 넣고 60분간 수욕상에서 가열반응 시키고 요
   오드화칼륨 및 황산을 넣어 남아있는 과망간산칼륨에 의하여 유리된 요오드의 양으로부터 산소의
   양을 측정하는 방법이다.

   ㉡ 염소이온이 2,000mg/L 이상인 반응시료(100mL)에 적용한다.

② 시험 방법

   ㉠ 300mL 둥근바닥 플라스크에 시료 적당량을 취하여 정제수를 넣어 50mL로 하고 수산화나트륨용
   액(10%) 1mL를 넣어 알칼리성으로 한다.

   ㉡ 여기에 과망간산칼륨용액(0.005M) 10mL를 정확히 넣은 다음 둥근바닥 플라스크에 냉각관을 붙
   이고 물중탕기의 수면이 시료의 수면보다 높게 하여 끓는 물중탕기에서 60분 간 가열한다.

   ㉢ 냉각관의 끝을 통하여 정제수 소량을 사용하여 씻어준 다음 냉각관을 떼어 내고 요오드화칼륨용액
   (10%) 1mL를 넣어 방치하여 냉각한다.

   ㉣ 아자이드화나트륨(4%) 한 방울을 가하고 황산(2 + 1) 5mL를 넣어 유리된 요오드를 지시약으로 전
   분용액 2mL를 넣고 티오황산나트륨용액(0.025M)으로 무색이 될 때까지 적정한다.

   ㉤ 따로 시료량과 같은 양의 정제수를 사용하여 같은 조건으로 바탕 시험을 행한다.

   ㉥ 시료의 양은 가열반응하고 남은 과망간산칼륨용액(0.005M)이 처음 첨가한 양의 50~70%가 남도
   록 채취한다. 보다 정확한 COD 값이 요구될 경우에는 과망간산칼륨용액(0.005M)의 소모량이 처
   음 가한 양의 50%에 접근하도록 시료량을 취한다.

③ COD 계산

$$\text{COD(mg/L)} = (a-b) \times f \times \frac{1,000}{V} \times 0.2$$

- a : 바탕시험 적정에 소비된 티오황산나트륨용액(0.025M)의 양(mL)
- b : 시료의 적정에 소비된 티오황산나트륨용액(0.025M)의 양(mL)
- f : 티오황산나트륨용액(0.025M)의 농도계수(factor)
- V : 시료의 양(mL)

(3) 다이크롬산칼륨에 의한 화학적 산소 요구량

① 측정 원리 : 시료를 황산산성으로 하여 다이크롬산칼륨 일정 과량을 넣고 2시간 가열반응 시킨 다음 소비된 다이크롬산칼륨의 양을 구하기 위해 환원되지 않고 남아 있는 다이크롬산칼륨을 황산제일철 암모늄용액으로 적정하여 시료에 의해 소비된 다이크롬산칼륨을 계산하고 이에 상당하는 산소의 양을 측정하는 방법이다. 따로 규정이 없는 한 해수를 제외한 모든 시료의 다이크롬산칼륨에 의한 화학적 산소 요구량을 필요로 하는 경우에 이 방법에 따라 시험한다.

② 시험 방법

  ㉠ 250mL 플라스크에 시료 적당량을 넣고 여기에 황산수은(Ⅱ) 약 0.4g을 넣은 다음, 정제수를 넣어 20mL로 하여 잘 흔들어 섞고 몇 개의 끓임쪽을 넣은 다음 천천히 흔들어 준다.

  ㉡ 황산은용액 2mL를 천천히 넣고, 얼음중탕 안에서 다이크롬산칼륨용액(0.025N) 10mL를 서서히 흔들어 주면서 정확히 넣은 다음 플라스크에 냉각관을 연결시키고 냉각수를 흘린다.

  ㉢ 열린 냉각관 끝에서 황산은 용액 28mL를 천천히 흔들면서 넣은 다음 냉각관 끝을 작은 비커로 덮고 가열판에서 2시간 동안 가열한다.

  ㉣ 방치하여 냉각시키고 정제수 약 10mL로 냉각관을 씻은 다음 냉각관을 떼어내고 전체 액량이 약 140mL가 되도록 정제수를 넣고 1,10-페난트로린제일철 용액 2~3방울 넣은 다음 황산제일철암모 늄용액(0.025N)을 사용하여 액의 색이 청록색에서 적갈색으로 변할 때까지 적정한다. 따로 정제수 20mL를 사용하여 같은 조건으로 바탕 시험을 행한다.

③ COD 계산

$$\text{COD(mg/L)} = (b-a) \times f \times \frac{1,000}{V} \times 0.2$$

- a : 적정에 소비된 황산제일철암모늄용액(0.025N)의 양(mL)
- b : 바탕시료에 소비된 황산제일철암모늄용액(0.025N)의 양(mL)
- f : 황산제일철암모늄용액(0.025N)의 농도계수(factor)
- V : 시료의 양(mL)

4 부유물질(SS : Suspended Solid) : 유리섬유 여지법

(1) 측정 원리

미리 무게를 단 유리섬유 여과지(GF/C)를 여과장치에 부착하여 일정량의 시료를 여과시킨 다음 항량으로 건조하여 무게를 달아 여과 전·후의 유리섬유 여과지의 무게 차를 산출하여 부유물질의 양을 구하는 방법이다.

(2) 시험 방법

① 유리섬유여과지(GF/C)를 여과장치에 부착하여 미리 정제수 20mL씩으로 3회 흡입 여과하여 씻은 다음 시계 접시 또는 알루미늄 호일 접시 위에 놓고 105~110℃의 건조기 안에서 2시간 건조시켜 데시케이터에 넣어 방치하고 냉각한 다음 항량하여 무게를 정밀히 달고, 여과장치에 부착시킨다.

② 시료 적당량(건조 후 부유물질로써 2mg 이상)을 여과장치에 주입하면서 흡입 여과한다.

③ 시료 용기 및 여과장치의 기벽에 붙어있는 부착물질을 소량의 정제수로 유리섬유여과지에 씻어 내린 다음 즉시 여지상의 잔류물을 정제수 10mL씩 3회 씻어주고 약 3분 동안 계속하여 흡입 여과한다.

④ 유리섬유여과지를 핀셋으로 주의하면서 여과장치에서 끄집어내어 시계접시 또는 알루미늄 호일 접시 위에 놓고 105~110℃의 건조기 안에서 2시간 건조시켜 데시케이터에 넣어 방치하고 냉각한 다음 항량으로 하여 무게를 정밀히 단다.

(3) SS의 계산

$$SS(mg/L) = (b-a) \times \frac{1,000}{V}$$

- a : 시료여과 전의 유리섬유여지 무게(mg)
- b : 시료여과 후의 유리섬유여지 무게(mg)
- V : 시료의 양(mL)

확인학습문제

01 설치비용이 적게 들고 단면이 축소되는 목 부분을 조절함으로써 유량이 조절되는 장점을 가진 유량 측정 방법은 무엇인가?

① 피토관
② 오리피스
③ 벤츄리미터
④ 자기식 유량측정기

 해설

오리피스는 설치에 비용이 적게 들고 비교적 유량측정이 정확해 얇은 판오리피스가 널리 이용되고 있다. 오리피스의 장점은 단면이 축소되는 목(throat) 부분을 조절할 수 있어 유량이 조절된다는 점이며, 단점은 오리피스(Orifice) 단면에서 커다란 수두손실이 일어난다는 점이다.

02 관내유량을 측정하는 피토관에 대한 설명으로 옳지 **않은** 것은? [03년 부산]

① 유량측정이 비교적 정확하고 관 부분을 조절하며 유량을 조절할 수 있다.
② 부유물질이 적은 대형관에서 효율적인 유량측정기이다.
③ 설치장소는 엘보, 티 등과 같이 관이 변화하는 지점으로부터 최소한 관 지름의 15~50배 정도 떨어진 지점이어야 한다.
④ 피토관으로 측정 시에는 반드시 일직선상의 관에서 이루어져야 한다.

해설

관 부분을 조절하여 유량을 조절할 수 있는 유량계는 오리피스 유량계이다.

03 다음 중 폐수 내의 DO량을 측정하는 방법으로 옳은 것은?

① 질산은 측정법　　　　　　　　　② 카드뮴 환원법
③ 과망간산칼륨법　　　　　　　　　④ 윙클러-아자이드화나트륨 변법

> **해설**
> DO의 측정은 윙클러-아자이드화나트륨 변법을 이용한다.

04 DO 측정 시 종말점(End Point)에 있어서 액의 색은?(단, 윙클러-아자이드화나트륨 변법 기준)

[02년 경기]

① 주홍색　　　　　　　　　　　　　② 청색
③ 무색　　　　　　　　　　　　　　④ 황색

> **해설**
> BOD병의 용액 200mL를 정확히 취하여 황색이 될 때까지 티오황산나트륨용액(0.025M)으로 적정한 다음, 전분용액 1mL를 넣어 용액을 청색으로 만든다. 이후 다시 티오황산나트륨용액(0.025M)으로 용액이 청색에서 무색이 될 때까지 적정한다.

05 최종 BOD(BODu)의 설명으로 옳은 것은?

[02년 부산]

① 탄소계 BOD이다.
② 질소계 BOD이다.
③ 질소계 BOD + 탄소계 BOD이다.
④ BOD$_5$이다.

> **해설**
> • 1단계 BOD : 호기성 미생물이 탄소화합물을 산화·분해시키는 데 소요하는 산소량을 말한다. 일명 1차 BOD 또는 CBOD, 최종 BOD라고 한다.
> • 2단계 BOD : 호기성 미생물이 질소화합물을 산화·분해시키는 데 소요하는 산소량을 말한다. 일명 2차 BOD 또는 NBOD라고 한다.

06 표준 BOD 측정 시 보통 몇 ℃에서 며칠 동안 배양하는가?

① 15℃에서 5일간   ② 20℃에서 3일간

③ 20℃에서 5일간   ④ 20℃에서 7일간

해설

BOD 실험은 시료를 20℃에서 5일간 저장하여 두었을 때 시료 중의 호기성 미생물의 증식과 호흡작용에 의하여 소비되는 용존산소의 양으로부터 측정하는 방법이다.

07 예상 생물화학적 산소 요구량값에 대한 사전 경험이 없을 때 오염 정도가 심한 공장폐수는 통상 얼마 정도를 희석하여 시료를 조제하는가?

① 25~50%   ② 1.0~5%

③ 5.0~25%   ④ 0.1~1.0%

해설

예상 BOD 값에 대한 사전 경험이 없을 때 다음과 같이 희석하여 시료를 조제한다.
- 오염 정도가 심한 공장폐수 : 0.1~1.0%
- 처리하지 않은 공장폐수와 침전된 하수 : 1~5%
- 처리하여 방류된 공장폐수 : 5~25%
- 오염된 하천수 : 25~100%

08 다음 중 알칼리성, 100℃에서 $KMnO_4$에 의한 COD를 측정할 때 적정액은 무엇인가?

① NaOH   ② $Na_2C_2O_4$

③ KMnO   ④ $Na_2S_2O_3$

해설

아자이드화나트륨(4%) 한 방울을 가하고 황산(2+1) 5mL를 넣어 유리된 요오드를 지시약으로 전분용액 2mL를 넣고 티오황산나트륨용액(0.025M)으로 무색이 될 때까지 적정한다.

09 pH 2.5인 용액과 pH 6인 용액을 용량비 1 : 9로 희석, 혼합할 경우 혼합액의 pH는? [02년 환경부]

① 5.5

② 4.5

③ 3.5

④ 2.5

해설

$$pH \ 2.5 : [H^+] = 10^{-2.5} mol/L$$

$$pH \ 6 : [H^+] = 10^{-6} mol/L$$

$$[H^+] = \frac{(1 \times 10^{-2.5} + 9 \times 10^{-6})}{1+9} = 4 \times 10^{-4} mol/L$$

$$\therefore pH = -\log(4 \times 10^{-4}) = 4 - \log 4 ≒ 3.5$$

10 어느 공장폐수를 300mL BOD병에 시료를 취하여 윙클러-아자이드화나트륨변법으로 DO를 고정하였더니 0.025M-NaS₂O₃ 14mL가 소비되었다. 이때 DO 고정 시 고정시약을 5mL를 가했다고 하면 DO 값은?(단, f = 1이다.)

① 8.52mg/L

② 9.49mg/L

③ 10.15mg/L

④ 11.45mg/L

해설

$$DO(mg/L) = a \times f \times \frac{V_1}{V_2} \times \frac{1,000}{V_1 - R} \times 0.2$$

$$= 14 \times 1 \times \frac{300}{300} \times \frac{1,000}{300 - 5} \times 0.2 ≒ 9.49mg/L$$

11 폐수 중의 부유물질을 측정하고자 실험을 하여 다음과 같은 결과를 얻었다. 폐수 중의 부유물질의 농도는 얼마인가?

[결과]
시료량 100mL
• 시료 여과 전 유리섬유여과지 무게 : 1.6224g
• 시료 여과 후 건조여지의 무게 : 1.6439g

① 195mg/L
② 198mg/L
③ 201mg/L
④ 215mg/L

해설

$$SS(\text{mg/L}) = (b-a) \times \frac{1,000}{V}$$
$$= (1,643.9 - 1,622.4) \times \frac{1,000}{100} = 215\text{mg/L}$$

12 생물화학적 산소 요구량(BOD) 측정에 대한 설명으로 옳지 <u>않은</u> 것은?

① 잔류염소가 함유된 시료는 BOD용 식종희석수로 희석하여 사용한다.
② 시료를 BOD용 희석수를 사용하여 희석할 때에 이들 중에 독성 물질이 함유되어 있으면 정상적인 BOD값을 나타내지 않게 된다.
③ 공장폐수의 BOD와 COD값은 항상 양호한 상관관계가 성립한다.
④ BOD 시험의 체크에는 글루코오스와 글루타민산의 혼합액을 사용한다.

해설

하수의 경우 COD : BOD=1 : 1~2, 처리수의 경우 COD : BOD ≒ 2 : 1 정도이며, 공장폐수의 경우는 비율이 일정하지 않으며 일반적으로 COD값이 높은 편이다.

13 호수나 저수지 등 정체된 수역의 오염도(유기물량)를 BOD값보다 COD값으로 나타내는 이유로 가장 적절한 것은?   [03년 경기]

① 유기물이나 염류가 많아 이러한 저해요인을 피하기 위해
② 조류의 양을 고려할 수 있기 때문
③ 수질의 변동이 비교적 적기 때문에 그 차이를 나타내기 위해
④ 흐르는 물이 아니기 때문에 용존산소가 적어 BOD를 측정하기 곤란하기 때문에

해설

호수 및 해수의 경우 수역의 오염도(유기물량)를 BOD 값보다 COD 값으로 나타내는 이유는 조류가 많이 번식하고 있을 때 탄소동화작용의 영향으로 BOD는 오염도의 판단에 적합하지 않기 때문이다.

14 다음 중 관내의 유량측정법(관내 압력존재)이 <u>아닌</u> 것은?   [03년 경기]

① 파샬플룸
② 오리피스
③ 자기식 유량측정기
④ 유량측정용 노즐

해설

파샬플룸은 위어(Weir)와 함께 측정용 수로에 의한 유량측정 방법에 속한다.

15 지름이 30cm인 관에 물이 흐르고 있으며, 피토정압관에 의한 마노미터가 20cm의 시차를 나타낼 때 유량(m^3/min)은 얼마인가?(단, 유량계수는 0.7이다)

① $3.24m^3$/min

② $5.87m^3$/min

③ $7.29m^3$/min

④ $8.05m^3$/min

> **해설**
>
> $$Q = C \cdot A \cdot V$$
>
> - Q : 유량(cm^3/sec)
> - A : 관의 유수단면적(cm^2)[$= \pi D^2/4$]
> - C : 유량계수
> - V : $\sqrt{2g \cdot H}$ (cm/sec)
>
> $Q = 0.7 \times \dfrac{3.14 \times (30cm)^2}{4} \times \sqrt{2 \times (980cm/sec^2) \times 20cm} = 97,915cm^3/sec \fallingdotseq 5.87m^3/min$
>
> ※ $1min = 60sec$, $1m^3 = 10^6 cm^3$

16 직각 삼각에 의하여 유량을 측정하고자 한다. 위어(Weir)의 수두가 30cm이고 유량계수는 70일 때 유량(m^3/min)은?

① $3.45m^3$/min

② $6.52m^3$/min

③ $7.85m^3$/min

④ $11.52m^3$/min

> **해설**
>
> $Q = K \cdot h^{5/2} = 70 \times 0.3^{5/2} = 3.45m^3/min$

17 용존산소의 측정 시 아자이드화나트륨변법을 사용하는 이유는 무엇인가?

① 폐수 중 존재하는 모든 방해물을 제거하기 위해

② 폐수 중의 Cl^-의 방해를 막기 위해

③ 폐수 중의 NO_3^-의 방해를 막기 위해

④ 폐수 중의 NO_2^-의 방해를 막기 위해

> **해설**
>
> 아자이드화나트륨(NaN_3)은 아질산이온(NO_2^-)이 I_2를 생성시켜 DO 측정치를 증가시키는 것을 방지하기 위해 사용된다.

18 부유물질 측정 시 건조 온도 및 시간으로 알맞은 것은?

① 100~105℃, 1시간

② 105~110℃, 1시간

③ 100~105℃, 2시간

④ 105~110℃, 2시간

해설

부유물질 측정 시 105~110℃의 건조기 안에서 2시간 건조시켜 데시케이터에 넣어 방치하고 냉각한 다음 항량으로 하여 무게를 정밀히 단다.

19 자기식 유량측정기에 대한 설명으로 옳지 않은 것은?

① 측정기의 전압은 유체의 활성도, 탁도, 점성 및 온도의 영향을 받는다.

② 측정원리는 패러데이의 법칙을 이용한다.

③ 고형물이 많아 관을 메울 우려가 있는 폐·하수에 이용할 수 있는 유량 측정기기이다.

④ 자장의 직각에서 전도체를 이동시킬 때 유발되는 전압은 전도체 속도에 비례한다는 원리를 이용한 것이다.

해설

자기식 유량측정기

• 고형물이 많아 관을 메울 우려가 있는 폐·하수에 이용할 수 있다.

• 측정원리는 패러데이(Faraday)의 법칙을 이용하여 자장의 직각에서 전도체를 이동시킬 때 유발되는 전압은 전도체의 속도에 비례한다는 원리를 이용한 것으로 이 경우 전도체는 폐·하수가 되며, 전도체의 속도는 유속이 된다. 이때 발생된 전압은 유량계 전극을 통하여 조절변류기로 전달된다.

• 이 측정기는 전압이 활성도, 탁도, 점성, 온도의 영향을 받지 않고 다만 유체(폐·하수)의 유속에 의하여 결정되며 수두손실이 적다.

20 용기를 이용한 유량측정 시 최대유량이 1m³/min 미만인 경우에 대한 설명으로 옳지 <u>않은</u> 것은?

① 유량 = 60V/t이다(t : 유수가 용량을 채우는 데 걸리는 시간, V : 측정용기의 용량).
② 용기는 용량 100~200L인 것을 사용한다.
③ 유수를 채우는 데 소요되는 시간은 스톱워치로 측정한다.
④ 용기는 물을 받아 넣는 시간을 20초 이하가 되도록 용량을 결정한다.

해설

용기에 의한 유량측정

• 최대유량이 1m³/min 미만인 경우
  – 유수를 용기에 받아서 측정한다.
  – 용기는 용량 100~200L인 것을 사용한다.
  – 용기를 채우는 데 요하는 시간을 스톱워치로 잰다.
  – 용기에 물을 받아 넣는 시간이 20초 이상이 되도록 용량을 결정한다.

21 용존산소를 윙클러-아자이드화나트륨변법으로 측정하고자 한다. Fe(Ⅲ)(100~200mg/L)이 함유되어 있는 시료의 전처리 방법으로 옳은 것은?

① 황산의 첨가 후 플루오린화칼륨용액(100g/L) 1mL를 가한다.
② 황산의 첨가 후 플루오린화칼륨용액(300g/L) 1mL를 가한다.
③ 황산의 첨가 전 플루오린화칼륨용액(100g/L) 1mL를 가한다.
④ 황산의 첨가 전 플루오린화칼륨용액(300g/L) 1mL를 가한다.

해설

Fe(Ⅲ) 100~200mg/L가 함유되어 있는 시료의 경우, 황산을 첨가하기 전에 플루오린화칼륨 용액(300g/L) 1mL를 가한다.

시료의 전처리

• 시료가 현저히 착색, 현탁된 경우 : 칼륨명반 응집침전법
• 활성오니의 미생물의 플록이 형성된 경우 : 황산구리-술퍼민산법
• 산화성 물질을 함유한 경우(잔류염소) : 바탕시험으로 별도의 실험을 실시하여 그 측정값을 용존산소량의 측정값에 보정한다.
• 산화성 물질을 함유한 경우(Fe(Ⅲ)) : 플루오린화칼륨용액첨가법(황산 첨가 전)

22 다음은 BOD 측정 시 시료의 전처리에 대한 설명이다. (   ) 안에 들어갈 알맞은 내용으로 짝지어진 것은?

> pH가 (㉠)의 범위를 벗어나는 시료는 염산용액(1M) 또는 수산화나트륨용액(1M)으로 시료를 중화하여 pH 7~7.2로 맞춘다. 다만, 이때 넣어주는 염산 또는 수산화나트륨의 양이 시료량의 (㉡)가 넘지 않도록 하여야 한다.

① ㉠ 6.5~7.5, ㉡ 0.5% 　　　　② ㉠ 6.5~7.5, ㉡ 0.3%

③ ㉠ 6.5~8.5, ㉡ 0.5% 　　　　④ ㉠ 6.5~8.5, ㉡ 0.3%

해설

시료의 전처리

pH가 6.5~8.5의 범위를 벗어나는 산성 또는 알칼리성 시료는 염산용액(1M) 또는 수산화나트륨용액(1M)으로 시료를 중화하여 pH 7~7.2로 맞춘다. 다만, 이때 넣어주는 염산 또는 수산화나트륨의 양이 시료량의 0.5%가 넘지 않도록 하여야 한다.

CHAPTER

01 대기오염의 개요

01 대기오염 및 대기오염 사건

1 대기오염

(1) 대기오염의 정의

대기 중에 인공적으로 오염물질이 혼입되어 양, 질, 농도 및 지속시간이 상호작용하여 다수의 지역주민에게 불쾌감을 일으키거나 보건상의 위해를 끼치며, 인류의 생활이나 식물의 생장을 방해하는 상태를 말한다(WHO의 정의).

(2) 대기오염의 형태

① 국지오염
② 광역오염
③ 단독오염
④ 복합오염

2 대기오염 사건

(1) 대기오염의 과정

① 자연현상에 의한 오염
  ㉠ 산불, 화산폭발, 황사 등에 의한 자연적인 대기오염을 말한다.
  ㉡ 자연현상에 의한 대기오염은 법규상 대기오염에 속하지 않는다.
② 인위적인 오염
  ㉠ 18세기 산업혁명을 시작으로 석탄 등의 화석연료 사용으로 인하여 인위적인 대기오염이 발생하였다.
    예 대기오염물질 : 황산화물(SO_x), 매연, 먼지(TSP) 등
  ㉡ 19세기 이후 전 세계적으로 자동차의 사용이 늘어나면서 자동차 배출가스에 의한 인위적인 오염이 증가하였다.
    예 대기오염물질 : 질소산화물(NO_x), HC, CO, VOC, Pb 등

(2) 대표적 대기오염 사건

① 뮤즈 계곡 사건

　㉠ 1930년 벨기에에서 발생한 최초의 대기오염 사건

　㉡ 원인물질 : 아황산가스(SO_2), 황산미스트, 질소산화물 및 불소산화물 등

　㉢ 피해상황 : 지역주민 수백 명의 호흡기 계통 질병, 63명 사망

② 횡빈 사건

　㉠ 1946년 일본에서 발생한 대기오염 사건

　㉡ 원인물질 : 불확실, 대표적으로 아황산가스(SO_2) 및 먼지 등으로 추측 및 파악됨

　㉢ 피해상황 : 심장 및 호흡기 질환

③ 도로나 사건

　㉠ 1948년 미국(펜실베니아주)에서 발생한 대기오염 사건

　㉡ 원인물질 : 아황산가스(SO_2), 황산미스트 등의 정체현상

　㉢ 피해상황

　　• 인구 14,000명 중 18명 사망, 약 6,000명의 환자가 발생

　　• 특히 노인층에 만성심장질환, 기침, 호흡곤란, 흉부압박감 등의 증상

④ 포자리카 사건

　㉠ 1950년 멕시코(포자리카)에서 발생한 대기오염 사건

　㉡ 원인물질 : 황화수소(H_2S)누출

　㉢ 피해상황

　　• H_2S 가스에 의해 22,000명 중 320명이 급성중독에 걸려 끝내 22명이 사망

　　• 그 외는 기침, 호흡곤란, 점막자극 등의 증상

⑤ 런던 스모그 사건

　㉠ 1952년 영국(런던)에서 발생한 대기오염 사건

　㉡ 원인물질 : 아황산가스(SO_2) 및 매연

　㉢ 피해상황

　　• 가장 많은 인명피해를 일으킨 대기오염 사건

　　• 만성 기관지염, 천식, 기관확장증, 폐섬유증, 폐렴 등

⑥ LA 스모그 사건

　㉠ 1954년 미국(LA)에서 발생한 대기오염 사건

　㉡ 원인물질 : 질소산화물 등에 의한 광화학 스모그

　㉢ 피해상황

　　• 눈, 코, 기도, 폐 등의 점막에 지속적 또는 반복적 자극

　　• 식물 · 과실의 손상, 가죽제품의 피해, 고무제품의 균열과 노화, 건축물의 손상 등

(3) 런던 스모그와 LA 스모그 사건의 비교

구분	런던 스모그	LA 스모그
온도	낮을 때(4℃)	높을 때(24℃)
습도	높을 때(80% 이상)	낮을 때(70% 이하)
발생 시기	이른 아침	한낮
역전 형태	복사역전	침강역전
반응	열적 환원반응	광화학적 산화반응
시정 거리	100m 이하	1km 이하
주 오염물질	황산화물, 일산화탄소	질소산화물, 오존, HC
피해	호흡기계 및 심장질환	점막자극, 고무제품 노화
원인	가정 난방, 공장매연	자동차 배출가스

02 대기오염 물질

1 대기오염 물질의 분류

(1) 상태에 따른 분류

① 입자상 물질 : 물질의 파쇄·선별 등의 기계적 처리나 연소·합성 등의 과정에서 생기는 고체 또는 액체 상태의 미세한 물질을 말한다($0.1{\sim}10\mu m$).

    ㉠ Dust(먼지)

- 대기 중에 떠다니거나 흩날려 내려오는 입자상 물질을 말한다.
- 강하먼지 : 먼지의 입경이 커서 가라앉는 먼지($10\mu m$ 이상)
- 부유먼지 : 먼지의 입경이 작아 가라앉지 않고 대기 중에 떠다니는 먼지($10\mu m$ 이하)

    ㉡ Smoke(매연) : 연소할 때에 생기는 유리탄소가 주가 되는 미세한 입자상 물질을 말한다($1\mu m$ 이하).

    ㉢ Soot(검댕) : 연소할 때에 생기는 유리탄소가 응결하여 생긴 입자상 물질을 말한다($1\mu m$ 이상).

    ㉣ Fume(훈연) : 승화, 증류, 화학반응 등에 의해 발생하는 연기가 응축할 때 생기는 고체상의 미립자를 말한다($1\mu m$ 이하).

    ㉤ Fog(안개) : 대기 중의 수증기가 응결하여 지표 가까이에 작은 물방울이 떠 있는 현상으로 시정 거리 1km 이하이고, 습도는 100%이다.

    ㉥ Mist(연무) : 증기의 응축 또는 화학반응에 의해서 생성된 액체입자로 시정 거리는 1km 이상이다.

    ㉦ Haze(박무) : 시야를 방해하는 입자상 물질로 수분, 오염물질 및 먼지 등으로 구성되어 있으며 상대습도는 70% 이하이다($1\mu m$ 이하).

> **PLUS 용어정리** ✓
>
> • **PM10** : 공기역학적 직경이 $10\mu m$ 이하인 분진
> • **PM2.5** : 공기역학적 직경이 $2.5\mu m$ 이하인 분진

② **가스상 물질** : 물질이 연소·합성·분해될 때에 발생하거나 물리적 성질로 인하여 발생하는 기체상 물질을 말한다.

　㉠ 황산화물(SOx)

　　• SO_2, SO_3, H_2SO_3, H_2SO_4, $MgSO_4$ 등의 물질이 있으나 대기 오염물질로 가장 중요한 것은 SO_2로 대기오염의 지표가 된다.

　　• 황산화물은 주로 황함유 광석이나 황함유 화석연료의 연소에 의해 인위적으로 배출된다.

　　• 연소과정에서 생성되는 황산화물 중 95% 정도는 SO_2이고, 5% 정도는 SO_3이다.

　　• SO_2의 특징

　　　– 자극취가 있는 무색의 불연성 기체로 물에 잘 용해된다.

　　　– 환원성 표백제의 역할을 한다.

　　　– 산성비의 원인물질이다.

　　　– 호흡기의 섬모운동 기능을 약화시킨다.

　　　– 부식성이 높아 건축물, 고무제품, 금속, 제지 등의 부식 및 노화를 일으킨다.

　　　– 자연적 발생량과 인위적 발생량이 각각 50%이며 인위적 배출량의 93%는 북반구에서 배출되고 있다.

　　• SO_3의 특징

　　　– SO_2가 대기 중에서 산화되어 생성된다.

　　　– 물에 잘 용해된다.

　　　– 연소 시 생성되는 비율은 SO_2 생성량의 1/40~1/80 수준에 불과하다.

　㉡ 질소산화물(NOx)

　　• NO, NO_2, N_2O, N_2O_3, N_2O_4, N_2O_5 등이 있는데, 대기오염에 중요한 영향을 미치는 물질은 NO와 NO_2이다.

　　• LA 스모그가 발생한 후 주목받기 시작하였다.

　　• 질소산화물은 2차 오염물질의 전구물질로 작용하고, 광화학 스모그의 기인물질로 대기에서 중요도가 높다.

　　• 공기 중에 포함된 질소가 연소반응 후 질소산화물 형태로 배출되는 것을 온도 NOx라고 하고 연료 중에 포함된 질소가 연소반응 후 질소산화물 형태로 배출되는 것을 연료 NOx라고 한다.

　　• 질소산화물은 자동차와 같은 이동 발생원과 화석연료를 사용하는 발전소, 보일러, 소각로 등과 같은 고정 발생원의 연소에 의해 발생한다.

　　• 질소산화물 중 90% 이상이 NO의 형태로 생성된다.

　　• NO의 특징

　　　– 무색으로 공기보다 약간 무거우며 액화시키기 어렵다.

　　　– 자체로는 독성이 약하여 피해가 뚜렷하지 않다.

　　　－ 헤모글로빈과의 결합력이 강하다(CO의 약 1,000배, NO_2의 약 3배).

　　　－ 광화학 스모그의 전구물질이다.

　　　－ 산성비의 원인물질이다.

　　• NO_2의 특징

　　　－ 적갈색의 자극성 기체로 부식성이 강하고 산화력이 크다.

　　　－ 인체 및 동물의 호흡기 세포를 파괴하여 호흡기질환에 대한 면역성을 감소시키는 악영향을 끼친다.

　　　－ NO보다 5~7배 독성이 강하다.

　　　－ 헤모글로빈과의 결합력이 강하다(CO의 300배).

　　• N_2O의 특징

　　　－ 스마일가스라고 불리는 무색의 기체이다.

　　　－ 질소산화물 중 가장 안정한 물질로 대기에 체류하는 시간이 길다.

　　　－ 오존층 파괴의 원인물질로 작용하며, 온실가스에 포함된다.

　ⓒ 암모니아(NH_3)

　　• 무색의 특유한 자극성 냄새가 나는 유독성 기체이다.

　　• 물에 잘 용해된다.

　　• 음식물쓰레기 등과 같은 유기물의 부패 시 발생된다.

　ⓔ 일산화탄소(CO)

　　• 가스상 대기오염 물질 중 역사가 가장 길다.

　　• 무색, 무미, 무취의 질식성 기체로 연료의 불완전연소 시 발생한다.

　　• 쓰레기 소각이나 자동차 배출가스 등에 의해 발생한다.

　　• 난용성이기 때문에 비에 의한 영향을 거의 받지 않는다.

　　• 헤모글로빈과의 결합력이 산소보다 250~300배 높아 혈액의 산소 전달기능을 방해한다(연탄가스 중독).

　　• 토양 박테리아에 의해 CO_2로 산화되어 대기 중에서 제거된다.

　　• 대기 중에서 평균 체류시간은 1~3개월 정도이다.

　ⓜ 이산화탄소(CO_2)

　　• 실내공기오염의 지표로 활용되며 대표적인 온실가스이다.

　　• 화석연료의 연소 및 산림파괴에 의해 배출된다.

　　• 정상 대기 중에 약 0.3%(300ppm) 정도 존재한다.

　　• 지구 복사열을 흡수하여 다시 지표로 방출한다.

　　• 대기 중으로 배출된 CO_2의 약 50%는 대기 중에 축척되고 나머지 중 약 29%는 해수에 흡수되며, 그 외는 지상 생물에 의하여 흡수되는 것으로 추정되고 있다.

　ⓑ 탄화수소(HC)

　　• 수소와 탄소로 이루어진 유기화합물을 말한다.

- 석유 정제시설 및 석유화학제품 제조시설, 정유시설, 세탁시설, 자동차 및 페인트 도장시설 및 연료의 연소 등에 의해 발생한다.
- 결합형태에 따라 파라핀계, 올레핀계, 방향족계 탄화수소로 구분된다.
- 올레핀계 탄화수소는 광화학 옥시던트와 2차 탄화수소 생성에 기여한다.

ⓢ 휘발성 유기화합물(VOC)
- 탄화수소 가운데 증기압이 높고, 끓는점이 낮은 물질을 총칭하여 VOC라고 한다.
- 대기 중에 배출되어 질소산화물과 함께 광화학 반응물을 형성한다.
- 현기증, 호흡기 자극 증상, 피부 자극 등의 질환을 유발한다.

ⓞ 오존(O_3)
- 질소산화물 등의 광화학 반응으로 생성된다.
- 무색, 무미, 해초 냄새를 갖는 기체로 고무제품 등의 손상을 일으킨다.
- 눈 및 호흡기 등에 강한 자극을 준다.
- 일사량이 강한 날 시정장애 및 광화학 스모그에 기인한다.

➕ PLUS 참고 📋

구분	일반 주민	자동차 소유주	관계 기관
주의보 0.12ppm	• 실외 운동경기 자제 • 호흡기환자, 노약자, 5세 미만 어린이 실외 활동 자제	• 불필요한 자동차 운행 자제 • 대중교통시설 이용	• 주의보 상황 통보 • 대중 홍보매체에 의한 대시민 홍보 요청 • 대기오염도 변화 분석 및 기상관측자료 검토
경보 0.3ppm	• 실외 운동경기 제한 • 호흡기환자, 노약자, 5세 미만 어린이 실외활동 제한 • 당해 지역 유치원, 학교 실외 활동 제한	당해 지역 내 자동차 사용 제한	• 경보 상황 통보 • 대기오염 측정 및 기상관측 활동 강화 요청 • 경보사항에 대한 대시민 홍보 강화 요청
중대경보 0.5ppm	• 실외 운동경기 억제 요청 • 호흡기환자, 노약자, 어린이 실외 활동 중지 요청 • 당해 지역 유치원, 학교 휴교 요청	당해 지역 통행 제한 요청	• 중대경보 상황 통보 • 대기오염 측정 및 기상관측 활동 강화 요청 • 위험사항에 대한 대시민 홍보 강화 요청

ⓩ 다이옥신(Dioxin)
- 유기염소제 소각 시 발생하는 유해한 물질이다.
- 폐비닐, PVC, 병원폐기물, 음식물폐기물 등의 소각 시 발생한다.
- 두 개의 벤젠고리, 두 개의 산소교량, 두 개 이상의 염소원자로 구성되어 있다.
- 2, 3, 7, 8-다이옥신이 가장 강한 독성을 가지고 있다.
- 열적으로 안정, 난용성, 강한 흡착성 등의 특징을 갖는다.
- 발암성, 태아독성, 면역독성 등의 인체에 피해를 끼친다.
- 증기압이 낮으며 열적 안정성이 높다.

- 인체에 유입되는 경로는 대부분 음식물에 의한다(음식물 97%, 호흡 3%).
- 벤젠 등의 유기용매에 녹는 지용성이다.
- 300~400℃ 범위에서 재생되는 특성을 가지고 있다.
- PCDD는 75개, PCDF는 135개의 이성질체를 가지고 있다.

ⓧ 라돈
- 무색, 무취의 기체이며 액화 시에도 무색이다.
- 자연 방사능 물질이며 공기보다 9배 무겁다.
- 주요 발생원은 토양, 시멘트, 콘크리트, 대리석 등의 건축자재와 지하수, 동굴 등이다.
- 폐암을 유발하는 물질로 알려져 있다.
- 지구상에서 발견된 약 70여 가지의 자연 방사능 물질이다.
- 화학적으로 거의 반응을 일으키지 않는다.

ⓣ 이황화탄소(CS_2)
- 순수한 액체는 무색이나 불순물이 함유되면 노란색으로 착색된다.
- 휘발성이 강하여 인화되기 쉬우며 난용성이다.
- 흡입 시 중추신경계에 영향을 준다.

(2) 생성과정에 따른 분류

① 1차 오염물질 : 발생원(공장, 자동차 등)에서 대기 중으로 직접 배출되는 오염물질을 말한다.
예 CO, CO_2, HCl, H_2S, Pb, NH_3 등

② 2차 오염물질 : 1차 오염물질이 대기 중에서 여러 반응을 통해 새로 생성된 오염물질을 말한다.
예 O_3, PAN, $NOCl$, 알데히드 등

③ 1, 2차 오염물질 : 발생원에서 직접 배출되기도 하고, 대기 중의 여러 반응을 통해 생성되기도 하는 오염물질을 말한다.
예 NO, NO_2, SO_2, SO_3, H_2SO_4, 유기산, 케톤류 등

➕ PLUS 용어정리 ✔

대기오염원의 분류
- **발생원에 따른 분류** : 자연적 발생원, 인위적 발생원
- **오염형태에 따른 분류** : 점오염원, 면오염원, 선오염원
- **이동성에 따른 분류** : 고정배출원, 이동배출원
- **합성형태에 따른 분류** : 유기성, 무기성

---

2 대기오염 물질의 영향

(1) 인체에 미치는 영향

① 대기오염이 인체에 미치는 인자
ⓐ 대기오염물질의 종류 및 농도
ⓑ 기후 인자
ⓒ 폭로 시간 및 폭로 조건
ⓓ 지역 특성 등

② 침입경로

    ㉠ 대부분 호흡기 계통으로 침입

       • 코를 통해 상기도, 기관지를 지나 폐포로 들어가 모세혈관에 흡수

       • 혈액을 통하여 전신으로 침입

    ㉡ 입경에 따른 침착과정

       • 거대입자 : 대부분 코털이나 상기도에 침착

       • 미세입자 : 코를 통과하여 기관지나 폐 부분에 침착

    ㉢ 피부를 통한 침입 : 급속히 침입하기 때문에 급성중독을 일으킬 수 있다.

    ㉣ 소화기를 통한 침입

③ 대기오염물질 종류별 영향

    ㉠ 황산화물(SOx)

       • 호흡기질환, 기관지, 천식, 폐기종 등의 만성질환을 일으킨다.

       • 기관지 수축 및 호흡·맥박 증가 등의 급성질환을 일으킨다.

    ㉡ 질소산화물(NOx)

       • 눈, 코 자극 및 호흡기질환 등을 일으킨다.

       • 헤모글로빈과 결합하여($NO-Hb$) 중추신경계 장애를 초래한다.

       • NO_2의 독성이 NO에 비해 강하다(5~7배 정도).

    ㉢ 일산화탄소(CO)

       • 연탄가스 중독을 일으킨다(헤모글로빈과의 결합력이 산소보다 200~300배 강하다).

       • 두통, 현기증, 구토, 식욕감퇴 등을 일으킨다.

    ㉣ 오존(O_3)

       • 시각장애 및 폐기능을 저하시킨다.

       • 유전인자의 변형을 가져온다.

       • 고무의 균열이 쉽게 나타난다.

    ㉤ 카드뮴(Cd)

       • 이따이이따이병을 유발한다.

       • 연골 경화증, 뼈마디 골 조직의 통증이 유발된다.

    ㉥ 수은(Hg)

       • 미나마타병(유기수은)을 유발한다.

       • 중추신경과 말초신경의 마비로 언어장애, 난청, 운동장애, 지각장애 등을 일으킨다.

    ㉦ 납(Pb)

       • 일부는 몸에 축적되고 일부는 배출된다.

       • 뼈에 가장 많이 축적(90%)되며, 간이나 심장에 축적 시 피해가 크다.

       • 빈혈, 불면증, 두통, 신장, 소화기관 장애, 신경계통 장애 등을 일으킨다.

    ㉧ 크롬(Cr)

       • 6가 크롬의 독성이 매우 강하다.

- 호흡기 및 피부를 통해 유입되며 발암물질에 속한다.
- 폐기종, 폐부종, 만성기관지암 등을 일으킨다.
ⓩ 비소(As)
- 피부와 기도점막을 통해 흡수된다.
- 피부암, 간암을 유발한다.
- 빈혈, 중추신경자극, 백내장, 위궤양 등을 일으킨다.

[표 2-1] 증상별 대기오염물질의 종류

영향	대기오염물질의 종류
폐 자극	암모니아, 황산화물, 오존, 질소산화물, 염소
질식	일산화탄소, 이황화탄소
발열	망간화합물, 아연화합물
조혈기능 장애	톨루엔, 크실렌, 벤젠
전신중독	납, 수은, 카드뮴, 불소화합물
유독성	비소화합물, 불소화합물, 황
발암	석면, 니켈, 크롬, 비소화합물, 벤젠 등 방향족 화합물
알레르기	알데히드

[표 2-2] 대기오염물질의 발생원

종류	주요 발생원
질소산화물(NOx)	화력발전소, 자동차 등
황산화물(SOx)	화력발전소, 자동차 등
황화수소	암모니아 공업, 석유화학 공업, 펄프 공업, 도시가스 제조업 등
페놀	농약 공업, 종이 제조업, 도장 공업 등
플루오르화합물	비료 공업, 요업, 알루미늄 공업 등
암모니아	비료 공업, 도금 공업, 냉동 공업 등
이황화탄소	레이온 및 고무제품 제조, 비스코스 섬유 공업, 화학 공업 등
염소	플라스틱 공업, 소다 공업, 아연도금 공업 등
염화수소	플라스틱 공업, 소다 공업, 활성탄 제조 등
시안화수소	제철 공업, 청산제조 공업 등
크롬	염색 공업, 피혁 공업, 시멘트 제조업 등
수은	농약 제조, 계기 제조업, 폐기물 소각장 등
카드뮴	안료 제조, 아연정련 공업, 합금 및 도금 공업 등
납	인쇄 공업, 전자제품 제조업 등
비소	색소 공업, 유리 공업, 안료 제조업 등
구리	도금 공업, 금속 정련 등

(2) 식물에 미치는 영향

대기오염물질에 의한 영향과 피해는 인간이나 동물보다 식물에게 그 피해가 먼저 나타나는 경우가 많다. 식물은 광합성과 관계가 되는 낮이나 밤, 수분량과 기공의 열림 정도에 따라서 피해의 차이를 보인다. 기공이 열리는 아침과 낮에 피해가 크고, 수분이 많은 시간대에 대기오염 발생 시 피해가 증가한다.

① 황산화물(SOx : SO_2)

    ㉠ 잎에서 가장 많이 나타난다.

    ㉡ SO_2가 기공을 통해 흡수되면 알데히드, 물과 반응하여 각각 히드록시술폰산 및 황산을 형성한다.

    ㉢ 형성된 물질은 엽록소를 파괴하여 잎맥 사이 반점을 형성시키는 데 이런 현상을 백화 현상(맥간반점)이라고 한다.

    ㉣ 약한 식물 : 소나무, 알팔파, 클로버, 들깨, 나팔꽃 등

    ㉤ 강한 식물 : 양파, 옥수수, 양배추, 감자, 장미 등

    ㉥ 피해한계 농도 : 0.3ppm

② 질소산화물(NOx : NO_2)

    ㉠ 질소산화물은 인체에 미치는 독성은 강하지만 식물에 대한 영향은 크지 않다.

    ㉡ 고농도 존재 시(2.5ppm 이상) 식물에 영향을 미치고 그 영향은 황산화물과 유사하다.

③ 광화학 산화물(O_3)

    ㉠ 잎의 해면조직이 피해를 입어 회백색 또는 갈색의 반점이 생긴다(전면전반점).

    ㉡ 약한 식물 : 담배, 시금치, 파 등

    ㉢ 강한 식물 : 사과, 해바라기, 국화, 양배추, 아카시아 등

④ 불소화합물

    ㉠ SO_2보다도 그 피해가 더 크다.

    ㉡ 세포막을 침해하여 원형질이나 엽록소를 분해하고 광합성을 방해하여 세포를 고사시킨다.

    ㉢ 잎의 선단이나 엽록부를 상아색 및 갈색으로 고사시킨다(엽록반점).

    ㉣ 약한 식물 : 진달래, 살구, 자두, 복숭아, 소나무 등

    ㉤ 강한 식물 : 콩, 장미, 토마토, 라일락, 시금치, 민들레 등

    ㉥ 피해한계 농도 : 0.1ppb

⑤ 분진과 매연

    ㉠ 분진의 경우 식물의 잎에 부착하여 광합성, 증산, 호흡 등의 작용을 방해하여 생육을 억제시킨다.

    ㉡ 매연은 다양한 오염물질로 잎의 기공을 막아 식물 생육에 피해를 끼친다.

    ㉢ 강한 식물 : 플라타너스, 벚나무, 무궁화 등

⑥ 황화수소(H_2S)

    ㉠ 새싹의 생장점에 침입하여 피해를 준다.

    ㉡ 10ppm 이하에서는 피해가 나타나지 않는다.

    ㉢ 약한 식물 : 오이, 토마토, 코스모스 등

    ㉣ 강한 식물 : 딸기, 복숭아, 사과 등

⑦ 염소가스(Cl_2)
  ㉠ 잎의 전면에 회백색의 반점을 형성한다.
  ㉡ 식물에 대한 독성은 SO_2보다 3배 정도 강하다.
  ㉢ 약한 식물 : 코스모스, 알팔파 등
  ㉣ 강한 식물 : 콩, 올리브, 가지 등

⑧ 질산과산화아세틸(PAN) 및 알데히드류
  ㉠ 잎의 밑 부분이 청동색 또는 은색으로 변한다(광택 현상).
  ㉡ 초엽에 피해가 많은 것이 특징이다.
  ㉢ 알데히드는 0.2ppm 이상이 되면 식물에 피해가 나타난다.
  ㉣ 약한 식물 : 강낭콩, 샐러리, 상추, 시금치 등
  ㉤ 강한 식물 : 사과, 무, 옥수수 등

⑨ 암모니아(NH_3)
  ㉠ 잎 전체에 영향을 주는 것이 특징이다.
  ㉡ 엽면에 흑색반점을 형성하거나, 잎 전체가 백색 또는 황색으로 퇴색된다.
  ㉢ 약한 식물 : 토마토, 해바라기 등

(3) 동물에 대한 영향
① 동물들은 주로 두 단계의 경로를 통해 피해를 받는다.
  ㉠ 목초와 같은 식물에 오염물질이 축적된 것을 동물이 먹이로 섭취하여 피해를 받는 경우
  ㉡ 살충제, 제초제, 항생제 등의 화학약품으로 오염된 식물을 작은 초식동물이 먹고, 이를 사람이나 육식동물이 소비하여 피해를 받는 경우

② 유해가스에 의한 영향
  ㉠ 불소화합물을 함유한 먼지에 오염된 목초를 먹어 불소증이 발생한다.
  ㉡ 알루미늄 공업, 인산비료 공장, 유리 공업단지가 있는 지역에서 그 피해가 나타나기 쉽다.

③ 중금속에 의한 영향
  ㉠ 공업지대에서 나오는 중금속물질과 농작물의 병충해 방지를 위한 살충제 살포에 의한 피해가 크다.
  ㉡ 비소(As), 납(Pb), 몰리브덴(Mo) 등에 의한 피해가 많다.
  ㉢ 비소(As) : 설사, 복통 및 마늘냄새가 나는 증상
  ㉣ 납(Pb) : 근육경련, 입에서 거품을 내뿜는 증상
  ㉤ 몰리브덴(Mo) : 설사, 경련, 쇠약, 빈혈증상 및 털의 변색 등

(4) 재료와 구조물에 대한 영향
① 금속 피해
  ㉠ 금속의 표면을 부식시키고, 전기적 특성을 변화시키는 등의 피해를 끼친다.
  ㉡ 대기오염이 심한 대도시에서 주로 발생한다.
  ㉢ SO_2, 매연, NOx, 기타 산성오염물질에 의해 피해를 받는다.

② 건축물 피해
 ㉠ 매연은 돌, 벽돌, 페인트, 유리 등의 건축물에 부착되어 도시의 미관을 해치는 영향을 끼친다.
 ㉡ SO_2는 대리석, 석회암 등의 건축자재 물질을 부식시키는 피해를 끼친다.
 ㉢ CO_2가 증가되면 수분과 반응하여 탄산을 형성하여, 대리석, 석회석 등으로 만든 건축물, 석회・시멘트・슬레이트 건물, 기념탑, 예술 전시품 등의 피해를 준다.

③ 섬유 피해
 ㉠ 대기오염물질에 의해 더럽혀지거나 인장강도가 떨어지는 영향을 받는다.
 ㉡ SO_2는 양모, 목화, 나일론 등의 섬유에 탈색 및 퇴색을 일으킨다. 또한 SO_2는 피혁제품에 흡수되어 H_2SO_4를 형성하여 가죽제품을 손상시키고, 면이나 레이온 및 셀룰로오스 섬유에도 많은 피해를 준다.
 ㉢ 분진의 경우 섬유를 더럽히므로 잦은 세탁과정에서 쉽게 파손된다.

④ 고무 피해
 ㉠ 광화학 산화물인 오존의 경우 자동차 타이어, 전기절연체 등의 고무를 균열시키고 노화시키는 피해를 준다.
 ㉡ 고압선에 먼지가 축적되면 전선피복 손상으로 누전이 될 우려가 있다.

➕ PLUS 참고 📋

기타 대기오염물질에 의한 영향
• 시정 장애 : 대기오염이 심한 지역에서 가시거리가 줄어들어 먼 곳을 볼 수 없거나 먼 곳을 보고자 할 때 지장을 받는다.
 – 자연적 원인 : 안개, 황사
 – 인위적 원인 : 먼지, 스모그, 연무 등(가장 직접적 원인은 부유분진)

• 상대습도 70%에서의 가시거리 계산식

$$L_v = \frac{A \times 10^3}{C}$$

 – L_v : 가시거리(km)
 – C : 입자상 물질의 농도($\mu g/m^3$)
 – A : 실험적 정수(1.2~1.5)

• 헤이즈 계수(Coh : Coefficient of haze) : 빛 전달율을 측정했을 때 광학적 밀도(optical density)가 0.01이 되도록 여과지 상의 빛을 분산시키는 고형물의 양

$$Coh = \frac{(OD)}{0.01} = \frac{\log\left(\frac{1}{I_t/I_o}\right)}{0.01} = 100\log\left(\frac{I_o}{I_t}\right) = 100\log\left(\frac{1}{t}\right)$$

 – Coh : 광화학적 밀도(OD)를 0.01로 나눈 값
 – 광화학적 밀도(OD) : 불투명도의 log 값
 – 불투명도 : 빛 전달률(투과도, t)의 역수
 – 빛 전달률(투과도, t) : 투과광의 강도(I_t)/입사광의 강도(I_o)
 – 여과지의 이동속도와 이동거리(L)는 다음과 같이 계산

$$V(m/\sec) = \frac{Q(m^3/\sec)}{A(m^2)}$$

$$L(m) = V(m/\sec) \times t(hr) \times \frac{1}{3600}(\sec/hr)$$

공기중 1000m당 Coh 값으로 표준화한다면

$$Coh_{1000} = Coh \times 1000 = \left(\frac{(OD)/0.01}{L}\right) \times 1000$$

안심Touch

$$Cbh_{1000} = \left(\frac{\log(1/t)/0.01}{L} \right) \times 1000$$

- 깨끗한 공기의 Cbh 값은 0이다.

3 대기환경지수

(1) PSI(Pollutant Standard Index)

① 대기의 오염도가 인체에 미치는 영향을 나타내는 지수

② 대기오염을 억제하기 위해 개발되었으며 대기오염지수, 부유분진, 아황산가스, 질소산화물, 오존, 일산화탄소, 부유분진과 아황산가스의 혼합물 등 6개의 오염도를 가지고 측정한다.

③ 판정표

지수	판정
PSI 0~50	양호 예보
PSI 51~100	보통 예보
PSI 101~199	나쁨 예보
PSI 200~299	매우 나쁨 예보
PSI ≥ 300	유해 예보

(2) AEI(Air Environment Index)

① PSI를 우리나라에 맞게 변형한 지수

② 판정표

지수	판정
0~20	좋음
21~40	보통
41~60	나쁨
61~80	꽤 나쁨
81~100	아주 나쁨

(3) 대기환경기준

항목	평균시간	기준치
SO_2(ppm)	연간	0.02
	24시간	0.05
	1시간	0.15
PM10($\mu g/m^3$)	연간	50
	24시간	100

PM2.5($\mu g/m^3$)	연간	15
	24시간	35
CO(ppm)	8시간	9
	1시간	25
NO₂(ppm)	연간	0.03
	24시간	0.06
	1시간	0.10
O₃(ppm)	8시간	0.06
	1시간	0.1
Pb($\mu g/m^3$)	연간	0.5
벤젠($\mu g/m^3$)	연간	5

PLUS 참고

미세먼지 및 황사 경보제

• 미세먼지 예보제

구분		등급($\mu g/m^3$)			
		좋음	보통	나쁨	매우 나쁨
예보물질	미세먼지(PM10)	0~30	31~80	81~150	151 이상
	미세먼지(PM2.5)	0~15	16~35	36~75	76 이상

• 미세먼지 경보제

대상 물질	경보 단계	발령기준	해제기준
미세먼지 (PM10)	주의보	기상조건 등을 고려하여 해당지역의 대기자동측정소의 PM10 시간당 평균농도가 150$\mu g/m^3$ 이상, 2시간 이상 지속인 때	주의보가 발령된 지역의 기상조건 등을 검토하여 대기자동측정소의 PM10 시간당 평균농도가 100$\mu g/m^3$ 미만인 때
	경보	기상조건 등을 고려하여 해당지역의 대기자동측정소의 PM10 시간당 평균농도가 300$\mu g/m^3$ 이상, 2시간 이상 지속인 때	경보가 발령된 지역의 기상조건 등을 검토하여 대기자동측정소의 PM10 시간당 평균농도가 150$\mu g/m^3$ 미만인 때는 주의보로 전환
미세먼지 (PM2.5)	주의보	기상조건 등을 고려하여 해당지역의 대기자동측정소의 PM2.5 시간당 평균농도가 75$\mu g/m^3$ 이상, 2시간 이상 지속인 때	주의보가 발령된 지역의 기상조건 등을 검토하여 대기자동측정소의 PM2.5 시간당 평균농도가 35$\mu g/m^3$ 미만인 때
	경보	기상조건 등을 고려하여 해당지역의 대기자동측정소의 PM2.5 시간당 평균농도가 150$\mu g/m^3$ 이상, 2시간 이상 지속인 때	경보가 발령된 지역의 기상조건 등을 검토하여 대기자동측정소의 PM2.5 시간당 평균농도가 75$\mu g/m^3$ 미만인 때는 주의보로 전환

• 황사 경보제

경보
황사로 인해 1시간 평균 미세먼지(PM10) 농도 800$\mu g/m^3$ 이상이 2시간 이상 지속될 것으로 예상될 때

4 실내공기오염

(1) 실내공간오염물질

① 미세먼지(PM10)

② 이산화탄소(CO_2 : Carbon Dioxide)

③ 폼알데하이드(Formaldehyde)

④ 총부유세균(TAB : Total Airborne Bacteria)

⑤ 일산화탄소(CO : Carbon Monoxide)

⑥ 이산화질소(NO_2 : Nitrogen dioxide)

⑦ 라돈(Rn : Radon)

⑧ 휘발성유기화합물(VOCs : Volatile Organic Compounds)

⑨ 석면(Asbestos)

⑩ 오존(O_3 : Ozone)

⑪ 초미세먼지(PM-2.5)

⑫ 곰팡이(Mold)

⑬ 벤젠(Benzene)

⑭ 톨루엔(Toluene)

⑮ 에틸벤젠(Ethylbenzene)

⑯ 자일렌(Xylene)

⑰ 스티렌(Styrene)

(2) 실내공기질 유지기준 및 권고기준(다중이용시설 등의 「실내공기질 관리법」)

① 「실내공기질 관리법 시행규칙」 제3조(실내공기질 유지기준) 별표2

오염물질 항목 다중이용시설	미세먼지 (PM – 10) ($\mu g/m^3$)	미세먼지 (PM – 2.5) ($\mu g/m^3$)	이산화 탄소 (ppm)	폼알데 하이드 ($\mu g/m^3$)	총부유 세균 (CFU/m^3)	일산화 탄소 (ppm)
지하역사, 지하도상가, 철도역사의 대합실, 여객자동차터미널의 대합실, 항만시설 중 대합실, 공항시설 중 여객터미널, 도서관·박물관 및 미술관, 대규모 점포, 장례식장, 영화상영관, 학원, 전시시설, 인터넷 컴퓨터게임시설제공업의 영업시설, 목욕장업의 영업시설	100 이하	50 이하	1,000 이하	100 이하	–	10 이하
의료기관, 산후조리원, 노인요양시설, 어린이집, 실내 어린이놀이시설	75 이하	35 이하		80 이하	800 이하	
실내주차장	200 이하	–		100 이하	–	25 이하
실내 체육시설, 실내 공연장, 업무시설, 둘 이상의 용도에 사용되는 건축물	200 이하	–	–	–	–	–

㉠ 도서관, 영화상영관, 학원, 인터넷컴퓨터게임시설제공업 영업시설 중 자연환기가 불가능하여 자연
환기설비 또는 기계환기설비를 이용하는 경우에는 이산화탄소의 기준을 1,500ppm 이하로 한다.

㉡ 실내 체육시설, 실내 공연장, 업무시설 또는 둘 이상의 용도에 사용되는 건축물로서 실내 미세먼
지(PM – 10)의 농도가 200μg/m³에 근접하여 기준을 초과할 우려가 있는 경우에는 실내공기질의
유지를 위하여 다음 각 목의 실내공기정화시설(덕트) 및 설비를 교체 또는 청소하여야 한다.

• 공기정화기와 이에 연결된 급·배기관(급·배기구를 포함한다)
• 중앙집중식 냉·난방시설의 급·배기구
• 실내공기의 단순배기관
• 화장실용 배기관
• 조리용 배기관

② 「실내공기질 관리법 시행규칙」 제4조(실내공기질 권고기준) 별표3

오염물질 항목　　　　　　　　다중이용시설	이산화질소 (ppm)	라돈 (Bq/m³)	총휘발성 유기화합물 (μg/m³)	곰팡이 (CFU/m³)
가. 지하역사, 지하도상가, 철도역사의 대합실, 여객자동차터미널의 대합실, 항만시설 중 대합실, 공항시설 중 여객터미널, 도서관·박물관 및 미술관, 대규모점포, 장례식장, 영화상영관, 학원, 전시시설, 인터넷컴퓨터게임시설제공업의 영업시설, 목욕장업의 영업시설	0.1 이하	148 이하	500 이하	–
나. 의료기관, 산후조리원, 노인요양시설, 어린이집, 실내 어린이놀이시설	0.05 이하		400 이하	500 이하
다. 실내주차장	0.30 이하		1,000 이하	–

(3) 신축 공동주택의 실내공기질 권고기준

① 폼알데하이드 210μg/m³ 이하
② 벤젠 30μg/m³ 이하
③ 톨루엔 1,000μg/m³ 이하
④ 에틸벤젠 360μg/m³ 이하
⑤ 자일렌 700μg/m³ 이하
⑥ 스티렌 300μg/m³ 이하
⑦ 라돈 148Bq/m³ 이하

➕ PLUS 참고 📋

TLV

유해물질을 함유하는 공기 중에서 작업자가 연일 그 공기에 폭로되어도 건강 장해를 일으키지 않는 물질 농도를 말한다.

• TLV-TWA : 일일 8시간 작업을 기준으로 하여 유해요인의 측정농도에 발생시간을 곱하여 8시간으로 나눈 농도. 근로자가 정상 근무할 경우에 근로자에게 노출되어도 아무런 나쁜 영향을 주지 않는 최고 평균농도
• TLV-STEL : 근로자가 1회에 15분간 유해요인에 노출되는 경우의 허용농도로, 이 농도 이하에서는 1회 노출 간격이 1시간 이상인 경우 1일 작업시간 동안 4회까지 노출이 허용될 수 있는 농도
• TLV-C : 근로자가 1일 작업시간 동안 잠시라도 노출되어서는 아니되는 최고 허용농도

03 지구 대기환경 문제

1 오존층 파괴

(1) 오존층의 특징
① 대기 중에 포함되어 있는 오존량의 약 90%는 성층권(지상 12~50km)에 포함되어 있다.
② 오존층은 태양으로부터 방출되는 자외선을 흡수하여 지표에 도달하는 강한 자외선으로부터 생물을 보호해 주는 역할을 한다.
③ 성층권의 온도를 상승시키는 열적 효과를 가지고 있다.
④ 오존층 두께는 돕슨(Dobson)이라는 단위로 표시하며 적도상에서는 200Dobson, 극지방에서는 400Dobson 정도이다.
⑤ 오존의 농도는 북반구에서는 주로 여름과 가을에 높아지고, 겨울과 봄에 낮아진다.
⑥ 오존층에서 오존의 최대 농도는 10ppm이다.
⑦ 겨울보다 여름철 오존층 두께가 더 두껍다.

(2) 오존층 파괴의 원인 물질
① CFC가스에 의한 Cl 및 ClO
② 할론(halon)이라는 소화제로부터 방출되는 Br 및 그 산화물인 BrO
③ 스프레이, 냉매, 소화기, 세정제, 발포제 등으로부터 발생한다.

(3) 오존층 파괴에 따른 영향
① 인체에 미치는 영향
　㉠ 지구에 도달하는 태양 자외선 양이 증가하여 인체의 피부와 눈에 악영향을 미친다.
　㉡ 피부암이나 백내장을 증가시키고 피부노화도 촉진시킨다.
　㉢ 면역체와 비타민 D의 합성에 악영향을 끼친다.
② 농작물에 미치는 영향
　㉠ 자외선에 의한 생육 저하를 초래한다.
　㉡ 엽록소 감소, 광합성 작용의 억제, 식물의 발육부진 등으로 수확이 감소하게 된다.
　㉢ 식물성 플랑크톤의 광합성도 억제되어 그 수의 감소로 어류 등 수산물의 수량에도 영향을 미치게 된다.
③ 기후에 미치는 영향
　㉠ 성층권의 오존 농도가 감소함에 따라 태양복사의 흡수가 감소하여 성층권의 온도가 떨어지게 된다.
　㉡ 반대로 지구에 도달하는 자외선의 양은 증가하여 지구의 온도는 상승하게 된다.

(4) 국제 협약

① 비엔나 협약(1985년) : 오존층 파괴 원인물질의 규제, 오존층 보호를 위한 최초의 협약

② 몬트리올 의정서(1987년) : 염화불화탄소의 감축계획 수립 및 할론가스 생산소비 동결

③ 런던 회의(1990년) : 몬트리올 의정서 보안

④ 코펜하겐 회의(1992년) : CFCs의 중지시기를 1996년으로 결정, 규제물질 추가

> **PLUS 참고**
>
> 오존층 파괴 지수(ODP : Ozone Depletion Potential)
> • CFC-11의 오존층 파괴 영향을 1로 하였을 때 오존층 파괴에 영향을 미치는 물질의 상대적 영향을 나타내는 값을 말한다.
> • 할론 > 사염화탄소 > CFC-11 ≥ CFC-12 > CFC-113 > HFC

2 산성비

(1) 산성비의 특징 및 원인

① 대기 중 강우가 CO_2와 평형을 이룰 경우 pH 5.6 정도가 되는데 pH 5.6 이하인 강우를 산성비라고 한다.

② 산성비는 대기 중으로 배출된 황산화물 및 질소산화물이 강우와 반응하여 산성물질들이 형성되어 pH가 떨어질 경우 생성된다.

③ 강우의 산성화에 가장 큰 영향을 미치는 것은 아황산가스로 약 50% 이상을 차지한다.

(2) 산성비의 영향

① 산성비는 식물의 조직을 손상시키거나 생리대사를 변화시키는 등의 영향을 준다.

② 호소의 pH를 저감시켜 어패류가 사멸되기도 한다.

③ 각종 구조물을 부식시켜 많은 피해를 끼친다.

④ 인체에 미치는 영향으로는 피부자극, 대사기능 장애 등이 알려져 있다.

⑤ 토양의 산성화를 일으켜 토양 미생물을 죽게 한다.

(3) 산성비의 대책

① 억제 대책
  ㉠ 화석연료 사용량 저감
  ㉡ 청정연료 사용 확대
  ㉢ 황 및 질소함량이 적은 연료 사용

② 처리 대책
  ㉠ 배연탈황(매연, 배기가스 등의 황산화물을 제거하는 방법)
  ㉡ 배연탈질(배출되는 가스로부터 질소산화물을 제거하는 방법)

(4) 국제 협약

① 제네바 협약(1979년) : 대기오염물질의 장거리 이동에 관한 협약

② 헬싱키 의정서(1985년) : SO_x 감축 결의

③ 소피아 의정서(1989년) : NO_x 감축 결의

3 기후변화

(1) 열섬 현상(heat island)

① 정의 : 인구가 밀집되어 있는 도시지역은 주택·공장 등에서의 연료소비로 인해 열방출량이 많기 때문에 주변 농촌지역이나 교외에 비해 높은 온도를 나타내게 된다. 또한 높은 빌딩이나 도로에 의한 태양복사열의 반사율이 크므로 도시에 축적된 열이 주변 교외지역보다 많아 기온이 높고 안개가 자주 끼는 현상이 나타나는데, 이를 열섬 현상(heat island)이라고 한다.

② 열섬 현상의 원인

    ㉠ 대기의 성질과 도시의 주택이나 건물에서 인공적으로 발생되는 열이 원인이다.

    ㉡ 도시화에 따른 인구증가와 자동차로 인한 대기오염은 열섬 효과를 극대화 시키는 원인이 된다.

    ㉢ 여름철 도시지역의 열대야 현상도 열섬 현상 때문에 발생하는 경우가 빈번하다.

(2) 온실효과(Green House Effect)

① 정의 : 대기 중에 이산화탄소나 수증기 등 적외선을 흡수하는 기체가 증가하면 지구의 온도가 상승하게 되는데, 이를 온실효과(Green House Effect)라고 한다.

② 온실가스의 종류 : 교토의정서상의 6대 온실가스 : CO_2, CH_4, N_2O, HFCs, PFCs, SF_6

> **PLUS 용어정리**
>
> 지구온난화지수(GWP : Global Warming Potential) : 이산화탄소가 지구온난화에 미치는 영향을 기준으로 각각의 온실가스가 지구온난화에 기여하는 정도를 수치로 표현한 것

③ 온실효과의 영향

    ㉠ 지구의 탄소순환을 변화시킨다.

    ㉡ 해수면을 상승시킨다.

    ㉢ 생태계를 변화시키며, 인간이나 농작물에도 많은 영향을 끼친다.

    ㉣ 기후변동에 의한 사막화를 가속시킨다.

④ 이산화탄소(CO_2)

    ㉠ 인위적 배출량의 80~85%는 화석연료의 사용에 의한 것으로 알려져 있다.

    ㉡ 봄, 여름에는 농도가 감소하고 가을, 겨울에는 농도가 증가한다.

    ㉢ 연소과정에서 대기 중으로 방출된 CO_2의 약 50%는 대기 내에 축적되고 나머지는 해양 및 식물에 의해 흡수되는 것으로 추산되며 흡수매커니즘은 잘 알려져 있지 않다.

    ㉣ 수용성으로 대기보다 해양이 함유하는 양이 약 60배 정도 많다.

    ㉤ CO_2의 체류시간

        • 자연적 흡수 고려 : 약 2~3년

        • 식물 흡수만을 고려 : 약 17년

        • 흡수 무시 : 약 100년

(3) 엘니뇨 및 라니냐

① 엘니뇨

㉠ 남미의 페루연안에서 적도에 이르는 태평양상의 수온이 3~5년을 주기로 상승하는 현상을 말한다.

㉡ 해수면의 온도가 평년보다 0.5℃ 이상 높게, 6개월 이상 지속되는 현상이다.

㉢ 엘니뇨 현상 동안에는 적도 부근의 바람이 태평양 서쪽에서 동쪽으로 이동한다.

② 라니냐

㉠ 동태평양에서 엘니뇨와는 반대로 평년보다 0.5℃ 낮은 저수온 현상이 5개월 이상 일어나는 이상 해류 현상이다.

㉡ 세계 각 지역에 장마, 가뭄, 추위 등 각기 다른 영향을 끼친다.

확인학습문제

01 다음 중 LA 스모그에 대한 설명으로 옳지 <u>않은</u> 것은?

[02년 서울]

① 낮에 자주 발생
② 습도 70% 이하에서 호발
③ 겨울에 주로 발생
④ 침강성 역전에 의해 발생
⑤ 자동차 매연이 주 오염원

 해설

LA는 미국 서부 태평양에 위치한 해안분지 도시로 태평양 고기압권에 들어 있어 연중 침강역전층이 형성되고 해안성 안개가 끼면, 다량의 자동차에서 배출되는 질소산화물과 탄화수소가 자외선을 포함한 강력한 태양빛에 의한 광화학 반응을 통하여 대기 중에 오존을 포함한 각종 광화학적 산화물을 생성하였다.

• 원인 : 석유계 연료의 연소에 의하여 배출된 1차 오염물질이 태양의 자외선의 영향을 받아 2차 오염물질을 생성하여 일으킨 스모그의 대표적인 예이다.
• 피해 : 가시도를 악화시킬 뿐만 아니라 눈, 코 및 목의 점막을 자극하여 눈물, 콧물 및 재채기를 유발시키고 기관지 계통에 피해를 준다.

구분	런던 스모그	LA 스모그
온도	낮을 때(4℃)	높을 때(24℃)
습도	높을 때(80%이상)	낮을 때(70%이하)
발생 시기	이른 아침	한낮
역전 형태	복사역전	침강역전
반응	열적 환원반응	광화학적 산화반응
시정 거리	100m 이하	1km 이하
주 오염물질	황산화물, 일산화탄소	질소산화물, 오존, HC
피해	호흡기계 및 심장질환	점막자극, 고무제품 노화
원인	가정난방, 공장배연	자동차 배출가스

02 다음은 대기오염 문제로 알려진 도시이다. 이 중 사건이 가장 먼저 일어난 곳은?

① 포자리카 ② 로스앤젤레스
③ 도노라 ④ 런던

해설
- 뮤즈(Meuse) 계곡 사건(1930년, 벨기에)
- 도노라 사건(1948년, 미국)
- 포자리카 사건(1950년, 멕시코)
- 런던 스모그 사건(1952년, 영국)
- LA 스모그 사건(1954년, 미국)

03 대기오염 사건과 원인이 되는 오염물질의 짝이 옳지 않은 것은?

① 런던 스모그 – 아황산가스, 먼지
② 도노라 사건 – 아황산가스, 황산미세먼지
③ 포자리카 사건 – 황화수소
④ 뮤즈 계곡 사건 – 염소

해설
뮤즈 계곡 사건은 불소 및 아황산가스와 먼지 및 안개에 의한 스모그였다.

04 시야를 방해하는 입자상 물질로 수분, 오염물질 및 먼지 등으로 구성되어 있으며 크기가 1㎛보다 작은 것은?(단, 상대습도 70% 이하)

① 박무 ② 연무
③ 안개 ④ 매연

해설
① 박무(Haze) : 시야를 방해하는 입자상 물질로, 수분, 오염물질 및 먼지 등으로 구성되어 있으며 상대습도는 70% 이하이다 (1㎛ 이하).
② 연무(Mist) : 증기의 응축 또는 화학반응에 의해서 생성된 액체입자로 시정 거리는 1km 이상이다.
③ 안개(Fog) : 대기 중의 수증기가 응결하여 지표 가까이에 작은 물방울이 떠 있는 현상으로 시정 거리 1km 이하이고, 습도는 100%이다.
④ 매연(Smoke) : 연소할 때에 생기는 유리탄소가 주가 되는 미세한 입자상 물질을 말한다(1㎛ 이하).

05 입자상 물질에 대한 설명으로 옳은 것은?

① 분진 : 대기 중에 떠다니거나 흩날려 내려오는 입자상 물질
② 검댕 : 연소 시에 발생하는 유리탄소가 응결하여 생성된 $1\mu m$ 이하의 입자
③ 훈연 : 승화 또는 용융된 물질이 휘발하여 기체가 응축할 때 생긴 $1\mu m$ 이상의 입자
④ 미스트 : 시정거리가 2km 이하로 안개보다 불투명하다.

해설
② 검댕은 $1\mu m$ 이상의 입자상 물질을 말한다.
③ 훈연은 $1\mu m$ 이하의 입자이다.
④ 미스트는 시정거리가 1km 이상으로 안개보다 투명하다.

06 아황산가스에 대한 설명으로 옳지 않은 것은? [03년 서울]

① 무색이고 불연성 기체로 자극성 냄새가 난다.
② 환원성 표백제의 역할을 한다.
③ 자연계에 많이 존재하며 달걀 썩는 냄새가 난다.
④ 대기 중 수분과 결합하여 황산을 생성하며 산성비의 원인물질이기도 하다.

해설
③은 황화수소에 대한 설명이다.

아황산가스의 특징
• 자극취가 있는 무색의 불연성 기체로 물에 잘 용해된다.
• 환원성 표백제의 역할을 한다.
• 산성비의 원인물질이다.
• 호흡기의 섬모운동 기능을 약화시킨다.
• 부식성이 높아 건축물, 고무제품, 금속, 제지 등의 부식 및 노화를 일으킨다.

07 대기오염물질 중에서 냄새나 색깔이 없으며 자극력을 갖고 있지 <u>않은</u> 대기오염물질은? [02년 경기]

① 이산화질소
② 아황산가스
③ 염화수소
④ 일산화탄소

해설

일산화탄소는 무색, 무미, 무취의 기체로 자극성이 없으며 물에 난용성으로 강우에 의한 영향을 거의 받지 않는다.

08 각종 발생원으로부터 직접 대기 중으로 방출되거나 대기 중에서 광화학 반응으로도 생성되는 오염물질을 무엇이라고 하는가?

① 1, 2차 오염물질
② 자연 오염물질
③ 1차 오염물질
④ 2차 오염물질

해설

- 1차 오염물질 : 발생원(공장, 자동차 등)에서 대기 중으로 직접 배출되는 오염물질을 말한다.
  예 CO, CO_2, HCl, H_2S, Pb, NH_3 등
- 2차 오염물질 : 1차 오염물질이 대기 중에서 여러 반응을 통해 새로 생성된 오염물질을 말한다.
  예 O_3, PAN, $NOCl$, 알데히드 등
- 1, 2차 오염물질 : 발생원에서 직접 배출되기도 하고, 대기 중의 여러 반응을 통해 생성되기도 하는 오염물질을 말한다.
  예 NO, NO_2, SO_2, SO_3, H_2SO_4, 유기산, 케톤류 등

09 오존의 대기환경기준, 주의보, 경보, 중대경보 발령 시 오존의 농도를 차례로 쓴 것은?

[02년 환경부]

① 0.06 - 0.1 - 0.3 - 0.5
② 0.06 - 0.12 - 0.3 - 0.5
③ 0.04 - 0.1 - 0.3 - 0.5
④ 0.04 - 0.12 - 0.3 - 0.5

해설

오존 경보제의 오존경보 기준 및 조치사항

구분	일반 주민	자동차 소유주	관계 기관
주의보 0.12ppm	• 실외 운동경기 자제 • 호흡기환자, 노약자, 5세 미만 어린이 실외 활동 자제	• 불필요한 자동차 운행 자제 • 대중교통시설 이용	• 주의보 상황 통보 • 대중 홍보매체에 의한 대시민 홍보 요청 • 대기오염도 변화 분석 및 기상 관측자료 검토
경보 0.3ppm	• 실외 운동경기 제한 • 호흡기환자, 노약자, 5세 미만 어린이 실외활동 제한 • 당해 지역 유치원, 학교 실외활동 제한	당해 지역 내 자동차 사용제한	• 경보 상황 통보 • 대기오염 측정 및 기상관측 활동 강화 요청 • 경보사항에 대한 대시민 홍보 강화 요청
중대경보 0.5ppm	• 실외 운동경기 억제 요청 • 호흡기환자, 노약자, 어린이 실외활동 중지 요청 • 당해 지역 유치원, 학교 휴교 요청	당해 지역 통행 제한 요청	• 중대경보 상황 통보 • 대기오염 측정 및 기상관측 활동 강화 요청 • 위험사항에 대한 대시민 홍보 강화 요청

10 다음 중 다이옥신의 특징으로 옳지 <u>않은</u> 것은? [02년 서울 / 03년 경기]

① 독성이 최고로 높다.
② 벤젠에 두 개의 산소가 결합된 형태이다.
③ 환경호르몬의 일종이다.
④ 높은 수용성이다.

해설

다이옥신은 다염소화된 이벤조파라다이옥신(PCDD)과 같은 종으로서 독성이 가장 큰 2, 3, 7, 8-사염화 이벤조파라다이옥신(TCDD) 및 다염소화된 디벤조퓨란(PCDF)을 총칭한다.

다이옥신
• 유기염소제 소각 시 발생하는 유해한 물질이다.
• 폐비닐, PVC, 병원폐기물, 음식물폐기물 등의 소각 시 발생한다.
• 두 개의 벤젠고리, 두 개의 산소교량, 두 개 이상의 염소원자로 구성되어 있다.
• 2, 3, 7, 8-다이옥신이 가장 강한 독성을 가지고 있다.
• 열적으로 안정, 난용성, 강한 흡착성 등의 특징을 갖는다.
• 발암성, 태아독성, 면역독성 등의 독성을 가지며 인체에 피해를 끼친다.

11 다음 중 치은염을 일으키며 미나마타병의 원인이 되는 중금속은?

① Hg

② Cd

③ Cr

④ Pb

해설

① 수은(Hg) : 미나마타병(유기수은)을 유발하며, 중추신경과 말초신경의 마비로 언어장애, 난청, 운동장애, 지각장애 등을 일으킨다.

② 카드뮴(Cd) : 이따이이따이병을 유발한다. 연골 경화증, 뼈마디 골 조직의 통증이 유발된다.

③ 크롬(Cr) : 호흡기, 피부를 통해 유입되어 간장·신장·골수에 축적되며, 신장·대변을 통해 배출된다.

④ 납(Pb) : 뼈에 가장 많이 축적(90%)되며, 간이나 심장에 축적 시 피해가 크다. 또한 빈혈, 불면증, 두통, 신장, 소화기관 장애, 신경계통 장애 등을 일으킨다.

12 질소산화물에 대한 설명으로 옳지 않은 것은? [01년 경기]

① 아산화질소(N_2O)는 오존층을 파괴하는 물질로 알려져 있다.

② 전 세계의 질소화합물 배출량 중에 인위적인 배출량 중 90% 이상이 자동차 연료의 연소에 의해 발생한다.

③ 일산화질소의 평형농도는 온도가 상승하며 급격하게 증가하기 때문에 연소온도를 높이면 NO_2는 증가한다.

④ 연료 중 질소화합물은 일반적으로 석탄에 많고 중유, 경유, 휘발유, 천연가스의 순으로 적어진다.

해설

전 세계의 질소화합물 배출량 중에 인위적인 배출량 중 90% 이상이 화석연료의 연소과정에서 배출되며 대부분 NO로 생성된다.

질소산화물(Nitrogen Oxides : NOx)

• NO, NO_2, N_2O, N_2O_3, N_2O_4, N_2O_5 등이 있는데, 대기오염에 중요한 영향을 미치는 물질은 NO와 NO_2이다.

• LA 스모그가 발생한 후 주목받기 시작하였다.

• 질소산화물은 2차 오염물질의 전구물질로 작용하고, 광화학 스모그의 기인물질로 대기에서 중요도가 높다.

• 공기 중에 포함된 질소가 연소반응 후 질소산화물 형태로 배출되는 것을 온도 NOx라고 하고 연료 중에 포함된 질소가 연소반응 후 질소산화물 형태로 배출되는 것을 연료 NOx라고 한다.

• 질소산화물은 자동차와 같은 이동 발생원과 화석연료를 사용하는 발전소, 보일러, 소각로 등과 같은 고정 발생원의 연소에 의해 발생한다.

• 질소산화물 중 90% 이상이 NO의 형태로 생성된다.

산화질소(No)

• NO의 특징

 – 무색으로 공기보다 약간 무거우며 액화시키기 어렵다.

 – 자체로는 독성이 약하여 피해가 뚜렷하지 않다.

 – 헤모글로빈과의 결합력이 강하다(CO의 약 1,000배, NO_2의 약 3배).

 – 광화학 스모그의 전구물질이다.

 – 산성비의 원인물질이다.

- NO_2의 특징
  - 적갈색의 자극성 기체로 부식성이 강하고 산화력이 크다.
  - 인체 및 동물의 호흡기 세포를 파괴하여 호흡기질환에 대한 면역성을 감소시키는 악영향을 끼친다.
  - NO보다 5~7배 독성이 강하다.
  - 헤모글로빈과의 결합력이 강하다(CO의 300배).
- N_2O의 특징
  - 스마일가스라고 불리는 무색의 기체이다.
  - 질소산화물 중 가장 안정한 물질로 대기에 체류하는 시간이 길다.
  - 오존층 파괴의 원인물질로 작용하며, 온실가스에 포함된다.

13 다음 중 조혈기능의 장애를 일으키는 물질은 무엇인가? [04년 부산]

① 인 ② 황
③ 벤젠 ④ 카드뮴

해설

벤젠은 인체에 조혈기능 장애를 일으키며, 방향족 탄화수소로 발암성을 갖는다.

14 다음 중 오존층 파괴물질인 프레온가스 등에 대한 생산 및 사용규제에 대한 내용을 구체화한 것은 무엇인가? [02년 환경부]

① 도쿄 의정서 ② 소피아 의정서
③ 몬트리올 의정서 ④ 서울 의정서

해설

몬트리올 의정서는 오존층 파괴물질인 염화불화탄소의 생산과 사용을 규제하려는 목적에서 제정한 협약이다. 이 협약은 1989년 1월에 발효되었으며, 한국은 1992년 5월에 가입하였다.

15 불화수소가 식물체에 미치는 영향으로 옳지 <u>않은</u> 것은?

① 잎의 선단 및 엽록체에 피해를 준다.

② 식물의 기공에서 흡수되어 식물 중에서 생성된 알데히드와 결합된다.

③ 연한 잎의 끝부분이나 잎 가장자리에 황화현상을 일으킨다.

④ 토마토, 강낭콩은 저농도 불화수소에 강하다.

(해설)

②는 황산화물에 의한 피해를 나타낸 것이다.

16 다음 중 오존층에 대한 설명으로 옳지 <u>않은</u> 것은?

① 오존층 파괴의 주요 원인물질은 염화불화탄소(CFC)인 것으로 추정되고 있다.

② 오존층의 두께를 표시하는 단위는 돕슨(dobson)이다.

③ CFC는 독성과 활성이 강한 물질로 대기 중으로 배출될 경우 비교적 쉽게 성층권에 도달한다.

④ 오존층이란 성층권에서도 오존이 더욱 밀집해 분포하고 있는 지상 20~30km 구간을 말한다.

(해설)

CFC는 무독이며 활성이 낮아 화학적으로 안정한 물질이며 대기 중으로 배출될 경우 비교적 쉽게 성층권에 도달한다.

17 다음 중 지표식물과 대기오염물질의 연결이 옳은 것은?

① SO_2 – 코스모스 　　　　　　② O_3 – 알팔파

③ PAN – 해바라기 　　　　　　④ HF – 글라디올러스

(해설)

지표식물은 대기오염의 정도를 사람보다 빨리 감지하고 환경파괴의 정도를 알리는 식물이다.

• HF(불화수소)의 지표식물 : 글라디올러스, 옥수수, 자두 등

• SO_2의 지표식물 : 알팔파, 담배, 육송 등

• O_3의 지표식물 : 담배, 시금치, 토마토 등

• PAN의 지표식물 : 강낭콩, 샐러리, 상추 등

18 다음 중 지구 온난화를 일으키는 물질과 가장 거리가 먼 것은? [03년 경남]

① CFC ② SO_2
③ CO_2 ④ N_2O

> **해설**
> 온실효과를 일으키는 물질은 CO_2, CH_4, N_2O, HFCs, PFCs, SF_6 등이고, CFC는 오존층을 파괴하여 온난화에 영향을 끼친다.

19 온실효과에 원인이 되는 물질 중, 기여도가 가장 큰 물질은 무엇인가?

① CO_2 ② CH_4
③ N_2O ④ CFCs

> **해설**
> 온실효과에 원인이 되는 물질의 기여도는 CO_2 > CFCs > CH_4 > N_2O 순이다.

20 온실효과에 관한 설명으로 옳지 않은 것은? [03년 경남]

① 대기 중의 CO_2는 적외선을 흡수한다.
② 대기 중의 CO는 자외선을 흡수한다.
③ 온실효과는 대기 중의 입자상 물질이 기온에 미치는 영향과 반대이다.
④ 대기 중의 수증기는 지구에서 방출되는 복사선을 흡수한다.

> **해설**
> 대기 중으로 배출되는 CO_2 등의 온난화 가스가 대량 발생하여 가스층이 온실의 유리와 같은 효과를 나타내어 지구 온도가 상승하게 되는데, 이러한 현상을 온실효과라 부른다. 이러한 현상은 대기 중에 형성된 CO_2(50%), CFCs(18%), CH_4(14%), 기타 NOx, O_3 등의 온실기체와 수증기의 층이 태양광선의 복사열 중 장파장인 적외선을 재방사하여 발생하게 된다.

18 ② 19 ① 20 ② **정답**

21 다음 중 오존에 대한 설명으로 옳지 <u>않은</u> 것은?

① 무색, 무미의 기체로서 강산화제 역할을 한다.
② DNA, RNA에 작용하여 유전인자의 변화를 초래한다.
③ 고무를 쉽게 노화시키는 특성을 가지고 있다.
④ 오전 7~8시경에 최고 농도를 보인다.

해설

오존(O_3)
• 폐출혈 등의 호흡기 질환이나 DNA, RNA에 작용하여 유전인자의 변화를 초래한다.
• 질소산화물 등의 광화학 반응으로 생성된다.
• 무색, 무미, 해초 냄새를 갖는 기체로 고무제품 등의 손상을 일으킨다.
• 눈 및 호흡기 등에 강한 자극을 준다.
• 일사량이 강한 날 시정장애 및 광화학 스모그에 기인한다.

22 다음 중 황화수소의 배출원으로 가장 알맞은 것은?

① 암모니아 공업　　　　　　② 활성탄 제조업
③ 나일론 제조업　　　　　　④ 도자기 공업

해설

황화수소의 발생원은 암모니아 공업, 펄프 공업, 가스 공업, 석유화학 공업, 도시가스 제조업, 폐수처리장, 매립장 등이다.

23 대기오염물질과 발생원의 연결이 옳지 <u>않은</u> 것은?　　　　　　[03년 경북]

① 아황산가스 – 중유와 석탄 등 화석연료 사용 공장
② 암모니아 – 소다 공업, 금속 정련, 합성수지 제조업
③ 질소산화물 – 내연기관, 폭약, 비료 제조
④ 시안화수소 – 가스 제조업, 화학 공업, 제철 공업

해설

암모니아의 주 발생원은 비료 공업, 냉동 공업, 나일론 제조업, 도금 공업 등이다.

24 대기환경 기준에 해당되지 <u>않는</u> 물질은 무엇인가? [03년 대구]

① SO_2

② Pb

③ NO_2

④ HC

해설

대기오염 기준항목은 SO_2, PM10, PM2.5, CO, NO_2, O_3, Pb, 벤젠이다.

25 다음은 런던형 스모그에 대한 설명으로 옳지 <u>않은</u> 것은?

① 역전의 종류는 침강성 역전(하강형)이다.

② 주 오염성분은 부유물질, SO_2이다.

③ 유아나 만성기관지염, 천식환자에게 많이 발생했다.

④ 겨울의 이른 아침에 발생되기 쉽다.

해설

런던형 스모그는 복사역전으로 인해 나타난 현상이다.

26 다음 중 LA형 스모그와 가장 관계가 깊은 것은?

① 풍속이 3~5m/sec일 때 일어난다.

② 주로 새벽이나 초저녁에 자주 발생한다.

③ 발생원은 주로 석탄의 매연과 화력발전소에서 배출된 물질이다.

④ 기온이 21℃ 이상이고 상대습도가 70% 이하일 때 잘 발생한다.

해설

LA형 스모그는 석유계 연료소비 증가에 의한 HC 및 질소산화물이 광화학 반응을 통하여 발생한 스모그 사건이다. 주로 무풍상태, 한낮에 발생한다.

27 다음 중 질소산화물에 대한 설명으로 옳지 <u>않은</u> 것은?

[03년 울산]

① 광화학 스모그 발생의 원인물질이다.
② NO_2는 NO보다 독성이 5배 정도 강하다.
③ 연료 중에 함유된 질소성분이 작은 것부터 연소한다.
④ NO는 1,500℃ 이상에서 발생한다.

해설

NO는 1,100℃ 이상에서 발생한다.

28 다음 대기오염물질 중에서 고등식물에 대한 독성이 가장 강한 것은?

① HF
② SO_2
③ Cl_2
④ NO_2

해설

고등식물에 대한 독성은 HF > Cl_2 > SO_2 > NO_2 순이다.

29 SO_2 가스가 식물에 미치는 영향으로 옳은 것은?

① 잎의 뒷면이 은백색으로 변한다.
② 성장한 잎의 엽맥 사이에 반점을 생성한다.
③ 어린 잎이나 가장자리에 황화현상을 일으킨다.
④ 잎의 표면에 얼룩이 생긴다.

해설

①은 PAN, ③은 불화수소, ④는 오존에 의한 피해이다.

아황산가스가 식물에 미치는 영향
• 잎에서 가장 많이 나타난다.
• SO_2가 기공을 통해 흡수되면 알데히드와 물과 반응하여 각각 히드록시술폰산 및 황산을 형성한다. 형성된 물질은 엽록소를 파괴하여 잎맥 사이 반점을 형성시키는데, 이런 현상을 백화 현상(맥간반점)이라고 한다.
• 약한 식물 : 소나무, 알팔파, 클로버, 들깨, 나팔꽃 등
• 강한 식물 : 양파, 옥수수, 양배추, 감자, 장미 등
• 피해한계 농도 : 0.3ppm

30 다음의 광화학 스모그에 관한 설명으로 옳지 <u>않은</u> 것은? [04년 경기]

① 석유계 연료의 연소에 의하여 배출된 1차 오염물질이 태양빛이 강한 여름철에 2차 오염물질을 생성하여 발생한 것이다.
② NO_2는 광화학 스모그를 일으키는 원인물질이다.
③ 광화학 스모그 발생 시 역전은 침강역전이다.
④ CO의 대기 중 발생량은 광화학 스모그로 인해 발생된 양이 가장 많다.

해설

CO는 주로 탄소의 불완전연소로 생성된다.

31 일산화탄소에 대한 설명으로 옳지 <u>않은</u> 것은? [03년 경남]

① 일산화탄소는 무색, 무취, 무미의 가스로 불완전연소에 의해 발생한다.
② 공기보다 무겁다.
③ 폐에서 헤모글로빈과 결합하여 카르복시헤모글로빈이 형성된다.
④ Hb과의 결합력이 산소보다 200~300배 강하다.

해설

일산화탄소(CO)의 특성
• 가스상 대기오염 물질 중 역사가 가장 길다.
• 무색, 무미, 무취의 질식성 기체로 연료의 불완전연소 시 발생한다.
• 쓰레기 소각이나 자동차 배출가스 등에 의해 발생한다.
• 난용성이기 때문에 비에 의한 영향을 거의 받지 않는다.
• 헤모글로빈과의 결합력이 산소보다 250~300배 높아 혈액의 산소 전달기능을 방해한다(연탄가스 중독).
• 토양 박테리아에 의해 CO_2로 산화되어 대기 중에서 제거된다.

32 미세먼지의 크기 기준으로 맞는 것은? [03년 경남]

① 10μm 이하
② 1.0μm 이하
③ 1.5μm 이하
④ 0.1μm 이하

해설

PM10이라고도 불리며, 이는 입경 10μm 이하의 입자를 말한다.

33 입자상 대기오염물질 중 훈연에 대한 설명으로 옳지 <u>않은</u> 것은?

① 응집이 일어나도 재분리가 가능하다.
② 응집하기 쉽고 분진에 비해 균일하다.
③ 용융된 물질이 휘발해서 생기는 기체가 응축할 때 생기는 고체상 입자이다.
④ 방지대책으로 국소배출장치 강화, 고효율 집진시설 설치 등이 있다.

해설

훈연(Fume)

• 승화 또는 용융된 물질이 휘발하여 기체가 응축할 때 생긴 1㎛ 이하의 고체입자로서 주로 금속정련이나 도금공정에서 많이 발생된다.
• 입자의 크기가 균일성을 가지며, 활발한 운동에 의해 상호 충돌하여 응집하기도 한다.
• 한번 응집한 후 재분리가 곤란하다.
• 대책으로서는 국소배출장치 강화, 원료·공정개선, 고효율 집진시설 설치 등이 있다.

34 다음 중 CO에 대한 설명으로 옳지 <u>않은</u> 것은?   [03년 경남]

① 무색, 무미, 무취의 기체로 연탄가스 중독을 일으킨다.
② 대기 중 100ppm 이상 시 경보를 발령하고 자동차 통행을 금지한다.
③ 헤모글로빈과의 친화력이 산소보다 200~300배 정도 강하다.
④ 물에 잘 녹지 않으므로 비에 의해 영향을 거의 받지 않는다.

해설

일산화탄소(CO)

• 무색, 무미, 무취의 기체로 헤모글로빈과 친화력이 산소보다 약 250배 정도 강해 연탄가스 중독 등의 피해를 준다.
• 난용성으로 비에 의한 영향을 거의 받지 않는다.

35 대기 중의 Pb 화합물이 인체에 침투하였을 때의 증상으로 옳은 것은?

① 신경계통 장애
② 호흡기 장애
③ 반상치 발생
④ 폐수종 유발

해설

납에 의한 인체의 영향

• 일부는 몸에 축적되고 일부는 배출된다.
• 뼈에 가장 많이 축적(90%)되며, 간이나 심장에 축적 시 피해가 크다.
• 빈혈, 불면증, 두통, 신장, 소화기관 장애, 신경계통 장애 등을 일으킨다.

36 다음은 대기오염물질인 일산화탄소(CO)에 대한 설명으로 옳지 <u>않은</u> 것은? [04년 경기]

① 일산화탄소는 헤모글로빈과 친화력이 강하며 혈액의 산소 운반능력을 저하시킨다.
② 일산화탄소는 물에 잘 녹아 산성비의 원인이 되며, 다른 물질에 흡착 현상이 강하다.
③ 대기 중에서 평균체류기간은 발생량과 대기 중 평균 농도로부터 1~3개월로 추정된다.
④ 토양박테리아의 활동에 의하여 이산화탄소로 산화되어 대기 중에서 제거된다.

해설

CO는 난용성으로 강우에 의한 영향을 거의 받지 않는다.

37 다음 중 일산화질소에 대한 설명으로 옳지 <u>않은</u> 것은? [03년 경기]

① 광화학 스모그의 전구물질이다.
② Hb와 결합력이 강해 혈액 중에서 메타헤모글로빈을 형성한다.
③ 공기보다 가볍고 화학적으로 안정하다.
④ 무색·무취의 자극성이 없는 기체이다.

해설

일산화질소(NO)

• 무색으로 공기보다 약간 무거우며 액화시키기 어렵다.
• 자체로는 독성이 약하여 피해가 뚜렷하지 않다.
• 헤모글로빈과의 결합력이 강하다(CO의 약 1,000배, NO_2의 약 3배).
• 광화학 스모그의 전구물질이다.
• 산성비의 원인물질이다.

38 다음 오염물질 중 실내공기질 권고 기준에 해당하는 물질은?

① CO_2
② CO
③ PM10
④ Rn

해설

• 라돈은 실내공기질 권고 기준 항목에 속한다(권고기준 : NO_2, Rn, VOC, CFU).
• 실내공기질 유지 기준 : 미세먼지(PM10, PM2.5), 이산화탄소, 일산화탄소, 총부유세균, 포름알데히드

39 신호 대기 중인 자동차에서 가장 많이 발생하는 기체는 무엇인가? [02년 울산]

① CO_2
② CO
③ NO
④ SO_2

해설

주행상태에 따른 오염물질의 배출독성

구분	HC	CO	NOx
많이 나올 때	감속, 공회전	감속, 공회전	가속
적게 나올 때	정속운행, 가속	정속운행, 가속	공회전, 감속

40 다음 중 산성비의 원인이 되는 대기오염물질은 무엇인가? [03년 경기]

① H_2, O_2, N_2
② He, Ne, Ar
③ SO_2, NO_2, HCl
④ CH_4, N_2O, CO

해설

SO_2(50% 이상 차지), NO_2(약 20% 차지), HCl(약 12% 차지)

41 다음 중 산성비 생성에 대한 설명으로 옳지 <u>않은</u> 것은? [03년 대구]

① 산성비의 생성이론은 헨리의 법칙과 관계가 있다.
② 황산화물과 질소산화물은 산성비의 주요 원인물질이다.
③ pH 5.6 이하의 비를 산성비라고 한다.
④ 온도가 높을 때 산성비 생성이 유리하다.

해설

온도가 높을수록 기체의 용해도가 낮아지므로 산성비 생성량이 줄어든다.

42 대기환경의 오염지표와 실내공기 오염지표의 짝이 옳은 것은? [02년 서울]

① $SO_2 - CO_2$
② $CH_4 - CO_2$
③ $CO_2 - NO_2$
④ $HC - CO_2$

해설

• 일반적으로 대기환경의 오염지표로는 SO_2가 가장 많이 사용된다.
• CO_2는 실내 또는 작업장의 공기오염 지표로 사용된다. 그것은 CO_2를 파악함으로써 전반적인 오염상태를 추측할 수 있기 때문이다.

43 세계적으로 유명한 대기오염사건과 관련하여 오염원인을 살펴봤을 때 공통적인 발생조건으로 옳은 것은?

① 무풍상태, 광화학 반응
② 무풍상태, 기온역전
③ 강한 바람, 석유계 연료
④ 광화학 반응, 황산화물

해설

역사적인 대기오염사건의 공통적인 기상인자를 살펴보면 모두 무풍상태, 기온역전 상태이다.

44 아산화질소(N_2O)에 대한 설명으로 옳은 것은?

① N_2O는 적갈색의 자극성을 가진 기체이다.
② N_2O는 흡인 마취약으로도 많이 사용되며 흡입하면 웃게 되므로 일명 웃음가스라 한다.
③ NO 및 NO_2와 함께 대기오염 물질로 정의되어 있다.
④ N_2O는 광화학 반응과는 전혀 무관하다.

해설

N_2O(아산화질소)
• 스마일가스라고 불리는 무색의 기체이다.
• 질소산화물 중 가장 안정한 물질로 대기에 체류하는 시간이 길다.
• 오존층 파괴의 원인물질로 작용하며, 온실가스에 포함된다.
• 대기 중의 농도는 약 0.5ppm으로 NO나 NO_2에 비하여 높은 농도로 존재하지만 대기오염물질로 정의되어 있지 않다.

45 광화학 스모그에 대한 설명으로 옳은 것은? [03년 경기]

① 대표적으로 런던 스모그가 여기에 속한다.
② 자동차에서 발생하는 황산화물과 질소산화물이 원인물질이다.
③ 자동차에서 발생하는 질소산화물과 탄화수소가 결합하여 옥시던트를 만든다.
④ 광화학 스모그는 환원반응이다.

해설

대표적으로 LA 스모그가 광화학 스모그에 속하며, 산화반응이다.

46 다음 중 산성비에 대한 설명으로 옳지 <u>않은</u> 것은? [04년 경북]

① pH 5.6 이하의 비를 말한다.
② 피부암과 백내장의 발생률을 증가시킨다.
③ 인체에 영향을 끼쳐 피부질환이나 탈모 등을 유발한다.
④ 토양의 산성화 및 토양 미생물을 사멸시킨다.

해설

②는 오존층 파괴에 따른 영향을 말한다.

산성비의 영향
- 토양의 산성화를 통해 토양 중 미생물을 죽이고, Al, Fe, Cd 등의 금속이온의 활성도를 증가시켜, 식물의 대사기능에 장애를 준다.
- 호수 등의 수질을 산성화시키며, 농작물이나 삼림에 피해를 준다.
- 인체의 눈, 피부자극, 위암 관련설, 대사기능장애 등을 유발하기도 한다.
- 금속의 부식 등 문화재를 손상시킨다.

47 다음 중 몬트리올 의정서와 관련된 내용은 무엇인가? [03년 경기]

① 유해폐기물의 국가 간 이동 및 처리 통제
② 사막화 방지 협약
③ CFCs의 생산과 사용을 규제
④ 해양오염 방지

해설

몬트리올 의정서(1987년)는 염화불화탄소의 단계적인 감축 계획을 수립하고 할론가스에 대하여 1992년 이후 생산소비를 동결한다.

48 광화학 스모그 발생과 관계가 깊은 것은 무엇인가? [03년 경기]

① NOx
② CO_2
③ SO_2
④ CO

해설

광화학 스모그는 HC, NOx 등과 관계가 깊다.

49 다음 설명 중 Ⓐ, Ⓑ, ⓒ에 들어갈 알맞은 말이 순서대로 나열된 것은? [03년 대구]

> ㉠ 자동차에서 연료의 고온연소 시에 생성되는 것은 대부분 (Ⓐ)이다.
> ㉡ 연료가 완전연소할 때 발생하는 (Ⓑ)는 대기 중에 배출된 후 약 50%는 대기 중에 축적되고,
> 나머지 중 약 29%가 해수에 흡수되며, 그 외는 지상생물에 의해서 흡수되는 것으로 추정되고 있다.
> ㉢ 연료의 불완전연소에 의해 생성되는 (ⓒ)는 인체의 호흡기관을 통해 들어오며 곧이어 혈액에
> 흡수된다. 이 기체는 헤모글로빈과 결합력이 O_2의 경우보다 더 크기 때문에 정상적인 순환작용을
> 방해하게 된다.

	Ⓐ		Ⓑ		ⓒ
①	NO_2	–	CO_2	–	CO
②	NO	–	CO_2	–	CO
③	NO	–	CO	–	CO_2
④	NO_2	–	CO	–	CO_2

해설
- CO는 연료의 불완전연소에 의해 생성되며 헤모글로빈과의 결합력이 O_2보다 250~300배는 강하다.
- 질소산화물의 대부분은 NO의 형태로 생성된다.

50 남미 해안으로부터 태평양에 이르는 넓은 범위에서 해수면의 온도가 평년보다 0.5℃ 이상 높은 상태가 6개월 이상 지속되는 현상은?

① 엘니뇨 현상   ② 업웰링 현상
③ 라니냐 현상   ④ 뢴트겐 현상

해설
- 엘니뇨 : 남미 해안부터 적도의 태평양에 이르는 넓은 범위에서 해수면의 온도가 평년보다 0.5℃ 이상 높게 6개월 이상 지속되는 현상으로, 엘니뇨 현상 동안에는 적도 부근의 바람이 태평양 서쪽에서 동쪽으로 이동한다.
- 라니냐 : 동태평양에서 엘니뇨와 반대로 평년보다 0.5℃ 낮은 저수온 현상이 5개월 이상 지속되는 현상

51 대기오염물질과 그 물질을 발생시키는 발생원으로 바르게 짝지어진 것은?

> ⓐ 염화수소 : 제철 공업, 냉동공장
> ⓑ 카드뮴 : 구리정련 공업
> ⓒ 벤젠 : 피혁 공업, 도장 공업
> ⓓ 불화수소 : 알루미늄 공업, 요업
> ⓔ 시안화수소 : 소다 공업, 활성탄 제조
> ⓕ 이황화탄소 : 청산 제조 공업, 제철 공업

① ⓐ, ⓑ, ⓒ
② ⓑ, ⓓ, ⓕ
③ ⓒ, ⓓ
④ ⓒ, ⓔ

[해설]

ⓐ 염화수소 : 소다 공업, 활성탄 제조 공업, 플라스틱 공업
ⓑ 카드뮴 : 아련정련 공업, 안료 제조, 도금
ⓔ 시안화수소 : 청산 제조 공업, 제철 공업
ⓕ 이황화탄소 : 비스코스섬유 공업, 고무제품 제조

52 대기 중의 CO_2에 대한 설명으로 옳지 <u>않은</u> 것은?

① 현재 대기 중의 이산화탄소의 농도 증가는 주로 인위적인 방출에 의한 것이다.
② 대기 중의 이산화탄소 농도는 여름에 감소하고 겨울에 증가한다.
③ 대기 중에 배출된 이산화탄소의 약 50% 이상은 해수에 흡수되고 그 과정과 흡수능력이 널리 알려져 있다.
④ 대기 중의 이산화탄소는 해양이나 식물에 흡수되어 대기 중에서 제거되며 추정 체류시간은 2~4년 으로 알려져 있다.

[해설]

화석연료의 연소과정에서 방출된 CO_2의 약 50%는 대기 내에 축적되고 나머지 50%는 해양이나 식물에 의해 흡수되는 것으로 추측되고 있으며 그 과정과 흡수능력은 잘 알려져 있지 않다. CO_2는 바닷물에 상당히 잘 녹기 때문에 현재 해양은 대기가 함유하는 탄산가스의 약 60배를 함유하고 있으며 이 양은 식물에 의한 흡수량보다 훨씬 많다.

53 대기오염물질과 지표식물로 바르게 짝지어진 것을 모두 고른 것은?

> ⓐ 아황산가스 : 자주개나리, 시금치   ⓑ 불소화합물 : 라일락, 토마토
> ⓒ 오존 : 사과, 해바라기   ⓓ PAN : 강낭콩, 시금치
> ⓔ 황화수소 : 코스모스, 무

① ⓐ, ⓑ, ⓒ ② ⓑ, ⓒ, ⓓ
③ ⓐ, ⓓ, ⓔ ④ ⓒ, ⓓ, ⓔ

해설

대기오염물질의 지표식물
- 아황산가스 : 자주개나리, 시금치, 메밀, 고구마 등
- 불소화합물 : 글라디올러스, 자두, 살구, 모밀 등
- 오존 : 담배, 시금치, 파, 토란 등
- PAN : 강낭콩, 상추, 시금치 등
- 황화수소 : 코스모스, 무, 오이 등

54 산성비에 대한 설명으로 옳지 <u>않은</u> 것은?

① 산성비에 의한 피해로 유적의 부식 등이 일어난다.
② 산성비의 원인물질로는 H_2SO_4, HNO_3, HCl 등이 있다.
③ 바젤협약은 산성비 방지를 위한 대표적인 국제협약이다.
④ pH 5.6 이하의 비를 말한다.

해설

- 산성비 : 대기 중 강우가 CO_2와 평형을 이룰 경우 pH 5.6 정도가 되는데 pH 5.6 이하인 강우를 산성비라 한다.
- 산성비 방지를 위한 대표적인 협약 : 소피아 의정서, 헬싱키 의정서
  - 산성비는 식물의 조직을 손상시키거나 생리대사를 변화시키는 등의 영향을 준다.
  - 호소의 pH를 저감시켜 어패류가 사멸되기도 한다.
  - 각종 구조물을 부식시켜 많은 피해를 끼친다.

55 대기오염물질과 그 영향에 대한 설명이 옳지 <u>않은</u> 것은?

① CO : 혈액내 Hb과의 친화력이 산소의 약 21배에 달해 산소운반능력을 저하시킨다.

② NO_2 : 적갈색, 자극성 기체로 NO보다 독성이 5배 정도 강하다.

③ SO_2 : HF와 함께 식물에 의한 성분분석으로 대기오염 정도를 파악하는데 이용된다.

④ HC : 올레핀계 탄화수소는 광화학적 스모그에 적극 반응하는 물질이다.

해설

일산화탄소(CO)

• 가스 상 대기오염 물질 중 역사가 가장 길다.

• 무색, 무미, 무취의 질식성 기체로 연료의 불완전연소 시 발생한다.

• 쓰레기 소각이나 자동차 배출가스 등에 의해 발생한다.

• 난용성이기 때문에 비에 의한 영향을 거의 받지 않는다.

• 헤모글로빈과의 결합력이 산소보다 250~300배 높아 혈액의 산소 전달기능을 방해한다(연탄가스 중독).

• 토양 박테리아에 의해 CO_2로 산화되어 대기 중에서 제거된다.

56 오존층 보호를 위한 국제협약으로 알맞게 짝지어진 것은?

① 바젤 협약 – 비엔나 협약 – 몬트리올 의정서

② 리우 회의 – 런던 회의 – 비엔나 협약

③ 바젤 협약 – 런던 회의 – 비엔나 협약

④ 비엔나 협약 – 런던 회의 – 몬트리올 의정서

해설

오존층 보호를 위한 국제협약 : 비엔나 협약(1985년), 몬트리올 의정서(1987년), 런던 회의(1990년), 코펜하겐 회의(1992년)

57 SO_2가 주원인물질로 작용한 대기오염 피해사건으로 옳지 <u>않은</u> 것은?

① 런던 스모그 사건

② 뮤즈 계곡 사건

③ 도노라 사건

④ 포자리카 사건

해설

1950년 멕시코 포자리카 사건은 공업지대의 공장 조작사고로 H_2S가 다량 누출된 사고이다.

대표적 대기오염 사건

㉠ 뮤즈 계곡 사건

55 ① 56 ④ 57 ④ **정답**

- 1930년 벨기에에서 발생한 최초의 대기오염 사건
- 원인물질 : 아황산가스(SO_2), 황산미스트, 질소산화물 및 불소산화물 등
- 피해상황 : 지역주민 수백 명의 호흡기 계통 질병, 63명 사망

ⓛ 횡빈 사건
- 1946년 일본에서 발생한 대기오염 사건
- 원인물질 : 불확실. 대표적으로 아황산가스(SO_2) 및 먼지 등으로 추측됨
- 피해상황 : 심장 및 호흡기 질환

ⓒ 도로나 사건
- 1948년 미국(펜실베니아주)에서 발생한 대기오염 사건
- 원인물질 : 아황산가스(SO_2), 황산미스트 등의 정체현상
- 피해상황
  - 인구 14,000명 중 18명 사망, 약 6,000명의 환자 발생
  - 특히 노인층에 만성 심장질환, 기침, 호흡곤란, 흉부압박감 등의 증상

ⓔ 포자리카 사건
- 1950년 멕시코(포자리카)에서 발생한 대기오염 사건
- 원인물질 : 황화수소(H_2S)누출
- 피해상황
  - H_2S 가스에 의해 22,000명 중 320명이 급성중독에 걸려 22명 사망
  - 그 외 기침, 호흡곤란, 점막자극 등의 증상

ⓜ 런던 스모그 사건
- 1952년 영국(런던)에서 발생한 대기오염 사건
- 원인물질 : 아황산가스(SO_2) 및 매연
- 피해상황
  - 가장 많은 인명피해를 일으킨 대기오염 사건
  - 만성 기관지염, 천식, 기관확장증, 폐섬유증, 폐렴 등

ⓗ LA 스모그 사건
- 1954년 미국(LA)에서 발생한 대기오염 사건
- 원인물질 : 질소산화물 등에 의한 광화학 스모그
- 피해상황
  - 눈, 코, 기도, 폐 등의 점막에 지속적 또는 반복적 자극
  - 식물·과실의 손상, 가죽제품의 피해, 고무제품의 균열과 노화, 건축물의 손상 등

58 오존층에 대한 설명으로 가장 거리가 <u>먼</u> 것은?

① 성층권의 중·하층 고도인 고도 20~30km 범위를 오존층이라고 한다.

② 오존농도의 고도분포는 지상 약 30km의 고도에서 평균 약 1,000ppm의 오존농도를 나타낸다.

③ 오존층에서 산소분자는 태양광선 중에서 240nm 이하의 자외선을 흡수하여 2개의 산소원자가 해리된다.

④ 오존층에서 오존은 흡수하면 광해리를 일으켜 산소원자와 산소분자가 분열한다.

오존층에서의 오존의 최대농도는 10ppm이다.

오존층의 특징
- 대기 중에 포함되어 있는 오존량의 약 90%는 성층권(지상 12~50km)에 포함되어 있다.
- 오존층은 태양으로부터 방출되는 자외선을 흡수하여 지표에 도달하는 강한 자외선으로부터 생물을 보호해 주는 역할을 한다.
- 성층권의 온도를 상승시키는 열적 효과를 가지고 있다.

59 대기 내 성분물질 중에서 대기 중의 체류시간이 긴 순서대로 나열된 것은?

① $NO_2 > SO_2 > CO > CH_4$

② $N_2 > CH_4 > CO > SO_2$

③ $CO > N_2 > SO_2 > CH_4$

④ $O_2 > N_2 > CH_4 > CO$

대기성분함량 및 체류시간
- 성분함량 : $N_2 > O_2 > Ar > CO_2 > Ne > He > CH_4 > Kr > H_2 > Xe > CO$
- 대기 내 체류시간 : $N_2 > O_2 > N_2O > CH_4 > CO_2 > CO > SO_2$

60 분진의 농도가 0.075mg/m³인 지역의 상대습도가 70%일 때 가시거리는?(단, 계수＝1.2)

① 4km

② 16km

③ 30km

④ 42km

가시거리 계산

$$L_v(km) = \frac{A \times 10^3}{G}$$

$$L_v(km) = \frac{A \times 10^3}{G} = \frac{1.2 \times 10^3}{75(ug/m^3)} = 16km$$

- A : 계수
- G : 분진농도(ug/m³)

61 포름알데히드를 배출하는 주요 업종으로 적절하지 <u>않은</u> 것은?

① 합성수지 공업　　　　　　　② 피혁 제조 공업
③ 타르 공업　　　　　　　　　④ 포르말린 제조 공업

해설

포름알데히드의 주요 배출원 : 합성수지 공업, 피혁 제조 공업, 포르말린 제조 공업, 접착제, 단열재 등

62 대기오염물질 중 질소화합물에 대한 설명으로 가장 거리가 <u>먼</u> 것은?

① 전 세계 질소화합물의 배출량 중 인위적인 추정 배출량은 70~80% 정도이다.
② N_2O는 대류권에서는 온실가스로 알려져 있다.
③ 연료 중의 질소화합물은 일반적으로 천연가스보다 석탄에 많다.
④ 대기 중에서의 추정 체류시간은 NO와 NO_2가 약 2~5일, N_2O가 약 20~100년 정도이다.

해설

질소산화물은 인위적 배출량과 자연적 배출량이 10 : 100 정도로 자연적 배출량이 많다.

63 PSI(pollutants standard index)가 150일 때 대기질 상태는?

① 양호(good)　　　　　　　　② 보통(moderate)
③ 나쁨(unhealthful)　　　　　④ 매우 나쁨(very unhealthful)

해설

PSI(pollutants standard index)
• 대기의 오염도가 인체에 미치는 영향을 나타내는 지수
• 대기오염을 억제하기 위해 개발되었으며 대기오염지수, 부유분진, 아황산가스, 질소산화물, 오존, 일산화탄소, 부유분진과 아황산가스의 혼합물 등 6개의 오염도를 가지고 측정한다.
• 판정표

지수	판정
PSI 0~50	양호 예보
PSI 51~100	보통 예보
PSI 101~199	나쁨 예보
PSI 200~299	매우 나쁨 예보
PSI ≥ 300	유해 예보

64 대기 중에 부유하는 중금속에 대한 설명으로 옳지 <u>않은</u> 것은?

① 크롬은 피혁 공업, 염색 공업, 시멘트 제조업 등에서 발생되며 호흡기 또는 피부를 통하여 체내에 유입된다.

② 카드뮴은 주로 산화카드뮴이나 황산카드뮴으로 존재하고 아연 정련, 전기도금 공장 등에서 주로 배출된다.

③ 납은 주로 대기 중에 미세입자로 존재하고, 석유 정제, 형광물질의 원료 제조 공장에서 배출된다.

④ 수은은 증기 또는 먼지의 형태로 대기 중에 배출되고 미량으로도 인체에 영향을 끼친다.

해설

납은 가솔린 자동차, 건전지, 축전지, 고무 가공, 인쇄 공업 등에서 배출되며, 대기 중 존재하는 납의 98%가 가솔린 자동차의 연소배기가스에 의해 배출된 것이다.

65 연소 시 발생하는 NOx는 원인과 생성기전에 따라 3가지로 분류하는데, 이 분류항목에 속하지 <u>않는</u> 것은?

① fuel NOx
② thermal NOx
③ prompt NOx
④ noxious NOx

해설

연소 시 발생하는 NOx는 원인과 생성기전에 따라 fuel NOx, thermal NOx, prompt NOx로 대별된다.

66 대기오염물질 중 특정대기유해물질에 해당하지 <u>않는</u> 것은?

① 석면
② 이산화황
③ 벤지딘
④ 프로필렌 옥사이드

특정대기유해물질

1. 카드뮴 및 그 화합물	19. 이황화메틸
2. 시안화수소	20. 아닐린
3. 납 및 그 화합물	21. 클로로포름
4. 폴리염화비페닐	22. 포름알데히드
5. 크롬 및 그 화합물	23. 아세트알데히드
6. 비소 및 그 화합물	24. 벤지딘
7. 수은 및 그 화합물	25. 1, 3-부타디엔
8. 프로필렌 옥사이드	26. 다환 방향족 탄화수소류
9. 염소 및 염화수소	27. 에틸렌옥사이드
10. 불소화물	28. 디클로로메탄
11. 석면	29. 스틸렌
12. 니켈 및 그 화합물	30. 테트라클로로에틸렌
13. 염화비닐	31. 1, 2-디클로로에탄
14. 다이옥신	32. 에틸벤젠
15. 페놀 및 그 화합물	33. 트리클로로에틸렌
16. 베릴륨 및 그 화합물	34. 아크릴로니트릴
17. 벤젠	35. 히드라진
18. 사염화탄소	

67 악취 성분을 직접 연소법으로 처리하고자 할 때 일반적인 연소온도로 알맞은 것은?

① 100~150℃
② 200~300℃
③ 600~800℃
④ 1,400~1,500℃

해설

- 촉매 연소법 연소온도 : 200~300℃
- 직접 연소법 연소온도 : 600~800℃

CHAPTER

02 미기상과 대기확산

01 대기의 구조

1 대기의 수직구조

대기의 수직구조는 고도에 따른 온도의 변화로 구분되며, 대류권, 성층권, 중간권, 열권으로 구성된다.

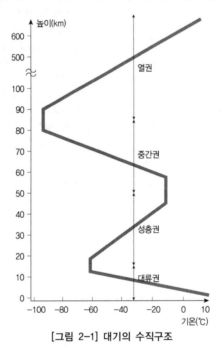

[그림 2-1] 대기의 수직구조

2 권역별 특징

(1) 대류권

① 지상 0~11km까지의 고도를 말한다.

② 고도가 증가할수록 온도가 감소한다.

③ 대기오염이 심각한 층이다.

④ 온도에 따른 밀도 차에 의해 대기의 대류 현상이 활발하다.

⑤ 100m 상승 시마다 0.65℃씩 온도가 감소한다.

(2) 성층권

① 지상 11~50km까지의 고도를 말한다.

② 오존층이 존재한다.

③ 하부에는 온도의 변화가 거의 일정하며, 상부에는 고도가 상승할수록 온도가 증가하는 안정한 대기상태를 갖는다.

(3) 중간권

① 지상 50~80km까지의 고도를 말한다.

② 대기권에서 온도가 가장 낮은 권역이다.

③ 고도가 증가할수록 온도가 감소한다.

④ 약간의 대류 현상이 일어난다.

⑤ 대기 조성물질의 비율이 거의 일정하여 균일층이라고도 부른다.

(4) 열권

① 지상 80km 이상의 고도를 말한다.

② 고도가 증가할수록 온도가 증가한다.

③ 분자들이 전리상태에 있어 전리층이라고도 부른다.

④ 온도의 정의가 어렵다.

(5) 대기의 성분함량 및 체류시간

① 성분함량 : $N_2 > O_2 > Ar > CO_2 > Ne > He > CH_4 > Kr > H_2 > Xe > CO$

② 대기 내 체류시간 : $N_2 > O_2 > N_2O > CH_4 > CO_2 > CO > SO_2$

---

02 대기의 운동 특성

1 바람

(1) 바람의 원인

① 기압 경도력(pressure gradient force)

㉠ 기압이 서로 다른 두 지역 사이의 기압차 때문에 기압이 높은 쪽에서 낮은 쪽으로 기압 경사가 생긴다.

㉡ 기압의 경사 때문에 그 사이에 들어있는 공기가 흐르게 하는 원동력을 기압 경도력이라고 한다.

㉢ 등압선의 간격 또는 공기 밀도에 반비례한다.

② 전향력

㉠ 지구가 회전을 하기 때문에 대기의 수평운동에는 힘이 작용하게 된다.

㉡ 지구 자전에 의한 가속도의 힘을 전향력이라고 하며, 코리올리 힘으로 설명된다.

㉢ 이 힘은 운동의 방향만을 바꿀 뿐, 속도에는 아무런 영향을 미치지 않는다.

㉣ 경도력과 반대방향이다.

ㅁ 북반구에서는 바람방향의 우측 직각방향으로 작용한다.

ㅂ 극지방에서 전향력은 최대가 되며, 적도지방에서 전향력은 0이 된다.

③ 마찰력

ㄱ 지면과 마찰로 인해 발생하는 힘을 마찰력이라고 한다.

ㄴ 지표에서 풍속에 비례하며 진행방향에 반대로 작용한다.

ㄷ 마찰력이 클수록 풍향의 변화가 크고, 풍속은 감소한다.

(2) 바람의 종류

① 지균풍

ㄱ 공기와 지표의 마찰은 약 500m 이상의 고도에서는 무시될 수 있다.

ㄴ 이 이상의 고도에서는 코리올리의 힘과 기압 경도력의 두 힘만의 평형으로 일정한 속도를 가진 바람이 생겨나는데, 이 수평바람을 지균풍이라고 한다.

② 경도풍

ㄱ 지균풍에 원심력의 효과가 포함된 바람으로 등압선이 원형일 때 기압 경도력, 전향력, 원심력이 균형을 이루어 원의 접선 방향으로 부는 바람을 말한다.

ㄴ 북반구에서 경도풍은 저기압에서는 반시계방향으로 회전을 하면서 불고, 고기압에서는 시계방향으로 회전을 하면서 분다.

③ 지상풍

ㄱ 바람이 지표 가까이에서 분다.

ㄴ 마찰에 의해 풍속이 감소되고, 지표 부근의 기압 경도력, 코리올리의 힘, 마찰력의 세 힘 간 평형으로 바람의 방향이 결정된다.

(3) 국지풍의 종류

① 해륙풍

ㄱ 육지와 바다가 인접한 곳에서 비열 차로 나타나는 국지적인 바람을 말한다.

ㄴ 해풍 : 낮인 경우 육지가 빨리 가열되어 상승기류가 형성되고 이 때 육지의 기압은 바다보다 낮아지고 이로 인한 경압경도가 생겨나 바다에서 육지 쪽으로 발생하는 바람

ㄷ 육풍 : 밤에는 바다의 온도 냉각속도가 육지보다 더 느리므로 이로 인한 기압차 때문에 육지에서 바다 쪽으로 발생하는 바람

ㄹ 육풍은 2~3m/sec, 해풍은 5~6m/sec 정도로 해풍이 강하다.

ㅁ 해륙풍은 맑고 바람이 약한 날에 발생하기 쉽다.

ㅂ 해풍은 내륙 쪽으로 8~15km, 육풍은 해양 쪽으로 5~6km 정도까지 영향을 준다.

ㅅ 해풍은 주로 여름, 육풍은 겨울철에 잘 발생한다.

② 산곡풍

ㄱ 해륙풍과 마찬가지로 산의 가열정도에 따라 나타나는 국지적인 바람을 말한다.

ㄴ 곡풍 : 낮에 산 정상의 가열정도가 산 경사면의 가열정도보다 크므로 산 경사면에서 산 정상을 향해 부는 바람

ㄷ 산풍 : 밤에 낮과 반대로 산 정상에서부터 냉각이 시작되어 경사면을 따라 내려가는 바람

③ 푄풍(높새바람)
  ㉠ 습한 공기가 산을 넘을 때 바람의 상측에서 단열냉각에 의해 수증기가 비 또는 눈이 되어 내리나 산을 내려갈 때는 단열승온하여 건조열풍이 된다.
  ㉡ 흔히 산맥을 경계로 기압 차가 있을 때에 일어난다.
④ 전원풍 : 도시가 시골보다 높은 온도를 유지하기 때문에 도시의 공기는 상승기류가 발생하고 주변 시골에서 도시로 바람이 불게 되는데, 이러한 바람을 전원풍이라고 한다.

(4) 바람 장미(풍배도)

① 바람의 발생빈도와 풍속을 16방향인 막대기로 표시한 기상도형이다.
② 바람이 불어오는 쪽의 방향을 풍향이라고 한다.
③ 풍향에서 가장 빈번히 관측된 풍향을 주 풍향이라고 한다.
④ 어떤 방향의 바람이 얼마 동안 불었는가의 발생빈도를 %로 나타낸 것을 방향량이라고 한다.
⑤ 풍속이 0.2m/sec 이하를 무풍이라고 한다.

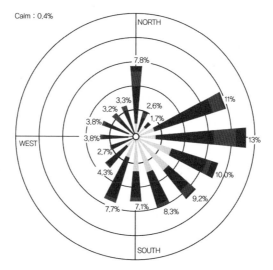

[그림 2-2] 바람 장미(풍배도)

(5) 난류

① 정의 : 유체의 각 부분이 시간적이나 공간적으로 불규칙한 운동을 하면서 흘러가는 것을 말한다.
② 난류의 형태
  ㉠ 기계적 난류(강제대류)
    • 기계적 난류는 바람이 지상의 물체나 산 같은 각종 지형지물을 지날 때, 그 물체의 주변에서 발생하는 불규칙한 흐름을 말한다.
    • 지면이 거칠거나 장애물이 많은 곳일수록 마찰저항이 크므로 바람의 경사, 즉 풍속의 차이가 크게 나타난다.
  ㉡ 열적 난류(자유대류)
    • 바람이 있는 맑은 날, 낮에는 지표면에 인접한 하층 대기부터 가열이 이루어진다.

- 이때 부력에 의한 힘과 지표면 마찰에 의한 풍속감소로 인하여 바람의 비틀림이 중첩되면 난류의 생성이 이루어진다.
- 하층가열과 연계된 난류를 열적 난류라고 한다.

③ 난류의 특성
  ㉠ 난류는 대기가 불안정하고 지표면이 거칠수록, 또한 풍속이 클수록 강해진다.
  ㉡ 난류는 지표면의 열, 수증기, 대기 오염 물질 등을 상공으로 확산시키는 역할을 한다.

(6) 풍속

① 풍속과 고도와의 관계

㉠ Deacon 공식

$$\frac{U}{U_1} = \left(\frac{H}{Z_1}\right)^n \quad \therefore \ U = U_1 \times \left(\frac{H}{Z_1}\right)^n$$

㉡ Sutton 공식

$$\frac{U}{U_1} = \left(\frac{H}{Z_1}\right)^{\frac{2}{2-n}} \therefore \ U = U_1 \times \left(\frac{H}{Z_1}\right)^{\frac{2}{2-n}}$$

- U : 고도 H에서의 풍속
- U_1 : 고도 Z_1에서의 풍속
- Z_1 : 참고 고도
- H : 임의의 고도
- n : 안정도 계수(가한 안정 : 0.5, 불안정 : 0.25, 매우 불안정 : 0.2)

② 풍속과 농도와의 관계

㉠ 선상 농도 $= C \propto \dfrac{1}{U}$

㉡ 면상 농도 $= C \propto \dfrac{1}{U^2}$

㉢ 공간 농도 $= C \propto \dfrac{1}{U^3}$

∴ 풍속이 2배가 되면 선상 농도는 $\dfrac{1}{2}$배, 면상 농도는 $\dfrac{1}{4}$배, 공간 농도는 $\dfrac{1}{8}$배가 된다.

2 대기 안정도 판정

(1) 기온단열감률

① 건조단열감률(γ_d)
  ㉠ 고도가 높아짐에 따라 온도가 낮아지는 것을 기온감률이라고 하는데, 이 중 이론적인 기온감률을 건조단열감률이라고 한다.
  ㉡ 수직 건조단열감률의 크기 : $-0.986℃/100m$

② 습윤단열감률(γ_w)
  ㉠ 포화상태의 공기가 상승할 때의 온도변화율이다.

ⓛ 공기가 상승하면서 수증기가 물로 변할 때 숨은 열이 방출되면서 건조단열감률에 비해 기온이 감소하게 되는데, 이 비율을 습윤단열감률이라고 한다.

ⓒ 수직 습윤단열감률의 크기 : −0.66℃/100m

③ 환경감률(γ)

ⓐ 대기의 수직온도분포를 실제 측정한 값이다.

ⓛ 대기의 안정도와 고도에 따라 실제 변화하는 기온감률을 말한다.

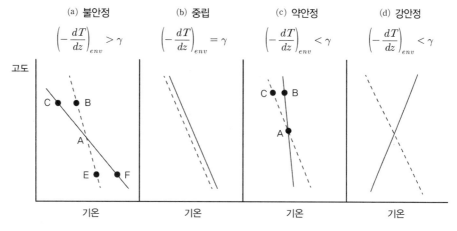

[그림 2-3] 대기안정도와 체감률

(2) 온위 비교

① 온위 : 기압이 P, 기온이 T인 건조공기를 단열적으로 1,000mb의 표준기압을 받는 고도로 하강시켰을 때의 온도를 온위라고 한다.

② 온위경사 : 고도에 따른 온위 변화

③ 환경감률과 건조단열감률의 차로 표현한다.

$\left(\dfrac{dT}{dz}\right)_\gamma < 0$: 불안정(고도 증가에 따라 온위 감소)

$\left(\dfrac{dT}{dz}\right)_\gamma = 0$: 중립(고도 증가에 따른 온위 변함없음)

$\left(\dfrac{dT}{dz}\right)_\gamma > 0$: 안정(고도 증가에 따른 온위 증가)

(3) 리처드슨 수(Richardson number)[Ri]

① 연직방향으로 공기덩이의 위치를 변화시켰을 때 공기덩이가 가지고 있는 복원력의 정도를 나타내는 척도를 말한다.

② 복원력이 양(+)이면 안정(0.25 이상)

③ 복원력이 음(−)이면 불안정(대류가 지배적)

④ 복원력이 0이면 중립

(4) 파스퀼(Pasquill) 수

① 경험에 의한 방법

② 낮에는 풍속 및 일사량, 야간에는 상·중·하층의 운량, 운고와 풍속으로부터 계급을 6단계(A~F)로 구분한다.

③ A : 강한 불안정, B : 보통 불안정, C : 약한 불안정, D : 중립, E : 약한 안정, F : 보통 안정

④ 높은 굴뚝의 경우 아침, 저녁시간대는 오차가 많이 발생한다.

⑤ 계산에 필요한 기상관측이 쉽고 정확하다.

⑥ 대기확산모델 입력자료용으로 가장 많이 사용된다.

(5) 최대혼합고(MMD)

① 열부상 효과에 의해 대류가 유발되는 혼합층의 깊이를 말한다.

② 하루 중 밤에 가장 적고 한낮에 최대가 된다.

③ 계절적으로는 여름이 최대, 겨울이 최소치를 나타낸다.

④ 최대 혼합고가 1.5km 미만인 경우 도시오염도가 증가하는 것으로 나타나고 있다.

3 기온역전

대류권에서는 고도가 증가할수록 기온이 낮아지게 되는데, 이와 반대로 고도에 따라 온도가 상승하는 현상이 발생하기도 한다. 이와 같은 현상을 역전이라고 한다. 역전층이 형성되면 기층이 안정되어 공기의 수직운동이 억제되므로 역전층의 하부에서는 공기의 대류현상이 저지된다. 따라서 대기오염물질들이 상층 대기로 확산되지 못하고 안정한 층 내에 머물러 있게 되어 오염물질의 축적이 일어나고, 오염물질의 농도가 증가한다. 역전층은 생성 원리에 따라 접지역전, 공중역전으로 구분된다.

(1) 접지역전(지표역전)

① 복사역전

㉠ 복사냉각이 심하게 일어나는 때에 지표에 접한 공기가 그 상공의 공기보다 더 차가워져 생기는 역전을 복사역전이라고 한다.

㉡ 복사역전층은 지면에 접하고 있기 때문에 접지역전이라고 한다.

ⓒ 런던 스모그 사건에서 나타난 역전의 형태이다.

ⓔ 습도가 적은 가을에서 봄까지 잘 발생한다.

ⓜ 맑고 바람이 없는 새벽부터 아침까지 잘 발생한다.

ⓗ 도시보다는 시골 지역에서 잘 발생한다.

② 이류역전

　ⓐ 이류역전은 연중 어느 시기에나 상대적으로 차가운 수면 또는 차가운 지표면 위로 바람이 불어올 때 발생한다.

　ⓑ 겨울철의 육지와 호수 또는 바다에서 관찰되며, 소나기 직후 지표면이 냉각될 때 발생하기도 한다.

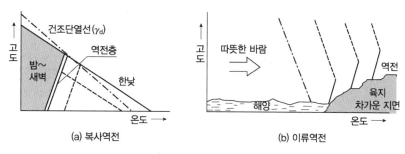

[그림 2-4] 지표역전

(2) 공중역전

① 침강역전

　ⓐ 이동이 빠르지 않은 고기압 중심 부근에서 가끔씩 공기의 침강이 발생하는데, 이 공기는 하강하면서 단열압축에 의해 가열되고, 상대습도가 감소하여 하층의 온도가 낮은 공기와의 경계에 역전층을 형성한다.

　ⓑ 침강역전은 간혹 지표까지 도달하는 경우도 있지만 대부분 지표 윗부분에 형성된다.

　ⓒ LA 스모그 사건에서 나타난 역전의 형태이다.

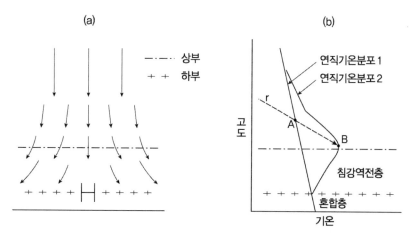

[그림 2-5] 침강역전

② **전선형 역전** : 전선의 존재로 인해 난기단은 상층에, 한기단은 하층에 자리를 잡아 발생하게 되며, 전선이 정체될 경우 대기오염이 심해진다.

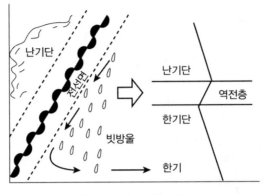

[그림 2-6] 전선형 역전

③ **난류형 역전**

안정된 대기가 지형이 복잡한 곳을 지나서 흐르면 하층 부분이 흩어져서 혼합되고, 그곳의 연직온도 분포가 단열감률에 가까워지나, 상층은 그대로이기 때문에 그 하부와 난류층 윗면과의 사이에 온도의 역전이 형성된다.

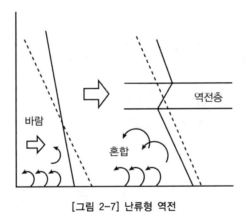

[그림 2-7] 난류형 역전

03 대기의 확산

1 연기의 특성

굴뚝에서 배출된 연기가 퍼지는 모양은 배출고도에서의 풍속, 기온의 연직분포 등에 따라 달라진다.

(1) 환상형(looping)
① 대기가 매우 불안정하여 난류가 심할 때 발생
② 대류 혼합이 클 때 발생
③ 굴뚝이 낮은 경우 풍하측 지상에도 강한 오염 발생
④ 일반적으로 이 형태의 연기 확산 모형은 지표면이 가열되고 바람이 약한 맑은 날 낮에 주로 발생

(2) 원추형(coning)
① 대기안정도가 중립(약안정)일 때 발생
② 지표 가까이에는 도달하지 않고 오염농도의 분포가 가우시안 분포로 나타남
③ 확산방정식에 의한 오염물 확산 추정에 좋은 조건
④ 주로 날씨가 흐리고 바람이 비교적 약할 때 발생

(3) 부채형(fanning)
① 기온 역전층이 형성되어 연기가 배출되는 상당한 고도까지 안정한 대기가 유지될 경우 발생
② 대기가 매우 안정한 상태이기 때문에 연기의 수직방향 확산의 경우는 매우 적음
③ 오염물질이 지표에 거의 도달하지 않기 때문에 그 농도 추정이 어려움
④ 대부분 밤이나 이른 아침에 주로 발생

(4) 훈증형(fumigation)
① 하부에는 환경감률이 정상적인 건조단열감률을 나타내지만, 상부에는 역전 현상을 띠고 있는 경우에 발생
② 훈증형 연기가 발생할 경우 지표면의 오염물질 농도가 일시적으로 높아질 수 있음
③ 하늘이 맑고 바람이 약한 날 아침에 주로 발생하고, 지속시간이 매우 짧음

(5) 상승형(lofting)
① 훈증형과 반대로 연기의 형태가 만들어지며, 지붕형 또는 처마형이라고도 함
② 하층은 역전이 형성되고, 상층은 정상적인 건조단열감률을 이룰 때 발생
③ 역전층 위쪽으로 확산이 일어나므로 지표의 오염물질 농도는 매우 낮음
④ 초저녁과 이른 아침에 주로 발생하며, 지속시간이 매우 짧음

(6) 구속형(trapping)
① 침강역전과 복사역전이 동시에 발생하는 역전층이 굴뚝높이 위아래에 형성된 경우로 연기가 역전층의 사이에 존재함

② 고온·건조할 경우 발생하며, 연기는 굴뚝으로부터 먼 곳까지 이동하여 오염물질의 지표농도는 매우 낮음

[표 2-3] 연기 확산 모형

구분	대기상태	연기 형태
부채형(Fanning)	강안정 (역전)	
훈증형(Fumigation)	상 : 안정 하 : 불안정	
원추형(Coning)	약안정 (중립)	
상승형(Lofting)	상 : 불안정 하 : 안정	
환상형(Looping)	불안정	
함정형(Trapping)	침강역전 복사역전	

2 유효 굴뚝의 높이(H_e)

$$H_e = H_s + \Delta H$$

- H_e : 유효 굴뚝높이
- H_s : 실제 굴뚝높이
- ΔH : 연기상승 높이

$$\Delta H = 1.5 \left(\frac{V_s}{U} \right) \times D$$

- V_s : 배기가스의 토출속도(m/sec)
- U : 굴뚝 상단에서의 풍속(m/sec)
- D : 굴뚝 상단의 직경(m)

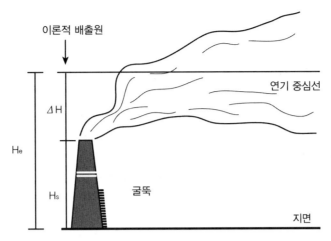

이론적 배출원

연기 중심선

ΔH

H_e

H_s

굴뚝

지면

[그림 2-8] 유효 굴뚝의 높이

PLUS 참고

연기의 상승높이 영향인자
• 배기가스의 열배출률이 클수록 증가
• 유속이 빠를수록 증가
• 굴뚝의 통풍력이 클수록 증가
• 외기의 온도차가 클수록 증가
• 풍속이 작을수록 증가
• 대기가 불안정할수록 증가

3 고도에 따른 풍속변화(Deacon 공식)

$$\frac{U_2}{U_1} = \left(\frac{Z_2}{Z_1}\right)^P$$

• U_1 : 기준 풍속
• Z_1 : 기준 높이
• P : 안정도 상수(안정 = 1/3, 불안정 = 1/9)

• U_2 : 임의의 풍속
• Z_2 : 임의의 높이

PLUS 참고

Sutton의 최대 착지 농도

$$C_{\max} \propto \frac{1}{H_e^2}$$

• 굴뚝 배기가스에 의한 오염방지 : 연돌높이 증가, 배기가스 토출속도 증가, 배기가스 온도증가, 굴뚝 상부 정류판 설치

4 대기오염 확산모델

(1) 분산모델

① 상자모델(box model)

ⓐ 가정조건
- 상자 내의 농도는 균일하며, 배출원은 지면 전역에 균일하게 분포되어 있다.
- 배출된 오염물질은 즉시 공간 내에 균일하게 혼합된다.
- 상자 내의 풍향, 풍속 분포도는 균일하다.
- 바람은 상자의 측면에서 불며 그 속도는 일정하다.
- 오염물질의 분해가 있는 경우는 1차 반응으로 취급한다.

ⓑ 특징
- 오염물질의 질량보존 법칙을 기본으로 한 모델이다.
- 대기오염물질의 농도가 시간에 따라 변하는 0차원 모델이다.
- 외부로부터의 유입, 오염물질 배출량, 화학반응에 의한 물질의 생성 및 감소를 고려한다.
- 비교적 간단하고 규모가 작다.
- 면오염원에 적용하기 적합하다.
- 수평 및 수직 확산이 고려되지 않아 적용이 제한적이다.

② 가우시안 모델(Gaussian model)

ⓐ 가정조건
- 정상상태 분포를 가정한다.
- 풍속은 일정하며, 오염물질의 주 이동방향은 x축 방향이다.
- 풍하측의 대기안정도와 확산계수는 일정하다.
- x축 방향의 확산은 이류이동이 지배적이다.
- 오염물질은 플륨(Plume) 내에서 생성, 소멸되지 않는다.
- 오염물질은 점배출원에서 연속적으로 배출되며 기체이다.

ⓑ 특징
- 풍속이 일정하다는 가정에 따라 마찰에 의한 수직확산 고려가 불가능하다.
- 실제 확산모델을 적용하는 데 어려움이 따른다.

(2) 수용모델

① 질량보존의 법칙과 질량수지의 개념을 바탕으로 둔다.
② 오염원의 정량적인 파악 및 기여도 산출에 이용된다.
③ 종류
ⓐ 현미경분석법 : 전자현미경법, 광학현미경법, 자동 전자현미경법 등
ⓑ 화학분석법 : 공간계열분석법, 시계열분석법, 농축계수법, 화학질량수지법 등

PLUS 참고 📋

분산모델과 수용모델의 비교

	장점	단점
분산모델	• 미래의 대기질 예측이 가능하다. • 2차오염원의 확인을 할 수 있다. • 대기오염 정책입안에 도움이 된다. • 오염원의 운영, 설계요인의 효과 예측이 가능하다. • 점, 선, 면 오염원의 영향평가가 가능하다.	• 오염물 단기분석 시 문제가 된다. • 오염원 확인이 어려울 때 문제가 발생한다. • 오염원의 조업조건, 지형에 영향을 받는다. • 새로운 오염원이 있을 때마다 재평가해야 한다.
수용모델	• 기상, 지형정보 없이도 가능하다. • 오염원의 정량적인 확인평가가 가능하다. • 오염원의 운영상태 정보가 없어도 가능하다. • 수용체 입장에서 현실적인 영향평가가 이루어진다. • 환경전반에 응용이 가능하다.	• 미래를 위한 전략수립은 가능하나 미래예측은 어렵다. • 특정 자료를 입력 자료로 사용하므로 시나리오 작성이 곤란하다.

01 지표로부터 상층부까지 대기권의 순서로 옳은 것은?

[03년 인천]

① 대류권 – 중간권 – 열권 – 성층권

② 대류권 – 중간권 – 성층권 – 열권

③ 대류권 – 성층권 – 중간권 – 열권

④ 대류권 – 성층권 – 열권 – 중간권

해설

대기층의 수직구조는 통상 온도구배에 따라 4개의 층으로 나뉜다.

• 대류권 : 일반적으로 지상에서 상층 10~11km까지를 말한다. 기온감율은 100m에 대해서 약 0.65℃가 하강하는 즉, −0.65℃/100m이며, 대기가 불안정하여 구름, 강수 등 기상에 관한 현상이 거의 이 대류권에서 일어난다.

• 성층권 : 대류권계면인 11km에서 시작하여 50km까지를 말한다. 기온이 높이에 따라 증가되는 안정된 층으로 오존층을 포함하고 있다.

• 중간권 : 지상 50km 이상 80km까지를 말한다. 고도가 증가할수록 온도가 낮아진다.

• 열권 : 지상 80km 이상을 말한다. 고도가 증가할수록 온도가 올라간다.

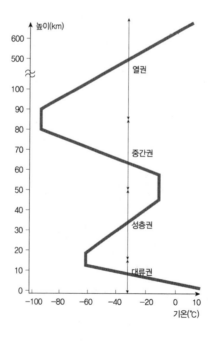

02 해륙풍에 대한 설명으로 옳은 것은?

① 낮에는 육지에서 바다 쪽으로 바람이 분다.
② 밤에는 바다에서 육지 쪽으로 바람이 분다.
③ 육풍은 바다 쪽으로 5~6km까지 영향을 미친다.
④ 해풍은 육지 쪽으로 5~15km까지 영향을 미친다.

해설

해륙풍은 육지와 바다가 인접한 곳에서 비열차로 나타나는 국지적인 바람을 말한다.
• 낮에는 해풍, 밤에는 육풍이 분다.
• 해륙풍은 바람이 약하고 맑은 날에 생기기 쉽다.
• 해풍은 주로 여름에, 육풍은 겨울철에 잘 발생한다.
• 해풍은 내륙 쪽으로 8~15km까지, 육풍은 바다 쪽으로 5~6km까지 그 영향을 미친다.

03 마찰이 작용하지 않는 자유대기(대기경계층 상부)에서 등압선이 곡선일 때, 기압 경도력, 전향력, 원심력이 평형을 이루어 부는 바람은?

① 경도풍 ② 지균풍
③ 지상풍 ④ 선형풍

해설

경도풍은 지균풍에 원심력의 효과가 포함된 바람으로 등압선이 원형일 때 기압 경도력, 전향력, 원심력이 균형을 이루어 원의 접선 방향으로 부는 바람을 말한다.

04 다음의 바람 장미에 관한 설명으로 옳지 않은 것은?

① 방위는 16방위이다.
② 풍속 0.2m/sec 이하를 무풍으로 한다.
③ 풍향에서 가장 빈번히 관측된 풍향이 주풍이다.
④ 바람이 불어 가는 방향이 풍향이다.

（해설）

바람 장미

- 바람의 발생빈도와 풍속을 16방향인 막대기로 표시한 기상도형이다.
- 바람이 불어오는 쪽의 방향을 풍향이라고 한다.
- 풍향에서 가장 빈번히 관측된 풍향을 주 풍향이라고 한다.
- 어떤 방향의 바람이 얼마 동안 불었는가의 발생빈도를 %로 나타낸 것을 방향량이라고 한다.
- 풍속이 0.2m/sec 이하를 무풍이라고 한다.

05 Deacon식을 적용하여 지상 10m에서의 풍속이 7m/sec였다면, 지상 30m에서의 풍속은?(단, n= 0.4)

① 7.5m/sec

② 9.2m/sec

③ 10.9m/sec

④ 11.5m/sec

（해설）

$$U = U_1 \times \left(\frac{H}{Z_1}\right)^n$$

$$U = U_1 \times \left(\frac{H}{Z_1}\right)^n = 7 \times \left(\frac{30}{10}\right)^{0.4} \fallingdotseq 10.9$$

06 대기의 환경감률을 γ, 건조단열감율을 γ_d, 습윤단열감률을 γ_w라고 할 때, 대기의 안정상태 조건은?

① $\gamma < \gamma_d$

② $\gamma > \gamma_d$

③ $\gamma_d > \gamma_w > \gamma$

④ $\gamma_d > \gamma > \gamma_w$

（해설）

- $\gamma > \gamma_d$: 불안정
- $\gamma = \gamma_d$: 중립
- $\gamma < \gamma_d$: 안정(역전)
- $\gamma_w < \gamma < \gamma_d$: 조건부 불안정

07 고도 증가에 따라 온위가 변함없이 일정한 대기가 있다면 이 대기의 안정도는 무엇인가?

① 안정
② 불안정
③ 중립
④ 역전

해설

온위가 일정하면 중립조건, 온위가 증가하면 안정조건, 온위가 감소하면 대기 안정도는 불안정한 조건이 된다.

08 접지역전에 속하는 것은?   [04년 경북]

① 복사역전
② 전선역전
③ 해풍역전
④ 침강역전

해설

• 지표역전(접지역전) : 복사역전(예 스모그), 이류역전
• 공중역전 : 침강형 역전(예 스모그), 전선형 역전, 난류 역전, 해풍형 역전

09 정체성 고기압이 머무는 지역에 주로 발생하며 기층이 낮은 고도로 하강함에 따라 단열압축에 의해 공기가 가열되어 하층의 온도가 낮은 공기와의 경계에 역전층을 형성하는 현상은?

① 복사역전
② 침강역전
③ 이류역전
④ 전선역전

해설

침강역전

• 이동이 빠르지 않은 고기압 중심 부근에서 가끔씩 공기의 침강이 발생하는데, 이 공기는 하강하면서 단열압축에 의해 가열되고, 상대습도가 감소하여 하층의 온도가 낮은 공기와의 경계에 역전층을 형성한다.
• 침강역전은 간혹 지표까지 도달하는 경우도 있지만 대부분 지표 윗부분에 형성된다.
• LA 스모그 사건에서 나타난 역전의 형태이다.

10 대기가 중립일 때 나타나는 연기형태로 옳은 것은?

① 환상형　　　　　　　　　　　② 훈증형
③ 부채형　　　　　　　　　　　④ 원추형

> **해설**
> 원추형(coning)은 대기안정도가 중립(약안정)일 때 발생하며, 지표 가까이에는 도달하지 않고 오염농도의 분포가 가우시안 분포로 나타난다.

11 상층의 침강역전과 하층의 복사역전이 동시에 발생할 경우의 연기의 형태는 무엇인가?

① Looping형　　　　　　　　　② Fanning형
③ Fumigation형　　　　　　　　④ Trapping형

> **해설**
> Trapping형은 침강역전과 복사역전이 동시에 발생하는 역전층이 굴뚝높이 위아래에 형성된 경우로 연기가 역전층의 사이에 존재한다.

12 다음 중 훈증형에 대한 설명으로 옳은 것은?　　　　　　　　　　　　[03년 경남]

① 상층 불안정, 하층 안정　　　　② 전층 다소 불안정
③ 전층 다소 안정　　　　　　　　④ 상층 안정, 하층 불안정

> **해설**
> **훈증형(Fumigation)**
> • 하부에는 환경감률이 정상적인 건조단열감률을 나타내지만, 상부에는 역전 현상을 띠고 있는 경우에 발생
> • 훈증형 연기가 발생할 경우 지표면의 오염물질 농도가 일시적으로 높아질 수 있음
> • 하늘이 맑고 바람이 약한 날 아침에 주로 발생하고, 지속시간이 매우 짧음

13 매연의 지상 농도에 영향을 주는 인자에 대한 설명으로 옳지 <u>않은</u> 것은? [02년 부산]

① 농도는 풍속에 반비례한다.
② 최대 착지농도 지점은 대기가 안정할수록 멀어진다.
③ 농도는 오염물질 배출량에 비례한다.
④ 유효연돌고가 증가하면 농도는 증가한다.

해설

④ 유효연돌고가 증가하면 농도는 감소한다.

$$C_{\max} = \frac{2Q}{\pi e U H_e^2}\left(\frac{\sigma_z}{\sigma_y}\right)$$

14 배출구에서 계속적으로 배출되는 대기오염물질이 바람에 의해서 희석될 때 올바른 것은?

① 풍속이 2배가 되면 선상 농도는 2배가 된다.
② 풍속이 2배가 되면 공간 농도는 일정하다.
③ 풍속이 2배가 되면 공간 농도는 1/8배가 된다.
④ 풍속이 2배가 되면 면상 농도는 1/2배가 된다.

해설

- 선상 농도 = $C \propto \dfrac{1}{U}$ 　• 면상 농도 = $C \propto \dfrac{1}{U^2}$ 　• 공간 농도 = $C \propto \dfrac{1}{U^3}$

∴ 풍속이 2배가 되면 선상 농도는 $\dfrac{1}{2}$ 배, 면상 농도는 $\dfrac{1}{4}$ 배, 공간 농도는 $\dfrac{1}{8}$ 배가 된다.

15 다음 대기층 중 고도에 따라 온도가 상승하는 구역은? [03년 경북]

① 성층권　　　　　　　　　　② 중간권
③ 대류권　　　　　　　　　　④ 상층권

해설

성층권(Stratosphere)
- 지상 11~50km까지의 고도를 말한다.
- 오존층이 존재한다.
- 하부에는 온도의 변화가 거의 일정하며, 상부에는 고도가 상승할수록 온도가 증가하는 안정한 대기상태를 갖는다.

16 대기안정도에 관한 설명으로 옳지 <u>않은</u> 것은? [03년 부산]

① 대기 절대온도가 고도에 따라서 증가하면 불안정한 대기이고, 고도에 따라서 감소하면 안정한 대기이다.

② 공기가 상승함에 따라 온도가 자연적으로 감소하는 것은 고도가 높아지면서 기압이 감소하여 단열팽창에 의해 온도가 감소하기 때문이다.

③ 대기안정도는 연직방향의 온도구배에 따라서 결정되는 것으로 대기 확산에 중요한 변수이다.

④ 건조공기의 단열체감률은 $-1℃/100m$이고, 국제적으로 약속된 표준 체감률은 $-0.66℃/100m$이다.

해설

성층권과 같이 고도가 높아짐에 따라 대기온도가 상승하는 것은 안정한 대기상태이다.

17 다음의 복사역전에 대한 설명으로 옳은 것은?

① 바람이 약한 저녁 무렵에 잘 발생한다.

② LA형 스모그가 대표적이다.

③ 지표면이 냉각되어 지표 부근의 대기온도가 상공의 대기보다 낮아져 발생한다.

④ 시간에 무관하며 정체성 고기압이 머무는 지역에 발생한다.

해설

복사역전의 대표적인 사건은 런던형 스모그이며, 바람이 약하고 맑게 개인 새벽부터 이른 아침에 잘 발생하고 도시지역보다 오염도가 낮은 시골지역에 잘 발생한다.

18 연기의 퍼지는 모양에서 전형적인 가우시안 분포(Gussian Distribution)를 이루는 플룸(Plume)의 형태는 무엇인가?

① 부채형   ② 원추형

③ 훈증형   ④ 지붕형

해설

원추형(Coning)

• 계절과 밤낮에 관계없이 바람이 다소 약하거나 구름이 많이 낀 경우, 대기상태는 중립을 유지하게 될 때 주로 발생한다.

• 오염물의 단면분포는 전형적인 가우시안 분포를 이룬다.

19 역전상태에서 흐르는 연기의 형태로서 연기의 상하의 확산폭이 적으며 최대 착지 거리가 크고, 최대 착지 농도가 낮은 연기의 형태는?

① Coning Type
② Fanning Type
③ Lofting Type
④ Looping Type

해설

부채형(Fanning)
• 기온 역전층이 형성되어 연기가 배출되는 상당한 고도까지 안정한 대기가 유지될 경우 발생
• 대기가 매우 안정한 상태이기 때문에 연기의 수직방향 확산의 경우는 매우 적음
• 오염물질이 지표에 거의 도달하지 않기 때문에 그 농도 추정이 어려움
• 대부분 밤이나 이른 아침에 주로 발생

20 유효 굴뚝높이와 지표상의 최대 도달 농도와의 관계에 있어서 유효 굴뚝높이가 3배가 되면 지표 최대 착지 농도는 어떻게 되는가?

① 동일하다.
② 9배로 증가한다.
③ 1/3로 감소한다.
④ 1/9로 감소한다.

해설

최대착지농도(Cmax)

$$C_{\max} = \frac{2Q}{\pi e U H_e^2}\left(\frac{\sigma_z}{\sigma_y}\right)$$

∴ 최대 착지 농도는 유효 굴뚝높이의 제곱에 반비례하므로 1/9로 감소한다.

• Q : 오염물질 배출량(m^3/sec)
• e : 자연 대수구의 밑수(2.72)
• U : 풍속(m/sec)
• H_e : 유효 굴뚝높이(m)
• σ_z : 수직방향의 확산계수
• σ_y : 수평방향의 확산계수

21 리처드슨 수(Richardson number)[Ri]에 관한 설명으로 옳지 <u>않은</u> 것은?

① 무차원수로 근본적으로 대류, 난류를 기계적인 난류로 전환시키는 율을 측정한 값이다.
② $0.25 < Ri$는 안정한 상태임을 나타낸다.
③ $-0.03 < Ri < 0$은 기계적 난류가 혼합을 주로 일으킴을 나타낸다.
④ $Ri = 0$은 기계적 난류가 없음을 나타낸다.

> **해설**
>
> $Ri = 0$은 중립상태로 기계적 난류가 지배적인 상태를 나타낸다.
> Richardson 수는 연직방향으로 공기덩이의 위치를 변화시켰을 때 공기덩이가 가지고 있는 복원력의 정도를 나타내는 척도를 말한다.
> • 복원력이 양(+)이면 안정(0.25 이상)
> • 복원력이 음(−)이면 불안정(대류가 지배적)
> • 복원력이 0이면 중립

22 파스퀼(Pasquill)에 의한 대기 안정도 분류 시 사용되는 물리량으로 옳지 <u>않은</u> 것은?

① 운량
② 지상풍속
③ 일사량
④ 상대습도

> **해설**
>
> 낮에는 풍속 및 일사량, 야간에는 상·중·하층의 운량, 운고와 풍속으로부터 계급을 6단계로 구분(A~F)한다.

23 어느 날의 풍속이 5m/sec이고, 굴뚝의 실제 높이가 30m, 굴뚝 내부의 지름이 3m, 연기의 배출속도가 25m/sec일 때 유효 굴뚝의 높이는?(단, 연기의 유효 높이는 다음 식에 따른다.)

$$\Delta H = 1.5 \left(\frac{V_s}{U} \right) \times D$$

① 35.5m
② 42.5m
③ 52.5m
④ 60m

> **해설**
>
> $$H_e = H_s + \Delta H$$
>
> • H_e : 유효 굴뚝높이   • H_s : 실제 굴뚝높이   • ΔH : 연기상승 높이
>
> $$\Delta H = 1.5 \left(\frac{V_s}{U} \right) \times D$$
>
> • V_s : 배기가스의 토출속도(m/sec)   • U : 굴뚝 상단에서의 풍속(m/sec)
> • D : 굴뚝 상단의 직경(m)

$$\Delta H = 1.5 \left(\frac{V_s}{U}\right) \times D = 1.5 \times \left(\frac{25}{5}\right) \times 3 = 22.5$$

$$H_e = H_s + \Delta H = 30 + 22.5 = 52.5(m)$$

24 다음 중 굴뚝의 유효고도를 높이는 방법으로 가장 좋은 방법은?

① 굴뚝 배출구의 지름을 확대한다.
② 배출가스 양을 줄인다.
③ 배출가스의 온도를 높인다.
④ 배출가스의 배출속도를 줄인다.

해설

배출가스의 온도가 높을수록 자연 통풍력이 증가되고, 통풍력이 증가될수록 운동량에 의한 상승고는 증가한다.

25 우리나라에서 복사역전이 가장 많이 발생하는 시기는?

① 여름철 맑은 날 아침
② 여름철 흐린 날 아침
③ 겨울철 맑은 날 아침
④ 겨울철 흐린 날 아침

해설

복사역전은 바람이 약하고 맑게 갠 새벽부터 이른 아침에 잘 발생하며, 습도가 적고, 일교차가 큰 가을부터 봄에 걸쳐서 발달된다.

26 기온역전 현상에 대한 설명으로 옳은 것은?

① 이류성 역전 : 따뜻한 공기가 차가운 지표면 위로 불 때 발생

② 침강형 역전 : 저기압 중심부분에서 기층이 서서히 침강할 때 발생

③ 해풍형 역전 : 바다에서 더워진 바람이 차가운 육지 위로 불 때 발생

④ 전선형 역전 : 차가운 공기가 따뜻한 지표위로 전선을 이루어 불 때 발생

해설

② 침강형 역전 : 정체성 고기압의 중심부에서 침강하는 기류가 단열적으로 승온되어 발생

③ 해풍형 역전 : 바다에서 차가운 바람이 더워진 육지로 바람이 불 때 발생

④ 전선형 역전 : 한랭한 기단 위를 이동하는 난기단의 전이층에서 발생

27 잠재온도 경사가 (−)값으로 가장 큰 경우 대기 안정도는?

① 불안정한 과단열   ② 불안정한 미단열

③ 안정된 등온   ④ 안정된 역전

해설

잠재온도

• (−)값이 클수록 대기는 불안정(과단열) 조건이다.

• (+)값이 클수록 대기는 안정(역전)조건이다.

• ± 0이면 대기는 중립이다.

28 굴뚝의 통풍에 관한 설명으로 옳지 않은 것은?

① 굴뚝 자체에 있는 통풍을 자연통풍이라고 한다.

② 흡인통풍의 경우 통상 노(연소실) 내는 부압(−)이 된다.

③ 굴뚝 내부의 가스온도가 높을수록 통풍력은 커진다.

④ 굴뚝의 높이가 2배가 되면 통풍력은 $\sqrt{2}$ 배가 된다.

(해설)

통풍력은 굴뚝높이에 비례한다.

$$Z = 273H\left[\frac{\gamma_a}{273 + t_a} - \frac{\gamma_g}{273 + t_g}\right]$$

- γ_a : 0℃, 1atm 상태하의 공기비중량
- γ_g : 연소가스의 비중량
- t_a : 외기온도
- t_g : 배기가스 온도

통풍방법에는 자연통풍과 인공통풍이 있다.

인공통풍
- 가압통풍 : 연소실 내의 압력을 대기압보다 약간 양압(+)으로 유지시킨다.
- 흡인통풍 : 연소실 내의 압력을 부압(−)으로 유지시킨다.
- 평형통풍 : 연소실 내의 압력을 양압 또는 부압으로 조절할 수 있는 가장 합리적인 통풍방식이고, 대형 보일러 시설에 적합하다.

29 굴뚝에서 발생하는 원추형 연기모양과 대기조건에 관한 설명으로 옳지 않은 것은?

① 오염의 단면분포가 전형적인 가우시안 분포를 이루고 있다.
② 날씨가 흐리고 바람이 비교적 약하면 약한 난류가 발생하여 생긴다.
③ 대기가 중립조건일 때 발생한다.
④ 아침과 새벽에 잘 발생하며 역전층이 해소되는 과정에서 형성한다.

(해설)

연기의 특성
- 파상형(환상형, 상형)(looping)
  - 대기가 매우 불안정하여 난류가 심할 때 발생
  - 강한 풍속으로 대류 혼합이 클 때 발생
  - 굴뚝이 낮은 경우 풍하측 지상에도 강한 오염 발생
  - 지표면이 가열되고 바람이 약한 맑은 날 낮에 주로 발생
- 원추형(coning)
  - 대기안정도가 중립(약안정)일 때 발생
  - 지표 가까이에는 도달하지 않고 오염농도의 분포가 가우시안 분포로 나타남
  - 확산방정식에 의한 오염물 확산 추정에 좋은 조건
  - 날씨가 흐리고 바람이 비교적 약할 때 주로 발생
- 부채형(fanning)
  - 기온 역전층이 형성되어 연기가 배출되는 상당한 고도까지 안정한 대기가 유지될 경우 발생
  - 대기가 매우 안정한 상태이기 때문에 연기의 수직방향 확산의 경우는 매우 적음
  - 오염물질이 지표에 거의 도달하지 않기 때문에 그 농도 추정이 어려움
  - 대부분 밤이나 이른 아침에 주로 발생
- 훈증형(fumigation)
  - 하부에는 환경감률이 정상적인 건조단열감률을 나타내지만, 상부에는 역전현상을 띠고 있는 경우에 발생
  - 훈증형 연기가 발생할 경우 지표면의 오염물질 농도가 일시적으로 높아질 수 있음
  - 하늘이 맑고 바람이 약한 날 아침에 주로 발생하고, 지속시간이 매우 짧음

- 상승형(lofting)
  - 연기의 형태가 훈증형과 반대로 만들어지며, 지붕형 또는 처마형이라고도 함
  - 하층은 역전이 형성되고, 상층은 정상적인 건조단열감률을 이룰 때 발생
  - 역전층 위쪽으로 확산이 일어나므로 지표의 오염물질 농도는 매우 낮음
  - 초저녁과 이른 아침에 주로 발생하며, 지속시간이 매우 짧음
- 구속형(trapping)
  - 침강역전과 복사역전이 동시에 발생하는 역전층이 굴뚝높이 위아래에 형성된 경우로 연기가 역전층의 사이에 존재함
  - 고온ㆍ건조할 경우 발생하며, 연기는 굴뚝으로부터 먼 곳까지 이동하여 오염물질의 지표농도는 매우 낮음

30 다음은 대기안정도를 그림으로 나타낸 것이다. A~D일 때 연기의 확산모형에 대한 설명으로 옳은 것을 모두 고른 것은?

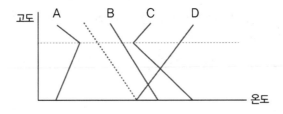

ⓐ A는 쾌청하고, 바람이 약한 날의 일몰 후부터 초저녁 또는 이른 아침 사이에 지표역전의 상부면과 굴뚝상단이 거의 일치할 때 관찰된다.
ⓑ B는 청명하고, 바람이 약한 한낮에 잘 발생한다.
ⓒ A는 지붕형, B는 환상형이다.
ⓓ C는 하루 중 일몰 전의 오후에 짧게 발생한 후 소멸된다.
ⓔ D는 쾌청한 날의 밤에서 새벽 사이에 주로 발생한다.
ⓕ C는 추형, D는 부채형이다.

① ⓐ, ⓓ, ⓕ
② ⓐ, ⓔ
③ ⓑ, ⓒ, ⓓ
④ ⓒ, ⓕ

해설
ⓑ B는 바람이 다소 강하고, 일사량이 약하며, 구름이 많이 낀 날에 주로 관찰된다.
ⓒ A는 지붕형, B는 추형이다.
ⓓ C는 일출 후 짧은 시간에 관찰된다.
ⓕ C는 훈증형, D는 부채형이다.

31 바람을 일으키는 힘 중 전향력에 관한 설명으로 옳지 <u>않은</u> 것은?

① 지구의 자전에 의해 생기는 힘을 전향력이라고 한다.

② 전향력은 적도지방에서 최대가 되고 극지방에서 최소가 된다.

③ 전향력의 크기는 풍속, 위도, 지구자전 각속도의 함수로 나타낸다.

④ 북반구에서는 항상 움직이는 물체의 운동방향의 90°방향으로 작용한다.

해설

전향력
- 지구가 회전을 하기 때문에 대기의 수평운동에는 힘이 작용하게 된다.
- 지구 자전에 의한 가속도의 힘을 전향력이라고 하며, 코리올리 힘으로 설명된다.
- 운동의 방향만을 바꿀 뿐, 속도에는 아무런 영향을 미치지 않는다.
- 북반구에서는 바람방향의 우측 직각방향으로 작용한다.
- 극지방에서 전향력은 최대가 되며, 적도지방에서 전향력은 0이 된다.

32 리처드슨 수(Richardson number)[Ri]의 크기가 아래와 같을 때, 대기의 혼합상태로 옳은 것은?

$$0 < Ri < 0.25$$

① 성층(Stratification)에 의해서 약화된 기계적 난류가 존재한다.

② 대류에 의한 혼합이 기계적 혼합을 지배한다.

③ 수직방향의 혼합이 없다.

④ 기계적 난류와 대류가 존재하나 주로 기계적 난류가 혼합을 일으킨다.

해설

리처드슨 수(Richardson number)[Ri]
- 연직방향으로 공기덩이의 위치를 변화시켰을 때 공기덩이가 가지고 있는 복원력의 정도를 나타내는 척도
- 복원력이 양(+)이면 안정(0.25 이상)
- 복원력이 음(−)이면 불안정(대류가 지배적)
- 복원력이 0이면 중립
- 난류가 층류로 되는 전이상태의 리처드슨 수는 약 0.25

33 최대혼합고(MMD)에 대한 설명으로 옳지 <u>않은</u> 것은?

① 열부상효과에 의하여 대류에 의한 혼합층의 깊이가 결정되는데 이를 MMD라 한다.

② 야간에 역전이 심할 경우에는 그 값이 거의 0이 될 수도 있다.

③ 통상적으로 밤에 가장 크고, 계절적으로는 겨울에 최대가 된다.

④ 실제로 MMD는 지표 위 수 km까지의 실제공기의 온도종단도를 작성함으로써 결정된다.

해설

최대혼합고(MMD)

• 열부상효과에 의해 대류가 유발되는 혼합층의 깊이를 말한다.

• 하루 중 밤에 가장 적고 한낮에 최대로 된다.

• 계절적으로는 여름이 최대, 겨울이 최소치를 나타낸다.

• 최대 혼합고가 1.5km 미만인 경우 도시오염도가 증가하는 것으로 나타나고 있다.

CHAPTER 03 대기오염 방지기술

01 집진장치

1 집진장치의 선정 및 효율

(1) 집진장치의 선정 시 고려사항

① 입자상 물질의 입경분포

② 농도

③ 입자의 크기 및 비중

④ 부착성, 폭발성, 전기저항성 등의 물리·화학적 특성

⑤ 처리가스의 온도 및 속도

(2) 집진장치의 효율

① 집진율

$$\text{집진율}(\eta) = \frac{\text{입구 농도}(C_i) - \text{출구 농도}(C_o)}{\text{입구 농도}(C_i)}$$

$$= 1 - \frac{C_o}{C_i}$$

$$\text{직렬연결 시 집진율}(\eta) = \eta_1 + \eta_2(1-\eta_1) + \eta_3(1-\eta_1)(1-\eta_2)$$

② 통과율

$$\text{통과율}(P) = 1 - \text{집진율} = 1 - \eta$$

$$\therefore \ \eta = 1 - P$$

2 집진장치의 종류

(1) 중력 집진장치

① 원리

⊙ 함진가스를 중력 작용(자연침강)을 통해 침강 포집하는 장치이다.

ⓒ 입경이 50μm 이상의 조립자일 때 집진효율이 좋다.

ⓒ 스토크 법칙이 성립한다.

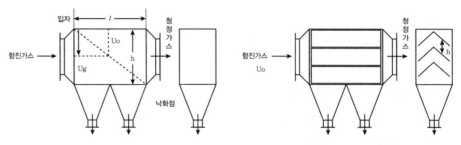

[그림 2-9] 중력집진장치 모식도

② 특징

⊙ 처리입경 : 50~1,000μm

ⓒ 압력손실 : 10~15mmH₂O

ⓒ 집진효율 : 40~60%

ⓔ 처리가스 속도 : 1~2m/sec

③ 입자의 침강속도

$$t = \frac{H}{V_t} = \frac{L}{V}$$

- V_t : 입자의 종말속도
- V : 함진가스 유속(수평속도)
- H : 입구높이(m)
- L : 장치길이(m)

∴ 입자의 종말속도 V_t는 다음과 같이 나타낼 수 있다

$$V_t = \frac{H \cdot V}{L}$$

$$\therefore V_t = \frac{d_p^2 (\rho_p - \rho_g)g}{18\mu} = \frac{H \cdot V}{L}$$

④ 입자의 집진효율

$$\eta = \frac{V_t \cdot L}{V \cdot H}$$

⑤ 중력 집진장치의 장단점
  ㉠ 장점
   • 구조가 간단하고 안정하다.
   • 압력 손실이 적다.
   • 함진가스 온도변화에 의한 영향을 거의 받지 않는다.
   • 고농도 함진가스의 전처리에 사용할 수 있다.
   • 설치비, 유지 관리비가 저렴하다.
  ㉡ 단점
   • 미세입자의 집진이 곤란하다.
   • 집진효율이 낮다(40~60%).
   • 함진가스의 분진부하나 유량변동에 민감하다.
   • 시설규모가 크다.

> **⊕ PLUS 참고** 📋
>
> 중력 집진장치의 집진효율 향상 조건
> • 침강실의 높이가 작고, 길이가 길수록 효율이 좋아진다.
> • 침강실 내의 처리가스 속도를 작게 한다.
> • 침강실 내 배기가스의 흐름을 균일하게 한다.
> • 입자의 밀도가 크고, 중간 침전판을 설치할수록 효율이 좋아진다.

(2) 관성력 집진장치

① 원리
  ㉠ 함진가스를 방해판에 충돌시키거나 급격한 기류의 방향 전환을 일으켜 분진입자에 작용하는 관성력을 이용하여 배출가스의 흐름으로부터 입자를 분리·포집시키는 장치이다.
  ㉡ 주로 10㎛ 이상의 조대입자(비교적 큰 입자)를 집진한다.

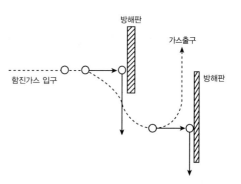

[그림 2-10] 관성력 집진장치 모식도

② 특징

ㄱ 처리입경 : 10~100μm

ㄴ 압력손실 : 30~70mmH$_2$O

ㄷ 집진효율 : 50~70%

ㄹ 처리가스 속도 : 1~5m/sec

③ 분리속도

입자의 분리속도는 입경에 비례하고 기류반경에 반비례한다.

$$V_c = \frac{d_1^2 \cdot V_\theta^2}{R}$$

- V_c : 입자의 분리속도
- R : 선회기류 반경
- d_1 : 입자의 입경

④ 관성력 집진장치의 집진효율 향상조건

ㄱ 기류의 방향전환 횟수를 늘린다.

ㄴ 기류의 방향전환 각도를 작게 한다.

ㄷ 출구의 유속을 느리게 한다.

⑤ 관성력 집진장치의 장단점

ㄱ 장점

- 구조가 간단하고 안정적이다.
- 고온가스 처리가 가능하다.
- 설치비 및 운전비가 적게 든다.

ㄴ 단점

- 미세입자의 집진이 곤란하다.
- 집진율이 낮다.

(3) 원심력 집진장치

① 원리

ㄱ 배출가스에 선회운동을 주어 그 안에 포함되어 있는 분진입자에 원심력이 주어져 가스로부터 분리해서 집진하는 장치이다.

ㄴ 고농도 가스에 포함되는 비교적 입자가 큰 것을 집진하는 데 적합하다.

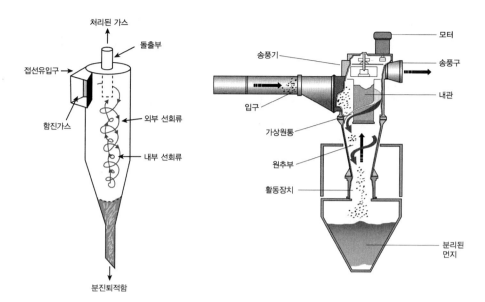

[그림 2-11] 원심력 집진장치 모식도

② 특징

ㄱ 처리입경 : 3~100μm

ㄴ 압력손실 : 50~150mmH₂O

ㄷ 집진효율 : 85~95%

ㄹ 처리가스 속도 : 7~15m/sec

③ 입자의 분리속도

스토크식의 침강식이 적용되나, 중력가속도(g) 대신 원심가속도($\frac{\omega^2}{R}$) 값을 적용한다.

$$V_t = \frac{d_p^2(\rho_p - \rho_g)}{18\mu} \times \frac{\omega^2}{R}$$

④ 분리계수

입자에 작용하는 중력과 원심력의 크기의 비

$$분리계수 \ S = \frac{V^2}{R \cdot g}$$

- V : 가스의 속도
- R : 내부의 반경
- g : 중력가속도

⑤ 원심력 집진장치의 집진효율 향상 조건
  ㉠ 블로 다운(blow down) 효과를 이용한다(난류억제, 재비산 방지, 먼지축적 방지).
  ㉡ 멀티 사이클론을 이용한다.
  ㉢ 입구의 가스속도를 빠르게 한다.
  ㉣ 회전깃, 스키머 등을 설치하여 집진효율을 증가시킨다.
  ㉤ dust box의 모양이 적당한 크기와 형상을 가지도록 한다.

⑥ 원심력 집진장치의 장단점
  ㉠ 장점
    • 구조가 간단하고 보수관리가 용이하다.
    • 설치비와 유지비가 저렴하다.
    • 저효율 집진장치 중 집진율이 높다(50~80%).
    • 고농도 함진가스 처리에 적당하다.
  ㉡ 단점
    • 미세입자에 대한 집진율이 낮다.
    • 흡착성, 부식성 가스 처리에 부적합하다.
    • 유량 변동에 민감하다.
    • 압력손실이 비교적 높은 편이다.
    • 동력소비가 많다.

⑦ 분리한계입경
  ㉠ 집진장치를 사용하여 분진을 포집할 때 분리한계가 보이는 분진의 크기를 말한다.
  ㉡ 한계입경(임계입경) : 100% 집진효율로 제거되는 먼지의 입경
  ㉢ 절단입경 : 50%의 집진효율로 제거되는 먼지의 입경

⑧ 사이클론의 집진방식
  가스의 유입 및 유출되는 방식에 따라 접선유입식과 축류식으로 나눈다.
  ㉠ 접선유입식
    • 압력손실 : 100mmH$_2$O
    • 대용량의 배기가스 처리가 가능
    • 입구유속 : 7~15m/sec
  ㉡ 축류식 직진형
    • 압력손실 : 40~50mmH$_2$O
    • 내압의 균형을 유지하는 데 어려움이 있어 집진효율이 낮은 편이다.
    • 다른 방식에 비해 먼지부착이 심한 편이다.
  ㉢ 축류식 반전형
    • 접선유입식에 비해 압력손실이 적다.
    • 블로 다운이 필요없다.
    • 입구유속 : 10m/sec

    ② 기계회전식
- 기계적으로 강제로 회전시켜 집진한다.
- 구조가 복잡하고 유지하는데 비용이 많이 든다.
- 함진배기가 비산할 우려가 있어 집진효율에 주의해야 한다.

    ⑩ 멀티 사이클론
- 소형 사이클론을 병렬로 연결
- 입구유속에 영향을 받지 않아 집진효율을 증가시킬 수 있다.
- 대용량가스 처리에 적합하다.

    ⑪ 멀티 스테이지 사이클론
- 같은 크기의 사이클론을 직렬로 연결
- 분진처리에 주로 이용한다.
- 연결단수가 늘수록 압력손실이 단수의 배수로 증가하므로 3단 정도를 상한으로 한다.

⑨ 사이클론의 압력강하
    ㉠ 유속이 너무 빠르면 압력강하가 일어나고 집진효율이 크게 감소한다.
    ㉡ 오염가스의 밀도에 비례하고 유입가스량의 제곱에 비례한다.

⑩ 블로 다운(blow down)
    ㉠ 사이클론의 dust box 또는 멀티 사이클론의 호퍼로부터 처리가스량의 5~10% 정도를 흡인해주면 유효 원심력이 증대되고 재비산이 억제되는 등 효율 향상에 도움을 준다.
    ㉡ 사이클론 하부에 분진이 쌓이면 반전기류가 생기고, 이로 인해 집진율이 낮아지게 되므로 이를 방지하기 위한 대책으로 사용된다.
    ㉢ 접선유입식, 축류식 직진형, 소구경 멀티 사이클론에 사용된다.
    ㉣ 효과
- 내부의 분진 폐색을 방지
- 하부 및 출구의 분진 퇴적 방지
- 집진효율 증가
- 분진의 재비산 방지
- 유효 원심력 증가

⑪ 발생 문제점 및 대책
    ㉠ 백 플로우 현상(back flow)
- 사이클론 내부의 유량이나 분진의 농도가 서로 다른 경우 발생한다.
- 사이클론의 입구 및 출구의 크기를 충분히 크게 한다.
- 내부의 정압이 균일하게 되도록 한다.
    ㉡ 분진폐색
- 점착성이 분진 또는 분진의 부착력이 증가되는 경우 발생한다.
- 소형 사이클론일수록 발생하기 쉽다.
- 효율에 영향을 주지 않는 범위 안에서 가능한 한 규격이 큰 사이클론을 사용하도록 한다.

ⓒ 재비산 현상
- 사이클론의 선회와류에 의해 발생한다.
- 사이클론 하부에 분진이 쌓이지 않도록 주의한다.

ⓔ 마모성 먼지영향
- 마모로 인해 외부공기가 유입되어 재비산 현상이 일어나 집진효율이 감소한다.
- 내마모성 라이닝을 설치하거나 내마모성 재료를 사용한다.
- 효율에 영향을 주지 않는 한도 내에서 유속을 느리게 한다.

(4) 세정 집진장치

① 원리
ⓐ 함진가스를 액적, 액막, 기포 등으로 세정하여 입자 상호 간의 응집을 촉진시키거나 입자를 부착하여 제거하는 장치이다.
ⓑ 관성충돌, 차단, 확산의 원리를 이용한다.
ⓒ 유수식, 가압수식, 회전식 등의 방식이 있다.
- 유수식 : 로터형, 분수형, S임펠러형, 나선가이드 베인형
- 가압수식 : 벤튜리 스크러버, 사이클론 스크러버, 충전탑, 분무탑 등
- 회전식 : 임펠러 스크러버, 제트 컬렉터

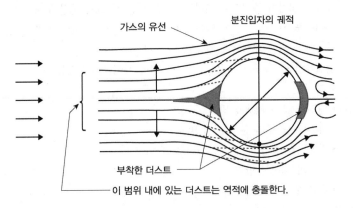

[그림 2-12] 세정 집진장치의 원리

② 세정 집진장치의 장단점
ⓐ 장점
- 분진 및 가스의 동시 제거가 가능하다.
- 접착성·부착성 가스 처리가 가능하다.
- 효율이 대체로 우수하다.
- 고온가스에 대한 냉각기능이 있다.
- 포집된 먼지의 재비산을 방지할 수 있다.
- 가연성 및 폭발성 먼지 처리가 가능하다.
- 설치면적이 적게 든다.

- 다른 집진장치와 비교하여 성능이 같은 경우 설치비용이 저렴하다.
- 구조가 간단하다.

ⓛ 단점
- 부식 잠재성이 크다.
- 급수시설 및 폐수 처리시설이 필요하다.
- 겨울철 동결의 위험이 있다.
- 백연 방지를 위한 재가열장치가 필요하다.
- 소수성 분진의 처리 효율이 낮다.
- 동력 소모량 및 압력손실이 크다.
- 포집분진의 회수에 어려움이 있다.

PLUS 용어정리 ✓

세정 집진장치의 기능 향상조건
- 유수식 : 세정액이 미립화되는 부분의 성능이 좋을수록 효율이 증가한다.
- 가압수식
  − 액적 및 액막 등의 표면적이 클수록 집진율이 증가한다.
  − 분무액의 압력이 높을수록, 액량이 많을수록 효과가 커진다.
- 회전식 : 원주 속도가 클수록 효율은 증가한다.

---

(5) 여과 집진장치

① 원리
ㄱ 여과재 속에 함진가스를 통하게 하여 입자를 분리 포집하는 장치이다.
ㄴ 관성충돌, 직접차단, 확산, 중력 등의 원리를 이용한다.
- 관성충돌 : 입경이 비교적 굵고 비중이 큰 분진입자가 기체 유선에서 벗어나 섬유층에 직접 충돌하여 포집되는 집진기전으로 $1\mu m$ 이상의 입자를 포집
- 직접차단 : 기체 유선에 벗어나지 않는 크기의 미세입자가 섬유와 직접 접촉에 의해 포집되는 집진기전으로 $0.1 \sim 1\mu m$ 범위의 입자를 포집
- 확산작용 : 처리가스의 겉보기 유속이 느릴 때 포집된 분진입자층에 의해 유효하게 작용하는 집진기전으로 미세입자의 브라운 운동에 의해 $0.1\mu m$ 이하의 미세한 분진입자를 포집
- 중력작용 : 입경이 비교적 굵고 비중이 큰 분진입자가 저속기류 중에서 중력에 의하여 낙하하여 포집

② 특징
ㄱ 처리입경 : $0.1 \sim 20\mu m$
ㄴ 압력손실 : $100 \sim 200 mmH_2O$
ㄷ 집진효율 : $90 \sim 99\%$
ㄹ 처리가스 속도 : $0.3 \sim 0.5 m/sec$

③ 여과방식
ㄱ 표면여과
- 여과천 등을 다수 사용하여 여과재의 표면에서 포집하는 방법
- 대표적인 장치로 백필터(bag filter)가 있으며 산업시설에 많이 이용

    ⓛ 내면여과
- 유리섬유 등의 여과재를 거름층으로 한 것
- 주로 함진량이 적은 공기 청정용으로 사용

④ 여과 집진장치의 장단점

    ㉠ 장점
- 유가물질(금전적 가치가 있는 물질)의 회수가 용이하다.
- 미세입자에 대한 집진효율이 크다.
- 여러 가지 형태의 분진포집이 가능하다.

    ⓛ 단점
- 유속이 느리다.
- 온도에 민감하다.
- 폭발성, 부착성 물질 처리에 문제가 있다.
- 습윤환경에서 사용제약을 받는다.
- 여과포의 손상이 많다.

⑤ 여과포의 구비조건

    ㉠ 흡습성이 적으며 내산성, 내알칼리성일 것

    ⓛ 내열성을 가질 것

    ㉢ 탈리과정에 대한 충분한 기계적 강도를 가질 것

⑥ 여포재의 특징

    ㉠ 유리섬유
- 260℃까지 사용 가능하다.
- 비흡습성이며 테프론과 노맥스에 비해 비용이 적게 든다.
- 인장강도가 높다.
- 마모에 약하다.

    ⓛ 부직포
- 설치면적이 적게 든다.
- 직포에 비해 여과속도를 크게 할 수 있다.
- 부착성이 높은 분진은 탈리하기 어렵다.
- 직포에 비해 효율이 나쁘다.

    ㉢ 나일론
- 마모에 강하며 특히 진동에 강하다.
- 산성에 약하다.
- 사용 온도가 100℃ 전후로 낮다.

ⓛ 노맥스
- 210℃까지 사용이 가능하다.
- 황산화물을 포함한 가스를 180℃ 이상에서 처리할 때 효과적이다.
- 유리섬유에 비해 마모에 강하며 굴곡강도가 크다.

ⓜ 폴리프로필렌
- 내마모성, 내알칼리성, 내산성이 있으며 비용이 저렴하다.
- 저온에서 효과적이다.

ⓗ 테프론
- 250℃까지 사용가능하다.
- 내산성, 내알칼리성이 뛰어나다.
- 가격이 비싸고 인장강도가 낮다.
- 마모에 약하다.

⑦ 분진의 탈리방식

여과 대 탈리시간의 비는 10 : 1보다 크게 유지되도록 한다.

㉠ 간헐식
- 분진층의 두께가 일정수준에 이르면 탈리하는 방식이다.
- 소량의 저농도 가스를 고효율로 집진할 때 적합하다.
- 압력손실 범위는 150~200mmH$_2$O로 하는 것이 좋다.
- 방식으로는 진동형, 역세형(역기류형), 역세진동형 등이 있다.

㉡ 연속식
- 여과와 탈리를 동시에 진행한다.
- 고농도 및 부착성이 높은 가스 처리에 좋다.
- 일반적으로 대용량가스 처리에 사용된다.
- pulse jet형, reverse jet형, 음파 제트형 등이 있다.

㉢ 주기탈진식

분진층 두께와 상관없이 일정한 시간마다 탈진하는 방식이다.

㉣ 탈리방식의 비교
- 간헐식과 주기탈진식은 연속식에 비해 고효율이다.
- 간헐식과 주기탈진식은 연속식에 비해 분진 재비산의 우려가 없다.
- 간헐식과 주기탈진식은 연속식에 비해 처리가능한 가스의 양이 적다.
- 간헐식은 탈리 시 완료 전까지 가스의 유입이 중단되나 연속식은 중단할 필요가 없다.
- 연속식인 경우 압력손실이 거의 일정하며 간헐식인 경우 주기적으로 압력손실이 변화한다.

(6) 전기 집진장치

① 원리

㉠ 직류의 고전압에 의하여 코로나 방전을 일으키며, 주위의 공기를 이온화하여, 미립자를 음으로 대전하여서 집진 전극에 끌어당겨서 집진하는 고성능의 집진 장치이다.

㉡ 집진장치에 작용하는 집진력에는 중력, 관성력, 확산력, 전기력 등이 있으며 주 집진력은 전기력이다.

② 특징

㉠ 처리입경 : $0.05{\sim}20\mu m$

㉡ 압력손실 : 건식($10mmH_2O$), 습식($20mmH_2O$)

㉢ 집진효율 : $90{\sim}99.9\%$

㉣ 처리가스 속도 : 건식($1{\sim}2m/sec$), 습식($2{\sim}4m/sec$)

③ 전기 집진장치의 효율

㉠ 평판형

$$\eta = 1 - \exp\left(-\frac{A \cdot W_e}{Q}\right)$$

- A : 집진면적(m^3)
- Q : 처리가스량(m^3/sec)
- W_e : 대전된 분진의 겉보기 이동속도(m/sec)

㉡ 관형

$$\eta = 1 - \exp\left(-\frac{A \cdot W_e}{Q}\right) = 1 - \exp\left(-\frac{2\pi RLW_e}{\pi R^2 V}\right) = 1 - \exp\left(-\frac{2LW_e}{RV}\right)$$

- R : 방전극과 집진판 사이의 거리(m, 관형인 경우 반지름)
- L : 길이(m)
- V : 처리가스의 유속(m/sec)

④ 겉보기 이동속도

$$W_e = \frac{1.1 \times 10^{-4} \times P \times E_c \times E_p \times d_p}{\mu}$$

- P : 상수
- E_p : 집진장의 세기(Volt/m)
- E_c : 방전장의 세기(Volt/m)
- μ : 점성계수($kg/m \cdot hr$)

⑤ 집진극의 길이

$$L = \frac{S \cdot V}{W}$$

- S : 방전극과 집진극 거리
- V : 공기의 유속
- W : 입자의 이동속도

⑥ 전기 집진장치의 장단점
  ㉠ 장점
    - 0.1μm 이하의 미립자라도 집진이 가능하다.
    - 집진효율이 99% 이상으로 가장 우수하다.
    - 압력 손실이 극히 낮다.
  ㉡ 단점
    - 가스상 오염물질의 제어가 곤란하다.
    - 설치비용이 많이 든다.
    - 운전조건 변화에 유연성이 적다.
    - 비저항이 큰 분진제거에 어려움이 있다.

⑦ 겉보기 전기저항률
  ㉠ 전류에 대한 분진층의 전기저항을 뜻한다.
  ㉡ 유입된 분진의 전기적인 특성을 나타낸다.
  ㉢ 수분함량, 온도, 입자의 형상 및 분진의 조성에 영향을 받는다.
  ㉣ 겉보기 전기저항률의 특성
    - 전기저항률이 최대로 되는 온도범위는 100~200℃이다.
    - SO_3 및 H_2O의 함량이 낮을수록 전기저항률은 높아진다.
    - SiO_2의 함량이 낮을수록 전기저항률은 낮아진다.
    - Na_2O의 함량이 많을수록 전기저항률은 낮아진다.
    - 강열감량이 많을수록 전기저항은 낮아진다.
  ㉤ 겉보기 전기저항이 $10^4 \Omega \cdot cm$ ~ $10^{11} \Omega \cdot cm$일 때 정상적인 집진율을 얻을 수 있다.
  ㉥ 겉보기 전기저항이 $10^4 \Omega \cdot cm$ 이하가 될 경우 전기 비저항이 낮기 때문에 집진극에 집진된 먼지가 전하를 쉽게 흘려보내 부착력을 잃고 먼지가 집진극으로부터 떨어져 재비산하게 된다.
    - 배출가스 중에 NH_3를 주입한다.
    - 온도와 습도를 낮게 유지한다.
  ㉦ 겉보기 전기저항이 $10^{11} \Omega \cdot cm$ 이상인 경우 전기 비저항이 높기 때문에 포집 분진층 양끝 사이에 전위차가 커지게 되고 이 부분이 절연파괴를 일으키게 되는데 이를 역전리 현상이라 한다.
    - 처리가스 온도를 높게 한다.
    - 배출가스 중에 SO_3을 주입한다.
    - 배출가스 중에 물 또는 수증기를 주입한다.
    - 트리메틸아민을 주입한다.

⑧ 구조에 따른 특성

		특성
전기 집진장치의 형식	건식	• 폐수의 발생이 없다. • 습식에 비해 장치가 크다. • 역전리 및 재비산 현상에 대한 대응이 어렵다.
	습식	• 건식에 비해 처리속도가 빠르다. • 집진효율이 좋다. • 배기가스 냉각으로 부식 등의 문제가 발생한다.
	1단식	• 저항이 높은 분진 처리 시에 역전리 현상에 대한 대처가 어렵다. • 재비산 분진에 대해 매우 유효하다. • 집진부와 하전부가 동일한 전계에서 이행되는 형태이다.
	2단식	• 집진부와 하전부가 다른 전계에서 이행되는 형식이다. • 역전리 현상이 없다. • 탈진 시 분진이 비산되어 그대로 유출되기 때문에 후단에 2차 집진장치가 필요하다.
전기 집진장치의 형식	평판형	제작 및 설치 시 변경이 쉽다.
	관형	• 습식, 미스트식으로 활용된다. • 습식 관형의 경우 전기 집진장치 중에서 가장 효율이 높다. • 습식의 경우는 건식에 비해 처리속도가 2배 이상 빠르다. • 습식 관형은 평판형에 비해 수막형성이 쉽고, 사용수량도 적다.

⑨ 발생하는 문제점과 대책

문제점	원인	조치방안
역전리 현상	• 가스의 전기저항이 크거나 점성이 클 때 • 미분탄 연소 시 미립자일 때	처리가스의 조습처리를 충분하게 한다.
재비산 현상	• 전기저항이 낮을 때 • 입구의 유속이 빠를 때	• 처리가스의 속도를 낮춘다. • 음(−) 코로나 전류를 증가시킨다.
1차 전압이 낮고 전류가 과도하게 흐르는 현상	• 고압부 근처에 쇠붙이가 존재할 때 • 고압부에서 절연상태가 불량할 때	절연회로를 점검한다.
2차 전압에 방전전류가 많이 흐르는 현상	• 고압회로에서 절연상태가 불량할 때 • 방전극이 너무 얇을 때 • 먼지농도가 너무 낮을 때 • 이온의 이동도가 높은 가스를 처리할 때	• 절연회로를 점검한다. • 방전극을 교체한다.
2차 전류가 눈에 띄게 떨어지는 현상	• 먼지저항이 과도하게 높을 때 • 먼지농도가 높을 때	• 입구농도를 조절한다. • 스파크 횟수를 늘려준다.
2차 전류가 불규칙적으로 흐르는 현상	• 부착된 먼지에 의해 스파크가 심하게 발생할 때 • 집진극과 방전극의 간격이 늘어날 때	• 방전극과 집진극을 점검한다. • 전류의 흐름이 안정될 때까지 1차 전압을 낮춘다. • 먼지를 충분히 탈리시킨다.

02 환기장치(국소 배출장치)

1 후드

대기오염물질인 먼지 및 가스 등을 발생원 근처에서 흡입하여 덕트로 보내는 장치이다.

(1) 종류
① **포위형** : 분진 발생원을 완전히 덮어 흡입하는 후드
　　㉠ 방사성 물질, 발암성 물질 등 유독물질을 처리하는 데 이용한다.
　　㉡ 오염물질이 고농도인 상태에서 흡인이 가능하므로 잉여공기량이 적다.
② **포집형** : 포위형과 비슷한 구조를 갖고 있으나, 작업구가 있는 형태의 후드
　　㉠ 유독물질 처리공정에 이용한다.
　　㉡ 잉여공기량이 많다.
③ **외부형** : 막연한 대상에 설치하는 후드
　　㉠ 발생원을 덮을 수 없는 경우에 이용한다.
　　㉡ 잉여공기량이 가장 많이 필요하다.
　　㉢ 하방형, 측방형, 슬롯형 등이 있다.
④ **수형(리시버 형)** : 발생원에서 진행되는 방향에 설치하는 후드
　　㉠ 톱밥, 철가루, 유해성이 적은 물질 등의 포집에 사용한다.
　　㉡ 잉여공기량이 많이 소요되며, 유해성이 높은 물질 처리에는 부적합하다.
　　㉢ 그라인더용 후드, 천개형 후드 등이 있다.

(2) 특징
① 오염물질의 제거효율이 높다.
② 부대시설이 많이 필요하다.
③ 소요 동력이 적게 든다.

(3) 설치 시 고려사항
① 처리하고자 하는 먼지 등의 입도, 비중, 비산속도 등을 고려하여 충분한 포착속도를 유지한다.
② 후드의 개구면적을 좁게 하여 흡인속도를 크게 한다.
③ 주 발생원을 대상으로 국부적인 흡인방식을 취한다.
④ 충분한 포착속도를 위하여 발생원에 접근시켜 설치한다.

2 덕트

흡인된 먼지 등을 최종 배출구까지 운반하는 도관을 말한다.

3 송풍기

먼지의 흡입 및 이동이 이루어질 수 있도록 에너지를 공급하는 장치이다.

(1) 종류
① 원심 송풍기
  ㉠ 소형으로 마모가 심한 가스처리에 사용한다.
  ㉡ 60~77% 정도의 효율을 나타낸다.
② 터보형 송풍기
  ㉠ 가압용으로 사용한다.
  ㉡ 65~85% 정도의 효율을 나타낸다.
③ 다익형 송풍기
  ㉠ 저압에서 많은 풍량을 요구하는 시설에 사용한다.
  ㉡ 40~77% 정도의 효율을 나타낸다.

(2) 송풍기의 동력
① 처리가스 유량결정

$$Q = A \cdot V(m^3/\text{sec})$$

$$Q = Q_N \cdot \frac{760}{P_a + P_s} \cdot \frac{273 + t_g}{273}(m^3/\text{sec})$$

$$V = C\sqrt{\frac{2gP_v}{\gamma}}\ (m/\text{sec})$$

- Q : 실측상태의 가스유량(m^3/sec)
- Q_N : 표준상태의 가스유량(m^3/sec)
- P_a : 대기압(mmHg)
- P_v : 동압(mmH$_2$O 또는 kgf/m^2)
- A : 관로의 단면적(m^3)
- t_g : 가스온도(℃)
- P_s : 흡인상태에서의 가스정압(mmHg)
- γ : 가스의 비중량(kgf/m^3)

② 소요동력

$$P = \frac{\Delta P \cdot Q}{102 \cdot \eta_s \cdot \eta_m} \times \alpha(KW)$$

$$P = \frac{\Delta P \cdot Q}{76 \cdot \eta_s \cdot \eta_m} \times \alpha(HP)$$

$$P = \frac{\Delta P \cdot Q}{75 \cdot \eta_s \cdot \eta_m} \times \alpha(PS)$$

- ΔP : 압력손실(mmH$_2$O)
- η_s : 송풍기 효율
- α : 여유율
- η_m : 모터 효율

(3) 송풍기의 상사법칙
① 제1법칙 : 유체밀도와 송풍기의 크기가 일정할 때
  ㉠ 유량 : 송풍기의 회전수에 비례한다.

ⓛ 풍압 : 송풍기의 회전수의 제곱에 비례한다.

ⓒ 동력 : 송풍기의 회전수의 세제곱에 비례한다.

② **제2법칙** : 유체밀도와 송풍기의 회전수가 일정할 때

ⓐ 유량 : 송풍기의 크기의 세제곱에 비례한다.

ⓛ 풍압 : 송풍기 크기의 제곱에 비례한다.

ⓒ 동력 : 송풍기 크기의 5제곱에 비례한다.

③ **제3법칙** : 유체밀도가 일정할 때

ⓐ 유량 : 송풍기 크기의 세제곱, 회전수에 비례한다.

ⓛ 풍압 : 송풍기 크기의 제곱, 회전수의 제곱에 비례한다.

ⓒ 동력 : 송풍기 크기의 5제곱, 회전수의 세제곱에 비례한다.

✚ PLUS 용어정리 ✔

- **흡인유량** : 후드의 내부로 유입되는 유량을 말하며 통제유량이라고도 한다.
- **이송유량** : 덕트 내의 관로유량을 말한다.
- **포착속도(control velocity)** : 오염물질을 후드 내로 유입시키기 위한 공기의 흡인속도를 말한다.
- **통제면적** : 통제유속이 미치는 범위의 공기 겉표면적이다.
- **통제거리** : 후드의 개구면에서 흡인력이 미치는 발생원까지의 거리이다.
- **무효점** : 오염물질의 속도가 0이 되는 지점을 말한다.

---

03 유해가스 처리

1 흡수법

대기오염물질에 흡수액을 사용하여 제거하는 방법으로 물질의 이동원리를 이용한다.

(1) 흡수이론(헨리의 법칙)

$$P = HC$$

- P : 가스분압(atm)
- C : 농도(kmol/m³)

- H : 헨리상수(atm · m³/kmol)

① 일정한 온도에서 일정량의 액체에 용해되는 기체의 질량은 그 압력에 비례한다.

② 난용성 기체(NO, NO_2, CO, O_2 등)에 적용된다.

③ 수용성 기체(Cl_2, HCl, SO_2 등)에는 적용되지 않는다.

④ 헨리상수는 용해도가 적을수록, 온도가 높을수록 커진다.

✚ PLUS 참고 🗐

흡수이론(이중경막설)
확산을 일으키는 추진력은 두상에서의 확산물질의 농도차 또는 분압차에 의해 발생한다.

안심Touch

(2) 흡수액의 구비조건

① 휘발성이 약해야 한다.

② 용해도가 커야 한다.

③ 부식성이 없어야 한다.

④ 점성이 작아야 한다.

⑤ 화학적으로 안정해야 한다.

(3) 흡수장치

① 액분사형 : 충전탑, 분무탑, 벤츄리 스크러버, 사이클론 스크러버 등

　㉠ 충전탑(packed tower) : 충전물을 원통형인 내부에 쌓은 후 흡수액은 상부에서 하부로, 오염가스는 하부에서 상부로 통과시켜 접촉시키는 방식이다.

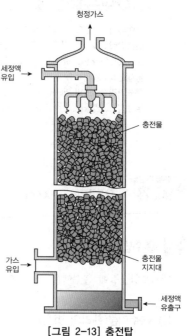

[그림 2-13] 충전탑

* 특징
  - 압력손실 : 80~150mmH$_2$O
  - 액가스비 : 2~3L/m^3
  - 가스 겉보기 속도 : 0.3~1m/sec
* 장점
  - 압력손실이 크지 않으며, 제작이 간단하다.
  - 가스량 변동에도 적응력이 좋다.
  - 흡수액의 홀드업이 포종탑에 비하여 적다.
  - 포종탑류에 비해 비용이 덜 든다.
* 단점
  - 가스유속이 너무 크면 flooding(유속의 과대화) 상태가 되어 조작이 불가능하다.
  - 충전물이 비싸다.
  - 흡수액에 고형분이 함유되면 침전물이 생겨 방해가 된다.
* 충진물의 구비조건
  - 공극률이 커야 한다.
  - 내식성과 내열성이 크고, 내구성을 갖추어야 한다.
  - 충진밀도가 커야 한다.
  - 압력손실이 적어야 한다.
  - 단위용적에 대해 표면적이 커야 한다.
* 압력손실 영향인자
  - 액량이 일정할 때 가스유속이 클수록 압력손실은 증가한다.
  - 액량을 크게 할수록 압력손실은 증가한다.
  - 충진물의 밀도가 클수록 압력손실은 증가한다.
  - 충진층의 표면적이 작을수록 압력손실은 증가한다.

- **홀드업** : 충진층 내의 액보유량을 의미한다.
- **flooding** : 처리가스유속이 너무 빠른 경우 홀드업이 급격히 증가해 가스가 액중에 분산되어 상승하는 현상으로 일반적으로 처리가스의 유속은 flooding 유속의 40~70%로 해야 한다.
- **편류현상(channeling effect)** : 액의 분배가 제대로 이루어지지 않아 한쪽으로 액이 지나가는 현상으로 효율저하의 원인이 된다. 편류현상을 최소화하기 위해서는 탑의 직경(D)과 충진물 직경(d)의 비(D/d)를 8~10 범위로 해야 한다.

ⓛ **분무탑(spray tower)** : 내부에 흡수액을 분사할 수 있는 노즐을 여러 개 설치하여 세정액을 살수하여 하부로 투입된 오염가스와 접촉시키는 방식이다.

- 특징
  - 압력손실 : 50~100mmH$_2$O
  - 액가스비 : 0.1~1.2L/m^3
  - 가스 겉보기 속도 : 1~3m/sec
- 장점
  - 압력손실이 적다.
  - 구조가 간단하며 충전탑보다 싸다.
  - 10μm 이상의 굵은 입자와 침전물이 발생하는 함진가스 처리에 적당하다.
- 단점
  - 동력소모가 크다.
  - 집진효율이 낮다.
  - 미세입자 제거에 적합하지 않다.
  - 분무노즐이 막히기 쉽다.

ⓒ **벤츄리 스크러버** : 유입된 가스에 분무액을 병류나 십자류 방식으로 접촉시켜 처리하는 방식이다.

- 특징
  - 압력손실 : 300~800mmH$_2$O
  - 액가스비 : 0.3~1.5L/m^3
  - 입구 가스속도 : 60~90m/sec
  - 최적수적직경비(물방울 입경 대 먼지 입경의 비)는 150 : 1 전후가 효율이 좋다.
- 장점
  - 흡수장치 중 집진효율이 가장 좋다.
  - 소형으로 대용량 배기가스처리가 가능하다.
  - 설치에 필요한 면적이 적다.
  - 점착성 분진제거에 효과적이다.
  - 고온다습한 가스처리가 가능하다.

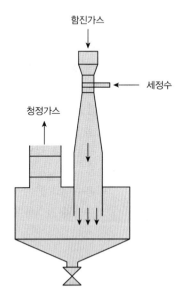

[그림 2-14] 벤츄리 스크러버

- 단점
  - 가스 압력손실이 매우 커 동력소모가 크다.
  - 노즐이 막힐 우려가 있다.
  - 운전비가 많이 든다.
  - 먼지부하에 민감하다.
- ② 사이클론 스크러버 : 내부 중심의 노즐에서 세정액을 분사하여 내부를 선회 및 상승하는 가스와 접촉시켜 처리하는 방식이다.
  - 특징
    - 압력손실 : 100~200mmH$_2$O
    - 액가스비 : 0.5L/m^3
    - 입구유속 : 15~35m/sec
  - 장점
    - 집진효율이 크다.
    - 구조가 비교적 간단하며, 대용량 가스를 처리할 수 있다.
  - 단점
    - 높은 수압을 필요로 하여 동력소모가 크다.
    - 분무노즐이 막힐 우려가 있다.
    - 사이클론 직경을 크게 하면 효율이 떨어진다.

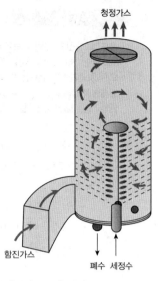

[그림 2-15] 사이클론 스크러버

- ⑩ 제트 스크러버 : 이젝터를 이용해 물을 고압으로 분사하여 처리하는 방식이다.
  - 특징
    - 압력손실 : 20~200mmH$_2$O
    - 액가스비 : 10~100L/m^3
    - 입구가스유속 : 10~20m/sec
  - 장점
    - 집진효율이 크며, 가스의 저항이 적다.
    - 송풍기를 필요로 하지 않는다.
  - 단점
    - 용수 소요량이 많아 동력소모가 크다.
    - 다량의 가스처리에는 부적합하다.

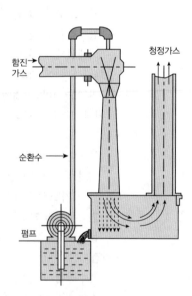

[그림 2-16] 제트 스크러버

② 가스분사형 : 포종탑, 다공판탑, 기포탑 등

　　㉠ 포종탑 : 포종을 갖는 트레이를 다단으로 설치하여 단마다 흡수액을 흘려보내 오염가스와 접촉 처리하는 방식이다.

　　　　• 특징
　　　　　– 압력손실 : 100~200mmH₂O/단
　　　　　– 액가스비 : 0.3~5L/m^3
　　　　　– 판의 간격 : 약 40cm

　　　　• 장점
　　　　　– 부유물이 흡수액 내에 존재할 때 충전탑에 비해 적응성이 높다.
　　　　　– 온도변화에 적응력이 뛰어나다.

　　　　• 단점
　　　　　– 흡수액의 홀드업이 크다.
　　　　　– 압력손실이 많다.
　　　　　– 비용이 비싸다.

　　㉡ 다공판탑 : 포종탑과 비슷하나 포종을 대신하여 다공판을 설치한 구조이다.

　　　　• 특징
　　　　　– 압력손실 : 100~200mmH₂O/단
　　　　　– 액가스비 : 0.3~5L/m^3
　　　　　– 판의 간격 : 약 40cm

　　　　• 장점
　　　　　– 포종탑에 비해 설치비가 싸다.
　　　　　– 포종탑에 비해 많은 양의 가스처리가 가능하다.
　　　　　– 판수를 늘리면 고농도 가스의 일시처리도 가능하다.
　　　　　– 구조가 간단하다.
　　　　　– 부유물을 함유한 가스에는 부적합하나 충전탑보다는 유리하다.

　　　　• 단점
　　　　　– 흡수액의 홀드업이 충전탑에 비해 크다.
　　　　　– 충전탑에 비하여 압력손실이 많다.
　　　　　– 동일한 조건하에서 충전탑에 비해 경제성이 떨어진다.

(4) 흡수법의 장단점

① 장점
　　㉠ 가격이 저렴하다.
　　㉡ 고농도의 처리가 가능하다.
　　㉢ 가스상, 입자상 물질의 동시 처리가 가능하다.

② 단점

    ㉠ 100% 효율이 나타나지 않는다.

    ㉡ 처리수(흡수액)의 처리시설이 필요하다.

    ㉢ 가스의 증습 및 냉각 시 가스 확산이 억제된다.

2 흡착법

대기오염물질이 고체상의 흡착제에 달라붙는 성질을 이용하여 오염된 가스를 처리하는 방법이다.

(1) 흡착이론

① 물리적 흡착

    ㉠ 가역반응(재생이 가능)

    ㉡ 반데르발스 힘이 작용한다(결합력이 약함).

    ㉢ 오염가스의 회수가 용이하다.

② 화학적 흡착

    ㉠ 비가역반응(재생이 불가능)

    ㉡ 화학결합을 한다(공유결합, 이온결합 등).

    ㉢ 오염가스의 회수가 어렵다.

> **➕ PLUS 참고** 📋
>
> Break point(파과점)
> 흡착은 100% 제거효율이 나타나는데, 흡착제의 수명이 다하여 출구 농도가 나타나는 지점을 Break point(파과점)이라고
> 한다.

(2) 흡착제의 종류 및 조건

① 대표적인 흡착제로 활성탄, 실리카겔, 활성 알루미나, 합성 제올라이트 등이 있다.

② 흡착제는 일정 강도와 경도를 지녀야 한다.

③ 흡착효율이 우수하고, 흡착물질의 회수가 용이하여야 한다.

④ 압력손실이 작아야 한다.

종류	용도
활성탄	VOCs 및 악취처리, 가스 정화
보그사이트	가스 및 액체 건조, 유분 제거
실리카겔	가스 건조, 가성소다 정제
활성 알루미나	가스 및 액체 건조
마그네시아	용제 정제
황산스트론튬	가스 건조, 정제

(3) 흡착장치
① **고정층 흡착장치** : 흡착제 충진, 흡·탈착의 동시 진행을 위해 2기 이상 필요하다.
② **이동층 흡착장치** : 흡착제와 함진가스를 역방향으로 주입, 흡착제의 마모가 심하다.
  ㉠ 흡착제의 사용량 소모가 적다.
  ㉡ 포화된 흡착제를 탈착부로 이동시킬 수 있다.
  ㉢ 마모로 인한 흡착제 손실이 크다.
  ㉣ 유동층에 비해 가스유속이 느리다.
③ **유동층 흡착장치** : 흡착제와 함진가스를 동시에 유동, 접촉효율을 좋게 한다.
  ㉠ 가스유속을 빠르게 유지할 수 있다.
  ㉡ 흡착제의 유동수송으로 인해 마모가 많이 발생한다.

(4) 흡착법의 장단점
① **장점**
  ㉠ 관리가 용이하다.
  ㉡ 저농도의 가스 제거효율이 우수하다.
  ㉢ 건식 처리로 배기가스 확산 장애가 없다.
  ㉣ 처리가스 농도변화에 대응이 가능하다.
② **단점**
  ㉠ 흡착제의 비용이 많이 든다(고가의 운전비용).
  ㉡ 고농도 시 탈착효과가 저하된다.
  ㉢ 가스가 고온인 경우 냉각장치가 필요하다.
  ㉣ 분진 및 미스트를 함유하는 가스는 예비처리시설이 필요하다.

3 연소법

고온에서의 산화반응을 연소라고 말하며, 연소법을 통하여 가연성 물질, 악취, VOC 등의 대기오염물질을 태워서 제거한다.

(1) 연소법의 종류
① **직접 연소법** : 오염가스를 연소실 내에서 직접 태우는 방법으로 오염가스의 발열량이 높을 때 경제적으로 사용할 수 있다.
② **가열 연소법** : 오염가스 중에 가연 성분이 매우 적어서 직접 연소가 불가능할 경우 사용된다.
  ㉠ 직접 연소법에 비해 점화온도를 낮출 수 있다.
  ㉡ 보조연료로 인해 운영비가 많이 들고 2차오염의 가능성이 있다.
  ㉢ 시설비가 적게 든다.
  ㉣ 오염물질의 농도가 높지 않을 때 적합하다.

③ 촉매 연소법 : 오염가스 중 가연성분을 불꽃 없이 촉매를 이용하여 산화시키는 방법을 말한다.
　　㉠ 장점
　　　　• 체류시간이 짧다.
　　　　• 운영비가 저렴하다.
　　　　• NOx가 발생할 염려가 없다.
　　　　• 압력손실이 적고 효율이 높다.
　　㉡ 단점
　　　　• 온도가 높은 경우 촉매의 활성이 낮아지므로 냉각장치를 필요로 한다.
　　　　• 상한온도를 초과하면 촉매가 손상된다.
　　　　• 황화합물 존재 시 효율이 감소한다.
　　　　• 비용이 비싸고, 폐촉매는 지정폐기물로 처리해야 한다.
　　　　• Fe, Pb, Si, P 등은 촉매독으로 작용하여 촉매의 활성을 저하시킨다.

(2) 연소법의 장단점
　① 장점
　　㉠ 효율이 우수하며, 경제적이다.
　　㉡ 저농도 유해물질의 제거가 가능하다.
　② 단점
　　㉠ 가연성분이 부족한 경우 사용이 제한된다.
　　㉡ 반응속도가 낮을 경우 장치의 대형화가 필요하다.

4 물질별 처리공정

(1) 황산화물(SOx)의 처리
　① 발생 전 처리(억제법)
　　㉠ 중유탈황
　　㉡ 석탄탈황
　　㉢ 에너지 전환(연료대체)

> **PLUS 참고**
>
> 중유탈황
> • 접촉수소화 탈황, 금속산화물에 의한 탈황, 미생물에 의한 탈황, 방사선에 의한 탈황
> • 탈황 : 어떤 물질의 황이나 황화합물을 제거하는 것

　② 발생 후 처리(처리법)
　　㉠ 석회 주입법
　　㉡ 활성탄 흡착법
　　㉢ 흡수법
　　㉣ 전자선 조사법 등

③ 접촉수소화 탈황법
  ㉠ 직접 탈황법 : 전처리 없이 내독성 촉매를 이용하여 수소와 반응시켜 황과 H_2O로 제거하는 방법으로 탈황률이 80% 이상으로 높다.
  ㉡ 간접 탈황법 : 원유를 상압 증류해서 남은 기름을 감압 증류하고 유출하는 경유를 촉매를 사용해 수소와 반응시킨다. 또 기름 속의 유황분을 유황수소로 제거하여 탈황한 감압 경유에 적당량의 감압 잔유를 혼입해 유황분과 점도를 조정하여 중유로 한다.
  ㉢ 중간 탈황법 : 원유를 상압 증류하여 남은 기름을 감압 증류하여 경유와 잔유로 분리하고, 잔유를 용제 탈황 장치를 통해 아스팔트상 물질을 제거·분리한 감압 경유와 혼합하여 탈황 장치에 의해 탈황유를 얻는 방법이다.

④ 배연 탈황법
  ㉠ 건식 석회석 주입법 : 석회석을 주입하여 생석회(CaO)와 SO_2를 900~1,000℃에서 반응시켜 황산 칼슘으로 제거한다.
    • 기존시설 그대로 이용이 가능하다.
    • 배기온도를 고온으로 유지가 가능하다.
    • 구입이 쉽다.
    • 흡수제 가격이 저렴하다.
    • 보일러 관의 부식 문제가 생긴다.
    • 고체폐기물의 처리가 필요하다.
    • 탈황률이 낮다(약 40%).
  ㉡ 가성소다 흡수법
    • 탈황률이 높다(약 90%).
    • 흡수속도가 빠르다.
    • 스케일을 거의 생성하지 않는다.
    • 처리수의 중화가 쉬우며, 생성되는 슬러지의 양이 적다.
  ㉢ 석회 세정법
    • 탈황률이 높다(약 90%).
    • 소용량, 소규모에 적합하다.
    • 연소재 및 먼지의 동시제거가 가능하다.
    • 배기온도가 낮아 통풍력이 낮다.
    • 통풍용 펜을 사용하게 되면 동력소모량이 늘어난다.
    • 저온부식이 생긴다.
  ㉣ 암모니아 흡수법 : NH_3 용액에 SO_2를 접촉시켜 황산암모늄이나 아황산암모늄으로 회수한다.
    • 탈황률이 높다(약 90%).
    • 암모니아의 가격이 저렴하다.
    • 처리수의 처리가 쉽다.
    • 비료가치가 있는 황산암모늄 회수가 가능하다.

- 설치비가 비싸다.
- pH가 7 이상이면 암모니아의 증기압이 높아 흡수액의 손실이 많아진다.

  ⑩ 산화마그네슘 세정법 : MgO를 흡수제로 하여 $MgSO_3$로 탈황($SO_2 + MgO \rightarrow MgSO_3$)
  - 탈황률이 높다(약 90%).
  - 스케일의 생성이 거의 없다.
  - 부산물 회수로 유지비가 절약된다.
  - 배기가스의 예열을 위한 장치가 필요하다.
  - 소성(고온 처리를 통한 광물의 성형)을 위한 시설이 필요하다.

  ⑭ 접촉 산화법 : K_2SO_4나 V_2O_5 등의 촉매를 이용하여 SO_2를 산화시켜 황산으로 회수하는 방법으로, 약 80%의 황산으로 회수가 가능하며, 부생된 황산은 약 99.5% 제거가 가능하다.

  ⑭ 활성탄 흡착법
  - 수세 탈착식 활성탄법
  - 가열 탈착식 활성탄법
  - 수증기 탈착식 활성탄법

  ⑩ 전자선 조사법 : 전자선을 배기가스에 조사하여 SOx를 미립자로 하여 집진장치로 제거한다.
  - 탈황률이 높다(약 90%).
  - 짧은 시간으로 탈황이 가능하다.
  - 스케일링 및 부식의 문제가 발생한다.

(2) 질소산화물(NOx)의 처리

① 발생 전 처리(억제법)
  ㉠ 연료탈질
  ㉡ 에너지 전환(연료대체)
  ㉢ 장치개선 : 저온연소, 저산소연소, 저질소성분 우선순위 연소, 배기가스 재순환, 2단 연소 등

② 발생 후 처리(처리법)
  ㉠ 흡수법
  ㉡ 흡착법
  ㉢ 촉매 환원법 등

③ 배연 탈질법
  ㉠ 흡착법 : 활성탄, 실리카겔 등의 흡착제를 이용하여 처리하는 방법이나 흡착효율이 낮고 배기가스 중의 수증기나 SO_2에 의해 방해를 받으므로 잘 쓰이지 않는다.
  ㉡ 흡수법 : NaOH 등의 알칼리 용액을 사용하여 처리한다.
  - 황산화물과 동시 처리가 가능하다.
  - 열량의 소비가 적다.
  - 분진의 영향이 없다.
  - 공정이 복잡하고, 처리비가 많이 든다.
  - 가스 성분에 따라 제약이 따른다.

ⓒ 촉매환원법
- 선택적 촉매환원법 : 배기가스 내의 산소와 무관하게 NOx를 선택적으로 접촉 환원처리하며, 환원제로 NH_3가 사용된다.
- 비선택적 촉매환원법 : 배기가스 내의 산소를 환원제로 사용한 후 NOx를 접촉 환원처리하며 환원제로 CO, CH_4, H_2S, H_2 등이 사용된다.
- 처리공정이 간단하다.
- 배수처리시설이 필요 없으며, 배기가스의 온도저하가 없다.
- 2차 대기오염물질이 발생하지 않는다.
- 설치에 넓은 면적이 필요하다.
- 처리비용이 고가이다.
- 기존 시설의 활용이 어렵다.
- 반응온도가 높아 운전비가 많이 든다.

(3) 악취 처리

① 악취의 측정

ⓐ 공기희석관능법
- 복합악취의 측정방법으로 사업장의 배출구와 부지경계선에서 채취된 시료에 적용한다.
- 악취물질의 측정은 공기희석관능법을 원칙으로 하고 배출허용기준은 [표 2-4]와 같다.
- 희석배수 : 채취한 시료를 냄새가 없는 공기로 단계적으로 희석시켜 냄새를 느낄 수 없을 때까지 최대로 희석한 배수를 말한다(예 3배, 10배, 30배 등).

[표 2-4] 복합악취 배출허용기준(「악취방지법 시행규칙」 제8조 별표3)

구분	배출허용기준(희석배수)		엄격한 배출허용기준의 범위(희석배수)	
	공업지역	기타지역	공업지역	기타지역
배출구	1000 이하	500 이하	500~1000	300~500
부지경계선	20 이하	15 이하	15~20	10~15

- 악취조사 판정자는 조사대상 지역에서 거주하지 않는 사람으로서 후각이 정상이고 건강한 사람 5인으로 구성한다.
- 악취조사 담당자는 측정 당시 측정대상 지역의 풍향, 풍속, 지형을 고려하여 악취의 분포 정도를 사전에 충분히 조사한 후 악취의 취기강도가 가장 높은 악취발생 현장의 부지경계선이나 피해지점을 측정장소로 선정한다.
- 피해지점을 측정장소로 선정한 경우에는 다른 배출원의 영향이 없다고 판단될 경우에만 적용한다.
- 악취도의 판정은 시험방법에 따라 각 판정자가 감지한 악취도 중 판정자의 다수가 감지한 악취도로 한다.
- 단, 판정수가 동일한 경우에는 악취도가 높은 것을 선택하며 2도 이하이면 적합, 3도 이상이면 부적합으로 판정한다.

[표 2-5] 악취 판정도

악취 강도	악취도 구분	설명
0	무취(none)	상대적인 무취로 평상시 후각으로 아무것도 감지하지 못하는 상태
1	감지 냄새 (threshold)	무슨 냄새인지 알 수 없으나 냄새를 느낄 수 있는 정도의 상태
2	보통 냄새 (Moderate)	무슨 냄새인지 알 수 있는 정도의 상태
3	강한 냄새 (Strong)	쉽게 감지할 수 있는 정도의 강한 냄새를 말하며 예를 들어 병원에서 크레졸 냄새를 맡는 정도의 상태
4	극심한 냄새 (Very Strong)	아주 강한 냄새로 예를 들어 여름철에 재래식 화장실에서 나는 정도의 심한 상태
5	참기 어려운 냄새 (Over Strong)	견디기 어려운 강렬한 냄새로 호흡이 정지될 것 같이 느껴지는 정도의 상태

ⓛ 기기분석법
- 지정악취물질 22종에 대한 측정을 실시할 때 사용된다([표 2-6] 참조).
- 채취한 시료는 각 항목별로 전처리 과정을 거쳐 GC(Gas Chromathography) 및 HPLC(High Performance Liquid Chromathography) 등의 정밀기기를 통하여 정량 분석을 실시한다.

[표 2-6] 지정악취물질의 종류 및 특성(「악취방지법 시행규칙」 제2조 별표1)

NO.	악취물질	화학식	냄새 특성
1	암모니아	NH_3	코를 찌르는 썩은 냄새
2	메틸메르캅탄	CH_3SH	썩은 배추 냄새
3	황화수소	H_2S	썩은 달걀 냄새
4	황화메틸(다이메틸설파이드)	C_2H_6S	불쾌함, 썩은 냄새
5	이황화메틸(다이메틸다이설파이드)	CH_3SSCH_3	썩은 냄새, 마늘 냄새
6	트리메틸아민	$(CH_3)_3N$	자극성, 썩은 생선 냄새
7	아세트알데하이드	CH_3CHO	코를 찌르는 비린 냄새
8	스타이렌	$C_6H_5CH = CH_2$	도시가스 냄새
9	프로피온알데하이드	CH_3CH_2CHO	쓰고 탄 냄새
10	뷰틸알데하이드	C_4H_8O	시고 탄 냄새
11	n-발레르알데하이드	$(CH_3)(CH_2)_3CHO$	시고 탄 냄새
12	i-발레르알데하이드	$(CH_3)_2CHCH_2CHO$	시고 탄 냄새
13	톨루엔	$C_6H_5CH_3$	휘발유 냄새
14	자일렌	$C_6H_4(CH_3)_2$	휘발유 냄새
15	메틸에틸케톤	$CH_3COC_2H_5$	자극성, 아세톤 같은 냄새
16	메틸이소부틸케톤	$CH_3COCH_2CH(CH_3)_2$	자극적인 신나 냄새
17	뷰틸아세테이트	$CH_3CO_2C_2H_5$	자극적인 신나 냄새
18	프로피온산	CH_3CH_2COOH	자극적이고 쓴 냄새

19	n-뷰티르산	$CH_3(CH_2)_2COOH$	자극적인 땀 냄새
20	n-발레르산	$CH_3(CH_2)_3COOH$	오래 신은 양말 냄새
21	i-발레르산(이소발레르산)	$(CH_3)_2CHCH_2COOH$	치즈 냄새
22	i-뷰틸알코올(이소뷰틸알코올)	$(CH_3)_2CHCH_2OH$	자극적인 발효 냄새

② 악취 처리방법
- ㉠ 촉매에 의한 산화
- ㉡ 화학적 산화
- ㉢ 중화 및 마스킹(위장)
- ㉣ 흡착 및 흡수
- ㉤ 통풍 및 희석

(4) 다이옥신의 처리

① 다이옥신의 특징
- ㉠ 유기염소제 소각 시 발생하는 유해한 물질이다.
- ㉡ 폐비닐, PVC, 병원폐기물, 음식물폐기물 등의 소각 시 발생한다.
- ㉢ 두 개의 벤젠고리, 두 개의 산소교량, 두 개 이상의 염소원자로 구성되어 있다.
- ㉣ 2, 3, 7, 8-다이옥신이 가장 강한 독성을 가지고 있다.
- ㉤ 열적으로 안정, 난용성, 강한흡착성 등의 특징을 갖는다.
- ㉥ 발암성, 태아독성, 면역독성 등의 독성을 가지며 인체에 피해를 끼친다.

② 처리방법
- ㉠ 고온 열분해법
- ㉡ 초임계 유체 분해법
- ㉢ 광분해법
- ㉣ 촉매 분해법
- ㉤ 오존 산화법
- ㉥ 생물학적 분해법

5 매연농도 측정

(1) 링겔만 매연농도표

굴뚝으로 배출되는 매연농도를 측정하는 방법으로 링겔만의 매연농도표가 사용된다.

[표 2-7] 링겔만 매연농도표

구분	0도	1도	2도	3도	4도	5도
색깔	전백색	엷은 회색	회색	엷은 회색	흑색	암흑색
농도율	0%	20%	40%	60%	80%	100%
농도표						

(2) 측정방법

① 관측자의 전방 16m에 이 표를 수직으로 세워서 굴뚝과 관측자의 거리를 40m로 하고 굴뚝 출구에서 30~40cm 위치의 매연이 태양광선을 차단하는 비율과 이 표를 비교한다.

② 매연의 색과 비교하는 것이 아니라 태양광선이 매연에 흡수되는 상황을 비교한다.

③ 이 표에 의한 매연 농도의 측정은 오차가 생기기 쉬우나 간편한 것이 특징이다.

(3) 측정 유의사항

① 연돌출구 배경의 장애물을 피해서 측정하여야 한다.

② 될 수 있는 한 무풍 상태에서 측정하여야 한다.

③ 연기가 흐르는 방향의 직각의 위치에서 측정하여야 한다.

④ 태양광선을 측면에서 받는 방향에서 측정하여야 한다.

CHAPTER 03 확인학습문제

01 집진장치 선정 시 분진의 특성으로 고려할 사항이 <u>아닌</u> 것은?

① 입경분포　　　　　　　　　② 부착성
③ 수분함량　　　　　　　　　④ 전기저항

[해설]
집진장치 선정 시 고려할 사항
- 분진 특성 : 입경분포, 비중, 농도, 조성, 전기저항, 부착성, 응집성
- 가스 특성 : 가스량, 수분함량, 온도, 점도, 성분, 압력, 밀도, 산노점

02 다음 중 중력 집진장치의 집진효율을 향상시키기 위한 조건으로 알맞은 것은?

① 침강실 내 가스흐름이 균일해야 한다.
② 유입가스의 유속을 빠르게 한다.
③ 침강실의 입구폭을 작게 한다.
④ 침강실의 길이를 짧게 한다.

[해설]
- 유입가스의 유속은 느리게 하며, 침강실의 입구폭을 크게 한다.
- 침강실의 길이는 길게, 높이는 짧게 하며, 이를 위해 다단설치를 적용한다.

$$\eta = \frac{V_t \cdot L}{V \cdot H}$$

03 다음 집진장치 중 압력손실이 가장 큰 것은 무엇인가? [03년 경기]

① 벤츄리 스크러버   ② 중력 집진기

③ 사이클론   ④ 여과 집진기

해설

벤츄리 스크러버 > 여과 집진기 > 사이클론 > 중력 집진기 순으로 압력손실이 크다.

04 원심력 집진장치에서 절단입경(한계입경)이란 무엇인가? [02년 경북]

① 50% 집진율을 갖는 입자의 입경

② 100% 분리포집되는 입자의 최소 입경

③ 분리계수가 적용되는 입경

④ 입자에 작용하는 원심력을 중력으로 나눈 값

해설

절단입경 : 50%의 집진율을 갖는 입자의 직경

$$d_{pc} = \sqrt{\frac{9\mu W}{2\pi N_e (\rho_p - \rho_g) V}} = \sqrt{\frac{9\mu HW^2}{2\pi N_e (\rho_p - \rho_g) Q}}$$

05 다음 중 원심력 집진장치에서 집진효율을 증대시키고 분진의 재비산을 방지하기 위해 사용하는 방법은?

① 중력 침강   ② 공기역류

③ 펄스 제트   ④ 블로 다운

해설

블로 다운은 더스트 박스 또는 호퍼로부터 처리가스량의 일부를 흡입하는 방식으로 집진효율을 증대하고, 분진의 재비산 방지 및 분진의 퇴적방지 효과를 얻을 수 있다.

06 관성력 집진장치에서 집진율을 증가시키기 위한 설명으로 옳은 것은?

① 적당한 더스트 박스의 형상과 크기가 필요하다.
② 기류의 방향전환 횟수는 적을수록 좋다.
③ 기류의 방향전환 각도는 크게 한다.
④ 방해판에 충돌직전 기류의 속도는 작을수록 좋다.

해설
관성력 집진장치의 집진율 향상조건
• 기류의 방향전환 횟수는 늘린다.
• 기류의 방향전환 각도를 작게 한다.
• 출구의 유속을 작게 한다.
• 더스트 박스는 적당한 크기와 형상을 가져야 한다.

07 세정 집진장치에 대한 설명으로 옳지 <u>않은</u> 것은?   [02년 경기]

① 가동부분이 작고 조작이 간단하다.
② 소수성 먼지의 집진효과가 높다.
③ 고온가스 및 연소성, 폭발성 가스의 처리가 가능하다
④ 가스흡수, 증습 등의 조작이 가능하다.

해설
세정 집진장치의 장단점
• 장점
 – 분진 및 가스의 동시 제거가 가능하다.
 – 접착성·부착성 가스 처리가 가능하다.
 – 효율이 대체로 우수하다.
 – 고온가스에 대한 냉각기능이 있다.
 – 포집된 먼지의 재비산을 방지할 수 있다.
• 단점
 – 부식 잠재성이 크다.
 – 급수시설 및 폐수 처리시설이 필요하다.
 – 겨울철 동결의 위험이 있다.
 – 소수성의 분진입자는 처리율이 낮다.

08 다음 중 전기 집진기 원리에 대한 설명으로 옳은 것은?

① 먼지를 상호 충돌로 인하여 대저시킴으로써 방전극상에 경사힘으로 부착시킨다.

② 코로나 방전을 이용하여 전하를 주고 역으로 하여 수증기를 응결시켜 원심력으로 가스를 분리한다.

③ 접촉대전에 의해 먼지에 전하를 주고 전기적 영향력을 작용하여 집진극상으로 분리한다.

④ 코로나 방전을 이용하여 전하를 주고 전계의 작용으로 집진극상에 분리한다.

해설

전기 집진기의 원리 : 직류의 고전압에 의하여 코로나 방전을 일으키며, 주위의 공기를 이온화하여, 미립자를 음으로 대전하여서 집진 전극에 끌어당겨서 집진하는 고성능의 집진장치이다.

09 여과 집진기의 주요 포집기전 중에 직경이 0.1~1㎛ 범위의 입자를 포집하는 메커니즘은 무엇인가?

① 직접차단   ② 관성충돌

③ 중력침강   ④ 확산작용

해설

주요 포집 기전

- 관성충돌 : 입경이 비교적 굵고 비중이 큰 분진입자가 기체 유선에서 벗어나 섬유층에 직접 충돌하여 포집되는 집진기전으로 1㎛ 이상의 입자를 포집
- 직접차단 : 기체 유선에 벗어나지 않는 크기의 미세입자가 섬유와 직접 접촉에 의해 포집되는 집진기전으로 0.1~1㎛ 범위의 입자를 포집
- 확산작용 : 처리가스의 겉보기 유속이 느릴 때 포집된 분진입자층에 의해 유효하게 작용하는 집진기전으로 0.1㎛ 이하의 미세한 분진입자를 포집

10 집진장치에 대한 설명으로 옳지 <u>않은</u> 것은?

① 여과 집진기는 고온의 가스가 유입될 경우 여포의 손상을 일으킬 수 있다.

② 중력 집진기는 먼지부하 및 유량 변동에 민감하다.

③ 세정 집진기는 소수성 먼지에 대하여 집진효과가 크다.

④ 전기 집진기는 광범위한 온도범위에서 설계가 가능하다.

해설

세정 집진기는 소수성 먼지에 대한 집진효과가 작은 게 단점이다.

11 전기 집진장치의 장점으로 볼 수 없는 것은? [02년 환경부]

① 높은 집진율을 얻을 수 있다.
② 운전조건 변화에 따른 유연성이 좋다.
③ 고온가스 처리가 가능하다.
④ 압력손실이 작다.

해설

전기 집진장치의 장단점
• 장점
  – 0.1㎛ 이하의 미립자라도 집진이 가능하다.
  – 집진효율이 99% 이상으로 가장 우수하다.
  – 압력 손실도 극히 낮다.
• 단점
  – 가스상 오염물질의 제어가 곤란하다.
  – 설치비용이 많이 든다.
  – 운전조건 변화에 유연성이 적다.
  – 비저항이 큰 분진제거에 어려움이 있다.

12 후드를 사용하여 흡인하는 방법으로 옳지 않은 것은? [03년 부산]

① 국소적인 흡인방식으로 한다.
② 충분한 포집속도를 유지한다.
③ 후드의 개구면적을 가능한 한 크게 한다.
④ 후드를 가급적 발생원에 가까이 한다.

해설

후드 설치 시 고려사항
• 주 발생원을 대상으로 국부적인 흡인방식을 취한다.
• 먼지의 입도, 비중, 비산속도를 고려하여 충분한 포착속도를 유지한다.
• 후드의 개구면적을 좁게 한다.

13 다음 중 분진 발생원을 완전히 덮어 발생원에서 발생한 매연을 고농도로 흡인할 수 있는 후드의 형태는 무엇인가?

① 외부형
② 부스형(포집형)
③ 복개형(포위형)
④ 수형

해설

후드의 형식
• 복개형(포위형) : 분진 발생원을 완전히 덮어 발생가스의 누출이나 외기의 유입이 적고 발생원에서 발생한 매연을 고농도로 흡인할 수 있다.
• 부스형(포집형) : 포위형과 동일한 형태에서 후드의 한쪽 면을 개구부로 구성한 후드이다.
• 외부형 : 후드의 흡인력이 외부에서까지 미치도록 된 것으로 작업장의 구조상 발생원을 전혀 덮을 수 없는 경우에 사용되는 후드이다.
• 수형 : 오염물질이 가지고 있는 열상승력 또는 관성력을 이용하여 포집하는 후드로 비교적 유해성이 적은 오염물 및 톱밥, 철가루 등의 포집에 이용된다.

14 다음 중 헨리의 법칙이 잘 적용되는 기체는? [02년 경북]

① Cl_2
② HCl
③ CO
④ HF

해설

헨리의 법칙
• 일정한 온도에서 일정량의 액체에 용해되는 기체의 질량은 그 압력에 비례한다.
• 용해도가 큰 기체(Cl_2, HCl, HF, SiF_4, SO_2 등)는 헨리의 법칙이 적용되지 않는다.
• 용해도가 작은 기체(CO, CO_2, NO, NO_2, H_2S, N_2, O_2 등)는 헨리의 법칙이 잘 적용된다.

$$P = HC$$

• P : 가스분압(atm)　　• H : 헨리상수(atm · m^3/kmol)　• C : 농도(kmol/m^3)

15 가스 흡수탑에 사용되는 흡수액이 갖추어야 할 조건으로 옳지 않은 것은?

① 휘발성이 작아야 한다.
② 용해도가 작아야 한다.
③ 화학적으로 안정해야 한다.
④ 점성이 작아야 한다.

해설

흡수액의 구비조건
- 휘발성이 작아야 한다.
- 용해도가 커야 한다.
- 부식성이 없어야 한다.
- 점성이 작아야 한다.
- 화학적으로 안정해야 한다.

16 흡착법을 이용할 때 물리적 흡착에 대한 설명으로 옳은 것은?

① 기체 분자량이 작을수록 흡착된다.
② 흡착제에 대한 용질의 분압이 낮을수록 흡착량이 증가한다.
③ 온도가 낮을수록 흡착량이 증가한다.
④ 압력이 낮을수록 흡착량이 증가한다.

해설
물리적 흡착에서는 흡착제에 대한 용질의 분압이나 압력이 높을수록 흡착량이 증가한다.

17 연소 시 질소산화물의 억제방법으로 옳은 것은?

① 2단 연소법　　　　　　　　　② 흡착법
③ 촉매환원법　　　　　　　　　④ 흡수법

해설
- 연소조절에 의한 질소산화물 억제방법 : 2단 연소, 저온 연소, 저과잉 연소, 배기가스 재순환 연소, 구조재량, 연료전환
- 질소산화물의 처리법 : 촉매 환원법, 전자선 조사법, 흡착법, 용매 흡수법 · 착염 흡수법

18 배연탈황방법 중 접촉 산화공정에 사용되는 물질과 최종 생성물질로 맞게 짝지어진 것은?

[03년 대구]

① $KMnO_4 - H_2S$

② $MgO - H_2SO_4$

③ $V_2O_5 - H_2SO_4$

④ $K_2Cr_2O_7 - H_2S$

해설

접촉 산화법은 V_2O_5, K_2SO_4 등의 촉매를 이용해서 SO_2를 산화하여 황산으로 회수하는 방법으로, 약 80%의 황산으로 직접 회수가 가능하다.

19 악취조사에 대한 설명으로 옳지 <u>않은</u> 것은?

[02년 환경부]

① 조사지역에 거주하지 않는 사람으로 선정한다.

② 악취 판정표는 6단계로 구성되어 있다.

③ 악취가 발생하는 현장의 부지 경계선상에서 측정한다.

④ 후각이 정상이고 건강한 사람 2인 이상으로 구성한다.

해설

악취 판정자는 그 지역에 거주하지 않는 사람으로 후각이 정상인 건강한 사람의 후각을 이용하여 악취의 취기 강도를 측정하는 방법이다.

20 연소 배기가스 중에 함유되어 있는 분진의 겉보기 전기저항을 낮추는 방법에 대한 설명으로 옳지 <u>않은</u> 것은?

① SO_3를 주입한다.

② 증기를 주입한다.

③ NH_3를 주입한다.

④ 물을 분무하여 주입한다.

해설

전기저항의 조절
- 전기저항이 낮을 경우
  - NH_3를 주입한다.
  - 온·습도를 조절한다.
  - 습식 장치를 사용한다.
- 전기저항이 높을 경우
  - SO_3를 주입한다.
  - 습식장치를 사용한다.
  - 황 함량이 높은 연료와 혼합하여 사용한다.

21 다음에 열거된 대기오염물질 제거방법 중 입자상 물질의 제거방법으로 옳지 <u>않은</u> 것은? [04년 경북]

① 접촉 산화법
② 원심 분리법
③ 습식 세정법
④ 중력 침강법

해설

접촉 산화법은 가스상 오염물질 처리에 사용된다.

22 매연의 농도를 측정하기 위한 링겔만 차트의 설명으로 옳지 <u>않은</u> 것은? [03년 경기]

① 링겔만 차트는 25%씩 흑색도가 다르다.
② 링겔만 차트는 0에서 5까지 6개의 Block으로 되어 있다.
③ 링겔만 차트에서 0은 완전 백색이고 5도로 갈수록 점점 검게 되며 5도는 흑색이다.
④ 링겔만 차트에 의해서 매연의 농도를 측정하는 경우, 배출가스 내의 농도, 분진의 크기 및 매연의 깊이 등에 따라서 그 색도가 달라진다.

해설

링겔만 차트는 20%씩 흑색도가 다르게 구성되어 있다.

23 흡착탑을 가장 유용하게 적용할 수 있는 경우는?

① 오염성분 가스의 연소성이 양호한 경우
② 오염성분의 농도가 매우 높은 경우
③ 오염성분을 회수할 경우 경제성이 양호한 경우
④ 오염성분의 용해도가 매우 큰 경우

해설

흡착법을 사용하는 경우
• 오염가스를 회수할 가치가 있는 경우
• 오염가스의 농도가 낮은 경우
• 오염가스를 연소하기 어려운 경우

24 질소산화물을 방지하는 기술로 옳지 <u>않은</u> 것은?

① 저산소 연소
② 2단 연소
③ 배기가스 재순환 연소
④ 예열 연소

해설

연소조절에 의한 질소산화물 처리 : 저온 연소, 저산소 연소, 저질소 성분 우선순위 연소, 배기가스 재순환 연소, 2단 연소 등

25 다음 중 중력 침강속도에 관한 설명으로 옳지 <u>않은</u> 것은?

① 점성도가 클수록 침강속도가 커진다.
② 입자의 직경이 클수록 침강속도는 커진다.
③ 중력가속도가 클수록 침강속도는 커진다.
④ 밀도차가 클수록 침강속도가 커진다.

해설

침강속도 $V_t = \dfrac{d_p^2(\rho_p - \rho_g)g}{18\mu}$ 이므로 점성도가 클수록 침강속도는 저하된다.

26 다음 중 원심력 집진장치의 효율에 대한 설명으로 옳지 <u>않은</u> 것은?

① 블로 다운 방식을 사용하여 효율을 증대시킨다.
② 더스트 박스의 모양과 크기는 효율과 관계가 없다.
③ 입구유속이 빠를수록 효율이 높은 반면 압력손실은 높아진다.
④ 고농도의 경우 병렬 연결한 멀티 사이클론을 사용한다.

해설

원심력 집진장치의 집진율 향상 조건
• 배기관경이 작을수록 집진효율은 증가하고 압력손실은 높아진다.
• 입구유속이 적절히 빠를수록 효율이 증가한다.
• 블로 다운 방식을 사용하여 효율증대에 기여할 수 있다.
• 프라그 효과를 방지하기 위해 돌출핀 및 스키머를 부착한다.
• 분진 박스와 모양은 적당한 크기와 형상을 갖춘다.

27 여과 집진장치에 사용되는 여과재의 구비조건으로 옳지 <u>않은</u> 것은? [02년 환경부]

① 내산성이 커야 한다.
② 흡습성이 커야 한다.
③ 기계적 강도가 커야 한다.
④ 내알칼리성이 커야 한다.

해설

여과 집진장치에 사용되는 여과재의 구비조건
• 흡습성은 작아야 하며, 압력손실이 작고, 수명이 길어야 한다.
• 처리 매연의 성상에 따라 내열성이 있어야 한다.

28 다음의 가스 흡수장치 중 조작방식이 액분산형인 것은 무엇인가?

① 다공판탑   ② 포종탑
③ 기포탑   ④ 충전탑

해설

흡수장치의 종류
• 가스 분산형 : 다공판탑, 포종탑, 기포탑
• 액체 분산형 : 충전탑, 분무탑, 벤츄리 스크러버, 사이클론 스크러버

29 다음 중 전기 집진장치를 설계할 때 가장 중요시 되는 것은? [02년 서울]

① 먼지의 입경분포　　　　　　　　　② 먼지의 온도

③ 먼지의 응집력　　　　　　　　　　④ 먼지의 전기저항

해설

전기저항은 전기 집진장치의 성능을 가장 크게 지배하는 요인이 된다.

30 사이클론 집진장치의 특성에 관한 설명으로 옳지 <u>않은</u> 것은? [02년 서울]

① 가스의 밀도가 높을수록 압력손실은 증가한다.

② 가스의 온도가 높을수록 집진효율이 증가한다.

③ 입구풍속이 어떤 유속범위에서는 증가할수록 집진효율이 높아진다.

④ 분진의 밀도가 높을수록 집진효율은 증가한다.

해설

배기가스의 온도가 높아지면 점도가 증가되어 이로 인한 한계입경이 커지므로 집진효율이 낮아지게 된다.

31 세정 집진장치 중 하나인 벤츄리 스크러버에 대한 설명으로 옳은 것은?

① 고온, 다습한 가스의 처리는 힘든 편이다.

② 최적 수적경(물방울 직경)은 분진입경의 150배 정도가 적당하다.

③ 운전비가 적게 든다.

④ 압력손실이 적다.

해설

벤츄리 스크러버의 장단점

장점	단점
• 소형으로 대용량 가스를 처리할 수 있다.	• 압력손실이 가장 크다.
• 집진효율이 우수하다.	• 동력 소비량이 많다.
• 설치소요면적이 적게 든다.	• 세정액이 대량으로 요구된다.
• 먼지 및 가스상 물질이 동시에 제거된다.	• 먼지부하 및 가스유동에 민감하다.
• 고온, 다습한 가스의 처리가 가능하다.	• 운전비가 많이 든다.

29 ④　30 ②　31 ②　**정답**

32 전기 집진장치의 입자의 이동속도에 영향을 미치는 요소로 옳지 <u>않은</u> 것은?

① 점성계수   ② 전기장의 강도

③ 입자 크기   ④ 중력가속도

해설

전기 집진장치에서 겉보기 이동속도란 전계작용을 받아 대전된 분진입자가 집진극을 향하여 수직적으로 이동하는 속도를 말하며 다음과 같이 구할 수 있다.

$$W_e = \frac{1.1 \times 10^{-4} \times P \times E_c \times E_p \times d_p}{\mu}$$

- P : 상수
- E_p : 집진장의 세기(Volt/m)
- E_c : 방전장의 세기(Volt/m)
- μ : 점성계수(kg/m · hr)

33 중유 탈황법으로 옳지 <u>않은</u> 것은?

① 비중에 의한 방법

② 미생물에 의한 방법

③ 방사선화학에 의한 방법

④ 금속산화물에 의한 흡착방법

해설

중유 탈황법 : 접촉 수소화 탈황, 금속산화물에 의한 탈황, 미생물에 의한 탈황, 방사선에 의한 탈황

34 악취 제거방법에 관한 설명으로 옳지 <u>않은</u> 것은?

① 물리적 흡착법이 주로 이용된다.

② 희석방법은 악취를 대량의 공기로 희석시켜 감지되지 않도록 하는 방법이다.

③ 응축법에 의한 처리는 냄새를 가진 가스를 냉각 응축시키는 방법으로 유기용제로 비교적 고농도 함유 배기가스 처리에 적용된다.

④ 유기성의 냄새 유발물질을 태워서 산화시키면 불완전연소가 있더라도 냄새의 강도를 줄일 수 있다.

해설

유기성의 냄새 유발물질을 태워서 산화시킬 때 불완전연소가 되면 악취가 오히려 더욱 심해질 수 있다.

35 다이옥신 처리대책과 가장 거리가 <u>먼</u> 내용은? [02년 경기]

① 촉매 분해법 : 금속산화물, 귀금속 촉매를 사용
② 광분해법 : 고온의 적외선을 배기가스에 조사
③ 오존 산화법 : 수중에 함유된 다이옥신을 처리
④ 초임계 유체 분해법 : 초임계유체의 극대용해도를 이용

해설

광분해법은 자외선 영역의 빛을 조사하여 분해시키는 방법이다.

36 스토크의 법칙을 만족하는 입자의 침강속도에 관한 설명으로 옳지 <u>않은</u> 것은? [03년 부산]

① 가스의 점도에 비례한다.
② 입자 직경의 제곱에 비례한다.
③ 입자와 유체의 밀도차에 비례한다.
④ 중력가속도에 비례한다.

해설

종말속도(Vt)는 입자에 작용하는 중력, 부력, 항력이 균형을 이루어 입자의 침강속도가 일정하게 될 때의 속도를 말한다.

$$V_t = \frac{d_p^2 (\rho_p - \rho_g) g}{18\mu} (stokes \text{ 영역})$$

37 배출가스 중 먼지를 Bag Filter로 집진할 때, 고려해야 할 사항으로 거리가 <u>먼</u> 것은? [02년 서울]

① 먼지의 전기저항
② 겉보기 여과속도
③ Bag Filter 재질
④ 처리가스의 노점 온도

해설

①은 전기 집진장치에 해당한다.

38 흡착제 중에서 가장 많이 쓰이는 흡착제는 무엇인가?

① 실리카겔 ② 활성탄
③ 마그네시아 ④ 합성 제올라이트

해설

활성탄은 가장 널리 사용되며, 비극성 물질을 흡수하고, 유기용제의 회수에 많이 사용된다.

39 여과 집진장치의 주요 포집 기전 중 처리가스의 겉보기 유속이 느릴 때 포집된 분진입자층에 의해 유효하게 작용하는 집진기전은 무엇인가?

① 관성 충돌 ② 직접 차단
③ 확산 작용 ④ 중력 작용

해설

주요 포집 기전
• 관성 충돌 : 입경이 비교적 굵고 비중이 큰 분진입자가 기체 유선에서 벗어나 섬유층에 직접 충돌하여 포집되는 집진기전으로 $1\mu m$ 이상의 입자를 포집
• 직접 차단 : 기체 유선에 벗어나지 않는 크기의 미세입자가 섬유와 직접 접촉에 의해 포집되는 집진기전으로 $0.1{\sim}1\mu m$ 범위의 입자를 포집
• 확산 작용 : 처리가스의 겉보기 유속이 느릴 때 포집된 분진입자층에 의해 유효하게 작용하는 집진기전으로 미세입자의 브라운 운동에 의해 $0.1\mu m$ 이하의 미세한 분진입자를 포집
• 중력 작용 : 입경이 비교적 굵고 비중이 큰 분집입자가 저속기류 중에서 중력에 의하여 낙하하여 포집

40 세정 집진장치의 입자포집 기전에 관한 설명으로 옳지 **않은** 것은?

① 액적에 입자가 충돌하여 부착한다.
② 입자를 핵으로 한 증기의 응결에 따라 응집성을 촉진시킨다.
③ 미립자 확산에 의하여 액적과의 접촉을 쉽게 한다.
④ 배기의 습도 감소에 의하여 입자가 서로 응집한다.

세정 집진장치의 입자포집 기전
- 액적 등에 입자가 충돌하여 부착
- 미립자의 확산에 의해서 액적과 접촉을 좋게 한다.
- 가스의 증습에 의하여 입자는 상호, 응집한다.
- 입자를 핵으로 한 증기의 응결에 따라 응집성을 촉진시킨다.
- 액막, 기포에 입자가 접촉하여 부착한다.

41 배출가스 중의 질소산화물 처리방법인 촉매 환원법에는 선택적 촉매 환원법과 비선택적 촉매 환원법이 있다. 다음 중 선택적 촉매 환원법에 사용되는 것은?

① CH_4 ② NH_3

③ H_2S ④ CO

해설
- 선택적 접촉 환원법 : NH_3 환원제
- 비선택적 접촉 환원법 : H_2, CH_4, CO, H_2S 환원제

42 충전탑에 사용되는 충전물에 관한 설명으로 옳지 <u>않은</u> 것은?

① 충전밀도가 작아야 한다.
② 가스와 액체가 전체에 균일하게 분포될 수 있도록 하여야 한다.
③ 공극률이 크고 압력손실이 적어야 한다.
④ 내열성과 내식성이 커야 한다.

해설
충전물의 구비조건
- 단위용적에 대하여 표면적이 커야 한다.
- 충전밀도가 커야 한다.
- 공극률이 크고 압력손실이 적어야 한다.
- 액가스 분포를 균일하게 유지할 수 있어야 한다.
- 내열성과 내식성이 크고, 내구성이 있어야 한다.

43 오염가스 처리를 위한 흡착법에 대한 설명으로 옳지 <u>않은</u> 것은?

① 조작 및 장치가 간단하다.
② 처리비용이 고가이다.
③ 제거 효율이 높지 못하다.
④ 고온가스 처리가 어렵다.

해설

흡착법: 흡착제를 이용하여 기체의 분자나 원자가 흡착제 표면에 달라붙는 성질을 이용하여 오염된 가스를 처리하는 방법

장점	단점
• 조작 및 장치가 간단하다. • 제거 효율이 높다. • 함진가스의 농도 변화에 대한 적응성이 크다.	• 처리비용이 고가이다. • 분진 및 액적 등을 포함한 함진가스는 예비 처리가 필요하다. • 고온가스 처리가 어렵다.

44 링겔만 차트는 무엇을 특정하는 데 사용하는가? [03년 부산]

① 매연 농도
② 연기 농도
③ 먼지 농도
④ 악취 농도

해설

굴뚝 등에서 배출되는 매연을 링겔만 매연 농도표에 의해 비교 측정한다.

45 다이옥신에 관한 설명으로 옳지 <u>않은</u> 것은? [04년 경기]

① 다이옥신의 97%는 음식으로 섭취하고, 3%는 호흡기 계통으로 흡입하게 된다.
② 다이옥신은 고체성 물질이며, 물에 잘 녹지 않는다.
③ 75개의 이성질체를 가지고, 각각의 독성은 비슷하다.
④ 유기염소계 화합물질이며, 인체에 주는 영향으로는 면역독성, 발암성, 심장기능 장애, 축적성 및 난분해성 등이 있다.

해설

다이옥신의 특징

• 유기염소제 소각 시 발생하는 유해한 물질이다.
• 폐비닐, PVC, 병원폐기물, 음식물폐기물 등의 소각 시 발생한다.
• 두 개의 벤젠고리, 두 개의 산소교량, 두 개 이상의 염소원자로 구성되어 있다.
• 2, 3, 7, 8-다이옥신이 가장 강한 독성을 가지고 있다.
• 열적으로 안정, 난용성, 강한 흡착성 등의 특징을 갖는다.
• 발암성, 태아독성, 면역독성 등의 독성을 가지고 있어 인체에 피해를 끼친다.

46 전기 집진기의 장단점에 대한 설명으로 옳지 <u>않은</u> 것은?

① 압력손실이 건식은 $10mmH_2O$, 습식은 $20mmH_2O$로 낮은 편이다.
② 설치 소요 면적이 적게 든다.
③ 미세입자에 대한 집진효율이 높다.
④ 가스상 오염물질을 제어할 수 없다.

해설

전기 집진기의 장단점

장점	단점
• 0.1㎛ 이하의 미립자라도 집진이 가능하다. • 집진효율이 99% 이상으로 가장 우수하다. • 압력 손실도 극히 낮다.	• 가스상 오염물질의 제어가 곤란하다. • 설치비용이 많이 든다. • 운전조건 변화에 유연성이 적다. • 비저항이 큰 분진제거에 어려움이 있다.

47 전기 집진기 작동원리 순서를 바르게 나열한 것은? [02년 서울]

① 방전 - 유도 - 집진극 이동 - 대전 - 처리
② 방전 - 유도 - 대전 - 집진극 이동 - 처리
③ 유도 - 방전 - 집진극 이동 - 대전 - 처리
④ 유도 - 방전 - 대전 - 집진극 이동 - 처리

해설

고압전원을 이용하여 집진극을 (+)로, 방전극을 (-)로 형성하고, 이 전계에 코로나 방전을 이용하여 배기가스 중 입자에 전하를 부여하고 대전입자를 쿨롱력에 의하여 집진극으로 이동시켜 포집한다.

48 유해가스 제거를 위한 충전탑에 관한 설명으로 옳은 것은?

① 포말성 흡수액에는 적응성이 좋지 못하다.
② 가스의 유속이 지나치게 크면 플로딩(Flooding) 상태가 된다.
③ 포종탑에 비해 압력손실이 크다.
④ 온도변화에 적응력이 뛰어나다.

해설

충전탑의 단점은 침전물이 생기면 충진층 내의 공극이 막히기 쉬워 사용이 어렵다는 점이다.

장점	• 포종탑류에 비해 압력손실이 작다. • 포말성 흡수액에 적응성이 좋다. • 흡수액의 hold up(충전층 내의 액 보유량)이 포종탑에 비해 적다.
단점	• 부유물에 의해 충진층 내의 공극이 막히기 쉽다. • 초기 설치비가 많이 들고, 온도 변화에 민감하다. • 유입가스 속도가 클 때 Flooding(범람) 상태가 발생한다.

49 대기 집진장치에 대한 설명으로 옳은 것을 모두 고른 것은?

> ⓐ 원심력 집진장치는 고온에서 운전가능하며, 미세입자에 대한 집진효율이 높다.
> ⓑ 중력 집진장치는 다른 집진장치에 비하여 압력손실이 적고, 전처리장치로 많이 이용된다.
> ⓒ 멀티 사이클론의 기본유속은 2m/sec 정도이고 1.0㎛까지의 입자를 포집하는 데 사용된다.
> ⓓ 세정 집진장치는 먼지의 입도, 습도, 가스 종류 등에 의한 영향을 받는 일이 적다.
> ⓔ 여과 집진장치는 집진율에 비하여 시설비 및 유지비가 적게 든다.
> ⓕ 전기 집진장치는 넓은 설치면적이 요구되며, 운영비가 많이 드는 단점이 있다.

① ⓐ, ⓒ, ⓓ
② ⓒ, ⓔ, ⓕ
③ ⓐ, ⓑ, ⓔ
④ ⓑ, ⓓ, ⓔ

해설

ⓐ 원심력 집진장치는 고온에서 운전가능하나, 미세입자에 대한 집진효율은 낮다.
ⓒ 멀티 사이클론의 기본유속은 7~15m/sec 정도이고 취급입자의 크기는 3~100㎛까지의 입자이다.
ⓕ 전기 집진장치는 넓은 설치면적이 요구되나, 운영비는 비교적 적게 든다.

50 대기오염물질 농도를 추정하기 위한 상자모델의 가정으로 옳지 <u>않은</u> 것은?

① 오염물질의 분해는 2차 반응으로 해석한다.
② 고려되는 공간의 수직 단면에 직각으로 부는 바람의 속도가 일정하여 환기량이 일정하다.
③ 오염물질은 배출과 동시에 균등하게 혼합된다.
④ 고려되는 공간에서 오염물질의 농도는 균일하다.

해설

상자모델(box model)의 가정조건
• 상자 내의 농도는 균일하며, 배출원은 지면 전역에 균일하게 분포되어 있다.
• 배출된 오염물질은 즉시 공간 내에 균일하게 혼합된다.
• 상자 내의 풍향, 풍속 분포도는 균일하다.
• 바람은 상자의 측면에서 불며 그 속도는 일정하다.
• 오염물질의 분해가 있는 경우는 1차 반응으로 취급한다.

51 유해가스 처리 시 흡수장치 중 하나인 충전탑에 관한 설명으로 옳지 <u>않은</u> 것은?

① 일반적으로 충전탑의 직경(D)과 충전제 직경(d)의 비 D/d가 8~10일 때 편류현상이 최소가 된다.
② 가스의 유속이 증가하면 충전층 내의 액의 보유량이 증가하여 탑 위로 넘치게 되므로 가스유속은 범람(flooding) 속도의 80~90%가 적당하다.
③ 충전탑은 액분산형 흡수장치이다.
④ 충전탑의 높이는 이동 단위수와 이동 단위 높이의 곱으로 계산된다.

해설

일반적으로 충전탑 내에서 적절한 유속은 flooding 유속의 40~70%로 취한다.

52 유동층 흡착장치에 대한 설명으로 옳지 <u>않은</u> 것은?

① 가스의 유속을 빠르게 할 수 있다.
② 다단의 유동층을 이용하여 가스와 흡착제를 향류로 접촉시킬 수 있다.
③ 조업조건에 따른 주어진 조건의 변동이 어렵다.
④ 흡착제의 마모가 적게 일어난다.

해설

유동층 흡착장치
• 고체와 기체의 접촉을 좋게 할 수 있다.

50 ① 51 ② 52 ④ **정답**

- 다단 유동층을 이용하여 가스와 흡착제를 향류 접촉시킬 수 있다.
- 가스의 유속을 크게 유지할 수 있다.
- 흡착제의 유동수송에 의한 마모가 크다.
- 조업 중에 주어진 조건의 변동이 어렵다.

53 먼지농도가 $6.0g/m^3$인 매연을 집진율이 각각 90%와 98%인 두 개의 집진장치를 직렬로 연결하여 처리하였을 경우 배출되는 먼지 농도는?

① $6.0mg/m^3$

② $12.0mg/m^3$

③ $24.0mg/m^3$

④ $30.0mg/m^3$

해설

$$\eta_T = 1 - \frac{C_o}{C_i} = 1 - (1-\eta_1)(1-\eta_2)$$

$$\therefore \frac{C_o}{C_i} = (1-\eta_1)(1-\eta_2)$$

$$\therefore \frac{C_o}{6.0} = (1-0.9)(1-0.98), \quad C_o = 0.012g/m^3 = 12.0mg/m^3$$

54 대기오염영향 평가 방법 중 수용모델에 관한 설명으로 알맞지 않은 것은?

① 입력 자료로 적용하며 미래의 대기질을 예측하기 용이하다.

② 현재나 과거에 일어났던 일을 추정하여 미래를 위한 전략을 세울 수 있다.

③ 수용체 입장에서 영향평가가 현실적으로 이루어질 수 있다.

④ 지형·지상학적 정보 없이도 사용 가능하다.

해설

수용모델의 장단점

- 장점
  - 지형·기상정보가 없어도 사용이 가능하다.
  - 수용체 입장에서 영향평가가 현실적으로 이루어질 수 있다.
  - 입자상, 가스상 물질, 가시도 문제 등 환경전반에 응용할 수 있다.
- 단점
  - 현재나 과거에 일어났던 일을 추정, 미래를 위한 전략은 세울 수 있으나 미래예측은 어렵다.
  - 특정 자료를 입력 자료로 사용하므로 시나리오 작성이 곤란하다.

55 전기 집진장치 운전 시 발생될 수 있는 역전리 현상의 원인과 가장 거리가 먼 것은?

① 입구의 유속이 클 때
② 배기가스의 점성이 클 때
③ 미분탄 연소 시
④ 분진 비저항이 너무 클 때

해설

역전리 현상의 원인
• 미분탄 연소 시
• 전기저항이 큰 가스
• 가스의 점성이 클 때

재비산 현상의 원인
• 입구유속이 클 때
• 전기저항이 낮을 때

56 중력 집진장치에 대한 설명으로 옳지 않은 것은?

① 운전 시 압력손실이 5~15mmH₂O로 낮다.
② 취급입경이 0.1~10㎛이며, 유지비용이 많이 든다.
③ 침강실의 높이가 낮고, 수평길이가 길수록 집진효율이 높아진다.
④ 유량변동에의 적응성이 낮다.

해설

중력집진장치의 장단점
• 장점
  - 구조가 간단하고 안정하다.
  - 압력손실이 적다.
  - 함진가스 온도변화에 의한 영향을 거의 받지 않는다.
  - 고농도 함진가스의 전처리에 사용할 수 있다.
  - 설치비, 유지관리비가 저렴하다.
• 단점
  - 미세입자의 집진이 곤란한다.
  - 집진효율이 낮다(40~60%).
  - 함진가스의 분진부하나 유량변동에 민감하다.
  - 시설규모가 크다.

57 흡수를 이용한 유해 가스 처리방법인 충전탑에 관한 설명으로 옳지 <u>않은</u> 것은?

① 기체분산형 흡수장치이다.
② [탑의 직경/충전제 직경]=8~10일 때 편류현상이 최소가 된다.
③ 범람점에서의 가스 속도는 충전제를 불규칙하게 쌓았을 때보다 규칙적으로 쌓았을 때가 더 크다.
④ 충전제를 불규칙적으로 충전하는 방법은 접촉면적은 크나 압력손실이 크다.

해설

충전탑은 액체분산형 흡수장치이다.

충전탑의 장단점

장점	• 포종탑류에 비해 압력손실이 작다. • 포말성 흡수액에 적응성이 좋다. • 흡수액의 hold up(충전층 내의 액 보유량)이 포종탑에 비해 적다.
단점	• 부유물에 의해 충진층 내의 공극이 막히기 쉽다. • 초기 설치비가 많이 들고, 온도 변화에 민감하다. • 유입가스 속도가 클 때 Flooding(범람) 상태가 발생한다.

58 여과 집진장치에 사용되는 여포에 관한 내용으로 옳지 <u>않은</u> 것은?

① 여포의 형상은 원통형, 평판형 등이 있으나 주로 원통형을 사용한다.
② 여포는 내열성이 약하므로 가스온도 250℃를 넘지 않도록 주의한다.
③ 고온가스를 냉각시킬 때에는 산노점 이하를 유지하여 여과포의 눈막힘을 방지한다.
④ 여포재질 중 목면은 내산성은 불량하나 가격이 저렴하다.

해설

산노점 이하로 유지할 경우 여과포의 눈막힘 현상과 저온부식을 초래하게 된다.

59 악취물질의 처리방법에 대한 설명으로 옳지 않은 것은?

① 통풍 및 희석은 높은 굴뚝을 통하여 방출시켜 대기 중에 분산 희석시키는 방법이다.

② 흡착에 의한 악취물질 처리에는 주로 물리적 흡착이 이용된다.

③ 응축법에 의한 처리는 냄새를 가진 가스를 냉각 응축시키는 처리법으로 유기용제를 비교적 고농도 함유한 배기가스에 적용된다.

④ 촉매 연소법은 백금이나 금속산화물 등의 산화촉매를 이용하여 60~80℃의 저온에서 산화처리한다.

해설

촉매 연소법은 사용촉매의 종류에 따라 다소 차이가 있으나 대체로 200~400℃의 온도를 요구한다.

악취물질의 처리방법

- 통풍 및 희석방법 : 후드와 덕트를 사용하거나 높은 굴뚝을 사용하여 확산시키는 방법
- 흡착법 : 활성탄 등을 사용하여 냄새를 흡착 제거하는 방법
- 촉매 연소법 : 백금 등의 촉매를 사용하여 냄새를 산화 제거하는 방법
- 직접 연소법 : 악취물질을 600~800℃ 화염으로 직접 연소시키는 방법
- 응축법 : 냉각기를 사용하여 냉각 응축시켜 제거하는 방법

60 물을 가압 공급하여 함진가스를 세정하는 형식의 가압수식 스크러버가 아닌 것은?

① Impulse Scrubber(임펄스 스크러버)

② Venturi Scrubber(벤츄리 스크러버)

③ Spray tower(분무탑)

④ Jet Scrubber(제트 스크러버)

해설

세정액의 접촉방법에 의한 분류는 유수식과 가압수식, 회전식으로 분류할 수 있다.

- 유수식
  - 장치 내에 세정액을 채워 가스를 세정액에 유입시켜 분진가스를 제거
  - S임펠러형, 로터형, 분수형 등
- 가압수식
  - 물을 가압공급하여 함진가스 내에 분사시켜 함진가스 내 분진, 가스오염물질을 제거
  - 벤츄리 스크러버, 제트 스크러버, 사이클론 스크러버, 충전탑, 분무탑 등
- 회전식
  - 송풍기의 팬의 회전을 이용하여 세정액의 수적, 수막, 기포로 함진배기 내의 분진을 제거
  - 임펄스 스크러버, 제트 컬렉터 등

61 송풍기의 법칙으로 옳지 <u>않은</u> 것은?

① 송풍기의 소요마력은 송풍기의 회전속도의 세제곱에 비례한다.
② 송풍기의 유량은 송풍기의 회전속도에 비례한다.
③ 송풍기의 유량은 송풍기 크기의 제곱에 비례한다.
④ 송풍기의 소요동력은 송풍기 크기의 5제곱에 비례한다.

해설

송풍기의 상사법칙
• 제1법칙 : 송풍기의 크기와 유체밀도가 일정할 때
  – 송풍기의 유량은 송풍기 회전속도에 비례
  – 송풍기의 풍압은 송풍기 회전속도의 제곱에 비례
  – 송풍기의 소요동력은 송풍기 회전속도의 세제곱에 비례
• 제2법칙 : 송풍기의 회전수와 유체밀도가 일정할 때
  – 송풍기의 유량은 송풍기 크기의 세제곱에 비례
  – 송풍기의 풍압은 송풍기 크기의 제곱에 비례
  – 송풍기의 소요동력은 송풍기 크기의 5제곱에 비례

62 분무탑에 관한 설명으로 옳지 <u>않은</u> 것은?

① 흡수가 잘 되는 수용성 기체에 효과적이다.
② 분무에 상당한 동력이 필요하고, 가스의 유출 시 비말동반이 많다.
③ 분무액과 가스의 접촉이 균일하여 효율이 우수한 장점이 있다.
④ 침전물이 생기는 경우에 적합하며, 충전탑에 비해 설비비 및 유지비가 적게 드는 장점이 있다.

해설

분무탑(spray tower)
• 내부에 흡수액을 분사할 수 있는 여러 개의 노즐을 설치하여 세정액을 살수하여 하부로 투입된 오염가스와 접촉시키는 방식이다.
• 압력손실이 적다.
• 구조가 간단하며 충전탑보다 싸다.
• 10㎛ 이상의 굵은 입자와 침전물이 발생하는 함진가스 처리에 적당하다.
• 동력소모가 크다.
• 집진효율이 낮다.
• 미세입자 제거에 적합하지 않다.
• 분무노즐이 막히기 쉽다.
• 가스의 유출 시 비말동반(용액이 미세한 방울이 되어 증기나 가스와 함께 운반되는 현상)이 일어날 수 있다.

63 덕트 설치 시의 주요원칙으로 옳지 <u>않은</u> 것은?

① 밴드는 가능하면 90°가 되도록 한다.
② 덕트는 가능한 한 짧게 배치되도록 한다.
③ 공기가 아래로 흐르도록 하향구배를 만든다.
④ 밴드 수는 가능한 한 적게 하도록 한다.

해설

덕트 설치 시 주요원칙
• 압력손실을 적게 하기 위하여 가능한 한 짧게 배치하도록 한다.
• 밴드(구부러짐)의 수는 가능한 적게 하도록 한다.
• 소음에 대한 문제를 고려한다.
• 밴드는 가능하면 완만하게 구부린다.
• 구부러짐 전후에는 청소구를 만든다.

64 흡착제의 종류와 용도의 연결이 옳지 <u>않은</u> 것은?

① 활성탄 : 용제회소, 가스 정제
② 알루미나 : 휘발유 및 용제 정제
③ 실리카겔 : NaOH 용액 중 불순물 제거
④ 보그사이트 : 석유 중의 유분 제거, 가스 및 용액 건조

해설

알루미나의 용도는 가스 및 액제의 건조이다. 휘발유 및 용제 정제에 쓰이는 흡착제는 마그네시아이다.

65 다이옥신의 대표적인 물리적 성질로 옳은 것은?

① 열적 안정, 낮은 증기압, 높은 수용성
② 열적 불안정, 높은 증기압, 낮은 수용성
③ 열적 불안정, 높은 증기압, 높은 수용성
④ 열적 안정, 낮은 증기압, 낮은 수용성

해설

다이옥신은 열적·화학적 안정성이 높고, 난분해성, 난용성, 강한 흡착성, 낮은 증기압을 갖는 물질이다.

63 ① 64 ② 65 ④ 정답

66 유해가스를 흡수액에 흡수시켜 처리하고자 할 때 흡수효율에 영향을 미치는 인자로 적절하지 <u>않은</u> 것은?

① 유해가스의 분압
② 기-액 접촉시간 및 접촉면적
③ 흡수액에 대한 유해가스의 용해도
④ 동반가스(carrier gas)의 활성도

<u>해설</u>
흡수효율은 기-액 접촉시간 및 접촉면적이 클수록, 흡수액에 대한 유해가스의 용해도가 클수록, 유해가스의 분압이 높을수록 효율이 크다.

연소공학

연료

1 연료의 개요

(1) 연료의 정의
연소하여 열, 빛, 동력의 에너지를 얻을 수 있는 물질을 통틀어 연료라고 말한다.

(2) 연료의 구비조건
① 가격이 저렴하고 구입이 용이할 것
② 발열량이 높을 것
③ 대기오염도가 낮을 것
④ 위험성이 낮을 것
⑤ 점·소화가 용이할 것

(3) 연료의 분석
① 원소분석
  ㉠ 연료에 포함되어 있는 원소 비율을 분석
  ㉡ C(%), H(%), S(%) 등
② 공업분석
  ㉠ 연료의 휘발분, 회분, 수분, 고정탄소의 비율을 분석
  ㉡ 고정탄소 = 100 − (휘발분 + 회분 + 수분)
  ㉢ 고정탄소의 비율이 높을수록 양질의 연소성분을 의미함

2 연료의 종류

(1) 고체연료

① 종류 : 대표적인 종류로 석탄이 있으며, 연료비에 따라 고체연료(석탄)의 종류를 구분할 수 있다.

$$연료비 = \frac{고정탄소}{휘발분}$$

- 1 이하 : 갈탄, 아탄
- 1~7 : 역청탄
- 7 이상 : 무연탄

> **➕ PLUS 참고 📋**
>
> **고체연료의 연료가 높을 때**
> - 고정탄소의 비율은 높고, 휘발분의 비율은 낮다.
> - 발열량이 높다.
> - 대기오염도가 낮다.
> - 착화온도가 높다.

② 특징 및 장단점

ㄱ 수분 및 회분(연소시킨 석탄의 재)을 다량 함유하고 있어 완전연소가 어렵다.

ㄴ 수분과 회분을 제외하면 탄소(C), 수소(H), 산소(O), 질소(N), 황(S)의 성분으로 구성되어 있다.

ㄷ 구입이 쉽고 가격이 저렴하다.

ㄹ 저장이 쉽고 취급이 용이하다.

ㅁ 연소장치가 간단하고, 설치비가 적게 든다.

ㅂ 연소 효율이 낮고 고온을 얻기 힘들다.

ㅅ 점·소화가 힘들고, 연소조절이 힘들다.

③ 석탄의 물리화학적 성상

ㄱ 수분 : 부착수분, 고유수분, 화합수분의 3가지 형태로 함유되어 있다.

ㄴ 고정탄소
- 석탄에 함유된 회분, 휘발분, 수분을 제외한 중량 백분율이다.
- 고정탄소 함량이 높을수록 발열량이 높다.

ㄷ 휘발분
- 휘발성 성분 혹은 열분해에 의해 생성된 휘발성 물질이다.
- 무연탄이 가장 적고, 역청탄이 가장 많다.

ㄹ 회분 : 실리카, 산화철, 석회, 산화마그네슘, 알루미나 등으로 구성된다.

ㅁ 황분
- 통상적으로 석탄에는 0.2~1.5% 함유되어 있다.
- 연소 시 일부는 SO_2가 되고 대부분은 재로 남게 된다.

ㅂ 비중(어떤 물질과 부피가 같은 표준물질 간의 질량의 비 ≒ 밀도)
- 석탄의 탄화도가 낮을수록 감소한다.
- 약 1.2~1.8의 범위를 가진다.

ㅅ 비열 : 석탄의 탄화도가 진행될수록 감소한다.

◎ 열분해

- 공기를 차단한 후 석탄에 열을 가하면 수분이 증발하고 가스가 방출되면서 분해가 되는데 이를 열분해라고 한다.
- 석탄질의 열분해 시작온도는 230~450℃이다.

(2) 액체연료

① 종류 : 원유, 휘발유, 등유, 경유, 중유, 아스팔트유

② 특징 및 장단점

㉠ 발열량이 높고, 저장·운반이 용이하다.

㉡ 석탄에 비해 매연 발생이 적다.

㉢ 회분이 거의 함유되어 있지 않다.

㉣ 중질유의 경우는 황성분을 함유하므로 SO_2가 발생한다.

㉤ 고체연료에 비하여 연소성 및 온도 조절성이 우수하다.

㉥ 화재 및 역화의 위험성이 크다.

㉦ 버너에 따라 연소 시에 소음이 발생한다.

③ C/H비에 따른 연료특성

㉠ 중질연료일수록 C/H비가 크다.

㉡ 중유 > 경유 > 등유 > 휘발유 순으로 C/H비가 감소한다.

㉢ C/H비가 클수록 매연발생이 쉽다.

④ 중유

㉠ 중유는 점도에 따라 A중유, B중유, C중유로 나뉜다.

- A 중유 : 소형 버너, 소형 디젤기관에 사용
- B 중유 : 일반 디젤기관 및 보일러에 사용
- C 중유 : 대형 저속 디젤기관, 대형 보일러에 사용

㉡ 중유의 성상

- 비중 : 비중이 클수록 연소성이 떨어진다.
- 유동점 : 점도와 관련이 있으며 점도가 낮을수록 유동점도 낮아진다.
- 인화점 : 인화점이 높으면 착화가 쉽지 않고, 인화점이 낮으면 화재의 위험성이 있다.
- 점도 : 온도가 낮아질수록 점도는 증가한다.
- 잔류탄소 : 공기가 부족한 상태에서 중유를 가열하면 탄소성분이 응착하는데 응착된 탄소를 잔류탄소라 한다.
- 회분 : 연소 후 고체상으로 잔류하는 성분

(3) 기체연료

① 종류

㉠ 액화천연가스(LNG)

- 주성분 : 메탄(CH_4)

- 천연가스를 액화시켜 제조한다.
- 양질의 무해한 가스이다.
- 발열량이 높고, 폭발 위험성이 적다.

ⓛ 액화석유가스(LPG)
- 주성분 : 프로판(C_3H_8), 부탄(C_4H_{10})
- 공기보다 무겁다.
- 누설 시 폭발 및 화재의 위험성이 높다.
- 저장·수송 시 액체이고, 상온·상압에서 가스 상태로 분사된다.
- 취급이 용이하다.
- 무색·무취의 가스이다.

ⓒ 천연가스
- 탄화수소를 주성분으로 하며 지하에서 방출되는 가스이다.
- 습성 및 건성 가스로 나뉜다.
- 건성 가스 : 대부분 CH_4로 구성되어 있다.
- 습성 가스 : 유전지대에서 산출되는 가스를 말하며, 여기서 채취한 가스로 액화석유가스, 천연가 솔린 등을 만들어 공급한다.

ⓓ 천연액화가스(NGL) : 대기 중으로 방출된 천연가스 중에서도 액체상태을 유지할 수 있는 펜탄 (C_5H_{12})을 의미한다.

ⓜ 합성천연가스(SNG)
- 인공적으로 제조하며 메탄을 주성분으로 한다.
- 원료로는 LPG, 석탄, 석유계 나프타, 원유 등이 사용된다.

ⓗ 수성가스 : 백열된 석탄 또는 코크스에 수증기를 주입하여 얻는다.

ⓢ 발생로가스
- 코크스나 석탄을 불완전연소시켜 얻는 가스이다.
- 다량의 질소, 일산화탄소, 수소 및 메탄을 함유한다.

ⓞ 코크스로가스(COG)
- 코크스로에서 석탄을 건류하여 코크스를 제조할 때 발생하는 가스이다.
- 도시가스 등의 연료로 사용된다.

② 특징 및 장단점
㉠ 연소 효율이 높고 매연이 발생하지 않는다.
㉡ 회분이 거의 없어 분진발생이 거의 없다.
㉢ 점·소화 및 연소조절이 용이하다.
㉣ 저장 및 수송이 어렵고, 시설비가 많이 든다.
㉤ 화재 및 폭발의 위험성이 있다.

PLUS 참고

연료비교

구분	고체	액체	기체
발열량	×	△	○
점·소화	×	△	○
대기오염도	×	△	○
저장 용이성	○	△	×
가격	○	×	△

02 연소

1 연소의 개요

(1) 연소의 정의

연료 중 수소와 탄소 등의 가연성 물질이 산소와 반응하여 열, 빛, 탄산가스 그리고 수증기 등을 발생시키는 산화 현상

(2) 연소의 3요소

가연성 물질, 산소 공급원, 점화원

(3) 연소의 조건

① 산화반응은 발열반응일 것
② 연소열로 연소생성물과 연소물의 온도가 상승할 것
③ 복사열의 파장이 가시범위에 도달하면 빛을 발생할 것

2 연소의 온도

(1) 착화온도

① 연료 자신의 연소열에 의하여 스스로 연소하는 최저 온도를 말한다.
② 착화점, 발화점, 발화온도라고도 한다.
③ 착화온도의 특성
  ㉠ 공기의 산소 농도가 높을수록 착화온도는 낮아진다.
  ㉡ 산소와의 화학 반응성이 클수록 착화온도는 낮아진다.
  ㉢ 비표면적이 크고, 열전도율이 낮을수록 착화온도는 낮아진다.
  ㉣ 탄화수소의 착화온도는 분자량이 클수록 낮아진다.

물질별 착화온도

연료	착화온도($℃$)
무연탄	440~510
역청탄	320~400
갈탄	250~450
목탄	320~370
중유	530~580
등유	250~350
가솔린	380~460
탄소	800
유황	200~250
수소	580~600
메탄	630
에탄	530
프로판	510

(2) 인화온도

연료에서 발생하는 증기가 불꽃과 반응하여 연소가 시작될 때의 최저 온도를 말한다.

(3) 연소온도

① 점화원을 제거하여도 지속적으로 발화되는 온도를 말한다.

② 인화온도(인화점)보다 약 5~10℃ 높다.

온도가 높은 순서

인화온도 < 연소온도 < 착화온도

3 완전연소 및 불완전연소

(1) 완전연소

① 개념 : 산소 공급이 충분하여 완전한 연소가 일어나 배기가스에서 CO_2와 H_2O만이 발생하고 다른 가연물(불에 잘 타는 물질)이 전혀 함유되어 있지 않은 상태이다.

$$C + O_2 \rightarrow CO_2$$
$$H_2 + O_2 \rightarrow H_2O$$
$$S + O_2 \rightarrow S_2O$$

② 완전연소의 구비조건(3T : 시간, 온도, 혼합)

   ⊙ 시간(Time) : 충분한 체류시간

     ⓛ 온도(Temperature) : 연료를 인화점 이상으로 예열 공급

     ⓒ 혼합(Turbulence) : 연료와 공기를 잘 혼합시킨 후 연료 공급

(2) 불완전연소

물질이 연소할 때 산소의 공급이 불충분하거나 온도가 낮아서 그을음이나 CO가 생성되면서 연료가 완전히 연소되지 못하는 현상을 말한다.

$$C + \frac{1}{2}O_2 \rightarrow CO$$

4 연소계산

(1) 발열량

연료가 완전히 연소했을 때 발생하는 열량을 말하며, 고체 및 액체 연료에서는 단위 중량당의 발열량을 kcal/kg로 표시하고, 기체 연료에서는 $1Nm^3$(표준 상태의 체적 $1m^3$)당의 발열량을 kcal/Nm^{3}로 표시한다.

① 고위 발열량(총 발열량) : 총 발열량이라고 하며, 열량계로 측정한다.

$$H_h = H_e + 600(9H + W)\,[\text{kcal/kg}]$$
$$H_h = 8{,}100C + 34{,}000\left(H - \frac{O}{8}\right) + 2{,}250S\,[\text{kcal/kg}]$$

② 저위 발열량(진 발열량) : 고위 발열량에서 수증기 응축잠열을 제외한 발열량을 말한다.

$$H_l = H_h - 600(9H + W)\,[\text{kcal/kg}]$$

(2) 이론 산소량(O_o)

① 개념 : 연료를 완전연소시키는 데 소요되는 이론상의 최소 산소량을 의미한다.

② 고체 및 액체연료

    ㉠ 부피 기준

$$O_o\,(Sm^3/kg) = \frac{22.4}{12}C + \frac{11.2}{2}\left(H - \frac{O}{8}\right) + \frac{22.4}{32}S$$

    ㉡ 중량 기준

$$O_o\,(kg/kg) = \frac{32}{12}C + \frac{16}{2}\left(H - \frac{O}{8}\right) + \frac{32}{32}S$$

③ 기체연료

$$O_o\,(Sm^3/Sm^3) = \frac{1}{2}H_2 + \frac{1}{2}CO + \left(x + \frac{y}{4}\right)C_xH_y - O_2$$

(3) 이론 공기량(A_o)

① 개념 : 연료를 완전연소하는 데 이론상 필요한 최소한의 공기량을 의미하며, 공기의 성분이 알려져 있으므로 이론 산소량(O_o)을 통하여 산정할 수 있다.

② 고체 및 액체연료

    ㉠ 부피 기준

$$A_o\,(Sm^3/kg) = \frac{1}{0.21}O_o = \frac{1}{0.21}\left[\frac{22.4}{12}C + \frac{11.2}{2}\left(H - \frac{O}{8}\right) + \frac{22.4}{32}S\right]$$

    ㉡ 중량 기준

$$A_o\,(kg/kg) = \frac{1}{0.232}O_o = \frac{1}{0.232}\left[\frac{32}{12}C + \frac{16}{2}\left(H - \frac{O}{8}\right) + \frac{32}{32}S\right]$$

③ 기체연료

$$A_o\,(Sm^3/Sm^3) = \frac{1}{0.21}O_o = \frac{1}{0.21}\left[\frac{1}{2}H_2 + \frac{1}{2}CO + \left(x + \frac{y}{4}\right)C_xH_y - O_2\right]$$

(4) 공기비(m)

① 개념 : 연료를 연소시키는 데 이론적으로 필요한 공기량에 대한 실제 공기량의 비로, 공기 과잉 계수라고도 한다.

$$\text{공기비}(m) = \frac{\text{실제 공기량}(A)}{\text{이론 공기량}(A_o)}$$

$$\therefore A = mA_o$$

    ㉠ 완전연소 시

$$m = \frac{N_2}{N_2 - 3.76O_2} = \frac{21}{21 - O_2}$$

    ㉡ 불완전연소 시

$$m = \frac{N_2}{N_2 - 3.76[O_2 - 0.5CO]} = \frac{21N_2}{21N_2 - 79[O_2 - 0.5CO]}$$

    ㉢ $(CO_2)_{max}$ 를 이용할 시

$$m = \frac{(CO_2)_{max}}{(CO_2)}$$

    ㉣ 실제 가스량 G를 이용할 시

$$m = \frac{G - G_o}{A_o} + 1 \ (G : \text{실제 연소가스량}, \ G_o : \text{이론 연소가스량})$$

② 과잉 공기량

$$과잉 공기량 = 실제 공기량(A) - 이론 공기량(A_o)$$

$$\therefore 과잉 공기량 = (m-1)A_o$$

③ 공기비의 특성

  ㉠ 공기비가 클때

- 배기가스의 온도가 저하한다.
- 연소실 내의 연소온도가 낮아진다.
- 연료의 소비량이 증가한다.
- SOx, NOx 생성량이 증가하여 부식이 발생한다.

  ㉡ 공기비가 작을 때

- 불완전연소가 진행되어 매연 및 CO, HC의 발생이 증가한다.
- 열손실이 증가된다.

(5) 연소가스량(G)

① 이론 가스량(G_o)

이론 가스량(G_o) = 이론 습가스량(G_{ow})

  ㉠ 이론 건조가스량(G_{od})(고체, 액체연료)

$$이론건조가스량(G_{od}) = 이론질소량 + 연소생성물(수분제외)$$
$$= 0.79A_o + (1.867C + 0.7S + 0.8N)$$
$$= (A_o - 0.21Ao) + (1.867C + 0.7S + 0.8N)$$
$$= A_o - 5.6H + 0.7O + 0.8N$$

  ㉡ 이론 습가스량(G_{ow})(고체, 액체연료)

$$이론습가스량(G_{ow}) = 이론질소량 + 연소생성물$$
$$= 0.79A_o + (1.867C + 11.2H + 0.7S + 0.8N + 1.24W)$$
$$= (A_o - 0.21A_o) + (1.867C + 11.2H + 0.7S + 0.8N + 1.24W)$$
$$= A_o + 5.6H + 0.7O + 0.8N + 1.24W$$

  ㉢ 이론 습가스량(G_{ow})(기체연료)

$$이론 습연소가스량(G_{ow}) = 이론질소량 + 연소생성물$$
$$= 0.79A_o + \left[H_2 + CO + \left(\frac{x+y}{2}\right)C_xH_y + \cdots\right]$$
$$= (A_o - 0.21A_o) + \left[H_2 + CO + \left(\frac{x+y}{2}\right)C_xH_y + \cdots\right]$$
$$= A_o + 0.5H_2 + 0.5CO + \frac{y}{2}C_xH_y + O_2 \cdots$$

② 실제 가스량(G)

실제 가스량(G) = 실제 습가스량(G_w)

㉠ 실제 건조가스량(G_d)(고체, 액체연료)

$$
\begin{aligned}
실제건조가스량(G_d) &= 과잉공기량 + 이론건조가스량 \\
&= (m-1)A_o + G_{od} \\
&= (m-1)A_o + [A_o - 5.6H + 0.7O + 0.8N] \\
&= mA_o - 5.6H + 0.7O + 0.8N
\end{aligned}
$$

㉡ 실제 습가스량(G_w)(고체, 액체연료)

$$
\begin{aligned}
실제습가스량(G_w) &= 과잉공기량 + 이론습가스량 \\
&= (m-1)A_o + G_{ow} \\
&= (m-1)A_o + [A_o + 5.6H + 0.7O + 0.8N + 1.24W] \\
&= mA_o + 5.6H + 0.7O + 0.8N + 1.24W
\end{aligned}
$$

㉢ 실제 습가스량(G_w)(기체연료)

$$
\begin{aligned}
실제 습연소가스량(G_w) &= 과잉공기량 + 이론 습연소가스량 \\
&= (m-1)A_o + G_{wo} \\
&= (m-1)A_o + \left[H_2 + CO + \left(\frac{x+y}{2} \right)C_xH_y + \cdots \right] \\
&= mA_o + 0.5H_2 + 0.5CO + \frac{y}{2}C_xH_y + O_2 \cdots
\end{aligned}
$$

(6) 배기가스 중의 농도 계산

① 배기가스 중 O₂ 농도

$$
C(\%) = \frac{O_2(Nm^3)}{G(Nm^3)} \times 100
$$

- O_2 : 과잉공기 중의 산소량
- G : 배기가스량

② 배기가스 중 SO₂ 농도

$$
C(ppm) = \frac{SO_2(Nm^3)}{G(Nm^3)} \times 10^6
$$

- SO_2 : 단위연료당 SO_2 발생량
- G : 배기가스량

③ 배기가스 중 CO_2 농도

$$C(\%) = \frac{CO_2(Nm^3)}{G(Nm^3)} \times 100$$

- CO_2 : 단위연료당 CO_2 발생량
- G : 배기가스량

(7) 공연비(AFR, A/F)

① 개념 : 연소에 사용되는 공기와 연료의 혼합비를 말한다.

$$AFR(Air\ Fuel\ Ratio) = \frac{\text{이론 공기량}}{\text{이론 연료량}}$$

PLUS 참고

공연비 기타공식

$$AFR_m = \frac{m_a \times M_a}{m_f \times M_f}\ (\text{질량비 기준})$$

$$AFR_V = \frac{m_a \times 22.4}{m_f \times 22.4}\ (\text{공기연료비})$$

- m_a : 공기의 몰 수
- M_a : 공기의 분자량
- m_f : 연료의 몰 수
- M_f : 연료의 분자량

② 공연비와 배출가스와의 관계
   ㉠ 공연비(AFR) < 14.7 경우 : CO, HC의 배출 상승, NOx의 배출 저감
   ㉡ 공연비(AFR) > 14.7 경우 : CO, HC의 배출 저감, NOx의 배출 상승
   ㉢ 공연비(AFR) ≒ 18 : CO, HC, NOx의 배출 저감, 연료소비 상승

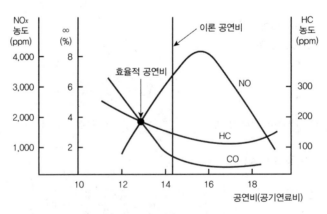

[그림 2-17] 공연비와 배출가스와의 관계

(8) 등가비

① 개념 : 일정량의 이론적인 연료와 공기의 혼합비에 대하여 실제 연소되는 연료와 공기의 혼합비를 말한다.

$$등가비(\phi) = \frac{실제\ 연료량/산화제}{완전연소를\ 위한\ 이상적\ 연료량/산화제}$$

② 등가비와 연소관계

  ㉠ $\phi > 1$: 연료 과잉(불완전연소)

  ㉡ $\phi = 1$: 이상적 연소(완전연소)

  ㉢ $\phi < 1$: 공기 과잉(불완전연소), 공기가 풍부한 상태에서 CO최소, NOx최대(연소온도가 낮을 때 CO와 NOx 생성 감소)

(9) 최대 탄산가스율($(CO_2)_{max}$)

① 개념 : 어떤 종류의 연료를 이론 공기량으로 완전연소시켰다고 할 때, 연소 가스 중의 탄산가스의 비율은 최대가 되고, 이때의 탄산가스 함량을 최대 탄산가스율이라 한다.

② 계산

  ㉠ 연료의 구성성분 이용

$$(CO_2)_{max}(\%) = \frac{CO_2}{G_{od}} \times 100$$

  • CO_2 : 단위 연료당 CO_2 발생량   • G_{od} : 이론건조 배기가스량

  ㉡ 배기가스의 조성 이용

$$(CO_2)_{max}(\%) = \frac{21[(CO_2)+(CO)]}{21-(O_2)+0.395(CO)} \ (CO \neq 0)$$

$$(CO_2)_{max}(\%) = \frac{21 CO_2}{21-O_2} \ (CO = 0)$$

(10) 이론 연소온도

연소과정에서 가연물질이 이론 공기량(A_0)으로 완전연소되고, 연소실의 벽면에서 열전달이나 복사에 의한 손실이 전혀 없다고 가정할 때 연소실 내의 가스온도를 이론 연소온도라고 한다.

$$H_L = G_0 \cdot C_p \cdot \Delta T$$

  • H_L : 연료의 저발열량(kcal/kg)   • G_0 : 이론 연소가스량(Sm³/kg)

  • C_p : 정압비열(kcal/Sm³·℃)   • $\Delta T : t_2$(이론 연소온도 ℃) $- t_1$(실제 온도 ℃)

(11) 저위발열량과 이론가스량, 이론공기량의 관계

① 저위발열량과 이론공기량의 관계

　㉠ 고체연료

$$A_o = \frac{1.01 H_l}{1,000} + 0.5 (Nm^3/kg)$$

　㉡ 액체연료

$$A_o = \frac{0.85 H_l}{1,000} + 2.0 (Nm^3/kg)$$

　㉢ 기체연료

$$A_o = \frac{1.09 H_l}{1,000} - 0.25 (Nm^3/Nm^3)$$

② 저위발열량과 이론가스량의 관계

　㉠ 고체연료

$$G_o = \frac{0.89 H_l}{1,000} + 1.65 (Nm^3/kg)$$

　㉡ 액체연료

$$G_o = \frac{1.11 H_l}{1,000} (Nm^3/kg)$$

　㉢ 기체연료

$$G_o = \frac{1.14 H_l}{1,000} + 0.25 (Nm^3/kg)$$

(12) 열효율 및 연소효율

① 열효율

총 입열에 대하여 유효하게 사용된 열량의 비율을 말한다.

$$열효율(\eta, \%) = \frac{유효출열}{총\ 입열} \times 100$$

- 총 입열 : 공기 및 연료의 보유열 + 연료의 연소열
- 공기의 보유열 : $mA_o \times C_{pa} \times (t_2 - t_1)$
- 연료의 연소열 : $H_l \times G_f$
- C_{pf} : 연료의 무게비열
- G_f : 단위 시간당 연소되는 연료량
- 유효출열 : 유효하게 사용된 열량(전기생산량 등)
- 연료의 보유열 : $C_{pf} \times (t_2 - t_1)$
- C_{pa} : 공기의 용적비열
- H_l : 연료의 저위발열량

② 연소효율

㉠ 가연분 이용 시

$$\eta = \frac{실제\ 연소된\ 가연분의\ 양}{가연분의\ 총\ 함량} \times 100$$

㉡ 발열량 이용 시

$$\eta = \frac{H_l - (L_c + L_i)}{H_l} \times 100$$

- H_l : 연료의 저위발열량
- L_c : 연소재 중 미열손실
- L_i : 불완전연소로 인한 열손실

(13) 연소실 열발생률

연료의 완전연소 시 연소실 단위용적당 발생하는 열량을 말한다.

$$Q_v(kcal/m^3 \cdot h) = \frac{G_f \times H_l}{V} \quad (외부입열\ 무시)$$

$$Q_v(kcal/m^3 \cdot h) = \frac{G_f \times (H_l + \theta_f + \theta_a)}{V} \quad (외부입열\ 고려)$$

- V : 연소실의 용적
- H_l : 저위발열량
- θ_f : 연료의 입열
- G_f : 시간당 연료사용량
- θ_a : 공기의 입열

03 연소형태 및 연소방식

1 연료의 연소형태

(1) 고체연료

① 연소형태

    ㉠ 표면연소 : 휘발분이 없는 고체연료의 대표적인 연소형태

       예 코크스, 목탄 등

    ㉡ 증발연소 : 융점이 낮은 고체연료와 휘발유, 등유, 알코올 등과 같은 액체연료가 증발하여 연소

       예 휘발유, 등유, 알코올, 나프탈렌, 양초 등

    ㉢ 분해연소 : 휘발분이 있는 고체연료 또는 증발이 쉽게 일어나지 않는 액체연료가 가열에 의해 열분
해를 일으켜 휘발분이 표면에서 떨어진 곳에서 연소

       예 석탄, 목재, 중유 등

    ㉣ 훈연연소 : 열분해 온도가 낮은 물질이 연소 시 휘발분이 점화되지 않으면서 다량의 연기를 수반하
는 연소

       예 종이, 목재, 면 등

② 연료의 투입방식

    ㉠ 상부투입 및 하부투입

    ㉡ 십자투입

③ 연소가스의 유동방식

    ㉠ 병류식 : 발열량이 높은 연료에 적합

    ㉡ 향류식 : 수분이 많은 지질연료에 적합

    ㉢ 중간류식 : 연료의 질적인 변화가 클 때 적합

    ㉣ 2회류식 : 댐퍼(damper) 조작을 통하여 병류식, 향류식 또는 두 방식의 중간 형태가 가능

(2) 액체연료

① 증발연소 : 증발관에 액체연료를 통과시켜 기화된 증기를 연소

② 액면연소 : 액체의 표면에서 증발되는 증기를 연소

③ 분무연소 : 분무용 버너를 이용, 액체연료를 미립화시켜 공기와 접촉하여 연소

④ 등심연소 : 액체에 심지를 집어넣어 심지를 타고 올라온 액체연료 표면에 열을 가해 발생하는 증기를
연소

2 연소방식

(1) 고체연료

① 미분탄 연소방식

㉠ 석탄을 잘게 만들어 연소용 공기와 함께 버너로 분출시켜 연소시킨다.

㉡ 장점
- 부하변동에 적응력이 뛰어나다.
- 연소속도가 빠르고, 연소효율이 높다.
- 대형, 대용량 설비에 적합하다.
- 작은 공기비로 연소가 가능하다.

㉢ 단점
- 부대시설이 필요하다(예 분쇄기).
- 비산분진의 배출로 인해 집진장치가 필요하다.
- 설치비 및 유지비가 고가이다.

② 유동층 연소방식

㉠ 내부를 유동매체로 충전하고 바닥에 설치된 공기 분산판을 통해 고온가스을 불어넣어 유동층상을 형성시켜 연료를 투입하여 연소시키는 방식이다.

㉡ 장점
- 건설비가 싸고, 관리가 용이하다.
- 장치규모를 소형으로 할 수 있다.
- 탈황 및 NOx 생성을 억제할 수 있다.
- 미분탄장치를 필요로 하지 않는다.
- 연소효율이 높다.
- 균일한 연소가 가능하며, 연소실 부하가 다른 방식에 비하여 크다.
- 함수율이 높은 물질의 소각에 적합하다.

㉢ 단점
- 부하변동에 적응력이 나쁘다.
- 유동매체를 수시로 보충해야 한다.
- 유동매체가 비산하는 문제점이 있다.
- 유동화에 따라 압력손실이 발생하여 동력비가 비싸다.
- 재나 미연탄소의 방출량이 많다.

③ 회전로 연소방식

㉠ 원통형인 내부가 회전하면 투입된 연료는 교반 및 건조와 함께 이동되면서 연소가 이루어진다.

㉡ 슬러지 상태의 유해폐기물에 적용되는 대표적인 방법이다.

㉢ 착화 및 연소가 쉽게 이루어진다.

㉣ 2차 연소실이 필요하다.

㉤ 점착성이 높은 물질은 부적합하며 열효율이 낮다.

④ 화격자 연소방식

  ㉠ 대부분의 도시 폐기물 처리에 사용한다.

  ㉡ 장점

  - 유동층에 비해 내구성이 뛰어나다.
  - 유동층에 비해 비산 분진량이 적다.
  - 전처리시설이 필요없다.
  - 발전을 하는 경우 유리하다.

  ㉢ 단점

  - 소각로의 조작이 불편하다.
  - 배기가스 배출량이 많다.
  - 슬러지, 미세 연료 등의 처리에는 부적합하다.
  - 처리시간이 길다.

⑤ 다단로 연소방식

  ㉠ 상부에서부터 연료를 주입하여 하부로 이동하면서 처리하는 방식이다.

  ㉡ 열효율이 비교적 높다.

  ㉢ 내화제의 손상을 방지하기 위해 980℃ 이상에서 운전은 피해야 한다.

  ㉣ 클링커 생성을 방지할 수 있다.

⑥ 부유 연소방식

  ㉠ 분쇄된 연료를 대기 중으로 날려 살포 공급하면서 연소시키는 방식이다.

  ㉡ 입자가 큰 경우 연소가 완전히 진행되지 않아 잔류물이 바닥 위에서 바닥연소를 하게 된다.

  ㉢ 연료를 산포가 가능한 크기로 분쇄하여야 하므로 경제성이 떨어진다.

(2) 액체연료의 연소방식

① 회전식 버너

  ㉠ 유체에 원심력을 부여하여 표면장력에 의해 미립화된 액적을 연소시키는 방법이다.

  ㉡ 유압은 $0.5kg/cm^2$이다.

  ㉢ 회전수는 3,500~10,000rpm 정도이며 분무각도는 40~80°이다.

  ㉣ 취급이 쉬우며 구조가 간단하다.

  ㉤ 경유, 중유 등 연료의 적용범위가 넓다.

② 유압버너

  ㉠ 유체에 압력을 가해 노즐을 통해 분사시키는 방식이다.

  ㉡ 유압은 $5\sim30kg/cm^2$, 분무각도는 40~90°이다.

  ㉢ 점토가 높은 유류에는 부적합하다.

  ㉣ 주로 중소형 보일러에 사용된다.

③ 고압 공기식 버너

  ㉠ 대형 가열로에 많이 사용된다.

     ⓛ 연소 시 소음이 발생한다.

     ⓒ 점도가 높은 유류에도 적용할 수 있다.

  ④ 저압 공기식 버너

     ㉠ 소형 가열로에 사용된다.

     ⓛ 자동화가 가능하다.

(3) 기체연료의 연소방식

  ① 예혼합연소법

     ㉠ 미리 연료와 공기를 혼합하여 버너로 분출시켜 연소시키는 방식이다.

     ⓛ 고압버너, 저압버너, 송풍버너 등이 있다.

     ⓒ 연소부하가 높아 고온 가열용으로 좋다.

     ⓔ 완전연소가 일어나며, 그을음의 생성량이 적다.

     ⓜ 혼합기의 분출속도가 느려지면 역화현상이 발생할 수 있다.

  ② 확산연소법

     ㉠ 버너 내에서 공기와 혼합시키지 않고 버너노즐에서 연료가스를 분사하고 연료와 공기를 일정속도로 혼합하여 연소시키는 방식이다.

     ⓛ 포트형, 버너형이 있다.

     ⓒ 역화가 일어나지 않는다.

     ⓔ 연료 분출속도가 클 경우 그을음이 발생할 가능성이 높다.

  ③ 부분 예혼합연소법

     ㉠ 확산연소와 예혼합연소의 절충식 연소법이다.

     ⓛ 소형 또는 중형 버너로 널리 사용된다.

(4) 연소 시 발생 문제점

  ① 고온부식

     ㉠ 주로 염화수소, 황산화물, 질소산화물 가스에 의해 발생한다.

     ⓛ 염화수소 가스에 의해 320℃ 이상에서 부식이 증가하기 시작하여 350℃를 넘어서면 급격히 증가한다.

     ⓒ 방지대책

       • 부식성을 가진 유해가스의 농도를 낮춘다.

       • 금속표면에 피복을 하거나 온도를 내린다.

       • 내식성과 내열이 뛰어난 재료를 사용한다.

       • 먼지가 퇴적되기 어려운 구조를 만든다.

  ② 저온부식

     ㉠ 150℃ 이하에서 산성염에 의해 발생한다.

     ⓛ 황의 경우 발생된 SO_3가 응축하여 황산염으로 변환되어 급격한 부식을 일으킨다.

ⓒ 방지대책

- 예열공기를 사용하여 에어퍼지를 한다.
- 연소가스의 온도는 산노점(산이 이슬로 맺히는 지점) 이상으로 유지한다.
- 내산성(산에 의해 부식되지 않는 성질)이 높은 재료를 사용한다.

③ 클링커(clinker)

ⓐ 회분이 용융되어 굳어진 것이다.

ⓑ 방지대책

- 연소층의 교반속도를 조정해주거나, 온도분포를 균일하게 한다.
- 연료의 회분 유입을 억제한다.

PLUS 참고

통풍

ⓐ **통풍의 분류**
- 자연통풍과 인공통풍으로 나뉜다.
- 인공통풍 : 가압통풍, 흡인통풍, 평형통풍

ⓑ **통풍력 계산**

$$Z = 273H \times \left[\frac{\gamma_a}{273 + t_a} - \frac{\gamma_g}{273 + t_g} \right] (mmH_2O)$$

표준상태에서 $\gamma_a = \gamma_g = 1.3 kg_f/Sm^3$ 라고 하면

$$Z = 273H \times \left[\frac{1.3}{273 + t_a} - \frac{1.3}{273 + t_g} \right] (mmH_2O)$$

$$Z \fallingdotseq 355H \times \left[\frac{1}{273 + t_a} - \frac{1}{273 + t_g} \right] (mmH_2O)$$

- γ_a : 공기비중량(0℃, 1atm)
- t_a : 외부 온도
- γ_g : 연소가스의 비중량(0℃, 1atm)
- t_g : 배기가스 온도

확인학습문제

01 다음 중 연료의 구비조건에 대한 설명으로 옳지 <u>않은</u> 것은?

① 구입 및 저장이 용이해야 한다.
② 단위 용적당 발열량이 커야 한다.
③ 유해물질 발생량이 적어야 한다.
④ 점화 및 소화가 쉽지 않아야 한다.

(해설)
연료의 구비조건
• 가격이 저렴하고 구입이 용이할 것
• 발열량이 높을 것
• 대기오염도가 낮을 것
• 위험성이 낮을 것
• 점·소화가 용이할 것

02 다음 중 고체연료의 연소형태가 <u>아닌</u> 것은? [03년 대구]

① 등심연소   ② 증발연소
③ 분해연소   ④ 표면연소

(해설)
고체연료의 연소형태
• 표면연소 : 휘발성분이 거의 함유되어 있지 않은 숯이나 코크스 등의 고체표면이나 내부로 산소가 확산되면서 연소하는 형태
• 증발연소 : 비교적 용융점이 낮은 양초나 파라핀계의 고체연료가 연소하기 전에 용융되어 가열 기화된 증기가 연소하는 형태
• 분해연소 : 증발온도보다도 열분해 온도가 낮은 목재나 연탄, 종이 등이 가열에 의해 분해된 휘발분이 연소하는 형태
• 발열연소 : 열분해 온도가 낮은 종이나 목재 등이 열분해에 의해 발생된 휘발분이 점화되지 않고 다량의 발열을 수반하여 연소하는 형태

03 액체연료의 비등점이 낮은 순서대로 바르게 나열한 것은? [02년 서울]

① 경유 > 등유 > 휘발유 > 중유
② 휘발유 > 경유 > 등유 > 중유
③ 중유 > 등유 > 경유 > 휘발유
④ 휘발유 > 등유 > 경유 > 중유

해설

- 휘발유 : 30~220℃
- 등유 : 150~230℃
- 경유 : 200~350℃
- 중유 : 300℃ 이상

04 액체연료에 관한 설명으로 옳은 것은?

① 고체연료에 비해서 연소성이 떨어진다.
② 운반 시 어려움이 따른다.
③ 석탄에 비하면 매연 발생은 적다.
④ 회분의 함유량이 높은 편이다.

해설

액체연료의 특징
- 발열량이 높고, 저장·운반이 용이하다.
- 석탄에 비해 매연 발생이 적다.
- 회분이 거의 함유되어 있지 않다.
- 중질유의 경우는 황성분을 함유하므로 SO_2가 발생한다.
- 고체연료에 비하여 연소성 및 온도조절성이 우수하다.
- 화재 및 역화의 위험성이 크다.
- 버너에 따라 연소 시에 소음이 발생한다.

05 액화석유가스(LPG)의 주성분으로 알맞은 것은?

① 프로판, 부탄
② 탄화수소, 부탄
③ 메탄, 에탄
④ 프로판, 에탄

해설

LPG는 주로 프로판과 부탄으로 구성되어 있고, 천연가스는 HC로 구성되어 있으며, 액화천연가스(LNG)의 주성분은 메탄이다.

06 다음 LPG의 설명으로 옳지 <u>않은</u> 것은?

① 상온에서 가압하면 쉽게 액화된다.
② 완전연소가 용이하다.
③ 비중이 공기보다 가벼워 인화의 위험성이 있다.
④ 주성분은 프로판과 부탄이다.

해설

액화석유가스(LPG)의 주성분과 특징
• 주성분 : 주로 프로판과 부탄으로 구성되며, 이외 프로필렌, 부틸렌 등이 부성분이다.
• 특징
 − 공기보다 무겁다.
 − 누설 시 폭발 및 화재의 위험성이 높다.
 − 저장·수송 시 액체이고, 상온·상압에서 가스 상태로 분사된다.
 − 취급이 용이하다.
 − 무색·무취의 가스이다.

07 다음 석탄의 특성 중 탄화도가 증가할수록 감소하는 것은?

① 진비중 ② 고정탄소
③ 착화온도 ④ 비열

해설

비열은 석탄의 탄화도가 증가할수록 감소하게 된다.

08 다음 중 기체연료의 장점으로 옳지 <u>않은</u> 것은?　　　　　　　　　[01년 경기]

① 회분이나 황분이 없어 공해 문제가 적다.
② 연소 효율이 높고 연소 제어가 용이하다.
③ 매연이 발생되지 않는다.
④ 저장과 취급이 용이하다.

해설

기체연료의 장단점
- 연소 효율이 높고 매연이 발생하지 않는다.
- 회분이 거의 없어 분진발생이 거의 없다.
- 점·소화 및 연소조절이 용이하다.
- 저장 및 수송이 어렵고, 시설비가 많이 든다.
- 화재 및 폭발의 위험성이 있다.

09 연소 시 연료 자신의 연소열에 의하여 스스로 연소하는 최저 온도를 뜻하는 용어는 무엇인가?

① 인화온도
② 착화온도
③ 활성온도
④ 연소온도

해설

착화온도는 연료 자신의 연소열에 의하여 스스로 연소하는 최저 온도를 말하며 착화점, 발화점, 발화온도라고도 한다.

10 완전연소의 구비조건으로 옳지 <u>않은</u> 것은? [03년 경기]

① 연료를 인화점 이하 예열 공급할 것
② 적당량의 공기를 공급하여 연료와 잘 혼합할 것
③ 연소에 충분한 시간을 줄 것
④ 연소실 내의 온도는 높게 유지할 것

해설

완전연소의 구비조건(3T : 시간, 온도, 혼합)
- 시간 : 충분한 체류시간
- 온도 : 연료를 인화점 이상 예열 공급
- 혼합 : 연료와 공기를 잘 혼합시킨 후 연료 공급

11 다음 중 착화온도가 가장 높은 연료는? [02년 경기]

① 중유 ② 일산화탄소
③ 메탄 ④ 목탄

해설

메탄(약 650~750℃), 중유(약 530~580℃), 목탄(약 320~370℃), 일산화탄소(약 580~650℃)

12 중유는 A, B, C로 구분하는데, 이를 구분하는 기준은 무엇인가? [03년 경북]

① 황함량 ② 비중
③ 점도 ④ 착화온도

해설

중유는 점도에 따라 A, B, C로 구분된다.
• A 중유 : 동점도 20 이하
• B 중유 : 동점도 50 이하
• C 중유 : 동점도 50~400

13 발생량 계산과정에서 사용되는 $\left(H - \dfrac{O}{8}\right)$의 의미로 알맞은 것은?

① 유효 수소 ② 이론 수소
③ 과잉 수소 ④ 결합 수소

해설

$\left(H - \dfrac{O}{8}\right)$은 유효 수소라 하며 연료 중에 함유된 산소량을 보정하기 위해 사용한다. 연료 중의 산소는 수소와 함께 결합수의 상태로 존재하므로 결합수 상태로 형성되어 있는 수소는 연소반응에 참여하지 않는다고 보고 전체 수소(H)에서 제외하여 $\left(H - \dfrac{O}{8}\right)$로 계산한 것이다.

14 다음 연료들 중 연소했을 때 검댕 발생이 가장 적은 것은? [03년 경북]

① 천연가스 ② 부탄가스
③ 석탄가스 ④ 액화석유가스

해설
천연가스는 매연이 발생되지 않는 장점을 지니고 있다.

15 황화수소(H_2S)의 1Sm^{3}의 이론 공기량은 얼마인가?

① 13.44Sm^3 ② 11.10Sm^3
③ 7.14Sm^3 ④ 5.41Sm^3

해설

$H_2S + 1.5O_2 \rightarrow H_2O + SO_2$
$1Sm^3 : 1.5Sm^3$

$$A_o(Sm^3/Sm^3) = \frac{1}{0.21}O_o = \frac{1}{0.21} \times 1.5 = 7.14(Sm^3/Sm^3)$$

16 메탄올(CH_3OH) 4kg을 완전연소 시킬 때 필요한 이론 공기량은?

① 10Sm^3 ② 20Sm^3
③ 30Sm^3 ④ 40Sm^3

해설

$CH_3OH + 1.5O_2 \rightarrow CO_2 + 2H_2O$
$32kg : 1.5 \times 22.4Sm^3 = 4kg : xSm^3$
$x = 4.2Sm^3$

$$A_o(Sm^3/Sm^3) = \frac{1}{0.21}O_o = \frac{1}{0.21} \times 4.2 = 20(Sm^3/Sm^3)$$

17 연소과정에서 공기비가 클 경우 발생되는 현상으로 옳지 않은 것은?

① 배기가스 중 황산화물과 질소산화물의 함량이 많아져 연소장치의 부식을 가중시킨다.
② 연소실의 냉각효과를 가져온다.
③ 배기가스에 의한 열손실이 크다.
④ 매연, 검댕이 발생한다.

해설

공기비의 영향
• 공기비가 클 때
 – 배기가스의 온도가 저하한다.
 – 연소실 내의 연소온도가 낮아진다.
 – 연료의 소비량이 증가한다.
 – SOx, NOx 생성량이 증가하여 부식이 발생한다.
• 공기비가 작을 때
 – 불완전연소가 진행되어 매연 및 CO, HC의 발생이 증가한다.
 – 열손실이 증가한다.

18 어떤 액체연료가 완전연소되고 이때 공기비가 2.0이라면 배기가스 중의 산소량은 몇 %인가?

① 10.5%
② 12%
③ 15%
④ 20%

해설

$$m = \frac{N_2}{N_2 - 3.76O_2} = \frac{21}{21 - O_2}$$

$$2.0 = \frac{21}{21 - O_2}, \quad O_2 = 10.5(\%)$$

19 어느 액체연료의 연소용 이론 공기량은 12Nm³/kg이고, 이론 연소가스량은 14Nm³/kg이었다. 만약 이 연료를 공기비 1.3으로 연소시킨다면 건조 배기가스량은 얼마인가?

① 14.3Nm³/kg
② 17.6Nm³/kg
③ 18.2Nm³/kg
④ 21.2Nm³/kg

해설

실제 건조가스량(G_d) = (m−1)A$_o$ + G_{od}

G_d = 14 + (1.3 − 1)×12 = 17.6Nm^3/kg

20 자동차의 공연비를 낮추면 많이 발생하게 되는 대기오염물질은?

① CO

② SO_2

③ NOx

④ CO_2

해설

- 공연비(AFR) < 14.7 경우 : CO, HC의 배출 상승, NOx의 배출 저감
- 공연비(AFR) > 14.7 경우 : CO, HC의 배출 저감, NOx의 배출 상승
- 공연비(AFR) ÷ 18 : CO, HC, NOx의 배출 저감, 연료소비 상승

21 등가비와 연소관계에서 배출가스 중 CO가 최소가 되고, NOx가 증가하는 경우는? [03년 경북]

① Φ < 1일 때

② Φ > 1일 때

③ Φ = 1일 때

④ Φ > 1 또는 Φ < 1일 때

해설

등가비와 연소관계

- Φ > 1 : 연료가 과잉으로 공급된다(불완전연소).
- Φ < 1 : 공기가 과잉으로 공급된다(불완전연소).
- Φ = 1 : 이상적인 연소(완전연소)이다.

∴ 공기의 과잉으로 인한 불완전연소 시 CO 발생량이 최소로 되고 이때 NOx의 발생량은 증가하게 된다.

22 다음 중 $(CO_2)_{max}$를 가장 바르게 표현한 것은?

[02년 안산]

① 연료를 완전연소시킬 때 CO_2의 양과 실제 CO_2의 양의 비
② 실제 공기량으로 완전연소시킬 때 발생되는 최대 CO_2 발생량
③ 건연소가스 속에 포함된 최대 CO_2 발생량
④ 이론 공기량으로 완전연소시킬 때 발생되는 최대 CO_2 발생량

해설

어떤 종류의 연료를 이론 공기량으로 완전연소 시켰다고 할 때, 연소 가스 중의 탄산가스의 비율은 최대가 되고, 이때의 탄산가스 함량을 최대 탄산가스율[$(CO_2)_{max}$]이라 한다.

23 옥탄(C_8H_{18})이 완전연소할 때 AFR(Air Fuel Ratio)는?(단, 질량 기준이며 공기의 분자량은 28.97이다.)

① 11   ② 15
③ 20   ④ 24

해설

$$AFR_m = \frac{m_a \times M_a}{m_f \times M_f}$$

연소반응식 $C_8H_{18} + 12.5O_2 \rightarrow 8CO_2 + 9H_2O$
1mol : 12.5mol

$$AFR_m = \frac{m_a \times M_a}{m_f \times M_f} = \frac{12.5 \times (1/0.21) \times 28.97}{1 \times 114} \fallingdotseq 15$$

24 공기를 이용하여 CH_4를 연소시킬 때 최대 탄산가스율은?

① 11.7%   ② 14.2%
③ 15.8%   ④ 17.4%

해설

$$(CO_2)_{max}(\%) = \frac{CO_2}{G_{od}} \times 100$$

연소반응식 $CH_4 + 2O_2 \rightarrow CO_2 + H_2O$

$$G_{od} = (1-0.21)A_o + CO_2$$

$$A_o = \frac{1}{0.21}O_o = \frac{1}{0.21} \times 2 = 9.524$$

$$G_{od} = (1-0.21)A_o + CO_2 = 0.79 \times 9.524 + 1 = 8.524 Nm^3/Nm^3$$

$$(CO_2)_{max}(\%) = \frac{CO_2}{G_{od}} \times 100 = \frac{1}{8.524} \times 100 = 11.73(\%)$$

25 중량비로 수분 1%, 수소 15%가 함유되어 있고 저위발열량이 12,000kcal/kg인 액체 연료의 고위발열량은?

① 11,184kcal/kg

② 13,124kcal/kg

③ 12,816kcal/kg

④ 10,844kcal/kg

해설

$$H_l = H_h - 6(9H + W)$$

$$12,000 = H_h - 6(9 \times 15 + 1)$$

$$\therefore H_h = 12,816 kcal/kg$$

26 배출가스 분석결과 $CO_2 = 15.6\%$, $O_2 = 5.8\%$, $N_2 = 78.6\%$, $CO = 0.0\%$일 때 $(CO_2)_{max}(\%)$와 과잉계수(m)는?

① $(CO_2)_{max} = 19.5$, $m = 1.25$

② $(CO_2)_{max} = 20.9$, $m = 1.35$

③ $(CO_2)_{max} = 21.6$, $m = 1.38$

④ $(CO_2)_{max} = 22.2$, $m = 1.41$

해설

$$(CO_2)_{max}(\%) = \frac{21 CO_2}{21 - O_2}, \ (CO_2)_{max}(\%) = \frac{21 \times 15.6}{21 - 5.8} = 21.55$$

$$m = \frac{21}{21 - O_2}, \ m = \frac{21}{21 - 5.8} = 1.38$$

27 어느 석탄을 사용하여 가열로의 배기가스를 분석한 결과 CO_2 15%, O_2 6%, N_2 79%였다. 이 경우 공기비는?(단, 연료 중 질소성분은 무시하며, 완전연소라 가정)

① 1.4

② 1.6

③ 1.8

④ 2.0

해설

배기가스 분석치를 이용한 공기비 계산

$$m = \frac{21}{21 - O_2} \text{(완전연소 시 적용)}$$

$$m = \frac{21}{21 - O_2} = \frac{21}{21 - 6} = 1.4$$

28 공기를 이용해서 CO를 연소시킬 때 연소가스 중 CO_2의 최대 탄산가스율은?

① 19.5%

② 34.7%

③ 23.5%

④ 38.7%

해설

$CO + 0.5O_2 \rightarrow CO_2$

$1 : 0.5 : 1$

$$(CO_2)_{\max}(\%) = \frac{CO_2}{G_{od}} \times 100$$

$$G_{od} = (1 - 0.21)A_o + CO_2$$

$$A_o = 0.5 \times \frac{1}{0.21} = 2.38$$

$$G_{od} = (1 - 0.21)A_o + CO_2 = 0.79 \times 2.38 + 1 = 2.88$$

$$(CO_2)_{\max}(\%) = \frac{CO_2}{G_{od}} \times 100 = \frac{1}{2.88} \times 100 = 34.72(\%)$$

29 기체연료의 연소방법에 대한 설명으로 옳지 <u>않은</u> 것은?

① 확산연소는 화염이 길고 그을음이 발생하기 쉽다.
② 예혼합연소는 혼합기의 분출속도가 느릴 경우 역화의 위험이 있다.
③ 예혼합연소에는 포트형과 버너형이 있다.
④ 예혼합연소는 화염온도가 높아 연소부하가 큰 경우에 사용이 가능하다.

해설

기체연료의 연소방법
• 예혼합연소법
 – 미리 연료와 공기를 혼합하여 버너로 분출시켜 연소시킨다.
 – 고압버너, 저압버너, 송풍버너 등이 있다.
 – 연소부하가 높아 고온 가열용으로 좋다.
 – 완전연소가 일어나며, 그을음의 생성량이 적다.
 – 혼합기의 분출속도가 느려지면 역화현상이 발생할 수 있다.
• 확산연소법
 – 버너 내에서 공기와 혼합시키지 않고 버너노즐에서 연료가스를 분사하고 연료와 공기를 일정속도로 혼합하여 연소시킨다.
 – 포트형, 버너형이 있다.
 – 역화가 일어나지 않는다.
 – 연료 분출속도가 클 경우 그을음이 발생할 가능성이 높다.

30 다음 기체연료 중 저위발열량이 가장 큰 것은?

① 수소　　　　　　　　　② 메탄
③ 부탄　　　　　　　　　④ 에탄

해설

C, H, S 성분이 많을수록 저위발열량이 크다.
부탄(C_4H_{10}) 〉 에탄(C_2H_6) 〉 메탄(CH_4) 〉 수소(H_2)

MEMO

CHAPTER 01 폐기물 개론

01 폐기물의 개요

1 폐기물의 정의 및 분류

(1) 폐기물의 정의

쓰레기, 연소재, 오니, 폐유, 폐산, 폐알칼리, 동물의 사체 등으로서 사람의 생활이나 사업활동에 필요하지 아니하게 된 물질을 말한다(「폐기물관리법」 제2조 제1호).

(2) 폐기물의 분류체계

① **생활폐기물** : 인간의 모든 생활에서 사용되었으나 그 필요성을 잃어 사용하지 않고 버리게 된 산업폐기물 이외의 물질을 말한다(사업장폐기물 이외의 것을 생활폐기물이라고 한다).

② **사업장폐기물** : 「대기환경보전법」, 「물환경보전법」 또는 「소음·진동관리법」에 따라 배출시설을 설치·운영하는 사업장이나 그 밖에 대통령령으로 정하는 사업장에서 발생하는 폐기물을 말한다.

③ **지정폐기물** : 사업장폐기물 중 폐유·폐산 등 주변환경을 오염시킬 수 있거나 의료폐기물 등 인체에 위해를 줄 수 있는 유독한 물질로서 대통령령이 정하는 폐기물을 말한다.

   ㉠ 특정시설에서 발생되는 폐기물
- 폐합성고분자화합물
  - 폐합성수지(고체상태인 것은 제외한다)
  - 폐합성고무(고체상태인 것은 제외한다)
- 오니류(수분 함량 95% 미만, 고형물 함량 5% 이상) : 폐수처리오니, 공정오니
- 폐농약(제조·판매업소에서 발생되는 것)

   ㉡ 부식성폐기물
- 폐산(액체상태의 폐기물로서 pH 2.0 이하)
- 폐알카리(액체상태의 폐기물로서 pH 12.5 이상인 것으로 한정하며 수산화칼륨 및 수산화나트륨 포함)

   ㉢ 유해물질 함유 폐기물
- 광재(철광원석의 사용으로 인한 고로슬래그 제외)
- 분진(대기오염방지시설에서 포집한 것에 한정하되, 소각시설에서 발생되는 것 제외)
- 폐주물사 및 샌드블라스트 폐사
- 폐내화물 및 재벌구이 전에 유약을 바르는 도자기 조각
- 소각재

- 안정화 또는 고형화·고화 처리물
- 폐촉매
- 폐흡착제 및 폐흡수제[광물유·동물유 및 식물유(폐식용유 제외)의 정제에 사용된 폐토사 포함]
ⓔ 폐유기용제
    - 할로겐족
    - 기타 폐유기용제
ⓜ 폐페인트 및 폐래커(「폐기물관리법 시행령」별표1 참조)
ⓗ 폐유 : 기름성분 5% 이상 함유된 것, PCB 함유 폐기물, 폐식용유, 폐흡착제 및 폐흡수제는 제외
ⓢ 폐석면
ⓞ PCB 함유 폐기물
    - 액체상태의 것(2mg/L 이상 함유)
    - 액체상태 외의 것(용출액 0.003mg/L 이상 함유)
ⓩ 폐유독물질(「화학물질관리법」제2조 제2호의 유독물질을 폐기하는 경우로 한정하되, 폐농약, 부식성 폐기물, 폐유기용제, PCB 함유 폐기물은 제외)
ⓒ 의료폐기물(환경부령으로 정하는 의료기관이나 시험·검사 기관 등에서 발생되는 것으로 한정)
ⓚ 천연방사성제품폐기물(「생활주변방사선 안전관리법」제2조 제4호에 따른 가공제품 중 같은 법 제15조 제1항에 따른 안전기준에 적합하지 않은 제품으로서 방사능 농도가 그램당 10베크렐 미만인 폐기물)
ⓣ 수은폐기물
    - 수은함유폐기물[수은과 그 화합물을 함유한 폐램프(폐형광 등은 제외한다), 폐계측기기(온도계, 혈압계, 체온계 등), 폐전지 및 그 밖의 환경부장관이 고시하는 폐제품]
    - 수은구성폐기물(수은함유폐기물로부터 분리한 수은 및 그 화합물로 한정)
    - 수은함유폐기물 처리잔재물(수은함유폐기물을 처리하는 과정에서 발생되는 것과 폐형광 등을 재활용하는 과정에서 발생되는 것을 포함하되, 「환경분야 시험·검사 등에 관한 법률」제6조 제1항 제7호에 따라 환경부장관이 고시한 폐기물 분야에 대한 환경오염공정시험기준에 따른 용출시험 결과 용출액 1리터당 0.005밀리그램 이상의 수은 및 그 화합물이 함유된 것으로 한정)
ⓟ 기타 주변 환경을 오염시킬 수 있는 유해한 물질로서 환경부 장관이 정하여 고시하는 물질
④ 의료폐기물 : 보건·의료기관, 동물병원, 시험·검사기관 등에서 배출되는 폐기물 중 인체에 감염 등 위해를 줄 우려가 있는 폐기물과 인체 조직 등 적출물(摘出物), 실험 동물의 사체 등 보건·환경보호상 특별한 관리가 필요하다고 인정되는 폐기물로서 대통령령으로 정하는 폐기물을 말한다.
  ㉠ 격리의료폐기물 : 「감염병의 예방 및 관리에 관한 법률」제2조 제1호의 감염병으로부터 타인을 보호하기 위하여 격리된 사람에 대한 의료행위에서 발생한 일체의 폐기물
  ㉡ 위해의료폐기물
    - 조직물류폐기물 : 인체 또는 동물의 조직·장기·기관·신체의 일부, 동물의 사체, 혈액·고름 및 혈액생성물(혈청, 혈장, 혈액제제)
    - 병리계폐기물 : 시험·검사 등에 사용된 배양액, 배양용기, 보관균주, 폐시험관, 슬라이드, 커버글라스, 폐배지, 폐장갑
    - 손상성폐기물 : 주사바늘, 봉합바늘, 수술용 칼날, 한방침, 치과용침, 파손된 유리재질의 시험기구
    - 생물·화학폐기물 : 폐백신, 폐항암제, 폐화학치료제

- 혈액오염폐기물 : 폐혈액백, 혈액투석 시 사용된 폐기물, 그 밖에 혈액이 유출될 정도로 포함되어 있어 특별한 관리가 필요한 폐기물
  ⓒ 일반의료폐기물 : 혈액・체액・분비물・배설물이 함유되어 있는 탈지면, 붕대, 거즈, 일회용 기저귀, 생리대, 일회용 주사기, 수액세트

> **PLUS 참고**
>
> 유해폐기물을 분류하는 4가지 유해특성(미국기준)
> 인화성, 부식성, 반응성, 용출 특성

(3) 폐기물 처리시설

① 중간 처분시설
  ㉠ 소각시설
    - 일반 소각시설
    - 고온 소각시설
    - 열 분해시설(가스화시설 포함)
    - 고온 용융시설
    - 열처리 조합시설(위 네 가지 시설 중 둘 이상의 시설이 조합된 시설)
  ㉡ 기계적 처분시설
    - 압축시설(동력 7.5kW 이상인 시설로 한정)
    - 파쇄・분쇄시설(동력 15kW 이상인 시설로 한정)
    - 절단시설(동력 7.5kW 이상인 시설로 한정)
    - 용융시설(동력 7.5kW 이상인 시설로 한정)
    - 증발・농축시설
    - 정제시설(분리・증류・추출・여과 등의 시설을 이용하여 폐기물을 처분하는 단위시설을 포함)
    - 유수 분리시설
    - 탈수・건조시설
    - 멸균분쇄시설
  ㉢ 화학적 처분시설
    - 고형화・고화・안정화시설
    - 반응시설(중화・산화・환원・중합・축합・치환 등의 화학반응을 이용하여 폐기물을 처분하는 단위시설을 포함)
    - 응집・침전시설
  ㉣ 생물학적 처분시설
    - 소멸화시설(1일 처분능력 100kg 이상인 시설로 한정)
    - 호기성・혐기성 분해시설
  ㉤ 그 밖에 환경부장관이 폐기물을 안전하게 중간 처분할 수 있다고 인정하여 고시하는 시설
② 최종 처분시설
  ㉠ 매립시설
    - 차단형 매립시설

- 관리형 매립시설(침출수 처리시설, 가스 소각·발전·연료화 시설 등 부대시설을 포함)
  ㉡ 그 밖에 환경부장관이 폐기물을 안전하게 최종 처분할 수 있다고 인정하여 고시하는 시설
③ 재활용시설
  ㉠ 기계적 재활용시설
  - 압축·압출·성형·주조시설(동력 7.5kW 이상인 시설로 한정)
  - 파쇄·분쇄·탈피시설(동력 15kW 이상인 시설로 한정)
  - 절단시설(동력 7.5kW 이상인 시설로 한정)
  - 용융·용해시설(동력 7.5kW 이상인 시설로 한정)
  - 연료화시설
  - 증발·농축시설
  - 정제시설(분리·증류·추출·여과 등의 시설을 이용하여 폐기물을 재활용하는 단위시설을 포함)
  - 유수 분리시설
  - 탈수·건조시설
  - 세척시설(철도용 폐목재 받침목을 재활용하는 경우로 한정)
  ㉡ 화학적 재활용시설
  - 고형화·고화시설
  - 반응시설(중화·산화·환원·중합·축합·치환 등의 화학반응을 이용하여 폐기물을 재활용하는 단위시설을 포함)
  - 응집·침전시설
  ㉢ 생물학적 재활용시설
  - 1일 재활용능력이 100kg 이상인 다음의 시설
    - 부숙 시설(단, 1일 재활용능력이 100kg 이상 200kg 미만인 음식물류 폐기물 부숙시설은 제외)
    - 사료화 시설(건조에 의한 사료화 시설을 포함)
    - 퇴비화 시설(건조에 의한 퇴비화 시설, 지렁이분변토 생산시설 및 생석회 처리시설은 포함)
    - 동애등에분변토 생산시설
    - 부숙토(腐熟土) 생산시설
  - 호기성·혐기성 분해시설
  - 버섯재배시설
④ 시멘트 소성로
⑤ 용해로(폐기물에서 비철금속을 추출하는 경우로 한정)
⑥ 소성(시멘트 소성로는 제외)·탄화시설
⑦ 골재가공시설
⑧ 의약품 제조시설
⑨ 소각열회수시설(시간당 재활용능력이 200kg 이상인 시설로서 「폐기물 관리법」 제13조의2 제1항 제5호에 따라 에너지를 회수하기 위하여 설치하는 시설만 해당)
⑩ 수은회수시설
⑪ 그 밖에 환경부장관이 폐기물을 안전하게 재활용할 수 있다고 인정하여 고시하는 시설

(4) 폐기물 감량화시설

① **공정 개선시설** : 물질 정제, 물질 대체에 의한 원료 변경과 해당 제조 공정 일부 또는 전체 공정의 변경, 설비 변경 등의 방법으로 해당 공정에서 배출되는 폐기물의 총량을 줄이는 효과가 있는 시설

② **폐기물 재이용시설** : 제조 공정에서 발생되는 폐기물을 해당 공정의 원료 또는 부원료로 재사용하거나 다른 공정의 원료로 사용하기 위하여 사업자가 같은 사업장에 설치하는 시설

③ **폐기물 재활용시설** : 제조 공정에서 발생되는 폐기물을 재활용하기 위하여 같은 사업장에서 제조시설과 연속선상에 설치하는 「자원의 절약과 재활용촉진에 관한 법률」 제2조 제10호의 재활용시설 중 환경부령으로 정하는 시설

④ **그 밖의 폐기물 감량화시설** : 사업장폐기물의 발생과 배출을 줄이는 효과가 있다고 환경부장관이 정하여 고시하는 시설

PLUS 참고

유해폐기물의 지정방법

구분	장점	단점
특성 또는 기준에 의한 방법	• 혼합 폐기물에 대한 대책이 충분하다. • 새로운 폐기물에 대한 대책이 충분하다.	• 비용이 많이 든다. • 시행이 까다롭다. • 시험을 필요로 한다.
목록에 의한 방법	• 비용이 저렴하다. • 시험이 필요하지 않다. • 시행이 쉽다.	• 혼합 폐기물에 대한 대책이 미흡하다. • 새로운 폐기물에 대한 대책이 미흡하다.

2 폐기물 발생량

(1) 폐기물의 발생원의 분류

일반적으로 폐기물의 발생원은 토지이용 상태와 지역의 특성에 따라 분류할 수 있다.

발생원	대표적인 시설물 및 장소	폐기물의 종류
생활	단독 및 다세대 주택, 저·중·고층 아파트 등	음식폐기물, 종이, 골판지, 플라스틱, 섬유, 가죽, 목재, 유리, 캔, 알루미늄, 가정유해폐기물, 특별관리폐기물(대형쓰레기, 가전제품, 건전지, 기름 등을 포함) 등
상업	가게, 음식점, 시장, 사무실, 모텔, 호텔, 주유소, 자동차 정비소 등	종이, 골판지, 플라스틱, 목재, 음식폐기물, 유리, 금속, 유해폐기물 등
공공기관	학교, 병원, 교도소, 정부기관 등	상업폐기물과 같음
건설	신축건물, 빌딩 파괴, 파손도로 등	목재, 철, 콘크리트, 흙 등
공공시설	가로 청소, 조경, 집수구 청소, 공원, 해변, 기타 위락지역 등	특별관리폐기물, 나뭇가지, 집수구 찌꺼기, 공원, 해변, 위락지역에서 발생하는 일반폐기물
처리장	용수, 폐수, 산업폐기물 처리 공정 등	처리장폐기물, 슬러지
도시폐기물	상기한 모든 것	상기한 모든 것

산업	건설, 제조, 경공업, 중공업, 정유, 화학 공장, 발전소 등	산업공정폐기물, 음식폐기물, 재, 건설폐기물, 유해폐기물, 특별관리폐기물
농업	논, 밭, 과수원, 목장, 축사, 농장 등	부패성 음식폐기물, 기타 생활폐기물, 농업폐기물, 유해폐기물

(2) 폐기물 발생량 영향인자
① 도시의 규모 : 대도시일수록 발생량 증가
② 생활수준 : 높을수록 발생량 증가
③ 수거빈도 : 수거빈도가 높을수록 발생량 증가
④ 쓰레기통 크기 : 크기가 클수록 발생량 증가
⑤ 발생구역 : 장소에 따라 발생량 및 성상 변화
⑥ 폐기물 재활용 : 재활용품의 회수 및 회수율이 높을수록 발생량 감소
⑦ 관련 법규

(3) 폐기물 발생량 예측방법
① 경향법
    ㉠ 최저 5년 이상의 과거 폐기물 발생량 경향을 가지고 장래 예측
    ㉡ 시간과 폐기물 발생량 간의 상관관계만을 고려
② 다중회귀 모델
    ㉠ 여러 가지 폐기물 발생량 영향인자를 독립변수로 하여 폐기물 발생량 예측
    ㉡ 다중인자 : 인구, 소득수준, 자원회수량, 상품소비량 등
③ 동적모사 모델
    ㉠ 폐기물 발생량에 영향을 주는 모든 인자를 시간에 대한 함수로 나타내어 수식화하는 방법
    ㉡ 시간만을 고려하는 경향법과 시간을 단순히 하나의 독립인자로 고려하는 다중회귀 모델과는 차이가 있음

(4) 폐기물 발생량 조사방법
① 적재차량 계수분석법
    ㉠ 폐기물 수거차량의 대수 조사 후 대략의 부피 산정
    ㉡ 산정된 부피에 겉보기 밀도를 곱하여 중량을 환산
    ㉢ 과거에 주로 이용하던 폐기물 발생량 조사방법
② 직접계근법
    ㉠ 계근대에서 반입 전·후의 무게 차이 측정
    ㉡ 가장 많이 사용하는 방법
③ 물질수지법
    ㉠ 유입·유출 제품과 환경오염물질의 양에 대한 물질수지를 세움으로써 폐기물 발생량을 추정
    ㉡ 산업폐기물의 발생량을 추산할 때 사용
④ 통계조사법
    ㉠ 표본선정 후 조사요원이 일정기간 동안 발생하는 폐기물 발생량과 조성 조사
    ㉡ 전국 폐기물 통계조사 시 사용

02 폐기물의 조성

1 폐기물의 시료채취

(1) 시료채취 방법

① 고상 폐기물 : 적당한 채취도구를 사용하여, 한 번에 일정량씩 채취한다.

② 액상 폐기물 : 최종 지점의 낙하구에서 흐르는 도중에 채취한다.

③ 콘트리트 고형물

　　㉠ 소형 : 고상 폐기물의 경우와 동일하게 채취한다.

　　㉡ 대형 : 임의의 장소를 5곳 지정하여 시료를 채취하여 파쇄한 후 100g씩 혼합하여 채취한다.

(2) 채취시료의 양

① 1회 100g 이상

② 소각재의 경우 1회 500g 이상

(3) 시료의 축소방법

① 구획법 : 대량의 시료를 현장으로부터 채취하여 넓게 편 다음 여러 구역으로 분리하고 각 구역에서 일정량의 시료를 채취하는 방법이다.

　　㉠ 모아진 대량의 시료를 균일한 두께의 네모꼴로 편다.

　　㉡ 가로 4등분, 세로 5등분하여 20개의 덩어리로 구분한다.

　　㉢ 20개의 각 덩어리에서 균등량을 채취하고 그것을 골고루 혼합하여 하나의 시료로 만든다.

② 교호삽법 : 대량의 시료를 취한 후 혼합하면서 점차 시료의 양을 축소해 가는 방법이다.

　　㉠ 분쇄한 대량의 시료를 단단하고 깨끗한 평면 위에 원추형으로 쌓는다.

　　㉡ 쌓은 원추형의 시료를 장소를 바꾸어 다시 쌓는다.

　　㉢ 원추에서 일정량을 취하여 정방형으로 도포한다.

　　㉣ 정방형으로 도포한 시료를 일정량 취하여 다시 육면체 형태로 쌓는다.

　　㉤ 육면체의 외곽측면에서 균등량의 시료를 취하여 두 개의 원추형태가 되도록 쌓는다.

　　㉥ 두개의 원추 중에서 하나의 원추는 버리고 나머지 원추를 가지고 앞의 방법을 반복하면서 적당한 크기가 될 때까지 줄여나간다.

③ 원추 4분법 : 시료를 원추의 모양으로 쌓아 올리고 4등분하여 축소하는 방법으로 원추형으로 쌓아 올릴 때 입자들의 분리가 발생할 우려가 있다.

　　㉠ 분쇄한 대량의 시료를 단단하고 깨끗한 평판 위에 원추형으로 쌓아 올린다.

　　㉡ 원추를 장소를 바꾸어 다시 쌓는다.

　　㉢ 원추의 꼭지를 수직으로 눌러서 평평하게 만들고 이것을 부채꼴로 4등분한다.

　　㉣ 4개의 부채꼴 중 마주 보는 두 부분을 취하고 나머지는 버린다.

　　㉤ 반으로 줄어든 시료를 가지고 앞의 방법을 반복하여 적당한 크기가 될 때까지 줄여 나간다.

2 폐기물의 물리적 조성

(1) 폐기물의 구성

(2) 폐기물의 성상분석

폐기물의 성상분석은 현장조사 및 실험실조사로 나뉜다.

① 현장조사를 통한 겉보기 밀도 측정 및 물리적 조성 분류

$$겉보기\ 비중(kg/m^3) = \frac{시료의\ 중량(kg\ 또는\ ton)}{용기의\ 부피(m^3)}$$

② 각 성분별 일정량 채취 후 실험실조사 실시
   ㉠ 건조를 통한 수분함량 측정
   ㉡ 회화를 통한 가연분 및 회분함량 측정
   ㉢ 전처리(절단 및 분쇄 등)를 통한 원소 분석 및 발열량 분석

(3) 폐기물의 3성분

수분함량 + 회분함량 + 가연분함량 = 100%

① **수분함량** : 젖은 폐기물을 무게 기준으로 105℃에서 4시간 건조 후 증발된 물의 무게 측정

$$습윤중량\ 기준 = \frac{a-b}{a} \times 100(\%)$$

$$건조중량\ 기준 = \frac{a-b}{b} \times 100(\%)$$

- a : 건조 전 시료무게   • b : 건조 후 시료무게

② **회분함량** : 젖은 폐기물 무게 기준으로 600℃에서 완전연소 후 남은 재의 무게 측정

$$각\ 성분의\ 회분 = \frac{강열\ 후\ 각\ 시료의\ 중량(m_2)}{강열\ 전\ 각\ 시료의\ 중량(m_1)} \times 100$$

안심Touch

PLUS 참고

건조 기준 회분함량(A')

$$A' = \frac{a}{a+v} = \frac{a}{100-W}$$

$$a = A'(100-W)$$

습윤 기준 회분함량(A)

$$A = \frac{a}{a+v+W} = \frac{a}{100} = \frac{A'(100-W)}{100}$$

• a : 회분   • v : 가연분   • W : 수분

③ 가연분함량

$$가연분(\%) = 100 - 수분함량(\%) - 회분함량(\%)$$

(4) 수분함량 감소에 따른 중량 변화(밀도가 1부근인 폐기물의 경우 부피 대신 무게 적용 가능)

$$\frac{V_2}{V_1} = \frac{100-w_1}{100-w_2}$$

• V_1 : 초기 부피   • w_1 : 초기 함수율
• V_2 : 건조, 탈수 후 부피   • w_2 : 건조, 탈수 후 함수율

(5) 슬러지 함수율 및 비중과의 관계

① 겉보기 부피

$$겉보기 \ 부피 = \frac{질량}{비중(밀도)}$$

② 슬러지 부피

$$슬러지 \ 부피 = 고형분의 \ 부피 + 수분의 \ 부피$$

$$\frac{슬러지 \ 무게}{슬러지 \ 비중} = \frac{고형물 \ 무게}{고형물 \ 비중} + \frac{물 \ 무게}{물 \ 비중}$$

③ 고형물 부피

$$고형물 \ 부피 = 유기성 \ 고형분 \ 부피 + 무기성 \ 고형분 \ 부피$$

$$\frac{슬러지 \ 무게}{슬러지 \ 비중} = \frac{유기성 \ 고형물 \ 무게}{유기성 \ 고형물 \ 비중} + \frac{무기성 \ 고형물 \ 무게}{무기성 \ 고형물 \ 비중}$$

3 폐기물의 화학적 조성

(1) 원소 분석

① 원소분석기로 분석 가능한 항목 : C, H, N, O, S

② 연소관, 환원관 및 흡수관의 충전물 교환 등의 장치를 필요로 하지 않고 자동원소 분석기를 이용하여 동시 분석 가능한 항목 : C, H, N

(2) 발열량

① Dulong 식

㉠ 고위 발열량(H_h)

$$H_h = 8,100C + 34,000\left(H - \frac{O}{8}\right) + 2,500S \text{ (kcal/kg)}$$

㉡ 저위 발열량(H_l)

$$H_l = \text{고위발열량}(H_h) - 600(9H + W) \text{ (kcal/kg)}$$

② 3성분 조성비에 의한 발열량

㉠ 고위 발열량(H_h)

$$H_h = 4,500 \times VS \text{ (kcal/kg)}$$

㉡ 저위 발열량(H_l)

$$H_l = 4,500 \times VS - 600W \text{ (kcal/kg)}$$

- VS : 쓰레기 중 가연분의 조성 분율
- W : 수분의 분율

확인학습문제

01 지정폐기물의 종류가 <u>아닌</u> 것은?

[04년 경기]

① 폐농약
② 폐석면
③ 폐식용유
④ 폐촉매
⑤ 폐산

해설

지정폐기물의 분류 및 확인체계

㉠ 특정시설에서 발생되는 폐기물
  • 폐합성고분자화합물
    – 폐합성수지(고체상태인 것은 제외)
    – 폐합성고무(고체상태인 것은 제외)
  • 오니류(수분 함량 95% 미만, 고형물 함량 5% 이상) : 폐수처리오니, 공정오니
  • 폐농약(제조·판매업소에서 발생되는 것)
㉡ 부식성폐기물
  • 폐산(액체상태의 폐기물로서 pH 2.0 이하)
  • 폐알카리(액체상태의 폐기물로서 pH 12.5 이상인 것으로 한정하며 수산화칼륨 및 수산화나트륨 포함)
㉢ 유해물질 함유 폐기물
  • 광재(철광원석의 사용으로 인한 고로슬래그 제외)
  • 분진(대기오염방지시설에서 포집한 것에 한하되, 소각시설에서 발생되는 것 제외)
  • 폐주물사 및 샌드블라스트 폐사
  • 폐내화물 및 재벌구이 전에 유약을 바르는 도자기 조각
  • 소각재
  • 안정화 또는 고형화·고화 처리물
  • 폐촉매
  • 폐흡착제 및 폐흡수제[광물유·동물유 및 식물유(폐식용유 제외)의 정제에 사용된 폐토사 포함]
  • 폐형광등의 파쇄물(폐형광등을 재활용하는 과정에서 발생되는 것으로 한정)
㉣ 폐유기용제
  • 할로겐족
  • 기타 폐유기용제
㉤ 폐페인트 및 폐래커(「폐기물관리법 시행령」 별표1 참조)
㉥ 폐유 : 기름성분 5% 이상 함유된 것, PCB 함유 폐기물, 폐식용유, 폐흡착제 및 폐흡수제를 제외
㉦ 폐석면
㉧ PCB 함유 폐기물
  • 액체상태의 것(2mg/L 이상 함유)
  • 액체상태 외의 것(용출액 0.003mg/L 이상 함유)
㉨ 폐유독물질(「화학물질관리법」 제2조 제2호의 유독물질을 폐기하는 경우로 한정하되, 폐농약, 부식성 폐기물, 폐유기용제, PCB 함유 폐기물은 제외)
㉩ 의료폐기물(환경부령으로 정하는 의료기관이나 시험·검사 기관 등에서 발생되는 것으로 한정)
㉪ 천연방사성제품폐기물(「생활주변방사선 안전관리법」 제2조 제4호에 따른 가공제품 중 같은 법 제15조 제1항에 따른 안전기준에 적합하지 않은 제품으로서 방사능 농도가 그램당 10베크렐 미만인 폐기물)

ⓔ 수은폐기물
  • 수은함유폐기물[수은과 그 화합물을 함유한 폐램프(폐형광 등은 제외한다), 폐계측기기(온도계, 혈압계, 체온계 등), 폐전지 및 그 밖의 환경부장관이 고시하는 폐제품]
  • 수은구성폐기물(수은함유폐기물로부터 분리한 수은 및 그 화합물로 한정)
  • 수은함유폐기물 처리잔재물(수은함유폐기물을 처리하는 과정에서 발생되는 것과 폐형광 등을 재활용하는 과정에서 발생되는 것을 포함하되,「환경분야 시험·검사 등에 관한 법률」제6조 제1항 제7호에 따라 환경부장관이 고시한 폐기물 분야에 대한 환경오염공정시험기준에 따른 용출시험 결과 용출액 1리터당 0.005밀리그램 이상의 수은 및 그 화합물이 함유된 것으로 한정)
ⓕ 기타 주변 환경을 오염시킬 수 있는 유해한 물질로서 환경부 장관이 정하여 고시하는 물질

02 다음 중 폐기물관리법상 지정폐기물로 옳지 않은 것은? [02년 서울]

① 소각잔재물
② 폐수처리 슬러지
③ 폐각 등 각질류의 수산가공 잔재물
④ 폐유기용제

해설

① 소각잔재물 : 유해물질 함유 폐기물
② 폐수처리 슬러지 : 특정시설에서 발생되는 폐기물

03 다음 중 유해폐기물 지정 사유와 가장 거리가 먼 것은?

① 부식성
② 용출 특성
③ 인화성
④ 부패성

해설

유해폐기물을 분류하는 4가지 유해특성은 인화성, 용출 특성, 부식성, 반응성이다.

04 폐기물 분류에서 고상폐기물의 정의는 다음 중 어느 것인가? [03년 경기]

① 고형물 함량이 50% 이상인 폐기물
② 고형물 함량이 25% 이상인 폐기물
③ 고형물 함량이 20% 이상인 폐기물
④ 고형물 함량이 15% 이상인 폐기물

해설

• 액상 폐기물 : 고형물의 함량이 5% 미만인 것
• 반고상 폐기물 : 고형물의 함량이 5% 이상 15% 미만인 것
• 고상 폐기물 : 고형물의 함량이 15% 이상인 것

05 폐기물 배출량에 영향을 주는 요소로 옳지 <u>않은</u> 것은? [03년 경기]

① 가옥당 인원수　　　　　② 상수도 보급률
③ 생활수준　　　　　　　④ 도시규모

해설

폐기물 발생량에 영향을 주는 요소
• 도시의 규모 : 대도시일수록 발생량 증가
• 생활수준 : 높을수록 발생량 증가
• 수거빈도 : 수거빈도가 높을수록 발생량 증가
• 쓰레기통 크기 : 크기가 클수록 발생량 증가
• 발생구역 : 장소에 따라 발생량 및 성상 변화
• 폐기물 재활용 : 재활용품의 회수 및 회수율이 높을수록 발생량 감소
• 관련법규

06 다음 중 지정폐기물이 <u>아닌</u> 것은? [03년 대구 / 경남 / 인천]

① 분뇨　　　　　　　　　② 폐유
③ 소각잔재물　　　　　　④ 소각재
⑤ 공정오니

해설

지정폐기물이란 사업장폐기물 중 주변환경을 오염시키거나 인체에 해를 끼칠 수 있는 물질로서 폐유, 소각잔재물, 소각재, 공정오니 등이 있다.

07 인구가 50만 명인 어느 도시의 쓰레기 발생량이 500g/인·일이며, 쓰레기의 밀도가 1.2kg/m³일 때 이 지역의 하루 쓰레기 발생량은 얼마인가? [04년 경북]

① 약 320,000m³　　　　　② 약 210,000m³
③ 약 150,000m³　　　　　④ 약 120,000m³

해설

$$\frac{(0.5kg/\text{인}\cdot\text{일} \times 500,000\text{인})}{1.2kg/m^3} = 210,000m^3/\text{일}$$

08 쓰레기 발생량에 영향을 주는 모든 인자를 시간에 대한 함수로 나타낸 후, 시간에 대한 함수로 표현된 각 영향 인자들 간의 상관관계를 수식화하는 쓰레기 발생량 예측방법은? [02년 부산]

① 정적모사 모델　　　　　　　② 동적모사 모델
③ 시간인자 회귀 모델　　　　　④ 다중회귀 모델

해설

쓰레기 발생량 예측방법
• 경향법
 - 최저 5년 이상의 과거 폐기물 발생량 경향을 가지고 장래 예측
 - 시간과 폐기물 발생량 간의 상관관계만을 고려
• 다중회귀 모델
 - 여러 가지 폐기물 발생량 영향 인자를 독립변수로 하여 폐기물 발생량 예측
 - 다중인자 : 인구, 소득수준, 자원 회수량, 상품 소비량 등
• 동적모사 모델
 - 폐기물 발생량에 영향을 주는 모든 인자를 시간에 대한 함수로 나타내어 수식화하는 방법
 - 시간만을 고려하는 경향법과 시간을 단순히 하나의 독립 인자로 고려하는 다중회귀 모델과는 차이가 있음

09 다음 중 폐기물의 물리적 성질로 옳지 **않은** 것은? [02년/ 04년 서울]

① 회분　　　　　　　　　　　② 슬러지 함수율
③ 가연성분　　　　　　　　　④ 슬러지 발열량

해설

• 물리적 조성 항목 : 성분(조성) 구성비, 수분함량, 겉보기 비중, 회분, 가연분
• 슬러지 발열량은 폐기물의 화학적 조성 항목에 속한다.

10 다음 중 폐기물 발생량 조사방법이 **아닌** 것은?

① 경향법　　　　　　　　　　② 물질수지법
③ 적재차량 계수법　　　　　　④ 직접 계근법

해설

발생량 측정방법
- 적재차량 계수분석법
  - 폐기물 수거차량의 대수 조사 후 대략의 부피 산정
  - 산정된 부피에 겉보기 밀도를 곱하여 중량을 환산
  - 과거에 주로 이용하던 폐기물 발생량 조사방법
- 직접 계근법
  - 계근대에서 반입 전·후의 무게 차이 측정
  - 가장 많이 사용하는 방법
- 물질수지법
  - 유입·유출 제품과 환경오염물질의 양에 대한 물질수지를 세움으로써 폐기물 발생량을 추정
  - 산업폐기물의 발생량을 추산할 때 사용
- 통계조사법
  - 표본선정 후 조사요원이 일정기간 동안 발생하는 폐기물 발생량과 조성 조사
  - 전국폐기물 통계조사 시 사용

11 폐기물시료 분석 시 가장 먼저 진행하여야 하는 분석절차는?

① 가연분 함량
② 건조
③ 발열량 분석
④ 겉보기 비중 측정

해설

겉보기 비중 측정 → 종류별 성상분석 → 수분 함량(건조) → 회분 함량 → 가연분 함량 → 분쇄 → 화학적 성상분석 → 발열량 분석의 순으로 이루어진다.

12 폐기물 처리 및 관리차원에서 사용되는 용어 중 3R에 해당하지 <u>않는</u> 것은?

① Reduction
② Recycle
③ Recreation
④ Reuse

해설

3R : Recycle(재활용), Reduction(감량화), Reuse(재사용)

13 전과정 평가(LCA)의 일반적 활용목적과 가장 거리가 먼 것은?　　　　[02년 경북]

① 환경 목표치 또는 기준치에 대한 달성도 평가
② 폐기물 처리기술 개발, 검토 및 평가
③ 생활양식의 평가와 개선목표의 도출
④ 복수 제품 간의 환경오염 부하의 비교

해설

LCA
• 제품 간의 환경 부하 비교
• 환경 부하 저감 측면에서 제품, 제조 방법의 개선점 도출
• 환경 목표치, 기준치에 대한 달성도 평가
• 제품 및 제조 방법의 변경, 개량에 따른 환경 부하 평가

14 전과정 평가(LCA)는 4부분으로 구성되는데, 이 분석절차를 바르게 나열한 것은?

① 목적 및 범위 설정 → 목록작성 → 영향평가 → 전과정 결과해석
② 목록작성 → 목적 및 범위 설정 → 영향평가 → 전과정 결과해석
③ 영향평가 → 목록작성 → 목적 및 범위 설정 → 전과정 결과해석
④ 목적 및 범위 설정 → 영향평가 → 목록작성 → 전과정 결과해석

해설

LCA의 구성 : 목적 및 범위 설정 → 목록작성 → 영향평가 → 전과정 결과해석

15 다음 중 쓰레기의 발생량 예측에 사용되는 방법으로 옳은 것은?

① 물질수지법(Material Balance Method)
② 경향법(Trend Method)
③ 적재차량 계수법(Load-count Method)
④ 직접 계근법(Direct Weighing Method)

해설

①·③·④는 발생량 조사방법이다.

16 폐기물 발생량의 조사방법 중 물질수지법에 관한 설명으로 옳은 것은?

① 유입・유출되는 물질들 간의 물질수지를 세워 폐기물 발생량을 추정한다.

② 비용이 적게 든다.

③ 작업량이 적어 일반적으로 많이 사용된다.

④ 데이터 확보가 되어도 직접 계근법보다 정확성이 떨어진다.

물질수지법

• 데이터 확보가 되면 가장 신속하고 정확한 방법이다.

• 비용이 많이 들고 작업량이 많아 어렵다.

17 다음 중 함수율 40%인 쓰레기를 건조시켜 함수율을 20%로 낮추기 위해 쓰레기 1ton당 증발시켜야 하는 수분의 양은? [02년 서울]

① 300kg
② 250kg
③ 200kg
④ 150kg

$$\frac{V_2}{V_1} = \frac{100 - w_1}{100 - w_2}$$

• V_1 : 초기 부피
• w_1 : 초기 함수율
• V_2 : 건조, 탈수 후 부피
• w_2 : 건조, 탈수 후 함수율

$$\frac{V_2}{V_1} = \frac{100 - w_1}{100 - w_2} = \frac{100 - 40}{100 - 20} = \frac{60}{80}$$

$$V_2 = 1,000 \times \frac{60}{80} = 750kg$$

증발된 수분의 양 = 1,000 − 750 = 250kg

18 함수율 50%인 1ton의 쓰레기의 함수율을 25%로 감소시킨다면 쓰레기 중량은 얼마인가?

[03년 경기]

① 667kg
② 339kg
③ 455kg
④ 297kg

해설

$$\frac{V_2}{V_1} = \frac{100 - w_1}{100 - w_2} = \frac{100 - 50}{100 - 25} = \frac{50}{75}$$

$$V_2 = 1,000 \times \frac{50}{75} = 667kg$$

19 다음 중 쓰레기 저위 발열량을 추정하기 위한 방법으로 옳지 <u>않은</u> 것은?

① 단열열량계에 의한 방법
② Kick식에 의한 방법
③ 원소분석에 의한 방법
④ 추정식에 의한 방법

해설
②는 파쇄의 이론 법칙이다.

20 비중 2.54인 무기성 고형물의 함량이 15%, 비중 0.72인 유기성 고형물의 함량이 8%인 슬러지의
비중은 얼마인가?

① 1.06
② 1.10
③ 1.15
④ 1.22

해설

$$\frac{슬러지\ 무게}{슬러지\ 비중} = \frac{유기성\ 고형물\ 무게}{유기성\ 고형물\ 비중} + \frac{무기성\ 고형물\ 무게}{무기성\ 고형물\ 비중} + \frac{물\ 무게}{물\ 비중}$$

$$\frac{1}{슬러지\ 비중} = \frac{0.08}{0.72} + \frac{0.15}{2.54} + \frac{0.77}{1} = 0.94$$

∴ 슬러지 비중 = 1/0.94 ≒ 1.06

21 폐기물 원소분석에 있어서 연소관, 환원관 및 흡수관의 충전물 교환 등의 장치를 필요로 하지 않고 자동원소 분석기를 이용하여 동시 분석 가능한 항목으로 바르게 짝지어진 것은?

① C, H, S
② C, H, O
③ C, N, S
④ C, H, N

해설

• 원소분석기로 분석 가능한 항목 : C, H, N, O, S
• 연소관, 환원관 및 흡수관의 충전물 교환 등의 장치를 필요로 하지 않고 자동원소 분석기를 이용하여 동시 분석 가능한 항목 : C, H, N

22 수분 1%, 수소 15%인 폐기물의 고위 발열량이 12,000kcal/kg일 때 저위 발열량은?

① 12,816kcal/kg
② 12,407kcal/kg
③ 11,184kcal/kg
④ 11,593kcal/kg

해설

$$H_l = 고위\ 발열량(H_h) - 6(9H + W)$$
$$H_l = 12,000 - 600(9 \times 0.15 + 0.01) = 11,184 kcal/kg$$

23 RCRA의 폐기물 특성에 의한 유해성 분류 항목으로 옳은 것은?

① 인화성, 반응성, 유전성, 만성독성
② 인화성, 부식성, 반응성, 용출 특성
③ 폭발성, 부식성, 반응성, 용출 특성
④ 반응성, 만성독성, 용출 특성, 유전성

해설

자원보전 및 회수법(RCRA : Resource Conservation and Recovery Act)
미국 EPA는 연방법에 정의된 기준에 의거하여 유해폐기물 목록을 작성하였고 유해특성 폐기물은 인화성, 부식성, 반응성, 독성의 기준으로 결정되는데 이 중 독성은 용출시험을 통해 결정된다.

24 지정폐기물 처리방법에 관한 설명으로 옳지 <u>않은</u> 것은?

① 폐유는 유수분리하여 소각하거나 분리, 증류, 추출 등의 방법에 의하여 정제 처리한다.

② 폐산, 폐알칼리는 중화, 산화 환원법으로 처리한 후 응집, 여과, 탈수법으로 처리한다.

③ 할로겐족으로 액상인 폐유기용제는 고온 열분해 처리한다.

④ PCB 함유 폐기물은 고형화하여 관리형 매립시설에 매립한다.

해설

PCB 함유 폐기물은 고온소각 또는 고온용융 처리한다.

25 폐기물을 Pipe-line으로 수거하는 방식에 대한 설명으로 옳지 <u>않은</u> 것은?

① 큰 폐기물은 전처리가 필요하다.

② 5km 이상의 장거리 수송에 경제적이다.

③ 잘못 투입된 물건의 회수가 곤란하다.

④ 자동화 및 안전화가 가능하다.

해설

Pipe-line 수송의 장단점

장점	단점
• 자동화, 무공해화, 안전화가 가능 • 수송능력 및 유지관리 문제 고려 시 가장 좋은 방법	• 투입구를 이용한 범죄 우려 • 장거리 수송이 곤란함(약 2.5km 이내에서 사용) • 잘못 투입된 물건의 회수가 곤란함 • 쓰레기 발생빈도가 높은 지역에서만 적용이 가능

26 폐기물 발생량 예측방법 중 모든 인자를 시간에 대한 함수로 나타낸 후 시간에 대한 함수로 표현된 각 영향인자들 간의 상관관계를 수식화하여 예측하는 방법으로 올바른 것은?

① Trend Method

② Multiple Regression Model Method

③ Dynamic Simulation Model Method

④ CORAP Model

해설

폐기물 발생량 예측방법
- 경향법
  - 최저 5년 이상의 과거 폐기물 발생량 경향을 가지고 장래 예측
  - 시간과 폐기물 발생량 간의 상관관계만을 고려
- 다중회귀 모델
  - 여러 가지 폐기물 발생량 영향인자를 독립변수로 하여 폐기물 발생량 예측
  - 다중인자 : 인구, 소득수준, 자원회수량, 상품소비량 등
- 동적모사 모델
  - 폐기물 발생량에 영향을 주는 모든 인자를 시간에 대한 함수로 나타내어 수식화하는 방법
  - 시간만을 고려하는 경향법과 시간을 단순히 하나의 독립인자로 고려하는 다중회귀 모델과는 차이가 있음

27 청소상태와 관련된 지표인 CEI를 계산하기 위한 식에 적용되는 인자와 가장 거리가 먼 것은?

① 가로 지역의 범위
② 가로의 총수
③ 가로의 청결상태
④ 가로 청소상태의 문제점 여부

해설

청소상태 평가법
지역사회 효과지수(CEI : Community Effect Index) : 가로의 청소(청결)상태를 점수화한 것을 말한다.

$$CEI = \frac{\sum_{t=1}^{N}(S-P)_i}{N}$$

- N : 가로의 총수
- P : 가로 청소상태의 문제점 여부, 1개에 10점씩
- S : 가로의 청결상태, 0에서 100점

28 채취한 쓰레기 시료에 대한 성상분석 절차 중 가장 먼저 이루어지는 것은?

① 전처리
② 분류
③ 건조
④ 밀도측정

해설

밀도측정 → 물리적 조성 → 건조 → 분류 → 절단 및 분쇄 → 조성분석 순으로 이루어진다.

29 400세대 2,000명이 생활하는 아파트에서 배출하는 쓰레기를 4일마다 수거하는 데 적재용량 8m³ 짜리 트럭 6대가 소요된다. 쓰레기의 용적당 중량이 400kg/m³라면 1인당 1일 쓰레기 배출량으로 옳은 것은?

① 1.2kg

② 2.0kg

③ 2.4kg

④ 3.6kg

해설

$$kg/인 \cdot day = \frac{6대}{2,000인 \cdot 4day} \times \frac{8m^3}{대} \times \frac{400kg}{1m^3}$$
$$= 2.4kg/인 \cdot day$$

30 폐기물 입도를 분석한 결과 입도누적곡선상 최소 입경으로부터 10%가 입경 2mm, 40%가 5mm, 60%가 10mm, 90%가 20mm였을 때 균등계수는?

① 2

② 3

③ 5

④ 7

해설

$$균등계수 = \frac{d_{60}}{d_{10}} = \frac{10mm}{2mm} = 5$$

31 도시 생활쓰레기를 분류하여 다음 표와 같은 결과를 얻었다. 이 쓰레기의 함수율은?

구분	구성비 중량(%)	함수율(%)
연탄재	30	15
식품폐기물	50	40
종이류	20	20

① 20.5%

② 28.5%

③ 36.5%

④ 44.5%

해설

$$(15 \times 0.3) + (40 \times 0.5) + (20 \times 0.2) = 28.5\%$$

CHAPTER
02 폐기물 처리기술

01 폐기물 관리

1 폐기물 관리단계

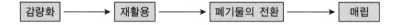

감량화 ⟶ 재활용 ⟶ 폐기물의 전환 ⟶ 매립

2 폐기물의 최소화

(1) 개념

① 폐기물의 총 부피나 양의 감축

② 유해성 폐기물의 독성 감축

(2) 폐기물의 최소화 기법

① 발생원 감축

② 재활용

> **+ PLUS 참고**
>
> 재활용의 장단점
> • 장점 : 자원절약, 2차 공해 감소, 최종 처분 폐기물 양 감소
> • 단점 : 재활용에 대한 기술 및 경험 필요, 재활용 폐기물의 수집 및 운반의 어려움

02 폐기물 수거관리

1 수집 및 운반계획

(1) 수거노선의 결정

생활폐기물 관리의 총 소요 비용 중 총 60% 이상을 수거 및 운반단계에서 차지한다.

① 유의사항

ㄱ 수거할 폐기물의 양

ㄴ 수거빈도

ⓒ 수거차의 운반능력

ⓔ 수거인부와 수거면적

ⓜ 거리

② **지역 및 거리에 따른 수거계획**

ⓐ 언덕지역의 경우 꼭대기로부터 아래로 진행

ⓑ 출발점은 차고, 수거된 마지막은 처분지와 가깝게 진행

ⓒ 가능한 한 시계방향으로 노선 선정

ⓔ 한 번 간 길은 중복진행하지 않도록 선정

ⓜ 반복운행 또는 회전운행은 피하여 수거

ⓗ 교통이 혼잡한 지역은 가능한 이른 시간에 수거

ⓢ 발생폐기물의 양이 특별히 많은 발생원은 하루 중 가장 먼저 수거

ⓞ 소량의 폐기물이 발생하는 지점이 산재되어 있는 경우는 가능한 같은 날이나 단 1회에 수거

(2) 소요 운반차량 계산

① 1회 운반 시 소요 시간

$$1회 \ 운반 \ 시 \ 소요 \ 시간 = 왕복 \ 운반시간 + 적재시간 + 적하시간$$

② 소요 운반차량 대수

$$소요 \ 운반 \ 차량 \ 대수 = \frac{1일 \ 폐기물 \ 발생량}{차량 \ 적재량 \times 1일 \ 운반횟수/대}$$

(3) MHT(Man-Hour/Ton)

수거톤당 소요되는 수거인력과 수거시간

$$MHT = \frac{수거인원(man) \times 수거시간(hour)}{수거량(ton)}$$

2 수거 및 수거방법

(1) 견인식 컨테이너 시스템

빈 컨테이너를 일정한 장소에 설치 후 폐기물이 채워진 컨테이너를 처분지로 운반하는 것을 말한다.

① **특징**

ⓐ 비교적 대형의 컨테이너가 사용되기 때문에 폐기물이 다량으로 발생하는 지역의 수거에 적합하다.

ⓑ 폐기물의 종류에 따라 다양한 크기와 형태의 컨테이너를 이용할 수 있다.

ⓒ 수거장소와 적환장의 거리가 가까워야 경제적이다.

ⓔ 수거에 필요한 인원과 장비는 컨테이너 한 대와 운전수 한 명인 장점이 있으나 적환장까지 왕복운행해야 하므로 컨테이너의 크기와 이용률이 매우 중요한 경제적 요소로 작용한다.

② 수거체계의 해석

　㉠ 1회 왕복당 총 소요시간

$$T_{hcs} = (P_{hcs} + s + h)$$

- T_{hcs} : 1회 왕복당 총 소요시간(시간/왕복)
- P_{hcs} : 1회 왕복당 적재시간(시간/왕복)
- s : 1회 왕복당 처리처분장에서의 체재시간(시간/왕복)
- h : 1회 왕복당 수송시간(시간/왕복)

　㉡ 전체수송시간

$$h = a + bx$$
$$\therefore T_{hcs} = (P_{hcs} + s + a + bx)$$

- h : 전체수송시간(시간/왕복)
- b : 경험상수(시간/왕복)
- a : 경험상수(시간/왕복)
- x : 평균왕복 수송거리(km/왕복)

　㉢ 1회 왕복당 적재시간

$$P_{hcs} = pc + uc + dbc$$

- P_{hcs} : 1회 왕복당 적재시간(시간/왕복)
- pc : 컨테이너를 견인하는 데 소요되는 시간(시간/왕복)
- uc : 빈 컨테이너를 내리는 데 소요되는 시간(시간/왕복)
- dbc : 컨테이너 사이를 이동하는 데 소요되는 시간(시간/왕복)

　㉣ 하루 왕복횟수

$$N_d = \frac{[H(1-W) - (t_1 + t_2)]}{T_{hcs}}$$

- N_d : 하루 왕복횟수(회/일)
- H : 하루 작업시간(시간/일)
- W : 작업 외 시간계수
- t_1 : 차고에서 수거지역의 첫 번째 컨테이너가 있는 곳까지 가는 데 소요되는 시간
- t_2 : 마지막 컨테이너로부터 차고를 돌아오는 데 소요되는 시간

(2) 고정식 컨테이너 시스템

컨테이너에 채워진 폐기물을 적재차량에 옮겨 실어 비운 후 다시 제자리에 놓아두는 방식을 말한다.

① 특징

　㉠ 모든 종류의 폐기물 수거에 사용된다.

　㉡ 기계식 적재와 인력식 적재로 대별된다.

ⓒ 경제적인 수거를 위해 대부분의 수거차량은 내부압축시설을 갖추고 있다.

ⓔ 기계식 적재인 경우 대형의 폐기물 수거에는 적합하지 않다.

ⓜ 인력식 적재수거차량은 주로 주거지역이나 가로폐기물 수거에 적합하다.

ⓗ 수거인부 수는 수거형태와 장비상황에 따라 다르며 대부분의 경우 1~3인으로 구성된다.

② 수거체계의 해석

㉠ 기계식 적재 수거차량

- 고정식 컨테이너 체계에서의 1회 왕복당 총 소요시간

$$T_{scs} = (P_{scs} + s + a + bx)$$

- 1회 왕복당 적재시간

$$P_{scs} = C_t(uc) + (n_p - 1)(dbc)$$

- C_t : 1회 왕복당 비울 수 있는 컨테이너 수(개/왕복)
- uc : 고정식 컨테이너 한 개를 비우는 데 걸리는 평균시간(시간/컨테이너)
- n_p : 1회 왕복당 적재지점 수(지점/왕복)
- dbc : 적재지점 사이를 운행하는 데 소요되는 평균시간(시간/지점)

- 1회 운행당 비울 수 있는 컨테이너 수

$$C_t = \frac{vr}{cf}$$

- r : 압축비
- v : 수거차량의 용적, ㎥/왕복
- c : 고정식 컨테이너 용량, ㎥/개
- f : 고정식 컨테이너 이용률(폐기물의 부피/고정식 컨테이너의 부피)

- 하루 왕복운행 횟수

$$N_d = \frac{V_d}{vr}$$

- V_d : 하루평균 폐기물 수거량(㎥/d)

- 하루 작업요구시간

$$H = \frac{[(t_1 + t_2) + N_d(T_{scs})]}{(1 - W)}$$

- t_1 : 차고에서 첫 번째 경로의 첫 컨테이너 위치까지 운전해 가는 데 소요되는 시간
- t_2 : 그날 마지막 컨테이너 부근에서 차고까지 운전해 가는 데 소요되는 시간

ⓛ 인력식 적재 수거차량

- 1회 왕복당 적재지점 수

$$N_p = \frac{60 P_{scs} n}{t_p}$$

- 60 : 단위환산(60분/시간)
- P_{scs} : 1회 왕복운행당 적재시간(시간/왕복)
- n : 수거인부 수(인)
- t_p : 적재지점당 적재시간(인·분/지점)

- 적재지점당 평균 적재시간

$$t_p = dbc + k_1 C_n + k_2 (PRH)$$

- C_n : 각 적재지점의 평균 컨테이너 수
- dbc : 적재지점 사이를 운행하는 데 소요되는 시간(시간/지점)
- k_1 : 컨테이너당 적재시간에 관련된 상수(분/컨테이너)
- k_2 : 뒤뜰에 있는 폐기물을 수거하는 데 소요되는 시간에 관련된 상수(분/PRH)
- PRH : 쓰레기통(컨테이너)이 뜰에 있는 비율(%)

- 수거차량의 적재용량

$$v = \frac{V_p \cdot N_p}{r}$$

- V_p : 적재지점당 폐기물수거량(㎥/지점)
- N_p : 1회 왕복 운행당 적재지점의 수(지점/왕복)
- r : 압축비

(3) 관로수송 방식

① 관로에 진공압력을 불어넣음으로써 공기의 흐름을 이용하여 폐기물 발생원에서 중간집하장으로 운반하는 수거 시스템을 말한다.

② 시스템의 구성
  ㉠ 투입시설 : 공기흡입구, 투입구, 슈트
  ㉡ 수송관로
  ㉢ 집하장 : 송풍기, 원심분리기, 악취제어장치 등

③ 장단점
  ㉠ 자동화, 무공해화, 안전화가 가능하다.
  ㉡ 유지관리, 수송능력 고려 시 가장 우수한 방법이다.
  ㉢ 물건이 잘못 투입되는 경우 회수하기 어려운 문제가 발생한다.
  ㉣ 설비비가 많이 든다.
  ㉤ 투입구를 이용한 범죄의 가능성이 존재한다.
  ㉥ 쓰레기 발생빈도가 높은 지역에서만 적용이 가능하다.

(4) 청소상태 평가법

① **지역사회 효과 지수(CEI : Community Effect Index)** : 가로의 청소(청결)상태를 점수화한 것을 말한다.

$$CEI = \frac{\sum_{t=1}^{N}(S-P)_i}{N}$$

- N : 가로의 총 수
- S : 가로의 청결상태, 0에서 100점
- P : 가로 청소상태의 문제점 여부, 1개에 10점씩

㉠ S의 범위 : 0, 25, 50, 75, 100점으로 분류한다.
- S=0 : 60L 이상의 쓰레기가 흩어져 있을 때
- S=25 : 약 60L의 쓰레기가 흩어져 있을 때
- S=50 : 쓰레기가 눈에 띄고 쓰레기가 모여 있을 때
- S=75 : 수거용이 아닌 쓰레기가 한곳에 버려져 있을 때
- S=100 : 깨끗하고 쓰레기가 눈에 보이지 않을 때

㉡ P의 값 : 다음 사항에 해당하는 경우 10점씩 감한다.
- 빈 쓰레기통 혹은 채워진 쓰레기통이 오래 방치되어 있는 경우
- 수거 1일 전후 쓰레기통이 도로상에 있는 경우
- 큰 폐기물이 버려져 있는 경우
- 화재 발생의 가능성이 있는 경우
- 보건상 위해를 미치는 경우
- 공한지 내 쓰레기가 버려져 있는 경우
- 쓰레기통이 넘치는 경우
- 빗자루 더미가 존재하는 경우

② **사용자 만족도 지수(USI : User Satisfaction Index)** : 설문지 문항으로 사용자의 만족도를 평가하는 방법을 말한다.

$$USI = \frac{\sum_{t=1}^{N}R_i}{N}$$

- N : 총 설문 회답 지수
- R : 설문지 점수의 합계

➕ PLUS 참고

수송방식
- **컨테이너 - 철도 수송**
  - 수집차량이 컨테이너를 철도역 기지까지 운반한 후 철도차량에 적재하여 매립지까지 운전하는 방법이다.
  - 수집차의 집중으로 청결유지가 가능한 철도역 기지의 선정이 어렵다.
  - 컨테이너 세정에 물 사용량이 많아 폐수처리 문제가 생긴다.
- **컨베이어 수송**
  - 지하에 설치된 컨베이어를 이용하여 수송한다.
  - 악취문제가 발생하지 않는다.
  - 시설비가 고가이며, 정기적인 점검이 필요하다.

- **모노레일 수송**
  - 쓰레기를 적환장에서 최종 처분장소까지 수송하는 데 적용한다.
  - 자동무인화가 가능하다.
  - 설치비가 많이 들고 설치 후 경로의 변경이 어렵다.

> **PLUS 용어정리**
>
> CEI 및 USI의 판정 : 80점 이상(우수), 60점 이상(양호), 40점 이상(보통), 20점 이상(불량), 20점 이하(시정요)

3 적환장

(1) 적환장의 개념
중·소형의 수집차량에서 수거된 폐기물을 큰 차량으로 옮겨 싣고 장거리 수송을 할 경우 필요한 시설을 말한다(최종 처분지로 가기 전에 쓰레기를 임시로 모아 두는 곳).

(2) 적환장의 설치
① 처분지가 수송장소로부터 원거리일 경우
② 작은 용량의 수집차량을 이용할 경우
③ 불법투기 및 다량의 어질러진 폐기물이 발생할 경우
④ 작은 규모의 주택들이 밀집되어 있는 경우
⑤ 폐기물 수집 시 소형용기를 사용할 경우
⑥ 슬러지 수송이나 관로 수송방식을 사용할 경우

(3) 적환장의 설치장소
① 쓰레기 발생지역의 무게중심에 가까운 곳
② 설치 및 작업이 용이하고 경제적인 곳
③ 적환 작업으로 인한 환경피해가 최소인 곳
④ 주요 간선도로에 쉽게 접근 가능하며 보조 수송수단 연결이 용이한 곳

(4) 적환장 설계 시 고려사항
① 적환장의 규모
② 적환장의 설비
③ 적환장의 위생
④ 적환장의 형태

(5) 적환방식
① **직접 적재방식** : 수거차량의 폐기물을 압축시설이나 최종 처분장으로 수송할 대형차량에 직접 적재하는 방식

② 일시저장 – 적재방식
  ㉠ 수거차량의 폐기물을 먼저 폐기물 저장소에 비운 다음 각종 보조장비를 이용하여 수송차량에 싣는 방식
  ㉡ 폐기물을 1~3일 동안 저장하는 점에서 직접 적재방식과 차이가 있다.
③ 혼합방식 : 직접 적재방식과 일시저장 – 적재방식을 한 적환장에서 운영하는 방식

(6) 적환장 설치효과
  ① 작업효율 및 생활환경의 개선
  ② 차량감소 및 교통여건의 개선
  ③ 비용의 감소
  ④ 수송체계의 확립

03 중간 처분

1 압축

(1) 폐기물 압축
  ① 폐기물 압축의 주된 목적은 부피감소로, 이를 통해 폐기물의 수송비용 절감은 물론 매립장의 수명을 연장시킬 수 있다.
  ② 압축에 의한 부피감소 : 원 부피의 1/10까지 감소
  ③ 압축기의 분류
    ㉠ 압축강도에 따른 분류
      • 저압 압축기 : $700kN/m^2$ 이하
      • 고압 압축기 : $700 \sim 35,000kN/m^2$
    ㉡ 형태에 따른 분류
      • 고정식 압축기 : 유압 압축, 수평식·수직식
      • 백 압축기 : 회분식(간헐적 조작)
      • 수직식 또는 소용돌이식 압축기
      • 회전식 압축기

(2) 압축비와 부피 감소율
  ① 압축비

$$압축비(Compaction\ Ratio,\ CR) = \frac{(압축\ 전\ 부피)\,V_i}{(압축\ 후\ 부피)\,V_f}$$

② 부피 감소율

$$부피\ 감소율\ VR(\%) = \frac{감소된\ 부피(V_i - V_f)}{(압축\ 전\ 부피)\ V_i} \times 100$$

2 파쇄

(1) 파쇄의 효과
① 밀도 증가 및 부피감소의 효과
② 폐기물의 균질 및 균일화
③ 저장, 소각, 압축, 자력 선별 등의 전처리
④ 표면적 증가로 인한 매립 시 생분해 촉진

(2) 파쇄기의 종류 및 특징
① 전단파쇄기
  ㉠ 종류
   • Von Roll식 왕복 전단파쇄기
   • Lindemann식 왕복 전단파쇄기
   • 회전식 전단파쇄기
   • Tlemacshe식 회전전단 충격파쇄기
  ㉡ 특징
   • 목재류, 종이류, 플라스틱류의 파쇄에 적합하다.
   • 저속 회전한다(60~190rpm).
   • 파쇄물의 크기를 균일하게 할 수 있다.
   • 이물질의 혼입에 영향을 받으며 충격파쇄기에 비해 파쇄속도가 느리다.
② 충격파쇄기
  ㉠ 종류
   • Hammer Mill식 회전충격파쇄기
   • Hazemag식 회전충격파쇄기
   • BJD식 회전충격파쇄기
   • 도리깨식 해머(flail hammer)
  ㉡ 특징
   • 고속 회전한다(700~1200rpm).
   • 유리 및 목질류 파쇄에 적합하다.
   • 소음 및 분진이 발생하는 문제가 있다.
   • 깨지기 쉬운 물질에 효과적이다.

③ 압축파쇄기

　　㉠ 기계의 압착력을 이용하여 파쇄한다.

　　㉡ 자동차 및 가구에 적합하며, 구조가 큰 덩어리나 연성폐기물에는 적합하지 않다.

④ 냉각파쇄기 : 피복전선, 플라스틱, 연성을 갖는 타이어 파쇄에 적합하다.

⑤ 습식파쇄기 : 종이류가 많이 함유된 폐기물 및 음식물쓰레기에 적합하다.

(3) 파쇄이론

$$dW = -k\left(\frac{1}{X^n}\right)dX$$

- W : 파쇄에너지
- X : 파쇄된 폐기물의 크기
- k, n : 상수

① 킥(Kick)의 법칙 : $n = 1$

② 릿팅거(Rittinger) 법칙 : $n = 2$

③ 본드(Bond) 법칙 : $n = 1.5$

3 선별

(1) 선별의 목적

혼합된 폐기물에서 이용 가능한 물질을 선별하는 데 이용

(2) 선별방법의 종류

① 손 선별

　　㉠ 사람이 직접 손을 이용하여 선별하는 방법

　　㉡ 정확도가 높고, 위험물 분류가 가능함

② 스크린 선별 : 크기 선별을 의미하며 파쇄기를 보호하기 위한 전처리로 이용

　　㉠ 회전 스크린(Trommel Screen) : 도시폐기물 선별

　　　　• 회전속도가 증가할수록 선별 효율 감소

　　　　• 원통의 경사가 작을수록, 원통의 길이가 길수록 선별 효율 증가

　　㉡ 진동 스크린(Vibrating Screen) : 골재 선별

　　　　• 슬러지 퇴비화공정에서 공극개량물질로 사용된 나무조각 선별에 사용

　　　　• 상대적으로 건조한 상태의 물질 선별 시 많이 이용

　　㉢ 디스크 스크린

　　　　• 진동 스크린의 대안으로 개발

　　　　• 평행으로 배열되어 회전하는 일련의 원판들로 구성

　　　　• 원판 사이의 간격 조절 가능

　　　　• 자가청소 가능

③ 와전류 선별(Eddy Current Separator)
　　㉠ 금속의 전기 전도도 차이를 이용한 선별방법
　　㉡ 알루미늄 등의 비철금속을 선별할 때 사용
④ 관성 선별 : 비중이 큰 물질은 멀리 날아가고, 작은 물질은 가까이 떨어지는 원리를 이용한 선별방법
⑤ 광학 선별 : 빛의 투과도를 사용하는 선별방법으로 유리 선별 시 주로 사용
⑥ 스터너(Stoner)
　　㉠ 약간 경사진 판에 진동을 줌으로써 가벼운 것과 무거운 것을 분리하는 선별방법
　　㉡ 퇴비에서 유리조각 선별, 파쇄한 폐기물에서 알루미늄 회수 등에 이용
⑦ 부상(Flotation) : 폐기물을 물에 넣어 밀도 차에 의해 뜨는 물질을 선별하는 방법
⑧ Jig : 물이나 공기 중에서 광립을 맥동 시켜 비중이 큰 광립과 작은 광립을 상·하부로 이동하여 층을 형성시켜 선별하는 방법
⑨ Secators
　　㉠ 회전하는 드럼 위에 폐기물을 낙하시켜 분리하는 선별방법
　　㉡ 물렁거리는 가벼운 물질과 딱딱한 물질을 선별하는 데 사용
⑩ 공기 선별(풍력 선별) : 무거운 것과 가벼운 것으로 분리하여 선별
⑪ 자력 선별(Magnetic separation) : 영구자석이나 전자석을 이용하여 철과 비철을 분리하여 선별
⑫ 정전기적 선별 : 금속류 등의 전도체에서 유리, 플라스틱, 종이 같은 비전도체 물질을 선별
⑬ Table : 물질의 비중 차이를 이용하여 경사진 판에 폐기물을 흐르게 한 다음 좌우로 빠른 진동과 느린 진동을 주어 선별

PLUS 참고

선별의 종류

분류	종류
크기 선별	트롬멜 스크린, 진동 스크린, 디스크 스크린
밀도차 선별	공기 선별, 관성 선별, 스터너
기타 건식 선별	자력 선별, 광학 선별, 와전류 선별, 정전기 선별
습식 선별	침전부상법, Wet classifiers, Jig, Table

04　최종 처분

1　매립지의 선정

(1) 지형
① 충분한 부지확보 가능성
② 복토 흙의 조달 용이성
③ 우수배재 용이성

(2) 수문·지질

① 최고 지하수위 및 지하수의 용도

② 토양의 특성

(3) 매립지의 위치

① 시각적 은폐

② 폐기물 운반거리 고려

(4) 생태적 특징

① 수림상태

② 특정 동·식물의 서식 여부

(5) 토지이용

① 매립지 주변의 주민거주 현황 및 토지이용 현황

② 매립완료 후 부지사용

③ 지역계획과의 연관성

2 매립공법

(1) 육상매립

① 셀 공법

　㉠ 셀마다 일일 복토하는 방식

　㉡ 현재 가장 많이 이용되는 공법

　㉢ 비탈면의 경사 15~20%

② 샌드위치 공법 : 좁은 산간지역에 적용

> **PLUS 참고**
>
> 매립의 장단점
> - **장점**
>   - 폐기물의 변화에 대응성이 좋다.
>   - 분해가스 회수 및 이용이 가능하다.
>   - 모든 고형물 처리가 가능하다.
>   - 매립 완료 후 일정기간이 지나면 토지이용이 가능하다.
>   - 시설 투자비용 및 운영비용이 싸다.
> - **단점**
>   - 넓은 토지면적을 필요로 한다.
>   - 가스 발생으로 인한 폭발 가능성이 존재한다.
>   - 안정화에 일정한 기간이 필요하다.
>   - 유독 폐기물의 매립은 부적합하다.

③ 압축매립 공법

　㉠ Baling System으로 압축매립한 폐기물을 블록 쌓듯이 매립

　㉡ 매립할 쓰레기의 부피 감소가 목적

(2) 해안매립

① 순차투입 공법 : 호 안에서 쓰레기를 투입하여 순차적으로 육지화시키는 공법

② 박층뿌림 공법

    ㉠ 밑면이 뚫린 바지선 등으로 쓰레기를 뿌려주어 바다 지반의 하중을 균등하게 함

    ㉡ 매립 지반안정화 및 매립주지 조기 이용 등에 유리함

    ㉢ 매립효율이 떨어지는 단점

PLUS 참고

분류	공법	
위치에 따른 분류	• 육상매립	• 해안매립
매립 방식에 따른 분류	• 육상매립 : 셀 공법, 샌드위치 공법, 압축매립 공법, 도랑형 공법 • 해안매립 : 순차투입 공법, 박층뿌림 공법, 내수배제 공법 또는 수중투기 공법	
구조에 따른 분류	• 혐기성 매립 • 개량 혐기성 위생매립 • 호기성 매립	• 혐기성 위생매립 • 준호기성 매립
환경과의 접촉 정도에 따른 분류	• 단순매립 • 안전매립	• 위생매립
지형에 따른 분류 (도시폐기물 매립 방법)	• 굴착매립(도랑형) • 경사식	• 평지매립(지역형) • 계곡식

(3) 위생매립

① 정의 : 공공의 건강 및 안전에 해가 없도록 폐기물을 처분하는 행위로 가능한 한 적은 면적에 폐기물의 부피를 최소화하고 처분된 폐기물에 최소한 매일 덮개흙을 덮는 방법이다.

② 덮개흙

    ㉠ 일일복토 : 15cm로 일일 매립종료 후 또는 매립층의 높이가 3m 이상일 때 실시

    ㉡ 중간복토 : 30cm로 7일 이상 매립 중단 시 실시

    ㉢ 최종복토 : 60cm로 매립 종료 전에 실시

③ 인공복토재의 조건

    ㉠ 생분해가 가능해야 한다.

    ㉡ 살포가 용이하여야 한다.

    ㉢ 적은 두께로 복토기능을 대신할 수 있어야 한다.

    ㉣ 원료가 비싸지 않아야 한다.

    ㉤ 독성이 없고 연소가 잘되지 않아야 한다.

    ㉥ 투수계수가 낮아야 한다.

    ㉦ 미관상 보기가 좋아야 한다.

④ 덮개설비의 기능

    ㉠ 화재 예방

    ㉡ 종이 등의 날림 방지

ⓒ 미관상의 문제 해결

ⓔ 유해가스 제거

ⓜ 병원균 서식 방지 효과

ⓗ 침출수량의 감소

3 매립지 내의 시간에 따른 분해단계

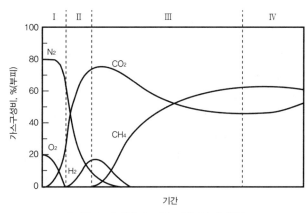

[그림 3-1] 시간에 따른 매립가스의 변화

(1) 1단계
폐기물 속의 산소가 급속히 소모되는 단계

(2) 2단계
① 혐기성 상태이나, CH_4의 생성은 없고, CO_2가 급격히 생성되는 단계
② 그 외 지방산, 알코올, NH_3, H_2 등이 생성

(3) 3단계
① 산 생성 단계로 CO_2 농도가 최대가 되는 단계
② CH_4의 생성 시작

(4) 4단계
① CH_4 생성 단계(CH_4 농도 최대)
② $CH_4 : CO_2 = 60\% : 40\%$

4 침출수

(1) 침출수 수질의 영향인자
① 폐기물의 종류와 매립량
② 매립연한

③ 매립지형

④ 매립방법

⑤ 강우량

⑥ 기후조건

⑦ 다짐조건

(2) 침출수의 성상 및 특징

① 침출수의 성상은 매우 다양하고 고농도의 유기물질, 질소성분 및 무기성 염 등을 포함하고 있다.

② 매립경과 시간에 따라 성상이 다양하게 변화하는 특성이 있다.

③ 대체로 유기물 함량이 높고 질소 성분은 대부분 암모니아로 존재한다.

④ 인 및 중금속 함량이 비교적 낮게 나타난다.

⑤ 엷은 다갈색 또는 암갈색을 띤다.

⑥ 매립 초기는 pH 6~7의 약산성을 띠지만 시간이 경과하면서 pH 7~8의 약알칼리성을 띤다.

⑦ SS는 시간이 경과하면서 농도가 완만하게 감소한다.

⑧ COD는 매립 초기에는 BOD 값보다 약간 낮으나 시간이 흐름에 따라 BOD보다 높아지고, 시간에 따른 감소율은 완만하다.

⑨ 매립 경과년수가 증가함에 따라 COD/TOC비는 점차 감소한다.

(3) 침출수 발생의 영향인자

① 쓰레기 자체 수분

② 유기물 분해 시 발생한 분해 수

③ 강수에 의한 유입

④ 지하수에 의한 유입

(4) 차수설비

① 합성 차수막의 종류

㉠ HDPE(High Density Polyethlene)

- 현재 가장 많이 사용되고 있다.
- 화학물질 및 온도에 대한 저항성이 크다.
- 강도가 높다.
- 접합상태가 양호하다.
- 유연하지 못하여 구멍 등의 손상을 입을 우려가 있다.

㉡ CR(Chloroprene Rubber, Neoprene)

- 화학물질에 대한 저항성이 크다.
- 마모 및 기계적 충격에 강하다.
- 접합이 용이하지 못하고 가격이 고가이다.

ⓒ PVC(Polyvinyl Chloride)

- 작업 및 접합이 용이하다.
- 강도가 높다.
- 자외선, 오존, 기후 및 유기화학물질 등에 약하다.
- 가격이 저렴하다.

ⓔ CSPE(Chlorosulfonated Polyethylene)

- 미생물 및 산과 알칼리에 강하다.
- 접합에 용이하나, 강도가 낮다.
- 기름, 탄화수소, 용매류에 약하다.

ⓕ CPE(Chlorinated Polyethylene)

- 강도가 높다.
- 방향족 탄화수소 및 용매류에 약하다.
- 접합상태가 양호하지 못하다.

② 차수설비의 구성

ⓐ 침출수 집배수층 : 투수계수 10^{-2}cm/s 이상, 30cm 이상의 모래층

ⓑ HDPE : 두께 2mm 이상

ⓒ 점토층 : 투수계수 10^{-7}cm/s 이상, 50cm 이상

➕ PLUS 참고 📖

우리나라 차수설비 규정
- **일반폐기물 매립지**
  - 1m 이상 점토 또는 점토광물 혼합토 등 점토류
  - 2mm 고밀도 폴리에틸렌 또는 토목합성수지 라이너, 50cm 점토류
- **지정폐기물 매립지**
  - 차단형 : 콘크리트 구조
    내벽두께 : 10cm 이상
    외벽두께 : 15cm 이상
    강도 : 210kg/cm^2 이상
    1구획 : 50m^2, 250m^3 이하
    분진의 경우 HDPE 포대에 담아 폐기
  - 관리형 : 점토 및 합성차수막에 의한 매립지
    2.5mm HDPE 또는 토목합성수지 라이너
    1m 이상 점토
    1.5m 이상 점토(또는 점토광물 혼합토)층

---

(5) 침출수의 처리

① 생물학적 처리

ⓐ 호기성 처리 및 혐기성 처리

ⓑ COD/TOC 2.7 이상, BOD/COD 0.5 이상의 매립연한 5년 이내의 매립지 침출수 처리에 적합

② 물리화학적 처리
　　㉠ 화학적 산화, 역삼투(RO), 화학적 산화, 공기탈기, 전기투석, 응집침전, 이온교환 등
　　㉡ 특히 역삼투 공법을 가장 많이 사용하며, COD/TOC 2.0 이하, BOD/COD 0.1 이하의 매립연한 10년 이상의 매립지 침출수의 처리에 적합

5 매립가스의 발생 및 처리

(1) 매립지 발생 가스
CH_4, NH_3, CO_2, H_2S, N_2 등

(2) 매립가스 처리의 필요성
① 매립지 내 기체 압력 증가로 인한 지층의 유동
② 차단벽의 폭발 위험성
③ 미생물의 분해속도 저하로 인한 안정화 기간 연장
④ 탄산가스로 인한 지하수 경도 유발 및 토양의 산성화
⑤ 악취 발생 유발

(3) 매립가스 처리 및 이용
① CO_2 제거공정 : 흡수/흡착, 막분리, 화학적 전환, 저온 분리 등
② 매립가스를 이용한 발전 시의 전처리 방법
　　㉠ H_2S의 제거 : 습식 세정, Selexol 세정, PSA 공정
　　㉡ 실록산(Siloxane)의 제거 : 활성탄 흡착
③ 수분 제거

05 자원화

1 퇴비화

(1) 퇴비화의 장단점
① 장점
　　㉠ 토양개량제로 활용 가능
　　㉡ 소요 에너지가 작음
　　㉢ 초기 시설 투자비가 낮음
　　㉣ 폐기물의 감량화
　　㉤ 요구되는 기술수준이 낮음
　　㉥ 토양 내의 미생물 수 증가
　　㉦ 수분함량과 수분의 보유능력 증대
　　㉧ 토양의 경화 방지

② 단점

ㄱ 비료 가치가 낮음

ㄴ 퇴비화 과정 중 농작물에 필요한 질소의 유실

ㄷ 생산된 퇴비의 불확실한 수요와 품질 표준화의 어려움

ㄹ 난분해성 유기물로 인한 유해성 문제

ㅁ 악취 발생 가능성

ㅂ 넓은 부지 필요

ㅅ 부피 감소가 크지 않음(50% 이하)

(2) 퇴비화의 영향인자

① 온도 : 55~60℃

② 수분 : 50~60%

③ C/N비 : 초기 C/N비 26~35

ㄱ C/N비가 높을 때 : 질소 부족, 유기산이 퇴비의 pH를 낮춘다.

ㄴ C/N비가 낮을 때(20 이하) : 질소가 암모니아로 변하여 pH 증가 및 악취가 발생한다.

④ pH 5.5~8.0 : 분뇨의 pH는 중성영역이므로 퇴비화 시 고려할 필요가 없다.

(3) 퇴비화 공정

① 퇴비화 공정 : 중온단계 → 고온단계 → 냉각단계 → 숙성단계

② 호기성 퇴비화 공정

ㄱ Naturalizer

ㄴ Earp Thomas Process

ㄷ Bertical silo Digestion

ㄹ Dano Bio-Stabilizer

ㅁ Metro-Waste Conversion

ㅂ Hardy Digester

③ 혐기성 퇴비화 공정

ㄱ 바텐식

ㄴ VAM

ㄷ Indore Process

ㄹ 베커리식

(4) 퇴비화 공법

① 기계식 퇴비단 공법 : 7~10일 정도의 시간이 걸리며 밀폐된 반응조에서 퇴비화가 이루어진다.

ㄱ 장점

• 퇴비화 기간이 단축된다.

• 악취의 통제가 쉽다.

- 공정의 통제가 용이하다.
- 기후와 관련없이 가능하다.
- 소요부지 면적이 작다.
      ㉡ 단점
- 시설비가 고가이다.
- 퇴비가 불완전하게 생성될 가능성 있다.
  ② 공기주입식 퇴비단 공법
      ㉠ 특징
- 폐기물에 송풍기를 사용하여 공기를 공급한다.
- 기간은 약 15일 소요된다.
- 공기주입 방향에 따라 Suction Mode와 Aeration Mode로 나눈다.
- 효율은 Aeration Mode가 Suction Mode보다 좋다.
- 미국에서는 냄새로 인해 Suction Mode를 이용한다.
      ㉡ 장점
- 시설비가 적게 든다.
- 교반식 퇴비단 공법보다 악취 통제가 쉽다.
- 퇴비생성이 안정적이다.
- 병원균 사멸도가 높다.
      ㉢ 단점
- 퇴비화 기간이 오래 걸린다.
- 소요부지 면적이 크다.
  ③ 교반식 퇴비단 공법
      ㉠ 특징
- 자연통풍을 이용하는 방법으로 퇴비단을 높이 1.5m, 폭 4m 정도로 쌓아놓고 주기적으로 섞어준다.
- 퇴비화에 한 달 정도의 기간이 소요된다.
- 뒤집기는 주 1~2회 정도 실시한다.
- 너무 크게 만들면 기계적으로 작업이 힘들다.
- 너무 작게 만들면 열손실이 커 퇴비화가 잘 이루어지지 않는다.
      ㉡ 장점
- 퇴비생성이 안정적이다.
- 시설비가 적게 든다.
- 상대적으로 수분 함량이 높은 폐기물도 처리가 가능하다.
      ㉢ 단점
- 퇴비화 기간이 긴 편이다.
- 기후에 영향을 받는다.
- 유지 관리비가 비싸다.

- 넓은 부지를 필요로 한다.
- 악취 발생 가능성이 존재한다.

2 RDF(Refuse Derived Fuels) 기술

(1) 개념
가연성 생활폐기물을 고형연료로 만드는 것

(2) RDF의 구비조건
① 함수율이 낮고, 발열량이 높을 것
② 대기오염도가 낮을 것
③ 저장 및 수송이 용이할 것
④ 기존 고체연료 사용로에서 사용이 가능할 것

(3) RDF의 장단점
① 장점
  ㉠ 기존 시설에 큰 변화 없이 그대로 사용이 가능하다.
  ㉡ 열효율이 높다.
  ㉢ 부피를 줄일 경우(밀도를 높일 경우) 저장 및 운반이 용이하다.
  ㉣ 일반폐기물에 비해 형상 및 중량이 균일하여 제어가 쉽고 안정된 연소가 가능하다.
② 단점
  ㉠ 부피가 커서 저장 및 운반이 어렵다.
  ㉡ 연소 시 분진의 배출량이 많다.
  ㉢ 연소 시 발생하는 유해가스(CO, NOx, SOx, HCl 등) 성분의 농도는 배출허용기준치 근처이다.
  ㉣ 시설 및 유지 관리 비용이 높다.

(4) RDF의 문제점
① 쓰레기의 조성에 가연성분이 상당량 포함되어야 한다.
② 전처리에 동력 및 투자비가 많이 소요된다.
③ RDF의 질적 특성에 따른 영향을 받기가 쉽다.
④ 염소의 함량이 클 경우 연료로서 문제가 된다.
⑤ 조성이 부패하기 쉽기 때문에 수분함량이 늘어나지 않도록 주의해야 한다.

3 고형화

(1) 고형화의 목적
① 폐기물 취급을 용이하게 한다.
② 폐기물 내 오염물질의 용해도가 감소한다.

③ 폐기물의 독성이 감소한다.

④ 폐기물 내 각종 유해물질의 유출을 줄인다.

(2) 고형화 처리방법

① 석회기초법

　㉠ 운전이 용이하고 탈수가 필요없다.

　㉡ 가격이 싸고 적용 범위가 넓다.

　㉢ 석회-포졸란 반응의 화학성이 간단하고 잘 알려져 있다.

　㉣ 슬러지와 비산재 두 가지 폐기물 동시처리가 가능하다.

　㉤ pH가 낮을 때 폐기물 성분의 용출 가능성이 증가한다.

　㉥ 최종 처분물질의 양이 증가한다.

② 자가시멘트법

　㉠ 중금속 처리에 효율적이다.

　㉡ 전처리가 필요하지 않다.

　㉢ 장치비가 많이 든다.

　㉣ 다량의 황화합물을 포함하는 폐기물에만 적합하다.

③ 열가소성 플라스틱법

　㉠ 용해성이 높은 독성물질 처리에 좋다.

　㉡ 용출률이 시멘트 기초법에 비해 낮다.

　㉢ 고형화된 폐기물 성분을 회수하여 재활용이 가능하다.

　㉣ 장치가 복잡하고 크다.

　㉤ 처리과정에 화재 위험성이 크다.

　㉥ 혼합률이 높다.

　㉦ 고도의 기술이 필요하다.

④ 유리화법

　㉠ 2차 오염물질 발생이 거의 일어나지 않는다.

　㉡ 첨가제 비용이 적다.

　㉢ 특수장치가 필요하다.

⑤ 표면 캡슐화법

　㉠ 침출성이 가장 낮다.

　㉡ 시설비가 많이 든다.

　㉢ 고도의 기술을 필요로 한다.

　㉣ 화재의 위험성이 존재한다.

⑥ 유기중합체법

　㉠ 에너지 소모가 적다.

　㉡ 혼합률이 낮다.

ⓒ 미생물 분해가 일어날 수 있다.

ⓔ 촉매에 부식성이 있다.

ⓜ 고형성분만 처리할 수 있다.

ⓗ 매립 시에 2차 용기가 필요하다.

(3) 고형화 처리된 폐기물 검사항목

① 물리적 검사 : 내구성, 투수율, 압축강도

② 화학적 검사 : 용출시험

06 분뇨 및 슬러지 처리

1 분뇨 처리

(1) 분뇨의 특징

① 분과 뇨의 비 = 1 : 8~10, 고형물의 비 = 7 : 1

② 분뇨의 비중 1.02, 점도 1.2~2.2

③ **분뇨의 평균 배출량** : 1.1L/인 · 일

④ 하수 슬러지에 비해 높은 염분농도

⑤ 다양의 유기물을 포함하며 고액분리 곤란

(2) 분뇨 처리목적

① 생화학적, 위생적 안정화

② 감용화 및 감량화

③ 최종 처분의 확실성

④ 자원으로서의 재활용

(3) 분뇨 처리공법

① 혐기성 소화법

ⓐ 슬러지 발생량이 적고, 탈수성이 좋다.

ⓑ 대량의 분뇨 처리가 가능하며 경제적이다.

ⓒ 병원균이 사멸되어 위생적이다.

ⓓ 소화조 용량이 크고, 가온이 필요하다.

ⓔ 장시간의 분해기간이 소요되며 처리효율이 낮다.

ⓕ 시설 투자비가 많이 든다.

ⓖ 악취가 발생한다.

② 호기성 소화법

ⓐ 규모를 작게 할 수 있어 부지 및 시설 투자비가 적게 소요된다.

     ⓛ 처리효율이 높다.

     ⓒ 반응시간이 짧다.

     ⓔ 대규모 시설에 부적합하다.

     ⓜ 슬러지 발생량이 많고, 탈수성이 나쁘다.

     ⓗ 고농도 폐수에 적합하지 않다.

③ 화학적 처리법

     ⊙ 독성물질과 무관하다.

     ⓛ 소요 면적이 적게 소요된다.

     ⓒ 충격부하(고농도, 고유량)에 대한 적응력이 강하다.

     ⓔ 처리단가가 높고, 처리공법에 대한 운전기술이 요구된다.

④ 습식 산화법

     ⊙ 무균상태로 유출되어 위생적이다.

     ⓛ 슬러지 탈수성이 좋고, 토지개량제로 이용할 수 있다.

     ⓒ 부지 면적이 적게 소요된다.

     ⓔ 시설 투자비 및 운전 관리비가 많이 소요된다.

     ⓜ 고도의 운전기술이 필요하다.

     ⓗ 기액분리 시에 탈기가 필요하며, 시설의 수명이 짧다.

(4) 분뇨처리시설

① 임호프 탱크

     ⊙ 유입 분뇨의 침전작용과 침전된 슬러지의 혐기 소화작용이 진행되도록 만들어진 구조이다.

     ⓛ 투입조 – 침전조 – 소화조 – 스컴실로 이루어져 있다.

② 부패조(Septic Tank)

     ⊙ 상온에서 운영하는 혐기성 소화공법이다.

     ⓛ 특별한 기계 및 설비를 필요로 하지 않는다.

     ⓒ 유지관리가 쉽다.

     ⓔ 냄새가 많이 발생하고 고부하 운전에는 부적절하다.

     ⓜ 처리효율이 좋지 않다.

     ⓗ 부패조 – 여과조 – 산화조 – 소독조로 이루어져 있다.

2 슬러지 처리

(1) 슬러지 처리 계통도

슬러지 투입 → 농축 → 안정화 → 개량 → 탈수 → 건조 → 연소 → 최종 처분

(2) 농축

① 목적
ㄱ 탈수효율의 향상

ㄴ 슬러지 수송을 위한 시설 규모의 축소

ㄷ 부피 감소를 통한 후속처리 시설의 유지 관리비 감소

ㄹ 슬러지 개량 및 가열 시 약품 소요량, 사용열량 감소

② 농축의 종류 : 중력식, 부상식, 원심분리식 등

구분	중력식	부상식	원심분리식
원리	중력에 의한 자연침강	기포에 의한 부상분리	원심력에 의한 분리
부지면적	최대	중간	최소
슬러지 저장능력	큼	없음	없음
시설비	최소	중간	최대
처리효과	고액분리가 불규칙	분리효과 중간	분리 최대
유지관리	• 운전이 용이 • 유지관리비 적음	• 운전이 어려움 • 유지관리비 중간	• 고도의 기술 필요 • 유지관리비 최대

(3) 안정화

① 목적
ㄱ 고형물량의 감소

ㄴ 병원균 감소

ㄷ 슬러지의 탈수 특성 향상

ㄹ 토지개량제로 활용

② 종류 : 혐기성 소화, 호기성 소화 등

(4) 개량

① 목적
ㄱ 슬러지의 안정화 및 탈수성의 향상

ㄴ 약품 소요량의 감소

② 종류
ㄱ 생물학적 개량

• 혐기성 소화 : 혐기성 분해를 통해 메탄가스를 생성한다.

• 호기성 소화 : 슬러지를 포기하여 슬러지를 구성하고 있는 미생물의 입자가 분해되도록 유도한다.

ㄴ 화학적 개량 : 주로 유기 고분자응집제를 사용하여 고형물을 응집시켜 슬러지의 탈수성을 개량한다.

ㄷ 열처리 : 슬러지에 충분히 열을 가하였을 때 세포의 파괴로 세포 내의 수분이 배출되는 것을 이용한다.

ⓔ 세척
- 소화슬러지 내의 기포를 없애 부력을 제거한다.
- 혐기성 소화 슬러지를 세척하여 알칼리도를 저하시킨다.

ⓜ 동결법

(5) 탈수

① 목적

ⓖ 최종 처분 전 수분 제거를 통한 부피 감소

ⓛ 취급 및 운반 용이

ⓒ 매립 시 침출수 발생량 감소

② 종류

ⓖ 진공탈수
- 구조가 간단하고 운전이 용이하다.
- 모든 종류의 슬러지 탈수에 사용이 가능하다.
- 유지 및 운전비가 비싸다
- 생물학적 슬러지 탈수는 좋지 않다.

ⓛ 가압탈수
- 탈수효율이 좋다.
- 진공탈수보다 운전비가 싸다.
- 연속운전이 불가능하며 공기압축기의 소음이 발생한다.
- 기계가 비싸다.

ⓒ 원심분리
- 약품사용량이 적고 냄새가 적게 발생한다.
- 슬러지 개량이 필요하지 않다.
- 균일한 슬러지에만 적용이 가능하다.
- 고형물 회수율이 좋지 않다.

ⓔ 벨트프레스
- 연속운전이 가능하다.
- 약품사용량 및 동력소모가 적다.
- 부지 면적이 넓어야 한다.
- 세척수 사용량이 많다.

③ 슬러지 내 수분의 종류

ⓖ 간극모관결합수 : 고형물 입자 사이에 존재하는 수분

ⓛ 모관결합수 : 미세한 슬러지 고형물의 입자 사이에 존재하는 수분

ⓒ 부착수 : 콜로이드상 입자의 결합수가 미세 슬러지에 부착되어 있는 수분

ⓔ 내부수 : 세포막에 둘러싸여 있는 수분

(6) 연소(소각)

① 목적

ㄱ 슬러지 부피 감소

ㄴ 독성물질의 분해

ㄷ 소각열의 회수

② 특징

ㄱ 시설비 및 유지 관리비가 많이 소요된다.

ㄴ 고도의 운전기술이 필요하다.

ㄷ 대기오염을 유발할 수 있다.

(7) 최종 처분

① 매립

② 토지 주입

ㄱ 경작지나 산림에 슬러지를 투입하는 것

ㄴ 토양 내에 영양소 공급효과(퇴비효과)

ㄷ 슬러지 내의 병원균으로 인한 문제 발생 가능성

ㄹ 토양 내 유해중금속 및 난분해성 물질 축적 우려

③ 해양 투기

07 유해폐기물 처리

1 유해폐기물의 처리시설

(1) 중간 처리시설

① 소각시설

② 파쇄·절단시설

③ 증발·농축시설

④ 반응시설

⑤ 고형화시설

⑥ 탈수시설

⑦ 정제시설

⑧ 안정화시설

(2) 최종 처리시설

① 안전형 매립시설

② 관리형 매립시설

③ 침전지형 매립시설

④ 차단형 매립시설

2 유해폐기물의 처리방법

종류	처리방법
폐산, 폐알칼리	중화 반응
폐유, 폐유기용제, 폐합성 고분자화합물	• 소각 및 고온열분해 • 정제 및 재활용
폐농약, PCBs	소각 및 고온열분해
슬러지, 광재, 분진, 폐주물사 및 샌드블라스트 폐사, 소각 잔재물, 안정화 또는 고형화 처리물	고형화 및 안정화
폐석면	매립, 고온용융 및 고형화
폐흡착제	• 고형화 및 안정화 • 소각 및 고온열분해

3 종류별 처리기준 및 방법

(1) 무기성 슬러지
① 소각 처리
② 수분함량 85% 이하로 탈수 및 건조를 거쳐 관리형 매립시설에 매립

(2) 유기성 슬러지
① 유기성 물질의 함량이 40% 이상
② 소각 및 고형화 처리
③ 수분함량 85% 이하로 탈수 및 건조를 거쳐 관리형 매립시설에 매립

(3) 폐고무류
소각 및 최대직경이 15cm 이하로 파쇄 혹은 절단 후 매립

(4) 분진
① 폴리에틸렌 재질의 포대에 담아 매립
② 고형화 후 매립

(5) 폐지류, 폐목재류 및 폐섬유류
소각 처리

(6) 동물성 잔재물 및 동물의 사체
소각 및 매립 처리

(7) 폐금속류, 폐토사, 폐석고 및 폐석회
관리형 매립시설에 매립

(8) 폐촉매, 폐흡착제 및 폐흡수제
가연성은 소각, 비가연성은 매립

(9) 폐합성 고분자화합물

① 소각 혹은 소각이 곤란한 경우 15cm 이하의 크기로 파쇄 절단 또는 용융한 후 관리형 매립시설에 매립

② 대규모 점포, 농수산물도매시장·농수산물공판장을 개설 및 운영하는 자는 발포폴리스틸렌 폐기물을 재활용하거나 용융에 따른 감량처리

(10) 폐가전제품 및 폐가구류

① 가연성 물질은 소각

② 불연성 물질은 15cm 이하로 압축, 파쇄, 해체, 절단 또는 용융한 후 매립

4 지정폐기물의 처리기준 및 방법

(1) 폐산 또는 폐알칼리

① 액상인 경우 중화, 산화, 환원 등의 반응을 이용하여 처리 후 응집, 침전, 여과, 탈수 등의 방법에 의하여 처리

② 증발, 농축처리

③ 분리, 증류, 추출, 여과 등의 방법으로 정제처리

④ 고상인 경우 관리형 매립시설에서 중화처리

(2) 폐유

① 액상 폐유

　ㄱ 유수분리 후 유분을 소각처리

　ㄴ 증발, 농축에 의하여 처리 후 소각 혹은 안정화처리

　ㄷ 응집, 침전에 의하여 처리 후 소각

　ㄹ 분리, 증류, 여과, 열분해, 추출 등의 방법으로 정제처리

　ㅁ 소각 혹은 안정화처리

② 고상 폐유

　ㄱ 소각 혹은 안정화처리

　ㄴ 타르피치류는 소각하거나 매립시설에 매립

(3) 폐유기용제

① 유수분리가 가능한 물질은 유수분리하여 처리

② 할로겐족 액상

　ㄱ 고온 열분해처리

　ㄴ 증발, 농축에 의하여 처리 후 고온소각

　ㄷ 분리, 증류, 여과, 추출 등으로 정제 후 소각

③ 할로겐족 고상인 경우 고온소각처리

④ 비할로겐족 액상 및 고상인 경우 소각

(4) 폐합성 고분자 화합물

소각처리를 우선으로 하나 소각이 곤란한 경우 최대 직경 15cm 이하로 파쇄, 절단 및 용융하여 매립 가능

(5) 폐석면

고온용융처리 혹은 고형화처리

(6) 광재, 분진, 폐주물사, 폐사, 폐내화물, 도자기 조각, 소각 잔재물, 폐촉매, 폐흡수재 또는 폐흡착재

① 매립하거나 안정화처리 또는 고형화처리
② 분진 매립 시 폴리에틸렌 포대 등에 담아 처리
③ 광물유, 동물유 또는 식물유가 함유되어 있는 것은 추출을 통해 재활용

(7) 폐페인트 및 폐래커(락카)

고온소각 또는 유기용제 등 재활용 대상물질을 회수 후 고온소각

(8) 안정화, 고형화 처리물

관리형 매립시설에 매립

(9) 폐유독물

① 중화, 산화, 환원, 가수분해하여 처리
② 고온용융처리, 고형화, 고온소각처리

(10) 폐농약

고온용융처리 혹은 차단형 매립시설에 매립

(11) PCB 함유 폐기물

고온소각 또는 고온용융처리

(12) 슬러지

① 유기성에 한하여 소각처리
② 수분함량 85% 이하로 처리한 후 안정화
③ 고형화처리
④ 수분함량을 85% 이하로 하여 관리형 매립시설에서 처리

CHAPTER 02 확인학습문제

01 폐기물 처리시설 중 중간 처리시설에 해당하지 <u>않는</u> 것은?

① 소각시설　　　　　　　　　　　② 매립시설
③ 파쇄·분쇄시설　　　　　　　　　④ 절단시설

> **해설**
> 폐기물 처리시설 중 매립시설은 최종 처리시설에 속한다.

02 폐기물 재활용의 장점이 <u>아닌</u> 것은?　　　　　　　　　　　　　　　　　[03년 충북]

① 최종 처분할 폐기물 양의 감소가 이루어진다.
② 다른 처리에 비해 2차 공해를 줄일 수 있다.
③ 폐기물 종류에 관계없이 경제성이 있다.
④ 자원절약이 가능하다.

> **해설**
> **재활용의 장단점**
> • 장점 : 자원절약, 2차 공해 감소, 최종처분 폐기물 양 감소
> • 단점 : 재활용에 대한 기술 및 경험 부족, 재활용 폐기물의 수집 및 운반의 어려움

03 폐기물 관리에 있어 중점을 두어야 할 사항을 우선순위에 따라 나열한 것은?　　　[03년 경남]

① 처리공정 > 재활용 > 감량화 > 최종 처분
② 감량화 > 처리공정 > 최종 처분 > 재활용
③ 최종 처분 > 처리공정 > 재활용 > 감량화
④ 감량화 > 재활용 > 처리공정 > 최종 처분

> **해설**
>
> 감량화 > 재활용 > 처리공정 > 최종 처분의 순으로 고려한다.

04 폐기물 감량화에 대한 사항과 거리가 먼 것은? [02년 부산]

① 운반의 용이
② 처리 비용의 증가
③ 매립지 수명 연장
④ 수거 및 운반비 절감

> **해설**
>
> 감량화의 기대효과는 처리 비용의 절감, 천연 자원의 절약 및 보전, 환경 오염방지, 매립지 수명 연장 등이다.

05 폐기물 관리단계 중 비용이 가장 많이 드는 단계는?

① 수거 및 운반단계
② 중간 처리된 폐기물의 수송단계
③ 최종 처리단계
④ 중간 처리단계

> **해설**
>
> 수거 및 운반단계는 인건비가 높기 때문에 비용이 많이 사용된다.

06 생활쓰레기 수거형태 중 효율이 가장 좋은 방식은? [02년 울산]

① 분리수거
② 집안이동수거
③ 문전수거
④ 노변수거

> **해설**
>
> 생활쓰레기 수거형태의 효율은 분리수거 > 노변수거 > 문전수거 > 집안이동수거 순으로 좋다.

07 쓰레기 수거노선을 설정할 때의 유의할 사항으로 옳은 것은?

① 시작점과 끝지점이 간선도로변에 위치하도록 결정한다.
② 교통이 혼잡한 시간도 상관없다.
③ 양이 많은 지역은 맨 마지막에 수거한다.
④ 언덕은 올라가면서 쓰레기를 적재한다.

해설

수거노선 선정 시 고려사항
• 시작점과 끝지점이 간선도로변에 위치하도록 한다.
• 경사지역은 위에서 아래로 수거한다.
• 최종 컨테이너는 처분지에서 가장 가까운 지점에 위치시킨다.
• 교통 혼잡시간은 피한다.
• 양이 많은 지역은 가장 먼저 수거한다.
• 소량폐기물이 발생하는 지점은 가능한 한 1회 또는 한날에 수거한다.

08 쓰레기 수거능력을 판별할 수 있는 MHT에 대한 정의로 옳은 것은?

① 1톤의 쓰레기를 수거하는 데 소요되는 인부 수
② 1톤의 쓰레기를 수거하는 데 수거인부 1인이 소요하는 총 시간
③ 수거인부 1인이 수거하는 쓰레기 톤 수
④ 수거인부 1인이 시간당 수거하는 쓰레기 톤 수

해설

MHT(man-hr/ton)
• 1인의 인부가 쓰레기 1톤을 수거하는 데 소요되는 총 시간
• MHT가 작을수록 수거효율이 크다.

09 연간 폐기물 발생량이 7,000,000톤인 지역에서 1일 작업시간이 평균 6시간, 1일 평균 수거인부가 5,000명이 소요되었다면 MHT는?

① 2.54
② 2.14
③ 1.08
④ 1.56

$$MHT = \frac{\text{수거인원}(man) \times \text{수거시간}(hour)}{\text{수거량}(ton)}$$

$$MHT = \frac{5,000man \times 6hour \times 365\text{일/년}}{7,000,000} ≒ 1.56$$

10 다음 중 관거를 이용한 쓰레기 수송에 대한 설명으로 옳지 <u>않은</u> 것은?

① 쓰레기의 발생밀도가 높은 인구밀집지역에 현실성이 있다.
② 잘못 투입된 물건의 회수가 어렵다.
③ 조대쓰레기는 파쇄 등의 전처리가 필요하다.
④ 초기 설치비가 적게 드나, 설치 후에는 경로변경이 곤란하다.

해설

초기 설치비가 많이 들어가며, 설치 후에는 경로변경이 곤란하다.

11 관로수송 방식의 유효 흡입거리로 적절한 것은?

① 1km
② 2km
③ 4km
④ 15km

해설

관로수송 방식은 장거리 수송이 곤란하여 유효 흡입거리는 2.5km 정도이다.

12 다음 중 적환장(Transfer Station) 선정에 관한 설명으로 옳은 것은?

① 작업 중 공중 및 환경 피해가 많이 발생하지 않는 곳에 설치한다.
② 인구밀집지역과는 가능한 한 가까운 곳에 설치한다.
③ 변질되기 쉬운 쓰레기 수거에 적극 이용해야 한다.
④ 수거해야 할 쓰레기 발생지역의 무게중심에서 먼 곳에 설치한다.

해설

설치 장소의 선정 시 고려사항
- 폐기물 발생 지역의 무게중심에 가까운 곳
- 주요 간선도로에서 쉽게 도달할 수 있는 곳
- 작업 중 공중 및 환경 피해가 최소인 곳
- 설치 및 작업이 용이하고 경제적인 곳
- 보조 수송수단이 가까운 곳

13 폐기물을 압축하여 압축하기 전 부피의 1/3로 하였다면 압축비는 얼마인가? [03년 경북]

① 9.0
② 0.3
③ 0.9
④ 3.0

해설

압축비=압축 전의 용적(V_1)/압축 후의 용적(V_2)

14 쓰레기 전처리 중 파쇄의 장점으로 옳지 <u>않은</u> 것은? [03년 경기]

① 매립지의 균일화
② 쓰레기 부피감소
③ 비표면적 증대
④ 쓰레기 분진발생 억제

해설

쓰레기 파쇄의 목적 및 기대효과
- 밀도 증가 및 부피감소의 효과
- 폐기물의 균질 및 균일화
- 저장, 소각, 압축, 자력 선별 등의 전처리
- 표면적 증가로 인한 매립 시 생분해 촉진

15 고전압을 폐기물에 부하시켜 폐기물을 분리하는 방식으로 종이와 플라스틱을 분리하는 데 많이 사용되는 선별방식은?

① 정전기 선별 　　　　　　　　　　② 자력 선별

③ 광학 선별 　　　　　　　　　　　④ 풍력 선별

해설

정전기 선별 : 종이와 플라스틱의 분리에 적용 가능한 방법으로 물을 흡수한 종이는 전도체로, 플라스틱은 비전도체로 분리할 수 있다.

16 고속벨트, 로터, 공기류에 의해 수평방향으로 방사된 입자의 궤적이 입경과 밀도가 클수록 멀리 날아가는 원리를 이용한 선별방법은?

① Secators

② Inertial Separation

③ Stoners

④ Floatation

해설

① Secators : 물렁거리는 가벼운 물질로부터 딱딱한 물질을 선별하는 데 사용하며 경사진 컨베이어를 통해 폐기물을 주입시켜 천천히 회전하는 드럼 위에 떨어뜨려서 분류한다.

② Inertial Separation(관성 선별) : 비중이 큰 물질은 멀리 날아가고, 작은 물질은 가까이 떨어지는 원리를 이용한 선별방법으로 중력이나 탄도학을 이용한다.

③ Stoners : 약간 경사진 판에 진동을 주어 가벼운 것과 무거운 것을 분리하는 선별방법이다.

④ Floatation : 대상 폐기물을 물에 넣어 밀도의 차에 의해 뜨는 것을 선별하는 방법이다.

17 폐기물 위생매립 시 매립방법은 무엇인가? 　　　　　　　　　　　　　　　[03년 대구]

① 혐기성 　　　　　　　　　　　　② 호기성

③ 준호기성 　　　　　　　　　　　④ 통기성

해설

준호기성 매립이 현재 가장 많이 사용되고 있는 위생매립법으로, 이는 매립지의 저부에 펌프피트와 그 주위에 자갈층을 가진 집수장치를 조합하고 있다. 침출수를 매립지 밖으로 조속히 배출시킬 수 있으며, 차수 시설을 설치하여 지하수 및 토양오염을 방지할 수 있는 구조이다.

18 폐기물 매립지 선정 시 고려할 사항이 <u>아닌</u> 것은? [03년 울산]

① 주택가와의 거리　　　　　　　② 접근의 난이도
③ 토양의 성질　　　　　　　　　④ 희석수의 확보

> **해설**
> 매립지의 위치를 선정할 때는 토양의 성질, 주택가와의 거리 및 운반거리, 접근의 난이도, 필요한 면적, 지질학적 및 수리학적 조건 등을 고려해야 한다.

19 다음 매립방식 중 내륙매립 공법이 <u>아닌</u> 것은? [02년 울산]

① 샌드위치(Sandwich) 방식　　　② 순차투입 공법
③ 셀(cell) 방식　　　　　　　　④ 도랑형 공법

> **해설**

분류	공법
위치에 따른 분류	육상매립, 해안매립
매립 방식에 따른 분류	육상매립 : 샌드위치 공법, 셀 공법, 도랑형 공법, 압축매립 공법
	해안매립 : 내수배제 공법 또는 수중투기 공법, 순차투입 공법, 박층뿌림 공법
구조에 따른 분류	혐기성 매립, 혐기성 위생매립, 개량 혐기성 위생매립, 준호기성 매립, 호기성 매립
환경과의 접촉 정도에 따른 분류	단순매립, 위생매립, 안전매립
지형에 따른 분류 (도시폐기물 매립 방법)	굴착매립(도랑형), 평지매립(지역형), 경사식, 계곡식

20 매립지 내에서 생성되는 가스 중 호기성 분해와 관계가 <u>없는</u> 것은?

① CH_4　　　　　　　　　　　② CO_2
③ H_2S　　　　　　　　　　　④ NH_3

> **해설**
> • 호기성 분해에 의한 생성가스 : CO_2, H_2S, NH_3
> • 혐기성 분해에 의한 생성가스 : CH_4, CO_2, H_2S, NH_3

21 매립 시 발생되는 분해단계를 순서대로 나열한 것은?

[03년 경기]

① 호기성 분해 – 유기산 생성 – 혐기성 분해 – 메탄 생성
② 호기성 분해 – 혐기성 분해 – 유기산 생성 – 메탄 생성
③ 혐기성 분해 – 호기성 분해 – 유기산 생성 – 메탄 생성
④ 혐기성 분해 – 유기산 생성 – 호기성 분해 – 메탄 생성

해설

매립지 내에서의 시간에 따른 분해단계
• 1단계 : 폐기물 속의 산소가 급속히 소모되는 단계
• 2단계
  – 혐기성 상태이나, CH_4의 생성은 없고, CO_2가 급격히 생성되는 단계
  – 그 외 지방산, 알코올, NH_3, H_2 등이 생성
• 3단계
  – 산 생성 단계로 CO_2 농도가 최대가 되는 단계
  – CH_4의 생성 시작
• 4단계
  – CH_4 생성 단계(CH_4 농도 최대)
  – $CH_4 : CO_2 = 60\% : 40\%$

22 폐기물 매립지의 침출수 처리방법 중 펜톤 산화법에 사용되는 펜톤 산화제의 성분으로 알맞은 것은?

① 오존 + 저장안정제
② 과산화수소 + 저장안정제
③ 철염 + 오존
④ 철염 + 과산화수소

해설

펜톤 산화법은 H_2O_2와 $FeSO_4$를 3 : 1로 혼합한 펜톤 반응으로 침출수 내의 난분해성 유기물질을 산화하는 방법이다.

23 미생물에 강하며 접합이 용이한 반면 기름, 탄화수소 및 용매류에 약한 합성차수막은?

① PVC
② HDPE
③ CSPE
④ CR

해설

합성 차수막의 종류

- HDPE(High Density Polyethlene)
  - 현재 가장 많이 사용되고 있다.
  - 화학물질 및 온도에 대한 저항성이 크다.
  - 강도가 높다.
  - 접합상태가 양호하다.
  - 유연하지 못하여 구멍 등의 손상을 입을 우려가 있다.
- CR(Chloroprene Rubber, Neoprene)
  - 화학물질에 대한 저항성이 크다.
  - 마모 및 기계적 충격에 강하다.
  - 접합이 용이하지 못하고 가격이 고가이다.
- PVC(Polyvinyl Chloride)
  - 작업 및 접합이 용이하다.
  - 강도가 높다.
  - 자외선, 오존, 기후 및 유기화학물질 등에 약하다.
  - 가격이 저렴하다.
- CSPE(Chlorosulfonated Polyethylene)
  - 미생물 및 산과 알칼리에 강하다.
  - 접합에 용이하나, 강도가 낮다.
  - 기름, 탄화수소, 용매류에 약하다.
- CPE(Chlorinated Polyethylene)
  - 강도가 높다.
  - 방향족 탄화수소 및 용매류에 약하다.
  - 접합상태가 양호하지 못하다.

24 매립지의 표면차수막에 대한 설명으로 옳지 <u>않은</u> 것은?

① 단위면적당 공사비는 비싸지만 총 공사비는 적게 든다.
② 지하수 집배수시설이 필요하다.
③ 매립지 지반의 투수계수가 큰 경우에 사용한다.
④ 보수는 매립 전에는 용이하지만 매립 후는 어렵다.

해설

단위면적당 공사비는 저가이나 전체적인 비용이 많이 든다.

25 다음 중 폐기물 퇴비화 공정의 4단계를 바르게 표현한 것은? [04년 경기]

① 중온단계 – 냉각단계 – 고온단계 – 숙성단계
② 고온단계 – 중온단계 – 숙성단계 – 냉각단계
③ 저온단계 – 중온단계 – 고온단계 – 냉각단계
④ 중온단계 – 고온단계 – 냉각단계 – 숙성단계

해설

회기성 퇴비화는 30~38℃의 중온상태에서 일반적으로 운영되고 퇴비화 반응에 따른 발열반응으로 고온상태가 되며, 퇴비화가 진행되어 미생물이 사멸하면서 온도가 저하되고, 이어 숙성단계로 접어들어 퇴비화가 완료된다.

26 다음 퇴비화에 대한 설명으로 옳지 <u>않은</u> 것은? [03년 경기]

① pH는 6~7.5 범위가 알맞다.
② 온도는 55~65℃로 유지시키는 것이 좋다.
③ C/N비 20 이하이면 퇴비화가 중지된다.
④ 적절한 함수율은 50~60% 정도이다.

해설

퇴비화의 영향 인자
• 온도 : 55~60℃
• 수분 : 50~60%
• C/N비 : 초기 C/N비 26~35
  – C/N비가 높을 때 : 질소 부족, 유기산이 퇴비의 pH를 낮춘다.
  – C/N비가 낮을 때(20 이하) : 질소가 암모니아로 변하여 pH 증가 및 악취가 발생한다.
• pH 5.5~8.0 : 분뇨의 pH는 중성영역이므로 퇴비화 시 고려할 필요가 없다.

27 퇴비화에 대한 설명으로 옳지 <u>않은</u> 것은? [02년 환경부]

① 통기성이 좋아진다.
② 온도가 낮아진다.
③ C/N비가 높아진다.
④ 수분보유능력이 높아진다.

해설

퇴비화가 진행되면 C/N비는 점차 감소하게 된다.

28 RDF의 구비조건으로 알맞지 <u>않은</u> 것은?

① 함수율이 높을 것
② 고칼로리일 것
③ 균일한 배합을 가질 것
④ 저장 및 수송이 편리할 것

해설

RDF의 구비조건
• 함수율이 낮고, 발열량이 높을 것
• 대기오염도가 낮을 것
• 저장 및 수송이 용이할 것
• 기존 고체연료 사용로에서 사용이 가능할 것

29 분뇨처리장 설계 시 1인당 분뇨 배출량은 얼마로 추정하고 있는가?

① 1.1L/인·일
② 2.0L/인·일
③ 2.5L/인·일
④ 3.0L/인·일

해설

우리나라의 1인당 분뇨 배출량은 1.1L/인·일 정도로 추정된다.

30 분뇨를 도시폐기물과 혼합하여 퇴비화 처리할 때 유의해야 될 사항과 거리가 가장 <u>먼</u> 것은?

① pH
② C/N비
③ 함수율
④ 통기성

해설

도시폐기물의 퇴비화 시 함수율, C/N비, 통기성 등의 조건을 맞춰야 한다.

31 다음 중 슬러지 처리 시 소각까지 고려하여 처리하는 방법 중 효과적인 처리 순서는? [02년 서울]

① 농축 – 개량 – 탈수 – 안정 – 소각
② 농축 – 안정 – 탈수 – 개량 – 소각
③ 농축 – 안정 – 개량 – 탈수 – 소각
④ 농축 – 개량 – 안정 – 탈수 – 소각

[해설]

슬러지 처리 계통도

32 분뇨처리 방식 중 호기성 소화방식에 대한 설명으로 옳지 <u>않은</u> 것은?

① 대규모 시설에 적합하다. ② 반응시간이 짧다.
③ 처리효율이 높다.   ④ 슬러지량이 많다.

[해설]

분뇨처리 방식
• 혐기성 소화법
 – 슬러지 발생량이 적고, 탈수성이 좋다.
 – 대량의 분뇨처리가 가능하며 경제적이다.
 – 병원균이 사멸되어 위생적이다.
 – 소화조 용량이 크고, 가온이 필요하다.
 – 장시간의 분해기간이 소요되며 처리효율이 낮다.
 – 시설 투자비가 많이 든다.
 – 악취가 발생한다.
• 호기성 소화법
 – 규모를 작게 할 수 있어 부지 및 시설 투자비가 적게 소요된다.
 – 처리효율이 높다.
 – 반응시간이 짧다.
 – 대규모 시설에 부적합하다.
 – 슬러지 발생량이 많고, 탈수성이 나쁘다.
 – 고농도 폐수에 적합하지 않다.
• 화학적 처리법
 – 독성물질과 무관하다.
 – 소요 면적이 적게 소요된다.
 – 충격부하(고농도, 고유량)에 대한 적응력이 강하다.
 – 처리단가가 높고, 처리공법에 대한 운전기술이 요구된다.
• 습식 산화법
 – 무균상태로 유출되어 위생적이다.
 – 슬러지 탈수성이 좋고, 토지개량제로 이용할 수 있다.
 – 부지 면적이 적게 소요된다.
 – 시설 투자비 및 운전 관리비가 많이 소요된다.

– 고도의 운전기술이 필요하다.
– 기액분리 시에 탈기가 필요하며, 시설의 수명이 짧다.

33 슬러지 농축의 목적에 해당하지 <u>않는</u> 것은? [04년 경기]

① 소화조에서 슬러지 가열 시 소요열량이 적게 요구된다.
② 슬러지 개량에 사용되는 화학약품 주입량을 감소시킬 수 있다.
③ 후속 설비의 처리시설 용량을 감소시킬 수 있다.
④ 슬러지 내 유기물을 감소시킬 수 있다.

해설

슬러지 농축의 목적
• 탈수 효율의 향상
• 슬러지 수송을 위한 시설 규모의 축소
• 부피 감소를 통한 후속처리 시설의 유지 관리비 감소
• 슬러지 개량 및 가열 시 약품소요량, 사용열량 감소

34 소규모 처리시설 중 하나인 부패조(Septic tank)의 단점으로 옳지 <u>않은</u> 것은?

① 처리효율이 낮다.
② 냄새가 많이 난다.
③ 유지 관리에 기술이 요구된다.
④ 고부하 운전에 부적당하다.

해설

부패조의 장단점

장점	단점
• 특별한 에너지, 기계 및 설비가 불필요하다.	• 처리효율이 낮다.
• 유지 관리에 기술이 요구되지 않는다.	• 냄새가 많이 난다.
• 패키지형 정화조일 경우 설치 시공이 용이하다.	• 고부하 운전에 부적당하다.

35 슬러지의 수분 중 탈수성이 용이한 순서대로 나열한 것은?

① 내부 수 > 간극 모관결합 수 > 표면부착 수 > 모관결합 수
② 표면부착 수 > 간극 모관결합 수 > 모관결합수 > 내부 수
③ 간극 모관결합 수 > 모관결합 수 > 표면부착 수 > 내부 수
④ 모관결합 수 > 간극 모관결합 수 > 표면부착 수 > 내부 수

해설

· 탈수성이 용이한 정도 : 모관결합 수 > 간극 모관결합 수 > 쐐기상의 모관결합 수 > 표면부착 수 > 내부 수
· 결합강도 : 내부 수 > 표면부착 수 > 쐐기상의 모관결합 수 > 간극 모관결합 수 > 틈새의 모관결합 수

36 슬러지 개량(Conditioning) 방법과 거리가 먼 것은? [02년 경북]

① 화학적 응집제를 투여한다.
② 알칼리도가 높은 물로 씻는다.
③ 소석회를 주입한다.
④ 밀폐된 상황에서 150~200℃ 온도로 반 시간에서 한 시간 정도 처리한다.

해설

소화된 슬러지는 강한 알칼리성을 띠므로 물로 씻어 알칼리도를 줄여야 한다.

37 슬러지 개량의 주된 목적으로 알맞은 것은?

① 슬러지 건조의 촉진   ② 슬러지 악취 감소
③ 슬러지 탈수성 향상   ④ 탈리액 BOD 감소

해설

슬러지 개량의 주된 목적은 탈수성 향상을 위함이다.

38 다음 선별방법 중, 유리 혼합물을 각각 분별하고자 할 때 가장 적당한 방법은?　　　[03년 부산]

① 풍력 선별법　　　　　　　　② 자력 선별법
③ 정전 선별법　　　　　　　　④ 광학 선별법

해설

광학 선별법은 돌 같은 불투명한 것과 유리 같은 투명한 것을 분리하는 데 사용되는 방식이다.

39 슬러지 처분을 위한 고형화의 목적이라 볼 수 <u>없는</u> 것은?　　　[03년 경북]

① 슬러지의 취급이 용이
② 슬러지 내의 각종 유해물질의 용출방지
③ 고형화에 의하여 토목 및 건축재료로 자원화 가능
④ 슬러지 부피의 감소로 운반비용 절감효과

해설

고형화 처리의 목적
• 폐기물 취급을 용이하게 한다.
• 폐기물 내 오염물질의 용해도가 감소한다.
• 폐기물의 독성이 감소한다.
• 폐기물 성분의 유출을 줄인다.

40 적환장의 필요성과 거리가 <u>먼</u> 내용은 무엇인가?　　　[03년 경기]

① 작은 용량의 수집차량을 사용할 때
② 처분지가 수집 장소로부터 비교적 멀지 않을 때
③ 작은 규모의 주택들이 밀집되어 있을 때
④ 불법투기가 발생할 때

해설

적환장의 설치 이유
• 처분지가 수송장소로부터 원거리일 경우
• 작은 용량의 수집차량을 이용할 경우
• 불법투기 및 다량의 어질러진 폐기물이 발생할 경우

- 작은 규모의 주택들이 밀집되어 있는 경우
- 폐기물 수집 시 소형용기를 사용할 경우
- 슬러지 수송이나 관로수송방식을 사용할 경우

41 다음 중 폐기물의 분쇄나 파쇄의 목적으로 옳지 <u>않은</u> 것은? [04년 경북]

① 겉보기 비중의 증가
② 입경분포의 균일화
③ 비표면적의 감소
④ 유기물의 분리

해설

비표면적을 증가시켜 반응속도 및 분해속도의 증대를 꾀한다.

42 전단식 파쇄기에 관한 설명으로 옳지 <u>않은</u> 것은? [03년 경기]

① 목재류, 플라스틱류를 파쇄하는 데 효과적이다.
② 이물질의 혼입에 강하며 폐기물의 입도가 고르다.
③ 충격 파쇄기에 비해 대체적으로 파쇄속도가 느리다.
④ 소음과 분진발생이 비교적 적고 폭발의 위험성이 거의 없다.

해설

전단식 파쇄기는 목재류, 플라스틱류 및 종이류를 파쇄하는 데 이용되며 충격 파쇄기에 비해 파쇄속도가 느리고 이물질의 혼입에 대하여 약하나, 파쇄물의 크기를 고르게 할 수 있는 장점이 있다.

43 매립지 침출수의 특징으로 옳지 <u>않은</u> 것은? [04년 경북]

① 온도가 높아지면 BOD 농도는 높아진다.
② 일반적으로 COD 농도는 높다.
③ 가스발생량이 많아지면 BOD 농도는 낮아진다.
④ NO_3^-, PO_4^{3-}은 낮다.

 해설

침출수의 특징
• 가스발생이 많고 혐기성 분해가 잘 일어날수록 침출수 내의 유기물 농도는 낮아진다.
• 가스발생이 잘 일어나지 않을수록 산 형성반응에 의해 침출수의 농도가 높아진다.
• COD 3,000~4,500ppm
• 온도가 높으면 혐기성 분해가 활발하여 침출수의 유기물 농도가 저하된다.

44 최종 매립지의 기능이 <u>아닌</u> 것은? [03년 경기]

① 처리기능   ② 차수기능
③ 방풍기능   ④ 저류기능

해설
방풍기능은 매립지의 기능과 거리가 멀다.

45 다음 중 폐기물의 중간 처리시설에 해당하지 <u>않는</u> 것은? [02년 경북]

① 매립시설   ② 파쇄시설
③ 압축시설   ④ 소각시설

해설
매립시설은 최종 처리시설에 속한다.

46 고형화 처리방법 중 열가소성 플라스틱법의 장점으로 옳은 것은?

① 혼합율이 낮다.
② 높은 온도에서 분해되는 물질에 주로 사용된다.
③ 장치가 간단하다.
④ 고화 처리된 폐기물 성분을 회수하여 재활용할 수 있다.

해설

열가소성 플라스틱법의 장단점

장점	단점
• 용해성이 높은 독성물질 처리에 좋다. • 매트릭스 물질은 수용액 침투에 저항성이 크다. • 고화 처리된 폐기물 성분을 회수하여 재활용할 수 있다. • 용출률이 시멘트 기초법에 비해 매우 낮다.	• 장치가 복잡하고 크다. • 처리과정에 화재 위험성이 크다. • 혼합률이 비교적 높다. • 높은 온도에서 분해되는 물질에는 사용할 수 없다.

47 퇴비화의 장단점에 대한 설명으로 옳지 않은 것은?

① 생산된 퇴비는 토양개량제(Bulking Agent)로 사용할 수 있다.
② 악취 발생 가능성이 있다.
③ 토양 내 미생물 수를 증가시킨다.
④ 높은 비료가치를 가진다.

해설

퇴비화의 장단점
• 장점
  – 토양개량제로 활용가능
  – 소요 에너지가 작음
  – 초기 시설 투자비가 낮음
  – 폐기물의 감량화
  – 요구되는 기술수준이 낮음
  – 토양 내의 미생물 수 증가
  – 수분함량과 수분의 보유능력 증대
  – 토양의 경화 방지
• 단점
  – 비료 가치가 낮음
  – 퇴비화 과정 중 농작물에 필요한 질소의 유실
  – 생산된 퇴비의 불확실한 수요 및 품질 표준화의 어려움
  – 난분해성 유기물로 인한 유해성 문제
  – 악취 발생 가능성
  – 넓은 부지 필요
  – 부피 감소가 크지 않음(50% 이하)

48 다음 폐기물 중 C/N비가 가장 큰 물질은 무엇인가? [03년 경남]

① 하수 슬러지 ② 음식물 쓰레기
③ 낙엽 ④ 톱밥

해설
각 C/N비는 톱밥(100~1,000), 낙엽(40~80), 음식물 쓰레기(약 30), 하수 슬러지(10~15)이다.

49 다음 중 소각과 관련된 협약은 무엇인가? [03년 대구]

① 생물 다양성 협약 ② 몬트리올 의정서
③ 바젤 협약 ④ 기후 변화 협약

해설
바젤 협약은 국제적으로 문제가 되는 유해 폐기물의 수출입과 그 처리를 규제하려는 목적으로 1981년 제9차 국제연합환경계획 총회에서 다루어진 이래 여러 차례의 회의를 거쳐 1989년 3월 스위스 바젤에서 제정된 협약이다.

50 다음 중 퇴비화를 위한 설비와 가장 거리가 먼 것은? [03년 대구]

① 교반 시설 ② 수분조절 시설
③ 가온 시설 ④ 공기공급 시설

해설
퇴비화 시 미생물에 의한 발열반응이 일어나 자동적으로 온도가 상승하므로 가온 시설은 특별히 필요 없다.

51 다음 중 퇴비화 과정의 최적 조건에 대한 설명으로 옳지 <u>않은</u> 것은? [02년 울산]

① C/N비 10 ② pH 6~8
③ 수분함량 50~70% ④ 온도 55~60℃

퇴비화의 최적 조건
- 수분함량 : 45~60% 최적 · 최소 30%, 최대 85%여야한다.
- 온도 : 55~60℃
- C/N비 : 25~40

52 분뇨의 특징에 대한 설명으로 옳지 <u>않은</u> 것은?

① 다량의 유기물을 포함하며 고액분리가 곤란하다.
② 분뇨의 비중은 1.02 정도이다.
③ 하수 슬러지에 비해 염분의 농도가 높다.
④ 분과 뇨의 고형질의 비는 9 : 1 정도이다.

분뇨의 특징
- 분과 뇨의 비=1 : 8~10, 고형물의 비=7 : 1
- 분뇨의 비중 1.02, 점도 1.2~2.2
- 분뇨의 평균 배출량 : 1.1L/인 · 일
- 하수슬러지에 비해 높은 염분농도
- 다양의 유기물을 포함하며 고액분리 곤란

53 폐기물의 파쇄에 대한 원리가 <u>아닌</u> 것은? [02년 울산]

① 선별 원리   ② 전단 원리
③ 충격 원리   ④ 압축 원리

해설
파쇄 원리는 충격작용, 전단작용, 압축작용이다.

54 폐기물 선별방법 중 철 등의 자성을 갖는 물질의 분리 및 회수에 이용하는 것은?

① 광학적 선별　　　　　　　　② 정전 선별
③ 자력 선별　　　　　　　　　④ 와전류 선별

> **해설**
> ① 광학적 선별 : 색유리와 보통 유리, 돌과 유리 등을 분류하기 위한 방법이다.
> ② 정전 선별 : 종이와 플라스틱의 분리에 적용 가능한 방법으로 물을 흡수한 종이는 전도체로, 플라스틱은 비전도체로 분리할 수 있다.
> ③ 자력 선별 : 철 등의 자성을 갖는 물질의 분리, 회수에 이용한다.
> ④ 와전류 선별 : 알루미늄과 같이 비철금속을 제거할 때 사용하는 방법으로 금속의 전기전도도 차이를 이용한다.

55 쓰레기 선별방법 중 Trommel Screen 선별 효율에 영향을 주는 인자에 관한 설명으로 옳은 것은?

① 경험적으로 [임계 회전속도×0.45＝최적 회전속도]로 나타낼 수 있다.
② 원통의 길이가 길수록 선별 효율은 감소한다.
③ 원통의 경사가 작을수록 선별 효율이 감소한다.
④ 회전속도가 증가할수록 선별 효율도 증가한다.

> **해설**
> **회전 스크린(Rotation Screen, Trommel Screen)**
> • 원통의 길이가 길수록 선별 효율은 증가한다.
> • 원통의 경사가 작을수록 선별 효율이 증가한다.
> • 회전속도가 증가할수록 선별 효율이 감소한다.

56 파쇄장치 중 충격식 파쇄기에 관한 설명으로 옳지 <u>않은</u> 것은?

① 종류에는 수평축 해머밀, 수직축 해머밀 등이 있다.
② 전단식 파쇄기에 비해 파쇄속도가 느리다.
③ 유리 및 목질류를 파쇄하는 데 효과적이다.
④ 파쇄시에 분진, 소음, 진동발생이 현저하고 폭발의 위험성이 크다.

> **해설**
> 충격식 파쇄기는 고속(700~1200rpm) 회전하므로 파쇄속도가 빠르다.

57 매립지를 주택용으로 사용하려면 몇 년이 지난 후에 가능한가? [03년 부산]

① 40년
② 30년
③ 20년
④ 10년

해설

폐기물의 분해가 완료되기까지는 매립지의 깊이 및 폐기물의 종류에 따라 차이는 있으나, 일반적으로 20 ~ 30년 후 폐기물 분해와 안정화가 끝나 재이용이 가능하다. 2019년을 기준으로 「환경부령」 제70조 별표 19에 따른 사후관리기간은 30년이며, 「폐기물관리법 시행령」 제35조에 따른 토지이용제한기간도 30년으로 동일하다.

58 폐기물 매립지 침출수의 성질에 영향을 줄 수 <u>없는</u> 것은? [03년 인천]

① 매립지의 형상
② 폐기물 내의 유기물질 함량
③ 폐기물 내의 중금속 함량
④ 다짐 정도

해설

침출수 성질에 영향을 끼치는 인자
• 유입수(우수, 표층수 등)의 특성
• 매립지내의 매립한 폐기물의 종류
• 매립지의 분해 상태
• 주변 토양의 특성

59 쓰레기 매립장에 발생하는 가스에 대한 설명으로 옳은 것은?

① 발생가스의 대부분은 주로 메탄 및 황화수소이다.
② 분해가 진행될수록 메탄의 구성 비율이 높아진다.
③ 가스의 발생은 호기성 분해가 일어나고 있는 증거이다.
④ 가스 생산의 최적 pH는 9, 수분함량은 60%이다.

해설

가스 생산의 최적 pH는 7, 수분함량은 85%이다. 발생가스의 대부분은 메탄, 이산화탄소이다.

60 다음의 위생매립 방법 중 복토를 쉽게 얻을 수 있는 매립 방법은?

① 계곡식 매립

② 도랑식 매립

③ 경사식 매립

④ 평지 매립

해설

도랑형 공법은 약 2.5m~7m 정도의 깊이로 도랑을 파고 이 도랑에 폐기물을 묻은 후 다지고 다시 흙을 덮은 형식으로 이 경우 파낸 흙이 항상 남게 되어 복토재로 이용할 수 있는 장점이 있다.

61 매립지에서 발생하는 가스 처리가 필요한 이유로 옳지 <u>않은</u> 것은?

① 악취 발생 우려

② 미생물의 분해속도 저하

③ 복토량의 감소

④ 수목의 고사 및 식물생육 저해

해설

발생가스 처리의 필요성
- 매립지 내 기체의 압력이 증가하여 지층이 유동될 수 있다.
- 약한 차단벽이 견디지 못하여 폭발할 우려가 있다.
- 미생물의 분해속도를 저하시켜 안정화 기간의 연장을 초래한다.
- 화재, 폭발, 작업장애, 수목의 고사, 식물생육 저해 등의 영향을 미친다.
- 탄산가스는 지하로 이동하여 지하수 경도를 높이거나 토양을 산성화 시킬 수 있다.
- 황화수소류 등의 가스는 악취를 발생한다.

62 위생매립에서 일일 복토는 얼마 이상으로 하는가?　　　　　　　　　　　　[02년 경북]

① 15cm

② 25cm

③ 5cm

④ 35cm

해설

일반적으로 통용되는 각 복토의 최소 두께는 일일 복토는 15cm, 중간 복토는 30cm, 최종 복토의 경우 60cm이다.

63 침출수의 발생에 영향을 주는 요인으로 옳지 <u>않은</u> 것은?

① 유기물 분해 시 발생량
② 쓰레기 자체 수분
③ 강수에 의한 유입
④ 토양의 공극계수

해설

침출수 발생의 영향 요인은 강수에 의한 유입, 지하수 유입, 유기물 분해 시 발생량, 쓰레기 자체 수분 등이다.

64 침출수 집배수층 재료로 가장 일반적으로 사용되는 것은? [03년 경기]

① 실트
② 점토
③ 자갈
④ 모래

해설

집배수층의 재료는 대개 자갈을 많이 사용하며 자갈의 직경은 10~13㎜의 범위에 있거나, 16~32㎜의 범위에 있으면 만족스러운 것으로 알려져 있다.

65 점토가 매립지의 차수막으로 적합하기 위해서는 투수계수가 몇 cm/sec 미만이어야 하는가?

① 10^{-1}cm/sec
② 10^{-5}cm/sec
③ 10^{-3}cm/sec
④ 10^{-7}cm/sec

해설

투수계수는 10^{-7}cm/sec 이하이어야 한다.

66 연직 차수막에 대한 설명으로 옳은 것은? [02년 대구]

① 지하수 집배수 시설이 불필요하다.

② 차수성 확인이 매립 후에도 용이하다.

③ 매립 전에는 보수가 용이하나 매립 후에는 불가능하다.

④ 차수막 단위면적당 공사비는 싸지만 총 공사비는 비싸다.

해설

연직 차수막

• 지중에 수평방향의 차수층이 존재할 때 사용한다.

• 수직 또는 경사 시공을 하고, 지하수 집배수 시설이 불필요하다.

• 단위 면적당 공사비는 많이 소요되나 총 공사비는 적게 든다.

• 지중이므로 보수가 어렵지만 차수막 보강시공이 가능하다.

• 비위생매립지의 침출수에 의한 지하수 오염 방지 목적으로 시공하는 사례가 많다.

67 차수막으로 사용되고 있는 PVC에 대한 설명으로 옳은 것은?

① 대부분의 유기화학물질에 강하다.

② 강도가 크다.

③ 가격이 비싸다.

④ 자외선, 오존 및 기후에 강하다.

해설

PVC의 장단점

장점	단점
• 작업이 용이하다. • 강도가 높다. • 접합이 용이하다. • 가격이 저렴하다.	• 자외선, 오존, 기후에 약하다. • 대부분의 유기화학물질에 약하다.

68 **퇴비화 된 퇴비에 관한 설명으로 옳지 <u>않은</u> 것은?** [04년 경기]

① 수분함량은 40% 이하이다.
② C/N비는 30~40이다.
③ 퇴비화 된 퇴비의 색깔은 흑갈색이다.
④ 슬러지에 중금속 성분을 함유하지 않는다.

해설

퇴비화가 완료되면 C/N비는 최종적으로 10 정도가 된다.

69 **퇴비화 숙성이 완료되었을 때 C/N비의 값은?** [03년 경기]

① 70 ② 30
③ 50 ④ 10

해설

퇴비화 시 미생물의 종류에 따라 필요한 C/N비가 틀리나 50 이하로 초기 20~35 정도가 적당한 값으로 알려져 있으며, 퇴비화가 진행되어 숙성단계에서는 약 10 정도로 안정화가 된다.

70 **다음 중 퇴비화 후 일반적인 퇴비의 특징으로 옳지 <u>않은</u> 것은?** [02년 서울]

① C/N비율이 높다.
② 수분 보유능력, 양이온 교환능력이 높다.
③ 악취가 없는 안정한 유기물
④ 병원균이 거의 없다.

해설

퇴비(Comost, Humus)의 특징
• 안정화된 유기물로 흙 냄새가 있다.
• 병원균이 거의 사멸되어 있다. → 퇴비화 시 열발생
• 훌륭한 토지개량제이다.
• 낮은 C/N비율(10~20 : 퇴비화 완료) → 안정화
• 짙은 갈색

71 다음 중 파쇄에 대한 설명으로 올바른 것을 모두 고른 것은?

> ㉠ 파쇄는 비표면적을 증가시켜 미생물에 의한 반응속도 및 분해속도를 증가시킨다.
> ㉡ 파쇄를 하면 겉보기 비중이 감소하여 취급이 용이해진다.
> ㉢ 충격파쇄기는 소음 및 분진이 발생하므로 대책이 필요하다.
> ㉣ 충격파쇄기는 전단식 파쇄기에 비하여 회전속도가 느리다.
> ㉤ 압축파쇄기는 구조가 큰 덩어리 및 연성폐기물에 적합하다.
> ㉥ 전단식 파쇄기는 이물질의 혼입에는 약하다.

① ㉠, ㉡, ㉢
② ㉡, ㉣, ㉤
③ ㉢, ㉤, ㉥
④ ㉠, ㉢, ㉥

해설

파쇄의 목적
- 크기의 균질화
- 매립 시 일일복토 불필요
- 특정성분(고무, 플라스틱, 금속류)의 분리 회수
- 비표면적 증가
- 겉보기 비중 증가

파쇄장비의 종류

충격파쇄기	전단파쇄기	압축파쇄기
• 깨지기 쉬운 물질에 효과적 • 고속(700~1200rpm) 회전 • 유리, 목질류에 적합 • 소음 및 분진이 발생하므로 대책이 필요	• 저속(60~190rpm) 회전 • 충격파쇄기에 비해 파쇄속도가 느리고 이물질의 혼입에 약함 • 목재류, 플라스틱류, 종이류에 적합	• 기계의 압착력을 이용하여 폐기물을 파쇄 • 자동차 및 가구 등에 적합

72 폐기물의 매립지에서 나오는 침출수의 성질에 영향을 주는 인자로 옳지 <u>않은</u> 것은?

① 매립 후의 경과시간
② 쓰레기의 수분함량
③ 쓰레기의 불활성 물질의 농도
④ 토양의 성질

해설

침출수의 성질에 영향을 주는 인자
- 폐기물 내의 유기물질의 함량 및 중금속 함량
- 매립 후의 경과시간
- 수분함량 및 온도
- 토양의 성질
- 저장 및 분석방법

73 다음은 선별법에 관한 설명이다. ( ) 안에 들어갈 말로 알맞은 것은?

> 건식선별방법 중 와전류 선별법은 ( )을/를 와전류 현상에 의하여 다른 물질로부터 선별하는 방식이다.

① 비자성이고 전기전도성이 우수한 금속
② 자성이고 전기전도성이 우수하지 못한 금속
③ 자성이고 전기전도성이 우수한 금속
④ 비자성이고 전기전도성이 우수하지 못한 금속

해설

선별방법의 종류
- 손 선별
  - 사람이 직접 손을 이용하여 선별하는 방법
  - 정확가 높고 위험물 분류가 가능함
- 스크린 선별 : 크기 선별을 의미하며 파쇄기를 보호하기 위한 전처리로 이용됨
  - 회전스크린(Trommel Screen) : 도시폐기물 선별
  - 진동스크린(Vibrating Screen) : 골재 선별에 주로 이용
- 와전류 선별(Eddy Current Separator)
  - 금속의 전기 전도도 차이를 이용한 선별방법
  - 알루미늄 등의 비철금속을 선별할 때 사용
- 관성 선별 : 비중이 큰 물질은 멀리 날아가고, 작은 물질은 가까이 떨어지는 원리를 이용한 선별방법
- 광학 선별 : 빛의 투과도를 사용하는 선별방법으로 유리선별 시 주로 사용
- 스터너(Stoner)
  - 약간 경사진 판에 진동을 줌으로써 가벼운 것과 무거운 것을 분리하는 선별방법
  - 퇴비에서 유리조각 선별, 파쇄한 폐기물에서 알루미늄 회수 등에 이용
- 부상(Flotation) : 폐기물을 물에 넣어 밀도 차에 의해 뜨는 물질을 선별하는 방법
- Jig : 물이나 공기 중에서 광립을 맥동 시켜 비중이 큰 광립과 작은 광립을 상·하부로 이동하여 층을 형성시켜 선별하는 방법
- Secators
  - 회전하는 드럼 위에 폐기물을 낙하시켜 분리하는 선별방법
  - 물렁거리는 가벼운 물질과 딱딱한 물질을 선별하는 데 사용

74 슬러지 농축방법에 대한 설명으로 옳지 <u>않은</u> 것은?

① 중력식 농축은 구조가 간단하고 유지관리가 용이하며 잉여슬러지 농축에 적합하다.
② 부상식 농축은 실내에 설치할 경우 부식문제를 유발할 수 있다.
③ 원심분리 농축은 악취가 적고 고농도로 농축이 가능하다.
④ 중력벨트 농축은 소요면적이 크다.

해설

중력식 농축방법은 구조가 간단하고 유지관리가 용이하나, 잉여슬러지 농축에는 부적합하다.

75 매립지에 흔히 쓰이는 합성 차수막의 종류인 Neoprene(CR)에 관한 내용으로 옳지 <u>않은</u> 것은?

① 접합이 용이하다.
② 가격이 고가이다.
③ 마모 및 기계적 충격에 강하다.
④ 대부분의 화학물질에 대한 저항성이 높다.

해설

Neoprene(CR : Chloroprene Rubber)
• 화학물질에 대한 저항성이 크다.
• 마모 및 기계적 충격에 강하다.
• 접합이 용이하지 못하고 가격이 고가이다.

76 고화처리 방법인 석회기초법의 장단점으로 옳지 <u>않은</u> 것은?

① pH가 낮을 때 폐기물성분의 용출 가능성이 증가한다.
② 탈수가 필요하다.
③ 석회 가격이 싸고 널리 이용된다.
④ 두 가지 폐기물을 동시에 처리할 수 있다.

해설

석회기초법의 장단점

장점	단점
• 운전이 용이하다. • 탈수가 필요 없다. • 가격이 싸고 적용 가능성이 넓다. • 석회-포졸란 반응의 화학성이 간단하고 잘 알려져 있다. • 슬러지, 비산재 두 가지 폐기물의 동시 처리가 가능하다.	• pH가 낮을 때 폐기물 성분의 용출 가능성이 증가한다. • 최종 처분물질의 양이 증가한다.

77 폐기물 매립 시 사용되는 인공복토재의 조건으로 옳지 <u>않은</u> 것은?

① 미관상 좋아야 한다.

② 살포가 용이하여야 한다.

③ 투수계수가 높아야 한다.

④ 연소가 잘 되지 않아야 한다.

해설

인공복토재의 조건

• 생분해가 가능해야 함
• 살포가 용이해야 함
• 적은 두께로 복토기능을 대신할 수 있어야 함
• 원료가 비싸지 않아야 함
• 독성이 없고 연소가 잘 되지 않아야 함
• 투수계수가 낮아야 함
• 미관상 보기가 좋아야 함

CHAPTER 03 폐기물 소각 및 열회수

01 소각공정 및 소각로

1 소각

(1) 소각의 목적
① 폐기물의 무해화
② 폐기물의 안정화
③ 폐기물의 감량화
④ 폐기물 에너지의 자원화

(2) 장점
① 폐기물의 감량화 효율이 좋다.
② 위생적이다.
③ 소각 시 발생한 열을 이용하여 난방 및 전기 생산이 가능하다.
④ 바닥재의 재활용이 가능하다.

(3) 단점
① 시설비가 많이 든다.
② 잔류고형물을 처리해야 한다.
③ 소각 시 발생하는 물질로 인한 2차 오염의 우려가 있다.

2 소각로의 종류 및 특성

(1) 스토커식 소각로
① 소각방식 : 화격자 가동식
② 도시(생활)쓰레기 소각에 가장 대표적인 소각방식이다.
③ 전처리 설비가 불필요하다.
④ 동력소모가 적고, 소각상태가 안정하다.
⑤ 고온 중에서 기계적으로 구동하므로, 금속부의 마모손실이 심하다.
⑥ NOx의 발생이 많다.

(2) 유동층 소각로

① 운전이 간단하고 소각이 빠르다.

② 넓은 범위의 폐기물 소각이 가능하다(도시쓰레기, 산업쓰레기, 슬러지 등).

③ 소각로의 온도저하 및 고장이 적어 유지관리가 용이하다.

④ 투입이나 유동화를 위해 전처리가 필요하다.

⑤ 가스의 온도가 낮고 과잉 공기량이 적어 NOx의 발생이 적다.

⑥ 동력소모가 많다.

(3) 로터리 킬른식 소각로(회전로)

① 유해폐기물의 소각에 주로 이용한다.

② 드럼이나 대형 용기를 그대로 투입할 수 있다.

③ 넓은 범위의 폐기물 소각이 가능하다.

④ 용융상태의 물질에 의하여 방해받지 않는다.

⑤ 전처리 설비가 불필요하다.

⑥ 소각로에서 공기 유출이 크므로 열효율이 낮은 편이다.

(4) 다단로 방식 소각로

① 슬러지 소각에 활용된다.

② 천연가스, 오일, 폐유 등의 다양한 연료를 사용할 수 있다.

③ 체류시간이 길어 휘발성이 낮은 폐기물 연소에 유리하다.

④ 수분함량이 높은 폐기물의 연소가 가능하다.

⑤ 분진발생량이 많고, 유해폐기물을 완전분해하기 위해 2차 연소실이 필요하다.

(5) 액체주입형 연소기

① 광범위한 액상폐기물을 미립화하여 연소할 수 있다.

② 구동장치가 없어 고장이 적다.

③ 소각재 배출설비가 없어 회분함량이 낮은 액상폐기물에 사용된다.

> **PLUS 참고**
>
> **소각재의 종류**
> - 바닥재(Bottom Ash)
>   - 소각로 하부에서 배출되며, 입자가 크고 유해물질의 함유가 없어 일반폐기물로 취급한다.
>   - 주요 구성성분은 입자가 큰 불연성 물질이다.
>   - 유가성 물질을 위한 회수시설 설치의 필요성이 있다.
> - 비산재(Fly Ash)
>   - 연소과정에서 날리게 되는 재로 연소가스 처리설비 등에서 포집된다.
>   - 입자가 미세하고 중금속, 다이옥신 등의 유해물질을 함유할 가능성이 있으므로 지정폐기물로 분류된다.

3 폐기물의 열분해

(1) 개념
폐기물에 산소가 없는 상태에서 외부로부터 열을 공급하면 분해와 응축과정을 거쳐 가스, 액체, 고체 상태의 연료가 생산된다.

(2) 종류
① 저온 열분해 : 500~900℃
② 고온 열분해 : 1,100~1,500℃
③ 온도가 증가할수록 수소 함량 증대, CO_2 함량 감소

(3) 열분해의 장단점
① 장점
　㉠ 배기가스량 및 NOx 발생량이 적다.
　㉡ 가스 처리장치가 소형이다.
　㉢ 연료 회수가 가능하다.
② 단점
　㉠ 외부에서의 열공급이 필요하다.
　㉡ 파쇄, 선별 등의 전처리가 필요하다.
　㉢ 별도의 정제장치가 필요하다.

02　에너지 회수

1 에너지 회수 설비

과열기 → 재열기 → 절단기 → 공기예열기

(1) 열교환기
① 과열기
　㉠ 보일러에서 발생하는 포화증기를 과열하여 수분을 제거하고 과열도가 높은 증기를 얻기 위해 설치한다.
　㉡ 과열기의 재질로는 특수 내열 강관을 사용한다(탄소강, 니켈, 몰리브덴, 바나듐 등).
　㉢ 부착위치에 따라 방사형, 대류형, 방사/대류형으로 분류한다.
② 재열기 : 과열기와 구조가 같고, 과열기의 중간 또는 후단에 배치된다.

③ 절탄기
  ㉠ 석탄을 절약하는 기계이다.
  ㉡ 보일러의 전열면을 통하여 연소가스의 여열로 보일러 급수를 예열하여 보일러의 효율을 높이는
    장치이다.
④ 공기 예열기 : 가스 여열을 이용하여 연소용 공기를 예열하여 보일러의 효율을 높이는 장치이다.

(2) 증기터빈 방식
① 증기작동방식 : 충동 터빈, 반동 터빈, 혼합식 터빈
② 증기이용방식 : 배압 터빈, 추기 배압 터빈, 복수 터빈, 추기 복수 터빈, 혼합 터빈
③ 적용
  ㉠ 발전용 : 직결형 터빈, 감속형 터빈
  ㉡ 기계구동용 : 급수펌프 구동터빈, 압축기 구동터빈
④ 증기유동방향 : 축류 터빈, 반경류 터빈
⑤ 흐름수 : 단류 터빈, 복류 터빈

2 회수에너지의 이용

(1) 고형연료제품의 품질기준
① 발열량 : 3,500kcal/kg 이상
② 수분함량 : 10% 이하
③ 회분함량 : 20% 이하
④ 염소함량 : 2% 이하
⑤ 기타 : 황, 중금속 등 대기오염 유발물질에 대한 함량이 적어야 한다.

(2) RDF의 구비조건
① 함수율이 낮고, 발열량이 높을 것
② 대기오염도가 낮을 것
③ 저장 및 수송이 용이할 것
④ 기존 고체연료 사용로에서 사용이 가능할 것

CHAPTER 03 **확인학습문제**

01 다음 중 생활폐기물의 자원화의 근본적인 목적으로 옳지 <u>않은</u> 것은? [04년 경기]

① 생활폐기물 발생량 감소
② 1차 자원 고갈 방지
③ 매립지 수명연장
④ 처리비용 감소

해설

자원화는 폐기물 감량에 의한 처리비용의 감소, 물질과 에너지의 절약을 통한 자원 고갈 예방, 환경오염으로 인한 붕괴 방지, 매립지 수명연장 등을 목적으로 한다.

02 다음 중 연료로 에너지를 회수할 수 있는 방법은? [04년 경기]

① 호기성 산화법
② 열분해법
③ 혐기성 소화법
④ 소각법

해설

열분해란 폐기물에 산소가 없는 상태에서 외부로부터 열을 공급하면 분해와 응축과정을 거쳐 가스, 액체, 고체 상태의 연료를 생산하는 것을 말한다.

03 모든 폐기물에 적용가능하나 시설비가 많이 드는 소각로는 무엇인가?

① 유동층식 소각로
② 회전로식 소각로
③ 스토커식 소각로
④ 다단로식 소각로

해설

회전로식 소각로
• 유해폐기물의 소각에 주로 이용한다.
• 드럼이나 대형 용기를 그대로 투입할 수 있다.
• 넓은 범위의 폐기물 소각이 가능하다.

- 용융상태의 물질에 의하여 방해받지 않는다.
- 전처리 설비가 불필요하다.
- 소각로에서 공기 유출이 크므로 열효율이 낮은 편이다.

04 열분해를 통하여 생성되는 연료의 성질을 결정짓는 요소로 옳지 <u>않은</u> 것은?

① 가열속도
② 폐기물의 수분함량
③ C/N비
④ 운전온도

열분해를 통하여 생성되는 연료의 성질을 결정하는 요소에는 운전온도, 가열속도, 폐기물의 성질(수분함량, 폐기물 크기 등) 등이 있다.

05 유동층 소각로의 장점으로 옳지 <u>않은</u> 것은? [04년 경기]

① 기계적 구동부분이 적어 고장률이 낮다.
② 과잉공기량이 상대적으로 적어 배출가스량이 적다.
③ 폐기물 투입 시 파쇄 등 전처리가 필요 없다.
④ 소각로 내의 온도의 자동제어와 열회수가 용이하다.

유동층 소각로의 특징
- 운전이 간단하고 소각이 빠르다.
- 넓은 범위의 폐기물 소각이 가능하다(도시쓰레기, 산업쓰레기, 슬러지 등).
- 소각로의 온도저하 및 고장이 적으므로 유지 관리가 용이하다.
- 투입이나 유동화를 위해 전처리가 필요하다.
- 가스의 온도가 낮고 과잉공기량이 적어 NOx의 발생이 적다.
- 동력소모가 많다.

06 다단로 방식 소각로의 장단점에 대한 설명으로 옳지 <u>않은</u> 것은?

① 슬러지 소각에 유리하다.
② 수분함량이 높아도 소각이 가능하다.
③ 대형 폐기물 소각에 적합하다.
④ 분진발생량이 많다.

해설

대형 폐기물 소각에는 부적합한 단점이 있다.

다단로 방식 소각로의 특징
- 슬러지 소각에 활용된다.
- 천연가스, 오일, 폐유 등의 다양한 연료를 사용할 수 있다.
- 체류시간이 길어 휘발성이 낮은 폐기물 연소에 유리하다.
- 수분함량이 높은 폐기물의 연소가 가능하다.
- 분진발생량이 많고, 유해폐기물을 완전분해하기 위해 2차 연소실이 필요하다.

07 폐기물 열분해 연소공정에 대한 설명으로 옳지 <u>않은</u> 것은?

① 폐기물의 입경이 미세할수록 열분해가 쉽게 일어난다.
② 폐기물 내 수분함량과 열분해 소요 시간과는 관계가 없다.
③ 열분해 공정 중 저온법은 고온법에 비해 액체상태의 연료가 많이 생성된다.
④ 열분해 공정 중 고온법은 1,100~1,500℃의 고온에서 행하는 방법이다.

해설

폐기물 내 수분함량이 많을수록 열분해에 소요되는 시간이 길어진다.

08 폐기물 처리 시 열분해 공정이 갖는 장단점으로 옳은 것은?

① 배기가스량이 많다.
② 파쇄, 선별 등의 전처리가 필요 없다.
③ 반응성이 좋다.
④ 저장 수송이 가능한 연료를 회수할 수 있다.

> [!해설]
> **열분해의 장단점**
> • 장점
>   – 배기가스량 및 NOx 발생량이 적다.
>   – 가스 처리장치가 소형이다.
>   – 연료 회수가 가능하다.
> • 단점
>   – 외부에서의 열공급이 필요하다.
>   – 파쇄, 선별 등의 전처리가 필요하다.
>   – 별도의 정제장치가 필요하다.

09 폐기물의 열분해에 대한 설명으로 옳지 <u>않은</u> 것은? [03년 경기]

① 처리비용이 매립방법보다 많이 소요된다.
② 고온, 무산소 상태에서 분해시키므로 신속하게 처리된다.
③ 오일의 분리 및 재사용이 가능하다.
④ 함수율이 높은 쓰레기의 처리에 적합하다.

> [!해설]
> 열분해 시는 함수율이 낮고 발열량이 높은 쓰레기가 적합하다.

10 폐기물 처리 시 에너지를 회수할 수 있는 처리방법과 가장 거리가 <u>먼</u> 것은?

① RDF ② 열분해
③ 가스화 ④ 호기성 산화

> [!해설]
> ① RDF(Refuse Derived Fuels) : 분리되지 않은 도시고형물을 처리하여 유리나 금속 같은 불연성성분을 제거하고 부패하기 쉬운 물질, 저발열량의 물질을 제거하고 종이, 플라스틱, 섬유 그 밖의 가연물로 이루어진 잔류물을 발열량을 높이기 위해서 분쇄하여 일정한 크기로 성형한 가연분 형태의 고체 연료를 말한다.
> ② 열분해 : 유기물질을 산소의 공급 없이 가열하여 가스, 액체 및 고체의 3성분으로 분리하는 것으로 연소가 고도의 발열반응임에 비해 고도의 흡열반응으로써 에너지원으로 사용할 수 있는 가스 및 고체, 액체 성분을 얻을 수 있다.
> ③ 가스화 : 유기물질을 공기결핍 상태에서 부분 연소시킴으로써 CO, H$_2$, 포화탄화수소 등 태울 수 있는 가스를 생성하는 것이다.

11 다음 열분해에 대한 설명으로 옳은 것은? [03년 경기]

① 무산소 조건을 요구하며 배출가스량이 적다.
② 고온에서는 액상 생성물이, 저온에서는 기상 생성물이 주로 생성된다.
③ 발열반응이다.
④ 함수율이 높은 쓰레기 처리에 적당하다.

 해설

열분해는 흡열반응에 의하여 진행되며 또한 고온(1,100~1,500℃)에서는 가스상태의 연료가 많이 생성되며, 저온(500~900℃)에서는 Tar, Char 및 액체상태의 연료가 보다 많이 생성된다.

소음 및 진동

문자열 환경공학개론

한권으로 끝내기

내게 돌아온

소음

01 소음 개론

1 음의 용어 및 성질

(1) 음(Sound)

매질(탄성체)에 외부 힘을 가하면 매질의 구성입자들은 원상태로 돌아가려고 하는데, 이 힘에 의한 진동이 시간적, 공간적으로 퍼져 나가는 것이 탄성파이다. 음(Sound)은 탄성파의 일종으로 음파라고도 한다.

(2) 음의 분류

① 고체음 : 물체의 진동에 의해 발생하는 음
② 기류음 : 공기의 압력변화에 의해 발생하는 음

(3) 파동

① 파동 : 공간이나 물체의 일부에서 일어난 상태의 주기적 변동이 어느 정도의 속도로 퍼져나가는 현상을 말하며 파(Wave)라고도 한다.
② 매질입자의 진동을 파동이라 할 수 있다. 여기서 매질은 파동을 전파하는 물질이나 공간을 의미하며, 파원은 파동의 원천을 말한다.
③ 파동의 종류
  ㉠ 횡파 : 매질의 상태변화 방향이 파동진행 방향에 수직인 파(S파)
  ㉡ 종파 : 매질의 상태변화 방향이 파동진행 방향에 평행인 파(P파)

(4) 음파의 종류

① 평면파(Plane Wave) : 음파의 파면들이 서로 평행한 파로 1차원만으로 진행되는 파를 말한다.
② 발산파(Diverging Wave) : 음원으로부터 거리가 멀어질수록 더욱 넓은 면적으로 퍼져나가는 파를 말한다.
③ 구면파(Spherical Wave) : 음원에서 모든 방향으로 동일한 에너지를 방출할 때 발생하는 파를 말한다.
④ 진행파(Progressive Wave) : 음파의 진행방향으로 에너지를 전송하는 파를 말한다.
⑤ 정재파(Standing Wave) : 둘 또는 그 이상의 음파의 구조적 간섭에 의해 시간적으로 일정하게 음압의 최고와 최저가 반복되는 패턴의 파를 말한다.

(5) 음의 성질

① 굴절
  ㉠ 음파가 구부러지는 현상으로 굴절 현상은 대기의 온도 차와 풍속 차에 의해 발생한다.

ⓛ 음의 진행방향이 바뀌는 현상이다.

ⓒ 음이 각각의 매질로 전파될 때 매질의 종류에 따라 음속이 달라지게 되는데, 이러한 음속 차에 의해 굴절 현상이 나타난다.

② 회절

㉠ 장애물 뒤쪽의 암역에도 음이 전파되는 현상을 말한다.

ⓛ 파장이 크고, 장애물이 작고, 물체의 틈이 작을수록 회절이 잘 일어난다.

ⓒ 소리의 주파수는 파장에 반비례하므로 낮은 주파수(저음)는 고주파수(고음)에 비해 회절이 쉽다.

PLUS 참고

호이겐스 원리

파면 위의 모든 점들은 새로운 점파원이 되고 이 점파원에서 만들어진 파들의 파면에 공통 접선이 새로운 파면이 된다.

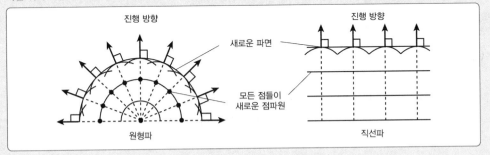

③ 간섭

㉠ 서로 다른 파동 사이의 상호작용을 말한다.

ⓛ 보강간섭 : 2개의 음이 서로 간섭하여 합성된 음이 증가하는 현상을 말한다(마루 + 마루, 골 + 골).

ⓒ 소멸간섭 : 2개의 음이 서로 간섭하여 합성된 음이 감소하는 현상을 말한다(마루 + 골, 골 + 마루).

④ **도플러 효과** : 파동을 발생시키는 파원과 그 파동을 관측하는 관측자 중 하나 이상이 운동하고 있을 때 발생하는 효과로, 파원과 관측자 사이의 거리가 좁아질 때에는 파동의 주파수가 더 높게, 거리가 멀어질 때에는 파동의 주파수가 더 낮게 관측되는 현상이다.

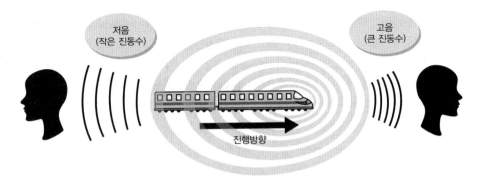

[그림 4-1] 도플러 효과

⑤ 마스킹 효과

㉠ 음파의 간섭에 의해서 발생하는 소리의 음폐 효과를 말한다.

㉡ 특징

- 저음이 고음을 잘 마스킹한다(낮은 주파수가 높은 주파수를 잘 마스킹한다).
- 두 음의 주파수가 비슷할 때 마스킹 효과가 최대가 된다.
- 두 음의 주파수가 동일하면 맥놀이 현상이 생겨 마스킹 효과가 감소된다.
- 마스킹 소음 레벨이 커질수록 마스킹되는 주파수 범위가 점점 늘어난다.

⑥ **맥놀이 효과** : 주파수가 약간 다른 2개의 음원이 만날 때 큰 소리와 조용한 소리가 주기적으로 반복되는 현상이다.

2 소음의 용어 및 특징

(1) 소음의 용어

① **소음** : 기계, 기구, 시설 기타 물체의 사용으로 인하여 발생하는 강한 소리

② **소음원** : 소음을 발생하는 기계 및 기구 등

③ **정상소음** : 시간적으로 변동하지 아니하거나 또는 변동 폭이 작은 소음

④ **변동소음** : 시간에 따른 소음도 변화폭이 큰 소음

⑤ **충격음** : 폭발음, 타격음과 같이 극히 짧은 시간 동안에 발생하는 음

⑥ **소음도** : 소음계의 청감 보정 회로를 통하여 측정된 지시치

⑦ **측정소음도** : 측정한 소음도, 등가소음도 등

⑧ **등가소음도** : 임의의 측정시간 동안 발생한 변동소음의 총 에너지를 같은 시간 내의 정상소음의 에너지로 등가하여 얻어진 소음도

⑨ **대상소음도** : 측정소음도에 배경소음을 보정한 후 얻어진 소음도로, 암소음을 뺀 측정하고자 하는 특정 소음

⑩ **평가소음도** : 대상소음도에 충격음, 관련 시간대에 대한 측정소음 발생시간의 백분율, 시간별, 지역별 등의 보정치를 보정한 후 얻어진 소음도

⑪ **배경소음도** : 측정하고자 하는 소음의 주변 소음. 즉, 측정한 소음도의 측정위치에서의 방해소음. 음향에서는 암소음이라 부르기도 하고 어떤 대상음이 없는 경우의 소음을 말하기도 함

⑫ **암소음도** : 한 장소에 있어서의 특정의 음을 대상으로 생각할 경우 대상소음이 없을 때 그 장소의 소음을 대상소음에 대한 암소음이라 하며, 암소음도는 측정소음도의 측정위치에서 대상소음이 없을 때 측정한 소음도 및 등가소음도 등을 말함

(2) 소음의 특징

① 환경오염 중 가장 민원이 많음

② 축적성이 없음

③ 감각공해로 분류되어 주로 정신적 피해를 줌

④ 문제해결 후 처리할 물질이 발생되지 않음

(3) 소음의 종류

① 공장소음

  ㉠ 소음 발생시간이 지속적이다.

  ㉡ 시간에 따른 변화가 없는 습관성 소음이다.

  ㉢ 다른 소음보다 진정 건수가 많다.

② 생활소음

  ㉠ 확성기 소음, 심야 영업장 등을 말한다.

  ㉡ 약간의 소음이 크게 들리는 것은 전파가 잘 되어 음향 파워가 커지기 때문이다.

③ 교통소음

  ㉠ 도로 교통소음

   • 엔진소리, 배기소리, 타이어와 도로면과의 마찰음 등

   • 주간선 도로변 80dB

   • 차속 2배 증가 시 약 10dB, 통과 대수 2배 증가 시 약 5dB 증가

  ㉡ 철도 교통소음

   • 철도소음은 간헐적이고 열차 통과중의 소음 레벨은 대개 일정

   • 주요 소음 발생원은 열차의 주행에 수반하는 차량과 레일의 충돌 및 마찰에 의한 소음

   • 철로 인근에서 발생하는 소음은 100m 이내에서 90dB 이상의 수준

   • 포인트 통과 시 약 5dB, 속도 2배 증가 시 약 9dB 증가

  ㉢ 항공기 소음

   • 항공기 소음은 발생 음량이 많고, 금속성의 고주파음

   • 간헐적인 충격음이며 상공에서 발생하기 때문에 피해 면적이 극히 넓음

   • 제트기의 소음은 일반적으로 이착륙 지점에서 2km 이내의 통과 선상에서 90dB 이상, 3~4km 떨어진 곳에서 80~85dB 정도

02 소음의 단위 및 평가

1 소음의 물리적 제량

(1) 파장(Wavelength, λ), [m]
음압의 마루(또는 골)에서 다음의 마루(또는 골)까지의 거리

$$\lambda = \frac{C}{f}\ m\ \text{또는}\ C = f \cdot \lambda\ \ m/\text{sec}$$

(2) 주기(Period, T), [sec]
하나의 파장이 전파되는 데 걸리는 시간

$$T = \frac{1}{f}\ \text{sec}$$

(3) 주파수(Frequency, f), [Hz]
① 한 고정점을 1초 동안에 통과하는 마루 또는 골의 평균 수
② 공기압력의 변화 횟수
③ 1초 동안의 사이클 수

$$f = \frac{C}{\lambda}\ Hz, \quad f = \frac{1}{T}\ Hz$$

> **PLUS 참고**
>
> 주파수별 영역
> • 가청음역 : 20~20,000Hz
> • 초음파 : 20,000Hz 이상
> • 대화음 : 이해가능 500~2,500Hz, 반드시 필요 500~4,000Hz(200~6,000Hz)

(4) 고유음향 인피던스(Z), [rayls]
① 주어진 매질에서 입자속도(v)에 대한 음압(P)의 비
② 매질의 밀도(ρ)에 그 매질에서의 음 전파속도(C)를 곱한 것
③ 매질의 특성을 나타내는 값

$$Z = \frac{P}{v} = \rho c$$

(5) 음속(= 음의 전파속도, C), [m/sec]

음파가 1초 동안에 전파하는 거리

$$C ≒ 331.42 + 0.6t ≒ 20.06\sqrt{T} \text{ (공기 중에서의 음속)}$$

$$C = \sqrt{\frac{E}{\rho}} \text{ (고체 및 액체 중에서의 음속)}$$

(6) 음압(P), [Pa 또는 N/m²]

공기(매질) 압력의 변동

$$P = P_O\sin(\omega t), \; P_{rms}$$

(7) 음의 세기(= 음의 강도, I), [W/m²]

단위 시간당 단위 면적을 통과하는 음의 에너지

$$I = \frac{W}{S} = P, \; I = \frac{P^2}{\rho C} = \rho C v^2$$

(8) 음향 파워(= 음향출력, W), [W]

음원으로부터 방사되는 단위 시간당 음의 에너지

$$W = I \times S, \quad I = \frac{W}{S}$$

- S : 표면적(㎡)

① 음원이 점음원인 경우
  ㉠ 음원이 자유공간에 있을 때 $S = 4\pi r^2$
  ㉡ 음원이 반자유공간에 있을 때 $S = 2\pi r^2$
② 음원이 선음원인 경우
  ㉠ 음원이 자유공간에 있을 때 $S = 2\pi r$
  ㉡ 음원이 반자유공간에 있을 때 $S = \pi r$

2 소음의 단위

(1) dB

① 소리의 세기를 나타내는 단위이다.
② 음의 세기 레벨(SIL) 및 음압 레벨(SPL)의 단위가 되기도 한다.

(2) 음압 레벨(SPL)

상대적인 음의 크기를 의미한다.

$$SPL = 20\log\left(\frac{P_{rms}}{P_0}\right)$$

- 최소 가청음압 $P_0 = 2\times10^{-5}$ Pa
- P_s = 음압 실효치

PLUS 참고

상황별 음압 레벨
- 최대 가청한계 : 60N/m² 으로 약 130dB
- 수면 방해 레벨 : 40dB
- 전화청취 방해 레벨 : 70dB
- 상업용 트럭 또는 기차 : 90dB
- 일반적인 대화 방해 레벨 : 60dB
- 제트기 또는 로켓 이륙 시 : 120dB 이상

(3) 음의 세기 레벨

상대적인 음의 세기를 의미한다.

$$SIL = 10\log\left(\frac{I}{I_0}\right)$$

- I_0 : 최소 가청음의 세기로서 $I_0 = 10^{-12}$ W/m²
- I : 대상음의 세기

(4) 음향 파워 레벨

절대적 에너지를 의미한다.

$$PWL = 10\log\left(\frac{W}{W_0}\right)$$

- W_0 : 기준음의 Power $W_0 = 10^{-12}$ W
- W : 음원의 음향 파워

PLUS 참고

SPL과 PWL의 관계

$$PWL = SPL + 10\log\left(\frac{4\pi r^2}{Q}\right)\text{(무지향성 점음원)}$$

$$PWL = SPL + 10\log\left(\frac{2\pi r}{Q}\right)\text{(무지향성 선음원)}$$

(5) 음의 크기 레벨(Loudness level, L_L), [phon]

① 음의 감각적 크기를 나타냄

② phon : 주파수별로 음압수준을 나타낸 감각적 음의 크기

③ 1,000Hz에서는 음의 세기(dB)와 감각적 음의 크기(dB)가 같음

④ 1phon=1,000Hz에서, 1dB의 소리를 의미함

(6) 음의 크기(Loudness, S), [sone, Sone]

① 감각적인 음의 크기를 나타내며, 소리의 크기를 느끼는 감량의 단위를 의미함

② 1sone=1,000Hz의 순음 40phon을 의미함

③ 10n(phon)의 차가 있을 때 소리는 2n배 크게 들림

$$S = 2^{(phon-40)/10}$$

(7) 음의 감쇠

① 점음원인 경우 거리가 2배가 될 때 6dB 감소

$$SPL_1 - SPL_2 = 20\log\left(\frac{r_2}{r_1}\right)$$

② 선음원인 경우 거리가 2배가 될 때 3dB 감소

$$SPL_1 - SPL_2 = 10\log\left(\frac{r_2}{r_1}\right)$$

③ 실내에서의 소리감쇠

㉠ 확산음장법 : 소음원이 반사율이 큰 실내일 때 음압 레벨(잔향실의 경우)

$$SPL = PWL + 10\log\left(\frac{4}{R}\right) = PWL - 10\log R + 6dB$$

㉡ 반확산음장법 : 소음원이 공장 및 실내일 때 음압 레벨

$$SPL = PWL + 10\log\left(\frac{Q}{4\pi r^2} + \frac{4}{R}\right)dB$$

- SPL : 음원의 음압 레벨
- r : 음원으로부터 측정점까지의 거리
- R : 실정수 $= \dfrac{\alpha S}{1-\alpha}$
- S : 실내의 표면적
- PWL : 음원의 음향 파워 레벨
- Q : 지향계수
- α : 실내의 평균흡음률

④ 실외에서의 소리감쇠

음원이 실외이거나 반사물이 없을 때 음압 레벨

$$SPL = PWL + 10\log\left(\frac{Q}{4\pi r^2}\right)dB$$
$$= PWL - 20\log r - 11 + 10\log Q dB$$

- 실외에서 공중에 음원이 있을 때($Q = 1$)
  $SPL = PWL - 20\log r - 11 dB$
- 실외에서 지면 위에 음원이 있을 때($Q = 2$)
  $SPL = PWL - 20\log r - 8 dB$

3 소음의 평가

(1) 실내소음 평가지수

① 회화 방해 레벨(SIL) : 소음을 600~1,200/1,200~2,400/2,400~4,800Hz의 3개 밴드로 분석한 음압 레벨을 산술평균한 값

> **+ PLUS 참고**
>
> 우선 회화 방해 레벨(PSIL)
> - 옥타브 중심주파수 500, 1,000, 2,000Hz 대역의 암소음 레벨 합의 산술 평균치
> - 특정한 재생음 외의 기본적으로 깔려있는 잡음 성분

② NC(Noise Criteria)
　　㉠ 회의실, 사무실 등의 소음을 평가하는 곡선으로 63~8kHz 대역까지 분석하여 실내소음을 평가하는 지표
　　㉡ NC - 40 : 실내소음의 음압 레벨이 NC - 40 곡선 이하가 되어야 함

③ PNC(Prefered Noise Criteria) : NC의 하한 주파수를 63Hz에서 31.5Hz의 저주파까지 고려한 실내소음 평가 지표

④ NRN(Noise Rating Number : 소음 평가 지수)
　　㉠ 각종 소음 평가방법을 통하여 소리의 시끄러운 정도를 종합적으로 평가하기 위한 방법(NC 곡선을 발전시킨 형태)
　　㉡ 소음을 청력장애, 회화장애, 귀찮음의 세 가지로 평가하는 것

> **+ PLUS 참고**
>
> NRN에 따른 반응
> - NRN 40 이하 : 주민반응이 없음
> - NRN 40~50 : 산발적 반응
> - NRN 45~55 : 광범위한 반응
> - NRN 50~65 : 지역활동 야기
> - NRN 65 이상 : 강력한 지역활동 전개

(2) 실외소음 평가지수

① 등가 소음 레벨(Leq)

㉠ 변동이 심한 소음의 평가방법

㉡ 임의의 시간 동안 변동 소음 에너지를 시간적으로 평균한 값

㉢ 측정 주기 동안의 소음 레벨, A 특성 에너지의 평균[dB(A)]

㉣ 우리나라 환경기준 표시

PLUS 참고

청감보정회로 종류
- A 특성 : 낮음 음압대, 일반적으로 많이 사용, 인간의 귀와 밀접
- B 특성 : 중간 음압대, 거의 사용하지 않음
- C 특성 : 높은 음압대, 소음등급평가, 물리적 특성 파악 시, 전 주파수에서 평탄
- D 특성 : 높은 음압대, 항공기 소음 평가용
- 소음공정시험법 : 환경기준, 배출허용기준, 생활소음규제기준 및 도로소음, 항공기소음, 철도소음의 청감보정회로는 모두 A 특성인 dB(A)로 나타냄
- 소음 레벨 SL = SPL + LR(청감보정회로에 의한 주파대역별 보정치)

② 소음 통계 레벨(LN)

㉠ 총 측정시간의 N%를 초과하는 소음 레벨

㉡ %가 적을수록 큰 소음 레벨(예 L10 > L50 > L90)

③ 주야 평균 소음 레벨(Ldn) : 등가 소음도를 측정한 후 야간의 매시간 측정치에 10dB을 합산함

④ 소음 공해 레벨(NPL) : 변동소음의 에너지와 소란스러움을 동시에 평가

⑤ 평가 소음 레벨(Lr) : 충격성 보정, 순음성 보정, 시간보정을 행한 소음 레벨

⑥ NER : 사람이 하루 8시간 동안 노출되는 소음을 %로 나타낸 것

⑦ 교통소음 평가 지수(TNI)

㉠ 도로 교통소음을 인간의 반응과 관련시켜 정량적으로 구한 양

㉡ $TNI = 4(L_{10} - L_{90}) + L_{90} - 30$ [dB]

㉢ 74 이상이면 주민 50% 이상이 불만 호소

⑧ 항공기소음의 평가 : 고주파수, 간헐적, 충격음, 피해면적 넓음

㉠ PNL : 감각소음 레벨로 기본값으로 많이 사용

㉡ EPNL : 유효 감각소음 레벨로 국제 민간항공기구에서 제안, 소음증명제도에 이용

㉢ NNI : 영국에서 사용

㉣ NEF : 미국항공기 소음평가법

㉤ WECPNL : 우리나라에서 사용, 운항횟수, 운항시간, 운항 시 소음도, 소음 지속시간, 운항시간대를 고려하여 보정한 평가 지수

03 　소음의 피해

1 　소음피해의 특징

① 축적성이 없는 감각공해이다.
② 환경피해 사례 중 민원 건수가 가장 많다.
③ 대책 후 처리할 물질이 발생하지 않는다.

2 　소음으로 인한 장애

(1) 난청

① 일시적 난청(TTS : Temporary Threshold Shift)
　㉠ 큰 소음을 들은 직후 일시적으로 청력이 저하되는 현상
　㉡ 수 초~수 일 간의 휴식 후 정상 청력으로 돌아오는 가역 현상
② 영구적 난청(Permanent Threshold Shift : PTS)
　㉠ 소음성 난청, 직업성 난청(C5-dip 현상)
　　• 소음에 폭로된 후 2일~3주 후에도 정상으로 회복되지 않는 증상
　　• 소음에 폭로된 근로자에게서 많이 나타남
　　• 4,000Hz에서 90dB 이상부터 난청이 진행됨
　　• 내이의 손실을 가져오며, 비가역적 현상임
　　• 소리의 강도, 크기, 주파수, 작업환경, 노출시간 및 개인의 감수성 등의 요인
　㉡ 노인성 난청 : 고주파음(6,000Hz)에서부터 난청이 시작됨

(2) 청력손실

① 정상인 사람의 최소 가청치와 피검자의 최소 가청치와의 비를 말한다.
② 중심주파수 500~2,000Hz에서 청력손실 25dB 이상 시 난청 진행

$$\text{평균 청력손실(4분법)} = \frac{a + 2b + c}{4} \, dB$$

• a : 옥타브밴드 500Hz에서 청력손실
• b : 옥타브밴드 1,000Hz에서 청력손실
• c : 옥타브밴드 2,000Hz에서 청력손실

(3) 정신적 영향

① 수면 방해

㉠ 낮에는 55dB, 밤에는 40dB 시 민원발생

㉡ 침실은 40dB 이하가 적당함

② 작업 및 공부 방해

㉠ 단순 사고보다 복잡한 사고

㉡ 기억을 필요로 하는 작업 시 방해요인으로 작용

③ 일반사무실 50dB, 회의실 및 응접실 40dB 이하가 적당함

(4) 신체적 영향

① **순환계 영향** : 혈압, 맥박 증가, 말초혈관 수축

② **호흡기 영향** : 호흡 횟수 증가, 호흡 깊이 감소

③ **소화기 영향** : 타액 분비량 증가, 위액 산도 저하, 위 수축 운동 감퇴

④ **혈액 영향** : 혈당 상승, 아드레날린 증가, 백혈구 증가 등

04 소음의 방지대책

1 소음방지 대책

(1) 발생원 대책(소음원 대책)

① 발생원의 저소음화

② 발생원인 제거

③ 저소음공법(소음기 및 흡음덕트 설치)

④ 방음 커버 설치

⑤ 운전방법의 개선

(2) 전파경로 대책

① 설비내부 흡음처리

② 차음벽, 흡음재 사용

③ 발생원의 위치 전환

(3) 수음자 대책

① 교대근무 등을 통한 소음노출시간의 조절

② 귀마개 등 보호장비 착용

③ 작업실 내 흡음재 사용

2 흡음과 차음

(1) 흡음

① 흡음률 측정

ㄱ 실내 공간에서의 흡음률 측정

$$\bar{\alpha} = \frac{0.161\,V}{ST}$$

ㄴ 평균흡음률 측정

α가 각각 주어졌을 때 평균흡음률의 계산

$$\bar{\alpha} = \sum \alpha_i S_i / \sum S_i = \frac{\alpha_1 S_1 + \alpha_2 S_2 + \alpha_3 S_3 + \cdots}{S_1 + S_2 + S_3 + \cdots}$$

② 흡음재료

ㄱ 판(막)진동형 흡음재
- 판으로 쓰이는 재료에는 석고보드 및 합판, 금속판 등이 있다.
- 배후 공기층의 탄성작용으로 판의 진동을 일으켜 에너지 감쇠를 일으킨다.
- 배후 공기층에 다공질형 흡음재 사용 시 흡음률의 최대치가 증가한다.
- 일반적으로 80~300Hz 대역에서 0.2~0.5의 흡음률을 나타낸다.
- 배후 공기층의 두께와 판의 밀도 등을 잘 고려해야 한다.

ㄴ 공명기형 흡음재
- 공명기에 소리가 부딪혀 공명수파수 부근에서 공기가 진동하여 마찰열로서 음을 저감시킨다.
- 대표적으로 유공석고보드, 유공합판, 슬릿 등이 사용된다.
- 주로 중음역 흡음에 유리하다.
- 깨지기 쉬워 보강과 보호가 필요하다.
- 배후에 다공질재료 설치 시 종류에 따라 흡음률이 변화한다.
- 판 두께, 공기층 두께, 개구율, 구멍반경 등을 고려해야 한다.

ㄷ 다공질형 흡음재
- 재료의 점성과 열전도를 이용하여 음에너지를 감소시킨다.
- 대표적으로 유리섬유, 암면, 석면 등이 있다.
- 주로 고주파영역에서 흡음률이 좋아진다.
- 재료의 두께, 유공율, 구조계수, 흐름의 저항 등을 고려해야 한다.
- 물리적 충격이 없도록 주의해야 한다.
- 수분 흡수 및 고온에 의한 변형을 주의해야 한다.
- 표면을 다른 재료로 피복하면 고음역에서의 흡음률이 저하된다.

(2) 차음

① 원리 : 음원 주위에 벽체를 설치하여 소음의 전파를 방지하는 것이며 차음효과는 차음재의 투과율에 따라 변화된다.

② 투과손실

$$TL = 10\log\frac{1}{\tau} = 10\log\left(\frac{I_i}{I_t}\right)$$

- τ : 투과율
- I_t : 반대측에 투과하는 음의 강도
- I_i : 음의 강도

③ 단일벽의 차음특성
  ㉠ 강성제어 영역 : 강성을 크게 할수록 투과손실 증가
  ㉡ 질량제어 영역 : 투과손실이 옥타브당 6dB 증가하는 영역
  ㉢ 일치효과 영역 : 공진현상에 투과손실이 저하되는 영역

④ 소음기
  ㉠ 흡음형 소음기
  ㉡ 간섭형 소음기
  ㉢ 팽창형 소음기
  ㉣ 공명형 소음기
  ㉤ 취출구 소음기

확인학습문제

01 소음에 관한 설명으로 옳지 <u>않은</u> 것은?

① 초저주파음이란 주파수가 대략 100Hz 이하의 공기진동을 말한다.
② 소음은 듣는 사람에게 심리적 악영향을 주는 음이다.
③ 소음의 정의는 기계, 기구 및 기타 물체에서 발생하는 강한 소리로 한정하여 규제범위를 정하고 있다.
④ 항공기 소음은 피해 면적이 넓다.

> **해설**
> 초저주파음이란 20Hz 이하를 말한다.

02 다음 중 이관의 역할로 옳은 것은? [03년 경북]

① 음을 증폭한다.
② 외이와 중이의 기압을 조정한다.
③ 내이에 공기를 보낸다.
④ 목구멍으로 음성을 전달한다.

> **해설**
> 내이에 있는 이관은 외이와 중이의 기압을 조정하는 역할을 한다.

03 기계의 충격, 마찰, 타격 등에 의한 소리를 무엇이라고 하는가? [03년 경북]

① 난류음 ② 맥동음
③ 기계음 ④ 고체음

> **해설**
> • 고체음 : 물체의 진동에 의한 기계적 원인으로 발생한다.
> • 기류음 : 직접적인 공기의 압력변화에 의한 유체역학적 원인에 의해 발생한다.

04 소음성 난청에 있어서 청력손실은 어느 주파수부터 진행되는가?

① 4,000Hz

② 5,000Hz

③ 3,000Hz

④ 6,000Hz

> **해설**
>
> 소음성 난청은 보통 4,000Hz 정도의 고주파 주위에서 시작되어 점차 진행된다.

05 소리를 내는 음원과 관측자의 상대적 운동에 따라 음파의 진동수가 다르게 관측되는 현상을 무엇이라 하는가?

① 도플러 효과

② 마스킹 효과

③ 선행 효과

④ 이어링 효과

> **해설**
>
> 도플러 효과는 음원과 수음자 간 상대운동이 생겼을 때 그 진행방향 쪽에서는 원래 음보다 고음으로 들리고, 진행방향 반대쪽에서는 저음으로 들리는 현상이다.

06 주파수가 약간 다른 2개의 음원이 만날 때, 큰소리와 조용한 소리가 주기적으로 반복되는 현상을 맥놀이 효과라고 한다. 이는 음의 어떤 특성에 의해 일어나는가?

① 음의 반사

② 음의 투과

③ 음의 굴절

④ 음의 간섭

> **해설**
>
> 맥놀이는 음의 간섭으로 나타나는 현상으로 보강간섭과 소멸간섭이 교대로 이루어져 발생한다.

07 음향출력과 음향 파워 레벨과의 관계로 옳은 것은? [03년 부산]

① $10^{-12}W = 0dB$
② $10^{2}W = 0dB$
③ $10^{12}W = 0dB$
④ $10^{-2}W = 0dB$

해설

$$PWL = 10\log\left(\frac{W}{W_0}\right) = 10\log\left(\frac{10^{-12}}{10^{-12}}\right) = 0dB$$

$W_0 = $ 기준 음향 파워(10^{-12}W)

$W = $ 대상 음원의 음향 파워

08 음압 레벨이 70dB인 1,000Hz 소음은 몇 폰(phon)인가? [03년 경북]

① 알 수 없다.
② 70폰이다.
③ 70폰보다 낮다.
④ 70폰보다 높다.

해설

1,000Hz를 기준으로 해서 나타낸 dB를 1phon이라 한다. 따라서 1,000Hz의 70dB은 70phon으로 표현할 수 있다.

09 청감보정회로에 관한 설명으로 옳은 것은?

① 사람이 느끼는 청감에 유사한 모양으로 측정신호를 변화시키는 장치를 소음계에 내장시킨 것을 말한다.
② C 특성은 70phon의 등감곡선과 유사하며 전주파수대역에서 평탄한 특성이 있다.
③ dB(A) ≒ dB(C)이면 저주파가 주성분이다.
④ A 특성은 65phon의 등감곡선과 유사하며 소음측정 시 주로 사용된다.

해설

• A 특성은 40phon의 등감곡선과 유사하며 소음측정 시 주로 사용된다.
• C 특성은 85phon의 등감곡선과 유사하며 전주파수대역에서 평탄한 특성이 있다.
• D 특성은 항공기소음 평가방법 중 하나인 PNL을 근사적으로 측정하기 위한 것이다.
• dB(A) ≒ dB(C)이면 고주파가 주성분이다.
• dB(A) ≪ dB(C)이면 저주파가 주성분이다.

10 다음 중 소음 용어의 짝이 옳지 <u>않은</u> 것은?

① SIL – 회화 방해 레벨
② NRN – 소음 평가 지수
③ NPL – 감각 소음 레벨
④ TNI – 도로교통 소음 지수

해설
NPL는 소음 공해 레벨이다.

11 소음에 대한 다음 설명으로 옳지 <u>않은</u> 것은?　　　　　[03년 부산]

① 같은 레벨의 소음이라도 주파수에 따라 느껴지는 크기가 다르다.
② 저음이 고음을 잘 마스킹한다.
③ 회화 및 음의 청취를 위해서는 50dB 이하가 효과적이다.
④ 소음은 낮에는 지표 쪽으로 퍼진다.

해설
소음은 낮에는 상공, 밤에는 지표 쪽으로 퍼진다.

12 항공기의 소음이 큰 피해를 주는 이유로 옳지 <u>않은</u> 것은?　　　　　[04년 경기]

① 항공기의 소음은 간헐적이며, 가끔 충격적인 때도 있다.
② 발생원이 상공이기 때문에 피해면적이 넓다.
③ 제트기의 음향출력은 10kW 이상이고, 파워 레벨로 160dB 이상 되는 것이 많다.
④ 제트기의 소음은 금속성의 저주파 성분이 주가 된다.

해설
④ 항공기의 소음은 고주파 성분이 주가 된다.

13 소음공해의 특징에 관한 설명으로 옳지 <u>않은</u> 것은?

① 공장소음의 피해는 지속적이고 국소적이다.
② 전국적으로 보아 소음공해에 대한 진정 건수는 대기 오염에 의한 것보다 적다.
③ 소음의 발생원을 확인하기 어려운 경우도 있다.
④ 소음은 오염물질에 의해 피해가 일어나는 것이 아니다.

해설

소음의 특징은 축적성이 없고, 국소적·다발적이며 주위의 진정이 많다.

14 소음의 영향에 대한 설명으로 옳은 것은?

① 휴식을 취할 때보다 노동을 하고 있을 때에 예민하다.
② 환자일 경우보다 건강한 사람이 좀 더 영향을 받는다.
③ 젊은 사람보다 나이가 많은 사람이 음에 예민하다.
④ 여성이 남성보다 영향을 받기 쉽다.

해설

소음의 영향에 관한 조건
• 건강한 사람보다 환자나 임산부의 영향이 크다.
• 남성보다 여성, 노인보다 젊은 사람이 예민하다.
• 노동할 때보다 휴식, 수면할 때 예민하다.

15 소음성 난청에 의해서 피해를 받는 귀의 구성요소는?

① 내이(內耳)   ② 대뇌청각역(大腦聽覺域)
③ 외이(外耳)   ④ 중이(中耳)

해설

음압이 85dB 이상이 되는 장소에서 장시간 노출되면 내이에 손상을 입는다.

16 다음 중 가청 주파음의 범위로 맞는 것은? [02년 경기]

① 40~40,000Hz ② 30~30,000Hz

③ 20~20,000Hz ④ 10~10,000Hz

인간의 귀로 들을 수 있는 음을 가청 주파음이라 하며 범위는 20~20,000Hz이다(초저주파음은 20Hz 이하, 초음파는 20,000Hz 이상).

17 다음은 음의 어떤 특성 때문인가?

> 벽 뒤에 있는 사람은 보이지 않으나 말소리를 들을 수 있는 것과 같이 장애물 뒤쪽의 암역에도 음이 전파되는 현상

① 음의 굴절 ② 음의 회절

③ 음의 간섭 ④ 음의 흡수

해설
회절은 장애물 뒤쪽의 암역에도 음이 전파되는 현상을 말한다. 파장이 크고, 장애물이 작고, 물체의 틈이 작을수록 회절이 잘 일어난다. 소리의 주파수는 파장에 반비례하므로 낮은 주파수(저음)는 고주파수(고음)에 비해 회절이 쉽다.

18 음파의 회절 현상에 관한 설명과 가장 거리가 먼 것은? [03년 경기]

① 음파의 전파속도가 장소에 따라 변하고, 진행방향이 변하는 현상이다.
② 물체가 작을수록(구멍이 작을수록) 소리는 잘 회절된다.
③ 소리의 주파수는 파장에 반비례하므로 낮은 주파수는 고주파음에 비하여 회절하기 쉽다.
④ 대기의 온도차와 풍속에 영향을 받으며 음향에너지의 보존법칙이 성립된다.

해설
④는 음의 굴절에 대한 설명이다.

19 음의 속도에 관한 설명으로 옳지 <u>않은</u> 것은?

① 공기 속 음의 전반에서의 공기분자는 음의 속도로 움직인다.
② 음의 속도는 기온이 높아질수록 빨라진다.
③ 음의 속도는 주파수에 관계없이 일정하다.
④ 음의 파장에 주파수를 곱하면 음의 속도가 된다.

해설

음의 속도는 주파수에 따라 달라지게 된다.

20 파동의 파장이 10m이고 매초 8회 진동한다면 이 파동의 전파 속도는 몇 m/s인가?

① 40m/s　　　　　　　　　　② 80m/s
③ 640m/s　　　　　　　　　④ 800m/s

해설

$C = \lambda f = 10\text{m} \times 8/\text{s} = 80\text{m/s}$

21 어떤 점의 음의 세기레벨이 100dB일 때 이 점의 음의 세기(W/m²)는?

① 1　　　　　　　　　　　　② 0.1
③ 0.01　　　　　　　　　　④ 0.001

해설

$$SIL = 10\log\left(\frac{I}{I_0}\right)dB, \quad 10 = \log\left(\frac{I}{10^{-12}}\right)dB, \quad 10^{10} = \left(\frac{I}{10^{-12}}\right)dB$$

$I = 10^{-12} \times 10^{10} = 10^{-2} = 0.01$

여기서 I_0는 정상청력을 가진 사람의 최소 가청음의 세기(10^{-12}W/m²)이며, I는 대상음의 세기이다.

22 사람의 귀로 들을 수 있는 최소 음의 세기는?

[03년 경기]

① $2 \times 10^{-5} \text{N/m}^2$

② 10^{-12}W/m^2

③ 10^{-12}N/m^2

④ $2 \times 10^{-5} \text{W/m}^2$

해설

$$SIL = 10 \log\left(\frac{I}{I_0}\right) dB$$

- I_0 : 최소 가청음의 세기로 $I_0 = 10^{-12}$ W/m^2
- I : 대상음의 세기

23 음의 크기에 관한 설명으로 알맞지 않은 것은?

[03년 경남]

① 1sone은 400Hz 음의 음압 레벨 40dB로 정의된다.

② 음의 크기 레벨은 '폰(phon)'으로 측정된다.

③ 40phons은 1sone과 같은 음의 크기이다.

④ 음의 크기(S) = $2^{(\text{phon}-40)}/10[\text{sones}]$

해설

1sone는 1,000Hz 음의 음압 레벨 40dB로 정의된다.

24 40phon의 소리는 10phon의 소리에 비해 몇 배 크게 들리는가?

① 2배

② 6배

③ 8배

④ 10배

해설

$$S = 2^{(L_L - 40)/10} = 2^{(40-10)/10} = 8sone$$

S값이 8배 증가하면 감각량의 크기도 8배로 증가한다.

25 항공기 소음의 평가방법 또는 평가치로 사용되지 <u>않는</u> 것은? [02년 경기]

① NNI ② TNI
③ NEF ④ EPNL

해설
TNI는 교통 소음 지수이다.

26 소음의 영향평가에 관한 설명과 용어의 짝이 옳은 것은?

① 소음 평가 지수 : SIL ② 일시성 난청 : PTS
③ 환경소음 : Leq ④ 도로교통 소음 : EPNL

해설
① 소음 평가 지수(NRN), ② 일시성 난청(TTS), ④ 도로교통 소음 : TNI

27 초음파의 주파수는 얼마 이상인가? [03년 부산]

① 20kHz ② 200kHz
③ 100kHz ④ 40kHz

해설
초음파는 20,000Hz(＝20kHz) 이상을 말한다.

28 종파(소밀파) 파동의 보기로 알맞은 것은? [02년 부산]

① 물결파
② 음파
③ 지진파의 S파
④ 전자기파

해설
- 횡파(고정파) : 물결파(수면파), 전자기파(광파, 전파 등), 지진파의 S파
- 종파(소밀파) : 음파, 지진파의 P파

29 마스킹 효과에 관한 설명으로 옳지 <u>않은</u> 것은? [02년 울산]

① 자동차 안의 스테레오 음악에 이용된다.
② 음의 반사에 의해 일어난다.
③ 두 음의 주파수가 비슷할 때는 마스킹 효과가 대단히 크다.
④ 저음이 고음을 잘 마스킹한다.

해설
크고 작은 두 소리를 동시에 들을 때 큰 소리는 듣고 작은 소리는 듣지 못하는 현상을 마스킹 효과라고 말하며, 이는 음파의 간섭에 의해 일어난다.

30 소음을 500, 1,000, 2,000Hz의 3개의 밴드로 분석한 음압 레벨을 산술평균한 값은?

① NR
② PSIL
③ SIL
④ NC

해설
우선 회화 방해 레벨(PSIL)은 소음을 500, 1,000, 2,000Hz의 3개의 밴드로 분석한 음압 레벨을 산술평균한 값이다.

31 NRN이란 무엇인가? [02년 경북]

① 소음 평가 지수이다.
② 음의 레벨 평가 지수이다.
③ 음압 평가 지수이다.
④ 음압세기 평가 지수이다.

해설

소음 평가 지수(NRN)는 각종 소음 평가방법을 통하여 소리의 시끄러운 정도를 종합적으로 평가하기 위한 방법(NC 곡선을 발전시킨 형태)으로 소음을 청력장애, 회화장애, 귀찮음의 세 가지로 평가하는 것이다.

32 음압이 100배 증가했다면 SIL은 몇 dB 증가하는가? [03년 경기]

① 20dB
② 40dB
③ 60dB
④ 80dB

해설

$SPL = 20\log(100) = 40dB$, $SPL = SIL$이므로 40dB 증가한다.

33 소음방지계획 순서로 옳은 것은? [03년 경기]

① 대상환경·음원조사 → 주파수 분석 → 소음 Level 측정 → 감음량 설정 → 방지설계 → 해석검토
② 대상환경·음원조사 → 주파수 분석 → 소음 Level 측정 → 감음량 설정 → 해석검토 → 방지설계
③ 대상환경·음원조사 → 소음 Level 측정 → 해석검토 → 주파수 분석 → 감음량 설정 → 방지설계
④ 대상환경·음원조사 → 소음 Level 측정 → 주파수 분석 → 감음량 설정 → 해석검토 → 방지설계

해설

소음방지계획의 순서는 대상환경·음원조사 → 소음 Level 측정 → 주파수 분석 → 감음량 설정 → 해석검토 → 방지설계이다.

34 공장소음 대책을 추진할 때 가장 먼저 해야 할 일은?

① 방지기술의 선정 　　　　　　② 귀에 의한 판단
③ 대책의 목표치 설정 　　　　　④ 계기에 의한 측정

해설
공장소음 대책추진 시 순서는 귀에 의한 판단 → 계기에 의한 측정 → 대책의 목표치 설정 → 방지기술의 선정 → 시공과 반성 순이다.

35 고주파흡음에 뛰어난 다공질형 흡음제로 옳은 것은?

① 유공합판 　　　　　　　　　② 주름판
③ 석고보드 　　　　　　　　　④ 암면

해설
다공질형은 중고음영역의 흡음에 좋으며, 대표적으로 유리면과 암면이 있다.

36 단순팽창형 소음기의 입구(＝출구)에 대한 팽창부의 단면적비가 10일 때 최대 투과손실은 몇 dB 인가?　　　　　　　　　　　　　　　　　　　　　　　　　　　　　[02년 환경부]

① 14dB 　　　　　　　　　　② 21dB
③ 19dB 　　　　　　　　　　④ 25dB

해설

단면적비가 10이므로, $m \gg 1$이면 $TL_{\max} \fallingdotseq 10\log\left(\dfrac{m^2}{4}\right)$ 로 계산한다.

$TL_{\max} \fallingdotseq 10\log\left(\dfrac{m^2}{4}\right) = 10\log 25 = 14(dB)$

37 2×2×2m 잔향실의 잔향시간이 4.5초일 때 이 잔향실 평균 흡음률은?

① 0.012

② 0.022

③ 0.034

④ 0.048

 해설

$$A = \overline{\alpha} \cdot S = \frac{0.161\,V}{T}$$

$$\therefore \ \overline{\alpha} = \frac{0.161 \times (2 \times 2 \times 2)}{(6 \times 2 \times 2) \times 4.5} = 0.012$$

38 다음 표는 어떤 지역에서 연속하여 30분간 소음을 계측한 결과이다. 이 지점의 등가 소음 레벨은 몇 dB인가?

소음 레벨(dB)	60	65	80	90
지속 시간(분)	15	8	6	1

① 72dB(A)

② 75dB(A)

③ 77dB(A)

④ 80dB(A)

해설

$$L_{eq} = 10\log10\left(\frac{1}{30}\left(15 \times 10^6 + 8 \times 10^{6.5} + 6 \times 10^8 + 1 \times 10^9\right)\right) = 77dB$$

39 길이가 약 100cm인 양단이 열린 관의 공명기본음의 주파수를 구한 것은?(단, 음속은 340m/s이다.)

① 170Hz

② 85Hz

③ 340Hz

④ 400Hz

해설

$$f = \frac{c}{2L} = \frac{340m/s}{2 \times 1m} = 170Hz$$

40 음의 발생 종류로 옳지 <u>않은</u> 것은? [03년 경북]

① 자려진동 ② 이화진동

③ 자유진동 ④ 강제진동

(해설)
음의 발생에는 자유진동, 자려진동, 고유진동 등이 있다.

41 단일벽과 이중벽의 차음성에 관한 설명 중 옳지 <u>않은</u> 것은? [03년 울산]

① 단일벽에서는 단위면적당 질량이 큰 쪽이 차음성이 크다.
② 이중벽의 차음성은 중공층에 설치되는 흡음제와 관계가 있다.
③ 단일벽은 일반적으로 높은 주파수역보다도 낮은 주파수역에서 차음성이 크다.
④ 단일벽에서는 코인시던스 효과라고 하는 현상으로 인해서 어느 주파수 가까이에서 차음성이 현저하게 저하하는 수가 있다.

(해설)
단일벽은 일반적으로 낮은 주파수역보다도 높은 주파수역에서 차음성이 크다.

이중벽의 차음성 영향요소
• 벽면의 면밀도
• 벽체를 독립시켜주는 중공층의 두께
• 중공층에 설치되는 흡음재
• 벽체의 강성(Rigidity)
• 구조의 단절(Isolation)

42 바닥면적이 5 × 6(m)이고 높이가 3m인 방이 있다. 바닥, 벽, 천정의 흡음률이 각각 0.1, 0.2, 0.7일 때 평균 흡음률은? [03년 경북]

① 0.6 ② 0.5

③ 0.4 ④ 0.3

해설

바닥면적=천정면적 : $5 \times 6 = 30m^2$
벽면적=$5 \times 3 \times 2 + 6 \times 3 \times 2 = 66m^2$

$$\bar{\alpha} = \frac{\alpha_1 S_1 + \alpha_2 S_2 + \alpha_3 S_3 + \cdots}{S_1 + S_2 + S_3 + \cdots}$$

$$\bar{\alpha} = \frac{30 \times 0.1 + 30 \times 0.7 + 66 \times 0.2}{30 + 30 + 66} = 0.30$$

43 단면 불연속부의 음에너지 반사에 의한 소음을 저감시키며, 공동으로 관로를 확대시키며 음에너지 밀도를 희박하게 하여 공동 끝을 줄여서 저감하는 방식의 소음기는?

① 공동 공명기형 소음기
② 흡음 닥트형 소음기
③ 팽창형 소음기
④ 간섭형 소음기

해설

팽창형 소음기는 저·중음역에 좋으며 팽창부 내에 흡음제를 부착할 때는 고음역의 감음량도 증가한다.

44 두께 0.5mm, 직경 20mm의 고정된 얇은 금속원판이 있다. 두께를 1.0mm로 하고 직경을 40mm로 변형시키면 기본 공명 주파수는 몇 배 변하는가?

① 0.5배
② 1.0배
③ 1.5배
④ 2.0배

해설

$$fr = \frac{2t}{(2a)^2} = \frac{2t}{4a^2} = \frac{t}{2a^2}$$

$$\therefore \frac{1}{2} 배$$

45 방음실 내의 흡음처리 전에 대한 처리 후의 흡음력비가 9일 때 실내 감음량의 대략치는 얼마인가?

[03년 경기]

① 9.7dB   ② 9.5dB

③ 9.3dB   ④ 9.1dB

해설

$$NR = 10\log\left(\frac{A_2}{A_1}\right) = 10\log 9 = 9.5$$

46 다공질 흡음재료의 흡음성은 흐름저항으로 추정할 수 있으며, 방법으로는 입에 재료를 대고 공기를 불어넣는 방법이 많이 쓰인다. 이 방법으로 두께가 25mm인 다공질 재료를 시험할 때 흡음성이 가장 좋은 재료는 무엇인가?

① 전혀 저항이 없고 공기가 빠져나가는 재료

② 저항이 적고 전혀 공기가 통하지 않는 재료

③ 약간 저항이 있으나 공기가 빠져나가는 재료

④ 저항이 크고 거의 공기가 통하지 않는 재료

해설

입에 재료를 대고 공기를 불어넣는 방법을 사용하면 두께 25mm의 다공질 재료를 시험할 때 약간 저항이 있으나 공기가 빠져나가는 재료를 사용하면 흡음성이 좋다.

47 공장 소음 배출허용기준의 측정에서 청감보정회로 및 동특성의 조작방법으로 옳은 것은?

[03년 부산]

① C 특성 - 느림   ② A 특성 - 느림

③ C 특성 - 빠름   ④ A 특성 - 빠름

해설

• 소음계의 청감보정회로는 A 특성에 고정하여 측정하여야 한다.

• 소음계의 동특성은 원칙적으로 빠름(fast)을 사용하여 측정한다.

48 측정소음도가 배경소음도보다 몇 dB(A) 이상 클 때 배경소음의 보정 없이 측정소음도를 대상소음도로 하는가?

① 2dB(A)

② 4dB(A)

③ 6dB(A)

④ 10dB(A)

해설

측정소음도가 배경소음보다 10dB 이상 크면 배경소음의 영향이 극히 작기 때문에 배경소음의 보정 없이 측정소음도를 대상소음도로 한다.

49 항공기 소음측정 시 소음계의 청감보정회로로 맞는 것은?　　　　　　　[02년 대구]

① D 특성

② C 특성

③ A 특성

④ V 특성

해설

• 소음계의 청감보정회로는 A 특성에 고정하여 측정하여야 한다.

• 소음계의 동특성을 느림(slow)을 사용하여 측정하여야 한다.

50 다음 중 대상소음도에 관한 설명으로 옳은 것은?　　　　　　　[04년 경북]

① 배경소음도에 측정소음을 보정한 소음도이다.

② 측정소음도에 배경소음을 보정한 소음도이다.

③ 평가소음도에 측정소음을 보정한 소음도이다.

④ 측정소음도에 평가소음을 보정한 소음도이다.

해설

대상소음도는 측정소음도에 배경소음을 보정한 후 얻어진 소음도를 말한다.

51 소음측정 시 청감보정회로에 대한 설명으로 옳지 <u>않은</u> 것은?

① 청감보정회로에는 A, B, C, D 특성이 있다.
② A곡선은 소리의 감각에 대한 특성을 나타낸다.
③ C곡선은 저음압 레벨이다.
④ B곡선은 중음압 레벨로, 별로 사용하지 않는다.

〔해설〕
C곡선은 고음압 레벨로 전 주파수대역에서 평탄한 특성을 지닌다.

52 흡음재료에 대한 설명으로 옳지 <u>않은</u> 것은?

① 다공질 흡음재료는 주로 고주파 영역에서 흡음률이 매우 높아진다.
② 판상재료는 일반적으로 80~300Hz 부근에서 0.1~0.3의 흡음률을 가진다.
③ 단일공명기는 저음역 흡음에 유리하다.
④ 다공질 흡음재료로는 유리섬유, 암면 등이 있다.

〔해설〕
일반적으로 판상 흡음재료는 80~300Hz 부근에서 0.2~0.5의 흡음률을 가진다.

53 소음제어를 위한 방법 중 기류음의 방지대책으로 옳지 <u>않은</u> 것은?

① 공명방지   ② 분출유속의 저감
③ 관의 곡률 완화   ④ 밸브의 다단화

〔해설〕
고체음과 기류음의 방지대책
• 고체음 : 가진력억제, 공명방지, 방사면 축소 및 제진, 방진 등
• 기류음 : 분출유속 저감, 관의 곡률 완화, 밸브의 다단화

54 음원에서 거리가 2배가 될 때 음압 레벨이 6dB씩 감소하는 음장은?

① 확산음장
② 잔향음장
③ 자유음장
④ 근접음장

해설

음장의 종류

• 확산음장 : 음에너지 밀도가 모두 공간에서 일정하다.
• 근접음장 : 음원에 매우 가까운 거리에서 존재하는 영역으로 위치에 따라 음압의 변화가 매우 심하다.
• 원접음장
  - 자유음장 : 거리가 2배가 될 때 음압 레벨이 6dB씩 감소하는 영역으로 반사가 전혀 없는 음장
  - 잔향음장(반확산음장) : 직접음과 반사음이 중첩되는 영역

55 음향이론과 관련하여 다음 설명에 해당하는 효과로 가장 적절한 것은?

> 일반적인 스테레오시스템에서 좌우 두 개의 스피커로 주파수와 음압이 동일한 음을 동시에 재생하면
> 인간의 귀에는 두 소리가 정중앙에서 재생되는 것처럼 느껴지지만, 이 상태에서 우측 스피커의 신호를
> 약간 지연시키면 음상은 왼쪽 스피커 방향으로 옮겨간다.

① 웨버헤이너 효과
② 칵테일파티 효과
③ 하스 효과
④ 도플러 효과

해설

③ 하스 효과 : 동일음이 여러 방향에서 같은 음량으로 전달되는 경우, 가장 빠르게 귀에 도달하는 음의 음원방향으로 음상의
    정위치가 쏠려 들리는 현상
① 웨버헤이너의 법칙 : 인간이 자극을 받았을 때의 반응하는 감각의 정도와 자극 크기와의 관계를 양적으로 표시한 법칙
② 칵테일파티 효과 : 다수의 음원이 산재하고 있을 때 그 안에 특정음원에 주목하게 되면 여러 음원으로부터 분리되어 특정
    음만 들리게끔 되는 심리현상
④ 도플러 효과 : 파원과 관측자 사이의 거리가 좁아질 때에는 파동의 주파수가 더 높게(고음), 거리가 멀어질 때에는 파동의
    주파수가 더 낮게(저음) 관측되는 현상

56 소음 등의 제어를 위한 자재류의 기능 설명으로 가장 거리가 먼 것은?

① 소음기 : 기체의 비정상흐름에서 정상흐름으로 전환
② 차진재 : 구조적 진동과 진동 전달력 저감
③ 흡음재 : 음에너지의 전환(음에너지가 적기 때문에 소량의 열에너지로 변환)
④ 차음재 : 음에너지 감쇠

해설

① 소음기
  • 기체의 정상상태 흐름에서 음에너지의 전환으로 감소시킨다.
  • 덕트소음, 엔진의 흡배기음, 회전기계(송풍기, 터빈) 등에 사용된다.
② 차진재
  • 구조적 진동과 진동전달력을 저감시켜 진동에너지를 감소시킨다.
  • 일반 회전기계류의 전달률 저감에 사용된다.
③ 흡음재
  • 음에너지를 열에너지로 변환시킨다.
  • 잔향음의 에너지 저감에 사용된다.
④ 차음재
  • 음에너지를 감쇠시킨다.
  • 음의 투과율을 저감시키는데 사용된다.

57 무지향성 점음원이 반자유공간에 있을 때 음압 레벨(SPL) 산출식으로 옳은 것은?

① $SPL = PWL - 10\log r - 5dB$
② $SPL = PWL - 10\log r - 8dB$
③ $SPL = PWL - 20\log r - 11dB$
④ $SPL = PWL - 20\log r - 8dB$

해설

SPL과 PWL의 관계식
$PWL = SPL + 10\log S$ [S : 표면적(m²)]
• 점음원
  – 음원이 자유공간(공중, 구면파 전파)에 위치할 때
$$SPL = PWL - 10\log(4\pi r^2)$$
$$= PWL - 20\log r - 11(dB)$$
  – 음원이 반자유공간(바닥, 천장, 벽, 반구면파 전파)에 위치할 때
$$SPL = PWL - 10\log(2\pi r^2)$$
$$= PWL - 20\log r - 8(dB)$$
• 선음원
  – 음원이 자유공간(공중, 구면파 전파)에 위치할 때
$$SPL = PWL - 10\log(2\pi r)$$
$$= PWL - 10\log r - 8(dB)$$
  – 음원이 반자유공간(바닥, 천장, 벽, 반구면파 전파)에 위치할 때
$$SPL = PWL - 10\log(\pi r)$$
$$= PWL - 10\log r - 5(dB)$$

58 다음 중 방음벽 설계 시의 유의사항으로 옳은 것을 모두 고른 것은?

> ㉠ 음원의 지향성이 수음측 방향으로 클 때에는 벽에 의한 감쇠치가 계산치보다 작게 된다.
> ㉡ 방음벽 계산(설계)는 무지향성 음원으로 한 가정에 의한 것이다.
> ㉢ 방음벽의 투과손실은 회절감쇠치보다 적어도 5dB 이상 크게 하는 것이 바람직하다.
> ㉣ 방음벽 대신에 방음림(수림대) 설치 시에도 큰 효과를 기대할 수 있다.
> ㉤ 방음벽은 10년 이상 내구성이 보장되는 재료를 사용하여야 한다.
> ㉥ 방음벽 설계 시 음향적인 조건으로는 방음벽의 높이 및 길이, 방음벽의 안전성 및 유지, 방음벽 위치 등이 있다.

① ㉠, ㉤
② ㉡, ㉢
③ ㉢, ㉣
④ ㉤, ㉥

방음벽 설계 시 유의사항
- 방음벽 계산(설계)는 무지향성 음원으로 한 가정에 의한 것이다.
- 음원의 지향성이 수음측 방향으로 클 때에는 방음벽에 의한 감쇠치가 계산치보다 크게 된다.
- 방음벽의 투과손실은 회절감쇠치보다 적어도 5dB 이상 크게 하는 것이 바람직하다.
- 방음벽의 길이는 점음원일 때 벽높이의 5배 이상, 선음원일 때 음원과 수음점 간의 직선거리의 2배 이상으로 하는 것이 바람직하다.
- 방음벽에 의한 최대 회절 감쇠치는 점음원일 경우 24dB(25dB), 선음원의 경우 22dB(21dB) 정도이며, 실제적인 감쇠치는 5~15dB 정도이다.
- 방음벽의 안쪽은 될 수 있는 한 흡음성으로 해서 반사음을 방지하는 것이 좋다.
- 방음벽 대신에 소음원 주위에 방음림(수림대)을 설치하는 것은 소음방지에 큰 효과를 기대할 수 없다.
- 방음판은 하단부에 배수공 등을 설치하여 배수가 잘 되도록 한다.
- 방음벽은 20년 이상 내구성이 보장되는 재료를 사용하여야 한다.
- 방음벽을 계획하고 설계할 때 음향적인 조건은 방음벽 높이 및 길이, 방음벽 위치, 방음벽 재료이며, 비음향적인 조건은 방음벽의 안전성 및 유지, 보수, 미관 등이다.

59 근음장(near field)에 대한 설명으로 옳지 <u>않은</u> 것은?

① 입자속도가 음이 전파방향과 개연성이 있고, 잔향실이 대표적이다.
② 관심대상음의 수파장 내에 나타난다.
③ 음의 세기는 음압의 2승과 비례관계가 거의 없다.
④ 음압 레벨이 음원의 크기, 주파수와 방사면의 위상 등에 크게 영향을 받는다.

근음장(near field)
- 음장과 근접한 거리(일반적 1~2파장)에서 발생하는 음장이다.
- 입자속도는 음의 전파속도와 관련성이 없고 위치에 따라 음압변동이 심하여 음의 세기는 음압의 제곱과 비례관계가 거의 없는 음장이다.
- 음원의 크기, 주파수, 방사면의 위상에 크게 영향을 받는 음장이다.

60 음의 굴절에 관한 설명으로 옳지 <u>않은</u> 것은?

① 스넬의 법칙과 관련이 있다.
② 음파는 대기 온도가 높은 쪽으로 굴절한다.
③ 매질 간에 음속 차이가 클수록 굴절도 커진다.
④ 높이에 따른 풍속 차이가 클수록 굴절도 커진다.

음의 굴절
- 음파가 한 매질에서 다른 매질로 통과 시 음의 진행방향이 구부러지는 현상이다.
- 스넬(Snell)의 법칙 : 입사각과 굴절각의 sin비는 각 매질에서의 전파속도의 비와 같다.
- 굴절 전과 후의 음속차가 크면 굴절도 커진다.
- 대기의 온도차에 의한 굴절은 온도가 낮은 쪽으로 굴절한다.
- 지표면과 상공 사이에 풍속차가 있을 경우 발생한다.

61 무한히 긴 선음원이 있다. 이 음원으로부터 50m 거리만큼 떨어진 위치에서의 음압 레벨이 93dB 이라면 5m 떨어진 곳에서의 음압 레벨은 몇 dB인가?

① 103dB
② 113dB
③ 123dB
④ 133dB

두 선음원 사이의 거리감쇠

$$SPL_1 - SPL_2 = 10\log\frac{r_2}{r_1}(r_2 > r_1)$$

$$SPL_1 = 93 + 10\log(\frac{50}{5}) = 103dB$$

62 음파를 확대하여 음향에너지 밀도를 희박하게 하고 공동단을 줄여서 감음하는 것으로 단면적비에 따라 감쇠량을 결정하는 소음기 형식은?

① 공명형

② 팽창형

③ 흡음형

④ 간섭형

해설

① 공명형 소음기 : 내관의 작은 구멍과 그 배후 공기층이 공명가를 형성하여 공동의 공진주파수와 일치하는 음의 주파수를 목부에서 열에너지로 소산시켜 흡음한다.

② 팽창형 소음기 : 단면 불연속부의 음에너지 반사에 의해 감음하는 구조로 급격한 관경확대로 유속을 낮추어 음향에너지 밀도를 희박화하여 소음을 감소시킨다.

③ 흡음덕트형 소음기 : 내부에서 에너지 흡수를 목적으로 하는 소음기로 덕트 내 흡음재를 부착하여 흡음재의 흡음효과에 의해 소음을 감쇠한다.

④ 간섭형 소음기 : 서로 간의 위상차에 의해 소리의 에너지가 감쇠되는 원리를 이용한다.

CHAPTER 02 진동

01 진동 개론

1 진동의 정의 및 성질

(1) 진동의 정의
「소음·진동관리법」상에서 진동은 '기계, 기구, 시설, 그 밖의 물체의 사용으로 인하여 발생하는 강한 흔들림'으로 정의되어 있다.

(2) 진동의 발생
① 충격진동 : 폭발, 타격 등에 의한 진동
  ㉠ 낙하 해머 단조기, 말뚝 해머 등이 기초를 통해 가까운 지면에 미치는 진동
  ㉡ 진동 공해 중에 높은 비율을 차지하는 충격 진동
  ㉢ 진동원에서 떨어지면서 진동 파형은 충격 파형에서 연속 파형으로 변화
② 정상진동
  ㉠ 일반 산업장의 기계 등에서 정상적으로 발생하는 지속적 진동
  ㉡ 일정한 시간간격에 동일한 현상이 반복되는 진동
③ 복합진동 : 충격 및 정상진동의 혼합, 중첩된 진동

(3) 진동의 물리적 성질
① 진동수(주파수)
  ㉠ 1초 동안의 사이클 수를 말하며, 표시기호로 f, 단위는 [Hz]를 사용한다.
  ㉡ 고유진동수(f_n)는 자유진동하고 있는 진동계에서의 고유한 진동수를 말한다.
  ㉢ 강제진동은 어떤 강체에 가해지는 외력에 의해 일어나는 진동을 말하며, 이때 발생된 외력의 진동수를 강제진동수라고 한다.

② 변위진폭

 ㉠ 변위의 최대 진폭을 A라고 표시할 때 변위진폭은 2A가 되며, 단위는 [m]를 사용한다.

 ㉡ 정현진동 시간(t)에 대한 변위진폭은 다음과 같다.

$$a = A\sin(\omega t)$$

 ㉢ 전진폭은 진동 레벨의 최대치와 최소치의 차이를 의미하며 2A로 나타난다.

 ㉣ 피크치(진폭)는 변위진폭의 최대치를 의미하며 A로 나타난다.

 ㉤ 실효치는 시간에 대한 변화량을 고려한 것으로 $\dfrac{A}{\sqrt{2}}$ 로 나타내며, 진동크기 표현에 가장 적합하다.

③ 진동속도

 ㉠ 단위 시간당 변위량을 나타내며, 표시기호 v, 단위는 [m/s]를 사용한다.

$$v = \frac{d(A)}{dt} = A\omega\cos(\omega t)$$

 ㉡ 진동속도 최대치는 $v_m = A \times \omega$ $\left(\omega : 선속도 = \dfrac{2\pi}{T} = f \times 2\pi\right)$

④ 진동가속도

 ㉠ 단위 시간당 속도변화량을 나타내며, 표시기호 a, 단위는 [m/s²]을 사용한다.

$$a = \frac{d(v)}{dt} = \frac{d^2(A)}{dt^2} = A\omega^2\sin\omega t$$

 ㉡ 진동가속도 최대치는 $a_m = A \times \omega^2$

➕ PLUS 용어정리

- **진동원** : 진동을 발생시키는 기계·기구, 시설 및 기타 물체
- **배경진동** : 한 장소에 있어서의 특정의 진동을 대상으로 생각할 경우 대상진동이 없을 때 그 장소의 진동
- **대상진동** : 배경진동 이외에 측정하고자 하는 특정의 진동
- **정상진동** : 시간적으로 변동하지 아니하거나 또는 변동폭이 작은 진동
- **변동진동** : 시간에 따른 진동 레벨의 변화폭이 크게 변하는 진동
- **충격진동** : 단조기의 사용, 폭약의 발파 시 등과 같이 극히 짧은 시간 동안에 발생하는 높은 세기의 진동
- **측정진동 레벨** : 진동 공정 시험기준에서 정한 측정방법으로 측정한 진동 레벨
- **배경진동 레벨** : 측정진동 레벨의 측정위치에서 대상진동이 없을 때 시험기준에서 정한 측정방법으로 측정한 진동 레벨
- **대상진동 레벨** : 측정진동 레벨에 배경진동의 영향을 보정한 후 얻어진 진동 레벨
- **평가진동 레벨** : 대상진동 레벨에 보정치를 보정한 후 얻어진 진동 레벨

2 진동의 레벨

(1) 진동변위 레벨(Vibration Displacement Level : VDL)

$$VDL = 20\log\left(\frac{\text{측정 대상 진동의 변위 실효치}}{10^{-5}(m)}\right)$$

(2) 진동속도 레벨(Vibration Velocity Level : VVL)

$$VVL = 20\log\left(\frac{\text{측정 대상 진동의 속도 실효치}}{10^{-6}(cm/s)}\right)$$

(3) 진동가속도 레벨(Vibration Acceleration Level : VAL)

$$VAL = 20\log\left(\frac{\text{측정 대상 진동의 가속도 실효치}}{\text{기준진동 가속도 실효치}}\right)$$

$$= 20\log\left(\frac{\text{측정 대상 진동의 가속도 실효치}}{10^{-5}(m/s^2)}\right)$$

- 진동가속도 실효치 $= \dfrac{\text{진동가속도진폭 혹은 가속도피크치}(m/s^2)}{\sqrt{2}}$

(4) 진동 레벨(Vibration Level : VL)

1~90Hz 주파수 범위의 진동가속도 레벨에 주파수 대역별 인체의 진동 감각특성을 보정한 후의 레벨

$$VL = VAL + W_n$$

- W_n : 주파수 대역별 인체감각에 대한 보정치
- 단위 [dB(V)] : 수직진동 특성 보정, [dB(H)] : 수평진동 특성 보정

3 등감각 곡선(Equal Perceived Acceleration Contour)

(1) 진동주파수가 변해도 같은 감각을 느끼는 소음가속도를 나타낸 곡선이다.
(2) 등감각 곡선에 기초하여 정해진 보정회로를 통한 레벨을 진동 레벨이라고 한다.
(3) 일반적으로 수직보정 레벨을 많이 사용하기 때문에 단위로 dB(V)를 사용한다.

> **PLUS 참고**
>
> 수직보정 레벨
>
> $1 \leq f \leq 4 : a = 2\times10^{-5}\times\dfrac{1}{\sqrt{f}}\ m/s^2$
>
> $1 \leq f \leq 4 : a = 10^{-5}\ m/s^2$
>
> $8 \leq f \leq 90 : a = 0.125\times10^{-5}\times f\ m/s^2$

02 진동의 피해

1 진동의 특징

(1) 진동은 같은 가속도라 해도 진동 수에 따라 감각이 다르고, 수직진동과 수평진동의 느낌이 다르다.

(2) 지표진동에서는 수직진동이 수평진동보다 큰 것이 많고, 그 주파수 대역에서는 인체가 수직진동을 더 강하게 느낀다.

(3) 공해진동의 주파수 범위는 1~90Hz이고, 수직진동은 4~8Hz, 수평진동은 1~2Hz 범위에서 가장 민감하다.

(4) 인체에 유해한 진동가속도 레벨은 60dB~80dB이 대부분이다.

(5) 인체감각 진동 역치는 55±5dB이다.

(6) 인체내성 진동은 10Hz, 140dB에서 15분 정도이다.

(7) 진동이 인체에 미치는 영향에 대한 인자로는 진동의 강도, 진동 수, 폭로시간이 있다.

2 진동의 피해영향

(1) 감각적 영향

① 60Hz : 허리, 가슴 및 등에 가장 심한 통증

② 13Hz : 머리에 가장 큰 진동, 안면의 볼, 눈꺼풀 등이 진동함을 느낌

③ 4~14Hz : 복통

④ 9~20Hz : 대소변이 보고 싶고, 무릎에 탄력감, 땀, 열이 나는 느낌, 수직 및 수평진동이 동시 발생 시 2배 이상의 자각 현상이 나타남

(2) 생리적 영향

① 후두계 : 12~16Hz에서 속의 매스꺼움과 발성 등에 영향을 줌

② 호흡기 : 1~3Hz에서 호흡이 힘들어 산소 소비가 증가함

③ 순환기 : 맥박 수 증가

(3) 신체적 영향

① 3~6Hz : 심한 공진 현상, 가해진 진동보다 크게 느낌

② 20~30Hz : 2차 공진 현상, 진동 수가 증가함에 따라 급격히 감쇠

　㉠ 전신진동

　　• 운전자 또는 공장 근로자들이 받는 진동

　　• 압박감을 느끼며 심하면 공포감과 오한 등을 느낌

　　• 전신진동은 신체의 시력, 청력 등의 감각기능 저하와 심박 수 증가, 혈압상승 등의 순환기능의 변화 또는 내분비 계통의 동태변화를 일으킴

ⓛ 국소진동

- 대표적 현상은 Reynaud's phenomenon으로 광산 근로자, 조선공 등과 같이 착암기, 공기해머 및 그라인더 등을 많이 사용하는 사람의 손에 많이 나타남
- 손가락의 말초혈관운동의 장애로 인한 혈액순환 장애, 손가락 통증 등의 유발
- 한랭한 기후에서 발생
- 부종, 관절연골괴저, 골조직 이상, 손가락 창백, 순환기 장애 등

03 진동의 방지 대책

1 발생원 대책

(1) 가진력의 감쇠

① 진동이 작은 기계로 교체
② 기초 중량의 부가 및 경감
③ 기계의 설치 방향 전환

(2) 불평형력의 밸런스

① 회전부의 불평형은 정밀 실험을 통해 평형화
② 왕복운동을 하는 기계는 복수 개의 실린더를 가진 것으로 교체

(3) 고유진동수 변경

① 축의 직경이나 베어링 간격의 변경
② 베어링 교체
③ 중량이나 길이의 변경

(4) 탄성지지

가진력을 감소시키기 위해 탄성지지

(5) 진동원 제거

(6) 동적 흡진

공기스프링, 금속스프링, 방진고무, 중판스프링, 코르크 등을 사용

① 공기스프링

고유진동수 : 0~5Hz

장점	• 자동제어가 가능 • 고주파 차진에 매우 성능 우수 • 1Hz 이하의 저주파 영역에서도 사용 가능 • 하중의 변화에 따라 고유진동수를 일정하게 유지할 수 있음 • 기계높이를 일정레벨로 유지할 수 있음 • 스프링의 높이, 내하력, 스프링 정수를 광범위하게 설정

단점	• 공기누출의 위험이 있음 • 구조가 복잡하고 시설비가 많이 소요 • 압축기 등 부대시설이 필요 • 사용진폭이 적은 것이 많으므로 별도의 댐퍼(damper)가 필요

② 금속스프링

고유진동수 : 2~10Hz

장점	• 환경요소(온도, 부식, 용해 등)에 대한 저항성이 큼 • 뒤틀리거나 오므라들지 않음 • 최대변위가 허용됨 • 수명이 상대적으로 긴 편임 • 저주파 진동의 차진에 좋음(4Hz 이하 영역에서 사용)
단점	• 코일스프링 사용 시 서징(Surging) 주파수에 유의해야 함 • 서징(Surging) 현상 : $f_n = n/2\sqrt{k/m_s}$ (Hz) n : 서징모드수 m_s : 스프링 질량(kg) k : 스프링 상수(N/m) • 로킹이 일어나지 않도록 주의해야 함 • 감쇠가 거의 없으며(감쇠율 0.05 이하), 공진 시에 전달률이 매우 큼 • 고주파 진동 시에 단락됨(고주파 차진성에 문제가 있음)

③ 방진고무

고유진동수 : 5~100Hz

장점	• 다축방향의 스프링정수 공용성이 유리 • 형상의 선택이 비교적 자유로움 • 고주파 진동의 차단에 양호(4Hz 이상 영역에서 사용) • 가격이 상대적으로 저렴하고 서징(Surging)현상이 잘 발생하지 않음
단점	• 공기 중의 오존에 의해 산화됨(장기간 사용시 성능저하) • 내부마찰에 의한 발열 때문에 열화되기 쉬움 • 내유 및 내열성이 약함(수명단축) • 저온에서는 고무가 급격히 굳어져 방진효과를 상실함

2 차진효과

(1) 강제진동수(f)와 고유진동수(f_n)비에 따른 차진효과

① $f/f_n = 1$일 때 : 공진상태로서 전달률 최대

② $f/f_n < \sqrt{2}$일 때 : 항상 전달력은 외력(강제력)보다 크다.

③ $f/f_n = \sqrt{2}$일 때 : 전달력은 외력과 같다.

④ $f/f_n > \sqrt{2}$일 때 : 항상 전달력은 외력(강제력)보다 작다.

⑤ $f/f_n > \sqrt{2}$가 되게 하는 것이 절대적으로 필요하며 가능한 $f/f_n > 3$이 되도록 설계한다.

(2) 감쇠비(ξ)의 변화

① $f/f_n < \sqrt{2}$ 인 범위에서 ξ 값이 커질수록 전달율이 적어짐

→ $f/f_n < \sqrt{2}$ 인 범위에서는 방진상의 감쇠비(ξ)가 클수록 유리함

② $f/f_n > \sqrt{2}$ 인 범위에서 ξ 값이 작을수록 전달율이 적어짐

→ $f/f_n > \sqrt{2}$ 인 범위에서는 방진상의 감쇠비(ξ)가 적을수록 유리함

PLUS 참고

감쇠비(ξ)

임계감쇠계수 (C_c)에 대한 감쇠계수(C_e)의 비($\xi = \dfrac{C_e}{C_c} = \dfrac{C_e}{2\sqrt{k \cdot m}}$)를 말한다.

PLUS 참고

진동전달률(T)

감쇠비(ξ)가 없을 때

$$T = \left| \frac{1}{1 - (f/f_n{}^2)} \right| \times 100(\%)$$

- f : 강제진동수(Hz)
- f_n : 고유진동수(Hz)

감쇠비(ξ)가 있을 때

$$T = \frac{\sqrt{1 + (2\xi \cdot f/f_n)^2}}{\sqrt{[1 - (f/f_n)^2]^2 + (2\xi \cdot f/f_n)^2}} \times 100\%$$

확인학습문제

01 다음 중 진동에 의한 국소장애 현상이 <u>아닌</u> 것은?

① 부종
② 연부조직 병변
③ 순환기 장해
④ 골조직 이상

> **해설**
> 진동의 국소적인 장애는 레이노드병, 부종, 골관절 이상, 말초혈관의 폐쇄, 순환기 장해 등을 유발한다.

02 진동의 발생 원인에 해당하지 <u>않는</u> 것은?   [03년 경남]

① 공장 및 공사장의 소음
② 플랜트의 구성기계나 배관재의 진동 또는 철골 구조물의 진동
③ 굴삭기에서의 진동
④ 철도 노면과 전차에서의 진동

> **해설**
> ①은 소음의 발생원에 해당한다.

03 인체에 가장 예민한 진동주파수 범위는?   [01년 대구]

① 2~8Hz
② 10~20Hz
③ 20~80Hz
④ 80~120Hz
⑤ 120~140Hz

> **해설**
> 공해진동의 주파수 범위는 1~90Hz이고, 수직진동은 4~8Hz, 수평진동은 2Hz 범위에서 가장 민감하다.

04 진동에 대한 설명으로 옳지 <u>않은</u> 것은? [04년 경기]

① 진동은 시각감소, 촉각신경에 영향을 준다.
② 진동은 생리기능 중 심장에만 영향을 준다.
③ 정신적으로 안정감을 주지 못한다.
④ 진동에 의하여 내・외벽에 균열을 일으킨다.

해설
진동은 생리기능 중 혈압상승, 맥박증가, 발한과 소화계(위장내압의 증가, 복압상승, 내장하수) 등에 영향을 끼친다.

05 진동에 의한 인체피해에 관한 설명으로 옳은 것은?

① 진동 레벨 70~80dB에서 수면장애를 일으킨다.
② 4~8Hz에서 구토증세가 발생한다.
③ 9~20Hz에서 복통을 느낀다.
④ 수직 및 수평진동이 동시에 가해지면 2배의 자각현상이 나타난다.

해설
① 진동 레벨 60~65dB에서 수면장애를 일으킨다.
② 12~16Hz에서 구토증세가 발생한다.
③ 4~14Hz에서 복통을 느낀다.

06 공기 스프링에 대한 설명으로 옳지 <u>않은</u> 것은?

① 공기누출의 위험이 있다.
② 1Hz 이하의 저주파 영역에서는 사용하지 못한다.
③ 구조가 복잡하고 시설비가 많이 소요된다.
④ 공기 스프링은 지지하중의 크기가 변화할 경우에도 높이 조정밸브로 기계 높이를 일정하게 유지할
  수 있다.

해설

공기 스프링의 장단점

장점	• 고주파 차진에 매우 성능 우수 • 자동제어 가능 • 1Hz 이하의 저주파 영역에서도 사용가능 • 하중의 변화에 따라 고유진동수를 일정하게 유지할 수 있음 • 기계높이를 일정 레벨로 유지할 수 있음 • 스프링의 높이, 내하력, 스프링 정수를 광범위하게 설정
단점	• 공기누출의 위험이 있음 • 구조가 복잡하고 시설비가 많이 소요 • 압축기 등 부대시설이 필요 • 사용진폭이 적은 것이 많으므로 별도의 damper가 필요

07 방진고무의 단점을 보완하기 위한 방법으로 옳지 <u>않은</u> 것은?

① 신장응력의 작용을 피한다.
② 스프링의 감쇠비가 적을 때는 스프링과 병렬로 damper를 넣는다.
③ 고유진동수가 깅제진동수의 1/3 이하인 것을 택하고, 적어도 70% 이하를 선택한다.
④ 정하중에 따른 스프링 수축량은 10~15% 이내로 조절한다.

해설
②는 금속스프링의 단점보완책이다.

08 다음 방진대책 중 발생원 대책과 거리가 <u>먼</u> 것은? [03년 경북]

① 방진구 ② 불평형력의 평형
③ 탄성지지 ④ 가진력 감쇠

해설
방진구는 전파경로 대책 중의 하나이다.

09 방진재 중 공기 스프링의 단점이라 볼 수 <u>없는</u> 것은? [03년 부산]

① 부하능력 범위가 비교적 좁다.
② 구조가 복잡하고 시설비가 많다.
③ 공기누출의 위험이 있다.
④ 압축기 등 부대시설이 필요하다.

해설
부하능력의 범위는 광범위하다.

10 사람이 받는 진동의 영향이 <u>아닌</u> 것은? [01년 울산]

① 부종　　　　　　　　　② 뼈의 퇴행성 변화
③ 동통　　　　　　　　　④ 외상
⑤ 손가락의 창백

해설
심한 진동을 받으면 조만간에 뼈, 관절 및 신경 근육, 건, 인대, 혈관 등 연부조직에 병변이 나타난다.

11 다음의 설명이 옳지 <u>않은</u> 것은?

① 진동이란 어떤 점의 위치가 시간이 경과함에 따라 임의의 기준점을 중심으로 반복적으로 상하로 변하는 현상을 말한다.
② 진동으로 인한 신체적 피해는 전신진동 피해와 국소진동 피해로 나눌 수 있다.
③ 감쇠는 시간이 경과함에 따라 진동이 소멸되는 원인이 된다.
④ 가속도와 변위는 90°의 위상차를 가진다.

해설
가속도와 변위는 180°의 위상차를 가진다.

12 진동의 범위에 대한 설명으로 옳은 것은? [02년 경북]

① 공해진동의 진동 레벨은 60~80dB이다.
② 진동수가 2~10Hz이면 압박감, 복통을 느낀다.
③ 인간이 느끼는 최소진동은 30±5dB이다.
④ 공해진동의 주파수 범위는 1~50Hz이다.

해설

진동의 범위
- 공해진동의 주파수 범위 : 1~90Hz
- 공해진동의 진동 레벨 : 60~80dB 수준(지진의 진도계 기준)
- 인간이 느끼는 최소 진동 : 55±5dB
- 압박감, 복통을 느끼는 진동수 : 4~12Hz

13 진동공구를 사용하는 근로자들이 지속적인 국소진동으로 인한 손가락의 말초혈관운동장애로 인한 혈액순환장애 현상을 무엇이라 하는가?

① VDT 증후군
② Raynaud씨 증후군
③ 경견완 장애
④ Yann씨 증후군

해설

Reynaud's phenomenon는 광산 근로자, 조선공 등과 같이 착암기, 공기 해머 및 그라인더 등을 많이 사용하는 사람의 손에 많이 나타난다.
- 손가락의 말초혈관운동의 장애로 인한 혈액순환장애, 손가락 통증 등의 유발
- 한랭한 기후에서 발생

14 가진력을 F, 전달력은 Ft라 하면 진동전달률은? [03년 부산]

① $F \times Ft$　　　　　　　② $Ft/(Ft+F)$
③ Ft/F　　　　　　　　　④ F/Ft

해설

$$진동전달률 = \left(\frac{전달력}{가진력}\right) = \frac{\sqrt{1+(2\xi\eta)^2}}{\sqrt{(1-\eta^2)^2+(2\xi\eta)^2}}$$

15 가진진동 수 f, 고유진동 수 f_n의 비 $f/f_n = 5$일 때 진동전달률 T는 얼마가 되는가?

① $T=1/24$
② $T=1/4$
③ $T=24$
④ $T=4$

$$T = \left| \frac{1}{1-(f/f_n)^2} \right| = \left| \frac{1}{-24} \right| = \frac{1}{24}$$

16 탄성지지 재료 중 하나인 방진고무의 특징에 대한 설명으로 옳은 것은?

① 저주파 진동의 차단에 양호하다.
② 내열성이 강하다.
③ 저온에서는 고무가 급격히 굳어져 방진 효과를 상실한다.
④ 가격이 상대적으로 비싼 편이다.

방진고무의 장단점

장점	• 다축방향의 스프링정수 공용성이 유리 • 형상의 선택이 비교적 자유로움 • 고주파 진동의 차단에 양호(4Hz 이상 영역에서 사용) • 가격이 상대적으로 저렴하고 서징(Surging) 현상이 잘 발생하지 않음
단점	• 공기 중의 오존에 의해 산화(장기간 사용 시 성능저하) • 내부마찰에 의한 발열 때문에 열화되기 쉬움 • 내유 및 내열성이 약함(수명단축) • 저온에서는 고무가 급격히 굳어져 방진 효과를 상실

17 감쇠자유진동은 감쇠비(ξ)의 크기에 따라 나뉘는데, 이 중 임계감쇠는 감쇠비가 어떤 값을 갖는 경우인가?

① 1보다 작은 경우
② 1보다 큰 경우
③ 1인 경우
④ 0보다 큰 경우

해설

임계감쇠(Critical damped) $\xi = 1$, $\xi = 1 = \dfrac{C_e}{2\sqrt{k \cdot m}}$

18 만약 어떤 진동계에서 고유각진동 수 W_n과 강제각진동 수 W의 관계가 $W^2 \gg W_n^2$일 때 이 진동계의 진동을 제어하기 위한 요소는?

① 강도제어
② 질량제어
③ 속도제어
④ 제동제어

해설

$W^2 \gg W_n^2 : x(\omega) = F_0/m\omega^2$ 질량 m을 크게 하여 각각의 진폭크기를 제어

19 방진재료로 사용되는 금속스프링의 단점으로 옳은 것은?

① 온도, 부식과 같은 환경요소에 대한 저항성이 크다.
② 공진 시에 전달율이 매우 크다.
③ 고주파 차진에 좋다.
④ 수명이 상대적으로 짧다.

해설

금속스프링의 장단점

장점	• 환경요소(온도, 부식, 용해 등)에 대한 저항성이 큼 • 뒤틀리거나 오므라들지 않음 • 최대 변위가 허용됨 • 수명이 상대적으로 김 • 저주파 진동의 차진에 좋음(4Hz 이하 영역에서 사용)
단점	• 코일스프링 사용 시 서징(Surging) 주파수에 유의 • 서징(Surging) 현상 : $f_n = n/2\sqrt{k/m_s}$ (Hz) 　　n : 서징모드 수　　　m_s : 스프링 질량(kg)　　　k : 스프링 상수(N/m) • 로킹이 일어나지 않도록 주의하여야 함 • 감쇠가 거의 없으며(감쇠율 0.05 이하), 공진 시에 전달률이 매우 큼 • 고주파 진동 시에 단락됨(고주파 차진성에 문제가 있음)

20 인간이 느끼는 최소 감지선인 진동가속도 레벨은?

① 100dB

② 90dB

③ 80dB

④ 70dB

⑤ 60dB

해설

진동가속도 레벨

• 진동의 크기는 진동속도 또는 진동가속도로 표시한다.

• 진동속도는 단위 시간당의 변화이며, 진동가속도는 단위 시간당의 속도의 변화이다.

• 인간이 느끼는 최소 감지선은 진동가속도 레벨이 60dB이고, 진동수가 4~8Hz인 경우이다.

21 진동감각에 대한 설명으로 옳지 <u>않은</u> 것은?

① 등감곡선이란 진동 주파수가 변해도 같은 감각을 나타내는 진동가속도를 말한다.

② 사람이 느끼는 최소 진동은 55±5dB이다.

③ 수평방향과 수직방향은 진동을 느끼는 정도가 다르다.

④ 수직진동은 8~12Hz에서 가장 민감하다.

해설

수평진동은 1~2Hz, 수직진동은 4~8Hz에서 가장 민감하다.

22 진동의 피해대책으로 옳지 <u>않은</u> 것은?

① 방진고무 등을 사용해 전파경로 차단

② 발생원의 제거 및 감축

③ 내진성이 낮은 자재 사용

④ 완충물의 사용

해설

진동 피해를 막기 위해서는 내진성이 높은 자재를 사용해야 한다.

23 진동가속도 레벨에 대한 설명으로 옳은 것은?

① 진동속도는 단위 시간당 속도의 변화량이다.

② 진동가속도는 단위 시간당 변위의 변화량이다.

③ 진동가속도 레벨은 진동을 물리량 dB로 나타낸 것이다.

④ 인간이 느끼는 최소 감지선은 진동가속도 레벨이 70dB이다.

해설

진동속도는 단위 시간당 변위의 변화이며, 진동가속도는 단위 시간당 속력의 변화이다.

24 다음 설명이 옳지 <u>않은</u> 것은?

① 진동은 1초 동안의 사이클 수이다.

② 진동가속도 레벨 공식은 $VAL = 20\log\left(\dfrac{a}{a_{ref}}\right)$ 이다.

③ 진동 레벨은 1~90Hz 범위의 주파수 대역별 진동가속도 레벨에 주파수 대역별 인체의 진동감각 특성을 보정한 후의 값을 dB로 합산한 것이다.

④ 진동 레벨 공식은 VL = VAL − Wn이다.

해설

진동 레벨 공식은 VL = VAL + Wn이다.

25 어떤 기계의 가동 전 정지상태에서의 진동 레벨을 측정하였더니 80dB이었으며 가동 후 진동 레벨을 측정한 결과 88dB이었다. 이 경우 이 기기의 발생진동 레벨로서 적당한 것은 다음 중 어느 것인가?

① 80dB

② 84dB

③ 87dB

④ 72dB

해설

암진동 레벨이 80dB, 기계를 가동시켰을 때의 진동 레벨이 88dB 이므로 88 − 80 = 8dB → 1dB 감소한다.

∴ 88 − 1 = 87dB

레벨차(dB)	3	4, 5	6, 7, 8, 9
보정치(dB)	-3	-2	-1

26 감쇠가 없는 강제진동에서 진동수비 $w/w_n = 3.2$일 때 전달률은?

① 0.08

② 0.11

③ 0.15

④ 0.18

해설

$$T = \left| \frac{1}{1-(w/w_n)^2} \right| = \left| \frac{1}{1-\eta^2} \right| \quad \text{이때 } \eta = (w/w_n) = (f/f_n)$$

$$T = \left| \frac{1}{1-(w/w_n)^2} \right| = \left| \frac{1}{1-3.2^2} \right| = 0.11$$

27 진동방지대책 중 발생원 대책에 대한 설명으로 옳지 <u>않은</u> 것은?

① 진동원의 위치를 멀리 한다.

② 가진력을 감쇠킨다.

③ 동적흡진시킨다.

④ 기초중량의 부가 및 경감을 시킨다.

해설

진동방지대책 중 발생원대책

• 가진력을 감쇠시킨다.

• 기초중량의 부가 및 경감을 시킨다.

• 탄성지지

• 동적흡진

• 진동원의 위치를 멀리한다.

• 수진측에 방진구를 설치한다.

28 탄성지지의 설계인자로 옳지 <u>않은</u> 것은?

① 투과율

② 고유진동수

③ 스프링정수

④ 수축량

해설

탄성지지 설계인자 : 강제진동수, 고유진동수, 진폭, 스프링정수, 방진물의 수축량

29 스프링에 0.5kg의 질량을 가진 물체를 매달았을 때 스프링이 0.2m만큼 늘어났다. 이때 스프링 상수로 옳은 것은?

① 2.5N/m
② 14.5N/m
③ 22.5N/m
④ 24.5N/m

해설

스프링의 정적수축량(δ_{st})

$$\delta_{st} = \frac{w}{k} = \frac{mg}{k} = \frac{g}{(2\pi f_n)^2} = \frac{g}{\omega_n^2}$$

- w : 중량 또는 하중
- k : 스프링 정수
- m : 질량
- g : 중력가속도
- f_n : 고유진동수
- ω_n : 고유각진동수

$k = \frac{mg}{\delta_{st}} = \frac{0.5 \times 9.8}{0.2} = 24.5 N/m$

30 진동원에서 발생하는 가진력은 특성에 따라 기계회전부의 질량 불평형, 기계의 왕복운동 및 충격에 의한 가진력 등으로 대별되는데 다음 중 발생 가진력이 주로 충격에 의해 발생하는 것은?

① 단조기
② 전동기
③ 송풍기
④ 펌프

해설

가진력 발생의 예
- 충격력 : 단조기, 중량물의 낙하충돌 등
- 불평형력(회전운동) : 전동기, 송풍기, 펌프 등

CHAPTER 03 소음 · 진동 공정시험법

01 소음의 측정

1 소음계

(1) 기본구조

소음계에는 보통소음계, 간이소음계, 정밀소음계 등이 있다.

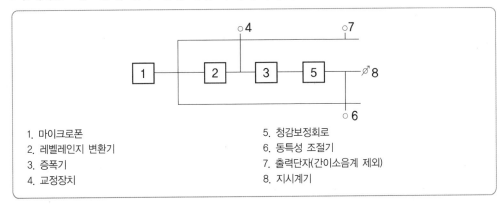

1. 마이크로폰
2. 레벨레인지 변환기
3. 증폭기
4. 교정장치
5. 청감보정회로
6. 동특성 조절기
7. 출력단자(간이소음계 제외)
8. 지시계기

① **마이크로폰**(microphone) : 마이크로폰은 지향성이 작은 압력형으로 하며, 기기의 본체와 분리가 가능하여야 한다.

② **레벨레인지 변환기** : 측정하고자 하는 소음도가 지시계기의 범위 내에 있도록 하기 위한 감쇠기로서 유효눈금범위가 30dB 이하가 되는 구조의 것은 변환기에 의한 레벨의 간격이 10dB 간격으로 표시되어야 한다. 다만, 레벨 변환 없이 측정이 가능한 경우 레벨레인지 변환기가 없어도 무방하다.

③ **증폭기**(amplifier) : 마이크로폰에 의하여 음향에너지를 전기에너지로 변환시킨 양을 증폭시키는 장치를 말한다.

④ **교정장치**(calibration network calibrator) : 소음측정기의 감도를 점검 및 교정하는 장치로서 자체에 내장되어 있거나 분리되어 있어야 하며, 80dB(A) 이상이 되는 환경에서도 교정이 가능하여야 한다.

⑤ **청감보정회로**(weighting networks) : 인체의 청감각을 주파수 보정특성에 따라 나타내는 것으로 A 특성을 갖춘 것이어야 한다. 다만, 자동차 소음측정용은 C 특성도 함께 갖추어야 한다.

⑥ **동특성 조절기**(fast-slow switch) : 지시계기의 반응속도를 빠름 및 느림의 특성으로 조절할 수 있는 조절기를 가져야 한다.

⑦ **출력단자**(monitor out) : 소음신호를 기록기 등에 전송할 수 있는 교류단자를 갖춘 것이어야 한다.

⑧ **지시계기(meter)** : 지시계기는 지침형 또는 디지털형이어야 한다. 지침형에서는 유효지시범위가 15dB 이상이어야 하고, 각각의 눈금은 1dB 이하를 판독할 수 있어야 하며, 1dB 눈금간격이 1mm 이상으로 표시되어야 한다. 다만, 디지털형에서는 숫자가 소수점 한자리까지 표시되어야 한다.

(2) 성능

① 측정가능 주파수 범위는 31.5Hz~8kHz 이상이어야 한다.

② 측정가능 소음도 범위는 35~130dB 이상이어야 한다. 다만, 자동차 소음측정에 사용되는 것은 45~130dB 이상으로 한다.

③ 특성별(A 특성 및 C 특성) 표준 입사각의 응답과 그 편차는 K SC IEC 61672 – 1의 표2를 만족하여야 한다.

④ 레벨레인지 변환기가 있는 기기에 있어서 레벨레인지 변환기의 전환오차가 0.5dB 이내여야 한다.

⑤ 지시계기의 눈금오차는 0.5dB 이내여야 한다.

2 환경기준 소음측정방법

(1) 측정조건

① 소음계의 마이크로폰은 측정위치에 받침장치(삼각대 등)를 설치하여 측정하는 것을 원칙으로 한다.

② 손으로 소음계를 잡고 측정할 경우 소음계는 측정자의 몸으로부터 0.5m 이상 떨어져야 한다.

③ 소음계의 마이크로폰은 주소음원 방향으로 향해야 한다.

④ 풍속이 2m/s 이상일 때에는 반드시 마이크로폰에 방풍망을 부착하여야 하며, 풍속이 5m/s를 초과할 때에는 측정하여서는 안 된다.

⑤ 진동이 많은 장소 또는 전자장(대형 전기기계, 고압선 근처 등)의 영향을 받는 곳에서는 적절한 방지책(방진, 차폐 등)을 강구하여야 한다.

⑥ 소음계의 청감보정회로는 A 특성에 고정하여 측정하여야 한다.

⑦ 소음계의 동특성은 원칙적으로 빠름(fast) 모드로 하여 측정하여야 한다.

⑧ 요일별로 소음변동이 적은 평일(월요일부터 금요일 사이)에 당해지역의 환경소음을 측정하여야 한다.

(2) 측정지점

① 옥외측정을 원칙으로 하며, '일반 지역'은 당해지역의 소음을 대표할 수 있는 장소로 하고, '도로변 지역'에서는 소음으로 인하여 문제를 일으킬 우려가 있는 장소를 택하여야 한다. 측정점 선정 시에는 당해지역 소음평가에 현저한 영향을 미칠 것으로 예상되는 공장 및 사업장, 건설사업장, 비행장, 철도 등의 부지 내는 피해야 한다. 도로변 지역의 범위는 도로단으로부터 차선수×10m로 하고, 고속도로 또는 자동차 전용도로의 경우에는 도로단으로부터 150m 이내의 지역으로 한다.

② 일반 지역의 경우에는 가능한 한 측정점 반경 3.5m 이내에 장애물(담, 건물, 기타 반사성 구조물 등)이 없는 지점의 지면 위 1.2~1.5m로 한다.

③ 도로변 지역의 경우 장애물이나 주거, 학교, 병원, 상업 등에 활용되는 건물이 있을 때에는 이들 건축물로부터 도로방향으로 1.0m 떨어진 지점의 지면 위 1.2~1.5m 위치로 하며, 건축물이 보도가 없는 도로에 접해 있는 경우에는 도로단에서 측정한다. 다만, 상시 측정용 또는 연속 측정(낮 또는 밤시간

대별로 7시간 이상 연속으로 측정)의 경우 측정높이는 주변환경, 통행, 장비의 훼손 등을 고려하여 지면 위 1.2~5.0m 높이로 할 수 있다.

(3) 측정시간 및 측정지점 수

① 낮 시간대(06:00~22:00)에는 당해지역 소음을 대표할 수 있도록 측정지점 수를 충분히 결정하고, 각 측정지점에서 2시간 이상 간격으로 4회 이상 측정하여 산술평균한 값을 측정소음도로 한다.
② 밤 시간대(22:00~06:00)에는 낮 시간대에 측정한 측정지점에서 2시간 간격으로 2회 이상 측정하여 산술평균한 값을 측정소음도로 한다.

(4) 측정자료 분석

① 디지털 소음자동분석계를 사용할 경우 : 샘플주기를 1초 이내에서 결정하고 5분 이상 측정하여 자동 연산·기록한 등가소음도를 그 지점의 측정소음도로 한다.

3 배경소음보정

① 측정소음도가 배경소음보다 10dB 이상 크면 배경소음의 영향이 극히 작기 때문에 배경소음의 보정 없이 측정소음도를 대상소음도로 한다.
② 측정소음도가 배경소음보다 3.0~9.9dB 차이로 크면 배경소음의 영향이 있기 때문에 측정소음도에 보정 표에 의한 보정치를 보정한 후 대상소음도를 구한다. 다만, 배경소음도 측정 시 해당 공장의 공정상 일부 배출시설의 가동중지가 어렵다고 인정되고, 해당 배출시설에서 발생한 소음이 배경소음에 영향을 미친다고 판단될 경우에는 배경소음도 측정 없이 측정소음도를 대상소음도로 할 수 있다.

단위 : dB(A)

차이 (d)	.0	.1	.2	.3	.4	.5	.6	.7	.8	.9
3	-3.0	-2.9	-2.8	-2.7	-2.7	-2.6	-2.5	-2.4	-2.3	-2.3
4	-2.2	-2.1	-2.1	-2.0	-2.0	-1.9	-1.8	-1.8	-1.7	-1.7
5	-1.7	-1.6	-1.6	-1.5	-1.5	-1.4	-1.4	-1.4	-1.3	-1.3
6	-1.3	-1.2	-1.2	-1.2	-1.1	-1.1	-1.1	-1.0	-1.0	-1.0
7	-1.0	-0.9	-0.9	-0.9	-0.9	-0.9	-0.8	-0.8	-0.8	-0.8
8	-0.7	-0.7	-0.7	-0.7	-0.7	-0.7	-0.6	-0.6	-0.6	-0.6
9	-0.6	-0.6	-0.6	-0.5	-0.5	-0.5	-0.5	-0.5	-0.5	-0.5

보정치 $= -10\log(1 - 10^{-0.1d})$

• d : 측정소음도 − 배경소음도

③ 측정소음도가 배경소음도보다 3dB 미만으로 크면 배경소음이 대상소음보다 크므로 ① 또는 ②가 만족되는 조건에서 재측정하여 대상소음도를 구하여야 한다.

02 진동의 측정

1 진동 레벨계

(1) 기본구조

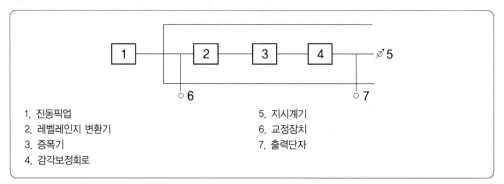

1. 진동픽업
2. 레벨레인지 변환기
3. 증폭기
4. 감각보정회로
5. 지시계기
6. 교정장치
7. 출력단자

① **진동픽업(pick-up)** : 지면에 설치할 수 있는 구조로서 진동신호를 전기신호로 바꾸어 주는 장치를 말하며, 환경진동을 측정할 수 있어야 한다.

② **레벨레인지 변환기** : 측정하고자 하는 진동이 지시계기의 범위 내에 있도록 하기 위한 감쇠기로서 유효눈금 범위가 30dB 이하 되는 구조의 것은 변환기에 의한 레벨의 간격이 10dB 간격으로 표시되어야 한다. 다만, 레벨 변환 없이 측정이 가능한 경우 레벨레인지 변환기가 없어도 무방하다.

③ **증폭기(amplifier)** : 진동픽업에 의해 변환된 전기신호를 증폭시키는 장치를 말한다.

④ **감각보정회로(weighting networks)** : 인체의 수직감각을 주파수 보정 특성에 따라 나타내는 것으로 V특성(수직특성)을 갖춘 것이어야 한다.

⑤ **지시계기(meter)** : 지시계기는 지침형 또는 디지털형이어야 한다. 지침형에서 유효지시범위가 15dB 이상이어야 하고, 각각의 눈금은 1dB 이하를 판독할 수 있어야 하며, 1dB 눈금간격이 1mm 이상으로 표시되어야 한다. 다만, 디지털형에서는 숫자가 소수점 한 자리까지 표시되어야 한다.

⑥ **교정장치(calibration network calibrator)** : 진동측정기의 감도를 점검 및 교정하는 장치로서 자체에 내장되어 있거나 분리되어 있어야 한다.

⑦ **출력단자(output)** : 진동신호를 기록기 등에 전송할 수 있는 교류출력단자를 갖춘 것이어야 한다.

(2) 성능

① 측정가능 주파수 범위는 1~90Hz 이상이어야 한다.

② 측정가능 진동 레벨의 범위는 45~120dB 이상이어야 한다.

③ 감각 특성의 상대응답과 허용오차는 「환경측정기기의 형식승인·정도검사 등에 관한 고시」 중 진동레벨계의 구조·성능 세부기준 표1의 연직진동 특성에 만족하여야 한다.

④ 진동픽업의 횡감도는 규정주파수에서 수감축 감도에 대한 차이가 15dB 이상이어야 한다(연직특성).

⑤ 레벨레인지 변환기가 있는 기기에 있어서 레벨레인지 변환기의 전환오차가 0.5dB 이내여야 한다.

⑥ 지시계기의 눈금오차는 0.5dB 이내여야 한다.

2 배출허용기준 진동측정방법

(1) 측정조건

① 진동픽업(pick-up)의 설치장소는 옥외지표를 원칙으로 하고 복잡한 반사, 회절현상이 예상되는 지점은 피한다.

② 진동픽업의 설치장소는 완충물이 없고, 충분히 다져서 단단히 굳은 장소로 한다.

③ 진동픽업의 설치장소는 경사 또는 요철이 없는 장소로 하고, 수평면을 충분히 확보할 수 있는 장소로 한다.

④ 진동픽업은 수직방향 진동 레벨을 측정할 수 있도록 설치한다.

⑤ 진동픽업 및 진동 레벨계를 온도, 자기, 전기 등의 외부영향을 받지 않는 장소에 설치한다.

(2) 측정지점

① 측정지점은 공장의 부지경계선(아파트형 공장의 경우에는 공장 건물의 부지경계선) 중 피해가 우려되는 장소로서 진동 레벨이 높을 것으로 예상되는 지점을 택하여야 한다.

② 공장의 부지경계선이 불명확하거나 공장의 부지경계선에 비하여 피해가 예상되는 자의 부지경계선에서의 진동 레벨이 더 큰 경우에는 피해가 예상되는 자의 부지경계선으로 한다.

③ 배경진동 레벨은 측정진동 레벨의 측정지점과 동일한 장소에서 측정함을 원칙으로 한다.

(3) 측정시간 및 측정지점 수

피해가 예상되는 적절한 측정시각에 2지점 이상의 측정지점 수를 선정·측정하여 그중 높은 진동 레벨을 측정진동 레벨로 한다.

(4) 측정자료 분석

① **디지털 진동자동분석계를 사용** : 샘플주기를 1초 이내에서 결정하고 5분 이상 측정하여 자동 연산·기록한 80% 범위의 상단치인 L_{10}값을 그 지점의 측정진동 레벨 또는 배경진동 레벨로 한다.

② **진동 레벨기록기를 사용하여 측정** : 5분 이상 측정·기록하여 다음 방법으로 그 지점의 측정진동 레벨 또는 배경진동 레벨을 정한다.

  ㉠ 기록지상의 지시치에 변동이 없을 때에는 그 지시치

  ㉡ 기록지상의 지시치의 변동폭이 5dB 이내일 때에는 구간 내 최대치부터 진동 레벨의 크기순으로 10개를 산술평균한 진동 레벨

  ㉢ 기록지상의 지시치가 불규칙하고 대폭적으로 변하는 경우에는 L_{10} 진동 레벨 계산방법에 의한 L_{10}값

③ **진동 레벨계만으로 측정** : 계기조정을 위하여 먼저 선정된 측정위치에서 대략적인 진동의 변화양상을 파악한 후, 진동 레벨계 지시치의 변화를 목측으로 5초 간격 50회 판독·기록하여 다음의 방법으로 그 지점의 측정진동 레벨 또는 배경진동 레벨을 결정한다.

  ㉠ 진동 레벨계의 지시치에 변동이 없을 때에는 그 지시치

  ㉡ 진동 레벨계의 지시치의 변화폭이 5dB 이내일 때에는 구간 내 최대치부터 진동 레벨의 크기순으로 10개를 산술평균한 진동 레벨

  ㉢ 진동 레벨계 지시치가 불규칙하고 대폭적으로 변할 때에는 L_{10} 진동 레벨 계산방법에 의한 L_{10}값

PLUS 참고 📋

「소음・진동관리법 시행규칙」 제20조(생활소음・진동의 규제) 제3항 별표8

생활소음・진동의 규제기준(제20조 제3항 관련)

⊙ 생활소음 규제기준

[단위 : dB(A)]

대상 지역	소음원		시간대별	아침, 저녁 (05:00~07:00, 18:00~22:00)	주간 (07:00~18:00)	야간 (22:00~05:00)
가. 주거지역, 녹지지역, 관리지역 중 취락지구・주거개발진흥지구 및 관광・휴양개발진흥지구, 자연환경보전지역, 그 밖의 지역에 있는 학교・종합병원・공공도서관	확성기		옥외설치	60 이하	65 이하	60 이하
			옥내에서 옥외로 소음이 나오는 경우	50 이하	55 이하	45 이하
	공장			50 이하	55 이하	45 이하
	사업장		동일 건물	45 이하	50 이하	40 이하
			기타	50 이하	55 이하	45 이하
	공사장			60 이하	65 이하	50 이하
나. 그 밖의 지역	확성기		옥외설치	65 이하	70 이하	60 이하
			옥내에서 옥외로 소음이 나오는 경우	60 이하	65 이하	55 이하
	공장			60 이하	65 이하	55 이하
	사업장		동일 건물	50 이하	55 이하	45 이하
			기타	60 이하	65 이하	55 이하
	공사장			65 이하	70 이하	50 이하

- 소음의 측정 및 평가기준은 「환경분야 시험・검사 등에 관한 법률」 제6조 제1항 제2호에 해당하는 분야에 따른 환경오염공정시험기준에서 정하는 바에 따른다.
- 대상 지역의 구분은 「국토의 계획 및 이용에 관한 법률」에 따른다.
- 규제기준치는 생활소음의 영향이 미치는 대상 지역을 기준으로 하여 적용한다.
- 공사장 소음규제기준은 주간의 경우 특정공사 사전신고 대상 기계・장비를 사용하는 작업시간이 1일 3시간 이하일 때는 +10dB을, 3시간 초과 6시간 이하일 때는 +5dB을 규제기준치에 보정한다.
- 발파소음의 경우 주간에만 규제기준치(광산의 경우 사업장 규제기준)에 +10dB을 보정한다.
- 공사장의 규제기준 중 다음 지역은 공휴일에만 −5dB을 규제기준치에 보정한다.
  - 주거지역
  - 「의료법」에 따른 종합병원, 「초・중등교육법」 및 「고등교육법」에 따른 학교, 「도서관법」에 따른 공공도서관의 부지경계로부터 직선거리 50m 이내의 지역
- "동일 건물"이란 「건축법」 제2조에 따른 건축물로서 지붕과 기둥 또는 벽이 일체로 되어 있는 건물을 말하며, 동일건물에 대한 생활소음 규제기준은 다음 각 목에 해당하는 영업을 행하는 사업장에만 적용한다.
  - 「체육시설의 설치・이용에 관한 법률」 제10조 제1항 제2호에 따른 체력단련장업, 체육도장업, 무도학원업, 무도장업, 골프연습장업 및 야구장업
  - 「학원의 설립・운영 및 과외교습에 관한 법률」 제2조에 따른 학원 및 교습소 중 음악교습을 위한 학원 및 교습소
  - 「식품위생법 시행령」 제21조 제8호 다목 및 라목에 따른 단란주점영업 및 유흥주점영업

– 「음악산업진흥에 관한 법률」 제2조 제13호에 따른 노래연습장업
– 「다중이용업소 안전관리에 관한 특별법 시행규칙」 제2조 제3호에 따른 콜라텍업

ⓒ 생활진동 규제기준

[단위 : dB(V)]

시간대별 대상 지역	주간 (06:00~22:00)	심야 (22:00~06:00)
가. 주거지역, 녹지지역, 관리지역 중 취락지구·주거개발진흥지구 및 관광·휴양개발진흥지구, 자연환경보전지역, 그 밖의 지역에 소재한 학교·종합병원·공공도서관	65 이하	60 이하
나. 그 밖의 지역	70 이하	65 이하

- 진동의 측정 및 평가기준은 「환경분야 시험·검사 등에 관한 법률」 제6조 제1항 제2호에 해당하는 분야에 대한 환경오염공정시험기준에서 정하는 바에 따른다.
- 대상 지역의 구분은 「국토의 계획 및 이용에 관한 법률」에 따른다.
- 규제기준치는 생활진동의 영향이 미치는 대상 지역을 기준으로 하여 적용한다.
- 공사장의 진동 규제기준은 주간의 경우 특정공사 사전신고 대상 기계·장비를 사용하는 작업시간이 1일 2시간 이하일 때는 +10dB을, 2시간 초과 4시간 이하일 때는 +5dB을 규제기준치에 보정한다.
- 발파진동의 경우 주간에만 규제기준치에 +10dB을 보정한다.

➕ PLUS 참고 📄

「공동주택 층간소음의 범위와 기준에 관한 규칙」 제3조 별표

층간소음의 기준(제3조 관련)

층간소음의 구분		층간소음의 기준[단위: dB(A)]	
		주간 (06:00 ~ 22:00)	야간 (22:00 ~ 06:00)
1. 제2조 제1호에 따른 직접충격 소음	1분간 등가소음도 (Leq)	43	38
	최고소음도 (Lmax)	57	52
2. 제2조 제2호에 따른 공기전달 소음	5분간 등가소음도 (Leq)	45	40

- 직접충격 소음은 1분간 등가소음도(Leq) 및 최고소음도(Lmax)로 평가하고, 공기전달 소음은 5분간 등가소음도(Leq)로 평가한다.
- 위 표의 기준에도 불구하고 「주택법」 제2조 제2호에 따른 공동주택으로서 「건축법」 제11조에 따라 건축허가를 받은 공동주택과 2005년 6월 30일 이전에 「주택법」 제16조에 따라 사업승인을 받은 공동주택의 직접충격 소음 기준에 대해서는 위 표 제1호에 따른 기준에 5dB(A)을 더한 값을 적용한다.
- 층간소음의 측정방법은 「환경분야 시험·검사 등에 관한 법률」 제6조 제1항 제2호에 따라 환경부장관이 정하여 고시하는 소음·진동 관련 공정시험기준 중 동일 건물 내에서 사업장 소음을 측정하는 방법을 따르되, 1개 지점 이상에서 1시간 이상 측정하여야 한다.
- 1분간 등가소음도(Leq) 및 5분간 등가소음도(Leq)는 비고 제3호에 따라 측정한 값 중 가장 높은 값으로 한다.
- 최고소음도(Lmax)는 1시간에 3회 이상 초과할 경우 그 기준을 초과한 것으로 본다.

확인학습문제

01 소음측정 시 고려해야 할 사항으로 옳은 것은?

① 손으로 소음계를 잡고 측정할 경우 소음계는 측정자의 몸으로부터 1m 이상 떨어져야 한다.

② 풍속이 5m/sec를 초과할 시에는 측정해서는 아니 된다.

③ 일반 지역의 경우 가능한 한 측정점 반경 3.5m 이내에 장애물이 없는 지점의 지면 위 0.5~1m로 한다.

④ 소음계의 마이크로폰은 주 소음원의 반대방향으로 향하도록 하여야 한다.

해설

① 손으로 소음계를 잡고 측정할 경우 소음계는 측정자의 몸으로부터 0.5m 이상 떨어져야 한다.

③ 일반 지역의 경우 가능한 한 측정점 반경 3.5m 이내에 장애물이 없는 지점의 지면 위 1.2~1.5m로 한다.

④ 소음계의 마이크로폰은 주 소음원 방향으로 향하도록 하여야 한다.

02 소음계의 지시계기(meter)의 눈금오차는 얼마인가?   [02년 경북]

① 0.1dB 이내   ② 0.3dB 이내

③ 0.5dB 이내   ④ 1.0dB 이내

해설

• 지시계기는 지침형 또는 디지털형이어야 한다. 지침형에서는 유효 지시범위가 15dB 이상이어야 하고, 각각의 눈금은 1dB 이하를 판독할 수 있어야 하며, 1dB 눈금간격이 1mm 이상으로 표시되어야 한다. 다만, 디지털형에서는 숫자가 소수점 한자리까지 표시되어야 한다.

• 지시계기의 눈금오차는 0.5dB 이내여야 한다.

03 소음 · 진동공정시험기준의 소음에 관한 용어에 대한 설명으로 옳지 <u>않은</u> 것은?

① 평가소음도 : 대상소음도에 보정치를 보정한 후 얻어진 소음도를 말한다.
② 지시치 : 계기나 기록지상에서 판독한 소음도로서 실효치(rms값)을 말한다.
③ 등가소음도 : 측정소음도에 배경소음을 보정한 후 얻어진 소음도를 말한다.
④ 배경소음도 : 측정소음도의 측정위치에서 대상소음이 없을 때 이 시험기준에서 정한 측정방법으로 측정한 소음도 및 등가소음도 등을 말한다.

해설

등가소음도는 임의의 측정시간 동안 발생한 변동소음의 총 에너지를 같은 시간 내의 정상소음의 에너지로 등가하여 얻어진 소음도를 말한다.

04 공장을 가동시킨 상태에서 측정한 소음도가 70dB(A)이고, 가동을 끄고 측정한 소음도가 66dB(A)일 때 대상소음도는?

① 72dB(A)   ② 69dB(A)
③ 68dB(A)   ④ 67dB(A)

해설

측정소음도가 배경소음도보다 3~9dB(A) 크면, 배경소음의 영향이 있다고 판단하며 다음 표에 의해 보정한다.

레벨차(dB)	3	4, 5	6, 7, 8, 9
보정치(dB)	-3	-2	-1

70dB(A) − 66dB(A)＝4dB(A)이므로 −2dB(A)를 보정해 주어야 한다.
∴ 68dB(A)

05 소음계의 구조별 성능에 관한 설명으로 옳지 <u>않은</u> 것은?   [03년 경남]

① 증폭기는 전기에너지를 음향에너지로 증폭시킨다.
② 마이크로폰은 지향성이 작은 압력형으로 한다.
③ 마이크로폰은 기기의 본체와 분리가 가능하여야 한다.
④ 출력단자는 소음신호를 기록기 등에 전송할 수 있는 교류단자를 갖춘 것이어야 한다.

해설

마이크로폰에 의하여 음향에너지를 전기에너지로 변환시킨 양을 증폭시킨다.

안심Touch

06 소음계의 성능기준으로 옳지 <u>않은</u> 것은? [03년 경기]

① 자동차 소음측정에 사용하는 경우 측정가능 소음도 범위는 45~130dB 이상이어야 한다.
② 지시계기의 눈금오차는 1.0dB 이내여야 한다.
③ 레벨레인지 변환기가 있는 기기에 있어서 레벨레인지 변환기의 전환오차는 0.5dB 이내여야 한다.
④ 측정가능 주파수 범위는 31.5Hz~8kHz 이상이어야 한다.

해설
지시계기의 눈금오차는 0.5dB 이내여야 한다.

07 소음배출시설인 동력기준시설 및 기계, 기구 중에서 '15kW 이상'의 기준으로 정해진 시설이 <u>아닌</u> 것은?

① 원심분리기   ② 금속절단기
③ 목재가공기계   ④ 제재기

해설
금속절단기는 7.5kW 이상이 기준이다.
「소음·진동관리법 시행규칙」 별표1
•금속절단기 : 7.5kW 이상
•원심분리기 : 15kW 이상
•목재가공기계 : 15kW 이상
•제재기 : 15kW 이상

08 이동소음원의 종류와 가장 거리가 <u>먼</u> 것은? [02년 대구]

① 이동가능 물체에 부착하여 영업하기 위해 사용하는 음향기계
② 음향장치를 부착하여 운행하는 이륜자동차
③ 행락객이 사용하는 음향기계 및 기구
④ 소음방지장치가 비정상적인 이륜자동차

해설

「소음 · 진동관리법 시행규칙」 제23조
「소음 · 진동관리법」 제24조 제2항에 따른 이동소음원(移動騷音源)의 종류는 다음과 같다.
• 이동하며 영업이나 홍보를 하기 위하여 사용하는 확성기
• 행락객이 사용하는 음향기계 및 기구
• 소음방지장치가 비정상이거나 음향장치를 부착하여 운행하는 이륜자동차
• 그 밖에 환경부장관이 고요하고 편안한 생활환경을 조성하기 위하여 필요하다고 인정하여 지정 · 고시하는 기계 및 기구

09 환경기술인의 교과과정의 교육기간은? [03년 부산]

① 2일 이내　　　　　　　　　② 3일 이내
③ 5일 이내　　　　　　　　　④ 7일 이내
⑤ 10일 이내

해설

「소음 · 진동관리법 시행규칙」 제64조
• 환경기술인은 3년마다 한 차례 이상 다음의 어느 하나에 해당하는 교육기관에서 실시하는 교육을 받아야 한다.
　– 환경부장관이 교육을 실시할 능력이 있다고 인정하여 지정하는 기관
　–「환경정책기본법」 제38조에 따른 환경보전협회
• 교육기간은 5일 이내로 한다. 다만, 정보통신매체를 이용하여 원격 교육을 실시하는 경우에는 환경부장관이 인정하는 기간으로 한다.

10 환경부령으로 정하는 특정공사에 해당되는 기준에 대한 설명으로 옳지 <u>않은</u> 것은?(단, 해당 기계, 장비를 5일 이상 사용하는 공사임)

① 면적 합계가 1천m² 이상인 토공사, 정지공사
② 면적 합계가 2천m² 이상인 토목건설공사
③ 연면적 1천m² 이상인 건축물의 건축공사
④ 연면적 3천m² 이상인 건축물의 해체공사

해설

「소음·진동관리법 시행규칙」 제21조
「소음·진동관리법」 제22조 제1항에서 '환경부령으로 정하는 특정공사'란 별표 9의 기계·장비를 5일 이상 사용하는 공사로서 다음의 어느 하나에 해당하는 공사를 말한다. 다만, 별표 9의 기계·장비로서 환경부장관이 저소음·저진동을 발생하는 기계·장비라고 인정하는 기계·장비를 사용하는 공사와 제20조 제1항에 따른 지역에서 시행되는 공사는 제외한다.
• 연면적이 1천 제곱미터 이상인 건축물의 건축공사 및 연면적이 3천 제곱미터 이상인 건축물의 해체공사
• 구조물의 용적 합계가 1천 세제곱미터 이상 또는 면적 합계가 1천 제곱미터 이상인 토목건설공사
• 면적 합계가 1천 제곱미터 이상인 토공사(土工事)·정지공사(整地工事)
• 총 연장이 200미터 이상 또는 굴착(땅파기) 토사량의 합계가 200세제곱미터 이상인 굴정(구멍뚫기)공사
• 영 제2조 제2항에 따른 지역에서 시행되는 공사

11 소음·진동관리법규상 생활소음 규제기준 중 발파소음의 보정기준으로 옳은 것은?

① 주간에만 규제기준치(광산의 경우 사업장 규제기준)에 +2dB을 보정한다.
② 주간에만 규제기준치(광산의 경우 사업장 규제기준)에 +3dB을 보정한다.
③ 주간에만 규제기준치(광산의 경우 사업장 규제기준)에 +5dB을 보정한다.
④ 주간에만 규제기준치(광산의 경우 사업장 규제기준)에 +10dB을 보정한다.

해설

「소음·진동관리법 시행규칙」 별표8
발파소음의 경우 주간에만(광산의 경우 사업장 규제기준)에 +10dB을 보정한다.

12 진동 레벨계의 기본구조 순서로 알맞은 것은?

① 진동픽업 – 증폭기 – 감각보정회로 – 레벨레인지 변환기 – 지시계기 – 교정장치 – 출력단자
② 진동픽업 – 레벨레인지 변환기 – 증폭기 – 감각보정회로 – 지시계기 – 교정장치 – 출력단자
③ 진동픽업 – 증폭기 – 레벨레인지 변환기 – 지시계기 – 교정장치 – 감각보정회로 – 출력단자
④ 진동픽업 – 지시계기 – 교정장치 – 레벨레인지 변환기 – 감각보정회로 – 증폭기 – 출력단자

해설

진동 레벨계의 기본구조는 '진동픽업 – 레벨레인지 변환기 – 증폭기 – 감각보정회로 – 지시계시 – 교정장치 – 출력단자'이다.

13 다음은 철도진동 측정자료 분석에 대해 설명한 내용이다. ( ) 안에 들어갈 숫자를 순서대로 알맞게 나열한 것은?

> 열차통과 시마다 최고 진동 레벨이 배경진동 레벨보다 최소 (   )dB 이상 큰 것에 한하여 연속 (   )개 열차(상하행 포함) 이상을 대상으로 최고 진동 레벨을 측정·기록하고, 그 중 중앙값 이상을 산술평균한 값을 철도진동 레벨로 한다. 다만, 열차의 운행횟수가 밤낮 시간대별로 1일 10회 미만인 경우에는 측정 열차수를 줄여 그 중 중앙값 이상을 산술평균한 값을 철도진동 레벨로 할 수 있다. 진동레벨의 계산과정에서는 소수점 첫째자리를 유효숫자로 하고, 측정진동레벨(최종값)은 소수점 첫째자리에서 반올림한다.

① 5, 10   ② 5, 20
③ 10, 20   ④ 10, 10

해설

열차통과 시마다 최고 진동 레벨이 배경진동 레벨보다 최소 5dB 이상 큰 것에 한하여 연속 10개 열차(상하행 포함) 이상을 대상으로 최고 진동 레벨을 측정·기록하고, 그 중 중앙값 이상을 산술평균한 값을 철도진동 레벨로 한다.

참고

소음·진동공정시험기준

14 표준진동발생기(calibrator)는 진동 레벨계의 측정감도를 교정하는 기기이다. 이 기기의 발생진동 오차는 얼마 이내여야 하는가?

① ±1.0dB 이내

② ±0.1dB 이내

③ ±0.5dB 이내

④ ±2.0dB 이내

해설

표준진동발생기(calibrator)는 진동 레벨계의 측정감도를 교정하는 기기로서 발생진동의 주파수와 진동가속도레벨이 표시되어 있어야 하며, 발생진동의 오차는 ±1dB 이내여야 한다.

15 발파진동 평가 시 시간대별 보정발파횟수(N)에 따른 보정량으로 옳은 것은?

① $10\log N^2$

② $20\log N^2$

③ $20\log N$

④ $10\log N$

해설

대상진동레벨에 시간대별 보정발파횟수(N)에 따른 보정량(+10log$N$; $N > 1$)을 보정하여 평가진동레벨을 구한다.

16 진동 레벨계의 진동픽업의 횡감도는 규정 주파수에서 수감축 감도에 대한 차이가 몇 dB 이상이어야 하는가?

① 20dB

② 15dB

③ 10dB

④ 5dB

해설

진동픽업의 횡감도는 규정 주파수에서 수감축 감도에 대한 차이가 15dB 이상이어야 한다(연직 특성).

17 다음 중 진동방지시설에 해당하지 <u>않는</u> 것은? [03년 경기]

① 배관진동 절연장치 및 시설
② 탄성지지시설 및 제진시설
③ 방진구 시설
④ 흡음장치 및 시설

해설

「소음·진동관리법 시행규칙」 별표2
• 진동방지시설
 - 탄성지지시설 및 제진시설
 - 방진구시설
 - 배관진동 절연장치 및 시설
 - 위의 규정과 동등하거나 그 이상의 방지효율을 가진 시설

18 특정공사를 시행하고자 하는 자가 해당 공사 시행 전 특정공사 사전신고서에 첨부하여 제출하여야 하는 서류가 <u>아닌</u> 것은? [03년 경남]

① 특정공사의 개요
② 공사장 위치도
③ 소음·진동배출시설 설치명세 및 도면
④ 방음·방진시설의 설치명세 및 도면

해설

「소음·진동관리법 시행규칙」 제21조 제2항
• 특정공사의 개요(공사목적과 공사일정표 포함)
• 공사장 위치도(공사장의 주변 주택 등 피해 대상 표시)
• 방음·방진시설의 설치명세 및 도면
• 그 밖의 소음·진동 저감대책

19 다음 중 측정망 설치계획에 관한 내용으로 옳지 <u>않은</u> 것은?

① 환경부장관, 시·도지사는 측정망 설치계획을 고시한다.
② 측정망 설치계획의 고시는 최초로 측정소를 설치하게 되는 날의 30일 이전에 하여야 한다.
③ 시·도지사가 측정망 설치계획을 결정·고시하려는 경우에는 그 설치위치 등에 관하여 환경부장관의 의견을 들어야 한다.
④ 측정망의 설치계획에는 측정망의 설치시기, 배치도, 측정소를 설치할 토지나 건축물의 위치 및 면적이 포함되어야 한다.

해설

「소음·진동관리법 시행규칙」 제7조
• 「소음·진동관리법」 제4조 제1항에 따라 환경부장관, 시·도지사가 고시하는 측정망 설치계획에는 다음의 사항이 포함되어야 한다.
  – 측정망의 설치시기
  – 측정망의 배치도
  – 측정소를 설치할 토지나 건축물의 위치 및 면적
• 측정망설치계획의 고시는 최초로 측정소를 설치하게 되는 날의 3개월 이전에 하여야 한다.
• 시·도지사가 측정망설치계획을 결정·고시하려는 경우에는 그 설치위치 등에 관하여 환경부장관의 의견을 들어야 한다.

PART

05

토양 및 지하수 ·
해양환경

토양 및 지하수

1 토양의 정의

토양이란 토양학적 측면에서 지각의 표층을 구성하는 3차원적인 구성체로서 오랜 시간에 걸쳐 생성된 암석이 풍화된 입자에 동식물의 유체 즉, 유기물이 혼합되어 이루어진 물질로 규정된다.

2 토양의 구조

(1) 불포화층
① 지하수면 위에 있는 토양을 의미한다.
② 물, 공기, 토양입자가 존재하므로 오염 후 오염물질은 수용액상, 기체상, 흡착상 및 입자상으로 존재할 수 있다.

(2) 포화층
① 지하수면 아래에 있는 토양을 의미한다.
② 물과 토양입자만이 존재하므로 오염 후 오염물질은 수용액상과 흡착상으로 존재한다.

3 토양의 기능

(1) 자연생태유지 기능
① 토양은 생태계 시스템 속에서 비생물 환경의 인자이다.
② 식물에게 물과 양분을 공급, 생물사체 분해자에게 생식 및 그 활동장소를 제공한다.
③ 이를 바탕으로 자연생태계가 균형을 이루는 데 중추적인 역할을 한다.

(2) 환경보전유지 기능
① 식물생산 기능
② 오염물질 정화 기능
③ 저수 및 투수 기능
④ 환경의 쾌적성 기능
⑤ 기타 공익 기능 : 주거의 토대, 매장문화재 보존 기능, 자연 교육 및 교재 기능

4 토양의 성질 및 특징

(1) 토양의 주요 구성원소

① 토양을 구성하는 요소는 고상, 액상, 기상의 3상으로 구성되어 있다.

② 토양의 주요 구성성분

㉠ 산소 49.5%, 규소 25.8%, 알루미늄 7.56%, 철 7.56%

㉡ 그 외 칼슘, 나트륨, 칼륨, 마그네슘 등으로 구성

(2) 토양의 물리적 성질

① 토성(모래, 실트, 점토), 표면적, 토양구조, 광물질의 종류, 토양물질의 성층, 압축률 등에 따라 토양 중의 오염물 이동, 확산, 반응 등에 영향을 미친다.

② 토양은 크기가 서로 다른 여러 가지 입자들로 구성되어 있는데, 자갈, 모래, 실트, 점토로 구분되며 자갈을 제외한 입자들의 함량비에 의하여 토성이 결정된다.

> ⊕ PLUS 참고 📋
>
> 토성(soil texture)
> • **정의** : 토양의 무기질 입경과 조성에 의한 분류를 말한다.
> • **토성에 따른 특성**
> – 점토함량이 높을수록 비바람에 대한 저항도가 크고, 배수가 좋지 못하다.
> – 점토함량이 높을수록 투수성이 좋지 못하다.
> – 점토함량이 높을수록 응집성이 좋으며, 보수력 및 보비력(땅의 양분 지속 정도)이 크다.

[표 5-1] 토양 입자의 구분

구분	입경(mm)	비표면적(m^2/kg)
자갈	> 2.00	·
굵은 모래	0.20 ~ 2.00	2
가는 모래	0.02 ~ 0.20	9
실트	0.002 ~ 0.02	45
점토	< 0.002	150943

(3) 토양의 화학적 성질

① 토양의 화학적 성질은 주로 부식물의 함량과 양이온 교환능력, 토양의 산화·환원, pH, 수분함량에 따라 결정된다.

② 양이온 치환은 토양의 확산 이중층 내의 양이온과 수용액 중의 양이온이 그 위치를 바꾸는 현상을 말한다.

③ 확산 이중층 내의 양이온을 치환성 양이온이라 하는데, 건조토양 100g이 가지는 치환성 양이온의 총량을 mg당 당량으로 표시하는 것을 양이온 교환능력(CEC : Cation exchange capacity)이라고 한다.

④ 치환반응의 주요 양이온은 Ca^{2+}, Mg^{2+}, Na^+, K^+ 등이며 음이온 교환능력은 양이온 교환능력에 비하여 작은 값을 가진다.

> **PLUS 참고**
>
> CEC에 미치는 영향요소
> - 토양용액 이온의 상대적 농도
> - 이온의 전하수
> - 각 이온의 운동속도(활성도)
> - 점토의 함량, 물의 함량, 산화물(Al, Fe, Mn 등)의 함량
>
> 토양의 CEC 특성
> - 깁사이트(Gibbsite) 및 카올리나이트(Kaolinite)의 함량이 높을수록 CEC는 낮아진다.
> - 유기물의 함량이 높은 토양에서 CEC가 높다.
> - 전기음성도가 클수록 CEC가 크다.
> - CEC가 클수록 토양의 완충능력이 좋다.

(4) 토양유기물의 특성

① 토양유기물의 특징

㉠ 동식물의 사체에서 유래되었으며 난용성의 고분자 화합물이다.

㉡ 토양의 양이온 교환능력에 기여한다.

㉢ 토양의 산도와 알칼리도에 영향을 미친다.

㉣ 토양유기물이 고갈된 토양은 상대적으로 적은 양의 질소를 함유하므로 질소비료의 투입이 필요하다.

② 휴민(Humin) 및 부식산

㉠ 용해성 유기물을 강한 산성용액에서 처리하였을 때 침전물을 형성하는 유기물을 부식산(Humic acid), 용해성으로 존재하는 유기물을 풀브산(Fulvic acid)이라고 한다.

㉡ 부식산은 염기에 용해되고 산에 침전되는 특성이 있다.

㉢ 풀브산은 염기와 산에 모두 용해되는 특성이 있다.

㉣ 휴민은 산과 알칼리에 모두 불용하는 특성이 있다.

> **PLUS 참고**
>
> 휴믹산(Humic acid)
> - **휴믹산의 개념**
>   휴믹산은 식물이 땅속에서 오랜 기간 부식된 잔류물로서 일명 부식산으로 불린다. 기본적으로 휴믹산은 자연 상태에서는 수용성 물질이 아닌 탄화된 불용성 퇴적물이나, 이의 정제과정을 통하여 흔히 말하는 수용성 휴믹산이 얻어진다.
> - **토양 및 재배 환경에서 휴믹산의 역할**
>   - 토양 내 불용성 염류의 가용화
>   - 양이온성 양분 물질들의 킬레이트화
>   - 양이온 교환 기능
>   - 유용한 활성 유기물 및 미량요소 공급
>   - 토양 미생물의 서식처 및 먹이

(5) 토양 내에서의 질소 및 인의 특성

① 토양 내 질소의 특성

㉠ 총질소의 90% 이상을 유기질소가 차지한다.

㉡ 식물은 유기질소를 이용하지 못한다.

ⓒ 질산화작용에 의해 생성된 질산이온 또는 토양에 첨가된 질산이온은 토양에 잘 흡착되지 않고 이동성이 큰 음이온으로서 토양 내를 빠른 속도로 이동하여 침출한다. 따라서 질산성 질소의 침출이 질소 누출의 가장 큰 부분을 차지한다.

ⓔ C/N비가 20 : 1 이상이면 풍부한 탄소원으로 미생물이 성장하기 때문에 미생물의 생체 내의 질소가 유입되게 되고, 따라서 질소는 단기간 동안에는 유출되지 않는다.

ⓜ 모래, 자갈, 카르스트 지형은 질산염과 같은 용해성 물질과 물이 잘 배수되는 층이며, 통기량도 많아 질산염으로 전환되기 좋은 조건을 제공하게 된다.

ⓗ 동일한 조건에서 지하수면이 낮아지면 질산염에 의한 오염을 많이 받는다.

ⓢ 강우량이 토양의 증발산과 수분함량보다 많으면 침출이 많이 발생한다.

ⓞ 질산성 질소는 음이온으로, 토양의 CEC 즉, 양이온 교환능력과는 연관성이 없다.

② **토양 내 인의 특성**

㉠ 인은 토양 내에서 적게는 33%, 많게는 90%가 무기물 형태를 가진다.

㉡ 무기인과 유기인은 모두 고형물 형태에서 물에 대한 용해성 형태로 전환될 수 있으며, 반대 과정도 발생한다.

㉢ 식물은 용해성 인만 섭취할 수 있으며, 유기인도 토양박테리아와 식물에 의해 고정화 될 수 있다.

㉣ 인은 형태 변화에 따른 큰 에너지 교환이 없으며, 타 원소와도 잘 결합하지 않는다.

㉤ 인은 다른 원소(C, N, S)에 비하여 난용성이며, 질소와는 달리 점토에 대한 강한 흡착성을 가지므로 토양 깊이 존재하지 않는다.

㉥ 인은 토양 내의 식물 – 미생물에 의하여 순환하며, 질소와 같이 생물작용에 의한 대기권으로의 휘산은 일어나지 않는다.

㉦ 인은 대부분 지표수로 유출된다.

(6) 토양 내 중금속의 거동

① 자연 상태에서의 Cr^{6+}은 Cr^{3+}에 비해 토양에 대한 흡착능력이 낮고 지하수로의 유동성이 크다.

② 토양 속의 비소 As^{5+}가 As^{3+}보다 점토광물에 대한 흡착성이 좋다.

③ 토양이 산성화 될 경우 Pb, Cu, Cd과 같은 중금속의 흡착능력이 낮아져 지하수로의 용출이 증가한다.

④ 토양이 산성화되면 Al의 용해가 증가한다.

⑤ Cu, Zn, Cd 등은 황화물 생성에 따라 용해가 감소된다.

⑥ Fe, Mn 등의 전이 금속종은 토양 pH 및 산화·환원 상태에 따라 매우 다른 이동성을 나타낸다.

02 토양 및 지하수 오염

1 토양오염의 정의

인간의 활동에 의해 만들어지는 여러 가지 물질이 토양에 들어감으로써 토양이 환경구성 요소로서의 기능을 상실하는 것을 말하며, 「토양환경보전법」상에서는 사업활동이나 그 밖의 사람의 활동에 의하여 토양이 오염되는 것으로서 사람의 건강·재산이나 환경에 피해를 주는 상태를 말한다.

2 토양오염의 특징

(1) 오염경로의 다양성
① 유독물저장시설 등 원재료 누출이나 비위생 폐기물의 매립에 의해 토양이 침출수에 의해 직접 오염되는 경우
② 사업장에서 배출되는 오염물질이 공기나 물을 통해 토양에 유입되어 오염되는 경우

(2) 피해발현의 완만성
① 토양은 그 자체가 완충력이 커 오염물질 축적이 쉽다.
② 오염물질의 이동이 느려 수십 년 전의 행위에 의한 오염 존재 가능성이 있다.
③ 토양오염의 피해는 토양생물의 생육에 직접적이지 않고, 간접적이고 만성적인 형태로 일어난다.

(3) 오염영향의 국지성
수질오염과 대기오염 등이 광역으로 나타나는 데 반해 토양오염은 국지적으로 나타난다.

(4) 오염의 비인지성 및 타 환경인자와의 영향관계 모호성
① 토양오염은 대부분 눈에 보이지 않아 오염물질의 분석 전에는 오염정도 인지가 어렵다.
② 유해물질 축적과 환경영향의 작용기작이 복잡하기 때문에 타 환경으로의 영향관계가 모호하다.

(5) 원상복구의 어려움
① 유해물질을 배출하는 시설을 개선해도 오염상태가 장기간 지속된다.
② 자연현상에 의한 치유가 어렵고 반영구적 오염이 지속된다.

3 토양오염물질

(1) 토양오염물질의 종류

토양 중에서 분해되지 않고 오랫동안 잔류하는 물질로서 농작물의 생육을 저해하거나 지하수를 오염시키는 등의 작용으로 사람의 건강에 좋지 않은 영향을 미치는 물질을 토양오염물질이라고 한다.

[표 5-2] 「토양환경보전법 시행규칙」 별표1(토양오염물질)

카드뮴 및 그 화합물	불소화합물	크실렌
구리 및 그 화합물	유기인화합물	석유계총탄화수소
비소 및 그 화합물	PCB	트리클로로에틸렌
수은 및 그 화합물	시안화합물	테트라클로로에틸렌
납 및 그 화합물	페놀류	벤조(a)피렌
6가크롬화합물	벤젠	1, 2 – 디클로로에탄
아연 및 그 화합물	톨루엔	다이옥신(퓨란 포함)
니켈 및 그 화합물	에틸벤젠	환경부장관 고시 물질

(2) 토양오염물질의 분류

① 유류 관련 물질
   ㉠ 석유화합물
   ㉡ 지방족 탄화수소
   ㉢ 방향족 탄화수소
   ㉣ 알킬벤젠
   ㉤ 다환방향족 탄화수소

② 비유류 오염물질
   ㉠ 농약 및 농자재에 의한 토양오염
   ㉡ 도시하수·생활하수 및 방사능 물질

③ 중금속류와 미량원소 : 비소, 카드뮴, 코발트, 크롬, 구리, 수은, 몰리브덴, 니켈, 납, 아연 등

④ 휘발성 유기화합물(VOC) : 방향족 탄화수소 등 일반 탄화수소와 질소, 산소 및 할로겐 원소를 포함하는 비균질 탄화수소 등

(3) 농업용수에 의한 토양오염(SAR)

① SAR은 관개용수의 나트륨 함량비로서 농업용수의 수질 척도로 이용된다.

② SAR이 크면 용수의 염도가 높고, 삼투압을 증가시켜 식물의 영양분 흡수를 방해한다.

$$SAR = \frac{Na^+}{\sqrt{\dfrac{Ca^{2+}+Mg^{2+}}{2}}}$$

• 토양허용치 : SAR 26 이하

> **⊕ PLUS 참고 📖**
>
> 토양물질의 이동특성 및 매커니즘
> • **이동특성에 영향을 미치는 요소**
>   – 무기오염물 : 착염물질의 형성, 용해도적
>   – 유기오염물 : 분해상수, 헨리상수, 증기압 및 옥탄올/물 분배계수
> • **오염물질의 지하거동 매커니즘**
>   – 확산 : 농도구배에 따라 농도가 높은 곳에서 낮은 곳으로 이동
>   – 분산 : 토양을 통과하는 지하수의 마찰 및 교란에 의해 분산
>   – 이송 : 지하수 내 용존성 고형물 혹은 열이 지하수와 같은 속도로 수송
>   – 흡착 : 물리적, 화학적, 정전기적 흡착 또는 이온교환에 의한 흡착
>   – 분해 : 화학적, 생물학적 작용에 의한 분해

4 지하수 오염원 및 특성

(1) 지하수 오염원의 분류 기준

① 오염원의 점유 면적(크기) : 면적 기준

  ㉠ 점오염원과 비점오염원으로 분류

  ㉡ 점오염원은 지하 유류 저장탱크에서의 기름 유출, 정화조, 위생 쓰레기 매립장 등 오염원임을 확연하게 파악할 수 있는 소규모의 오염원

  ㉢ 비점오염원에는 농약 및 비료의 살포, 가정에서의 쓰레기 하치 시 유발된 질산성 질소, 도로 제설제, 산성비 등이 속하며 위치, 형태, 정확한 크기를 파악하는 것은 매우 어렵고 오염의 확산 범위를 추정하는 것도 거의 불가능함

② 오염유발 및 오염물질 배출에 소요되는 시간 : 배출시간 기준

  ㉠ 순간 누출과 연속 누출로 분류

  ㉡ 순간 누출은 원유 수송차량의 전복에 의한 기름 누출과 같이 상대적으로 매우 짧은 시간에 일정한 농도의 오염물질이 오염원으로부터 누출되는 경우

  ㉢ 연속 누출은 산업폐기물 처분장, 공단 지역, 반응성 폐기물 야적장, 고형 폐기물 매립장 등에서의 누출을 말하며 계절적 조건, 시설 조건의 영향을 받아 배출 오염물질의 농도가 다양하게 변화하는 양상을 보임

③ 오염물질의 종류 : 오염물 기준

  ㉠ 방사성 오염물질

  ㉡ 중금속류

  ㉢ 무기 오염물질 및 유기 오염물질

  ㉣ 미생물

(2) 지하수 오염의 특성

① 오염영역이 국소적이다.

② 오염 원인물질이 유입시기별로 변화될 수 있고, 지속시간이 매우 길다.

③ 오염물질의 희석 및 확산 효과는 유속에 의해 수송되는 효과에 비해 매우 적다.

④ 오염 진행 시 회복이 매우 느리고 인위적 회복이 어렵다.

⑤ 오염정도의 측정, 예측 및 감시가 어렵다.

⑥ 미생물에 의한 자정능력이 낮다.

➕ PLUS 참고 📋

NAPL

• **NAPL의 정의**

비수용성 액체(Non-Aqueous Phase Liquid)의 약자로 물에 녹지 않고, 물과 혼합될 수 없는 액체를 의미한다. 물보다 비중이 작은 것은 LNAPL(Light NAPL)이라 하고, 물보다 비중이 큰 것은 DNAPL(Dense NAPL)이라 한다.

• **NAPL의 분류**

- LNAPL : 휘발유, 경유, 등유, TPH, BTEX, Styrene, Methyl Ethyl Ketone 등
- DNAPL : TCE, PCE, 1, 1, 1-TCA, CT, PCBs, Chlorophenols, CCl_4, $CHCl_3$ 등

---

03 토양 및 지하수 오염정화 및 복원

1 정화 및 복원기술의 분류

(1) 처리위치에 따른 분류

① In-situ 처리방법

㉠ 오염된 현장 내에서 처리

㉡ 비용이 적게 들고, 먼지 발생량이 적다.

㉢ 오염물질의 방출이 적고, 많은 양의 토양을 한번에 적용할 수 있다.

㉣ 처리속도가 느리고 관리가 어렵다.

㉤ 공기나 액체의 유동성이 있는 토양에서만 효과적이다.

② Ex-situ 처리방법

㉠ 오염토양을 지상으로 끌어올리거나 옮겨 처리

㉡ 고농도 오염지역, 사고지역, 미생물 성장이 적합하지 않은 지역 등에서 적용한다.

㉢ 오염토양 위의 현장에서 처리하는 On-situ, 오염토양을 처리장소로 운반하여 처리하는 Off-situ 처리방식이 있다.

(2) 처리원리에 따른 분류

분류		복원기술
In-situ 처리	물리적 처리	토양증기추출법, 가열토양증기추출법
	화학적 처리	토양세척법, 고형화 및 안정화
	생물학적 처리	생분해법, 생물학적 통풍
Ex-situ 처리	물리적 처리	열탈착법, 증기추출법
	화학적 처리	토양세척법, 고형화 및 안정화, 탈염화법, 용제추출법, 화학적 산화 및 환원
	생물학적 처리	경작법, 퇴비화

(3) 토양지하수 복원기술의 분류

기준	분류	내용
오염의 위치	불포화대 처리기술	지하수위 상부의 오염토양을 처리하는 기술
	포화대 처리기술	지하수위 하부(대수층)의 오염토양 및 지하수를 동시에 정화하는 기술
굴착의 유무	지중처리(In-situ)기술	오염된 토양 및 지하수를 굴착 또는 양수하지 않고 지중에 관정을 삽입하여 원위치에서 직접 처리하는 기술
	지상처리(Ex-situ)기술	오염된 토양 및 지하수를 굴착 및 양수 후 적절한 처리시설로 이동시켜 처리하는 기술
공정원리	물리·화학적 처리기술	휘발, 세정, 열 및 화학적 분해 등의 물리·화학적 원리를 이용하여 오염토양을 처리하는 기술
	생물학적 처리기술	미생물의 분해작용 및 식물의 흡수작용과 같이 생물학적인 원리를 활용하여 오염토양을 처리하는 기술

(4) 처리위치의 결정

복원조건	복원기술	
	원위치(In-situ)	탈위치(Ex-situ)
오염원 종류	• 유류 • 방사성 폐기물 • 유기물	• 중금속 • 유해폐기물(PCB 등)
오염원의 분포 및 오염물의 농도	분포범위가 넓고 농도가 낮을 때	분포가 밀집되어 있고 농도가 높을 때
처리공간 확보 여부	부지확보가 곤란할 때	부지확보가 용이할 때
처리량	많을 때	적을 때
처리효율	낮음	높음
처리비용	저가	고가
처리기간	장기간 처리	단기간 처리

(5) 오염물질의 특성에 따른 처리기술 선정

오염물질	처리기술	
	토양	지하수
중금속 및 무기물	• 용매추출 • 토양세척 • 고형화/안정화	• 이온교환 • 여과 • 침전
휘발성 유기화합물	• SVE • 생물주입 배출법(bioventing) • 소각 및 열탈착법	• 탄소흡착 • 탈기법
준휘발성 유기화합물	• 생물주입 배출법(bioventing) • 지중 생물학적 복원 • 소각 • 퇴비화	• 자외선 산화 • 흡착

폭발성 물질	• 용매추출 • 토양세척 • 미생물처리 • 불활성화 • 소각	• 탄소흡착 • 자외선 산화
연료유	• 생물주입 배출법(bioventing) • 토양증기추출법(SVE) • 열탈착, 저온열탈착 • 소각, 퇴비화	• 탄소흡착 • 탈기법 • 부유 연료유 회수

2 물리·화학적 복원기술

(1) 물리적 처리

① 오염물질의 공간적 이동 제어
② 위해성을 제거함으로써 정화하는 방법
③ 흡착 등 물리적 방법에 의한 토양오염물질의 유출량 감소
④ 확산 방지를 위한 방호벽 등의 설치
⑤ 굴착제거, 차폐, 양수, 진공추출, 열분해 등

(2) 화학적 처리

① 오염물질을 화학적 결합이나 촉매를 이용한 분리로 제거하는 방법
② 산화, 중화, 이온교환, 세척, 유리화 등

[표 5-3] 물리·화학적 복원기술

기술명	처리위치	대상매체	공정개요
토양세정법 (soil flushing)	In-situ	토양	오염물 용해도를 증대시키기 위하여 첨가제를 함유한 물 또는 순수한 물을 토양 및 지하수에 주입하여 오염물질을 침출 처리하는 방법
토양증기추출법 (soil vapor extraction)	In-situ	토양	추출정을 설치하여 토양 내의 휘발성 오염물질을 휘발·추출하는 방법으로 가장 많이 사용됨
토양세척법 (soil washing)	Ex-situ	토양	오염토양을 굴착하여 토양입자 표면에 부착된 유·무기성 오염물질을 세척액으로 분리시켜 이를 토양 내에서 농축·처분하거나 재래식 폐수처리방법으로 처리
화학산화법 (chemical oxidation)	In & Ex-situ	토양, 지하수	화학반응에 의해 강력한 산화력을 가지는 라디칼을 형성하여 유기물질을 완전히 산화시키거나 난분해성 유기물을 생물학적으로 분해가 가능한 유기물의 형태로 전환시켜 기존 처리공법에 의해 처리가 가능하도록 함. 과망간산칼륨, 과산화수소, 오존, 자외선, 광촉매 등을 이용함
투과성반응벽체 (permeable reactive barrier)	In-situ	지하수	오염지하수에 0가 금속, 산화제, 환원제, 생물촉진제 등 다양한 물질이 함유된 반응벽체를 설치하여 오염물을 처리하는 방법

| 동전기법
(electrokinetic
separation) | In-situ | 토양,
지하수 | 투수계수가 낮은 포화토양에서 이온상태의 오염물(음이온, 양이온, 중금속 등)을 양극과 음극의 전기장에 의하여 이동속도를 촉진시켜 포화 오염토양을 처리하는 방법 |
| 열탈착법
(thermal desorption) | In & Ex-situ | 토양 | 오염토양 내의 유기오염물질을 휘발·탈착시키는 기법이며, 배기가스는 가스처리 시스템으로 이송하여 처리하는 방법 |

3 생물학적 복원기술

(1) 식물이나 미생물 등 생물의 대사 작용을 이용하여 오염물질 제거

(2) 경작법, 생물학적 통풍, 자연분해법 등

[표 5-4] 생물학적 복원기술

기술명	처리위치	대상매체	공정개요
생물학적 분해법 (biodegradation)	In-situ	토양, 지하수	영양분과 수분(필요시 미생물)을 오염토양 내로 순환시킴으로써 호기성 또는 혐기성 미생물의 활성을 자극하여 유기물 분해기능을 증대시키는 방법
생물학적 통풍법 (bioventing)	In-situ	토양	오염된 토양에 강제적으로 공기를 주입하여 산소농도를 증대시킴으로써, 미생물의 생분해능력을 증진시키는 방법
토양경작법 (landfarming)	Ex-situ	토양	오염토양을 굴착하여 지표면에 깔아놓고 정기적으로 뒤집어 줌으로써 공기 중의 산소를 공급해 주는 호기성 생분해공정법
식물재배 정화법 (phytoremediation)	In-situ	토양	식물체의 성장에 따라 토양 내의 오염물질을 분해·흡착·침전 등을 통하여 오염토양을 정화하는 방법
공기공급법 (airsparging)	In-situ	토양, 지하수	생물학적 통풍법을 확대한 것으로 공기를 지하수에 유입하여 휘발 및 생물분해로 오염물을 제거하는 방법
자연분해법 (natural attenuation)	In-situ	토양, 지하수	토양 또는 지중에서 자연적으로 일어나는 희석·휘발·생분해·흡착 그리고 지중물질과의 화학반응 등에 의해 오염물질 농도가 허용 가능한 수준으로 저감되도록 유도하는 방법

4 토양오염 복원기술

(1) 생물학적 분해법(Biodegradation)

① 개요

㉠ 토양에 존재하는 오염물질을 미생물이 분해시키는 방법이다.

㉡ 오염되지 않은 물에 산소와 양분을 섞어 토양 내부에 주입한다.

㉢ 유류탄화수소, 살충제 및 유기화학물질 등으로 오염된 토양을 정화하는 데 적용한다.

㉣ MTBE를 제외한 단일고리, 저분자량, 수용성분인 경우 좀 더 빨리 제거가 가능하다.

② 영향인자

㉠ 생분해성 및 흡착성

㉡ 독성물질의 존재여부

㉢ 오염물질의 농도

ⓔ 화학 반응성 및 산화, 환원 전위

ⓜ 토양의 특성 및 성질

③ 특징

ⓖ 토양과 지하수의 처리가 동시에 가능하여 경제적이다.

ⓛ 온도가 낮을 경우에는 생분해 속도가 느리다.

ⓒ 미생물과 오염물질의 접촉이 원활하게 이루어져야 정화 효과가 높게 나타난다.

ⓔ 미생물의 선택적 증식으로 인해 주입정이 막힐 우려가 있다.

ⓜ 중금속 및 염소계 유기물질 등의 농도가 높을 시 미생물의 성장을 방해한다.

ⓗ 용해도가 낮고 농도가 높은 경우 생물학적 분해가 불가능하다.

(2) 생물주입 배출법(Bioventing)

① 개요

ⓖ 미생물에 산소를 공급하여 토양에 함유된 유류탄화수소의 생분해를 활성화시키는 기술이다.

ⓛ 미생물의 활동을 유지시키기 위한 최소한의 산소만을 주입한다.

ⓒ 토양증기추출법과 지중생물학적 처리 기술을 결합한 형태이다.

② 영향인자

ⓖ 오염물질의 특성 : 휘발성 및 생분해성

ⓛ 오염부지의 지표면적 및 깊이 : 면적은 $20 \sim 75,000 m^2$, 깊이는 $3 \sim 10 m$

ⓒ 토양의 투수성 : $10^{-5} m/sec$ 이상

ⓔ 지반구조의 비균질성 : 사질토인 경우 가장 적용성이 뛰어나다.

ⓜ 토양함수율 : 함수율이 너무 낮은 경우 미생물의 활성화가 저하되고 너무 높은 경우 공기투과성이 감소한다.

ⓗ pH : 일반적으로 최적 pH 범위는 약 6.8이다.

③ 특징

ⓖ 지상으로 방출되는 가스를 측정해야 한다.

ⓛ 수분함량이 낮을 시에는 효율이 감소한다.

ⓒ 지표 아래 $2 \sim 2.5 m$ 내에 지하수가 분포하는 경우와 통기성이 낮은 토양에서는 효율이 좋지 못하다.

ⓔ 토양투수성이 $10^{-5} m/sec$여야 한다.

ⓜ 진공압이 높을수록 시간이 단축되고 투수성이 낮은 토양에서 처리효율이 증대된다.

ⓗ 진공압이 낮을수록 유지비가 적게 들며 균일처리가 가능하게 된다.

ⓢ 휘발성 유기화합물에 효과적이다.

ⓞ 준휘발성 유기화합물 처리에도 부분적으로 효과적이나 무기화합물 및 폭발물에는 효과가 낮다.

ⓩ 점토질인 경우에 적용이 어렵다.

④ 장점

ⓖ 넓은 면적의 부지에 적용 가능하다.

ⓛ 비용이 저렴하다.

ⓒ 처리기간이 짧은 편이다.

ⓔ 다른 처리장치와의 연계가 쉽다.

ⓜ 비교적 장치가 간단하고 설치가 쉽다.

⑤ 단점

ⓐ 초기 오염농도가 높은 경우 미생물의 활동에 독성영향을 줄 수 있다.

ⓑ 항상 높은 처리효율을 얻지는 못한다.

ⓒ 추가적인 영양분의 공급이 필요하다.

ⓔ 불포화층에서만 적용이 가능하다.

(3) 자연정화법(Natural Attenuation)

① 개요

ⓐ 토양 및 지중에서 자연적으로 일어나는 반응 등에 의해 오염물질 농도가 저감되도록 유도하는 기술이다.

ⓑ 비할로겐 휘발성 유기물질, 준휘발성 유기물질, 유류계 탄화수소 처리에 적합하다.

ⓒ 할로겐 휘발성 유기물질 및 살충제 처리에 부적합하다.

② 영향인자

ⓐ 오염물질의 형태 및 농도

ⓑ 온도와 수분

ⓒ 양분 및 전자수용체

③ 특징

ⓐ 지중에 존재하는 오염원은 제거해야 한다.

ⓑ 중간 분해 산물이 초기 물질보다 더 독성이 강하다.

ⓒ 오염현장을 차단하고 오염물질의 농도가 감소될 때까지 재사용할 수 없다.

ⓔ 무기물질은 잘 분해되지 않는다.

(4) 압축공기파쇄추출법(Pneumatic Fracturing)

① 개요

ⓐ In-situ 복원기술의 효율을 증가시키기 위해 적용한다.

ⓑ 통기성이 낮은 토양에 지표 아래로 압축공기를 주입한다.

ⓒ 공기의 주입으로 인한 균열이 오염물질과 추출물질 사이의 접촉을 원활하게 하여 효과를 증가시킨다.

② 영향인자

ⓐ 토양 내 오염물질이 분포되어 있는 깊이, 넓이 및 농도

ⓑ 토양의 형태와 특성

(5) 토양세정법(Soil Flushing)

① 개요

    ㉠ 오염물질의 용해도를 증가시키기 위한 첨가제를 함유한 물 또는 순수한 물을 주입하여 오염물질을 추출하여 처리하는 방법이다.

    ㉡ 주로 방사능 오염물질을 포함한 무기물질 처리에 적합하다.

    ㉢ 계면 활성제를 적절히 첨가하면 유기오염물질의 용해도를 증가시킬 수 있다.

② 영향인자

    ㉠ 토양의 투수성 및 구조

    ㉡ 오염물질의 농도 및 분배계수

    ㉢ 토양의 공극률 및 수분함량

    ㉣ 양이온 교환능력

    ㉤ 총 유기탄소 및 pH

③ 특징

    ㉠ 토양에 계면활성제가 부착되어 토양의 공극을 막는 경우가 발생한다.

    ㉡ 토양의 투수성이 낮은 경우에는 처리가 어렵다.

    ㉢ 휘발성 및 준휘발성 유기화합물질, 살충제 등의 처리가 가능하나 다른 복원기술에 비하여 경제성이 좋지 못하다.

(6) 토양 증기추출법(Soil Vapor Extraction)

① 개요

    ㉠ 불포화 대수층에서 토양을 진공상태로 만들어 토양 내 휘발성, 준휘발성 오염물질을 제거하는 기술이다.

    ㉡ 토양에서 제거되는 가스는 지상에서 처리한다.

    ㉢ 휘발성 유기물질과 유류오염물질을 처리할 수 있다.

    ㉣ 헨리상수가 0.01 이상인 휘발성 오염물질과 증기압이 0.5mmHg 이상인 물질에 적용이 가능하다.

    ㉤ 중금속, 다이옥신, PCBs 및 heavy oil 제거에는 부적합하다.

    ㉥ 토양 입경에 따라 효율이 크게 달라진다.

② 영향인자

    ㉠ 오염물질의 농도

    ㉡ 토양의 특성 및 성분

    ㉢ 토양 대수층의 깊이

    ㉣ 오염물질이 분포되어 있는 토양의 깊이 및 면적

③ 특징

    ㉠ 소요비용이 저렴하다.

    ㉡ 상대적으로 설치가 용이하다.

    ㉢ 다른 공정에 비하여 소요 시간이 짧고 독성물질은 분리되어 다시 토양에 부착되지 않는다.

       ② 다른 기술과 복합적인 사용이 가능하다.

       ⑩ 유기물 함량이 높거나 토양이 매우 건조할 경우에는 VOCs의 흡착력이 커 제거율이 감소한다.

       ⑪ 방출된 가스가 해가 되지 않도록 주의하여 처리해야 한다.

       ⑫ 포화지역에서는 효과가 없다.

       ⑬ 미세토양이나 수분함량이 높은 토양에서는 공기의 투과성이 감소하므로 증기압을 높여서 처리해야 한다.

  ④ 장점

       ㉠ 생물학적 처리효율을 높여준다.

       ㉡ 구조물 밑에서도 토양의 재생이 가능하다.

       ㉢ 굴착을 필요로 하지 않는다.

       ㉣ 지하수의 깊이에 영향을 덜 받는다.

       ㉤ 영구적인 재생이 가능하다.

       ㉥ 설치기간이 짧다.

       ㉦ 유지 및 관리비가 적게 든다.

       ㉧ 장치가 비교적 간단하다.

       ㉨ 결과를 바로 얻을 수가 있다.

       ㉩ 다른 약품을 필요로 하지 않는다.

  ⑤ 단점

       ㉠ 처리시간을 예측하기는 어렵다.

       ㉡ 오염물질의 증기압이 낮은 경우 처리효율이 좋지 못하다.

       ㉢ 오염물질의 독성은 변화가 없다.

       ㉣ 토양층이 치밀한 경우 기체의 흐름이 어려우므로 사용이 곤란하다.

  ⑥ SVE의 설계요소

       ㉠ 추출정 및 공기주입정 설치

       ㉡ 기액 분리기

       ㉢ 진공펌프 및 송풍기

       ㉣ 격리층

       ㉤ 배기가스 처리

(7) 고형화 및 안정화(Solidfication/Stabilization)

  ① 개요

       ㉠ 오염물질을 제거하는 대신 물리적·화학적인 처리를 통하여 오염물질을 가두거나 유동성을 감소시키는 방법이다.

       ㉡ 단독으로 사용하거나 다른 처리법과 결합하여 사용이 가능하다.

       ㉢ 주로 무기물(방사능물질 포함) 처리에 적합하다.

       ㉣ In-situ 방식과 Ex-situ 방식이 있다.

ⓜ Ex-situ 방식은 일반적으로 처리 후 보조제 사용으로 인해 부피가 증가하므로 처리 후 물질에 대한 처분작업이 발생한다.

ⓗ 시멘트화에 의한 고형화 및 안정화 처리기술은 고형물질을 형성함으로써 오염물질의 이동을 방지하기 위한 기술로 Portland cement, 석회 및 Petrifix 등이 사용된다.

② 영향인자

ㄱ 입자의 크기

ㄴ 중금속의 농도

ㄷ 토양의 수분 함유량

ㄹ 황함유량

ㅁ 유기물질 농도, 밀도 및 투수성

③ 특징

ㄱ 처리효율을 확인하기가 어렵다.

ㄴ In-situ 방식은 지상에서의 공정에 비해 시약의 주입 및 혼합이 까다롭다.

ㄷ In-situ 방식은 오염물질의 분포 깊이에 따라 특정 장치의 설치가 필요하다.

ㄹ 중금속 및 무기물질 고정화에 효과가 좋다.

ㅁ 휘발성 유기물질은 고정화되지 않는다.

ㅂ 다양한 오염물질 존재 시에는 처리시간이 길어질 수 있다.

(8) 가열 토양증기추출법(Thermally Enhanced SVE)

① 개요

ㄱ 뜨거운 공기를 주입하거나 전기 및 무선주파수의 열을 이용하여 오염물질의 유동을 증가시켜 추출을 용이하게 하는 기술이다.

ㄴ 준휘발성 유기물질 처리를 위해 개발되었으나 휘발성 유기물질 처리도 가능하다.

ㄷ 온도에 따라 유류오염물질 및 살충제 처리에 효과적이다.

② 영향인자

ㄱ 토양의 형태와 특성

ㄴ 대수층의 깊이

ㄷ 오염물질의 농도

ㄹ 오염물질이 분포되어 있는 깊이와 넓이

③ 특징

ㄱ 토양의 통기성이 높을 때에는 의도치 않은 가스의 유동이 일어날 수 있다.

ㄴ 토양의 유기물질 함유량이 높을 경우에는 오염물질 제거율이 감소된다.

ㄷ 물로 포화된 지역에서는 처리효율이 낮다.

ㄹ 남아있는 처리액과 사용된 활성탄의 처리가 필요하다.

ㅁ 토양 내 수분 함량이 높을 경우 운전효율이 떨어진다.

ㅂ 공정 중 발생하는 최고 온도에 따라 추출 오염물질이 결정된다.

ㅅ 토양 내에 불순물이 많은 경우 운전하는 데 어려움이 발생한다.

(9) 유리화법(Vitrification)

① 개요

　㉠ 오염토양 및 슬러지를 전기적으로 용융시켜 용출 특성이 매우 적은 결정구조로 만드는 방법이다.

　㉡ 높은 온도에서 전기 흐름을 이용하여 무기물을 고정화하고 유기오염물질을 분해한다.

　㉢ 휘발성 및 준휘발성 유기물질, PCBs, 다이옥신, 유기물이 넓게 분포된 지역에 적용된 경우가 존재한다.

② 특징

　㉠ 대수면 아래에 분포하는 오염물질을 처리하는 경우에는 재오염 방지 기술이 필요하다.

　㉡ 토양에 열을 가하기 때문에 오염물질이 이동할 가능성이 있다.

　㉢ 정화된 토양에 유리화된 물질이 포함되어 있으므로 분리하지 않으면 토양 재사용에 많은 제약이 따른다.

(10) 화학적 산화 환원법(Chemical Reduction/Oxidation)

① 개요

　㉠ 오염물질을 화학적으로 안정하고 유동성이 없는 비활성 물질로 변화시키는 기술이다.

　㉡ 오존, 과산화수소, 차아염소산염, 염소, 이산화염소 등이 시약으로 사용된다.

　㉢ 가수분해, 탈염소, 화학적 산화가 적용된다.

　　• 가수분해 : 화학적으로 유기오염물질의 구조를 독성이 낮은 형태로 변화

　　• 탈염소 : 염소화된 분자에서 염소원자를 제거하여 오염물질을 분해

　　• 화학적 산화

　㉣ 주로 처리하는 오염물질은 무기물질이다.

　㉤ 휘발성 유기물질 및 비할로겐물질에는 효과가 낮다.

　㉥ 환원공정은 염화유기화합물이나 불포화방향족, 지방족오염물질에 적용 가능하다.

　　• 6가 크롬은 3가로 환원시킨 후 수산화물로 침전시켜 제거할 수 있다.

　　• 산성상태에서는 토양으로부터 Fe^{2+}의 방출이 촉진되어 Cr^{6+}을 환원시킨다.

② 특징

　㉠ 토양에 기름 성분이 적어야 하며, 시약 사용으로 인해 오염물질이 농도가 높은 경우 경제성이 좋지 않다.

　㉡ 오염물질 및 사용된 시약에 따라 중간물질이 형성될 가능성이 존재한다.

　㉢ 화학적 산화방법은 음용수와 폐수의 오염방지를 위해 사용되는 Full-scale 기술이며, 안으로 오염된 토양의 처리를 위해 가장 일반적으로 사용된다.

(11) 퇴비화공법(Composting)

① 개요 : 생물학적 공정으로 미생물에 의해 유기오염물질을 무해하고 안정한 부산물로 변화시키는 방법이다.

② 영향인자

　㉠ 통기개량제 : 왕겨, 톱밥, 나무껍질 등

　㉡ 통기량

ⓒ 온도 : 50~60℃ 유지

ⓔ 함수율
- 함수율 30% 미만 시에는 미생물의 활동에 지장을 준다.
- 초기 제어함수율은 40~60%이며, 하수오니의 경우 60%가 최적이다.

ⓜ pH
- 적정 pH의 범위는 5.5~8.5이다.
- 퇴비화 반응이 진행됨에 따라 약알칼리성으로 변한다.

ⓗ C/N비
- 가장 최적의 C/N비는 25~30 : 1이다.
- 비율이 낮아지면 질소성분의 유실이 일어난다.
- 비율이 높아지면 질소원의 부족으로 미생물 성장에 영향을 주어 퇴비화 속도가 느려진다.

③ 특징

ㄱ 유류계 탄화수소류와 저분자 비할로겐 휘발성물질 처리에 효과적이다.

ㄴ 중금속 처리에는 부적합하다.

ㄷ 오염된 토양을 굴착해야 한다.

ㄹ 제어되지 않은 휘발성 유기물질이 방출될 가능성이 있다.

ㅁ 퇴비화를 위한 넓은 부지가 필요하다.

ㅂ 팽화제 첨가로 인하여 처리가 필요한 토양의 부피가 늘어난다.

(12) 고상미생물분해법(Controlled Solid Phase Biological Treatment)

① 개요

ㄱ 토양을 굴착하여 토양개선제와 혼합한 후 침출수 처리장치와 폭기장치에서 처리하는 방법이다.

ㄴ 비할로겐 휘발성물질과 유류계 탄화수소 처리에 적합하다.

② 특징

ㄱ 폭발성 물질 분해 시에는 효과가 낮다.

ㄴ 넓은 부지를 필요로 한다.

ㄷ 주로 기름으로 오염된 토양에 적용된다.

(13) 탈할로겐화법(Dehalogenation)

① 개요

ㄱ 오염물질에 화학물질을 혼합하여 오염물질 분자로부터 할로겐 원자를 제거하는 방법이다.

ㄴ 할로겐물질과 살충제 처리에 적합하다.

ㄷ 현재 화학적 처리 기술 중 가장 널리 사용되고 있다.

ㄹ 사염화탄소 및 클로로포름 등의 처리에 적합한 방법이다.

ㅁ PCBs, PCDDs, PCDFs, 클로로벤젠 등의 처리에 이용할 수 있다.

ㅂ 대표적인 공정으로 BCD 공정, APEG, PPM, Acurex 등이 있다.

② BCD 공정
  ㉠ 오염토양을 분쇄한 후 NaHCO₃와 혼합하여 탄소 – 수소 고리를 분해하고 330℃에서 가열하여 오염물질을 휘발시키는 방법이다.
  ㉡ 염소계 화합물질, 다이옥신, 퓨란으로 오염된 토양 정화를 위해 개발되었다.
  ㉢ 처리제의 회수가 필요없다.
  ㉣ 회분식, 연속식 모두 가능하다.
  ㉤ 후처리 중화공정이 필요없다.
  ㉥ 비용소모가 다른 기술에 비해 큰 편이다.

③ APEG 공정
  ㉠ 할로겐 방향족물질을 탈염소화시키기 위해 APEG(Alkaline Polyethylene Glycol)을 이용하는 기술이다.
  ㉡ 오염된 토양과 시료를 넣고 반응기에 열을 가하면 Polyethylene Glycol은 할로겐 분자를 치환하고 독성물질의 독성을 약화시킨다.
  ㉢ PCB 정화에 있어 소각보다 높은 효율을 나타낸다.
  ㉣ 후처리 중화공정이 필요없다.
  ㉤ 열적처리와 비교하여 에너지 소모가 적다.
  ㉥ 생분해와 비교하여 토양 내 PCB 농도에 상관없이 적용가능하다.
  ㉦ 많은 화학물질을 필요로 한다.
  ㉧ 과도하게 주입된 시약을 처리할 필요가 있다.
  ㉨ 오염토양이 넓은 경우에는 경제성이 떨어진다.
  ㉩ 수분함량 20% 이상 또는 염소계 유기물질의 농도가 5% 이상인 경우 시약의 소모량이 많아진다.
  ㉪ 반응에 높은 온도가 필요하므로 In-situ 처리를 위해서는 100~150℃로 유지해야 한다.

(14) 고온열탈착기법(High Temperature Thermal Desorption)
① 개요
  ㉠ 오염토양에 함유되어 있는 물이나 유기오염물질이 휘발되도록 320~560℃로 가열시키는 기술이다.
  ㉡ HTTD 장치는 물리적 분리공정으로 유기물질 분해는 하지 못한다.
  ㉢ 준휘발성 유기물질, PCBs, 다환방향족탄화수소 및 살충제 처리가 가능하다.
  ㉣ 물질의 직접연소에 의한 열처리(소각)와 무산소 상태에서 열을 가해 유기물을 분해시키는 간접연소에 의한 열처리(열분해)가 있다.
② 특징
  ㉠ 토양을 가열하는 데 필요한 에너지 감소를 위하여 탈수가 필요하다.
  ㉡ 큰 입경의 토양을 장기적으로 운전하면 시설이 손상될 우려가 있다.
  ㉢ 점토 및 휴민산을 다량 함유한 토양은 반응시간이 길어진다.
  ㉣ 토양의 입경이 2인치 이상인 경우 적용성이나 비용에 영향이 생긴다.
  ㉤ 오염물질의 종류 및 토양의 형태와 상관없이 적용범위가 넓다.

ⓑ 카드뮴과 수은을 제외한 중금속은 일정온도에서 처리가 되지 않으며 온도를 높일 경우에는 유리화가 된다.

ⓢ 독성제거와 함께 부피의 감량이 가능하다.

ⓞ 가장 좋은 정화효율을 가지나 에너지 처리 비용이 가장 많이 든다.

ⓩ 중금속, 나무찌꺼기, 콜타르, 탄화수소로 오염된 토양, 방사능물질이나 독성물질로 오염된 토양, 페인트 찌꺼기 등으로부터 유기물질 분리가 가능하다.

ⓩ 오염물질의 최종 농도를 5mg/kg 이하로 처리할 수 있는 것으로 알려져 있다.

(15) 저온 열탈착기법(Low Temperature Thermal Desorption)

① 개요

㉠ 오염된 토양의 수분과 유기물질을 휘발시키기 위하여 90~320℃로 가열하는 기술이다.

㉡ 일반적으로 유류계탄화수소 정화에 효과적이다.

② 영향인자

㉠ 오염물질의 종류 및 농도

㉡ 토양의 수분 함량

㉢ 휘발성유기물질 함량

㉣ 수은의 함량

③ 특징

㉠ 탈수공정으로 토양을 가열하는 데 필요한 에너지를 감소시킬 수 있다.

㉡ 입자가 거칠면 공정의 손상을 야기한다.

(16) 토양경작법(Landfarming)

① 개요

㉠ 오염토양을 굴착하여 넓은 부지에 펼쳐놓고 정기적으로 뒤집어줌으로써 토양 내의 미생물에 호기성 조건을 제공하여 유기성 오염물질을 제거하는 기술이다.

㉡ 유류계 탄화수소 처리에 효과적이다.

㉢ 분자가 무거울수록 분해율은 낮아진다.

㉣ 디젤 연료, 기름 슬러지, 석탄 오염토양, 살충제 처리에 효율이 좋다.

② 영향인자

㉠ 오염물질의 형태와 농도

㉡ 휘발성 유기물질 및 독성오염물질의 존재 여부

㉢ 바람의 속도와 방향

㉣ 토양의 형태 및 성상

㉤ 토양의 수분 및 유기물 함유량

㉥ 양이온 교환능력

③ 특징

㉠ 무기물질은 분해되지 않는다.

ⓛ 넓은 부지를 필요로 한다.

ⓒ 분해가 어려운 물질을 제거하는 경우 시간이 많이 소요된다.

ⓔ 휘발성 유기물질의 경우는 휘발에 의해 감소된다.

ⓜ 입자상 물질의 지속적인 측정이 필요하다.

ⓗ 중금속 이온은 미생물에 독성으로 작용할 수 있으며 오염되지 않은 토양으로 흘러갈 가능성이 존재한다.

(17) 열분해법(Pyrolysis)

① 개요

ⓖ 혐기성 상태에서 열을 가하여 유기물질을 분해시키는 기술이다.

ⓛ 오염물질을 단기간에 처리할 수 있다.

ⓒ 준휘발성 유기물질 및 살충제 처리가 가능하다.

② 특징

ⓖ 토양 내에 수분이 다량 함유 시에는 비용이 많이 들어간다.

ⓛ 토양 건조를 위한 건조기술이 필요하다.

ⓒ 중금속을 제거한 토양의 경우 안정화 단계를 거쳐야 한다.

(18) 슬러리상 처리(Slurry Phase Biological Treatment)

① 개요

ⓖ 토양을 굴착하여 생물반응기에 넣어 처리하는 기술이다.

ⓛ 반응성을 높이기 위해 충분히 혼합시키며, 처리 후 슬러리는 탈수한다.

ⓒ 일반적으로 슬러리상에는 무게비로 고형물이 10~30% 정도 함유되도록 유지한다.

ⓔ 필요에 따라 pH를 조절하며 미생물을 추가 공급하기도 한다.

ⓜ 탈수과정은 기계적인 방법을 이용하거나 증발 등 자연현상을 이용하기도 한다.

② 영향인자

ⓖ pH : 최적 pH의 범위는 6.5~7.5 정도이다.

ⓛ 수분/고형물 비
- 일반적으로 최적의 고형물 함량비는 약 10~40% 정도이다.
- 고형물 함량이 5% 미만인 경우 경제성이 떨어진다.

ⓒ 산소 : 호기성 반응의 경우 O_2의 농도를 2mg/L 이상 유지해야 한다.

ⓔ 교반 : 임펠러의 회전속도는 20~30rpm 수준을 유지해야 한다.

ⓜ 온도 : 5~30℃ 범위 내에서 온도가 10℃ 상승할 때마다 처리속도는 약 2배로 증가한다.

ⓗ 영양물질, 미생물 개체 수, 체류시간 등

③ 특징

ⓖ 이질성 토양 처리에 어려움이 따른다.

ⓛ 생물반응기 투입 전 크기별 분류에 어려움이 따르고 비용 소모도 크다.

ⓒ 세척수를 처리해야 한다.

ⓔ 유류계 탄화수소 및 비할로겐 휘발성물질 처리에 적용이 가능하다.

ⓜ 할로겐화합물, 살충제에도 적용할 수 있으나 효과는 적다.

ⓗ 자갈 및 모래 등은 생물학적 반응에 적합하지 않으며, 점토는 교반 및 산소전달 문제가 발생한다.

(19) 토양세척법(Soil Washing)

① 개요

ⓐ 세척제를 사용하여 토양입자와 결합하고 있는 오염물질의 표면장력을 약화시켜 처리하는 기술이다.

ⓑ 준휘발성 유기화합물질, 유류계 오염물질 및 중금속 처리에 적합하다.

ⓒ 특정 휘발성 유기화합물질에도 적용이 가능하다.

ⓓ 토양 내 휴믹질이 고농도로 존재할 경우 전처리가 필요하다.

ⓔ 적용방식에 따라 In-situ 방식과 Ex-situ 방식으로 구분한다.

ⓗ 세척제는 계면의 자유에너지를 낮추고 계면의 성질을 변화시켜 물에 대해 용해성이 적은 물질을 열역학적으로 안정한 상태로 용해시킨다.

② 영향인자

ⓐ 토양의 종류 및 형상

ⓑ 입경분포

ⓒ 오염물질의 종류 및 농도

ⓓ pH 및 완충력

ⓜ 양이온 교환능력

③ 특징

ⓐ 광범위한 유기 및 무기오염물질 제거가 가능하다.

ⓑ 오염물질의 제거효율이 높으며 성분에 따라 99% 이상 제거도 가능하다.

ⓒ 전체 처리용량에 비해 처리비용이 비싼 편이다.

ⓓ 세척유출수로부터 미세 입자를 분리하기 위해 응집제를 첨가해야 하는 경우도 생긴다.

(20) 용매추출법(Solvent Extraction)

① 개요

ⓐ 유기화학물질을 용매로 사용하여 토양 내의 오염물질을 분리시켜 부피를 감소시키는 기술이다.

ⓑ 토양과 용매의 접촉을 극대화시켜 효율을 높여야 한다.

ⓒ 오염물질이 혼합된 용매는 상분리에 의해 분리되며, 오염된 용매는 휘발장치에서 휘발된 후 다시 응축시켜 재이용한다.

ⓓ 휘발성 유기물질, 할로겐 용매, PCBs 등으로 오염된 토양처리에 효과적이다.

② 특징

ⓐ 용매의 독성을 고려해야 한다.

ⓑ 추출용매가 토양에 잔류하게 된다.

ⓒ 수분 함량이 높을 때에는 공정에 좋지 않다.

ⓓ 중금속이 유기물질과 결합되어 있을 때에는 함께 추출될 수 있다.

   ㉺ 유화제가 존재할 때 추출반응에 악영향을 줄 수 있다.

   ㉻ 무기물질을 추출하는 데 효과가 좋지 않다.

(21) 바이오파일(Biopile)

 ① 개요

  ㉠ 일정한 파일 안에 오염토양을 쌓은 후 폭기, 영양물질 투입, 수분 조절 등을 통해 미생물을 활성화시켜 유기오염물질을 처리하는 기술이다.

  ㉡ 일명 Biomounds, Bioheaps, Compost piles라고도 한다.

  ㉢ 휘발성이 강한 유류물질은 공기주입 과정에서 휘발되면 일부는 생물학적 분해로 처리된다.

  ㉣ 비휘발성 물질은 대부분 미생물 분해작용에 의해 저분자생성물로 변형되거나 처리된다. 비휘발성 물질의 함유량이 높은 오염물질은 장기간의 처리기간이 필요하다.

 ② 영향인자

  ㉠ 토양 pH : 최적 pH는 6~8 범위이다.

  ㉡ 함수율

   • 함수율을 40~85%를 유지할 때 가장 효과가 좋다.

   • 함수율이 40% 미만인 경우에는 수분을 공급해주어야 한다.

   • 함수율이 85% 이상인 경우에는 배수가 원활하지 못하다.

  ㉢ 토양온도 : 최적조건은 약 30℃이며, 일반적으로 10~45℃ 범위를 유지해야 한다.

  ㉣ 오염원의 휘발성 및 특성

  ㉤ 토성 및 미생물의 개체 수 : 미생물의 개체 수가 10^4~10^7CFU/g soil인 경우 효과적인 처리를 기대할 수 있다.

 ③ 특징

  ㉠ 유류계 탄화수소나 저분자 할로겐 휘발성물질 처리에 적합하다.

  ㉡ 고분자 비할로겐화합물이나 할로겐화합물에도 적용은 할 수 있으나 효과가 작다.

  ㉢ 토양이 점토성인 경우에는 공기주입에 문제가 발생한다.

  ㉣ 잔류오염농도를 0.1ppm 이하로 유지하기 어렵다.

  ㉤ 중금속의 농도가 2,500ppm 이상인 경우에는 미생물의 성장에 방해가 된다.

  ㉥ 휘발성분은 산기과정에서 휘발되기 쉬우므로 전처리가 필요하다.

  ㉦ 처리시간이 짧고 경제적이다.

  ㉧ 토양경작법보다 부지소요면적은 작으나 다른 공정에 비해서는 넓은 편이다.

(22) 자외선·광분해법

 ① 빛에너지를 이용하여 화합물을 분해한다.

 ② 다이옥신이나 PCB 오염토양에 적용이 가능하다.

 ③ PCB를 1.5~2시간 이내에 분해할 수 있는 것으로 알려져 있다.

(23) 식물복원공정(Phytoremediation)

① 개요

　㉠ 식물을 이용하여 오염토양 및 지하수를 포함한 수질을 정화시키는 환경친화적인 복원기술이다.

　㉡ 식물추출 : 오염물질을 식물체내로 흡수, 농축 후 식물체를 제거하는 방법

　㉢ 근권여과 : 수용성 오염물질이 뿌리주변에 축척, 식물체에 흡수되는 것을 이용한 방법

　㉣ 식물안정화 : 오염물질이 뿌리주변에 비활성 상태로 축적되거나 식물체에 의해 이동이 차단되는 원리를 이용한 방법

　㉤ 식물휘발화 : 오염물질이 식물체에 흡수되어 휘발성 물질로 변형되어 대기 중으로 방출되는 것을 이용한 방법

　㉥ 식물분해 : 식물체에 오염물질이 흡수되어 식물체 내에서 분해되는 것을 이용하는 방법

　㉦ 근권분해 : 뿌리부근의 미생물이 식물체의 도움을 받아 오염물질을 분해

② 영향인자

　㉠ 오염부지의 깊이 : 식물의 뿌리가 뻗을 수 있는 범위 내의 오염물을 제거한다.

　㉡ 오염물질 특성 : 오염물질의 농도가 높은 경우에는 물질의 독성으로 인해 효과적이지 못하다.

　㉢ 식물종 : 오염물질 제거에 이용가능한 식물종은 다양하다.

구분	오염물질	대표 식물종
식물에 의한 분해	• 유기인, 비방향족탄화수소 • 할로겐화 방향족탄화수소 • 방향족탄화수소	• 콩과식물, 벼과식물 • 포플러, 사시나무, 버드나무
식물에 의한 추출	• 방사성물질 • 중금속류	• 인도겨자, 쐐기풀 등 • 해바라기, 민들레, 보리
식물에 의한 안정화	• 할로겐화 방향족탄화수소 • 방향족탄화수소 • 중금속류	• 포플러, 사시나무, 버드나무 • 뿌리가 잘 발달된 초본류 등

③ 특징

　㉠ 대부분의 무기물류(중금속, 영양염 등), 휘발성 유기화합물, 준휘발성 유기화합물 처리에 효과적이다.

　㉡ 유기성 오염원의 경우 적절히 소수성인 경우에만 효과적이다.

　㉢ 물리화학적 공법에 비하여 처리속도가 느리다.

　㉣ 얕은 토양, 수변에 한정적인 사용이 가능하다.

　㉤ 물질전달에 한계가 있다.

5 지하수오염 복원기술

(1) 에어스파징법(Air Sparging)

① 개요

　㉠ 포화 대수층에 공기를 강제 주입시켜 오염물질을 휘발시켜 제거하는 기술이다.

ⓛ 주입된 공기방울이 수평, 수직적으로 공극을 통하여 이동하고, 이 공기 방울이 증기추출배관으로 오염물질을 이동시킨다.

ⓒ 휘발성 유기물질 및 유류오염물질 제거가 가능하다.

② 영향인자

　　　㉠ 오염물질의 휘발성 및 용해성

　　　ⓛ 지하수의 유량

　　　ⓒ 대수층의 통기성

　　　ⓔ DNAPLs(물보다 비중이 큰 DNAPL)의 존재여부

(2) 양수정법(Directional Wells)

① 개요

　　　㉠ 오염물질이 수평으로 퍼져 있거나 오염물질에 대한 접근이 어려울 때 주입정과 추출정을 수평 또는 일정 각도로 배치하여 처리하는 기술이다.

　　　ⓛ 수직배관 설치 방해 요소가 존재할 때 유용하다.

② 특징

　　　㉠ 15m 이상의 배관에 사용하는 것은 적절하지 않다.

　　　ⓛ 배관의 위치를 정확히 설정하기가 쉽지 않다.

　　　ⓒ 장치 설치 시 배관이 파괴될 우려가 있다.

(3) 이중층추출법(Dual Phase Extraction)

① 균일하지 못한 지반 내의 액상 및 가스상 오염물질을 동시에 제거하기 위하여 진공을 이용하는 기술이다.

② 진동상태를 유지하여 토양증기가 추출되고, 지하수에서 추출된 증기가 대기로 배출된다.

③ 처리 가능한 오염물질은 유류오염물질 및 휘발성유기물질이다.

④ 미세한 입자가 다량 포함되어 있을 경우에는 SVE에 비해 효과가 더 좋다.

(4) 자연정화법(Natural Attenuation)

① 개요

　　　㉠ 자연적인 공정(희석, 휘발, 생분해, 흡착)을 통하여 오염물질 농도가 허용 가능한 수준으로 저감되도록 유도하는 기술이다.

　　　ⓛ 휘발성 유기물질 및 준휘발성 유기물질, 유류탄화수소 처리에 적합하다.

② 영향인자

　　　㉠ 오염물질의 물리적, 화학적 특성

　　　ⓛ 오염물질의 생물학적 분해성

　　　ⓒ 토양입경의 분포

　　　ⓔ 대수층의 수리전도도

　　　㉤ 유량 구배

(5) 질산염첨가법(Nitrate Enhancement)

① 개요

ㄱ 지하수에 질산염을 순환시켜 미생물을 활성화시키는 전자수용체로 이용하여 유기오염물질의 분해 속도를 향상시키는 기술이다.

ㄴ 전자 수용체로 제공된 질산염은 산소보다 용해도가 높아 미생물의 분해작용을 지속적으로 돕는다.

ㄷ 비할로겐 휘발성 유기물질, 준휘발성 유기물질, 유류오염물질 처리가 가능하다.

ㄹ 주로 BTEX로 오염된 지하수 정화에 이용된다.

② 특징

ㄱ 지중이 불균일할 때 용액을 균일하게 순환시키기 힘들다.

ㄴ 음용수수질기준에 부적합하므로 지역에 따라 제약이 따른다.

ㄷ 투수성이 높은 지역에서는 정화속도가 빠르다.

(6) 에어스파징을 이용한 산소첨가법(Oxygen Enhancement With Air Sparging)

① 개요

ㄱ 지중으로 압축공기를 주입하여 용존산소의 농도를 높이고, 미생물의 분해율을 향상시키는 기술이다.

ㄴ SVE나 생물학적 배기법을 병행하여 사용한다.

ㄷ 비할로겐 휘발성 유기물질, 준휘발성 유기물질, 유류오염물질 처리에 적합하다.

ㄹ 살충제 처리에는 부적합하다.

② 특징

ㄱ 증기는 불투수대수층을 통해 올라가 대기로 방출된다.

ㄴ Clay층 존재 시 공기분산의 효과가 감소한다.

ㄷ 토양의 성상이 위치에 따라 다를 때에는 공기의 살포효과가 떨어진다.

(7) 과산화수소를 이용한 산소첨가법(Oxygen Enhancement With Hydrogen peroxide)

① 개요 : 과산화수소 희석용액을 지하수 지역에서 순환시킨다.

② 특징

ㄱ 추출된 지하수를 재주입하거나 처분하기 전에 공기분산이나 탄소 흡착과 같은 처리 장치를 이용하여 처리해야 한다.

ㄴ 지중이 불균일한 장소에서는 과산화수소 용액의 순환이 어렵다.

ㄷ 지중에 분해가능 물질이 많을 때에는 과산화수소가 빠르게 감소되어 넓은 오염부지는 처리할 수 없다.

ㄹ 과산화수소 농도가 100~200ppm 이상이 되면 미생물 활동에 영향을 준다.

(8) 지중정화벽 처리법(Passive Treatment Walls)

① 개요

ㄱ 반응성 벽을 부지 내에 수직적으로 설치하여 물을 통과시키고 오염물질은 차단하는 기술이다.

ㄴ 반응성 벽은 Chelators, 흡착제 및 미생물 등을 포함한 다공성 매체로 이루어진다.

ㄷ 주로 휘발성 유기물질, 준휘발성 유기물질, 무기물질 처리가 가능하다.

② 특징

　㉠ 막의 pH가 상승하면 반응속도가 감소하므로 적정 pH를 유지해야 한다.

　㉡ 시간이 지나면 벽의 기능이 감소하므로 교환 및 매질의 활성화가 필요하다.

(9) 슬러리월처리법(Slurry Walls)

① 개요

　㉠ 오염된 지하수를 차단시키기 위해 슬러리로 채워진 수직 차수벽을 설치하는 방법이다.

　㉡ 오염된 지하수의 유로를 변경시켜 오염되지 않은 지하수와의 혼합을 방지한다.

② 영향인자

　㉠ 적절한 벽의 강도

　㉡ 매질의 특성

　㉢ 사용될 벤토나이트의 순도

　㉣ 최대 허용 투수계수 및 수리학적 구배

(10) 에어스트리핑법(Air Stripping)

① 개요

　㉠ 오염된 지하수를 다양한 폭기법(packed towers, tray aeration, diffused aeration 및 spray aeration 등)을 이용하여 공기를 주입해 오염물질을 제거하는 방법이다.

　㉡ 보조 장비로 공기 예열기, 자동제어 장치, 배출가스 처리장치 등이 있다.

　㉢ 물에서 휘발성 유기물질을 분리하는 데 이용된다.

　㉣ 무기물질에 대해서는 비효율적이다.

　㉤ BTEX, Chloroethane, TCE, DCE, PCE 등의 처리가 가능하다.

② 영향인자

　㉠ 방출수 유량의 범위

　㉡ 탑의 운전 형식 및 저항

　㉢ 탑의 가스방출에 대한 저항

　㉣ 무기물질의 함량

　㉤ 물과 공기의 온도

③ 특징

　㉠ 방출가스의 처리가 필요하다.

　㉡ 일정 온도에서 휘발성이 낮은 물질은 열을 가해줄 필요가 있다.

　㉢ 오염물질의 헨리상수를 고려해야 한다.

　㉣ 미생물의 부착으로 장비의 막힘이 발생할 우려가 있다.

CHAPTER 01 확인학습문제

01 다음 중 토양의 주요 기능으로 옳지 <u>않은</u> 것은?

① 지하수 유출 기능 ② 식량 생산 기능
③ 정화 기능 ④ 지반 침하 방지

해설

토양의 기능

• 자연생태유지 기능
  – 토양은 생태계 시스템 속에서 비생물 환경의 인자이다.
  – 식물에게 물과 양분을 공급, 생물사체 분해자에게 생식 및 그 활동장소를 제공한다.
  – 이를 바탕으로 자연생태계가 균형을 이루는 데 중추적인 역할을 한다.
• 환경보전유지 기능
  – 식물생산 기능
  – 오염물질 정화 기능
  – 저수 및 투수 기능
  – 환경의 쾌적성 기능
  – 기타 공익 기능 : 주거의 토대, 매장문화재 보존 기능, 자연 교육 및 교재 기능

02 다음 중 토양부식의 역할로 옳지 <u>않은</u> 것은? [03년 경북]

① 물리적 성질 개선 ② 토양수분의 유지
③ 양분의 간직 ④ 토양공기의 통기 억제

해설

토양부식은 토양의 공극량을 증대하여 토양공기의 통기성을 증대시킨다.

03 다음 중 입경이 가장 작은 토양 입자는?

[03년 서울]

① 미사

② 미세사

③ 점토

④ 극세사

해설

토양 입자의 구분

구분	입경(mm)	비표면적(m²/kg)
자갈	> 2.00	·
굵은 모래	0.20~2.00	2
가는 모래	0.02~0.20	9
실트	0.002~0.02	45
점토	< 0.002	150943

04 토양의 양이온 교환능력(CEC)에 대한 설명으로 옳은 것은?

① pH에 따른 양이온 교환능력은 교질물의 종류에 따라 차이가 있다.

② 전기음성도가 작을수록 CEC가 크다.

③ 부식과 점토 함량이 작을수록 CEC가 크다.

④ CEC가 작을수록 토양완충능이 크다.

해설

토양의 pH는 주로 유기물과 양이온의 형태 및 그 양에 의해 조절되는데, 다량의 유기물은 유기산을 형성하여 토양의 산도(pH)를 높이므로 pH에 따른 양이온 교환능력은 교질물의 종류에 따라 차이가 있다. 즉, 용액의 pH가 낮아지면 카올리나이트(Kaolinite)나 부식은 CEC가 낮아지지만 몬모릴로나이트(Montmorillonite)는 pH 6 이하에서도 CEC의 변동이 없다.

05 토양유기물은 형태가 확인 가능한 유기물과 형태가 확인되지 않는 유기물로 분류된다. 부식질 중에서 산과 알칼리에 모두 용해되는 토양 유기물은?

① 히마토멜란산(Hymatomalanic Acid)

② 풀브산(Fulvic Acid)

③ 휴민(Humin)

④ 휴믹산(Humic Acid)

해설

휴민(Humin)은 산과 알칼리에 용해되지 않는 특성을 가진 유기물질이다. 부식질 중에서 NaOH 용액에서 용해되지 않는 것을 휴민이라 하고, NaOH 용액에서 용해된 용해성 유기물을 강한 산성용액(pH 1.0)에서 처리하였을 때 침전물을 형성하는 유기물을 부식산(Humic Acid)이라 하며, 용해성으로 존재하는 유기물을 풀브산(Fulvic Acid)이라고 한다. 따라서 부식산은 염기에 용해되고, 산에 침전되는 특성을 가진 유기물질이며, 풀브산은 염기와 산에 모두 용해되는 토양유기물이다.

06 토양에서 유기물이 분해될 때 그 분해를 불리하게 하는 조건은?

① 유기물의 높은 질소함량
② 중성의 토양반응
③ 고온다습한 조건
④ 유기물의 높은 탄질비

해설

유기물의 분해는 C/N율이 낮을수록 촉진되며, 호기성 세균에 의해 이루어지므로 통기가 좋을수록, 포장용수량에 가까울수록, 35℃까지는 고온다습할수록 분해가 빨라진다.

07 토양오염의 영향에 관한 설명으로 옳지 <u>않은</u> 것은?   [04년 대전]

① 농업용수에 Na^+이 많으면 Ca^{++}나 Mg^{++}, 기타 무기이온과 서로 치환되어 경작이 어려운 토질로 변한다.
② 염도가 커지면 삼투압에 의해 식물의 성장이 저해된다.
③ 농업용수나 폐수에 Na^+이 많은 상태에서 오히려 비료가치가 좋을 때도 있다.
④ 농업용수의 수질은 SAR로 나타내며 허용값은 26 이하이다.

해설

염도의 대표적인 원소는 나트륨염으로 Na^+이 Mg^{2+}과 Ca^{2+}보다 과다하면 Na^+으로 치환되어 토양이 점토질화되고 배수가 잘 안 되어 식물이 성장할 수 없게 된다.

08 오염물질의 지하 거동 매커니즘 중 지하수계 내의 농도구배가 높은 곳에서 낮은 곳으로 이동하는 현상을 무엇이라 하는가?

① 분산   ② 확산

③ 이송   ④ 흡착

해설

② 확산 : 지하수계 내의 농도구배가 높은 곳에서 낮은 곳으로 이동하게 되는데, 이러한 현상을 확산현상이라 한다.
① 분산 : 토양의 공극을 통과하는 지하수는 이류과정의 마찰과 교란에 의해 분산이 일어난다.
③ 이송 : 지하수의 흐름에 의해 수송되는 것을 이송(Advection)이라 하며, 오염물질은 흐름의 영향을 받아 등속으로 확산되어 간다.
④ 흡착 : 대수층과 오염지하수의 경계면에서 오염용질이 집적되는 현상을 말한다.

09 토양 내에서 유기독성물질의 미생물 분해반응이 <u>아닌</u> 것은?   [04년 기술고시]

① 탈염소반응   ② 중합반응

③ 가수분해반응   ④ 할로겐화 수소이탈반응

해설

중합반응은 화학적 반응이다.

10 토양 내의 질소 거동에 대한 설명으로 옳지 <u>않은</u> 것은?

① 식물은 무기질소를 이용하지 못한다.
② 질산성질소에서 환원된 질소는 환원성 조건과 에너지원을 필요로 하며, 탈질과정에서 생성되는 중간산물로서 단기간에 존재한다.
③ 질소는 주로 유기형태로 토양에 저장되며, 토양 내에서는 어떤 형태의 질소라도 토양미생물에 의해 아질산성질소(NO_2^-)를 거쳐 질산성질소(NO_3^-)로 변하려는 경향이 있다.
④ 표토 부근의 토양 내에서 존재하는 질소는 유기물과 결합한 형태이다.

해설

식물은 유기질소를 이용하지 못한다.

11 농약에 대한 설명으로 옳은 것은?

① 일반적으로 유기물이 많이 함유된 토양에 잔류성이 강하다.
② 유기인계 농약으로는 DDT, Endrin, Aldrin 등이 있다.
③ 지방족계 제초제는 토양 중에서 분해가 잘 이루어지지 않는다.
④ 일반적으로 유기인계 농약이 유기염소계 농약보다 잔류성이 강하다.

> **해설**
> 일반적으로 유기염소계 농약이 유기인계 농약보다 잔류성이 강하다. 그러나 유기인계 중에서도 파라티온, 안티온, 펜티온 등 일부와 유기염소계 살충제(DDT, BHC, 엘드린 등)나 안식향산계 및 산아미드계 제초제는 장기간 토양 중에 잔류하여 토양오염을 유발한다. 지방족계 제초제(Carbamate계, Nitril계)는 살포 후 토양 중에서 비교적 분해가 용이하여 밭토양 중에서 3~6개월이면 대부분 소실되는 것으로 알려져 있다.

12 다음 중 유기인계 농약인 것은? [03년 부산]

① Aldrin ② Chlorobenzilate
③ Phosphate ④ Endrin

> **해설**
> • 유기인계 농약은 파라티온, 안티온, 펜티온, Demeton 등이다.
> • 유기염소계 농약은 DDT, Aldrin, Endrin, BHC 등이다.
> • Phosphate(인산염)계 농약도 유기인계 농약에 속한다.

13 $Na^+=92mg/L$, $Ca^{2+}=70mg/L$, $Mg^{2+}=144mg/L$인 농업용수의 SAR값은 얼마인가?

① 0.9 ② 1.23
③ 1.44 ④ 1.85

> **해설**
> SAR(Sodium Adsorption Rate) : 관개용수 Na^+ 함량기준으로 다음과 같이 계산된다. 여기서 Na^+ 1mEq는 23, Mg^{2+} 1mEq는 12.15, Ca^{2+} 1mEq는 20을 사용하였다.

$$SAR=\frac{Na^+}{\sqrt{\frac{Ca^{2+}+Mg^{2+}}{2}}}=\frac{(92/23)}{\sqrt{\frac{70/20+144/12.15}{2}}}≒1.44$$

SAR에 의한 관계용수의 수질판정 방법
- SAR이 10 이하이면 적합하다.
- SAR이 10~26이면 상당한 영향을 받을 수 있다.
- SAR이 26 이상이면 식물에 많은 영향을 미치게 된다.

14 다음 중 지하수의 특성에 대한 설명으로 옳은 것은?

① 국지적인 환경조건의 영향을 크게 받는다.
② 자정작용의 속도가 빠른 편이다.
③ SS 농도 및 탁도가 낮고, 산화상태이다.
④ 염분함량이 지표수보다 약 30% 이상 낮다.

해설

지하수의 수질 특성
- 지하에 존재하므로 지표수에 비하여 오염되기 쉽지 않고, 수질변동이 적으며, 유속이 느리고, 수온변화가 적다.
- 무기물 함량이 높으며, 공기 용해도가 낮고, 알칼리도 및 경도가 높다.
- 자정작용 속도가 느리고, 유량변화가 적다.
- 염분함량이 지표수보다 약 30% 이상 높다.
- 미생물의 거의 없고 오염물이 적다. 국지적인 환경조건의 영향을 크게 받는다.
- 태양광선을 접하지 못하므로 광화학 반응이 일어나지 않아서 세균에 의한 유기물의 분해가 주된 생물작용(혐기성 세균)이다. 분해성 유기물이 풍부한 토양을 통과하게 되면 물은 유기물의 분해산물인 탄산가스 등을 용해하여 산성이 된다.
- 비교적 낮은 곳의 지하수일수록 지층과의 접속시간이 짧아서 경도가 낮다.
- SS 농도 및 탁도가 낮고, 환원상태이다.

15 대수층은 '비피압대수층'과 '피압대수층'으로 구분된다. 피압대수층(confined Aquifer)에 관한 설명으로 옳지 않은 것은?

① 피압대수층의 지하수를 피압면 지하수 또는 심층수라고 한다.
② 심층수는 불투수층 사이를 흐르는 압력수이다.
③ 제1 불투수층 위의 대수층을 말한다.
④ 채수방법은 굴착정으로 한다.

해설

- 비피압대수층
  - 제1 불투수층 위의 대수층을 말하며 상·하 자유롭게 움직일 수 있는 지하수위선을 가지고 있다.
  - 비피압대수층의 지하수를 자유면 지하수 또는 천층수라고 한다.
  - 천층수는 토양간극을 통하여 흐르는 대기수와 통하는 중력수이다.
  - 지하수면은 대기압과 평형을 유지한다.
  - 강수의 증감에 따라 수량도 증감하며 지상의 기온, 수질에 영향을 준다.
  - 채수방법은 천정호 또는 심정호로 한다.
- 피압대수층
  - 제1 불투수층과 제2 불투수층 사이의 대수층을 말하며, 물의 흐름이 불투수층에 의해 구속을 받고 있는 지하수이다.
  - 피압대수층의 지하수를 피압면 지하수 또는 심층수라고 한다.
  - 심층수는 불투수층 사이를 흐르는 압력수이다.
  - 수온과 수질의 계절적 변화가 적다.
  - 채수방법은 굴착정으로 한다.

16 지하수의 오염특성에 대한 설명으로 옳지 <u>않은</u> 것은?

① 오염원인 물질이 유입 시기마다 변할 수 있으며 그 지속시간이 매우 길다.
② 호소나 해역과는 달리 오염영역이 아주 넓다.
③ 오염물질의 토양 내 이동속도는 지하수의 이동속도에 비하여 아주 느리다.
④ 오염물질의 희석·확산 효과는 유속에 의해 수송되는 효과에 비하여 아주 작다.

해설

호소나 해역과는 달리 오염영역이 아주 좁다.

17 지하수 채수량에 영향을 미치는 요인 중, 중력이 작용하는 조건에서 자유롭게 채수할 수 있는 물의 양을 뜻하는 용어는 무엇인가?

① 투수계수   ② 저류계수
③ 동수경사   ④ 비수율

해설

① 투수계수 : 물을 통과시킬 수 있는 매질토양의 능력을 나타내며, 단위는 m/sec로 나타낸다.
② 저류계수 : 단위 표면적당 배수되는 물의 부피를 단위 압력수두 변화량으로 나눈 값을 말하며, 단위 용적당 채수량(m^3/m^3)으로 나타낸다.
③ 동수경사 : 압력수두선의 기울기를 나타내는 것으로 수위차를 거리로 나눈 값이며, 단위는 m/m로 나타낸다.

18 Darcy 법칙에서 투수계수는 유체와 그 유체가 통과하는 매질의 특성을 모두 포함하는데, 이때 유체의 특성을 제외한 매질만의 특성을 고유(본래) 투수계수(Intrinsic Permeability)라 한다. 이 투수계수의 단위는?

[04년 기술고시]

① m^2
② $kg/(m^2 \cdot sec)$
③ $N \cdot sec/m^2$
④ $kg/(m \cdot sec^2)$
⑤ m^2/sec

해설

토양의 투수계수는 토양의 입자크기, 공극률, 입자크기분포 등과 같이 토양 자체와 액체의 점성계수, 비중량과 같은 액체의 성질 등의 영향을 받는 것으로 알려져 있다. 따라서, 토양의 투수계수는 다음 식으로 표현할 수 있다.

$$투수계수\ K = C \cdot d^2 \cdot \frac{r}{\mu} = K' \cdot \frac{r}{\mu}$$

$$\therefore 고유\ 투수계수\ K'\ 의\ 단위는\ m^2 이다.$$

- C : 상수
- d : 평균 공극직경
- r : 액체의 비중량
- μ : 액체의 밀도
- $K' = C \cdot d^2$: 고유 투수계수 또는 비투과도

19 토양의 물리화학적 정화방법이 <u>아닌</u> 것은?

[04년 경기]

① 토양 세척
② 영양분 주입
③ 진공 처리
④ 열적 처리

해설

토양의 물리화학적 정화방법은 토양 세척, 열적 처리, 진공 처리 등이 있다.

20 오염된 토양의 생물학적 복원(Bioremediation) 방법에 대한 설명으로 옳지 <u>않은</u> 것은?

[04년 경기]

① 최종적으로 탄산가스, 물, 미네랄 등이 생성된다.
② 토양세척법도 생물학적 복원방법에 속한다.
③ 미생물 활성을 촉진시키기 위해 영양염, 전자 수용체, 과산화수소, 온도, pH 등을 조절하는 방법이
   있다.
④ 물을 기반으로 하는 용액을 오염토양 내로 순환시켜 토착 미생물의 활성을 자극함으로써 유기물 분
   해기능을 증대시킨다.

해설
②는 토양의 물리화학적 정화방법에 속한다.

21 고형화 방법 중 석회기초법에 관한 설명으로 옳은 것은?

① pH가 낮을 때 폐기물 성분의 용출 가능성이 증가한다.
② 중금속 처리에 효율적이다.
③ 슬러지와 비산재 동시 처리는 어렵다.
④ 최종처분물질의 양이 감소한다.

해설
석회기초법의 특징

장점	단점
• 운전이 용이하다. • 탈수가 필요 없다. • 가격이 싸고 적용 가능성이 넓다. • 석회-포졸란 반응의 화학성이 간단하고 잘 알려져 있다. • 슬러지와 비산재 두 가지 폐기물의 동시 처리가 가능하다.	• pH가 낮을 때 폐기물 성분의 용출 가능성이 증가한다. • 최종처분물질의 양이 증가한다.

22 고화처리방법 중 자가시멘트법에 관한 설명으로 옳은 것은?

① 탈수 등 전처리가 필요하다.
② 중금속의 처리에 비효율적이다.
③ 보조 에너지가 필요하다.
④ 혼합율이 높다.

해설

자가시멘트법의 장단점

장점	단점
• 중금속 처리에 효율적이다. • 탈수 등 전처리가 필요 없다. • 혼합률이 낮다.	• 장치비가 많이 소요된다. • 보조 에너지가 필요하다. • 숙련된 기술이 필요하다. • 다량의 황화합물을 포함하는 폐기물에만 적합하다.

23 주요 비원위치 토양정화기술이 <u>아닌</u> 것은?   [03년 충남]

① 토양증기추출법   ② 경작법
③ 토양세척법   ④ 열탈착법

해설

① 토양증기추출법(SVE)은 원위치(In-situ) 처리기술이다.

24 오염토양 정화 · 복원 시스템 중 경제적으로 가장 유리한 시스템은?

① In-situ 시스템   ② In-tank 시스템
③ Off-situ 시스템   ④ Prepared Bed 시스템

해설

• In-situ 시스템 : 오염 또는 축적된 토양을 굴착 · 이동하지 않고 오염현장에서 오염물질을 제거 및 분해하는 기술로, 경제적으로 유리한 장점이 있다.
• Prepared Bed 시스템 : 오염토양을 굴착하여 차단 및 처리시설이 설치된 새로운 처리지역으로 운반 · 처리한 후 원래 굴착지로 환원시키는 시스템으로서, 오염물질의 확산을 방지하고 오염물질의 분해능력을 증진시킬 수 있는 장점이 있는 반면, 처리지역 설치 등에 경비가 많이 드는 단점이 있다.

25 토양증기추출법(SVE : In-situ)의 장점을 기술한 것으로 옳지 <u>않은</u> 것은?

① 증기압이 낮은 오염물질의 제거효율이 높다.

② 짧은 기간에 설치할 수 있다.

③ 비교적 기계 및 장치가 간단하다.

④ 빌딩 등 구조물 밑의 토양도 재생할 수 있다.

해설

토양증기추출법(SVE)의 장단점

장점	단점
• 비교적 기계 및 장치가 간단하다. • 유지 및 관리비가 싸고, 부작용이 거의 없다. • 장치 및 재료의 구입이 용이하다. • 짧은 기간에 설치할 수 있다. • 영구적인 재생이 가능하다. • 굴착이 필요 없다. • 빌딩 등 구조물 밑의 토양도 재생할 수 있다. • 즉시 결과를 얻을 수 있다.	• 증기압이 낮은 오염물질의 제거효율이 낮다. • 토양의 침투성이 좋고 균일하여야 한다. • 토양층이 치밀하여 기체 흐름이 어려운 곳에서는 사용이 곤란하다. • 추출된 기체는 대기오염 방지를 위해 후처리가 필요하다. • 오염물질의 독성은 변화가 없다. • 지반구조의 복잡성으로 총 처리시간을 예측하기가 어렵다.

26 증기 또는 고온의 증기를 주입하거나 전기 또는 무선주파수(Radiofrequency) 열을 이용하여 토양 중 오염물질을 추출하는 기술은?

[02년 울산]

① High Temperature Thermal Desorption

② Soil Vapor Extraction

③ Thermally Enhanced SVE

④ Soil Washing

해설

문제는 가열 토양증기추출법(Thermally Enhanced SVE)에 대한 설명이다.

① High Temperature Thermal Desorption : 열탈착법

② Soil Vapor Extraction(SVE) : 증기추출법

④ Soil Washing : 토양세척법

27 고형화(Solidification) 및 안정화(Stabilization)에 관한 설명으로 옳은 것은?

① 중금속 등 무기물질을 고정시키는 데 효과가 높다.

② 고형화(Solidification)란 물질을 불용해성으로 만드는 것을 말한다.

③ 안정화(Stabilization)란 액상이나 슬러지와 같은 폐기물에 접합제를 첨가하여 고상으로 만드는 것을 의미한다.

④ 보조제를 사용하여 부피를 감소시킬 수 있다.

> **해설**
> ② 고형화란 액상이나 슬러지와 같은 폐기물에 접합제를 첨가하여 고상으로 만드는 것을 의미한다.
> ③ 안정화란 물질을 불용해성으로 만드는 것을 말한다.
> ④ 보조제의 사용으로 인하여 부피가 크게 증가한다.

28 화학적 산화 · 환원법(Chemical Reduction-Oxidation)을 적용할 때 가장 쉽게 제거할 수 있는 오염물질은? [03년 울산]

① 비휘발성 무기물질 ② 시안

③ 휘발성 유기물질 ④ 유류탄화수소

> **해설**
> 화학적 산화방법은 음용수와 폐수의 오염방지를 위해 사용되는 Full-scale 기술이며, 시안으로 오염된 토양의 처리를 위해 가장 일반적으로 사용되고 있다.

29 지중 생물학적 처리(In-situ Bioremediation) 기술에 관한 설명으로 옳지 <u>않은</u> 것은?

① 투수성이 낮은 대수층에서는 적용하기 어렵다.

② 용해도와 농도가 높은 경우는 생물학적 분해가 불가능하다.

③ 지하수에 용해되어 있거나 대수층에 흡착된 휘발성 유기화합물에 효과적이다.

④ 복원은 대수층 내에서도 투수성이 좋은 지역에서만 활발히 진행될 수도 있다.

> **해설**
> 용해도가 낮고 농도가 높은 경우는 생물학적 분해가 불가능하다.

30 Bioventing 기술을 적용하기에 가장 적합한 오염물질은?

① 폭발물
② 무기물
③ 할로겐 준휘발성 유기물질
④ 비할로겐 휘발성 유기물질

해설

Bioventing 기술을 적용하기에 가장 적합한 오염물질은 비할로겐 및 할로겐 휘발성 유기물질과 유류물질이다. 할로겐 및 비할로겐 준휘발성 유기물질은 부분적인 제거효과를 나타낸다.

31 슬러리상 처리(Slurry-Phase Treatment)법에 관한 설명으로 옳지 않은 것은?

① 점토인 경우 토양입자가 작아 반응기 내에서 교반 및 산소전달의 문제가 발생한다.
② 비할로겐 휘발성물질과 유류계 탄화수소를 처리하는 데 가장 효과적이다.
③ 운전에 많은 인원을 필요로 하지 않는다.
④ 슬러리상에는 무게비로 고형물이 30~40% 정도 함유되게 유지한다.

해설

슬러리상에는 무게비로 고형물이 10~30% 정도 함유되게 유지한다.

32 바이오파일(Biopile) 공정에 관한 설명으로 옳지 않은 것은?

① 설계 및 보완이 간단하고, 처리시간이 짧으며, 경제적인 공정이다.
② 저분자의 비할로겐 휘발성물질과 유류계 탄화수소류를 처리하는 데 가장 효과적이다.
③ 토양경작법(Landfarming)보다 상대적으로 적은 부지가 요구되며, 배출가스를 효율적으로 제어할 수 있다.
④ 일반적으로 온도는 20~30℃를 유지해 주어야 한다.

해설

일반적으로 온도는 10~45℃를 유지해 주어야 한다.

33 퇴비화공법(Composting)에 관한 설명으로 옳지 <u>않은</u> 것은? [04년 경기]

① pH는 5.5~8.5 범위로, 일반적으로 초기에는 높은 값을 유지하지만, 퇴비화반응이 진행됨에 따라 약산성으로 변한다.
② 적절한 영양물질의 비율은 C/N비로 25~30 : 1이다.
③ 보통 초기 제어 함수율은 40~60%이다.
④ 유기물 분해에 최적 온도는 60℃로 알려져 있다.

해설

일반적으로 퇴비화 초기에는 pH가 낮은 값을 유지하지만, 퇴비화반응이 진행됨에 따라 약알칼리성으로 변한다.

34 다음 중 토양의 역할이 <u>아닌</u> 것은? [03년 경기]

① 식물의 성장에 필요한 영양분을 공급한다.
② 식물의 광합성에 필요한 이산화탄소를 공급한다.
③ 식물을 기계적으로 지지해 준다.
④ 식물에 필요한 수분을 공급한다.

해설

토양은 식물이 광합성을 하는 데 꼭 필요한 CO_2를 공급하지 못한다.

35 다음 중 토성(土性)의 정의로 가장 적절한 것은? [04년 경기]

① 자갈, 모래, 점토로 분류
② 무기질 입자의 화학적 성질에 따른 분류
③ 토양의 물리·화학적 성질에 따른 분류
④ 무기질 입자의 크기별 함량비로 분류

해설

토성(土性, Soil Texture or Soil Class)은 토양의 무기질 입자의 입경조성(기계적 조성)에 의한 토양의 분류를 말한다. 즉, 모래·미사(Silt)·점토(Clay)의 함유비율에 의하여 결정되며, 점토가 많은 토양을 식토(埴土), 모래가 많은 토양을 사토(砂土)라 하고, 중간 성질의 것을 양토(壤土)라 한다.

36 다음 중 토양오염의 특성과 거리가 먼 것은?

① 시차성
② 잔류성
③ 광역성
④ 지속성

해설

토양오염의 범위는 비교적 국소적인 것이 특징이다. 토양은 오염물질의 최종적인 종착지로서 중금속류나 유기오염물질의 농축에 의한 농도가 높다.

37 토양오염물질의 침출 및 유출에 대한 설명으로 옳은 것은?

① 화합물과 토양의 흡착성이 클수록 증가한다.
② 강수량이 적은 지역일수록 침출 및 유출이 많다.
③ 투수성이 크고 유기물질의 함량이 낮은 사질 토양에서 침출이 잘 일어난다.
④ 물에 대한 용해도가 작을수록 침출 및 유출이 잘 된다.

해설

침출 및 유출 특성
• 물에 대한 용해도가 클수록 침출 및 유출이 잘 된다.
• 화합물과 토양의 흡착성이 작을수록 증가한다.
• 투수성이 크고, 유기물질의 함량이 낮은 사질(砂質)토양에서 침출이 잘 일어난다.
• 강수량이 많은 지역일수록 침출 및 유출이 많다.
• 농경지 등 비점오염원에서 질소(N)와 인(P)의 침출과 유출은 수역의 부영양화를 유발하는 주요 요인이 된다.

38 질소순환에 대한 설명으로 옳지 않은 것은? [03년 울산]

① 질산화에 관여하는 미생물은 호기성 미생물이다.
② 무기탄소는 알칼리도를 이루는 탄산염에서 얻을 수 있다.
③ 세포를 합성시키기 위해서는 무기탄소와 용존산소가 필요하다.
④ 식물이 이용하는 형태는 아질산이온 형태이다.

해설

식물이 이용하는 형태는 질소동화작용에 의한 암모니아성질소(NH_4^+) 및 질산성질소(NO_3^-) 형태이다.

39 유기인계나 유기염소계 농약에 대한 설명으로 옳지 않은 것은? [03년 부산]

① 유기염소계 농약은 그 구조가 매우 안정한 화합물로 되어 있다.
② 유기인계 농약은 분해가 느리다.
③ 유기염소계 농약은 분자구조 내에 염소원자가 BAC를 많이 함유하고 있다.
④ 유기염소계 농약은 토양 중에 오래 잔류하게 된다.

해설
일반적으로 유기인계 농약이 유기염소계 농약에 비해 분해가 빠르고 잔류성이 적다.

40 부식(humus)을 이루고 있는 구성물질로 옳지 않은 것은?

① 휴민   ② 아질산
③ 풀브산   ④ 부식산

해설
부식(Humus)은 부식산(Humic Acid), 풀브산(Fulvic Acid), 휴민(Humin)으로 대별된다.

41 다음 중 휴믹산(Humic Acid)의 일반적인 특징으로만 짝지어진 것은? [03년 기술고시]

> ㉠ 분자량 분포가 넓은 고분자성 산성물질이다.
> ㉡ 지역적 특이성을 갖는다
> ㉢ 음이온 교환능력이 크다.
> ㉣ 보통 황갈색에서 흑갈색을 띤다.
> ㉤ 다양한 작용기를 포함하고 있다.

① ㉠, ㉡, ㉢, ㉤
② ㉠, ㉡, ㉢, ㉣
③ ㉡, ㉢, ㉣, ㉤
④ ㉠, ㉢, ㉣, ㉤

해설
부식산(Humic Acid)은 분해가 용이하지 않은 고분자성 물질로서 분자량 분포가 좁은 특성을 가지고 있다.

42 수질척도인 SAR에 대한 설명으로 옳지 <u>않은</u> 것은? [04년 서울]

① SAR이 10 이하이면 흙에 미치는 영향은 적은 편이다.
② 음용수 수질에 이용된다.
③ 토양의 허용값은 SAR 26 이하이다.
④ Na^+ 함유도가 높아지면 배수가 잘 안되고 통기성도 나빠진다.

해설
SAR(Sodium Adsorption Rate)은 관개용수의 나트륨(Na^+) 함량비로서, 농업용수의 수질척도로 이용된다.

43 토양수의 이동에 관한 설명으로 옳지 <u>않은</u> 것은? [02년 경북]

① 표토층의 낮은 습도 및 수증기압과 심토층의 높은 습도 및 수증기압에 의해 심토층에서 표토층을 향하여 수분이 이동하게 된다.
② 표면장력은 액체의 자유표면에서 표면을 크게 하려고 작용하는 장력을 말한다.
③ 토양의 공극이 작을수록 마찰저항이 증가되고, 중력수의 이동을 방해한다.
④ 토양수의 이동은 크게 '중력이동, 표면장력에 의한 이동, 증발에 의한 이동'으로 나눌 수 있다.

해설
표면장력은 액체의 자유표면에서 표면을 작게 하려고 작용하는 장력이다.

44 토양정화에서 생물학적 방법이 <u>아닌</u> 것은? [04년 경기]

① 자연저감법 ② 경작법
③ 생분해법 ④ 토양세척

해설
토양세척은 물리·화학적 처리방법에 속한다.

45 오염된 토양 복원기술 중 현장 내의 처리기술이 <u>아닌</u> 것은? [03년 대구]

① Biomediation
② Landfill Cap
③ Bioreactors
④ SVE

해설

Landfill Cap은 매립지의 최종복토를 말하는 것으로 오염토양의 복원기술과 직접적인 관련이 없다.

46 주요 원위치 토양 정화기술이 <u>아닌</u> 것은? [04년 해양환경청]

① 열탈착법
② 생분해법
③ 안정화법
④ 토양증기추출법

해설

열탈착법은 비원위치(Ex-situ) 처리기술이다.

47 토양 복원기술에 대한 설명으로 옳지 <u>않은</u> 것은? [03년 기술고시]

① 토양세척(Soil Flushing) - 투수성이 높은 토양의 오염물질 처리에 효과적이다.
② 열탈착(Thermal Desorption) - 휘발성 및 준휘발성 유기물 처리에 효과적이며, 처리시간이 짧다.
③ 토양증기추출(SVE) - 포화대수층 내의 VOC 제거에 효과적이다.
④ 생물학적 통풍(Bioventing) - 토양 내 유류 탄화수소화합물의 생물학적 분해에 효과적이다.

해설

토양증기추출법(SVE)은 불포화 대수층 위에 추출정을 설치하여 토양을 진공상태로 만들어 줌으로써 토양 내의 휘발성 유기물질(VOCs) 및 준휘발성 오염물질을 제거하는 기술로서, 포화지역에는 효과가 없다.

45 ② 46 ① 47 ③ 정답

48 토양 복원기술 중 열처리법(High Temperature Thermal Desorption)은 소각법과 열분해법으로 구분된다. 이 중에서 소각법의 운전온도는?

① 800~1,200℃   ② 600~1,000℃
③ 400~800℃   ④ 300~600℃

해설
열처리(열탈착)법 중 소각은 약 800~1,200℃에서 운전되고, 열분해는 약 400~800℃의 온도에서 운전된다.

49 오염토양 복원기술 중 토양세척법(Soil Washing)에 관한 설명으로 옳지 <u>않은</u> 것은?

① 휴믹질이 고농도로 존재할 경우 전처리가 필요하다.
② 광범위한 유기 및 무기 오염물질을 제거할 수 있다.
③ 오염물질에 따라 적절한 세척제를 사용하여야 한다.
④ 처리비용은 전체 처리용량에 비해 비교적 낮은 편이다.

해설
토양세척법의 처리비용은 전체 처리용량에 비해 비교적 높은 편이다.

50 토양세정법(Soil Flushing)에서 오염물질 용해도를 증대시키기 위해 사용되는 세정제의 종류로 옳지 <u>않은</u> 것은?

① 유기화학물질   ② 착염물질
③ 산·염기   ④ 계면활성제

해설
유기화학물질은 용매추출법(Solvent Extraction)에서 사용되는 용매이다.

51 오염토양 복원기술 중 용매추출법(Solvent Extraction)에 관한 설명으로 옳은 것은?

① 고분자 유기물질과 소수성 물질에는 효과가 좋지 않다.

② 처리 후 추출용매는 토양으로부터 분리되므로 잔류독성이 없는 특징이 있다.

③ 용매추출법은 유기용매를 사용하여 PCB, PAH 등을 분해하는 방법이다.

④ 중금속은 유기물질과 함께 추출될 수 있다.

해설

① 고분자 유기물질과 친수성 물질에는 효과가 좋지 않다.

② 처리 후 추출용매가 토양에 잔류하게 되므로 용매의 독성을 고려해야 한다.

③ 용매추출법은 오염물질을 분해하는 방법이 아니라 토양, 슬러지, 퇴적물질로부터 오염물질을 분리 추출하여 부피를 감소시키는 기술이다.

52 생물학적 정화 및 복구기술 중 Ex-situ 처리기술에 해당하지 <u>않는</u> 것은?

① 퇴비화공법

② Bioventing

③ Biopile

④ 슬러리상 처리

해설

Bioventing : 토양증기추출법(SVE)과 지중 생물학적 처리(In-siut Bioremediation) 기술을 결합한 기술로 기체상으로 존재하는 휘발성 유기물질을 추출해 내는 동시에 토양미생물에 산소 및 영양분을 공급하고, 토양 내 증기 흐름속도를 공학적으로 조절함으로써 미생물의 지중 생분해능력을 극대화하는 데 중점을 둔 기술이다.

53 대수층에서 단위면적당 단위수두의 변화로부터 산출할 수 있는 물의 양을 나타내는 용어로 옳은 것은?

① 저류계수

② 투수계수

③ 전도계수

④ 비수율

해설

① 저류계수 : 단위표면적당 배수되는 물의 부피를 단위압력 수두변화량으로 나눈 값

② 투수계수 : 물을 통과시킬 수 있는 매질토양의 능력을 나타내는 단위

③ 전도계수 : 단위 동수경사에서 대수층의 단위 폭 당 유량으로 투수계수와 대수층의 두께를 곱한 값

④ 비수율 : 중력이 작용하는 조건에서 자유롭게 채수할 수 있는 물의 양을 퍼센트로 나타낸 것

54 다음 중 토양 내 인의 거동에 대한 설명으로 옳은 것을 모두 고른 것은?

> ⓐ 무기인은 안정성이 높아 고형물 형태에서 물에 용해성 형태로 전환될 수 없다.
> ⓑ 식물은 용해성 인만 섭취할 수 있으며, 유기인도 토양박테리아와 식물에 의해 고정화가 될 수 있다.
> ⓒ 인은 다른 원소(C, N, S)에 비하여 난용성이며, 질소와는 달리 점토에 대한 흡착성이 낮기 때문에 토양 깊이 존재하게 된다.
> ⓓ 토양 내의 인은 대부분 지하수로 침출된다.
> ⓔ 인은 토양 내에서 적게는 33%, 많게는 90%가 무기물 형태를 가진다.

① ⓐ, ⓑ   ② ⓒ, ⓓ
③ ⓑ, ⓔ   ④ ⓓ, ⓔ

해설

토양 내 인의 거동
- 인은 토양 내에서 적게는 33%, 많게는 90%가 무기물 형태를 가진다.
- 무기인과 유기인은 모두 고형물 형태에서 물에 대한 용해성 형태로 전환될 수 있으며, 반대과정도 발생한다.
- 식물은 용해성 인만 섭취할 수 있으며, 유기인도 토양박테리아와 식물에 의해 고정화가 될 수 있다.
- 인은 형태 변화에 따른 큰 에너지 교환이 없으며, 타 원소와 결합도 잘 하지 않는다.
- 인은 다른 원소(C, N, S)에 비하여 난용성이며, 질소와는 달리 점토에 대한 강한 흡착성을 가지므로 토양 깊이 존재하지 않는다.
- 인은 토양 내의 식물-미생물에 의하여 순환하며, 질소와 같이 생물작용에 의한 대기권으로의 휘산은 일어나지 않는다.
- 질소와 달리 인은 대부분 지표수로 유출된다.

55 지하수가 토양의 공극을 통과하는 과정에서 마찰과 교란에 의해 이동경로에서 벗어나는 현상을 무엇이라 하는가?

① 이송   ② 확산
③ 흡착   ④ 분산

해설

토양오염물질의 거동
- 분산 : 지하수가 공극을 통과할 때 마찰과 교란에 의해 분산이 일어남
- 확산 : 토양 공극 내에서 농도구배가 존재하면 지하수계 내의 농도구배가 높은 곳에서 낮은 곳으로 이동하는 현상
- 이송 : 지하수 내의 용존성 고형물 등이 지하수의 유동방향과 동일한 방향을 향해 같은 속도로 수송되는 것
- 흡착 : 대수층과 오염지하수의 경계면에서 오염용질이 집적되는 현상
- 분해 : 오염물질의 화학적, 생물학적 분해

56 다음 중 토양환경보전법에 명시된 오염물질로 옳지 <u>않은</u> 것은?

① 납 및 그 화합물   ② 망간 및 그 화합물

③ 구리 및 그 화합물   ④ 페놀류

해설

토양오염물질의 종류

토양 중에서 분해되지 않고 오랫동안 잔류하는 물질로서 농작물의 생육을 저해하거나 지하수를 오염시키는 등의 작용으로 사람의 건강에 좋지 않은 영향을 미치는 물질을 토양오염물질이라고 한다.

카드뮴 및 그 화합물	불소화합물	크실렌
구리 및 그 화합물	유기인화합물	석유계총탄화수소
비소 및 그 화합물	PCB	트리클로로에틸렌
수은 및 그 화합물	시안화합물	테트라클로로에틸렌
납 및 그 화합물	페놀류	벤조(a)피렌
6가크롬화합물	벤젠	1, 2 - 디클로로에탄
아연 및 그 화합물	톨루엔	다이옥신(퓨란 포함)
니켈 및 그 화합물	에틸벤젠	환경부장관 고시 물질

57 다음 이온들의 교환효율의 크기를 순서대로 바르게 나열한 것은?

① $Mg^{2+} > Ca^{2+} > Na^+ > K^+$ ② $Mg^{2+} > Ca^{2+} > K^+ > Na^+$

③ $Ca^{2+} > Mg^{2+} > Na^+ > K^+$ ④ $Ca^{2+} > Mg^{2+} > K^+ > Na^+$

해설

양이온 교환능력(Cation exchange capacity : CEC)

- 건조토양 100g이 가지는 치환성 양이온의 총량을 mg당 당량으로 표시한 것을 말한다.
- 이온성에 따른 침투력의 크기는 일반적으로 원자가가 크고 원자량이 큰 양이온일수록 교환침투력이 크다($Al^{3+} > Ca^{2+} > Mg^{2+} > NH_4^+ > K^+ > Na^+ > Li^+$).
- CEC에 미치는 영향요소
  - 토양용액 이온의 상대적 농도
  - 이온의 전하수
  - 각 이온의 운동속도(활성도)
  - 점토의 함량, 물의 함량, 산화물(Al, Fe, Mn 등)의 함량

58 토양경작법에 관한 설명으로 옳지 <u>않은</u> 것은?

① 중금속으로 오염된 토양 처리에 적합하다.

② 넓은 부지가 필요하다.

③ 휘발성 유기물질의 농도는 생분해보다 휘발에 의해 감소된다.

④ 유기용매가 대기 중으로 방출되어 대기를 오염시키기 때문에 방출되기 전에 미리 처리해야 한다.

> **해설**
>
> **토양경작법** : 오염토양을 굴착하여 정기적으로 뒤집어줌으로써 미생물에 호기성 생분해 조건을 제공하여 토양에 잔류되어 있는 유기성 오염물질을 제거하는 기술
> • 유류계 탄화수소 처리에 효과적이다.
> • 많은 공간이 필요하다.
> • 오염된 토양을 굴착해야 한다면 비용이 더 소모된다.
> • 휘발성 유기물질의 농도는 생분해보다 휘발에 의해 감소된다.
> • 무기물질은 생물학적으로 분해되지 않는다.
> • 중금속 이온은 미생물에 독성으로 작용할 수 있으며 오염되지 않은 오염토양으로 흘러 들어갈 수 있다.

59 토양오염은 오염물질의 특이성에 따라 다르게 나타난다. 유기오염물질의 특성 인자와 가장 거리가 <u>먼</u> 것은?

① 용해도적   ② 증기압

③ 옥탄올/물 분배계수   ④ 분해상수

> **해설**
>
> **이동특성과 관련된 오염물질의 성질**
> • 무기오염물 : 용해도적, 착염물질의 형성
> • 유기오염물 : 증기압, 헨리상수, 분해상수, 옥탄올/물 분배계수

60 토양증기추출법(Soil Vapor Extraction) 시스템의 구성요소로 옳지 <u>않은</u> 것은?

① 추출정   ② 중력선별장치

③ 기 – 액 분리장치   ④ 배기가스 처리장치

해설

토양증기추출법(SVE) : 불포화 대수층 위에 추출정을 설치하여 토양을 진공상태로 만들어 줌으로써 토양으로부터 석유류, BTEX 등 휘발성 유기물질, 준휘발성 오염물질을 제거하는 기술

SVE의 설계요소
- 추출정 및 공기주입정의 설치
- 진공펌프 및 송풍기
- 격리층
- 기액 분리기
- 배기가스 처리

61 토양오염의 특징으로 옳지 <u>않은</u> 것은?

① 오염경로의 단순성
② 오염의 비인지성 및 타 환경인자와의 영향관계의 모호성
③ 피해발현의 완만성
④ 수질 또는 대기오염에 비해 오염영향의 국지성

해설

토양오염의 특징
- 오염경로의 다양성
  - 유독물저장시설 등 원재료 누출이나 비위생 폐기물의 매립에 의해 토양이 침출수에 의해 직접 오염되는 경우
  - 사업장에서 배출되는 오염물질이 공기나 물을 통해 토양에 유입되어 오염되는 경우
- 피해발현의 완만성
  - 토양은 그 자체가 완충력이 커 오염물질 축적이 쉬움
  - 오염물질의 이동이 느려 수십 년 전의 행위에 의한 오염 존재 가능성이 있음
  - 토양오염의 피해는 토양생물의 생육에 직접적이지 않고 간접적이고 만성적인 형태로 일어남
- 오염영향의 국지성
  수질오염과 대기오염 등이 광역적인데 반해 토양오염은 국지적으로 나타남
- 오염의 비인지성 및 타 환경인자와의 영향관계 모호성
  - 토양오염은 대부분 눈에 보이지 않아 오염물질의 분석 전에는 오염정도 인지가 어려움
  - 유해물질 축적과 환경영향의 작용기작이 복잡하기 때문에 타 환경으로의 영향관계가 모호함
- 원상복구의 어려움
  - 유해물질을 배출하는 시설을 개선해도 오염상태가 장기간 지속됨
  - 자연현상에 의한 치유가 어렵고 반영구적 오염이 지속됨

62 다음 설명에 해당하는 토양오염물질로 옳은 것은?

> 직물이나 모피공장에서 사용되고 있으며 세정제에도 상당량 포함되어 있다. 대부분 독성이 강하기 때문에 살균제, 제초제, 살충제 등 여러 가지 농약으로도 사용된다(원자량 : 74.92).

① 유기인
② 비소
③ 시안
④ 카드뮴

해설

비소(As)
- 발생원 : 안료, 색소, 농약, 유리 공업 등
- 피부점막, 호흡기로 흡입되어 국소 및 전신마비, 피부염 등을 일으킨다.
- As^{5+}보다 As^{3+}가 독성이 강하다.

63 다음 토양오염물질 중 BTEX의 구성성분으로 옳지 <u>않은</u> 것은?

① Xylene
② Ethylene
③ Benzene
④ Toluene

해설

BTEX : Benzene, Toluene, Ethylbenzene, Xylene

64 NAPLs에 대한 설명으로 옳지 <u>않은</u> 것은?

① 물에 쉽게 용해되지 않고 섞이지 않아 자연상에서 물과 분리된 유체의 형태로 존재하는 것을 말한다.
② TCE는 LNAPL에 해당한다.
③ 톨루엔은 LNAPL에 해당한다.
④ Chlorophenols는 DNAPL에 해당한다.

해설

NAPL
- 물이 아닌 액상의 화합물을 총칭하며, 물보다 가벼운 화합물을 LNAPL, 물보다 무거운 화합물을 DNAPL이라 한다.
- NAPL을 구성하는 성분은 PAH와 같이 대부분 물에 난용성이다.
- 물보다 무거운 NAPL은 반암의 기울기에 따라 이동하게 되며, 대표적인 물질로 PCB, TCE, 클로로페놀 등이 있다.

65 토양세척기법이 가장 효과적인 토양의 종류는?

① 점토가 주를 이루는 토양
② 모래와 자갈이 고루 섞인 토양
③ 실트와 모래가 고루 섞인 토양
④ 점토와 실트가 고루 섞인 토양

해설

토양세척법(Soil Washing)
• 세척제를 사용하여 토양입자와 결합하고 있는 오염물질의 표면장력을 약화시켜 처리하는 기술이다.
• 준휘발성 유기화합물질, 유류계 오염물질 및 중금속 처리에 적합하다.
• 특정 휘발성 유기화합물질에도 적용이 가능하다.
• 토양 내 휴믹질이 고농도로 존재할 경우 전처리가 필요하다.
• 적용방식에 따라 In-situ 방식과 Ex-situ 방식으로 구분한다.
• 세척제는 계면의 자유에너지를 낮추고 계면의 성질을 변화시켜 물에 대해 용해성이 적은 물질을 열역학적으로 안정한 상태로 용해시킨다.
• 모래, 자갈, 세사 토양에서 높은 처리효과를 보인다.
• 점토질 토양에 사용하기에는 부적합하다.

66 저온 열탈착법(Low Temperature Thermal Desorption)의 장단점으로 옳지 <u>않은</u> 것은?

① 무기물질 및 방사성 물질을 제외한 대부분의 석유계 화합물의 처리에 유용하다.
② 카드뮴이나 수은 등을 비롯한 거의 모든 중금속 정화에 효과가 탁월하다.
③ 다른 정화기술에 비해 높은 에너지 비용이 소요되어 경제성이 낮다.
④ 수분함량이 높거나 점토 및 휴믹산 등을 높게 함유한 토양의 경우 반응시간이 길어지고 처리비용이 증가한다.

해설

저온 열탈착법(Low Temperature Thermal Desorption)
• 오염된 토양의 수분과 유기물질을 휘발시키기 위하여 90~320℃로 가열하는 기술이다.
• 일반적으로 유류계탄화수소 정화에 효과적이다.
• Silt나 Clay는 입경이 작기 때문에 정화비용이 더 많이 소요된다.
• 강우로 인한 토양의 수분함량 상승을 막기 위해 토양집합관과 공급장치를 덮어주어야 한다.
• 수분 함량이 20~25% 이상인 토양을 처리하는 경우 에너지 손실을 방지하기 위해 건조기를 설치해야 한다.

67 식물정화법(phytoremediation)에 대한 설명으로 옳지 <u>않은</u> 것은?

① 식물 정화법 중에서 식물에 의한 추출법(phytoextraction)은 주로 중금속이나 방사능 물질에 제거에 사용된다.

② 해바라기와 인도겨자는 식물에 의한 추출법으로 주로 사용되는 대표적 식물이다.

③ 버드나무와 포플러나무는 식물에 의한 분해법(phytodegradation)으로 효과가 좋은 식물이다.

④ 탄약폐기물의 주성분인 TNT는 주로 식물에 의한 안정화법(phytostabiliaztion)에 의해 처리된다.

해설

식물정화법

구분	오염물질	대표 식물종
식물에 의한 분해	• 유기인, 비방향족 탄화수소 • 할로겐화 방향족 탄화수소 • 방향족 탄화수소	• 콩과 식물, 벼과 식물 • 포플러, 사시나무, 버드나무
식물에 의한 추출	• 방사성물질 • 중금속류	• 인도겨자, 쐐기풀 등 • 해바라기, 민들레, 보리
식물에 의한 안정화	• 할로겐화 방향족 탄화수소 • 방향족 탄화수소 • 중금속류	• 포플러, 사시나무, 버드나무 • 뿌리가 잘 발달된 초본류 등

CHAPTER

02 해양환경

01 해수의 조성 및 성질

1 해수의 조성

(1) 해수의 성분

① 해수는 약 96.5%가 순수한 물이며 약 3.5%가 무기염류(salts)이다.

② 이 외에도 용존 기체와 불용성 혼합물 입자 등이 포함되는 등 지구상의 거의 모든 원소를 포함하고 있다.

③ 무기염류는 해수의 가장 중요한 성분으로 육지, 대기 등과의 긴밀한 상호작용에 의해 해수에 분포하고 있다.

④ 이들은 대부분 해수 중에 이온 상태로 녹아 있는데 주로 염소 이온과 나트륨 이온이 85% 이상을 차지하고 황산 이온, 마그네슘 이온, 칼슘 이온 및 칼륨 이온 등이 나머지의 대부분을 차지한다.

(2) 해수의 화학적 조성

① 해수의 염분농도 관계 : $Cl^- > Na^+ > SO_4^{2-} > Mg^{2+} > Ca^{2+} > K^+ > HCO_3^-$

② pH는 8~8.4 정도를 유지하며, 중탄산염(HCO_3^-)이 완충용액 작용을 한다.

③ 해수의 밀도는 수온이 낮고, 수심이 깊고, 염분농도가 높을수록 높아진다.

④ 해수 내 용존 유기물의 평균 농도는 0.5mg/L 정도이다.

⑤ 염분농도는 중위도 > 적도 > 극지방 순이다.

(3) 해류

① 조류 : 밀물, 썰물로 태양과 달의 인력으로 해수 이동

② 심해류 : 한류와 난류로 밀도차에 의해 해수 이동

③ 쓰나미 : 해저 화산활동 등으로 해수 이동

④ 상승류 : 자연적 현상인 바람, 육지, 해양의 상호작용으로 해수 하부의 물이 상부로 상승하며 해수 이동

2 해수의 성질

(1) 수온

① 해양은 육지보다 태양열을 효율적으로 흡수·저장한다.

② 물은 공기에 비해 비교적 비열이 크기 때문에 수온의 지역적인 차이와 변화는 대기의 경우보다 좁은 범위 내에서 일어난다.

③ 수온이 상승하면 물 분자 속의 원자들이 여과되어 부피가 증가하고 용해도가 증가한다.

(2) 염분

① 해수 중에 용해되어 있는 염(salt)의 주성분 물질의 총량을 염분(salinity)이라고 한다.

② 염분이 증가하면 밀도가 증가한다.

③ 해수의 염분농도는 평균 3.5%이다.

(3) 밀도

① 해수의 밀도는 수온과 염분 및 압력에 의해 변화하며 대체로 $1.0240\sim1.0300g/cm^3$의 범위를 갖는다.

② 온도가 증가하게 되면 밀도는 감소하게 된다. 그러나 염분의 경우에는 염분이 증가하게 되면 밀도가 증가하게 된다. 일반적으로 고온의 해수에서는 온도에 의한 밀도의 변화가 크지만 저온의 해수에서는 염분의 영향이 크다.

(4) 소리의 전달

① 음파 속도는 염분, 수온, 압력 등이 변화함에 따라 변화하므로 ±100m/sec만큼 증가하며, 수심이 100m(10기압) 증가하면 음속은 1.7m/sec만큼 증가한다.

② 음파의 속도는 공기 중에서 333m/sec이며, 해수 중에서는 평균 1,480m/sec(1,410~1,570)이다.

(5) 빛의 투과

① 해수의 색깔은 해수를 투과하는 가시광선의 파장에 영향을 받는다.

② 수심 10m 이내에서 대부분 흡수되며, 미생물이나 부유물질이 많은 경우엔 투과율이 감소된다.

③ 해수는 일반적으로 청색이나 녹색으로 보이는데, 이러한 현상은 빛의 파장에 따라 빛이 해수에 흡수되는 비율이 다르기 때문에 나타난다.

02 해양오염

1 해양오염의 정의

인간 활동의 결과 발생한 각종 유해 물질이 해양으로 유입되어 인류의 건강을 위협하고, 어업을 포함한 해양 활동에 장애가 되고 해양의 질을 저하시키는 현상을 말한다. 해양 오염은 연안에 입지한 중화학 공업의 급속한 발전, 도시인구 급증에 따른 생활하수 및 산업폐수의 해양 유출, 선박 및 유조선 사고로 인한 기름 유출 등으로 인하여 발생한다.

2 해양오염의 원인

(1) 육상기인 오염원

① 생활하수로 인한 해양오염 : 생활하수는 생활이나 사업활동으로 발생되어 하수관거를 통해 하천이나 강, 바다로 방류된다. 생활하수는 독성은 강하지 않지만 오염부하량이 크고 양이 많으며 오염원이 넓게 퍼져 있어 이를 정화하려면 많은 비용이 든다.

② 농·축산폐수로 인한 해양오염

   ㉠ 농약은 살충제, 살균제, 제초제, 착색제, 방부제, 항생제, 낙과방지제, 생장조절제, 훈증제 등 그 종류가 400여 종에 달한다. 빗물이 토양을 통과하거나 지표수로 흐를 때 농약성분은 수질을 악화시키는 원인이 되고, 이 물이 해양으로 유입된다.

   ㉡ 가축사육으로 인한 오염은 주로 가축분뇨에 포함되어 있는 인과 질소 때문인데 오염부하량이 매우 커서 하천의 부영양화, 상수원 및 농업용수 오염, 악취 및 해충피해 등으로 생활환경의 질을 떨어뜨린다.

③ 부영양화 : 생활하수를 비롯한 각종 하수가 해양으로 유입되는 경우, 배출물 속의 다량의 유기물질로 인해 해수는 영양과다 상태가 되기 쉽다. 이것을 부영양화라고 한다.

④ 산업폐수로 인한 해양오염 : 산업활동으로 인해 방출되는 폐수는 생활하수나 농·축산폐수에 비해 BOD와 부유물질농도가 높을 수 있으며, 고농도의 독성물질을 포함하기 때문에 생물체가 치사할 확률이 크다.

⑤ 기름유출로 인한 해양오염 : 기름유출사고는 다량의 기름이 제한된 해역에 한꺼번에 배출됨으로써 그 피해가 집중적이고 즉각적으로 일어나며, 각종 생산활동이나 여가활동이 이루어지는 연안 해역에 심각한 피해를 주는 경우가 많다.

⑥ 폐기물과 쓰레기로 인한 해양오염 : 육지에서 발생된 폐기물 중 비교적 무해하고, 육지에서 처리하기 곤란하며, 처리비용이 많이 드는 것들은 지정된 해역에 배출되고 있다.

⑦ 방사능 물질 유입으로 인한 해양오염 : 인공 방사능 물질은 핵실험과 원자력 발전소 가동 현황에 따라 그 농도가 크게 달라진다. 인공 방사능 물질은 육상에서의 핵실험 결과로 대기 중에 유입된 방사능 물질의 낙진을 통해서, 또는 수중 핵실험을 통해서 해양으로 유입된다. 또 육상에서 발생한 원자로 폐기물을 해양에 투기함으로써 유입된다.

(2) 해상기인 오염원

① 해양유류오염 : 원유 및 각종 유류에 의한 해양오염은 유조선의 해난사고나 해저유전의 누출 등에 의한 대형 유출 사고로 인해 그 심각성이 널리 인식되어 왔다. 특히 해상에서 발생하는 유류 유출사고의 경우, 그 피해가 집중적이고 즉각적이므로 환경의 쾌적성을 크게 저하시킬 뿐만 아니라, 생태계를 파괴하는 파급효과가 매우 크다.

> **PLUS 참고**
>
> 유류오염의 영향 및 제어방법
> - **유류오염의 영향**
>   - 수표면에 형성된 유막으로 인해 수중 DO 농도가 감소한다.
>   - 먹이연쇄사슬에 의해 생물농축이 일어난다.
>   - 태양광선의 차단으로 광합성이 감소한다.
>   - 양식업 및 어업 등 생산활동에 지장을 초래한다.
> - **유류제어방법**
>   - 오일펜스를 띄워 기름확산을 차단한다.
>   - 응집제를 살포하여 침전시킨다.
>   - 흡수포로 유류를 흡수한 후 흡수포를 수거하여 제거한다.
>   - 분산제를 살포하여 기름을 분해한다.
>   - 미생물을 이용하여 기름을 생화학적으로 분해한다.

② 기타 해양오염물질

　㉠ 선박의 화물탱크 세척수

　㉡ 선원들의 선상생활 폐기물과 분뇨

　㉢ 선박의 해난사고로 유출된 유류 및 유해액체물질

(3) 대기기인 오염원

자동차의 배기가스 및 공장 배연 등의 오염물질이 대기를 통하여 육지에서 해양으로 반입될 때 생기는 오염이다.

(4) 열오염

① 화력발전소 및 원자력발전소의 냉각수로 인해 발생하는 오염이다.

② 수중 미생물의 활동을 증가시켜 용존산소 농도가 감소하고 황화수소 등의 가스발생이 촉진되어 악취가 발생하며, 하천과 해양의 생태계 변화, 플랑크톤의 이상증식을 야기한다.

(5) 적조

① 육지로부터 생활하수, 공장폐수 등이 바다로 흘러들어 바닷물이 부영양화 상태가 될 때, 또는 수온의 급격한 상승에 의해서 식물성 플랑크톤이 한꺼번에 번식할 때 바닷물이 검붉은 색으로 변하여 바닷물이 썩는 현상이다.

② 적조가 발생하면 해수 중의 용존산소가 결핍되고, 적조생물이 내뿜는 독소나 이 생물의 분해과정에서 발생하는 황화수소, 메탄가스, 암모니아 등 유독성물질에 의해 어패류가 떼죽음을 당하게 된다.

③ 적조가 발생하게 되면 활성탄이나 황산동 등을 살포하거나 영양원의 공급을 차단하여 예방한다.

01 다음 해수의 주성분으로 맞지 <u>않는</u> 것은?

① Cl^-
② SO_4^{2-}
③ Br^-
④ Ca^{2+}

 해설

- 해수의 주성분 : 염소(Cl^-), 나트륨(Na^+), 황산염(SO_4^{2-}), 마그네슘(Mg^{2+}), 칼슘(Ca^{2+}), 칼륨(K^+) 등
- 해수의 부성분 : 중탄산(HCO_3^-), 브롬(Br^-), 스트론튬(Sr^{2+}), 붕산(H_3BO_3), 규소(Si^{4+}), 불소(F^-) 등

02 다음 중 조석을 일으키는 원인으로 보기 어려운 것은?　　　　　　　　　　　　　　　　[03년 인천]

① 지축의 경사
② 태양의 인력
③ 원심력
④ 달의 인력

해설

영향의 측면에서 조석은 태양과 달의 천체 위치에 크게 영향을 받으며, 지구의 자전효과, 위도 또는 해안선의 형태 및 해저분지의 지형에 의하여 다르게 일어난다.

03 해양오염이나 공장폐수의 오염지표로 주로 사용되는 것은?　　　　　　　　　　　　　　[02년 대구]

① COD
② BOD
③ pH
④ DO

해설

해양에서는 조류의 영향으로 O_2가 생성되므로 BOD를 지표로 쓰기에 적합하지 않으며, 독물질 및 중금속 등이 많이 함유된 공장폐수도 COD로 오염지표를 사용한다.

04 다음 설명 중 옳지 <u>않은</u> 것은?

① 해수의 pH는 8~8.4 정도를 유지하며, 중탄산염(HCO_3^-)이 완충용액 작용을 한다.

② 해수는 약 96.5%가 순수한 물이며 약 3.5%가 무기염류이다.

③ 해수의 밀도는 수온이 낮고, 염분농도가 낮을수록 밀도가 높아진다.

④ 해수의 염분농도는 평균 3.5%이다.

해설

해수의 밀도는 수온이 낮고, 염분농도가 높을수록 밀도가 높아진다.

05 화력발전소 및 원자력발전소에서 배출되는 냉각수로 인해 발생하는 것은?

① 유류오염
② 열오염
③ 화학오염
④ 중금속오염

해설

열오염이란 화력발전소와 원자력발전소의 냉각수와 열수로 인해 발생하는 오염으로 수중 미생물의 활동을 증가시켜 용존산소 농도가 감소하여 황화수소 등의 가스발생이 촉진되어 악취가 발생하며, 하천과 해양의 생태계 변화, 플랑크톤의 이상증식을 야기한다.

06 유류가 해양으로 유출될 때 발생하는 문제와 가장 거리가 <u>먼</u> 것은?

① 어업생산량 가치 하락
② 플랑크톤의 1차 생산성 증가
③ 광선 투과율 감소
④ 용존 산소량 감소

해설

광선 투과율이 감소하여 광합성 작용을 방해한다.

07 다음 중 적조를 발생시킬 수 있는 요인이 <u>아닌</u> 것은? [03년 경북]

① 독성물질의 과다 유입 ② 해수의 정체
③ 영양염류의 증가 ④ 수온의 상승

 해설

적조는 육지로부터 생활하수, 공장폐수 등이 바다로 흘러들어 바닷물이 부영양화 상태가 될 때, 또는 수온의 급격한 상승에 의해서 식물성 플랑크톤이 한꺼번에 번식할 때, 바닷물이 검붉은 색으로 변하여 바닷물이 썩는 현상이다.

08 바닷물의 특성 중 짠맛을 내는 성분은? [02년 울산]

① 염화나트륨($NaCl$) ② 마그네슘(Mg)
③ 아연(Zn) ④ 망간(Mn)

해설

해수가 짠맛을 내는 이유는 해수 중에 녹아 있는 소금($NaCl$)에 의한 것이다.

09 다음 수자원 중 가장 많은 부분을 차지하고 있는 것은?

① 해수 ② 지표수
③ 빙하 ④ 지하수

해설

해수 : 97.2%, 빙하 : 2.15%, 지표수 : 0.63%, 지하수 : 0.02%

10 해수에 대한 설명으로 옳지 <u>않은</u> 것은?

① PO_4^{3-}가 많은 해수는 Upwelling 하는 곳의 해수라 할 수 있다.

② 해수 내 전체질소 중 35% 정도는 암모니아성 질소, 유기질소 형태이다.

③ 해수의 pH는 약 7.2 정도로 중탄산염의 완충용액이다.

④ 해수의 주요 화학적 성분은 Cl^-, Na^+, SO_4^{2-} 등이다.

해설

해수의 특성

• pH는 약 8.2로 약알칼리성이다.

• 해수의 Mg/Ca비는 3~4 정도로 담수 0.1~0.3에 비해 크다.

• 해수의 염도는 약 35,000ppm 정도이며, 심해로 갈수록 커진다.

• 염분은 적도 해역에서 높고, 극지방 해역에서는 다소 낮다.

• 해수의 밀도는 약 1.02~$1.07g/cm^3$ 정도이며, 수심이 깊어질수록 증가한다.

• 해수의 주요성분 농도비는 일정하고, 대표적인 구성원소를 농도에 따라 나열하면 $Cl^- > Na^+ > SO_4^{2-} > Mg^{2+} > Ca^{2+} > K^+ > HCO_3^-$ 순이다.

참고

Upwelling : 용승으로 불리며, 주로 적도에서 일어난다. 찬 해수가 아래에서 위로 표층해수를 제치고 올라온다.

11 해수의 담수화 방법으로 옳지 <u>않은</u> 것은?

① 증발압축법   ② 전기투석법

③ 오존산화법   ④ 역삼투법

해설

• 해수의 담수화 방법 : 증류법, 역삼투법(RO), 용매추출법 및 동결법 등

• 해수로부터 염의 분리방법 : 전기투석법, 이온교환법, 수산화물 형성법 등

• 오존산화법은 폐수의 시안 처리에 주로 사용된다.

부록1

최신기출문제

문지와 환경공학개론
한권으로 끝내기

2022년 지방직 9급 기출문제

01 폐수처리 과정에 대한 설명으로 옳지 않은 것은?

① 천, 막대 등의 제거는 전처리에 해당한다.
② 폐수 내 부유물질 제거는 1차 처리에 해당한다.
③ 생물학적 처리는 2차 처리에 해당한다.
④ 생분해성 유기물 제거는 3차 처리에 해당한다.

해설

생분해성 유기물 제거는 2차 처리에 해당하며, 3차 처리 대상물질로는 주로 질소, 인, 난분해성 유기물 등이 있다.

02 미생물에 의한 질산화(Nitrification)에 대한 설명으로 옳은 것은?

① 질산화는 종속영양미생물에 의해 일어난다.
② *Nitrobacter* 세균은 암모늄을 아질산염으로 산화시킨다.
③ 암모늄 산화 과정이 아질산염 산화 과정보다 산소가 더 소비된다.
④ 질산화는 혐기성 조건에서 일어난다.

해설

① 질산화는 독립영양미생물에 의해 일어난다.
② *Nitrobacter* 세균은 아질산성 질소를 질산성 질소로 산화시킨다.
④ 질산화는 호기성 조건에서 일어난다.

03 폐기물의 자원화 방법으로 옳지 않은 것은?

① 유기성 폐기물의 매립
② 가축분뇨, 음식물쓰레기의 퇴비화
③ 가연성 물질의 고체 연료화
④ 유리병, 금속류, 이면지의 재이용

해설

매립은 자원화 방법에 속하지 않는다.

04 다음 설명에 해당하는 집진효율 향상 방법은?

> 사이클론(Cyclone)에서 분진 퇴적함으로부터 처리가스량의 5~10%를 흡인해주면 유효 원심력이 증대되고, 집진된 먼지의 재비산도 억제할 수 있다.

① 다운 워시(Down Wash)
② 블로 다운(Blow Down)
③ 홀드업(Hold-up)
④ 다운 드래프트(Down Draught)

해설

블로 다운(Blow Down)

- 사이클론의 Dust Box 또는 멀티 사이클론의 호퍼로부터 처리가스량의 5~10% 정도를 흡인해주면 유효 원심력이 증대되고 재비산이 억제되는 등 효율 향상에 도움을 준다.
- 사이클론 하부에 분진이 쌓이면 반전기류가 생기고, 이로 인해 집진율이 낮아지게 되므로 이를 방지하기 위한 대책으로 사용된다.

05 다음 설명에 해당하는 물리 · 화학적 개념은?

> 어떤 화학반응에서 정반응과 역반응이 같은 속도로 끊임없이 일어나지만, 이들 상호 간에 반응속도가 균형을 이루어 반응물과 생성물의 농도에는 변화가 없다.

① 헨리법칙
② 질량보존
③ 물질수지
④ 화학평형

해설

화학평형

- 가역반응에서 정반응의 속도와 역반응의 속도가 평형인 상태로, 외부 조건이 변하지 않는 한 변하지 않는다.
- 화학평형상태에서는 반응물질과 생성물질의 농도가 일정하며, 겉으로 보기에는 아무런 변화가 없는 것처럼 보인다.
- 화학평형상태에서도 정반응과 역반응은 계속 진행되고 있으며, 정반응속도와 역반응속도가 같아서 아무런 변화가 없는 것처럼 보인다.

06 지하수의 특성에 대한 설명으로 옳은 것은?

① 국지적인 환경조건의 영향을 크게 받지 않는다.
② 자정작용의 속도가 느리고 유량 변화가 적다.
③ 부유물질(SS) 농도 및 탁도가 높다.
④ 지표수보다 수질 변동이 크다.

해설

지하수의 특성
- 지표수가 토양을 거치는 동안 흡착 및 여과에 의해 불순물과 세균이 제거되어 지하수 내에는 불순물과 세균이 거의 없다.
- 비교적 얕은 지하수에서는 염분농도가 하천수보다 평균 30% 정도 높다.
- 지표수에 비해 국지적인 환경조건의 영향을 크게 받는다.
- 일반적으로 CO_2 존재량이 많아 약산성을 띤다.
- 자정속도가 느리고 물의 경도가 매우 높다.
- 무기물 함량이 높고 공기 용해도가 낮다.
- 유속이 대체로 느리고 연중 온도 변화가 매우 작다.
- 지하수 중 천층수가 오염될 가능성이 가장 높다.

07 음의 크기 수준(Loudness Level)을 나타내는 단위로 적합하지 <u>않은</u> 것은?

① Pa
② noy
③ sone
④ phon

해설

음의 크기를 표시하는 단위로는 phon, dB, sone, noy가 있다.

08 대기 중의 아황산가스(SO_2) 농도가 0.112ppmv로 측정되었다. 이 농도를 0℃, 1기압 조건에서 $\mu g/m^3$의 단위로 환산하면?(단, 황 원자량 = 32, 산소 원자량 = 16이다)

① 160
② 320
③ 640
④ 1,280

해설

$$C_m(\text{mg/m}^3) = C_p(\text{ppm}) \times \frac{M}{22.4} = 0.112 \times \frac{64}{22.4} = 0.32\text{mg/m}^3$$

$$\therefore 0.32\text{mg/m}^3 \times 10^3 = 320\mu g/m^3$$

09 분광광도계로 측정한 시료의 투과율이 10%일 때 흡광도는?

① 0.1　　　　　　　　　　　② 0.2
③ 1.0　　　　　　　　　　　④ 2.0

해설

흡광도 $A = \log\left(\dfrac{1}{t}\right) = \log\left(\dfrac{1}{0.1}\right) = 1$

10 대기 안정도에 대한 설명으로 옳은 것은?

① 대기 안정도는 건조단열감률과 포화단열감률의 차이로 결정된다.
② 대기 안정도는 기온의 수평 분포의 함수이다.
③ 환경감률이 과단열이면 대기는 안정화된다.
④ 접지층에서 하부 공기가 냉각되면 기층 내 공기의 상하 이동이 제한된다.

해설

① 대기 안정도는 건조단열감률과 환경감률의 차이로 결정된다.
② 대기 안정도는 기온의 수직 분포의 함수이다.
③ 환경감률이 과단열이면 대기는 불안정한 상태이다.

11 총유기탄소(TOC)에 대한 설명으로 옳은 것은?

① 공공폐수처리시설의 방류수 수질기준 항목이다.
② 수질오염공정시험기준에 따라 적정법으로 측정한다.
③ 시료를 고온연소시킨 후 ECD 검출기로 측정한다.
④ 수중에 존재하는 모든 탄소의 합을 말한다.

해설

② 수질오염공정시험기준에 따라 고온연소산화법으로 측정한다.
③ 시료를 고온연소시킨 후 비분산적외선분광분석법, 전기량적정법 등으로 측정한다.
④ 수중에 존재하는 유기적으로 결합된 탄소의 합을 말한다.

정답 09 ③　10 ④　11 ①

안심Touch

12 폐기물관리법 시행령상 지정폐기물에 대한 설명으로 옳지 <u>않은</u> 것은?

① 오니류는 수분함량이 95 % 미만이거나 고형물 함량이 5 % 이상인 것으로 한정한다.

② 부식성 폐기물 중 폐산은 액체상태의 폐기물로서 pH 2.0 이하인 것으로 한정한다.

③ 부식성 폐기물 중 폐알칼리는 액체상태의 폐기물로서 pH 10.0 이상인 것으로 한정한다.

④ 분진은 대기오염방지시설에서 포집된 것으로 한정하되, 소각시설에서 발생되는 것은 제외한다.

해설

폐기물관리법 시행령 [별표 1] 지정폐기물의 종류

부식성 폐기물

• 폐산(액체상태의 폐기물로서 pH 2.0 이하인 것으로 한정)

• 폐알칼리(액체상태의 폐기물로서 pH 12.5 이상인 것으로 한정하며, 수산화칼륨 및 수산화나트륨 포함)

13 실외소음 평가지수 중 등가소음도(Equivalent Sound Level)에 대한 설명으로 옳지 <u>않은</u> 것은?

① 변동이 심한 소음의 평가방법이다.

② 임의의 시간 동안 변동 소음 에너지를 시간적으로 평균한 값이다.

③ 소음을 청력장애, 회화장애, 소란스러움의 세 가지 관점에서 평가한 값이다.

④ 우리나라의 소음환경기준을 설정할 때 이용된다.

해설

소음을 청력장애, 회화장애, 소란스러움(귀찮음)의 세 가지로 평가하는 것은 소음 평가 지수(NRN)이다.

등가소음도

• 변동이 심한 소음의 평가방법

• 임의의 시간 동안 변동 소음 에너지를 시간적으로 평균한 값

• 측정 주기 동안의 소음 레벨, A 특성 에너지 평균[dB(A)]

• 우리나라 환경기준 표시

14 수중의 오염물질을 흡착 제거할 때 Freundlich 등온 흡착식을 따르는 장치에서 농도 6.0mg/L인 오염물질을 1.0mg/L로 처리하기 위하여 폐수 1L당 필요한 흡착제의 양[mg]은?(단, Freundlich 상수 k = 0.5, 실험상수 n = 1이다)

① 6.0

② 10.0

③ 12.0

④ 15.0

해설

Freundlich 등온 흡착식

$$\frac{X}{M} = KC_o^{\frac{1}{n}}$$

여기서, X : 흡착된 오염물질량, M : 흡착제 무게, C_o : 처리 후 오염물질량, K, n : 경험적인 상수

$$\frac{6.0 - 1.0}{M} = 0.5 \times 1^{\frac{1}{1}}$$

$$\therefore M = 10.0\text{mg}$$

15 수분함량이 60%인 음식물쓰레기를 수분함량이 20%가 되도록 건조시켰다. 건조 후 음식물쓰레기의 무게 감량률[%]은?(단, 이 쓰레기는 수분과 고형물로만 구성되어 있다)

① 40

② 45

③ 50

④ 55

> **해설**
>
> 수분함량 감소에 따른 중량 변화
>
> $$\frac{V_2}{V_1} = \frac{100 - w_1}{100 - w_2} = \frac{100 - 60}{100 - 20} = \frac{1}{2}$$
>
> ∴ 50% 감소한다.

16 폐기물관리법상 적용되는 폐기물의 범위로 옳지 <u>않은</u> 것은?

① 대기환경보전법 또는 소음·진동관리법에 따라 배출시설을 설치·운영하는 사업장에서 발생하는 폐기물

② 보건·의료기관, 동물병원 등에서 배출되는 폐기물 중 인체에 감염 등 위해를 줄 우려가 있는 폐기물

③ 사업장폐기물 중 폐유, 폐산 등 주변 환경을 오염시킬 우려가 있는 폐기물

④ 가축분뇨의 관리 및 이용에 관한 법률에 따른 가축분뇨

> **해설**
>
> **폐기물관리법 제2조(정의)**
> • '사업장폐기물'이란 대기환경보전법, 물환경보전법 또는 소음·진동관리법에 따라 배출시설을 설치·운영하는 사업장이나 그 밖에 대통령령으로 정하는 사업장에서 발생하는 폐기물을 말한다.
> • '지정폐기물'이란 사업장폐기물 중 폐유·폐산 등 주변 환경을 오염시킬 수 있거나 의료폐기물(醫療廢棄物) 등 인체에 위해(危害)를 줄 수 있는 해로운 물질로서 대통령령으로 정하는 폐기물을 말한다.
> • '의료폐기물'이란 보건·의료기관, 동물병원, 시험·검사기관 등에서 배출되는 폐기물 중 인체에 감염 등 위해를 줄 우려가 있는 폐기물과 인체 조직 등 적출물(摘出物), 실험 동물의 사체 등 보건·환경보호상 특별한 관리가 필요하다고 인정되는 폐기물로서 대통령령으로 정하는 폐기물을 말한다.
>
> **폐기물관리법 제3조(적용 범위)**
> 가축분뇨의 관리 및 이용에 관한 법률에 따른 가축분뇨에 대하여는 적용하지 아니한다.

17 수질오염공정시험기준에 따른 중크롬산칼륨에 의한 COD 분석 방법으로 옳지 <u>않은</u> 것은?

① 시료가 현탁물질을 포함하는 경우 잘 흔들어 분취한다.

② 시료를 알칼리성으로 하기 위해 10% 수산화나트륨 1mL를 첨가한다.

③ 황산은과 중크롬산칼륨 용액을 넣은 후 2시간 동안 가열한다.

④ 냉각 후 황산제일철암모늄으로 종말점까지 적정한 후 최종 산소의 양으로 표현한다.

해설

시료를 알칼리성으로 하기 위해 10% 수산화나트륨 1mL를 첨가하는 방법은 알칼리성 과망간산칼륨법이다.

18 BOD 측정을 위해 시료를 5배 희석 후 5일간 배양하여 다음과 같은 측정 결과를 얻었다. 이 시료의 BOD 결과치[mg/L]는?(단, 식종희석시료와 희석식종액 중 식종액 함유율의 비 $f = 1$이다)

시간[일]	희석시료 DO[mg/L]	식종 공시료 DO[mg/L]
0	9.00	9.32
5	4.30	9.12

① 5.5 ② 10.5

③ 22.5 ④ 30.5

해설

식종희석수를 사용한 시료의 BOD

$$BOD(mg/L) = [(D_1 - D_2) - (B_1 - B_2) \times f] \times P$$

여기서, D_1 : 15분간 방치된 후의 희석(조제)한 시료의 DO(mg/L)

  D_2 : 5일간 배양한 다음의 희석(조제)한 시료의 DO(mg/L)

  B_1 : 식종액의 BOD를 측정할 때 희석된 식종액의 배양 전의 DO(mg/L)

  B_2 : 식종액의 BOD를 측정할 때 희석된 식종액의 배양 후의 DO(mg/L)

  f : 희석시료 중의 식종액 함유율(x%)과 희석한 식종액 중의 식종액 함유율(y%)의 비(x/y)

  P : 희석시료 중 시료의 희석배수(희석시료량/시료량)

∴ $BOD(mg/L) = [(9.00 - 4.30) - (9.32 - 9.12) \times 1] \times 5 = 22.5mg/L$

19 대기에 존재하는 다음 기체들 중 부피 기준으로 가장 낮은 농도를 나타내는 것은?(단, 건조 공기로 가정한다)

① 산소(O_2) ② 메탄(CH_4)
③ 아르곤(Ar) ④ 질소(N_2)

해설

대기의 성분함량 : N_2 > O_2 > Ar > CO_2 > Ne > He > CH_4 > Kr > H_2 > Xe > CO

20 대형 선박의 균형을 유지하기 위해 채워주는 선박평형수의 처리에 있어서 유해 부산물 발생이 없는 처리방식은?

① 염소가스를 이용한 처리
② 오존을 이용한 처리
③ UV를 이용한 처리
④ 차아염소산나트륨을 이용한 처리

해설

UV를 이용한 처리방식은 유해 부산물이 생성되지 않는다.
① 염소가스를 이용한 처리 - THM 등이 생성된다.
② 오존을 이용한 처리 - 브론산염, 알데하이드류가 생성된다.
③ 차아염소산나트륨을 이용한 처리 - 클로레이트가 생성된다.
UV 처리방식
• 비용이 저렴하고 장치가 간단하다.
• 좁은 선박 내부에도 설치가 가능하다.
• 파장이 짧은 편이라 투과력이 약하다.
• 생물종의 변이 및 생존이 자주 일어난다.

2021년 지방직 9급 기출문제

01 주파수의 단위로 옳은 것은?

① mm/sec^2
② $cycle/sec$
③ $cycle/mm$
④ mm/sec

 해설

주파수란 한 고정점을 1초 동안에 통과하는 마루 또는 골의 평균수로 1초 동안의 사이클(cycle) 수를 말한다.

02 어떤 수용액의 pH가 1.0일 때, 수소이온농도[mol/L]는?

① 10
② 1.0
③ 0.1
④ 0.01

 해설

$pH = -log[H^+]$
$[H^+] = 10^{-pH}$이므로, $10^{-1} = 0.1(mol/L)$

03 적조(red tide)의 원인과 일반적인 대책에 대한 설명으로 옳지 <u>않은</u> 것은?

① 적조의 원인생물은 편조류와 규조류가 대부분이다.
② 해상가두리 양식장에서 사용할 수 있는 적조대책으로 액화산소의 공급이 있다.
③ 해상가두리 양식장에서는 적조가 발생해도 평소와 같이 사료를 계속 공급하는 것이 바람직하다.
④ 적조생물을 격리하는 방안으로 해상가두리 주위에 적조차단막을 설치하는 방법 등이 있다.

해설

적조는 부영양화 상태에서 잘 일어나는 현상으로 해상가두리 양식장에서 적조가 발생했을 때 평소와 같이 사료를 계속 공급하는 것은 바람직하지 못한 대책이다.

> **적조 현상**
> • 원인
> – 강한 일사량, 높은 수온, 낮은 염분일 때 발생한다.
> – N, P 등의 영양염류가 풍부한 부영양화 상태에서 잘 일어난다.
> – 미네랄 성분인 비타민, Ca, Fe, Mg 등이 많을 때 발생한다.
> – 정체수역 및 용승류(Upwelling)가 존재할 때 많이 발생한다.
>
> • 대책
> – 영양염류(N, P) 유입을 억제한다.
> – 준설 등을 통하여 해역 저질을 정화한다.
> – 황산동(CuSO₄) 등을 이용하여 적조미생물을 제거한다.

04 「실내공기질 관리법 시행규칙」상 다중이용시설에 적용되는 실내공기질 유지기준 항목이 <u>아닌</u> 것은?

① 총부유세균
② 미세먼지(PM-10)
③ 이산화질소
④ 이산화탄소

> **해설**
> 이산화질소는 실내공기질 권고기준 항목이다.

> 「실내공기질 관리법 시행규칙」에 따른 실내공기질 유지기준(제3조 관련) 항목
> 미세먼지(PM-10), 미세먼지(PM-2.5), 이산화탄소, 폼알데하이드, 총부유세균, 일산화탄소

05 수중 유기물 함량을 측정하는 화학적산소요구량(COD) 분석에서 사용하는 약품에 해당하지 <u>않는</u> 것은?

① $K_2Cr_2O_7$
② $KMnO_4$
③ H_2SO_4
④ C_6H_5OH

> **해설**
> 페놀(C_6H_5OH)은 COD 분석에 사용하지 않는 약품이다.

06 조류(algae)의 성장에 관한 설명으로 옳지 <u>않은</u> 것은?

① 조류 성장은 수온의 영향을 받지 않는다.
② 조류 성장은 수중의 용존산소농도에 영향을 미친다.
③ 조류 성장의 주요 제한 원소에는 인과 질소 등이 있다.
④ 태양광은 조류 성장에 있어 제한 인자이다.

해설

조류의 성장은 수온에 영향을 받는다.

07 폐기물의 고형화처리에 대한 설명으로 옳지 <u>않은</u> 것은?

① 폐기물을 고형화함으로써 독성을 감소시킬 수 있다.
② 시멘트기초법은 무게와 부피를 증가시킨다는 단점이 있다.
③ 석회기초법은 석회와 함께 미세 포졸란(pozzolan)물질을 폐기물에 섞는 방법이다.
④ 유기중합체법은 화학적 고형화처리법이다.

해설

유기중합체법은 폐기물의 고형 성분을 스펀지와 같은 유기성 중합체에 물리적으로 고립시켜 처리하는 방법이다. 즉, 물리적 고형화처리법이다.

08 열섬현상에 관한 설명으로 옳지 <u>않은</u> 것은?

① 열섬현상은 도시의 열배출량이 크기 때문에 발생한다.
② 맑고 잔잔한 날 주간보다 야간에 잘 발달한다.
③ Dust dome effect라고도 하며, 직경 10km이상의 도시에서 잘 나타나는 현상이다.
④ 도시지역 내 공원이나 호수 지역에서 자주 나타난다.

해설

열섬현상은 콘크리트나 아스팔트가 많은 지역에서 주로 나타난다.

열섬 현상(heat island)
인구가 밀집되어 있는 도시지역은 주택·공장 등에서의 연료소비로 인해 열방출량이 많기 때문에 주변 농촌지역이나 교외에 비해 높은 온도를 나타내게 된다. 또한 높은 빌딩이나 도로에 의한 태양복사열의 반사율이 크므로 도시에 축적된 열이 주변 교외지역보다 많아 기온이 높고 안개가 자주 끼는 현상이 나타나는데, 이를 열섬 현상(heat island)이라고 한다.

09 입경이 10μm인 미세먼지(PM-10) 한 개와 같은 질량을 가지는 초미세먼지(PM-2.5)의 최소 개수는? (단, 미세먼지와 초미세먼지는 완전 구형이고, 먼지의 밀도는 크기와 관계없이 동일하다)

① 4
② 10
③ 16
④ 64

해설

밀도 = 질량/부피, 질량 = 밀도 × 부피

구형의 부피식 = $\dfrac{\pi d^3}{6}$

밀도가 같다고 하면 질량은 부피의 세제곱에 비례한다. 직경이 4배 차이 나므로 같은 질량이 되기 위해서는 $4^3 = 64$, 즉 64개가 필요하다.

10 퇴비화에 대한 설명으로 옳지 <u>않은</u> 것은?

① 일반적으로 퇴비화에 적합한 초기 탄소/질소 비(C/N 비)는 25~35이다.
② 퇴비화 더미를 조성할 때의 최적 습도는 70% 이상이다.
③ 고온성 미생물의 작용에 의한 분해가 끝나면 퇴비온도는 떨어진다.
④ 퇴비화 과정에서 호기성 산화 분해는 산소의 공급이 필수적이다.

해설

퇴비화의 영향인자
• 온도 : 55~60℃
• 수분 : 50~60%
• C/N비 : 초기 C/N비 25~35
  – C/N비가 높을 때 : 질소 부족, 유기산이 퇴비의 pH를 낮춘다.
  – C/N비가 낮을 때(20 이하) : 질소가 암모니아로 변하여 pH 증가 및 악취가 발생한다.
• pH 5.5~8.0 : 분뇨의 pH는 중성영역이므로 퇴비화 시 고려할 필요가 없다.

11 5L의 프로판가스(C_3H_8)를 완전 연소 하고자 할 때, 필요한 산소기체의 부피[L]는 얼마인가?(단, 프로판가스와 산소기체는 이상기체이다)

① 1.11
② 5.00
③ 22.40
④ 25.00

해설

반응식 = $C_3H_8 + 5O_2 \rightarrow 3CO_2 + 4H_2O$
계수비 = 부피비 이므로 즉, 25L의 산소기체가 필요하다.

12 마스킹 효과(masking effect)에 대한 설명으로 옳지 <u>않은</u> 것은?

① 두 가지 음의 주파수가 비슷할수록 마스킹 효과가 증가한다.
② 마스킹 소음의 레벨이 높을수록 마스킹되는 주파수의 범위가 늘어난다.
③ 어떤 소리가 다른 소리를 들을 수 있는 능력을 감소시키는 현상을 말한다.
④ 고음은 저음을 잘 마스킹한다.

해설

저음이 고음을 잘 마스킹한다(낮은 주파수가 높은 주파수를 잘 마스킹한다).

> **마스킹 효과**
> • 음파의 간섭에 의해서 발생하는 소리의 음폐 효과를 말한다.
> • 특징
> 　– 저음이 고음을 잘 마스킹한다(낮은 주파수가 높은 주파수를 잘 마스킹한다).
> 　– 두 음의 주파수가 비슷할 때 마스킹 효과가 최대가 된다.
> 　– 두 음의 주파수가 동일하면 맥놀이 현상이 생겨 마스킹 효과가 감소된다.
> 　– 마스킹 소음 레벨이 커질수록 마스킹되는 주파수 범위가 점점 늘어난다.

13 해수의 담수화 방법으로 옳지 <u>않은</u> 것은?

① 오존산화법
② 증발법
③ 전기투석법
④ 역삼투법

해설

오존산화법은 폐수의 시안 처리에 주로 사용된다.
• 해수의 담수화 방법 : 증발법, 역삼투법(RO), 용매추출법 및 동결법 등
• 해수로부터 염의 분리방법 : 전기투석법, 이온교환법, 수산화물 형성법 등

14 다음 중 물의 온도를 표현했을 때 가장 높은 온도는?

① 75℃
② 135°F
③ 338.15K
④ 620°R

해설

℃로 바꾸어 계산한다.
① 75℃
② 135°F = 1.8 × ℃ + 32, 135°F = 57.2℃
③ 338.15K = ℃ + 273, 338.15K = 65.15℃
④ 620°R = °F + 460 = 1.8 × ℃ + 32, 620°R = 71.1℃

15 관로 내에서 발생하는 마찰손실수두를 Darcy – Weisbach 공식을 이용하여 구할 때의 설명으로 옳지 **않은** 것은?

① 마찰손실수두는 마찰손실계수에 비례한다.
② 마찰손실수두는 관의 길이에 비례한다.
③ 마찰손실수두는 관경에 비례한다.
④ 마찰손실수두는 유속의 제곱에 비례한다.

해설

마찰손실수두는 관경에 반비례한다.

> 마찰손실수두 공식 : $\Delta H = f \cdot \dfrac{l}{D} \cdot \dfrac{V^2}{2g}$
>
> f : 마찰계수
> l : 관로의 길이
> D : 관경
> V : 유속

16 염소의 농도가 25mg/L이고, 유량속도가 12m³/sec인 하천에 염소의 농도가 40mg/L이고, 유량속도가 3m³/sec인 지류가 혼합된다. 혼합된 하천 하류의 염소 농도[mg/L]는?(단, 염소가 보존성이고, 두 흐름은 완전히 혼합된다)

① 28   ② 30
③ 32   ④ 34

해설

> $$C = \frac{C_1 Q_1 + C_2 Q_2}{Q_1 + Q_2}$$
>
> $$= \frac{25mg/L \times 12m^3/\sec + 40mg/L \times 3m^3/\sec}{12m^3/\sec + 3m^3/\sec} = 28(mg/L)$$

17 폐기물 소각 시 발열량에 대한 설명으로 옳지 <u>않은</u> 것은?

① 연소생성물 중의 수분이 액상일 경우의 발열량을 고위발열량이라고 한다.
② 연소생성물 중의 수분이 증기일 경우의 발열량을 저위발열량이라고 한다.
③ 고체와 액체연료의 발열량은 불꽃열량계로 측정한다.
④ 실제 소각로는 배기온도가 높기 때문에 저위발열량을 사용한 방법이 합리적이다.

해설

고체와 액체연료의 발열량을 봄베열량계로 측정한다. 불꽃열량계는 기체연료의 발열량을 측정할 때 사용한다.

18 순도 90% $CaCO_3$ 0.4g을 산성용액에 용해시켜 최종부피를 360mL로 조제하였다. 용해 외에 다른 반응이 일어나지 않는다고 할 때, 이 용액의 노르말 농도[N]는?(Ca, C, O의 원자량은 각각 40, 12, 16이다)

① 0.018
② 0.020
③ 0.180
④ 0.200

해설

$CaCO_3$ 분자량은 100이며 2가이다.

$$N = \frac{eq}{L} = \frac{0.4g}{360mL} \times \frac{1eq}{(100/2)g} \times \frac{1,000mL}{1L} \times \frac{90}{100} = 0.020(N)$$

19 수중의 암모니아가 0차 반응을 할 때 반응속도 상수 k=10[mg/L][d^{-1}]이다. 암모니아가 90% 반응하는데 걸리는 시간[day]은?(단, 암모니아의 초기 농도는100mg/L이다)

① 0.9
② 4.4
③ 9.0
④ 18.2

해설

0차 반응
$C - C_0 = -Kt$
10mg/L − 100mg/L = −10 × t
t = 9(day)

20 「자원의 절약과 재활용촉진에 관한 법률 시행령」상 재활용 지정사업자에 해당하지 <u>않는</u> 업종은?

① 종이제조업

② 유리용기제조업

③ 플라스틱제품제조업

④ 제철 및 제강업

해설

「자원의 절약과 재활용촉진에 관한 법률 시행령」 제32조(재활용지정사업자 관련 업종)

법 제23조 제1항에서 "대통령령으로 정하는 업종"이란 다음의 업종을 말한다.

1. 종이제조업

2. 유리용기제조업

3. 제철 및 제강업

4. 합성수지나 그 밖의 플라스틱 물질 제조업(2023.1.1 시행)

2020년 지방직 9급 기출문제

01 토양오염 처리기술 중 토양증기 추출법(Soil Vapor Extraction)에 대한 설명으로 옳지 <u>않은</u> 것은?

① 오염 지역 밖에서 처리하는 현장외(ex-situ) 기술이다.

② 대기오염을 방지하려면 추출된 기체의 후처리가 필요하다.

③ 오염물질에 대한 생물학적 처리 효율을 높여줄 수 있다.

④ 추출정 및 공기 주입정이 필요하다.

해설

토양증기 추출법(SVE) : 불포화 대수층 위에 추출정을 설치하여 토양을 진공상태로 만들어 줌으로써 토양으로부터 석유류, BTEX 등 휘발성 유기물질, 준휘발성 오염물질을 제거하는 방법으로 in-situ 기술이다.

02 염소의 주입으로 발생되는 결합잔류염소와 유리염소의 살균력 크기를 순서대로 바르게 나열한 것은?

① $HOCl > OCl^- > NH_2Cl$

② $NH_2Cl > HOCl > OCl^-$

③ $OCl^- > NH_2Cl > HOCl$

④ $HOCl > NH_2Cl > OCl^-$

해설

염소소독에서 살균력이 강한 순서 : $HOCl > OCl^- > $ 클로라민(NH_2Cl, $NHCl_2$, NCl_3)

03 「신에너지 및 재생에너지 개발·이용·보급 촉진법」상 재생에너지에 해당하지 <u>않는</u> 것은?

① 지열에너지
② 수력
③ 풍력
④ 연료전지

해설

'재생에너지'란 햇빛·물·지열·강수·생물유기체 등을 포함하는 재생 가능한 에너지를 변환시켜 이용하는 에너지로서 다음의 어느 하나에 해당하는 것을 말한다(「신에너지 및 재생에너지 개발·이용·보급 촉진법」제2조 제2호).
• 태양에너지
• 풍력
• 수력
• 해양에너지
• 지열에너지
• 생물자원을 변환시켜 이용하는 바이오에너지로서 대통령령으로 정하는 기준 및 범위에 해당하는 에너지
• 폐기물에너지(비재생폐기물로부터 생산된 것은 제외한다)로서 대통령령으로 정하는 기준 및 범위에 해당하는 에너지
• 그 밖에 석유·석탄·원자력 또는 천연가스가 아닌 에너지로서 대통령령으로 정하는 에너지

04 지하수 흐름 관련 Darcy 법칙에 대한 설명으로 옳지 <u>않은</u> 것은?

① 다공성 매질을 통해 흐르는 유체와 관련된 법칙이다.
② 콜로이드성 진흙과 같은 미세한 물질에서의 지하수 이동을 잘 설명한다.
③ 유량과 수리적 구배 사이에 선형성이 있다고 가정한다.
④ 매질이 다공질이며 유체의 흐름이 난류인 경우에는 적용되지 않는다.

해설

Darcy 법칙은 투수가 잘되는 다공층 매질일 경우 적용된다. 따라서 콜로이드성 진흙과 같은 미세한 물질에서의 지하수 이동 설명에 적용하기 어렵다.

05 '먹는물 수질기준'에 대한 설명으로 옳지 <u>않은</u> 것은?

① '먹는물'이란 먹는 데에 일반적으로 사용하는 자연 상태의 물, 자연 상태의 물을 먹기에 적합하도록 처리한 수돗물, 먹는샘물, 먹는염지하수, 먹는해양심층수 등을 말한다.

② 먹는샘물 및 먹는염지하수에서 중온 일반세균은 $100CFUmL^{-1}$을 넘지 않아야 한다.

③ 대장균 · 분원성 대장균군에 관한 기준은 먹는샘물, 먹는염지하수에는 적용하지 아니한다.

④ 소독제 및 소독부산물질에 관한 기준은 먹는샘물, 먹는염지하수, 먹는해양심층수 및 먹는물공동시설의 물의 경우에는 적용하지 아니한다.

해설

일반세균은 1mL 중 100CFU(Colony Forming Unit)를 넘지 아니할 것. 다만, 샘물 및 염지하수의 경우에는 저온 일반세균은 20CFU/mL, 중온 일반세균은 5CFU/mL를 넘지 아니하여야 하며, 먹는샘물, 먹는염지하수 및 먹는해양심층수의 경우에는 병에 넣은 후 4℃를 유지한 상태에서 12시간 이내에 검사하여 저온 일반세균은 100CFU/mL, 중온 일반세균은 20CFU/mL를 넘지 아니할 것

06 25℃에서 하천수의 pH가 9.0일 때, 이 시료에서 $[HCO_3^-]/[H_2CO_3]$의 값은?(단, $H_2CO_3 \rightleftharpoons H^+ + HCO_3^-$이고, 해리상수 $K = 10^{-6.7}$이다)

① $10^{1.7}$

② $10^{-1.7}$

③ $10^{2.3}$

④ $10^{-2.3}$

해설

$H_2CO_3 \rightleftharpoons H^+ + HCO_3^-$

해리상수 $K = \dfrac{[H^+][HCO_3^-]}{[H_2CO_3]} = 10^{-6.7}$

$\therefore \dfrac{[HCO_3^-]}{[H_2CO_3]} = \dfrac{K}{[H^+]} = \dfrac{10^{-6.7}}{10^{-9}} = 10^{2.3}$

07 고도 하수 처리 공정에서 질산화 및 탈질산화 과정에 대한 설명으로 옳은 것은?

① 질산화 과정에서 질산염이 질소(N_2)로 전환된다.
② 탈질산화 과정에서 아질산염이 질산염으로 전환된다.
③ 탈질산화 과정에 *Nitrobacter* 속 세균이 관여한다.
④ 질산화 과정에서 암모늄이 아질산염으로 전환된다.

해설
① 질산화 과정에서는 암모니아성 질소 → 아질산성 질소 → 질산성 질소로 전환된다.
② 탈질산화 과정에서는 질산성 질소 → 아질산성 질소 → 질소로 전환된다.
③ *Nitrobacter*는 질산화 과정에 관여하는 미생물이다.

08 연소공정에서 발생하는 질소산화물(NO_x)을 감소시킬 수 있는 방법으로 적절하지 <u>않은</u> 것은?

① 연소 온도를 높인다.
② 화염구역에서 가스 체류시간을 줄인다.
③ 화염구역에서 산소 농도를 줄인다.
④ 배기가스의 일부를 재순환시켜 연소한다.

해설
• 연소 온도를 높이면 NO_x 발생량이 증가한다.
• 질소산화물(NO_x) 저감방법 : 저온 연소, 저산소 연소, 저질소 성분 우선순위 연소, 배기가스 재순환, 2단 연소 등

09 수도법령상 일반수도사업자가 준수해야 할 정수처리기준에 따라, 제거하거나 불활성화하도록 요구되는 병원성 미생물에 포함되지 <u>않는</u> 것은?

① 바이러스
② 크립토스포리디움 난포낭
③ 살모넬라
④ 지아디아 포낭

해설

정수처리기준 : 일반수도사업자는 수도를 통하여 음용을 목적으로 공급되는 물이 병원성 미생물로부터 안전성이 확보되도록 환경부령으로 정하는 정수처리기준을 지켜야 한다. 다만, 지표수의 영향을 받지 아니하는 지하수를 상수원으로 사용하는 등의 경우로서 환경부령으로 정하는 인증을 받은 경우에는 그러하지 아니하다(「수도법」 제28조 제1항).
정수처리기준 등 : 법 제28조 제1항 본문에 따라 일반수도사업자가 지켜야 하는 정수처리기준은 다음과 같다(「수도법 시행규칙」 제18조의2 제1항).
• 취수지점부터 정수장의 정수지 유출지점까지의 구간에서 바이러스를 1만분의 9천999 이상 제거하거나 불활성화할 것
• 취수지점부터 정수장의 정수지 유출지점까지의 구간에서 지아디아 포낭을 1천분의 999 이상 제거하거나 불활성화할 것
• 취수지점부터 정수장의 정수지 유출지점까지의 구간에서 크립토스포리디움 난포낭을 1백분의 99 이상 제거할 것

10 대기오염 방지장치인 전기집진장치(ESP)에 대한 설명으로 옳지 <u>않은</u> 것은?

① 처리가스의 속도가 너무 빠르면 처리 효율이 저하될 수 있다.
② 작은 압력손실로도 많은 양의 가스를 처리할 수 있다.
③ 먼지의 비저항이 너무 낮거나 높으면 제거하기가 어려워진다.
④ 지속적인 운영이 가능하고, 최초 시설 투자비가 저렴하다.

해설

전기집진장치의 장단점

장점	단점
• 비교적 운영비가 적게 소요된다. • 미세입자에 대한 집진효율이 좋다. • 광범위한 온도범위에서 설계가 가능하다. • 압력손실이 낮고 대량가스 처리가 가능하다.	• 설치비용이 고가이다. • 운전조건의 변화에 따른 유연성이 낮다. • 설치면적을 많이 차지한다. • 가스상 오염물질을 제어할 수 없다.

11 연간 폐기물 발생량이 5,000,000톤인 지역에서 1일 작업시간이 평균 6시간, 1일 평균 수거인부가 5,000명이 소요되었다면 폐기물 수거 노동력(MHT)[man hr ton^{-1}]은?(단, 연간 200일 수거한다)

① 0.20

② 0.83

③ 1.20

④ 2.19

(해설)

$$MHT(인 \cdot hr /톤) = \frac{수거인원(인) \times 수거시간(hr)}{수거량(톤)}$$

$$= \frac{5,000인}{1day} \times \frac{200day}{1year} \times \frac{6hr}{1day} \times \frac{1year}{5,000,000톤} = 1.2(인 \cdot hr /톤)$$

12 악취방지법령상 지정악취물질은?

① H$_2$S

② CO

③ N$_2$

④ N$_2$O

(해설)

「악취방지법 시행규칙」 [별표1] 지정악취물질

종류
1. 암모니아
2. 메틸메르캅탄
3. 황화수소
4. 다이메틸설파이드
5. 다이메틸다이설파이드
6. 트라이메틸아민
7. 아세트알데하이드
8. 스타이렌
9. 프로피온알데하이드
10. 뷰틸알데하이드
11. n-발레르알데하이드
12. i-발레르알데하이드
13. 톨루엔
14. 자일렌
15. 메틸에틸케톤
16. 메틸아이소뷰틸케톤
17. 뷰틸아세테이트
18. 프로피온산
19. n-뷰틸산
20. n-발레르산
21. i-발레르산
22. i-뷰틸알코올

13 소리의 굴절에 대한 설명으로 옳지 <u>않은</u> 것은?

① 굴절은 소리의 전달경로가 구부러지는 현상을 말한다.

② 굴절은 공기의 상하 온도 차이에 의해 발생한다.

③ 정상 대기에서 낮 시간대에는 음파가 위로 향한다.

④ 음파는 온도가 높은 쪽으로 굴절한다.

> **해설**
>
> **음의 굴절**
> • 음파가 한 매질에서 다른 매질로 통과 시 음의 진행방향이 구부러지는 현상이다.
> • 스넬(Snell)의 법칙 : 입사각과 굴절각의 sin비는 각 매질에서의 전파속도의 비와 같다.
> • 굴절 전과 후의 음속차가 크면 굴절도 커진다.
> • 대기의 온도차에 의한 굴절은 온도가 낮은 쪽으로 굴절한다.
> • 지표면과 상공 사이에 풍속차가 있을 경우 발생한다.

14 활성슬러지 공정에서 발생할 수 있는 운전상의 문제점과 그 원인으로 옳지 <u>않은</u> 것은?

① 슬러지 부상 - 탈질화로 생성된 가스의 슬러지 부착

② 슬러지 팽윤(팽화) - 포기조 내의 낮은 DO

③ 슬러지 팽윤(팽화) - 유기물의 과도한 부하

④ 포기조 내 갈색거품 - 높은 F/M(먹이/미생물) 비

> **해설**
>
> SRT가 너무 길거나 폭기량이 증가하여 세포가 과도하게 산화되었을 때 또는 영양염이 결핍되었을 때 점액성의 갈색 거품이 발생한다.

15 미세먼지에 대한 설명으로 옳은 것만을 모두 고르면?

> ㄱ. 미세먼지 발생원은 자연적인 것과 인위적인 것으로 구분된다.
> ㄴ. 질소산화물이 대기 중의 수증기, 오존, 암모니아 등과 화학반응을 통해서도 미세먼지가 발생한다.
> ㄷ. NH_4NO_3, $(NH_4)_2SO_4$는 2차적으로 발생한 유기 미세 입자이다.
> ㄹ. 환경정책기본법령상 대기환경기준에서 먼지에 관한 항목은 TSP, PM-10, PM-2.5이다.

① ㄱ, ㄴ

② ㄷ, ㄹ

③ ㄱ, ㄴ, ㄷ

④ ㄱ, ㄴ, ㄹ

> **해설**
>
> ㄷ. NH_4NO_3, $(NH_4)_2SO_4$는 1차 대기오염물질에 속한다.
> ㄹ. 환경정책기본법령상 대기환경기준에서 먼지에 관한 항목은 PM-10, PM-2.5이다.

16 폐기물관리법령에서 정한 지정폐기물 중 오니류, 폐흡착제 및 폐흡수제에 함유된 유해물질이 <u>아닌</u> 것은?

① 유기인 화합물
② 니켈 또는 그 화합물
③ 테트라클로로에틸렌
④ 납 또는 그 화합물

해설

지정폐기물에 함유된 유해물질(「폐기물관리법 시행규칙」 [별표1] 제1호)

1. 오니류·폐흡착제 및 폐흡수제에 함유된 유해물질
   - 납 또는 그 화합물[「환경분야 시험·검사 등에 관한 법률」 제6조 제1항 제7호에 따라 환경부장관이 지정·고시한 폐기물 분야에 대한 환경오염공정시험기준(이하 이 표에서 '폐기물공정시험기준'이라 한다)에 따른 용출시험 결과 용출액 1L당 3mg 이상의 납을 함유한 경우만 해당한다]
   - 구리 또는 그 화합물[폐기물공정시험기준에 의한 용출시험 결과 용출액 1L당 3mg 이상의 구리를 함유한 경우만 해당한다]
   - 비소 또는 그 화합물[폐기물공정시험기준에 의한 용출시험 결과 용출액 1L당 1.5mg 이상의 비소를 함유한 경우만 해당한다]
   - 수은 또는 그 화합물[폐기물공정시험기준에 의한 용출시험 결과 용출액 1L당 0.005mg 이상의 수은을 함유한 경우만 해당한다]
   - 카드뮴 또는 그 화합물[폐기물공정시험기준에 의한 용출시험 결과 용출액 1L당 0.3mg 이상의 카드뮴을 함유한 경우만 해당한다]
   - 6가크롬 화합물[폐기물공정시험기준에 의한 용출시험 결과 용출액 1L당 1.5mg 이상의 6가크롬을 함유한 경우만 해당한다]
   - 시안 화합물[폐기물공정시험기준에 의한 용출시험 결과 용출액 1L당 1mg 이상의 시안 화합물을 함유한 경우만 해당한다]
   - 유기인 화합물[폐기물공정시험기준에 의한 용출시험 결과 용출액 1L당 1mg 이상의 유기인 화합물을 함유한 경우만 해당한다]
   - 테트라클로로에틸렌[폐기물공정시험기준에 의한 용출시험 결과 용출액 1L당 0.1mg 이상의 테트라클로로에틸렌을 함유한 경우만 해당한다]
   - 트리클로로에틸렌[폐기물공정시험기준에 의한 용출시험 결과 용출액 1L당 0.3mg 이상의 트리클로로에틸렌을 함유한 경우만 해당한다]
   - 기름성분(중량비를 기준으로 하여 유해물질을 5% 이상 함유한 경우만 해당한다)
   - 그 밖에 환경부장관이 정하여 고시하는 물질

17 폐기물 매립처분 방법 중 위생 매립의 장점이 <u>아닌</u> 것은?

① 매립시설 설치를 위한 부지 확보가 가능하면 가장 경제적인 매립 방법이다.

② 위생 매립지는 복토 작업을 통해 매립지 투수율을 증가시켜 침출수 관리를 용이하게 한다.

③ 처분대상 폐기물의 증가에 따른 추가 인원 및 장비 소요가 크지 않다.

④ 안정화 과정을 거친 부지는 공원, 운동장, 골프장 등으로 이용될 수 있다.

해설

매립의 장단점

• 장점
  – 폐기물의 변화에 대응성이 좋다.
  – 분해가스 회수 및 이용이 가능하다.
  – 모든 고형물 처리가 가능하다.
  – 매립 완료 후 일정기간이 지나면 토지이용이 가능하다.
  – 시설 투자비용 및 운영비용이 싸다.

• 단점
  – 넓은 토지면적을 필요로 한다.
  – 가스 발생으로 인한 폭발 가능성이 존재한다.
  – 안정화에 일정한 기간이 필요하다.
  – 유독 폐기물의 매립은 부적합하다.

18 열분해 공정에 대한 설명으로 옳지 <u>않은</u> 것은?

① 산소가 없는 상태에서 열을 공급하여 유기물을 기체상, 액체상 및 고체상 물질로 분리하는 공정이다.

② 외부열원이 필요한 흡열반응이다.

③ 소각 공정에 비해 배기가스량이 적다.

④ 열분해 온도에 상관없이 일정한 분해산물을 얻을 수 있다.

해설

폐기물 공정 : 폐기물에 산소가 없는 상태에서 외부로부터 열을 공급하면 분해와 응축과정을 거쳐 가스, 액체, 고체 상태의 연료가 생산된다.

열분해의 장단점

• 장점
  – 배기가스량 및 NO_x 발생량이 적다.
  – 가스 처리장치가 소형이다.
  – 연료 회수가 가능하다.

• 단점
  – 외부에서의 열공급이 필요하다.
  – 파쇄, 선별 등의 전처리가 필요하다.
  – 별도의 정제장치가 필요하다.

19 소음 측정 시 청감보정회로에 대한 설명으로 옳지 <u>않은</u> 것은?

① A회로는 낮은 음압레벨에서 민감하며, 소리의 감각 특성을 잘 반영한다.

② B회로는 중간 음압레벨에서 민감하며, 거의 사용하지 않는다.

③ C회로는 낮은 음압레벨에서 민감하며, 환경소음 측정에 주로 이용한다.

④ D회로는 높은 음압레벨에서 민감하며, 항공기 소음의 평가에 활용한다.

해설

청감보정회로 종류

• A 특성 : 낮음 음압대, 일반적으로 많이 사용, 인간의 귀와 밀접

• B 특성 : 중간 음압대, 거의 사용하지 않음

• C 특성 : 높은 음압대, 소음등급평가, 물리적 특성 파악 시, 전 주파수에서 평탄

• D 특성 : 높은 음압대, 항공기 소음 평가용

20 0°C, 1기압에서 8g의 메탄(CH_4)을 완전 연소시키기 위해 필요한 공기의 부피[L]는?(단, 공기 중 산소의 부피 비율＝20%, 탄소 원자량＝12, 수소 원자량＝1이다)

① 56

② 112

③ 224

④ 448

해설

반응식

$CH_4 + 2O_2 \rightarrow CO_2 + 2H_2O$

16g : 2×22.4L

8g : x

필요한 산소량을 구하면 x＝22.4L

문제에서 공기 중 산소량이 20%로 주어졌으므로 완전연소 시 필요한 공기량을 구하면,

공기량＝$22.4 \times \dfrac{100}{20} = 112$(L)

2019년 서울시 7급 기출문제

01 계(system)를 구성하는 물리량 중 특성이 <u>다른</u> 하나는?

① 압력
② 부피
③ 온도
④ 밀도

해설

상태량의 종류
- 강도성 상태량(Intensive property)은 계의 크기 또는 물질의 양에 무관한 상태량으로 온도, 압력, 밀도, 점도, 비체적 등을 말한다.
- 종량성 상태량(Extensive property)은 계의 크기 또는 물질의 양에 따라 바뀌어지는 상태량으로 중량, 체적, 총에너지, 질량, mole수 등을 말한다.

02 1차 침전지의 깊이가 3m, 표면적이 3m², 유량이 36m³/day일 때, 체류시간은?

① 4시간
② 5시간
③ 6시간
④ 9시간

해설

$$t = \frac{V}{Q} = \frac{3\text{m} \times 3\text{m}^2}{\dfrac{36\text{m}^3}{\text{day}} \times \dfrac{\text{day}}{24\text{hr}}} = 6\text{hr}$$

03 대기오염 방지기술에 대한 설명으로 가장 옳은 것은?

① 사이클론의 경우 적은 설치비 및 간단한 구조 등의 장점이 있으나 고온에서 운영이 어렵다는 단점이 있다.

② 전기집진장치는 방전극에서 코로나 생성 시 발생하는 가스이온을 활용하여 입자물질이 양전하를 띠도록 한 후, 집진극에서 정전기적 인력을 통해 입자를 제거한다.

③ 입상오염물질의 제거는 건식과 습식으로 가능하며, 습식 제거장치의 경우 오염된 기체흐름에 액적을 주입하여 입상물질을 포획하므로 수질오염의 가능성이 있다.

④ 중력침강장치는 입자오염물질의 농도가 높고 입경이 작은 경우 적합하며, 시공비, 운영비, 유지비 측면에서 다른 집진장치에 비해 유리하다.

해설
① 사이클론의 경우 구조가 간단하고 설치비 및 유지비가 저렴하며 고온에서 운전이 가능한 장점을 가지고 있다.
② 전기집진장치는 방전극에서 코로나 생성 시 발생하는 가스이온을 활용하여 입자물질이 음전하를 띠도록 한 후, 집진극에서 정전기적 인력을 통해 입자를 제거한다.
④ 중력침강장치는 입자오염물질의 농도가 높고 입경이 큰 경우 적합하다.

04 소음공해를 유발하는 소리의 성질에 대한 설명으로 가장 옳은 것은?

① 소리의 진동수가 음원과 수음자 사이의 상대적 운동 방향에 따라 변화하는 현상을 도플러 효과라고 하며, 이에 따라 관찰자가 음원의 진행방향에 있는 경우 원래 음보다 저음으로, 진행방향 반대쪽에 있는 경우 고음으로 들린다.

② 간섭은 보강간섭, 소멸간섭, 맥놀이 등의 종류가 있으며 상이한 복수의 파동 간 상호작용을 통해 나타난다.

③ 마스킹 효과는 소리 음폐효과를 의미하며, 음파의 간섭으로 인해 어떤 소리가 다른 소리를 청취할 수 있는 능력을 감쇄시키는 현상을 말한다. 일반적으로 두 음의 주파수가 비슷할 때 음폐효과가 작아지며 거의 같을 때 극대화된다.

④ 굴절은 한 매질에서 다른 매질로 음이 전파될 때 음선이 구부러지는 현상을 의미하며 대기에서는 온도차나 풍속차에 의해서 유발된다. 특히 낮에는 지표 부근 공기의 온도가 높으므로 음선이 지표면으로 구부러진다.

해설
① 관찰자가 음원의 진행방향에 있는 경우 원래 음보다 고음으로, 진행방향 반대쪽에 있는 경우 저음으로 들린다.
③ 마스킹 효과는 두 음의 주파수가 비슷할 때 효과가 최대가 된다.
④ 굴절은 온도가 낮은 쪽으로 굴절한다.

05 〈보기〉는 호기성 조건하에서 폐수 내 질소 형태의 변화를 나타내고 있다. ㉠, ㉡, ㉢, ㉣에 들어갈 내용을 가장 옳게 짝지은 것은?

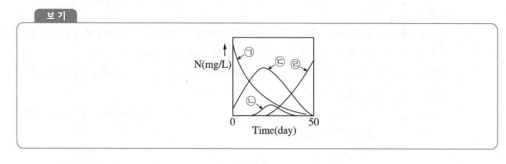

	㉠	㉡	㉢	㉣
①	Ammonia-N	Nitrite-N	Organic-N	Nitrate-N
②	Ammonia-N	Organic-N	Nitrate-N	Nitrite-N
③	Organic-N	Ammonia-N	Nitrate-N	Nitrite-N
④	Organic-N	Nitrite-N	Ammonia-N	Nitrate-N

해설

호기성 조건에서 질소의 변화
유기 질소 → 암모니아성 질소 → 아질산성 질소 → 질산성 질소

06 토양오염을 유발하는 중금속에 대한 설명으로 가장 옳지 <u>않은</u> 것은?

① 일반적인 토양의 pH 조건에서 구리(Cu)는 주로 2가 양이온(Cu^{2+}) 형태를 가지며 토양 중 구리이온의 이동성은 매우 높다.

② 휘발유 연소 시 배출되는 납(Pb)은 $PbCO_3$나 $PbSO_4$ 등과 같은 비교적 불용성 화합물을 형성하여 토양에 침전될 수 있다.

③ 니켈(Ni)은 식물생육에 강한 독성을 나타내며 니켈을 다량 함유한 토양은 인산을 사용하여 독성을 저감시킬 수 있다.

④ 아연(Zn)은 식물생육에 있어 필수적인 원소이나 높은 농도에서는 오히려 독성을 나타낼 수 있으므로 적절한 처리가 필요하다.

해설

일반적인 토양의 pH 조건에서 구리(Cu)는 주로 2가 양이온 형태를 가지며 토양 중 구리는 토양유기물과 킬레이트 결합을 하여 난용화되고 이동성은 낮아진다.

07 방사능과 방사선 단위에 대한 설명으로 가장 옳지 <u>않은</u> 것은?

① 퀴리(Ci)는 붕괴 속도의 기본 단위로서 라듐 약 1g의 붕괴 속도이다.

② 베크렐(Bq)은 초당 3.7×10^{10}개의 원자 붕괴에 해당한다.

③ 래드(rad)는 물질 1g이 100erg의 에너지를 흡수하는 것에 상응하는 양이다.

④ 렘(rem)은 방사선의 여러 형태들이 인간에게 미치는 생물학적 영향들이 저마다 다르다는 점을 고려하여 도입되었다.

> **해설**
> 1Bq는 1초에 1개의 원자핵이 붕괴하면서 방출하는 방사능을 말한다.

08 채취한 시료수의 전처리 방법 중 '질산-황산에 의한 유기물 분해' 방법에 대한 설명으로 가장 옳은 것은?

① 유기물 함량이 낮은 깨끗한 하천수나 호소수 등의 시료에 적절한 방법이다.

② 유기물 함량이 비교적 높지 않고, 금속의 수산화물, 산화물, 인산염 및 황화물을 함유하고 있는 시료에 적용된다.

③ 유기물 등을 많이 함유하고 있는 대부분의 시료에 적용할 수 있으나, 칼슘, 바륨, 납 등을 다량 함유한 시료에 대해서는 주의해야 한다.

④ 유기물을 다량 함유하고 있으면서 산화분해가 어려운 시료로, 칼슘, 바륨, 납 등이 많이 함유된 시료에 적용할 수 있다.

> **해설**
> 질산-황산법 : 이 방법은 유기물 등을 많이 함유하고 있는 대부분의 시료에 적용된다. 그러나 칼슘, 바륨, 납 등을 다량 함유한 시료는 난용성의 황산염을 생성하여 다른 금속성분을 흡착하므로 주의한다.

09 방진재료 중 〈보기〉와 같은 특징을 갖는 재료는?

> **보기**
>
> [장점]
> • 환경요소에 대한 저항성이 크다.
> • 뒤틀리거나 감축되지 않는다.
> • 최대변위가 허용된다.
> • 저주파의 차진에 좋다.
>
> [단점]
> • 감쇠가 거의 없으며, 공진 시에 전달률이 매우 크다.
> • 고주파 진동 시에 단락된다.
> • 로킹(rocking)이 일어나지 않도록 주의해야 한다.

① 금속스프링(metal spring)

② 방진고무(rubber)

③ 공기스프링(air spring)

④ 오일스프링(oil spring)

해설

금속스프링

장점	• 환경요소(온도, 부식, 용해 등)에 대한 저항성이 큼 • 뒤틀리거나 오므라들지 않음 • 최대변위가 허용됨 • 수명이 상대적으로 긴 편임 • 저주파 진동의 차진에 좋음(4Hz 이하 영역에서 사용)
단점	• 코일스프링 사용 시 서징(Surging) 주파수에 유의해야 함 • 로킹이 일어나지 않도록 주의해야 함 • 감쇠가 거의 없으며(감쇠율 0.05 이하), 공진 시에 전달률이 매우 큼 • 고주파 진동 시에 단락됨(고주파 차진성에 문제가 있음)

10 음식물 쓰레기를 처리하는 방법 중 퇴비화(composting)에 대한 설명으로 가장 옳은 것은?

① 호기성 퇴비화는 흡열반응이므로 온도 측정으로도 대략적인 퇴비화 진행정도를 알 수 있다.

② 퇴비화로 음식물 쓰레기 부피 감소와 유기물 안정화를 기대할 수 있으나 병원성 미생물의 사멸은 기대하기 어렵다.

③ 퇴비화 공정에 영향을 미치는 주요 인자는 온도, 수분 함량, pH, C/N비, 산소공급 등이 있다.

④ 퇴비화 시간은 공정에 따라 차이가 있으나 고속퇴비화법 같은 경우 10시간 수준에서 퇴비화를 완료할 수 있다.

해설

① 호기성 퇴비화는 발열반응이다.
② 퇴비화할 때 적정온도에서는 병원균 미생물의 사멸을 기대할 수 있다.
④ 고속퇴비화법은 보통 1~3일 정도 소요된다.

11 대기 중 입자상 오염물질에 대한 설명으로 가장 옳지 <u>않은</u> 것은?

① 흔히 분진 또는 먼지라 부르며 고체 및 액체상의 부유물을 총칭한다.

② 우리나라에서는 대기 중에서 부유하는 분진 중 입자의 직경이 $10\mu m$ 이하인 것을 미세먼지, $2.5\mu m$ 이하인 것을 초미세먼지로 규정한다.

③ 미세먼지는 주로 분쇄 등 기계적 공정, 석탄 등 화석 연료의 연소, 자동차 배출가스 등에 의해 발생한다.

④ 초미세먼지는 헤모글로빈과 반응하여 두통, 피로, 빈혈, 시력장애, 호흡곤란을 유발하고 고농도 장시간 흡입 시 사망에 이르게 한다.

해설

초미세먼지는 주로 폐암, 심장혈관 질환을 일으키는 원인이 된다.

12 화학적 침전에 관한 설명으로 가장 옳지 <u>않은</u> 것은?

① 수중에 분산된 화학적 불활성 물질들은 양이온의 선택적 흡착에 의해 양전하를 얻게 된다.

② 콜로이드나 입자의 표면이 전기를 띠게 되면 반대 전기를 가진 이온들이 표면에 붙게 된다.

③ 용매가 물인 액체 중에서 콜로이드상의 고체 입자들은 소수성과 친수성으로 나눌 수 있다.

④ 입자와 함께 따라 움직이는 이온의 표면(전단표면)에서의 전위를 제타전위라고 한다.

> 해설
> 수중에 분산된 화학적 불활성 물질들은 음이온의 선택적 흡착에 의해 음전하를 얻게 된다.

13 해양오염에 대한 설명으로 가장 옳은 것은?

① 화력발전소의 냉각수나 원자력발전소의 열수로 인해 발생하는 해수 열오염은 용존산소 감소, 악취 발생, 플랑크톤 이상 증식 등을 일으킨다.

② 다수 미생물의 활발한 대사작용으로 인해 산소가 지속적으로 생성되므로 해양오염의 지표로서 BOD가 적합하다.

③ 해양 적조는 오수의 해수 유입으로 해수 내 유기물질의 증가 및 이를 먹이로 활용하는 플랑크톤의 이상 증식이 원인이며, 적조 발생 시 플랑크톤의 폭발적인 광합성 작용이 유발되어 과도한 산소 발생이 표층에서 나타난다.

④ 해양 유류 유출 시 형성된 기름막은 산소 전달을 방해하므로 용존산소량 및 광선투과율 감소를 유발하며, 침강처리가 기름막에 의한 해양오염을 막는 최적의 방법이다.

> 해설
> ② 해양오염의 지표로서는 COD가 적합하다.
> ③ 적조 발생 시 표층에서 과도한 산소의 고갈이 발생한다.
> ④ 해양 유류 유출 시 유류제어방법에는 오일펜스를 띄워 기름확산을 차단하는 방법, 응집제를 살포하여 침전시키는 방법, 흡수포로 유류를 흡수한 후 흡수포를 수거하여 제거하는 방법, 분산제를 살포하여 기름을 분해하는 방법, 미생물을 이용하여 기름을 생화학적으로 분해하는 방법 등이 있다.

14 방사성 폐기물 가운데 고준위 폐기물에 해당하지 <u>않는</u> 것은?

① 사용이 끝난 핵연료에서 분리된 핵분열생성물의 농축 폐액
② 우라늄 연료의 제조 가공 폐기물
③ 연료피복관의 폐재가 주가 되는 폐기물
④ Pu, Am, Cm 등의 초우라늄 원소를 많이 포함하는 폐기물

해설

방사능 농도가 반감기 20년 이상의 알파선을 방출하는 핵종으로 4,000Bq/g 이상, 열발생률이 $2kW/m^3$ 이상인 방사성 폐기물을 고준위 방사성폐기물로 규정하고 있고(「원자력안전법 시행령」 제2조 제1호 전단, 「방사선방호 등에 관한 기준」(원자력안전위원회고시) 제3조), 그 외의 것을 중·저준위 방사성폐기물로 규정하면서 이를 핵종별로 몇 가지 기준에 따라 중준위, 저준위, 극저준위로 세분하고 있다(「원자력안전법 시행령」 제2조 제1호 후단, 「방사성폐기물 분류 및 자체처분 기준에 관한 규정」(원자력안전위원회고시) 제3조).
우리나라의 경우 사용 후 핵연료가 대부분이다.

15 매립지에서 실시하는 복토에 대한 설명으로 가장 옳지 <u>않은</u> 것은?

① 복토의 종류로는 일일복토, 중간복토, 최종복토가 있다.
② 일일복토는 하루 매립작업이 끝났을 때 폐기물의 비산방지, 악취발산의 억제, 화재예방, 유해곤충 발생 방지 등의 목적으로 실시한다.
③ 최종복토는 최상층에 실시하는 복토로서, 경관의 향상, 부지이용, 침출수 저감, 식물의 성장 등을 목적으로 한다.
④ 일일복토는 빗물이 가급적 유입되지 않도록 철저하게 실시함으로써 침출수의 발생도 저감할 수 있다.

해설

우수침투 억제, 침출수 저감은 일일복토뿐만 아니라 중간복토, 최종복토에도 해당된다.

16 입자상 오염물질과 시계(visibility)의 관계에 대한 설명으로 가장 옳지 <u>않은</u> 것은?

① 대기 중에 부유하는 작은 물방울로 인하여 수평시정 거리가 1km 이상인 것을 안개(fog)라 한다.
② 시계장애란 가시거리의 감소로 먼 곳을 볼 수 없거나 보고자 할 때 지장을 받는 것을 말한다.
③ 입자상 오염물질에 의한 산란은 시계 감소의 원인이 된다.
④ 습도가 높을 때 빛의 산란에 의하여 시정거리가 감소할 수 있다.

해설

Fog(안개) : 대기 중의 수증기가 응결하여 지표 가까이에 작은 물방울이 떠 있는 현상으로 시정 거리 1km 이하이고, 습도는 100%이다.

14 ② 15 ④ 16 ① **정답**

17 부영양화를 나타내는 지수인 TSI(Trophic State Index)에 관한 설명으로 가장 옳지 <u>않은</u> 것은?

① Carlson에 의해 제안되었다.

② 투명도, 엽록소 a 농도, 총인 농도를 이용한 산정방법이 가장 일반적이다.

③ 한국형 부영양화 지수가 개발되어 사용되고 있다.

④ 0부터 1,000까지의 수치로 나타내며 TSI가 100 증가할 때 투명도는 1/2로 감소된다.

해설

부영양화 지수(TSI)

• 부영양화의 발생여부 및 진행정도를 0~100 사이의 연속적인 수치로 표시하는 부영양화 평가방법이다.

• Carlson이 제안한 투명도, 엽록소 a 농도, 총인 농도를 이용한 TSI 산정방법이 가장 일반적이다.

• TSI를 0~100의 수치로 나타내어 TSI가 10씩 증가할 때마다 투명도가 1/2로 감소하며, 투명도가 64일 때는 TSI가 0인 것으로 가정한다.

18 대기오염에 관한 〈보기〉의 설명 중 옳은 것을 모두 고른 것은?

보기

ㄱ. 1차 오염물은 발생원에서 대기 중으로 배출될 때의 상태를 그대로 유지하는 오염물을 말한다.

ㄴ. 탄화수소는 광화학 스모그 발생을 유발하는 주요한 요인 중 하나로 작용한다.

ㄷ. 일산화탄소(CO), 탄화수소, 분진, 이산화황(SO_2)은 2차 오염물로서 광화학 스모그를 유발한다.

ㄹ. 대기 중 이산화질소(NO_2)의 광화학적 순환 반응에서 다른 오염물의 영향이 없을 경우 오존(O_3)과 일산 화질소(NO)는 동일한 양이 생성, 소멸된다.

① ㄱ, ㄴ, ㄷ

② ㄱ, ㄴ, ㄹ

③ ㄱ, ㄴ

④ ㄴ, ㄹ

해설

ㄷ. 일산화탄소(CO), 탄화수소, 분진, 이산화황(SO_2)은 1차 대기오염물질에 속한다.

19 독성을 나타내는 지표에 대한 설명으로 가장 옳지 <u>않은</u> 것은?

① LOEL(lowest-observed-effect level) : 반응을 일으킬 수 있는 최하 선량을 나타낸다.

② NOEL(no-observed-effect level) : 어떤 반응도 일어나지 않을 최고 선량을 나타낸다.

③ RfD(reference dose) : NOEL을 적절한 불확실성 인자로 나눈 값으로 나타낸다.

④ ADI(acceptable daily intake) : 뚜렷한 위해도가 없을 듯한 인체 노출 준위로 RfD와 같은 의미를 나타낸다.

해설

RfD(reference dose) : 미국 EPA의 독성물질에 대한 최대 허용 경구 용량을 말한다.

20 미생물의 성장과 수중의 기질 소비에 대한 관계를 모나드(Monod) 식으로 표현할 때, 기질 농도 150mg/L, 반속도 상수 50mg/L, 미생물 최대비증식속도 $0.2hr^{-1}$인 경우 미생물의 비증식속도값 $[day^{-1}]$은?

① $3.2day^{-1}$

② $3.4day^{-1}$

③ $3.6day^{-1}$

④ $3.8day^{-1}$

해설

$$\mu = \mu_{max} \frac{S}{K_s + S} = (0.2hr^{-1}) \times \frac{150mg/L}{50mg/L + 150mg/L} = 0.15hr^{-1}$$

$$\therefore \frac{0.15}{hr} \times \frac{24hr}{day} = 3.6day^{-1}$$

2019년 지방직 9급 기출문제

01 평균유량이 1.0m³/min인 Air sampler를 10시간 운전하였다. 포집 전 1,000mg이었던 필터의 무게가 포집 후 건조하였더니 1,060mg이 되었을 때, 먼지의 농도[μg/m³]는?

① 25

② 50

③ 75

④ 100

해설

먼지의 농도 계산

$$(1,060 - 1,000)mg \times \frac{\min}{1.0m^3} \times \frac{1}{10hr} \times \frac{1hr}{60\min} \times \frac{10^3 \mu g}{1mg} = 100 \mu g/m^3$$

02 호소의 부영양화로 인해 수생태계가 받는 영향에 대한 설명으로 옳지 <u>않은</u> 것은?

① 조류가 사멸하면 다른 조류의 번식에 필요한 영양소가 될 수 있다.

② 생물종의 다양성이 증가한다.

③ 조류에 의해 생성된 용해성 유기물들은 불쾌한 맛과 냄새를 유발한다.

④ 유기물의 분해로 수중의 용존산소가 감소한다.

해설

부영양화 특징과 현상

• 사멸한 조류의 분해작용으로 인하여 DO의 결핍이 초래된다.

• COD 농도가 증가한다.

• 인산염, 질산염, 탄산염 등이 증가한다.

• 생태계가 파괴되며, 마지막 단계에서 청록색 조류가 발생한다.

• 수질의 색도와 탁도가 높아지고 투명도가 저하된다.

• 악취가 발생하여 위락 및 관광자원, 용수 등으로의 가치가 저하된다.

• 물 정화시설(스크린, 여과지 등)의 폐쇄를 일으키고, 원상태 회복이 어렵다.

03 수중 용존산소(DO)에 대한 설명으로 옳지 <u>않은</u> 것은?

① 물에 용해되는 산소의 양은 접촉하는 산소의 부분압력에 비례한다.

② 수온이 높을수록 산소의 용해도는 감소한다.

③ 수중에 녹아 있는 염소이온, 아질산염의 농도가 높을수록 산소의 용해도는 감소한다.

④ 생분해성 유기물이 유입되면 혐기성 미생물에 의해서 수중의 산소가 소모된다.

해설

생분해성 유기물이 유입되면 호기성 미생물에 의해서 수중의 산소가 소모된다.

산소의 용해도 특성
- 기압이 높을 때 증가한다.
- 수온이 낮을수록 증가한다.
- 염분 또는 불순물의 농도가 낮을수록 증가한다.
- 기포가 작을수록 증가한다.

04 호소에서의 조류증식을 억제하기 위한 방안으로 옳지 <u>않은</u> 것은?

① 호소의 수심을 깊게 해 물의 체류시간을 증가시킴

② 차광막을 설치하여 조류증식에 필요한 빛을 차단

③ 질소와 인의 유입을 감소시킴

④ 하수의 고도처리

해설

수심이 깊고 정체시간이 긴 호소에서는 성층현상이 발생하기 쉬워지며 조류의 발생량도 증가한다.
- 질소 및 인의 유입방지 대책
  - 세제 사용 억제
  - 방류수 고도처리
  - 비료사용 억제
- 조류제거 대책
  - 황산동 주입
  - 활성탄 흡착
  - 차광막을 설치하여 조류증식에 필요한 빛을 차단

05 완전혼합반응기에서의 반응식은?(단, 1차 반응이며 정상상태이고, r_A : A물질의 반응속도, C_A : A물질의 유입수 농도, C_{A0} : A물질의 유출수 농도, θ: 반응시간 또는 체류시간이다)

① $r_A = \dfrac{C_{A0} - C_A}{\theta}$ ② $r_A = \dfrac{C_{A0} - C_A}{C_A}$

③ $r_A = \dfrac{C_A - \theta}{C_A}$ ④ $r_A = \dfrac{C_A - C_{A0}}{\theta}$

해설

완전혼합반응 물질수지식

변화량 = 유입량 − 유출량 + 생성량

$V\dfrac{dC}{dt} = QC_{A0} - QC_A + r_A V$

정상상태이므로 $\dfrac{dC}{dt} = 0$

$0 = QC_{A0} - QC_A + r_A V$

$Q(C_{A0} - C_A) = -r_A V$

$\theta = \dfrac{V}{Q} = \dfrac{(C_{A0} - C_A)}{-r_A}$

$\therefore r_A = \dfrac{(C_A - C_{A0})}{\theta}$

06 BOD_5 실험식에 대한 설명으로 옳은 것은?

$$\left(\text{단, } BOD_5 = \frac{(DO_i - DO_f) - (B_i - B_f)(1 - P)}{P}\right)$$

① P는 희석배율이다.
② DO_i는 5일 배양 후 용존산소 농도이다.
③ DO_f는 초기 용존산소 농도이다.
④ B_i는 식종희석수의 5일 배양 후 용존산소 농도이다.

해설

$$BOD_5 = \frac{(DO_i - DO_f) - (B_i - B_f)(1 - P)}{P}$$

- DO_i : 초기 15분간 방치 후의 DO 농도
- DO_f : 5일간 배양 후 DO 평균 농도
- B_i : 식종희석수의 배양 전의 DO 농도
- B_f : 식종희석수의 5일 배양 후의 DO 농도
- P : 희석배율

07 대기오염 방지장치인 전기집진장치(ESP)에 대한 설명으로 옳지 <u>않은</u> 것은?

① 비저항이 높은 입자($10^{12} \sim 10^{13} \Omega \cdot cm$)는 제어하기 어렵다.

② 수분함량이 증가하면 분진제어 효율은 감소한다.

③ 가스상 오염물질을 제어할 수 없다.

④ 미세입자도 제어가 가능하다.

> **해설**
>
> **전기집진장치의 장·단점**
> - 장점
>   - 0.1μ 이하의 미립자라도 집진이 가능하다.
>   - 집진효율이 99% 이상으로 가장 우수하다.
>   - 압력 손실도 극히 낮다.
> - 단점
>   - 가스상 오염물질의 제어가 곤란하다.
>   - 설치비용이 많이 든다.
>   - 운전조건 변화에 유연성이 적다.
>   - 비저항이 큰 분진제거에 어려움이 있다.

08 입자상 오염물질 중 하나로 증기의 응축 또는 화학반응에 의해 생성되는 액체입자이며, 일반적인 입자 크기가 $0.5 \sim 3.0\mu m$인 것은?

① 먼지(dust)   ② 미스트(mist)

③ 스모그(smog)   ④ 박무(haze)

> **해설**
>
> **입자상 물질**
> - Dust(먼지)
>   - 대기 중에 떠다니거나 흩날려 내려오는 입자상 물질을 말한다.
>   - 강하먼지 : 먼지의 입경이 커서 가라앉는 먼지($10\mu m$ 이상)
>   - 부유먼지 : 먼지의 입경이 작아 가라앉지 않고 대기 중에 떠다니는 먼지($10\mu m$ 이하)
> - Smoke(매연) : 연소할 때에 생기는 유리탄소가 주가 되는 미세한 입자상 물질을 말한다($1\mu m$ 이하).
> - Soot(검댕) : 연소할 때에 생기는 유리탄소가 응결하여 생긴 입자상 물질을 말한다($1\mu m$ 이상).
> - Fume(훈연) : 승화, 증류, 화학반응 등에 의해 발생하는 연기가 응축될 때 생기는 고체상의 미립자를 말한다($1\mu m$ 이하).
> - Fog(안개) : 대기 중의 수증기가 응결하여 지표 가까이에 작은 물방울이 떠 있는 현상으로 시정거리 1km 이하이고, 습도는 100%이다.
> - Mist(연무) : 증기의 응축 또는 화학반응에 의해서 생성된 액체입자로 시정거리는 1km 이상이다.
> - Haze(박무) : 시야를 방해하는 입자상 물질로, 수분, 오염물질 및 먼지 등으로 구성되어 있으며 상대습도는 70% 이하이다($1\mu m$ 이하).

09 지하수에 대한 설명으로 옳지 <u>않은</u> 것은?

① 저투수층(aquitard)은 투수도는 낮지만 물을 저장할 수 있다.
② 피압면 지하수는 자유면 지하수층보다 수온과 수질이 안정하다.
③ 지하수는 하천수와 호소수 같은 지표수보다 경도가 낮다.
④ 지하수는 천층수, 심층수, 복류수, 용천수 등이 있다.

해설

지하수는 지표수보다 경도가 높은 것이 특징이다.

지하수의 수질특성
- 지하에 존재하므로 지표수에 비하여 오염되기 쉽지 않고, 수질변동이 적으며, 유속이 느리고, 수온변화가 적다.
- 무기물 함량이 높으며, 공기 용해도가 낮고, 알칼리도 및 경도가 높다.
- 자정작용 속도가 느리고, 유량변화가 적다.
- 염분함량이 지표수보다 약 30% 이상 높다.
- 미생물의 거의 없고 오염물이 적다. 국지적인 환경조건의 영향을 크게 받는다.
- 태양광선을 접하지 못하므로 광화학반응이 일어나지 않아서 세균에 의한 유기물의 분해가 주된 생물작용(혐기성세균)이다. 분해성 유기물이 풍부한 토양을 통과하게 되면 물은 유기물의 분해산물인 탄산가스 등을 용해하여 산성이 된다.
- 비교적 낮은 곳의 지하수일수록 지층과의 접속시간이 짧아서 경도가 낮다.
- SS 농도 및 탁도가 낮고, 환원상태이다.

10 일반적인 매립가스 발생의 변화단계를 바르게 나열한 것은?

① 호기성 단계 → 혐기성 단계 → 유기산 생성 단계(통성혐기성 단계) → 혐기성 안정화 단계
② 혐기성 단계 → 유기산 생성 단계(통성혐기성 단계) → 호기성 단계 → 혐기성 안정화 단계
③ 호기성 단계 → 유기산 생성 단계(통성혐기성 단계) → 혐기성 단계 → 혐기성 안정화 단계
④ 혐기성 단계 → 호기성 단계 → 유기산 생성 단계(통성혐기성 단계) → 혐기성 안정화 단계

해설

호기성 분해 → 유기산 생성 → 혐기성 분해 → 메탄 생성

매립지 내의 시간에 따른 분해단계
- 1단계 : 폐기물 속의 산소가 급속히 소모되는 단계
- 2단계
  - 혐기성 상태이나, CH_4의 생성은 없고, CO_2가 급격히 생성되는 단계
  - 그 외 지방산, 알코올, NH_3, H_2 등이 생성
- 3단계
  - 산 생성 단계로 CO_2 농도가 최대가 되는 단계
  - CH_4의 생성 시작
- 4단계
  - CH_4 생성 단계(CH_4 농도 최대)
  - $CH_4 : CO_2 = 60\% : 40\%$

11 콜로이드(colloids)에 대한 설명으로 옳지 <u>않은</u> 것은?

① 브라운 운동을 한다.
② 표면전하를 띠고 있다.
③ 입자 크기는 0.001~1㎛이다.
④ 모래여과로 완전히 제거된다.

해설

콜로이드는 입경이 작아 모래여과로 완전히 제거되기 어렵다.

콜로이드(Colloid)
• 크기 : 0.001~0.1㎛
• 대부분 음전하로 대전되어 있어 서로 반발력을 지니고 있다.
• Zeta 전위, 반데르발스 힘, 중력에 의해 평형을 유지한다.

12 해양에 유출된 기름을 제거하는 화학적 방법에 해당하는 것은?

① 진공장치를 이용하여 유출된 기름을 제거한다.
② 비중차를 이용한 원심력으로 기름을 제거한다.
③ 분산제로 기름을 분산시켜 제거한다.
④ 패드형이나 롤형과 같은 흡착제로 유출된 기름을 제거한다.

해설

유류제어방법
• 오일펜스를 띄워 기름확산을 차단한다.
• 응집제를 살포하여 침전시킨다.
• 흡수포로 유류를 흡수한 후 흡수포를 수거하여 제거한다.
• 분산제를 살포하여 기름을 분해한다.
• 미생물을 이용하여 기름을 생화학적으로 분해한다.

13 도시폐기물 소각로에서 다이옥신이 생성되는 기작에 대한 설명으로 옳지 <u>않은</u> 것은?

① 투입된 쓰레기에 존재하던 PCDD/PCDF가 연소 시 파괴되지 않고 대기 중으로 배출된다.
② 전구물질인 CP(chlorophenols)와 PCB(polychlorinated biphenyls) 등이 반응하여 PCDD/PCDF로 전환된다.
③ 유기물(PVC, lignin 등)과 염소 공여체(NaCl, HCl, Cl_2 등)로부터 생성된다.
④ 전구물질이 비산재 및 염소 공여체와 결합한 후 생성된 PCDD는 배출가스의 온도가 600℃ 이상에서 최대로 발생한다.

해설

다이옥신은 450~650℃ 부근에서 최대로 생성된다. 다이옥신은 700℃ 이상의 고온에서 열분해가 일어나고 1,000~1,200℃에서 최소화되며 300~400℃ 범위에서 재생성이 일어난다.

다이옥신
• 유기염소제 소각 시 발생하는 유해한 물질이다.
• 폐비닐, PVC, 병원폐기물, 음식물폐기물 등의 소각 시 발생한다.
• 두 개의 벤젠고리, 두 개의 산소교량, 두 개 이상의 염소원자로 구성되어 있다.
• 2, 3, 7, 8 – 다이옥신이 가장 강한 독성을 가지고 있다.
• 열적으로 안정, 난용성, 강한흡착성 등의 특징을 갖는다.
• 발암성, 태아독성, 면역독성 등의 독성을 가지고 있어 인체에 피해를 끼친다.

14 지구 대기에 존재하는 다음 기체들 중 부피 기준으로 가장 낮은 농도를 나타내는 것은?(단, 건조 공기로 가정한다)

① 아르곤(Ar)　　　　　　　　② 이산화탄소(CO_2)
③ 수소(H_2)　　　　　　　　④ 메탄(CH_4)

해설

대기의 성분함량 및 체류시간
• 성분함량 : N_2 > O_2 > Ar > CO_2 > Ne > He > CH_4 > Kr > H_2 > Xe > CO
• 대기 내 체류시간 : N_2 > O_2 > N_2O > CH_4 > CO_2 > CO > SO_2

15 환경위해성 평가와 위해도 결정에 대한 설명으로 옳지 <u>않은</u> 것은?

① 96HLC$_{50}$은 96시간 반치사 농도를 의미한다.
② BF는 유해물질의 생물농축 계수를 의미한다.
③ 분배계수(K_{ow})는 유해물질의 전기전도도 값을 의미한다.
④ LD$_{50}$은 실험동물 중 50%가 치사하는 용량을 의미한다.

해설

K_{ow}는 비극성화합물의 소수성 측정의 한 방법으로 사용된다. K_{ow}값이 1보다 크면 소수성이 강하며 1보다 작으면 친수성이 강하다는 것을 의미한다.

16 온실효과와 지구온난화지수(GWP)에 대한 설명으로 옳지 <u>않은</u> 것은?(단, GWP의 표준시간 범위는 20년)

① 아산화질소(N$_2$O)의 지구온난화지수는 이산화탄소에 비하여 15,100배 정도이다.
② 수증기의 온실효과 기여도는 약 60%이다.
③ 메탄은 이산화탄소에 비하여 21배 정도의 지구온난화지수를 갖는다.
④ 온실가스가 단파장 빛은 통과시키나 장파장 빛은 흡수하는 것을 온실효과라 한다.

해설

아산화질소의 지구온난화지수는 이산화탄소에 비하여 310배 정도이다.

지구온난화지수(GWP : Global Warming Potential)
• 이산화탄소가 지구온난화에 미치는 영향을 기준으로 다른 온실가스가 지구온난화에 기여하는 정도
• 개별 온실가스 1kg의 태양에너지 흡수량을 이산화탄소 1kg이 가지는 태양에너지 흡수량으로 나눈 값
• 단위 질량당 온난화 효과를 지수화한 것
• 이산화탄소를 1로 볼 때 메탄은 21, 아산화질소는 310, 수소불화탄소는 1,300, 육불화황은 23,900이다(SF$_6$ > PFC > HFC > N$_2$O > CH$_4$ > CO$_2$).

17 유해폐기물의 용매추출법은 액상폐기물로부터 제거하고자 하는 성분을 용매 쪽으로 이동시키는 방법이다. 용매추출에 사용하는 용매의 선택기준으로 옳은 것은?

① 낮은 분배계수를 가질 것
② 끓는점이 낮을 것
③ 물에 대한 용해도가 높을 것
④ 밀도가 물과 같을 것

(해설)

용매의 선택기준
• 높은 분배계수를 가질 것
• 물에 대한 용해도가 낮을 것
• 끓는점이 낮을 것
• 밀도가 물과 다를 것

18 Sone은 음의 감각적인 크기를 나타내는 척도로 중심주파수 1,000Hz의 옥타브 밴드레벨 40dB의 음, 즉 40phon을 기준으로 하여 그 해당하는 음을 1Sone이라 할 때, 같은 주파수에서 2Sone에 해당하는 dB은?

① 50   ② 60
③ 70   ④ 80

(해설)

음의 크기(Loudness, S), [Sone]
• 감각적인 음의 크기를 나타내며, 소리의 크기를 느끼는 감량의 단위를 의미
• $1 Sone = 1,000 Hz$ 의 순음 $40 phon$을 의미

$Sone = 2^{\frac{(phon-40)}{10}}$

$1 phon$은 $1,000 Hz$에서 $1 dB$

$2 Sone = 50 phon$ 이므로 $50 dB$

1,000Hz에서 dB, phon, Sone의 관계

$[dB]$	30	40	50	60	70	80	90	100	110	120
$[phon]$	30	40	50	60	70	80	90	100	110	120
$[Sone]$	0.5	1	2	4	8	16	32	64	128	256

19 오염된 토양의 복원기술 중에서 원위치(in-situ) 처리기술이 <u>아닌</u> 것은?

① 토양세정(soil flushing)
② 바이오벤팅(bioventing)
③ 토양증기추출(soil vapor extraction)
④ 토지경작(land farming)

해설

처리원리에 의한 분류

분류		복원기술
In-situ 처리	물리적 처리	토양증기추출법, 가열토양증기추출법
	화학적 처리	토양세척법, 고형화 및 안정화
	생물학적 처리	생분해법, 생물학적 통풍
Ex-situ 처리	물리적 처리	열탈착법, 증기추출법
	화학적 처리	토양세척법, 고형화 및 안정화, 탈염화법, 용제추출법, 화학적 산화 및 환원
	생물학적 처리	경작법, 퇴비화

20 소음에 대한 설명으로 옳은 것은?

① 소리(sound)는 비탄성 매질을 통해 전파되는 파동(wave) 현상의 일종이다.
② 소음의 주기는 1초당 사이클의 수이고, 주파수는 한 사이클당 걸리는 시간으로 정의된다.
③ 환경소음의 피해 평가지수는 소음원의 종류에 상관없이 감각소음레벨(PNL)을 활용한다.
④ 소음저감 기술은 음의 흡수, 반사, 투과, 회절 등의 기본개념과 밀접한 상관관계가 있다.

해설

① 소리는 탄성파이므로 탄성매질을 통해 전파되는 파동 현상의 일종이다.
② 소음의 주파수는 1초당 사이클의 수이고, 주기는 한 사이클당 걸리는 시간으로 정의할 수 있다.
③ 환경소음의 피해 평가지수는 소음원의 종류에 따라 다르다.

2019년 서울시 9급 기출문제

01 온실가스로 분류되는 육불화황(SF_6), 이산화탄소(CO_2), 메탄(CH_4)을 지구온난화지수(Global Warming Potential, GWP)가 큰 순서대로 바르게 나열한 것은?

① $SF_6 > CH_4 > CO_2$

② $CO_2 > CH_4 > SF_6$

③ $SF_6 > CO_2 > CH_4$

④ $CH_4 > CO_2 > SF_6$

 해설

지구온난화지수(GWP : Global Warming Potential)
- 이산화탄소가 지구온난화에 미치는 영향을 기준으로 다른 온실가스가 지구온난화에 기여하는 정도를 나타낸 것
- 개별 온실가스 1kg의 태양에너지 흡수량을 이산화탄소 1kg이 가지는 태양에너지 흡수량으로 나눈 값
- 단위 질량당 온난화 효과를 지수화한 것
- 이산화탄소를 1로 볼 때 메탄은 21, 아산화질소는 310, 수소불화탄소는 1,300, 육불화황은 23,900이다($SF_6 > PFC > HFC > N_2O > CH_4 > CO_2$)

02 $0.2N/m^2$의 음압을 음압 레벨로 나타내면 몇 dB인가?(단, P_0(기준음압의 실효치) $= 2 \times 10^{-5}N/m^2$)

① 40

② 80

③ 100

④ 60

해설

$$SPL = 20\log\left(\frac{P_{rms}}{P_0}\right) = 20\log\left(\frac{2 \times 10^{-1}}{2 \times 10^{-5}}\right) = 20\log 10^4 = 80(dB)$$

음압 레벨(SPL)

$$SPL = 20\log\left(\frac{P_{rms}}{P_0}\right)$$

- 최소 가청음압 $P_0 = 2 \times 10^{-5} \, Pa$
- P_{rms} = 음압실효치

03 수용액에서 수소 이온과 음이온으로 거의 완전히 해리되는 산은 강산(强酸)에 속한다. 표준상태에 서 강산에 해당하지 <u>않는</u> 것은?

① HF

② HI

③ HNO_3

④ HBr

해설

불산(HF)은 강산이 아닌 약산으로 분류된다.

강산과 약산

• 강산 : 수용액에서 수소 이온과 음이온으로 거의 완전히 해리되는 산으로, 황산(H_2SO_4), 질산(HNO_3), 염산(HCl), 브로민화 수소산(HBr), 아이오딘화 수소산(HI), 과염소산($HClO_4$) 등이 포함된다.

• 약산 : 산성 물질은 이온으로 분리될 때 H^+를 내놓는데 이 정도가 적은 물질이다. 이런 물질은 분해될 때 여러 가지 부산물들 이 같이 나오므로 완벽하게 해리되지 않는다. 대표적인 약산으로는 탄산(H_2CO_3), 아세트산(CH_3COOH) 등이 있다.

04 수용액과 평형상태를 유지하고 있는 공기의 전압이 0.8atm일 때 수중의 산소 농도[mg/L]는?(단, 산소의 헨리상수는 40mg/L · atm로 한다)

① 약 3.2

② 약 6.7

③ 약 8.4

④ 약 32

해설

1기압 기준 산소의 부분 압력=0.21

$P = HC$, 압력과 농도는 비례하는 관계이므로

$C = HP = \dfrac{40mg}{L \cdot atm} \times 0.8 \times 0.21 = 6.72mg/L$

헨리의 법칙

$$P = HC$$

• P : 가스분압(atm) • H : 헨리상수($atm \cdot m^3/kmol$)

• C : 농도($kmol/m^3$)

05 다음 표시된 압력 중 가장 낮은 것은?

① 1atm

② 8mH$_2$O

③ 700mmHg

④ 100,000Pa

해설

보기의 압력을 모두 atm로 바꾸면

① $1atm$

② $8mH_2O \times \dfrac{1atm}{10.332mH_2O} \fallingdotseq 0.774atm$

③ $700mmHg \times \dfrac{1atm}{760mmHg} \fallingdotseq 0.921atm$

④ $100,000Pa \times \dfrac{1atm}{101,325Pa} \fallingdotseq 0.987atm$

압력단위 비교

1atm = 760mmHg = 10.332mmH$_2$O = 101,325Pa

06 대기오염 저감 장치인 습식 세정기에 대한 설명으로 가장 옳지 <u>않은</u> 것은?

① 분무세정기, 사이클론, 스크러버는 습식제거장치에 포함된다.
② 가연성, 폭발성 먼지를 처리할 수 있다.
③ 부식의 잠재성이 크고, 유출수의 수질오염 문제가 발생할 수 있다.
④ 포집효율에 변화를 줄 수 있고, 가스흡수와 분진포집이 동시에 가능하다.

해설

사이클론은 습식장치에 포함되지 않는다.
• 습식 세정기 : 세정집진장치, 습식 전기집진장치
• 건식 세정기 : 중력집진장치, 관성력 집진장치, 사이클론

07 동화작용과 이화작용에 대한 설명으로 가장 옳은 것은?

① 동화작용은 세포 내 미토콘드리아에서 일어난다.

② 이화작용은 흡열반응으로 ATP(Adenosine Triphosphate)에서 인산기 하나가 떨어질 때, 약 7.3kcal의 에너지를 흡수한다.

③ 이화작용은 CO_2를 흡수하고 O_2를 방출한다.

④ 호흡은 대표적인 이화작용으로 유기물과 산소를 필요로 한다.

해설

미토콘드리아는 호흡(이화)기관에 속하며, 이화작용은 발열반응이다. 또한 이화작용은 CO_2를 방출하고 O_2를 흡수한다.

• 이화작용 : 세포 내에서 이화작용이 진행되면 에너지가 생성되어 방출된다. 이때 방출된 에너지는 생물체가 활동하는 데에 쓰인다(예 호흡).

• 동화작용 : 생물이 외부로부터 받아들인 저분자유기물이나 무기물을 이용해, 자신에게 필요한 고분자화합물을 합성하는 작용(예 광합성)

08 대기오염물질 확산에 대한 설명으로 가장 옳지 <u>않은</u> 것은?

① 바다와 육지의 자외선 흡수차이에 의해서 낮에는 해풍이 불고 밤에는 육풍이 분다.

② 복사역전은 야간의 방사냉각에 의하여 지표면 부근의 공기가 냉각되어 생겨나는 역전층이다.

③ 침강역전은 고기압에서 하강기류가 있는 곳에 발생할 수 있다.

④ 지형역전은 산의 계곡이나 분지와 같이 오목한 지형에서 발생할 수 있다.

해설

바다와 육지의 비열 차에 의해서 낮에는 해풍, 밤에는 육풍이 분다.

09 환경위해성평가의 오차발생요인과 한계점으로 가장 옳지 <u>않은</u> 것은?

① 유해작용에 대한 관찰 조건의 차이에 따른 어려움

② 실험모델의 부적절성

③ 불확실성 인자들 측정의 어려움

④ 너무 많은 유해물질에 관한 정보

해설

유해물질에 대한 정보가 많을수록 신뢰도가 증가한다.

환경위해성평가 오차발생요인

• 자료가 불충분할 때

• 부적절한 측정

• 부적절한 실험모델의 선정

• 사람에 따른 오차

10 물속 조류의 생장과 관련된 설명으로 가장 옳은 것은?

① 조류가 이산화탄소를 섭취함에 따라 물속의 알칼리도가 중탄산으로부터 탄산으로, 그리고 탄산으로 부터 수산화물로 변화하는데, 이때의 총알칼리도는 일정하게 된다.

② 조류는 세포를 만들기 위해 수중의 중탄산이온을 이용하는 종속영양생물이다.

③ 조류가 번성하는 얕은 물에서는 물의 pH가 약산을 나타낸다.

④ 야간에는 조류의 호흡작용으로 인해 산소가 생성되고 이산화탄소가 소모되기에 pH가 높아지게 된다.

[해설]

② 조류는 광합성을 하므로 독립영양 미생물이다.

③ 조류의 광합성으로 인해 이산화탄소가 감소하여 물의 pH가 알칼리성이 되기도 한다.

④ 야간에는 조류의 호흡작용으로 인해 산소가 소비되고 이산화탄소가 증가한다.

11 소각시스템에 대한 설명으로 가장 옳지 <u>않은</u> 것은?

① 폐기물처리시설은 반입·공급설비, 연소설비, 연소가스 냉각설비, 배기가스 처리 설비, 통풍설비, 소각재 반출설비 등으로 구성되어 있다.

② 스토커 연소장비의 화격자는 손상이 적게 가도록 그 구조와 운동방식을 고려하여 내열, 내마모성이 우수한 재료를 사용한다.

③ 연소가스 냉각설비는 연소가스가 보유하고 있는 유효한 열에너지를 회수하는 것은 물론 연소가스 온도를 냉각시켜 소각로 이후의 설비를 부식으로부터 보호한다.

④ 유동상식 연소장치는 유동층 매체를 300~400℃로 유지하여 대상물을 유동상태에서 소각한다.

[해설]

유동층 소각로는 모래 내열성 분립체를 유동매체로 충전하고, 바닥에 설치된 가열 분사판을 통하여 주입, 고온가스를 불어 넣고 더운 물이 끓는 것과 같이 유동층상을 형성시켜 유동매체의 온도를 700~800℃로 유지하면서 유동층에 피소각물을 균일하게 연속적으로 투입하여 순간적으로 건조, 연소시키는 방식이다.

12 도시 쓰레기의 성분 중 비가연성 부분이 중량비로 50%일 때 밀도가 100kg/m³인 쓰레기 10m³가 있다. 이때 가연성 물질의 양[kg]은?

① 300

② 500

③ 700

④ 1000

해설

폐기물 = 가연성 폐기물 + 비가연성 폐기물

비가연성 폐기물 = $\dfrac{100kg}{m^3} \times 10m^3 \times 0.5 = 500kg$

13 오염된 지하수의 Darcy 속도가 0.1m/day이고, 공극률이 0.25일 때 오염원으로부터 200m 떨어진 지점에 도달하는 데 걸리는 시간은?

① 약 0.9년

② 약 1.4년

③ 약 2.4년

④ 약 3.9년

해설

$v = \dfrac{v_D}{\epsilon} = \dfrac{0.1m/d}{0.25} = 0.4m/d$

$t = \dfrac{d}{v} = \dfrac{200m}{0.4m/d} \times \dfrac{1year}{365d} = 1.369year \fallingdotseq 1.4year$

14 1M 황산 100mL의 노르말 농도(normality, N)는 얼마인가?(단, 수소, 황, 산소 원자의 몰질량은 각각 순서대로 1g/mol, 32g/mol, 16g/mol이다)

① 0.1N

② 0.2N

③ 1N

④ 2N

해설

M농도 = 가수 = N농도

황산은 2가산이므로 $1M \times 2 = 2N$

15 활성탄 흡착법을 이용한 오염물질 처리에 대한 설명으로 가장 옳지 <u>않은</u> 것은?

① 분자량이 큰 물질일수록 흡착이 잘 된다.
② 불포화유기물이 포화유기물보다 흡착이 잘 된다.
③ 방향족의 고리수가 많을수록 흡착이 잘 된다.
④ 용해도가 높은 물질일수록 흡착이 잘 된다.

> **해설**
>
> **흡착의 특징**
> • 할로겐 족 원소가 포함되어 있으면 흡착률이 증가한다.
> • 극성이 작고, 용해도가 작을수록 흡착률이 크다.
> • 표면장력이 작을수록 흡착률이 크다.
> • pH 및 온도가 낮을 때 흡착률이 크다(pH 2~3).
> • 분자량이 증가하면 흡착량은 증가하나, 흡착속도는 감소한다.

16 기후에 영향을 미치는 다양한 요인들에 대한 설명 중 가장 옳지 <u>않은</u> 것은?

① 빛은 대기 중의 입자성 물질에 의해 반사되고, 반사가 많을수록 지구에 도달하는 빛 에너지는 적어 지게 된다.
② 대기 중 이산화탄소에 의해 지구로부터 방출되는 적외선의 통과가 방해를 받게 되어 온실효과가 나 타난다.
③ 염소원자들이 성층권에 유입되면 오존층을 분쇄시키는 반응의 촉매작용을 한다.
④ 성층권에 있는 오존은 태양으로부터의 자외선을 막아주는 차단막 역할을 하며, 낮은 대기층에서의 오존은 식물이 성장하는데 필요한 산소를 공급하는 역할을 한다.

> **해설**
>
> 낮은 대기층에서의 오존은 강력한 산화력을 가지고 있기 때문에 오존 농도가 일정기준 이상 높아질 경우 인체의 호흡기나 눈에 자극을 주며, 농작물의 수확량 감소에도 영향을 끼친다.

17 「지하수법 시행령」상 환경부장관이 수립하는 지하수의 수질관리 및 정화계획에 포함해야 할 사항으로 가장 옳지 <u>않은</u> 것은?

① 지하수의 수질보호계획
② 지하수 오염의 현황 및 예측
③ 지하수의 조사 및 이용계획
④ 지하수의 수질에 관한 정보화계획

해설

「지하수법 시행령」제7조 제5항
지하수의 수질관리 및 정화계획에는 다음의 사항이 포함되어야 한다.
• 지하수의 수질관리 및 정화계획에 관한 기본방향
• 지하수 오염의 현황 및 예측
• 지하수의 수질보호계획
• 지하수의 수질에 관한 정보화계획
• 그 밖에 지하수의 수질관리 및 정화에 필요한 사항

18 수산화칼슘과 탄산수소칼슘은 〈보기〉와 같은 화학반응을 통하여 탄산칼슘의 침전물을 형성한다고 할 때, 37g의 수산화칼슘을 사용할 경우 생성되는 탄산칼슘의 침전물의 양[g]은?(단, Ca의 분자량은 40이다)

보 기

$$Ca(OH)_2 + Ca(HCO_3)_2 \rightarrow 2CaCO_3(s) + 2H_2O$$

① 50
② 100
③ 150
④ 200

해설

$$Ca(OH)_2 \quad : \quad 2CaCo_3$$
$$74g \quad : \quad 2 \times 100g$$
$$37g \quad : \quad xg$$

$$\therefore x = \frac{37 \times 2 \times 100}{74} = 100g$$

19 라돈(Radon, Rn)에 대한 설명으로 가장 옳지 <u>않은</u> 것은?

① Rn-222는 Ra-226의 방사성 붕괴로 인하여 생성된다.

② 라돈은 알파 붕괴(alpha decay)를 통해 알파입자를 방출한다.

③ 표준상태에서 라돈은 공기보다 가볍기 때문에 대기 중에서 확산이 용이하다.

④ 라돈의 반감기는 대략 3.8일이다.

해설

라돈(Radon, Rn)

• 무색, 무취의 기체이며 액화 시에도 무색이다.

• 자연 방사능 물질이며 공기보다 9배 무겁다.

• 주요 발생원은 토양, 시멘트, 콘크리트, 대리석 등의 건축자재와 지하수, 동굴 등이다.

• 폐암을 유발하는 물질로 알려져 있다.

• 지구상에서 발견된 약 70여 가지의 자연 방사능 물질이다.

• 화학적으로 거의 반응을 일으키지 않는다.

20 대기오염물질 배출원에 대한 설명으로 가장 옳지 <u>않은</u> 것은?

① 화산폭발, 산불, 먼지폭풍, 해양 등은 자연적 배출원에 해당한다.

② 배출원을 물리적 배출형태로 구분하면 고정배출원과 이동배출원으로 나눌 수 있다.

③ 이동배출원은 배출규모나 형태에 따라 점오염원과 면오염원으로 분류된다.

④ 일반적으로 선오염원은 배출구 위치가 낮아 대기확산이 어렵기 때문에 점오염원에 비해 지표면에 직접적인 영향을 미친다.

해설

점오염원과 면오염원은 고정배출원에 해당한다.

2018년 지방직 9급 기출문제

01 다음 글에서 설명하는 것은?

> 지구 생태계의 가장 기본적인 에너지원은 태양광이다. 이 태양광 중 엽록체가 광합성을 할 때 흡수하는 주된 파장 부분을 일컫는다.

① 방사선
② 자외선
③ 가시광선
④ 적외선

해설

가시광선
- 태양으로부터 방출되는 빛 가운데 사람의 눈에 보이는 빛
- 자외선과 적외선 사이의 파장 390~760nm의 광선
- 파장과 입자의 크기에 따라 빛의 색상이 다름(무지개와 유사한 7가지 색상)
- 녹색식물의 광합성에 효과가 큰 광선

02 독립 침강하는 구형(spherical) 입자 A와 B가 있다. 입자 A의 지름은 0.10mm이고 비중은 2.0, 입자 B의 지름은 0.20mm이고 비중은 3.0이다. 입자 A의 침강 속도가 0.0050m/s일 때, 동일한 유체에서 입자 B의 침강 속도[m/s]는?(단, 두 입자의 침강 속도는 스토크스(Stokes) 법칙을 따른다고 가정하며, 유체의 밀도는 1,000kg/m³이다)

① 0.015
② 0.020
③ 0.030
④ 0.040

해설

$$V_s = \frac{g(\rho_s - \rho)d^2}{18\mu}$$

$$\frac{V_A}{V_B} = \frac{\dfrac{g(2-1)(0.1)^2}{18\mu}}{\dfrac{g(3-1)(0.2)^2}{18\mu}} = \frac{0.01}{0.04 \times 2} = \frac{0.005}{V_B}$$

$$\therefore\ V_B = 0.04(m/s)$$

Stokes의 침강속도

$$V_s = \frac{g(\rho_s - \rho)d^2}{18\mu}$$

- V_s : 입자의 침강속도($cm/\sec$)
- g : 중력가속도($980cm/\sec^2$)
- ρ_s : 입자의 밀도(g/cm^3)
- ρ : 액체의 밀도(g/cm^3)
- d : 입자의 직경(cm)
- μ : 액체의 점성계수($g/cm \cdot \sec$)

03 수처리 공정에서 침전 현상에 대한 설명으로 옳지 <u>않은</u> 것은?

① 제1형 침전 – 입자들은 다른 입자들의 영향을 받지 않고 독립적으로 침전한다.

② 제2형 침전 – 입자들끼리 응집하여 플록(floc) 형태로 침전한다.

③ 제3형 침전 – 입자들이 서로 간의 상대적인 위치(깊이에 따른 입자들의 위아래 배치 순서)를 크게 바꾸면서 침전한다.

④ 제4형 침전 – 고농도의 슬러지 혼합액에서 압밀에 의해 일어나는 침전이다.

해설

입자의 침강이론

- Ⅰ형 침전(독립침전, 자유침전)
  - 부유물의 농도가 낮고, 비중이 큰 독립성을 갖고 있는 입자들이 침전하는 형태이다.
  - 입자가 상호 간섭 없이 침전한다.
  - Stockes 법칙이 적용된다.(보통 침전지, 침사지)
- Ⅱ형 침전(플록침전, 응결침전)
  - 입자들이 서로 응집하여 플록을 형성하며 침전하는 형태이다.
  - 입자크기의 증대가 SS제거에 중요한 역할을 한다.
  - 독립입자보다 침강속도가 빠르다.(약품 침전지)
- Ⅲ형 침전(간섭침전, 지역침전)
  - 플록을 형성한 입자들이 서로 방해를 받아 침전속도가 감소하는 침전이다.
  - 침전하는 부유물과 상징수 간에 뚜렷한 경계면이 나타난다.
  - 겉보기에 입자 및 플록이 아닌 단면이 침전하는 것처럼 보인다.
  - 하수처리장의 2차 침전지에 해당한다.
- Ⅳ형 침전(압축침전, 압밀침전)
  - 고농도의 침전된 입자군이 바닥에 쌓일 때 일어난다.
  - 바닥에 쌓인 입자군의 무게에 의해 공극의 물이 빠져나가면서 농축되는 현상이다.
  - 침전된 슬러지와 농축조의 슬러지 영역에서 나타난다.

04 음의 세기 레벨(Sound Intensity Level, SIL) 공식은?(단, SIL은 dB 단위의 음의 세기 레벨, I는 W/m^2 단위의 음의 세기, I_o는 기준 음의 세기로서 $10^{-12} W/m^2$이다)

① $SIL = \log_{10} \dfrac{I_o}{I}$

② $SIL = \log_{10} \dfrac{I}{I_o}$

③ $SIL = 10 \cdot \log_{10} \dfrac{I_o}{I}$

④ $SIL = 10 \cdot \log_{10} \dfrac{I}{I_o}$

해설

음의 세기 레벨 : 상대적인 음의 세기를 의미한다.

$$SIL = 10\log\left(\frac{I}{I_0}\right)$$

• I_0 : 최소 가청음의 세기로서 $I_0 = 10^{-12} \ W/m^2$
• I : 대상음의 세기

05 지표 미생물에 대한 설명으로 옳지 <u>않은</u> 것은?

① 총 대장균군(total coliforms)은 락토스(lactose)를 발효시켜 35℃에서 48시간 내에 기체를 생성하는 모든 세균을 포함한다.
② 총 대장균군은 호기성, 통성혐기성, 그람 양성 세균들이다.
③ E. coli는 총 대장균군에도 속하고 분변성 대장균군에도 속한다.
④ 분변성 대장균군은 온혈 동물의 배설물 존재를 가리킨다.

해설

대장균군
• Gram 음성, 무포자의 간균으로 젖당을 분해하여 산과 가스를 생성하는 호기성 또는 통성혐기성의 세균을 말한다.
• 식품이나 물의 분변에 의한 오염의 지표 세균으로서 사용되고 있다.

06 액체 연료의 고위발열량이 11,000kcal/kg이고 저위발열량이 10,250kcal/kg이다. 액체 연료 1.0kg이 연소될 때 생성되는 수분의 양[kg]은?(단, 물의 증발열은 600kcal/kg이다)

① 0.75

② 1.00

③ 1.25

④ 1.50

해설

$H_l = H_h - 600(9H + W)$

$10,250 = 11,000 - 600W$

$\therefore \ W = 1.25$

07 음속에 대한 설명으로 옳지 <u>않은</u> 것은?

① 공기의 경우 0℃, 1기압에서 약 331m/s이다.

② 공기 온도가 상승하면 음속은 감소한다.

③ 물속에서 온도가 상승하면 음속은 증가한다.

④ 마하(Mach) 수는 공기 중 물체의 이동 속도와 음속의 비율이다.

해설

음속은 음파가 1초 동안에 전파하는 거리이며 온도가 상승하면 음속도 증가한다.

$$C \fallingdotseq 331.42 + 0.6t$$

• t : 온도(℃)

08 펌프의 공동 현상(cavitation)에 대한 설명으로 옳지 <u>않은</u> 것은?

① 펌프의 내부에서 급격한 유속의 변화, 와류 발생, 유로 장애 등으로 인하여 물속에 기포가 형성되는 현상이다.

② 펌프의 흡입손실수두가 작을 경우 발생하기 쉽다.

③ 공동 현상이 발생하면 펌프의 양수 기능이 저하된다.

④ 공동 현상의 방지 대책 중의 하나로서 펌프의 회전수를 작게 한다.

공동현상 : 펌프의 임펠러 입구에서 특정 요인에 의해 물이 증발하거나 흡입관으로부터 공기가 혼입됨으로써 공동이 발생하는 현상
- 발생원인
  - 펌프의 흡입실양정(또는 흡입손실수두)이 클 경우
  - 시설의 이용가능한 유효흡입수두(NPSH, hsv)가 작을 경우
  - 펌프의 회전속도가 클 경우
  - 토출량이 과대할 경우
  - 펌프의 흡입관경이 작을 경우
- 영향
  - 소음과 진동발생
  - 양정곡선과 효율곡선의 저하
  - 급격한 출력저하와 함께 심할 경우 pumping 기능 상실
- 방지방법
  - 펌프의 설치위치를 가능한 한 낮추어 흡입양정을 짧게 한다.
  - 펌프의 회전수를 감소시킨다.
  - 성능에 크게 영향을 미치지 않는 범위 내에서 흡입관의 직경을 증가시킨다.
  - 두 대 이상의 펌프를 사용하거나 회전차를 수중에 완전히 잠기게 한다.

09 대기 오염 물질의 하나인 질소산화물을 제거하는 가장 효과적인 장치는?

① 선택적 촉매환원 장치　　　　　　② 물 세정 흡수탑
③ 전기집진기　　　　　　　　　　　④ 여과집진기

질소산화물의 처리
- 흡수법
- 흡착법
- 촉매환원법(선택적 촉매환원법, 비선택적 촉매환원법)

10 도시 고형폐기물을 소각할 때 단위 무게당 가장 높은 에너지를 얻을 수 있는 것은?

① 종이　　　　　　　　　　　　　　② 목재
③ 음식물 쓰레기　　　　　　　　　　④ 플라스틱

일반적으로 플라스틱의 발열량이 제일 높다.
플라스틱 〉 목재 〉 종이 〉 음식물 쓰레기

11 염소소독법에 대한 설명으로 옳지 <u>않은</u> 것은?

① 염소소독은 THM(trihalomethane)과 같은 발암성 물질을 생성시킬 수 있다.

② 하수처리 시 수중에서 염소는 암모니아와 반응하여 모노클로로아민(NH_2Cl)과 다이클로로아민($NHCl_2$) 등과 같은 결합 잔류 염소를 형성한다.

③ 유리 잔류 염소인 $HOCl$과 OCl^-의 비율 $\left(\dfrac{HOCl}{OCl^-}\right)$은 pH가 높아지면 커진다.

④ 정수장에서 암모니아를 포함한 물을 염소 소독할 때 유리 잔류 염소를 적정한 농도로 유지하기 위해서는 불연속점(breakpoint)보다 더 많은 염소를 주입하여야 한다.

> **해설**
>
> 염소소독은 불소, 오존보다 산화력이 낮고, THM이 형성될 수 있다.
> pH가 낮을수록 $HOCl > OCl^-$이다.

12 유기성 슬러지에 해당하지 <u>않는</u> 것은?

① 하·폐수 생물학적 처리공정의 잉여 슬러지

② 음식물 쓰레기 처리공정에서 발생하는 고형물

③ 정수장의 응집 침전지에서 생성된 슬러지

④ 정화조 찌꺼기

> **해설**
>
> 정수장에서 화학적 응집제를 이용하여 폐수 내에 포함된 침전성 무기물을 제거한 슬러지는 무기성 슬러지이다.

13 광화학 스모그의 생성 과정에서 반응물과 생성물에 해당하지 <u>않는</u> 것은?

① 탄화수소

② 황 산화물

③ 질소 산화물

④ 오존

> **해설**
>
> • 광화학 스모그 원인물질 : 탄화수소, NOx
> • 광화학 스모그 생성물질 : 오존, 알데히드, 유기산, PAN 등

14 총 경도가 250mg CaCO₃/L이며 알칼리도가 190mg CaCO₃/L인 경우, 주된 알칼리도 물질과 비탄산 경도[mg CaCO₃/L]는?(단, pH는 7.6이다)

알칼리도 물질	비탄산 경도[mg CaCO₃/L]
① CO_3^{2-}	60
② CO_3^{2-}	190
③ HCO_3^-	60
④ HCO_3^-	190

해설

> 총경도 = 탄산경도 + 비탄산경도
> TH = CH + NCH
> TH 〉 Alk 일 때, CH = Alk
> TH 〈 Alk 일 때, CH = TH

TH 〉 Alk이므로, CH = Alk = 190
따라서 비탄산경도는 NCH = TH - CH = 60

알칼리도 물질
자연수 중의 알칼리도의 형태는 HCO_3^-(중탄산염)이다.
Alk = $[H_2CO_{3(aq)}]$ + $[HCO_3^-{}_{(aq)}]$ + $[CO_3^{2-}{}_{(aq)}]$ 이며 pH에 따라 다음과 같이 나눌 수 있다.
pH 6 이하인 경우,   Alk ⇌ $[H_2CO_{3(aq)}]$
pH 6~9인 경우,   Alk ⇌ $[HCO_3^-{}_{(aq)}]$
pH 9 이상인 경우,   Alk ⇌ $[CO_3^{2-}{}_{(aq)}]$

15 오염 물질로서의 중금속에 대한 설명으로 옳지 <u>않은</u> 것은?

① 크롬은 +3가인 화학종이 +6가인 화학종에 비하여 독성이 강하다.
② 구리는 황산 구리의 형태로 부영양화된 호수의 조류 제어에 사용되기도 한다.
③ 납은 과거에 휘발유의 노킹(knocking) 방지제로 사용되었으므로 고속도로변 토양에서 검출되기도 한다.
④ 수은은 상온에서 액체인 물질이다.

해설

크롬은 Cr^{6+}이 Cr^{3+}보다 독성이 강하다.

16 점도(viscosity)에 대한 설명으로 옳지 <u>않은</u> 것은?

① 물의 점도는 온도가 상승하면 감소한다.
② 뉴턴 유체(Newtonian fluid)에서 전단응력은 속도 경사(velocity gradient)에 비례한다.
③ 공기의 점도는 온도가 상승하면 증가한다.
④ 동점도계수는 점도를 속도로 나눈 것이다.

해설
• 액체의 점도는 온도가 상승하면 감소하고, 기체의 점도는 온도가 상승하면 증가한다.
• 동점도계수는 점성계수를 밀도로 나눈 것이다.

17 하수처리에서 기존의 활성 슬러지 공정과 비교할 때 막분리생물반응조(membrane bioreactor, MBR) 공정의 특징으로 옳지 <u>않은</u> 것은?

① 일반적인 처리장 운전에서 슬러지 체류 시간을 짧게 하여 잉여 슬러지 발생량을 줄일 수 있다.
② 하수처리를 위한 부지 공간을 절약할 수 있다.
③ 수리학적 체류 시간을 짧게 유지할 수 있다.
④ 주기적인 막교체에 소요되는 비용이 발생한다.

해설

MBR 공법
• 기존 활성슬러지 공정의 단점을 해결하고자 유기물과 T-N, T-P 성분을 제거하기 위한 생물학적 처리 공정과 입자성 물질을 제거하기 위한 membrane 공정을 조합한 공법이다.
• 완벽한 고액분리가 이루어져 반응조 내 MLSS 농도를 고농도로 유지할 수 있다.
• 높은 SRT와 고농도 MLSS유지를 통하여 슬러지 발생량 감소와 동절기 저수온 및 고농도 원수유입에 대한 충격부하가 강하다.
• 미세공극의 분리막으로 인하여 병원성 미생물의 제거가 가능하여 소독설비가 불필요하다.
• 침전조가 필요 없고, 농축조 부피 또한 감소되어 공정의 compact화가 가능하다.

18 RDF(refuse derived fuel)에 대한 설명으로 옳지 <u>않은</u> 것은?

① 물리화학적 성분 조성이 균일해야 좋다.
② 다이옥신 발생을 줄이기 위하여 RDF 제조에 염소가 함유된 플라스틱을 60% 이상 사용하는 것이 바람직하다.
③ RDF의 형태에는 펠렛(pellet)형, 분말(powder)형 등이 있다.
④ 발열량을 높이기 위하여 함수량을 감소시켜야 한다.

해설

염소의 함량이 클 경우 연료로서 문제가 된다.

RDF의 구비조건
• 함수율이 낮고, 칼로리가 높을 것
• 대기오염도가 낮을 것
• 저장 및 수송이 용이할 것
• 기존 고체연료 사용로에서 사용이 가능할 것

19 지역 A의 면적은 1,000km²이고, 대기 혼합고(mixing height)는 100m이다. 하루에 200톤(질량 기준)의 석탄이 완전 연소되었는데, 이 석탄의 황(S) 함유량은 4%였고 연소 후 S는 모두 SO_2로 배출되었다. 지역 A에서 1주 동안 대기가 정체되었을 때 SO_2의 최종 농도[㎍/m³]는?(단, S의 원자량은 32, O의 원자량은 16이며, 지역 A에서 대기가 정체되기 이전의 SO_2 초기 농도는 0㎍/m³이고 주변 지역과의 물질 전달은 없다고 가정한다)

① 56
② 112
③ 560
④ 1,120

해설

SO_2 발생량

$$\frac{200t}{d} \times 0.04S \times \frac{64kg\,SO_2}{32kg\,S} \times \frac{10^{12}\mu g}{1t} \times \frac{7d}{1week} = 112 \times 10^{12}\mu g/week$$

SO_2의 최종 농도

$$\frac{112 \times 10^{12}\mu g}{week} \times \frac{1}{100m} \times \frac{1}{1,000km^2} \times \frac{(1km)^2}{(1,000m)^2} = 1,120\mu g/m^3$$

20 해수의 특성으로 옳지 <u>않은</u> 것은?

① pH는 일반적으로 약 7.5~8.5 범위이다.

② 염도는 약 3.5‰이다.

③ 용존 산소 농도는 수온이 감소하면 증가한다.

④ 밀도는 온도가 상승하면 작아지고, 염도가 증가하면 커진다.

[해설]

해수의 특성

• pH는 약 8.2로 약알칼리성이다.
• 해수의 Mg/Ca비는 3~4 정도로 담수 0.1~0.3에 비해 크다.
• 해수의 염도는 약 35,000ppm 정도이며, 심해로 갈수록 커진다.
• 염분은 적도 해역에서 높고, 극지방 해역에서는 다소 낮다.
• 해수의 밀도는 약 1.02~1.07g/cm³ 정도이며, 수심이 깊어질수록 증가한다.
• 해수의 주요성분 농도비는 일정하고, 대표적인 구성원소를 농도에 따라 나열하면 $Cl^- > Na^+ > SO_4^{2-} > Mg^{2+} > Ca^{2+} > K^+ > HCO_3^-$ 순이다.

2018년 서울시 9급 기출문제

01 농도가 가장 높은 용액은?(단, 용액의 비중은 1로 가정한다)

① 100ppb

② 10μg/L

③ 1ppm

④ 0.1mg/L

해설

전부 mg/L로 바꿔보면

① 100ppb = 0.1mg/L

② 10μg/L = 0.01mg/L

③ 1ppm = 1mg/L

④ 0.1mg/L

02 대기 중에서 지름이 10μm인 구형입자의 침강속도가 3.0cm/sec라고 한다. 같은 조건에서 지름이 5μm인 같은 밀도의 구형입자의 침강속도(cm/sec)는?

① 0.25

② 0.5

③ 0.75

④ 1.0

해설

$(10)^2 : (5)^2 = 3 : x$

$\therefore x = 0.75$

Stokes의 침강속도

침강속도는 입자의 직경의 제곱에 비례한다.

$$V_s = \frac{g(\rho_s - \rho)d^2}{18\mu}$$

03 호수 및 저수지에서 일어날 수 있는 자연현상에 대한 설명으로 가장 옳지 <u>않은</u> 것은?

① 호수의 성층현상은 수심에 따라 변화되는 온도로 인해 수직방향으로 밀도차가 발생하게 되고 이로 인해 층상으로 구분되는 현상을 의미한다.

② 표수층은 호수 혹은 저수지의 최상부층을 말하며 대기와 직접 접촉하고 있으므로 산소 공급이 원활하고 태양광 직접 조사를 통해 조류의 광합성 작용이 활발히 일어난다.

③ 여름 이후 가을이 되면서 높아졌던 표수층의 온도가 4℃까지 저하되면 물의 밀도가 최대가 되므로 연직방향의 밀도차에 의한 자연스러운 수직혼합현상이 발생하며, 이로 인해 표수층의 풍부한 산소와 영양성분이 하층부로 전달된다.

④ 겨울이 되어 호수 및 저수지 수면층이 얼게 되면 물과 얼음의 밀도차에 의해 수면의 얼음은 침강하게 된다.

해설

얼음은 물에 비해 밀도가 작으므로 물 위로 떠오른다.

성층현상

- 정의 : 호소에서 수심에 따른 온도변화로 인해 밀도차이가 발생하고 이에 따라 표층(순환대), 수온약층(변천대), 심수층(정체대) 등의 층으로 구분되게 되는데, 이를 성층현상이라고 한다.
- 구조
  - 표층(순환대) : 공기 중의 산소가 재폭기되고, 조류의 광합성 작용으로 인해 DO농도가 포화 및 과포화 현상이 일어난다. 따라서 호기성 상태가 유지된다.
  - 수온약층(변천대) : 표층과 심수층의 중간층에 해당되며, 수온이 급격히 변화한다.
  - 심수층(정체대) : 온도차에 의한 물의 유동이 없는 최하부를 의미하며, DO의 농도가 낮아 수중 생물의 서식에 좋지 않다. 혐기성 상태에서 분해되는 침전성 유기물에 의해 수질이 나빠지며 CO_2, H_2S 등이 증가한다.

04 인구 5,000명인 아파트에서 발생하는 쓰레기를 5일마다 적재용량 10m³인 트럭 10대를 동원하여 수거한다면 1인당 1일 쓰레기 배출량(kg)은?(단, 쓰레기의 평균밀도는 100kg/m³라고 가정한다)

① 0.2   ② 0.4

③ 2   ④ 4

해설

1인당 1일 쓰레기 배출량 계산(kg/1인·d)

$$\frac{100kg}{m^3} \times 10m^3 \times 10대 \times \frac{1}{5,000인 \times 5d} = 0.4$$

05 폐수처리에 사용되는 주요 생물학적 처리공정 중 부착성장 미생물을 활용하는 공정으로 가장 옳은 것은?

① 살수여상
② 활성슬러지 공정
③ 호기성 라군
④ 호기성 소화

해설

- 부유성장공법 : 활성슬러지 공정, 호기성 라군, SBR 공법 등
- 부착성장공법 : 살수여상법, 회전원판법 등
- 살수여상법 : 고정된 쇄석과 플라스틱 등의 여재 표면에 부착한 생물막의 표면을 하수가 박막의 형태로 흘러내리며 하수 중 유기물을 제거하는 방법이다.

06 리처드슨 수(Richardson's number, Ri)에 대한 설명으로 가장 옳지 <u>않은</u> 것은?

① 대류난류를 기계적인 난류로 전환시키는 비율을 뜻하며, 무차원수이다.
② Ri = 0은 기계적 난류가 없음을 나타낸다.
③ Ri > 0.25인 경우는 수직방향의 혼합이 거의 없음을 나타낸다.
④ −0.03 < Ri < 0인 경우 기계적 난류가 혼합을 주로 일으킨다.

해설

리처드슨 수(Richardson's number, Ri)
- 대류난류를 기계적인 난류로 전환시키는 율
- $-0.03 < Ri < 0$인 경우 기계적 난류가 혼합을 주로 일으킴을 나타낸다.
- $Ri > 0.25$ 인 경우는 수직방향의 혼합이 거의 없음을 나타낸다.
- $Ri = 0$ 은 중립상태로서 기계적 난류가 지배적인 상태를 나타낸다.

07 「소음·진동관리법 시행규칙」상 낮 시간대(06 : 00 – 18 : 00) 공장소음 배출허용기준(dB)이 가장 낮은 지역은?

① 도시지역 중 전용주거지역 및 녹지지역
② 도시지역 중 일반주거지역
③ 농림지역
④ 도시지역 중 일반공업지역 및 전용공업지역

「소음·진동관리법 시행규칙」 제8조 별표5

공장소음·진동의 배출허용기준(제8조 관련)

공장소음 배출허용기준

[단위 : dB(A)]

대상지역	시간대별		
	낮 (06 : 00 − 18 : 00)	저녁 (18 : 00 − 24 : 00)	밤 (24 : 00 − 06 : 00)
가. 도시지역 중 전용주거지역 및 녹지지역(취락지구·주거개발진흥지구 및 관광·휴양개발진흥지구만 해당), 관리지역 중 취락지구·주거개발진흥지구 및 관광·휴양개발진흥지구, 자연환경보전지역 중 수산자원보호구역 외의 지역	50 이하	45 이하	40 이하
나. 도시지역 중 일반주거지역 및 준주거지역, 도시지역 중 녹지지역(취락지구·주거개발진흥지구 및 관광·휴양개발진흥지구는 제외)	55 이하	50 이하	45 이하
다. 농림지역, 자연환경보전지역 중 수산자원보호구역, 관리지역 중 가목과 라목을 제외한 그 밖의 지역	60 이하	55 이하	50 이하
라. 도시지역 중 상업지역·준공업지역, 관리지역 중 산업개발진흥지구	65 이하	60 이하	55 이하
마. 도시지역 중 일반공업지역 및 전용공업지역	70 이하	65 이하	60 이하

08 공극률이 20%인 토양 시료의 겉보기밀도는?(단, 입자밀도는 2.5g/cm^{3}로 가정한다.)

① 1g/cm^3

② 1.5g/cm^3

③ 2g/cm^3

④ 2.5g/cm^3

$$공극률 = \frac{입자밀도 - 겉보기밀도}{입자밀도} \times 100$$

$$0.2 = \frac{2.5 - x}{2.5}$$

$$0.5 = 2.5 - x$$

$$\therefore x = 2.0$$

09 폐기물 매립지의 매립가스 발생 단계에 대한 설명으로 가장 옳지 <u>않은</u> 것은?

① 1단계는 호기성 단계로 매립지 내 O_2와 N_2가 서서히 감소하며, CO_2가 발생하기 시작한다.

② 2단계는 혐기성 비메탄 발효 단계로 H_2가 생성되기 시작하며, CO_2는 최대농도에 이른다.

③ 3단계는 혐기성 메탄 축적 단계로 CH_4 발생이 시작되며, 중반기 이후 CO_2의 농도비율이 감소한다.

④ 4단계는 혐기성 단계로 CH_4와 CO_2가 일정한 비율로 발생한다.

해설

매립지 내의 시간에 따른 분해단계
- 1단계 : 폐기물 속의 산소가 급속히 소모되는 단계
- 2단계
  - 혐기성 상태이나, CH_4의 생성은 없고, CO_2가 급격히 생성되는 단계
  - 그 외 지방산, 알코올, NH_3, H_2 등이 생성
- 3단계
  - 산 생성 단계로 CO_2농도가 최대가 되는 단계
  - CH_4의 생성 시작
- 4단계
  - CH_4 생성 단계(CH_4 농도 최대)
  - $CH_4 : CO_2 = 60\% : 40\%$

10 원심력집진기의 집진장치 효율에 대한 설명으로 가장 옳지 <u>않은</u> 것은?

① 배기관의 직경이 작을수록 입경이 작은 먼지를 제거할 수 있다.

② 입구유속에는 한계가 있지만, 그 한계 내에서 속도가 빠를수록 효율이 높은 반면 압력 손실이 높아진다.

③ 사이클론의 직렬단수, 먼지호퍼의 모양과 크기도 효율에 영향을 미친다.

④ 점착성이 있는 먼지에 적당하며 딱딱한 입자는 장치를 마모시킨다.

해설

점착성이 있는 먼지는 원심력집진장치에서는 처리하기 힘들다.

원심력 집진장치의 집진율 향상조건
- 배기관경이 작을수록 집진효율은 증가하고 압력손실은 높아진다.
- 입구유속이 적절히 빠를수록 효율이 증가한다.
- 블로다운 방식을 사용하여 효율증대에 기여할 수 있다.
- 프라그 효과를 방지하기 위해 돌출핀 및 스키머를 부착한다.
- 분진 박스와 모양은 적당한 크기와 형상을 갖춘다.

11 폐수의 화학적 응집 침전을 촉진시키기 위한 방법으로 가장 옳지 <u>않은</u> 것은?

① 전위결정이온을 첨가하여 콜로이드 표면을 채우거나 반응을 하여 표면전하를 줄인다.

② 수산화금속이온을 형성하는 화학약품을 투입한다.

③ 고분자 응집제를 첨가하여 흡착작용과 가교작용으로 입자를 제거한다.

④ 전해질을 제거하여 분산층의 두께를 높여 제타전위를 줄이는 것이 효과적이다.

해설

전해질을 첨가하여 분산층의 두께를 낮춰 제타전위를 줄이는 것이 효과적이다.

응집 원리

• 이중층 압축 : 음전하의 콜로이드를 중화시키기 위해 양이온의 응집제를 주입하면, 이중층의 분산층이 압축되어 콜로이드 거리가 가까워지고, 이로 인해 반데르발스의 힘이 작용하여 응집이 일어난다.

• 전화중화, 반대이온 흡착 : 제타전위의 감소로 불안정화된 입자는 반데르발스의 힘이 작용한다.

• 가교현상 : 플록형성 보조제로 유기 고분자 응집제를 사용하면 폴리머에 의한 가교작용으로 큰 입자를 형성한다.

• 체거름 현상 : 응집제로 이용되는 금속염은 제타전위를 감소시키는 양보다 조금 많은 양이 사용된다. 남은 금속염은 수산화물 침전물로 가라앉으면서 작은 콜로이드를 포획하여 침전한다.

12 혐기성 소화과정은 가수분해, 산 생성, 메탄 생성의 단계로 구분된다. 가수분해 단계에서 주로 생성되는 물질로 가장 옳지 <u>않은</u> 것은?

① 아미노산

② 글루코스

③ 글리세린

④ 알데하이드

해설

혐기성 소화과정

가수분해	→	산 생성	→	메탄 생성
아미노산		유기산		CH_4
글루코스		알코올		CO_2
글리세린		알데하이드류		

13 대기층은 고도에 따른 온도 변화 양상에 따라 영역 구분이 가능하다. 〈보기〉에 해당하는 영역은?

 보 기

- 대기층에서 고도 11~50km 사이에 존재한다.
- 고도가 올라감에 따라 온도가 상승하는 안정적인 수직 구조를 갖는다.
- 상대적으로 높은 농도의 오존이 존재하여 태양광의 단파장영역을 효과적으로 흡수한다.

① 대류권   ② 성층권
③ 중간권   ④ 열권

해설

대기의 수직구조
- 대류권
  - 지상 0~11km까지의 고도를 말한다.
  - 고도가 증가할수록 온도가 감소한다.
  - 대기오염이 심각한 층이다.
  - 온도에 따른 밀도 차에 의해 대기의 대류현상이 활발하다.
- 성층권
  - 지상 11~50km까지의 고도를 말한다.
  - 오존층이 존재한다.
  - 하부에는 온도의 변화가 거의 일정하며, 상부에는 고도가 상승할수록 온도가 증가하는 안정한 대기 상태를 갖는다.
- 중간권
  - 지상 50~80km까지의 고도를 말한다.
  - 대기권에서 온도가 가장 낮은 권역이다.
  - 고도가 증가할수록 온도가 감소한다.
  - 약간의 대류현상이 일어난다.
  - 대기 조성물질의 비율이 거의 일정하여 균일층이라고도 부른다.
- 열권
  - 지상 80km 이상의 고도를 말한다.
  - 고도가 증가할수록 온도가 증가한다.
  - 분자들이 전리상태에 있어 전리층이라고도 부른다.
  - 온도의 정의가 어렵다.

14 실외 지면에 위치한 점음원에서 발생한 소음의 음향파워레벨이 105dB일 때 음원으로부터 100m 떨어진 지점에서의 음압 레벨은?

① 54dB

② 57dB

③ 77dB

④ 91dB

해설

점음원이며 음원이 반자유공간에 위치하므로

$$SPL = PWL - 10\log(2\pi r^2)$$
$$= PWL - 20\log r - 8(dB)$$
$$= 105 - 20\log 100 - 8 = 57dB$$

SPL과 PWL의 관계식

$$PWL = SPL + 10\log S$$

- S : 표면적(m²)
- 점음원
  - 음원이 자유공간(공중, 구면파 전파)에 위치할 때
    $$SPL = PWL - 10\log(4\pi r^2)$$
    $$= PWL - 20\log r - 11(dB)$$
  - 음원이 반자유공간(바닥, 천장, 벽, 반구면파 전파)에 위치할 때
    $$SPL = PWL - 10\log(2\pi r^2)$$
    $$= PWL - 20\log r - 8(dB)$$
- 선음원
  - 음원이 자유공간(공중, 구면파 전파)에 위치할 때
    $$SPL = PWL - 10\log(2\pi r)$$
    $$= PWL - 10\log r - 8(dB)$$
  - 음원이 반자유공간(바닥, 천장, 벽, 반구면파 전파)에 위치할 때
    $$SPL = PWL - 10\log(\pi r)$$
    $$= PWL - 10\log r - 5(dB)$$

15 수계의 유기물질 총량을 간접적으로 예측하기 위한 지표로서 생물화학적 산소요구량(Biochemical Oxygen Demand : BOD)과 화학적 산소요구량(Chemical Oxygen Demand : COD)에 대한 설명으로 가장 옳은 것은?

① BOD는 혐기성 미생물의 수계 유기물질 분해 활동과 연관된 산소 요구량을 의미하며 BOD₅는 5일간 상온에서 시료를 배양했을 때 미생물에 의해 소모된 산소량을 의미한다.

② BOD값이 높을수록 수중 유기물질 함량이 높으며, 측정방법의 특성상 BOD는 언제나 COD보다 높게 측정된다.

③ BOD는 생물학적 분해가 가능한 유기물의 총량 예측에 적합하며, 미생물의 활성을 저해하는 독성물질 존재 시 분해의 방해효과가 나타날 수 있다.

④ COD는 시료 중 유기물질을 화학적 산화제를 사용하여 산화 분해시킨 후 소모된 산화제의 양을 대응산소의 양으로 환산하여 나타낸 값으로, 일반적인 활용 산화제는 염소나 과산화수소이다.

해설

① BOD는 호기성 미생물의 수계 유기물질 분해 활동과 연관된 산소 요구량을 의미하며 BOD_5는 5일간 $20^\circ C$에서 시료를 배양했을 때 미생물에 의해 소모된 산소량을 의미한다.

② BOD값이 높을수록 수중 유기물질 함량이 높으며, 측정방법의 특성상 BOD는 언제나 COD보다 낮게 측정된다.

④ COD는 시료 중 유기물질을 화학적 산화제를 사용하여 산화 분해시킨 후 소모된 산화제의 양을 대응산소의 양으로 환산하여 나타낸 값으로, 일반적인 활용 산화제는 과망간산칼륨과 다이크로뮴산칼륨이다.

16 지구 온난화에 기여하는 온실가스 중 이산화탄소와 탄소순환에 대한 설명으로 가장 옳지 <u>않은</u> 것은?

① 공업적으로 이산화탄소를 배출하는 큰 산업 중의 하나는 시멘트 제조업이다.

② 지구상의 식물에 저장되어 있는 탄소량은 바다 속에 저장된 탄소량에 비해 매우 적다.

③ 바다는 주로 이산화탄소를 중탄산이온(HCO_3^-)의 형태로 저장한다.

④ 석유는 다른 화석연료(석탄, 천연가스 등)에 비해 탄소 집중도가 가장 큰 물질이다.

해설

이산화탄소(CO_2)

• 공업적으로 이산화탄소를 배출하는 큰 산업으로는 시멘트 제조업, 석유화학, 철강산업이다.

• 지구상의 식물에 저장되어 있는 탄소량은 바다 속에 저장된 탄소량에 비해 매우 적다.

• 바다는 주로 이산화탄소를 중탄산이온(HCO_3^-)의 형태로 저장한다.

• 석유는 석탄보다 탄소 집중도가 낮다.

17 토양세척법에 대한 설명으로 가장 옳지 <u>않은</u> 것은?

① 토양세척법에 이용되는 세척제는 계면의 자유에너지를 낮추는 물질이다.

② 토양세척기술은 1970년대 후반 미국 환경청에서 기름 유출사고로 오염된 해변을 정화하기 위해 처음으로 개발되었다.

③ 준휘발성 유기화합물은 토양세척법을 이용하여 처리하기에 적합하지 않다.

④ 토양 내에 휴믹질이 고농도로 존재하는 경우에는 전처리가 필요하다.

해설

토양세척법(Soil Washing)

• 세척제를 사용하여 토양입자와 결합하고 있는 오염물질의 표면장력을 약화시켜 처리하는 기술이다.

• 준휘발성 유기화합물질, 유류계 오염물질 및 중금속 처리에 적합하다.

• 특정 휘발성 유기화합물질에도 적용이 가능하다.

• 토양 내 휴믹질이 고농도로 존재할 경우 전처리가 필요하다.

• 적용방식에 따라 In-situ 방식과 Ex-situ 방식으로 구분한다.

• 세척제는 계면의 자유에너지를 낮추고 계면의 성질을 변화시켜 물에 대해 용해성이 적은 물질을 열역학적으로 안정한 상태로 용해시킨다.

• 모래, 자갈, 세사 토양에서 높은 처리효과를 보인다.

• 점토질 토양에 사용하기에는 부적합하다.

18 대기오염제어장치로서 분진 제거 시 〈보기〉의 조건을 충족하는 집진시설로 가장 옳은 것은?

> **보기**
>
> • 미세한 분진을 비교적 고효율로 제거하여야 할 경우
> • 가스의 냉각이 요구되나 습도가 문제되지 않는 경우
> • 가스가 연소성인 경우
> • 분진과 기체상태의 오염물질을 동시에 제거해야 하는 경우

① 직물여과기
② 사이클론
③ 습식세정기
④ 전기집진기

해설

세정 집진장치의 장단점
• 장점
 – 분진 및 가스의 동시 제거가 가능하다.
 – 접착성·부착성 가스 처리가 가능하다.
 – 효율이 대체로 우수하다.
 – 고온가스에 대한 냉각기능이 있다.
 – 포집된 먼지의 재비산을 방지할 수 있다.
 – 가연성 및 폭발성 먼지 처리가 가능하다.
 – 설치면적이 적게 든다.
 – 다른 집진장치와 비교하여 성능이 같은 경우 설치비용이 저렴하다.
 – 구조가 간단하다.
• 단점
 – 부식 잠재성이 크다.
 – 급수시설 및 폐수 처리시설이 필요하다.
 – 겨울철 동결의 위험이 있다.
 – 백연 방지를 위한 재가열장치가 필요하다.
 – 소수성 분진의 처리 효율이 낮다.
 – 동력 소모량 및 압력손실이 크다.
 – 포집분진의 회수에 어려움이 있다.

19 「먹는물 수질기준 및 검사 등에 관한 규칙」상의 건강상 유해영향 무기물질로 가장 옳지 <u>않은</u> 것은?

① 아연(Zn)

② 셀레늄(Se)

③ 암모니아성 질소(NH₃)

④ 비소(As)

해설

건강상 유해영향 무기물질에 관한 기준

- 납은 0.01㎎/L를 넘지 아니할 것
- 불소는 1.5㎎/L(샘물·먹는 샘물 및 염지하수·먹는염지하수의 경우에는 2.0㎎/L)를 넘지 아니할 것
- 비소는 0.01㎎/L(샘물·염지하수의 경우에는 0.05㎎/L)를 넘지 아니할 것
- 셀레늄은 0.01㎎/L(염지하수의 경우에는 0.05㎎/L)를 넘지 아니할 것
- 수은은 0.001㎎/L를 넘지 아니할 것
- 시안은 0.01㎎/L를 넘지 아니할 것
- 크롬은 0.05㎎/L를 넘지 아니할 것
- 암모니아성 질소는 0.5㎎/L를 넘지 아니할 것
- 질산성 질소는 10㎎/L를 넘지 아니할 것
- 카드뮴은 0.005㎎/L를 넘지 아니할 것
- 붕소는 1.0㎎/L를 넘지 아니할 것(염지하수의 경우에는 적용하지 아니함)
- 브롬산염은 0.01㎎/L를 넘지 아니할 것(수돗물, 먹는 샘물, 염지하수·먹는 염지하수·먹는 해양심층수 및 오존으로 살균·소독 또는 세척 등을 하여 먹는 물로 이용하는 지하수만 적용)
- 스트론튬은 4㎎/L를 넘지 아니할 것(먹는 염지하수 및 먹는 해양심층수의 경우에만 적용)
- 우라늄은 30㎍/L를 넘지 않을 것[수돗물(지하수를 원수로 사용하는 수돗물), 샘물·먹는 샘물, 먹는 염지하수 및 먹는 물 공동시설의 물의 경우에만 적용]

20 하·폐수 처리 공정의 3차 처리에서 수중의 질소를 제거하기 위한 방법으로 가장 옳지 <u>않은</u> 것은?

① 응집침전법

② 이온교환법

③ 생물학적 처리법

④ 탈기법

해설

질소는 응집침전으로 제거할 수 없다.

질소제거 : 이온교환법, 탈기법, 생물학적 처리법(질산화, 탈질 이용)

MEMO

부록2

실전모의고사

문장의 환경공학개론

한걸음으로 끝내기

실전모의고사

01 활성슬러지 공정으로 폐수를 아래의 조건으로 처리하고 있다. 이때 필요한 폭기조의 용적은 얼마인가?

- 유량 2,000m³/day
- BOD 농도 500mg/L
- MLSS 농도 3,000mg/L
- BOD 용적부하 0.2kg/m³ · day

① 3,000
② 4,000
③ 5,000
④ 6,000

02 유기성 폐기물의 퇴비화를 통해 발생하는 부식질의 특징으로 옳지 <u>않은</u> 것은?

① 병원균이 거의 존재하지 않는다.
② 양이온 교환능력이 탁월하다.
③ C/N비가 높다.
④ 악취가 없는 안정한 유기물이다.

03 다음은 음파의 회절현상에 대한 설명이다. 옳지 <u>않은</u> 것은?

① 고주파일수록 회절현상이 잘 일어난다.
② 파장이 길수록 회절현상이 잘 일어난다.
③ 암역대에도 음이 전달되는 현상이다.
④ 물체의 구멍이 작을수록 회절현상이 잘 일어난다.

04 대기의 구성성분의 비율이 높은 순서로 알맞게 짝지은 것은?

① N_2 〉 O_2 〉 Ar 〉 Ne 〉 CO_2 ② N_2 〉 O_2 〉 Ar 〉 CO_2 〉 Ne

③ N_2 〉 CO_2 〉 O_2 〉 Ar 〉 Ne   ④ N_2 〉 CO_2 〉 Ne 〉 O_2 〉 Ar

05 다음 중 헨리의 법칙이 적용되기 <u>어려운</u> 기체는 무엇인가?

① CO   ② NO

③ O_2 ④ SO_2

06 함수율 97%의 폐 슬러지 $14.7m^3$를 함수율 70%가 되도록 감소시키면 그 부피(m^3)는 얼마인가?

① 0.68   ② 1.47

③ 4.92   ④ 10.71

07 다음 중 슬러지 부상을 일으키는 원인은 무엇인가?

① 탈질에 의한 질소가스
② 사상균의 증식
③ 플럭이 형성되지 않을 때
④ 균류의 번식

08 다음은 응집제에 대한 설명이다. <u>틀린</u> 것은 무엇인가?

① 황산제1철 – 플럭이 무겁고 침강이 빠르나 부식성이 강하다.
② 염화제2철 – 플럭이 무겁고 침강이 빠르나 부식성이 강하다.
③ PAC – 플럭 형성속도가 빠르나 고가이다.
④ 황산알루미늄 – 부식성이 없고 응집 pH범위가 넓어 광범위하게 사용된다.

09 다음 중 광화학 스모그에 대한 설명으로 옳은 것은?

① 자동차에서 발생하는 질소산화물과 탄화수소가 결합하여 옥시던트를 만든다.
② 자동차에서 발생하는 황산화물과 질소산화물이 원인이다.
③ 대표적 사건으로 런던 스모그 사건이 있다.
④ 광화학 스모그는 환원반응이다.

10 해양오염이나 공장폐수의 오염지표로서 사용되는 것은?

① BOD   ② COD

③ DO   ④ pH

11 폐기물 처리에 있어서 가장 우선적으로 고려해야 할 사항은 무엇인가?

① 회수   ② 재활용

③ 감량화   ④ 최종처분

12 방진대책 중 발생원 대책에 속하지 <u>않는</u> 것은?

① 기초중량의 부가 및 경감   ② 탄성지지

③ 가진력 증가   ④ 동적 흡인

13 음압이 100배 증가했다면 SPL은 몇 dB 증가하는가?

① 20dB   ② 40dB

③ 60dB   ④ 80dB

14 다음 중 완전연소의 구비조건으로 <u>틀린</u> 것은?

① 연소에 충분한 시간을 준다.

② 적당량의 공기를 공급하여 연료와 잘 혼합한다.

③ 연료를 인화점 이하로 예열 공급한다.

④ 연소실 내 온도를 높게 유지한다.

15 다음 중 입자상 오염물질의 제거방법으로 <u>부적합한</u> 것은?

① 중력침강   ② 원심분리

③ 습식세정   ④ 접촉산화

16 다음 우수에 대한 설명으로 틀린 것은?

① 자정작용에 의해 오염물질 함유도가 적다.
② 산성비의 원인은 대기오염물질 SOx, NOx 등의 성분 때문이다.
③ 용해성분이 적어 완충능력이 적다.
④ 해안에 가까울수록 염분함량이 높아진다.

17 흡착탑을 유용하게 적용할 수 있는 경우는?

① 오염성분 가스의 연소성이 양호한 경우
② 오염성분의 회수 시 경제성이 양호한 경우
③ 오염성분의 농도가 매우 높은 경우
④ 오염성분의 용해도가 매우 큰 경우

18 다음 중 토양의 주요 기능에 해당하지 <u>않는</u> 것은?

① 식물생장 보호　　　　　② 홍수 조절
③ 오염물질 정화　　　　　④ 지하수 유출

19 생활쓰레기 수거형태 중 효율이 가장 우수한 방식은?

① 분리수거　　　　　　　② 문전수거
③ 집안이동수거　　　　　④ 노변수거

20 하수도 시설의 효과로 옳지 <u>않은</u> 것은?

① 수자원 보호 효과
② 토지이용 증대 효과
③ 보건위생상 효과
④ 수자원 개발 효과

제 2 회 실전모의고사

01 광화학 옥시던트를 만드는 물질로 조합된 것은 무엇인가?

① 탄화수소 – 질소산화물
② 일산화탄소 – 질소산화물
③ 아황산가스 – 질소산화물
④ 탄화수소 – 일산화탄소

02 원형 관수로에 물의 수심이 50%로 흐르고 있다. 경심은 얼마인가?

① D/4
② D/8
③ πD
④ 2πD

03 미생물의 증식단계 중 대수성장 단계에 있는 미생물을 이용하여 폐수를 처리하는 활성슬러지 공법은 무엇인가?

① 표준 활성슬러지 공법
② 고율 활성슬러지 공법
③ 산화구법
④ 장기포기법

04 다음 조건으로 활성슬러지공법이 운영 중에 있다. F/M비는 얼마인가?

- 유량 2,000m³/day
- BOD 농도 500mg/L
- MLSS 농도 3,000mg/L
- BOD 용적부하 0.2kg/m³ · day

① 0.025
② 0.034
③ 0.054
④ 0.067

05 다음 토양오염복원기술 중 토양증기추출(SVE)의 장점이 <u>아닌</u> 것은?

① 필요한 기계장치가 단순하다.
② 유지관리비가 적게 든다.
③ 휘발성이 낮은 오염물질도 높은 효율로 처리할 수 있다.
④ 짧은 기간 내에 설치할 수 있다.

06 전과정 평가(LCA)의 일반적 활용목적과 가장 거리가 <u>먼</u> 것은 무엇인가?

① 생활양식의 평가와 개선목표의 도출
② 폐기물 처리기술 개발, 검토 및 평가
③ 환경목표치 또는 기준치에 대한 달성도 평가
④ 복수 제품 간의 환경오염부하의 비교

07 굴뚝에서 배출되는 연기의 모양이 부채형(Fanning)인 경우, 대기에 관한 설명으로 <u>틀린</u> 것은?

① 기온역전상태의 대기오염이 심할 때 나타날 수 있는 연기모형이다.
② 대기가 매우 안정한 침강역전 상태일 때 주로 발생한다.
③ 연기의 수직방향 분산은 최소가 된다.
④ 일반적으로 최대 착지거리가 크고, 최대 착지농도는 낮다.

08 여과 집진장치의 장점으로 보기 <u>어려운</u> 것은?

① 높은 집진율을 얻을 수 있고 입경범위가 넓다.
② 다양한 고형물질의 처리가 용이하다.
③ 탈진방법과 여재의 이용에 따른 설계상 융통성이 있다.
④ 액상물질도 탈진을 용이하게 할 수 있다.

09 다음 중 친수성 콜로이드의 특성에 해당하는 것은?

① 분산매의 점성도와 비슷하다.
② 틴들효과는 대단히 현저하게 나타난다.
③ 에멀션 상태이다.
④ 냉동이나 건조 후 다시 재구성이 어렵다.

10 소방차의 사이렌 소리와 같이 크고 작은 발생음원이 움직일 때 진동수의 변화가 생겨서 그 진행방향은 원래 음보다 고음으로, 진행방향의 반대쪽은 저음으로 되는 현상을 무엇이라고 하는가?

① 도플러 효과

② 마스킹 효과

③ 일치 효과

④ 맥놀이 효과

11 다음 중 전단식 파쇄기에 대한 설명으로 옳지 <u>않은</u> 것은?

① 충격파쇄기에 비해 대체적으로 파쇄속도가 느리다.

② 소음과 분진발생이 비교적 적고 폭발의 위험성이 거의 없다.

③ 목재류, 플라스틱류를 파쇄하는 데 효과적이다.

④ 이물질의 혼입에 강하며 폐기물의 입도가 고르다.

12 회전원판법(RBC)의 일반적인 특징으로 옳지 <u>않은</u> 것은?

① 폐수량 및 BOD부하 변동에 강하다.

② 운전 및 유지관리비가 적게 들고 소규모 시설에서는 표준 활성슬러지법에 비하여 전력소비량이 적다.

③ 활성슬러지법에 비해 2차 침전지에서 미세한 SS가 유출되기 쉽고 처리수의 투명도가 나쁘다.

④ 단 회로 현상의 제어가 어렵다.

13 100℃의 산성 $KMnO_4$법에 의한 화학적 산소요구량(COD) 측정에 필요한 시약과 거리가 <u>먼</u> 것은?

① 황산은 분말

② 수산화나트륨

③ 황산

④ 옥살산나트륨

14 소음성 난청(영구성 난청)은 어느 주파수를 중심으로 발생하기 시작하는가?

① 4,000Hz

② 2,000Hz

③ 1,000Hz

④ 500Hz

15 다음 중 산성비 생성에 대한 설명으로 <u>틀린</u> 것은?

① pH 5.6 이하의 비를 산성비라고 한다.
② 황산화물과 질소산화물은 산성비의 주요 원인 물질이다.
③ 온도가 높을 때 산성비 생성이 유리하다.
④ 산성비의 생성이론은 헨리의 법칙과 관계가 있다.

16 퇴비화 숙성이 완료되었을 때의 C/N비 값은 얼마인가?

① 10
② 20
③ 30
④ 40

17 다음 중 일산화질소에 대한 설명으로 <u>틀린</u> 것은?

① 무색·무취의 자극성이 없는 기체이다.
② 공기보다 가볍고 화학적으로 안정하다.
③ Hb과의 결합력이 강해 혈액 중에서 메타헤모글로빈을 형성한다.
④ 광화학 스모그의 전구물질이다.

18 다음 중 유기염소계 농약은?

① DDT
② Phosphate
③ NAC
④ PHC

19 다음 중 적조를 발생시킬 수 있는 요인이 <u>아닌</u> 것은?

① 수온의 상승
② 영양염류의 증가
③ 해수의 정체
④ 독성물질의 과다 유입

20 다음 중 다이옥신의 특징이 <u>아닌</u> 것은?

① 독성이 최고로 높다.
② 환경호르몬의 일종이다.
③ 높은 수용성이다.
④ 벤젠에 두 개의 산소가 결합된 형태이다.

정답 및 해설

실전 모의고사

제1회 빠른 정답

01	③	02	③	03	①	04	②	05	④	06	②	07	①	08	④	09	①	10	②
11	③	12	③	13	②	14	③	15	④	16	①	17	②	18	④	19	①	20	④

01

정답 ③

$$BOD \text{ 용적부하} = \frac{BOD \text{ 농도} \times \text{유량}}{\text{폭기조 용적}}$$

$$\therefore \text{폭기조 용적} = \frac{BOD \text{ 농도} \times \text{유량}}{BOD \text{ 용적부하}}$$

$$= \frac{500mg}{L} \left| \frac{2,000m^3}{day} \right| \frac{m^3 \cdot day}{0.2kg} \left| \frac{10^{-6}kg}{mg} \right| \frac{10^3 L}{m^3} = 5,000m^3$$

02

정답 ③

부식질의 특징
- 안정화된 유기물로 흙냄새가 난다.
- 병원균이 거의 사멸되어 있으며, 퇴비화시 열이 발생한다.
- 훌륭한 토량 개량제이다.
- 낮은 C/N비율에서 안정화(10~20 퇴비화 완료)
- 짙은 갈색을 띤다.

03

정답 ①

회절현상: 장애물 뒤쪽(암역)으로 음(파장)이 전파되는 현상으로, 파장이 클수록(저주파일수록), 장애물이 작을수록(구멍이 작을수록) 회절현상이 잘 일어난다.

04

정답 ②

대기의 구성성분 비율
N_2(79.09%) 〉 O_2(20.95%) 〉 Ar(0.93%) 〉 CO_2(0.032%) 〉 Ne(0.0018%)

05

헨리의 법칙 : 일정한 온도에서 일정량의 액체에 용해되는 기체의 질량은 그 압력에 비례한다.

$$P = HC$$

- P : 가스분압(atm)
- H : 헨리상수($atm \cdot m^3 / kmol$)
- C : 농도($kmol / m^3$)

- 용해도가 큰 기체는 헨리의 법칙이 적용되지 않는다(Cl_2, HCl, HF, SiF, SO_2 등).
- 용해도가 작은 기체는 헨리의 법칙이 잘 적용된다(CO, CO_2, NO, NO_2, H_2S, N_2, O_2 등).

06

$V_1(1 - W_1) = V_2(1 - W_2')$에서

$\therefore \ V_2 = 14.7 \times \dfrac{1 - 0.97}{1 - 0.7} = 1.47 m^3$

07

슬러지 부상
- 질소성분의 제거 시 질산화/탈질 작용 시 발생된 질소가스에 의한 영향
- 침전조가 혐기성 상태가 되면 슬러지가 부패하게 되고 그때 발생하는 기포에 의한 영향

08

황산알루미늄
저렴하고 부식성이 없으며 무독성의 장점을 가지고 있어 광범위하게 사용되나, 응집 pH범위가 좁다는 단점이 있다.

09

광화학 스모그
질소산화물과 탄화수소가 결합하여 옥시던트를 만든다. 광화학 스모그는 산화반응의 하나로, LA스모그 사건이 대표적인 광화학 스모그 사건에 해당한다.

10

해양이나 호소의 경우 조류가 많아 산소가 계속 생성되므로 BOD 측정에 적합하지 않고, 공장폐수는 미생물의 대사를 저해하는 독성물질이 많아 BOD 측정에 적합하지 않다. 따라서 해양, 호소 및 공장폐수의 경우 오염지표로 COD를 주로 사용한다.

11

감량화 〉 재활용 〉 처리공정 〉 최종처분의 순으로 고려

12

정답 ③

진동방지 대책(발생원 대책)

가진력 감쇠, 불평형력의 balancing, 기초중량의 부가 및 경감, 탄성지지, 동적 흡인, 진동절연, 현수기초

13

정답 ②

$$SPL = 20\log(100) = 40dB$$

14

정답 ③

완전연소의 구비조건(3T)
- 충분한 체류시간(시간)
- 연료를 인화점 이상 예열 공급(온도)
- 연료와 공기를 잘 혼합 후 공급(혼합)

15

정답 ④

접촉산화 : 가스상 오염물질의 처리에 사용

16

정답 ①

자정작용은 주로 지표수에서 일어나고, 우수는 원래 증류수와 가까운 성분을 갖고 있으며 오염물질의 함유도가 적다.

17

정답 ②

흡착법 사용 : 오염가스 회수 가치가 있는 경우, 오염가스 농도가 낮은 경우, 오염가스 연소가 어려운 경우

18

정답 ④

토양의 기능

홍수방지, 수원함양, 수질정화, 토사붕괴 방지, 침식·침하 방지, 오염물질 정화, 온·습도 변화 완화, 토양생물 보호, 식물생장 보호 등

19

정답 ①

분리수거 〉 노변수거 〉 문전수거 〉 집안이동수거

20

정답 ④

하수도 시설의 효과 : 보건위생상의 효과, 우수에 의한 피해 방지, 도시미관의 효과, 토지이용의 효과, 수질오염의 방지, 분뇨처분의 효과

제2회 **빠른 정답**

01	①	02	①	03	②	04	④	05	③	06	②	07	②	08	④	09	③	10	①
11	④	12	④	13	②	14	①	15	③	16	①	17	②	18	①	19	④	20	③

01
정답 ①

광화학 스모그의 원인물질은 자동차 배기가스(HC, NOx)이다.

02
정답 ①

원형 수로의 경심은 물이 흐르는 수심과 관계없이 D/4이다.

03
정답 ②

- 표준 활성슬러지 공법 : 감소성장단계 및 내생호흡단계의 중간 미생물 이용
- 고율 활성슬러지 공법 : 대수성장단계의 미생물 이용
- 장기포기법 : 내생호흡단계의 미생물 이용

04
정답 ④

$$BOD \text{ 용적부하} = \frac{BOD \text{ 농도} \times \text{유량}}{\text{폭기조 용적}}$$

$$\therefore \text{폭기조 용적} = \frac{BOD \text{ 농도} \times \text{유량}}{BOD \text{ 용적부하}}$$

$$= \frac{500mg}{L} \left| \frac{2,000m^3}{day} \right| \frac{m^3 \cdot day}{0.2kg} \left| \frac{10^{-6}kg}{mg} \right| \frac{10^3 L}{m^3} = 5,000m^3$$

$$\therefore F/M\text{비} = \frac{BOD \text{ 농도} \times \text{유량}}{MLSS \text{ 농도} \times \text{폭기조 용적}} = 0.067kg\,BOD/kg\,MLSS \cdot day$$

참고

$$\therefore F/M\text{비} = \frac{BOD \text{ 용적부하}}{MLSS \text{ 농도}} = 0.067kg\,BOD/kg\,MLSS \cdot day$$

05
정답 ③

토양증기추출(SVE)
- 장점 : 필요한 기계장치가 간단하다. 유지 및 관리비가 적게 든다. 일반적으로 널리 사용되기 때문에 장치 및 재료가 충분하다. 짧은 기간 내에 설치할 수 있다. 다른 시약이 필요 없다. 영구적인 재생이 가능하다. 굴착이 필요 없다.
- 단점 : 증기압이 낮은 오염물에 대한 제거효율이 낮다. 토양의 침투성이 좋고 균일해야 하며, 토양층이 치밀해 기체흐름이 어려운 곳에서는 이용이 곤란하다. 추출된 기체는 대기오염방지를 위하여 후처리가 필요하다. 지반구조의 복잡성으로 총 처리시간 예측이 어렵다.

06

정답 ②

LCA의 활용
- 제품 및 제조 방법의 변경 개량에 따른 환경부하 평가
- 환경부하 저감 측면에서 제품, 제조 방법의 개선점 도출
- 환경 목표치 기준치에 대한 달성도 평가
- 제품 간의 환경부하 비교

07

정답 ②

부채형은 지표로부터 배출구까지 상당히 높은 지표역전층이 형성될 때 발생하며, 공중역전인 침강역전과는 관계가 없다.

08

정답 ④

여과 집진장치는 습윤환경에서는 여과포가 밀폐될 수 있으므로 사용할 수 없다.

09

정답 ③

친수성과 소수성 콜로이드의 비교

성질	친수성	소수성
물리적 상태	유탁질(emulsoid)	현탁질(suspensoid)
표면장력	분산매보다 상당히 작음	분산매와 큰 차이 없음
점도	분산매보다 현저히 큼	분산매와 큰 차이 없음
틴들효과	작거나 전무함	현저함(수산화철 제외)
전해질에 대한 반응	반응이 활발하지 못하고 많은 응집제 요함	전해질에 의해 용이하게 응집
예	전분, 단백질, 고무, 비누, 합성세제 등	금속수산화물, 황화물, 은, 할로겐화합물, 금속, 점토 등

10

정답 ①

도플러 효과
소음원의 진행방향은 원래 음보다 고음으로, 진행방향의 반대쪽은 저음으로 되는 현상

11

정답 ④

전단식 파쇄기 : 이물질의 혼입에 약하나 파쇄 후 폐기물의 입도를 고르게 할 수 있다.

12

정답 ④

회전원판법(RBC)의 특징
- 폐수량 및 BOD부하 변동에 강하다.
- 슬러지 발생량이 적다.
- 질산화작용이 일어나기 쉬우며 이로 인해 처리수의 BOD가 높아질 수 있으며, pH가 내려가는 경우도 있다.
- 활성슬러지법에서와 같이 팽화현상이 없으며, 이로 인한 2차 침전지에서의 일시적인 다량의 슬러지가 유출되는 현상이 없다.
- 미세한 SS가 유출되기 쉽고 처리수의 투명도가 나쁘다.
- 운전 관리상 조작이 용이하고 유지 관리비가 적게 든다.
- 온도에 영향을 크게 받아 저온 시 대책이 필요하다.

13

산성 $KMnO_4$법의 사용시약 : 과망간산칼륨, 황산은 분말, 황산, 옥살산나트륨

14

소음성 난청
• 내이에 영향을 준다.
• C5-dip 현상이 4,000Hz에서 나타난다.
• 고주파에 노출될 때 발생하게 된다.
• 직업성 난청은 바로 발생하기보다는 만성질환인 경우가 많다.

15

산성비
• pH 5.6 이하의 비를 산성비라고 한다.
• 황산화물과 질소산화물은 산성비의 주요 원인 물질이다.
• 산성비의 생성이론은 헨리의 법칙과 관계가 있다.
• 온도가 낮을 때 산성비 생성이 유리하다.

16

퇴비화 시작 C/N비 30, 퇴비화가 진행되면서 감소하다가 퇴비화 숙성이 완료되었을 때 C/N비는 10 정도가 된다.

17

공기보다 약간 무겁고 화학적으로 불안정하다.

18

유기염소계 농약 : DDT, Aldrin, Endrin, BHC 등

19

적조의 원인
• 폐쇄성 해역에서 해수가 정체될 때
• 일사량 및 온도가 높을 때
• 영양물질이 과다 유입되었을 때

20

다이옥신의 특징
• 소각 시 발생되며, 물에 잘 녹지 않는다.
• 두 개의 산소교량, 두 개의 벤젠고리, 두 개 이상의 염소원자로 구성
• 열적으로 안정하다.
• 독성이 매우 강하다.

찾아보기

기 타

참고문헌

최종수, 『수질환경기사 · 산업기사』, 한솔아카데미, 2016.

장인성, 『수질환경기사 · 산업기사』, ㈜시대고시기획, 2015.

윤석표, 『폐기물처리기사, 산업기사 단기완성』, ㈜시대고시기획, 2014.

이훈희, 『기술직공무원 합격선언 환경공학개론』, ㈜서원각, 2014.

조기철 외, 『환경공학개론』, 서울고시각, 2014.

동종인, 홍지형, 공성용, 『대기오염개론』, 한국방송통신대학교출판부, 2012.

신동성, 하부영, 『환경기능사』, 도서출판 동화기술, 2012.

이민효 외, 『토양지하수환경』, 도서출판 동화기술, 2011.

천만영 외, 『대기오염방지기술』, 신광문화사, 2010.

서광석, 이성호, 『대기오염방지기술』, 도서출판 동화기술, 2009.

이승원, 문승수, 윤혁식, 『수질환경기사 · 산업기사』, 성안당, 2009.

이승원, 박을주, 윤혁식, 『대기환경기사 · 산업기사』, 성안당, 2008.

한국상하수도협회, 『하수도시설기준』, 건설도서, 2005.

이문호, 『환경실무자를 위한 생물학적 하 · 폐수 처리』, 환경관리연구소, 2004.

고광백 외 역, 『폐수처리공학』, 도서출판 동화기술, 2004.

이승원, 『토양환경기사』, 성안당, 2004.

동화기술편집부, 『수질오염, 폐기물, 토양오염 공정시험방법』, 도서출판 동화기술, 2003.

이민효, 『토양 · 지하수오염』, 도서출판 동화기술, 2003.

남궁완, 이동훈 역, 『폐기물처리공학』, 도서출판 동화기술, 1998.

서명교 외 역, 『폐수처리단위조작』, 사이텍미디어, 1998.

좋은 책을 만드는 길
독자님과 함께하겠습니다.

도서나 동영상에 궁금한 점, 아쉬운 점, 만족스러운 점이
있으시다면 어떤 의견이라도 말씀해 주세요.
SD에듀는 독자님의 의견을 모아 더 좋은 책으로 보답하겠습니다.

www.sdedu.co.kr

2023 문진영 환경공학개론 한권으로 끝내기

개정3판1쇄 발행	2023년 01월 05일 (인쇄 2022년 07월 15일)
초 판 발 행	2019년 10월 10일 (인쇄 2019년 09월 04일)
발 행 인	박영일
책 임 편 집	이해욱
편 저	문진영
편 집 진 행	윤진영 · 이새록
표 지 디 자 인	권은경 · 길전홍선
편 집 디 자 인	심혜림
발 행 처	(주)시대고시기획
출 판 등 록	제10-1521호
주 소	서울시 마포구 큰우물로 75 [도화동 538 성지 B/D] 9F
전 화	1600-3600
팩 스	02-701-8823
홈 페 이 지	www.sdedu.co.kr
I S B N	979-11-383-2861-6(13530)
정 가	32,000원

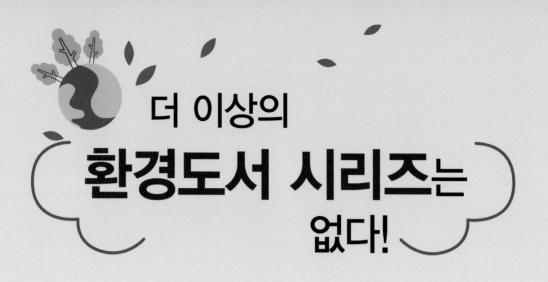

더 이상의
환경도서 시리즈는
없다!

알차다!
꼭 알아야 할 내용을
담고 있으니까!

친절하다!
핵심 내용을 쉽게
설명하고 있으니까!

**환경도서
시리즈**

명쾌하다!
상세한 풀이로
완벽하게
익힐 수 있으니까!

핵심을 뚫는다!
시험 유형에 적합한
문제를 다루니까!

SD에듀의 환경도서 시리즈는...

현재도 강단에서 학생들을 지도하고 계신 저자 선생님의 노하우를 바탕으로
최단기간 합격의 기회를 제공합니다.
2022년 시험 대비를 위해 최신 개정 법령을 반영하였습니다.
핵심이론+핵심예제 / 과년도+최근 기출(복원)문제를 통해 학습효율을 최대화하였습니다.

환경기능사

- 이해를 돕기 위한 이미지 및 표 자료 수록!
- 최신 출제기준 완벽 반영!
- 최근 기출복원문제 및 해설 수록!

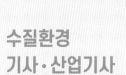

수질환경 기사·산업기사

- 최단기간 합격할 수 있는 알짜 내용만 구성!
- 출제경향을 파악하고 응용할 수 있는 자세한 기출(복원)문제 해설!

대기환경 기사·산업기사

- 최신 출제기준을 반영한 핵심이론 정리!
- 최근 기출(복원)문제 및 해설 수록!

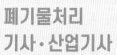

폐기물처리 기사·산업기사

- 저자쌤이 제안하는 합격 공부법 수록!
- 최근 기출(복원)문제 및 상세한 해설 수록!